공유압일반

성기돈 편저

일진사

머리말

오늘날 모든 산업체의 중추적 역할을 하는 각종 기계나 장비 등에서 공유압 기술은 자동화, 첨단화되어 가고 있다. 이러한 시대적 소명에 맞추어 관련 서적도 학습자 중심의 체계적인 편집이 필요하였다. 특히 외국 서적의 직역으로 인하여 우리에게 어색한 용어나 규격을 KS나 ISO에 맞추어 수정하였고, 복잡한 공유압의 이론을 최대한 쉽고 효율적으로 습득할 수 있게 독자의 눈높이에 맞추어 다음과 같이 원고를 작성하였다.

첫째, 교육자가 아닌 학습자가 쉽게 이해할 수 있도록 공유압 기기의 구조 및 회로도 작성 시의 기본 개념을 자세하게 다루었다.

둘째, 공유압 기기의 구조, 작동법 등에 초점을 맞춤으로써 현장 실무에 빨리 적응할 수 있도록 하였다.

셋째, 공유압 기기에 대한 설계, 보수 점검 및 고장 대책 등에 대한 내용을 체계적으로 다루었으며, 다양한 기술 정보와 함께 개정된 KS 공유압 기호에 맞게 편집하였다.

끝으로 이 책이 초판 발행된 지 22여 년이 지났다. 그동안 여러 독자와 선배·제현으로부터 많은 지도와 편달을 받아 틈틈이 기록하고 공부한 자료를 모아 개정판을 출판하게 되었다.

학문을 바탕으로 한 공유압 개론은 물론 컴퓨터의 발전 속도에 따른 첨단화된 기기는 집필자를 당혹스럽게 하였지만 그동안의 경험과 열정으로 학생이나 실무자가 기본적으로 알아야 할 내용을 간추려 공유압에 대한 이해를 증진시키고 나아가 현장 실무에 유용하게 적응할 수 있도록 하는 정도에서 본 책을 집필하였음을 밝혀둔다.

아울러, 이 책이 나오기까지 물심양면으로 도움을 주신 여러분들과 도서출판 **일진사** 직원 여러분께 진심으로 감사드린다.

저자 씀

차 례

제 1 장 공유압의 개요

제 2 장 유압 기기

제 3 장 공압 기기

제1장 공유압의 개요

1. 유압의 기초

1-1 유압의 개요

유압(oil hydraulics)이란 유압 펌프에 의하여 동력의 기계적 에너지를 유체의 압력 에너지로 바꾸어 유체 에너지에 압력, 유량, 방향의 기본적인 3가지 제어를 하여 유압 실린더나 유압 모터 등의 작동기를 작동시킴으로써 다시 기계적 에너지로 바꾸는 역할을 하는 것이며, 동력의 변환이나 전달을 하는 장치 또는 방식을 말한다.

다시 말하면, 기름(작동유)이라는 액체를 잘 활용하여 기름에 여러 가지 능력을 주어서 요구되는 일의 가장 바람직한 기능을 발휘시키는 것을 말하며, 최근 각종 기계의 대형화 및 자동화의 요구에 따라 유압의 응용 범위가 대단히 넓어져 기계를 다루는 기술자는 유압에 관하여 충분히 이해하고 폭넓은 지식을 쌓아야 한다.

(1) 유압의 원리

전동기 모터를 이용하여 유압 펌프를 작동시켜 기름에 압력을 높여 유압 회로로 보내면 압력 제어 밸브가 압력을 제어하고, 유량 제어 밸브 및 방향 전환 밸브는 각각 유량을 제어하고, 방향을 제어하는 구조로 되어 있어 유압 실린더나 모터 등의 운동을 제어할 수 있다. 액추에이터에 큰 힘이 요구될 때에는 압력을 높이는 방법과 용량을 크게 하는 방법이 있고, 액추에이터의 속도는 유량 또는 액추에이터의 용량을 증감시켜 조절할 수 있다. 한편 기름을 저장할 수 있는 탱크와 유압의 힘을 기계적 힘으로 바꿀 수 있는 유압 액추에이터가 필요하게 된다. 이렇듯 어떠한 유압의 구조에서도 이상의 원리를 이용한다.

예를 들면 다음 그림과 같은 유압의 원리도에서 핸들을 오른쪽으로 이동하면 방향 전환 밸브가 오른쪽으로 이동하여 펌프에서 온 기름은 실린더 ① 쪽으로 흘러 들어오고 테이블은 오른쪽으로 이동한다. ② 쪽에 있던 기름은 파이프에서부터 전환 밸브를 지나 탱크로 귀환한다. 반대로 핸들을 왼쪽으로 돌리면 방향 전환 밸브가 왼쪽으로 이동하여 기름은 ② 쪽으로 흐르고 테이블은 왼쪽으로 이동한다.

이와 같이 테이블의 이동은 레버 하나로 움직인다는 것이 유압의 기본적인 원리이다.

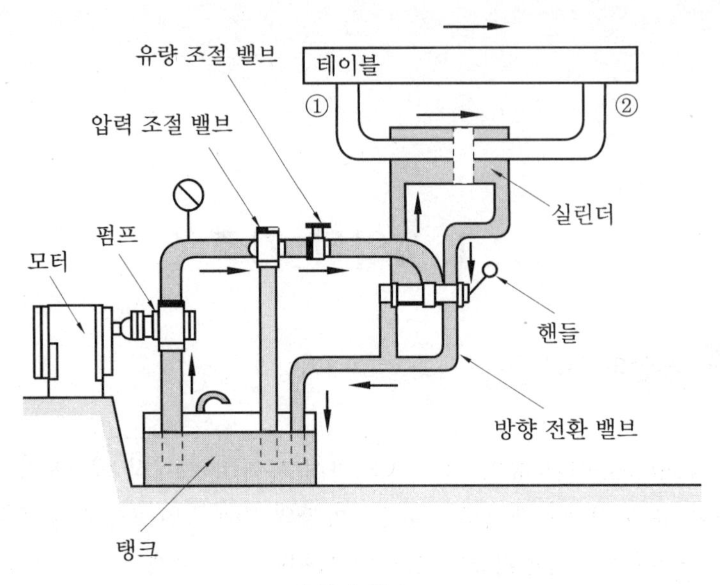

유압의 원리도

(2) 유압의 용도

유압은 앞으로 응용 범위가 대단히 넓어지겠으나 주된 용도를 알아보면 직선 운동이나 회전 운동 그리고 큰 힘이 필요한 곳이나 속도를 바꾸는 경우 등에 주로 사용된다.

① 건설 기계 : 굴삭기, 페이로더, 트럭, 크레인, 불도저
② 운반 기계 : 청소차, 덤프카, 콘크리트 믹서 트럭, 포크리프트
③ 선박 갑판 기계 : 윈치, 조타기
④ 공작 기계 : 자동 조종 선반, 다축 드릴, 트랜스퍼 머신
⑤ 철강 기계 : 샤링기, 권선기
⑥ 금속 기계 : 주조기
⑦ 합성수지 기계 : 사출, 압출, 발포성형기
⑧ 목공 기계 : 핫프레스, 목재 이송차
⑨ 제본 · 인쇄 기계 : 재단기, 오프셋 인쇄, 윤전기
⑩ 기타 : 소각로, 레저 시설, 로켓, 로봇

굴삭기

래커차

페이로더

유압 윈치

석유 시추선

(3) 유압의 특징

① 대단히 큰 힘을 아주 작은 힘으로 제어할 수 있다.
② 속도의 조정이 쉽다.
③ 힘의 무단 제어가 가능하다.
④ 운동의 방향 전환이 용이하다.
⑤ 과부하의 경우 안전장치가 간단하다.
⑥ 에너지의 저장이 가능하다.
⑦ 윤활 및 방청 작용을 하므로 가동 부분의 마모가 적다.

1-2 유압 장치의 기본적인 구성

(1) 기본 구성

① 유압 펌프 : 유압을 발생시키는 부분으로서 구조에 따라 회전식과 왕복식이 있으며, 기능에 따라서는 정용량형과 가변 용량형으로 구분된다.
② 유압 제어 밸브 : 제어하는 종류에 따라 압력 제어 밸브, 유량 제어 밸브, 방향 제어 밸브 등이 있다.
③ 작동기 : 액추에이터라고도 말하며, 유압 실린더와 유압 모터 등이 있다.

④ 부속 기기 : 기타의 기기를 말하며, 기름 탱크, 필터, 압력계, 배관 등이 있다. 유압 장치는 위의 부품으로 구성되어 있다.

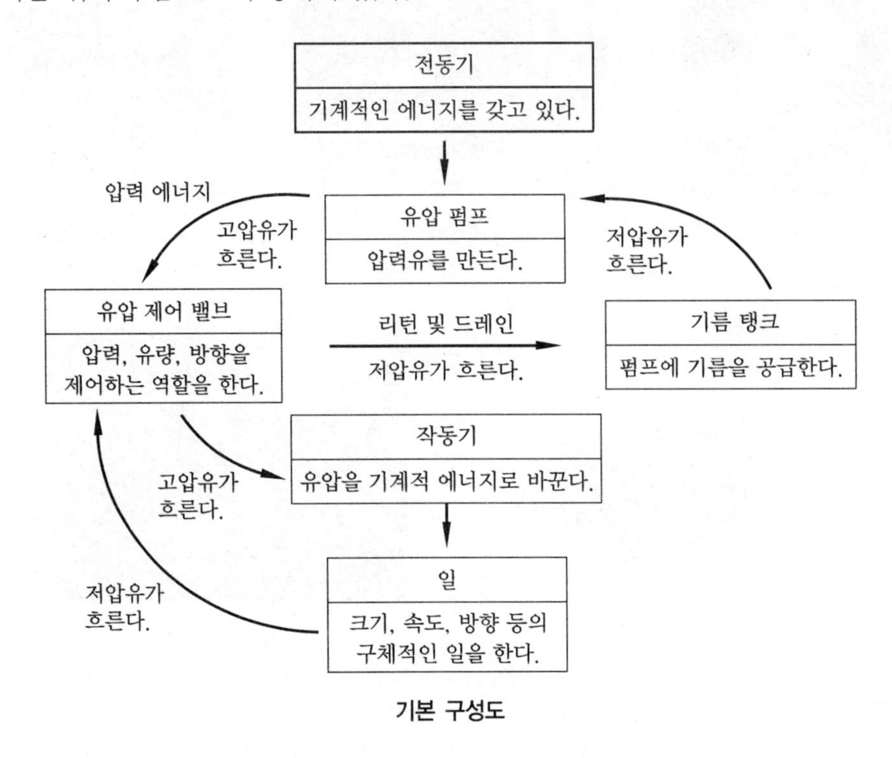

기본 구성도

(2) 유압 단면 회로도와 KS기호 회로도

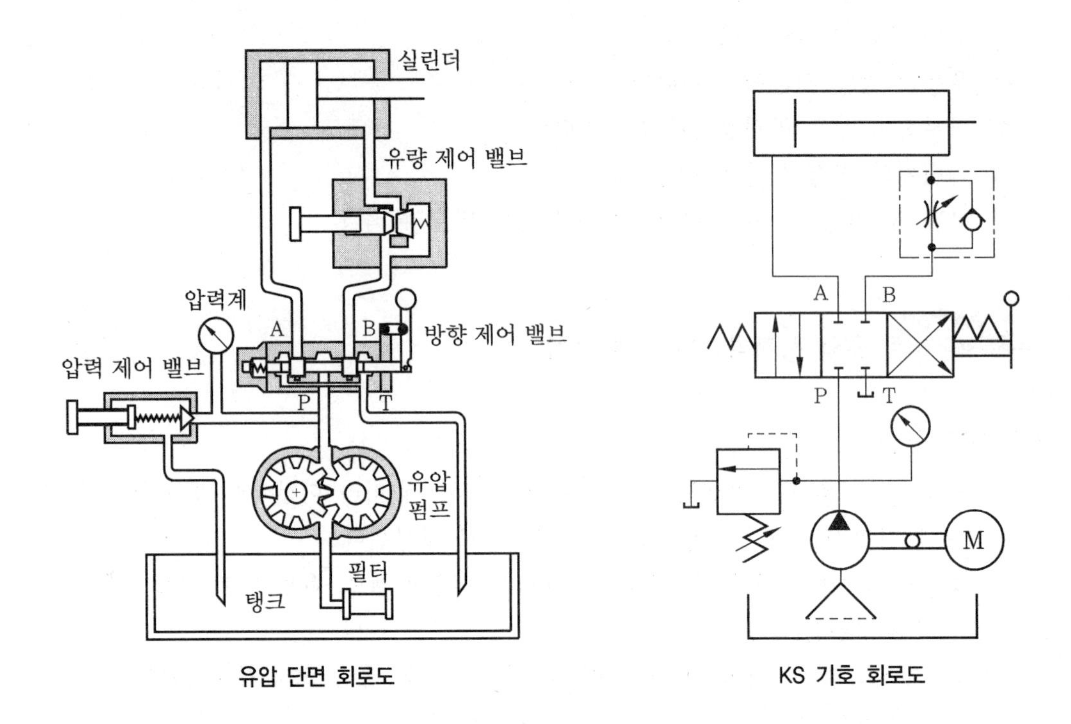

유압 단면 회로도

KS 기호 회로도

1-3 유압의 기초 이론

(1) 파스칼의 원리(Pascal's principle)

정지하고 있는 액체는 다음 세 가지의 특성 있다.

① 정지하고 있는 액체가 서로 맞닿아 있는 면에 미치는 압력은 맞닿아 있는 면과 수직으로 작용한다.

② 정지하고 있는 액체의 한 점에서 작용하는 압력의 크기는 모든 방향에 대하여 같다.

③ 밀폐된 용기 내에 정지하고 있는 액체의 일부에 가해진 압력은 모든 부분에 같은 세기로 동시에 전달되며 접촉면에 수직으로 작용한다.

특히 ③을 압력 전파의 법칙이라고 하며, 위 3개의 특성을 파스칼의 원리라고 한다.

밀폐된 용기에 액체를 집어넣고 위에서 힘(W)을 가하면 액체는 압축해도 체적은 줄지 않는 성질이 있으므로 액체는 위에서 누르는 힘에 대항하려는 힘이 생긴다.

이를 반력이라고 하며, 이와 같은 액체의 반력을 압력($\mathrm{kgf/cm^2}$)이라고 한다.

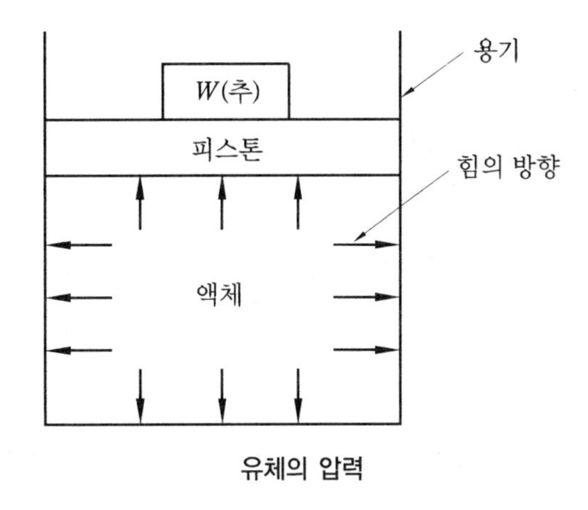

유체의 압력

(2) 압력과 힘의 관계

유압에서 사용하는 압력이란 물체의 단위면적 $1\,\mathrm{cm^2}$에 가해진 힘의 크기이며, $\mathrm{kgf/cm^2}$으로 나타낸다. 즉, 가해지는 힘(kgf)을 그 힘을 받는 면적($\mathrm{cm^2}$)으로 나눈 것이다.

왼쪽의 피스톤이 누르는 힘을 $F\,[\mathrm{kgf}]$, 피스톤의 단면적을 $A\,[\mathrm{cm^2}]$라고 하면 내부에 발생하는 압력 P는 $P=\dfrac{F}{A}\,[\mathrm{kgf/cm^2}]$가 되며, 이 압력이 배관을 통하여 단면적 $B\,[\mathrm{cm^2}]$의 피스톤 밑면에 파스칼의 원리에 의하여 전달된다.

이 P라는 압력은 하중 W와 평형되는 관계로 $W=P\cdot B\,[\mathrm{kgf}]$가 되어 $W=\dfrac{F}{A}B\,[\mathrm{kgf}]$로 나타낼 수 있다.

압력과 힘의 관계식은 $F\,[\mathrm{kgf}] = P[\mathrm{kgf/cm^2}] \times A\,[\mathrm{cm^2}]$가 되어

$$P = \frac{F}{A}$$

여기서, F : 힘(kgf), P : 압력($\mathrm{kgf/cm^2}$), A : 면적($\mathrm{cm^2}$)

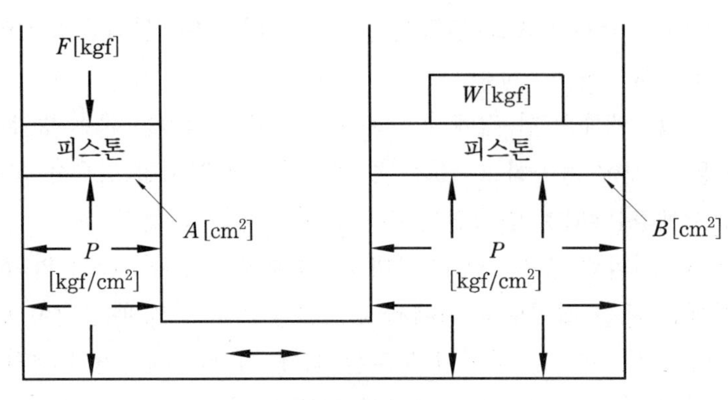

압력과 힘의 관계

(3) 압력의 단위

압력의 단위로 기압을 사용하는데 760 mmHg의 수은주의 높이에 상당하는 압력을 표준기압(standard atmosphere)이라 한다.

$$1\text{ 표준기압} = 1\,\mathrm{ata} = 760\,\mathrm{mmHg} = 10.33\,\mathrm{mAg} = 1.0332\,\mathrm{kgf/cm^2}$$

공학에서는 $1\,\mathrm{kgf/cm^2}$의 압력을 기준으로 하는데, 이것을 공학기압이라고 한다.

$$1\text{ 공학기압} = 1\mathrm{at} = 735.5\,\mathrm{mmHg} = 10\,\mathrm{mAg} = 1\,\mathrm{kgf/cm^2}$$

예제 1. 압력 $1.6\,\mathrm{kgf/cm^2}$를 수은주(mmHg)와 수주(mAq)로 나타내면 각각 얼마인가?

해설 $1\,\mathrm{mmHg} = 13.6 \times 10^{-4}\,\mathrm{kgf/cm^2}$이므로 $1\,\mathrm{kgf/cm^2} = \frac{1}{13.6} \times 10^4\,\mathrm{mmHg}$이 된다.

그러므로 $1.6\,\mathrm{kgf/cm^2} = 1.6 \times \frac{1}{13.6} \times 10^4 = 1176.47\,\mathrm{mmHg}$

$1\,\mathrm{mAq} = 0.1\,\mathrm{kgf/cm^2}$이므로 $1\,\mathrm{kgf/cm^2} = 10\,\mathrm{mAq}$이다.

그러므로 $1.6\,\mathrm{kgf/cm^2} = 1.6 \times 10 = 16\,\mathrm{mAq}$

$\therefore$ 1176.47 mmHg, 16 mAq

(4) 게이지 압력과 절대 압력

압력을 나타내는 데는 그 기준(압력 0인 상태)의 설정 방법에 따라 절대 압력과 게이지 압력으로 나누며, 통상적으로 게이지 압력으로 나타낸다.

① 절대 압력(absolute pressure) : 완전 진공을 기준으로 하여 나타낸다(완전 진공 상태를 0으로 한다).

② 게이지 압력(gauge pressure) : 대기압을 기준으로 하여 나타낸다(대기압의 압력을 0으로 한다).

절대 압력 = 대기 압력 + 계기 압력 = 대기 압력 − 진공 압력

이 관계를 표시한 것이 다음의 그림이다. 그림에서 A점은 대기 압력보다 높은 압력, B점은 낮은 압력을 표시한다.

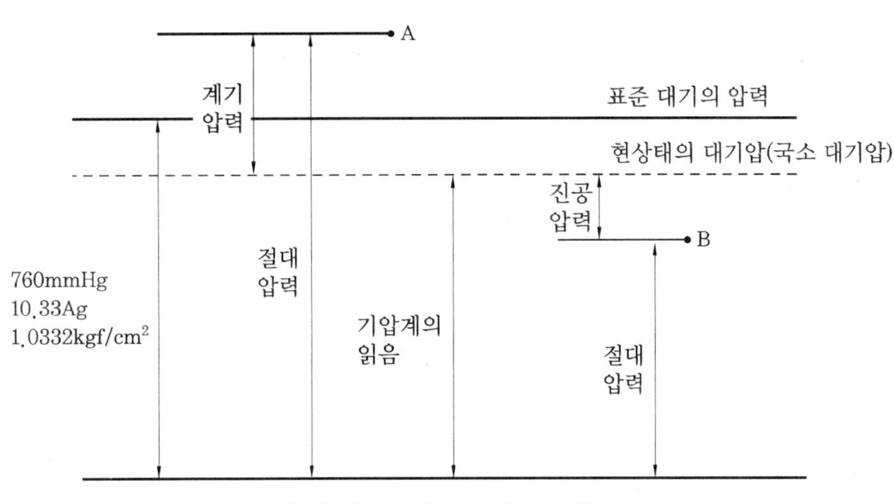

압력계 읽음의 단위와 압력 사이의 관계

예제 2. 대기압이 760 mmHg일 때 어떠한 용기의 계기 압력이 3 kgf/cm^{2}이었다면 이 압력을 절대 압력으로 나타내면 얼마인가?

해설 국소 대기압을 P_o, 계기 압력을 P_g라 할 때 절대 압력 $P = P_o + P_g$이므로

$$P = 760\text{ mmHg} + 3\text{ kgf/cm}^2 = 760 + \frac{3}{13.6} \times 10^4 = 2965.88\text{ mmHg}$$

$\therefore$ 2965.88 mmHg

1-4 유량과 유속

(1) 유량(flow)

유량이란 단위 시간에 이동하는 액체의 양을 말하며, 유압에서는

① 유량은 토출량으로 나타낸다.

② 단위는 [L/min] (분당 토출되는 양) 또는 [cc/s](초당 토출되는 양)로 표시한다. 즉, 이동한 유량을 시간으로 나눈 것이다.

③ 기호는 Q로 표시한다.

유량의 계산식은 다음과 같다.

$$Q = \frac{V}{t} = \frac{A \cdot S}{t} = A \cdot v$$

여기서, Q : 유량(L/min), V : 용량(L), t : 시간(min),
v : 유속(m/s), S : 거리(m), A : 단면적(m^2)

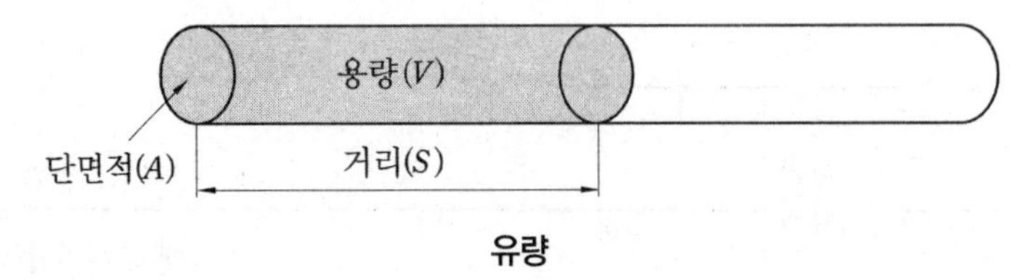

유량

(2) 유속(流速)

유속이란 단위 시간에 액체가 이동한 거리를 나타내며, 유압에서는

① 단위는 매 초당 움직인 거리(m/s)로 나타낸다.

② 기호는 v로 표시한다.

유속의 계산식은 다음과 같다.

$$v = \frac{Q}{A}$$

여기서, v : 유속(m/s), Q : 유량(L/min), A : 단면적(m^2)

1-5 연속의 법칙

(1) 연속의 법칙

유체가 관을 통해 흐를 경우 입구에서 단위 시간당 흘러 들어가는 유체의 질량과 출구를 통해 나가는 유체의 질량은 같아야 한다. 이를 연속의 법칙이라 한다.

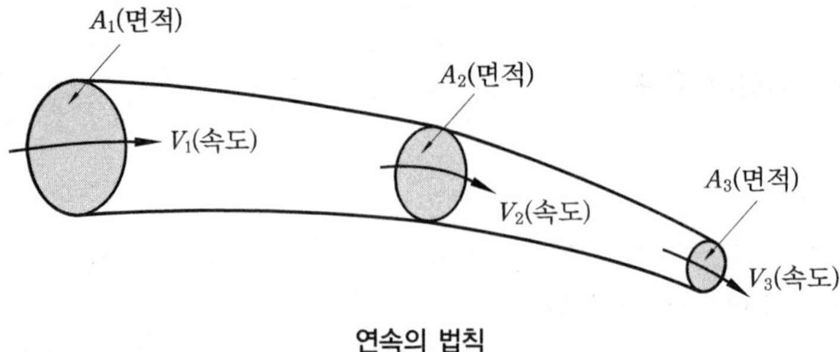

연속의 법칙

따라서 입구의 단면적을 A_1, 속도를 V_1, 그리고 출구에서의 단면적을 A_3, 속도를 V_3라 하고 중간 부분의 단면적을 A_2, 속도를 V_2라 하면 다음 식이 성립된다.

$$Q = A_1 V_1 = A_2 V_2 = A_3 V_3 = \text{일정}$$

따라서, $\dfrac{V_1}{V_2} = \dfrac{A_2}{A_1}$, $\dfrac{V_2}{V_3} = \dfrac{A_3}{A_2}$ 그리고, $V_1 = V_2 \cdot \dfrac{A_2}{A_1}$ 이 된다.

예제 3. 그림과 같은 관에 물이 12 L/s의 양으로 흐르고 있다. 이때 점 A와 점 B의 압력차는 몇 kgf/cm^2 인가? (단, 관의 모든 손실은 무시한다.)

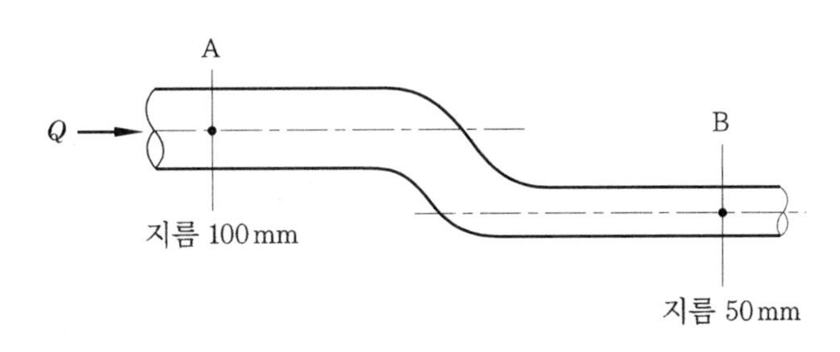

해설 연속 방정식 $Q = A_1 V_1 = A_2 V_2$에서

$$V_1 = \frac{Q}{A_1} = \frac{1.2 \times 10^{-2}}{\pi \times \frac{0.1^2}{4}} = 1.53\ \text{m/s}$$

$$V_2 = \frac{Q}{A_2} = \frac{1.2 \times 10^{-2}}{\pi \times \frac{0.05^2}{4}} = 6.11\ \text{m/s}$$

베르누이 정리에서

$$\frac{P_1}{\gamma} + \frac{V_1^2}{2g} + h_1 = \frac{P_2}{\gamma} + \frac{V_2^2}{2g} + h_2$$

$$P_1 - P_2 = \gamma\left(\frac{V_2^2}{2g} - \frac{V_1^2}{2g} + h_2 - h_1\right) = 1000\left(\frac{6.11^2}{2 \times 9.8} - \frac{1.53^2}{2 \times 9.8} + 0 - 1\right)$$

$$= 785.27\ \text{kgf/m}^2 = 0.079\ \text{kgf/cm}^2$$

$\therefore$ 0.079 kgf/cm^2

(2) 관의 안지름을 구하는 공식

$Q = A \cdot v = \dfrac{\pi \cdot d^2}{4} v$ 이므로 $d^2 = \dfrac{4Q}{\pi \cdot v}$ 이며, $d = \sqrt{\dfrac{4Q}{\pi \cdot v}}$ 이다.

여기서, Q : 유량, A : 관의 단면적, v : 유속, d : 관의 안지름

1-6 실린더의 미는 힘과 속도

(1) 미는 힘

실린더 입구에 P_1의 압력을 가진 액체가 들어가는 경우, 힘$(F) = P_1 \cdot A$로 되어 우측

으로 미는 힘이 작용한다. 그러나 실린더 출구에 P_2의 압력이 있는 경우에는(배압이라고 한다) 오른쪽으로 미는 힘이 약해지며, 힘$(F) = P_1 \cdot A - P_2 \cdot B$가 된다.

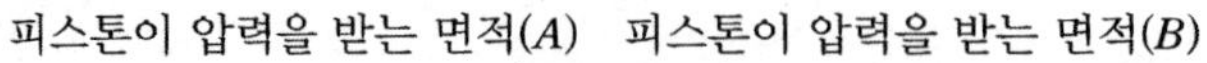

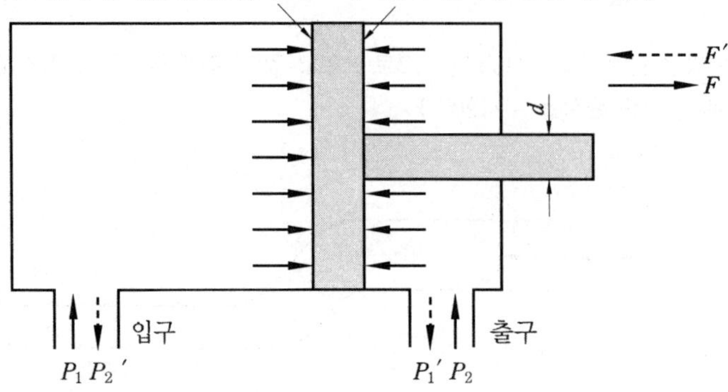

(2) 속도

실린더 입구에 Q_1의 유량이 들어가는 경우의 속도 $v_1 = \dfrac{Q_1}{A}$이 되어 우측으로 움직이는 속도를 알 수 있고, 실린더 출구에 Q_2의 유량이 들어가는 경우의 속도 $v_2 = \dfrac{Q_2}{B}$가 되어 좌측으로 움직이는 속도를 알 수 있다.

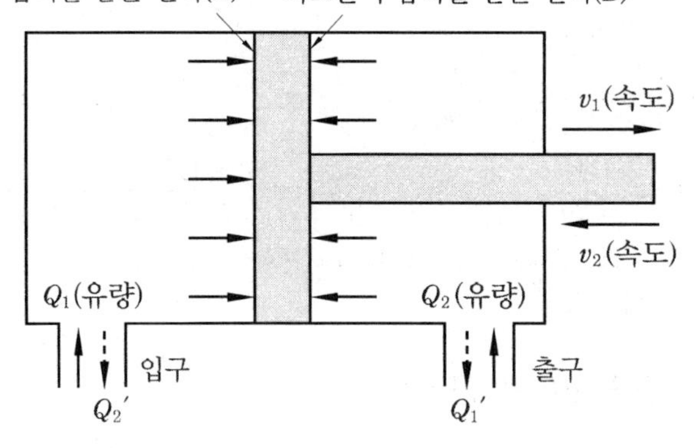

1-7 기름 통로 단면적 줄임 기구

유압 장치에서는 압력이나 유량을 조정할 때에는 밸브를 사용하는데 밸브는 흐름의 면적을 바꾸어 그 목적을 달성한다.

그중에서 흐름의 면적을 줄여서 관로 또는 기름 통로 안에 저항을 일으키게 하는 기구를 줄임 기구라고 하며, 짧은 줄임 기구(오리피스)와 긴 줄임 기구(초크)가 있다.

(1) 짧은 줄임 기구(오리피스 : orifice)

면적을 줄인 길이가 단면 치수에 비하여 비교적 짧은 경우를 말하며, 이 경우 압력 강하는 액체의 점도에 거의 영향을 받지 않는다.

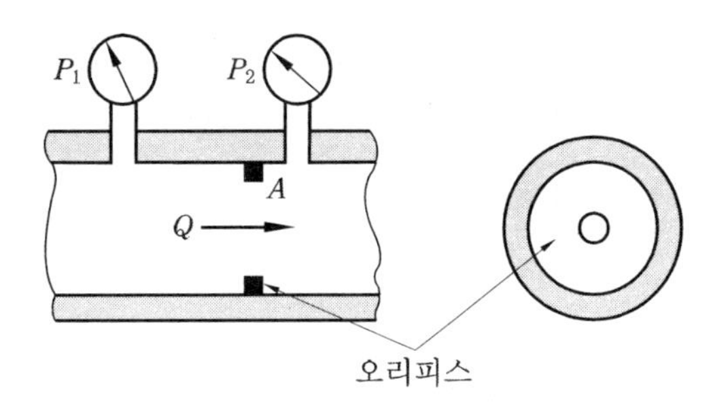

연속의 법칙과 베르누이의 정리로서 다음의 관계가 성립된다.

$$Q = C \cdot A\sqrt{\frac{2g(P_1 - P_2)}{\gamma}}$$

여기서, Q : 유량(cm^3/s), C : 유량계수, A : 오리피스 단면적(cm^2)
g : 중력의 가속도(980 cm/s^2), γ : 액체의 비중량(kgf/cm^3)
$P_1 - P_2$: 오리피스 앞뒤의 압력차(kgf/cm^2)

(2) 긴 줄임 기구(초크)

면적을 줄인 길이가 단면 치수에 비하여 비교적 긴 경우를 말하며, 이 경우에는 압력 강하가 액체의 점도에 따라 크게 영향을 받는다.

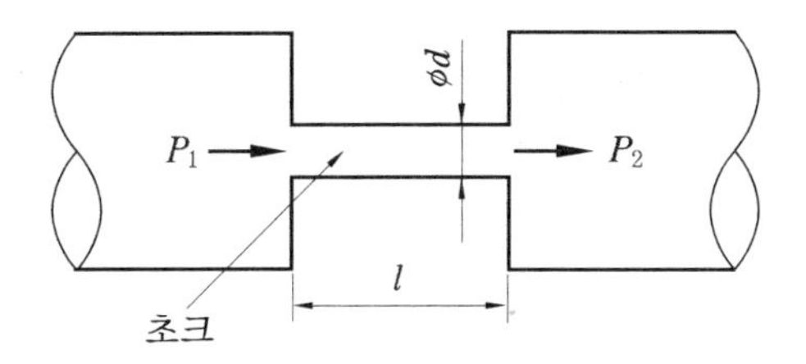

따라서, 관계식을 알아보면

$$Q = \frac{\pi \cdot d^2 \cdot g(P_1 - P_2)}{128\gamma \cdot V \cdot l}$$

여기서, Q : 유량(cm^3/s), d : 구멍의 지름(cm), $P_1 - P_2$: 압력차(kgf/cm^2)
γ : 액체의 비중량(kgf/cm^3), V : 이동 점성계수(cm^2/s)($1\ cm^2/s = 1\ St = 100\ cSt$)
l : 구멍의 길이(cm), g : 중력의 가속도(980 cm/s^2)

위의 공식은 관내 압력 손실의 계산에도 사용된다. 다만, 층류의 경우에만 적용된다. (층류 : 액체의 흐름이 층 모양으로 흘러서 혼란이 없는 경우를 말한다.)

1-8 유체 동력

(1) 개요

유체 동력이란 유체가 발생하는 동력을 말하며, 유압에 있어서 실용상 유량과 압력의 곱으로 나타낸다(유체에 미치는 동력의 크기로도 나타낸다).

일량 = 힘(F)×거리(S)이며,

$$동력 = \frac{일량}{시간} = \frac{F \cdot S}{t} = F \cdot v 이다.$$

여기서, t : 시간, F : 힘, S : 거리, v : 속도

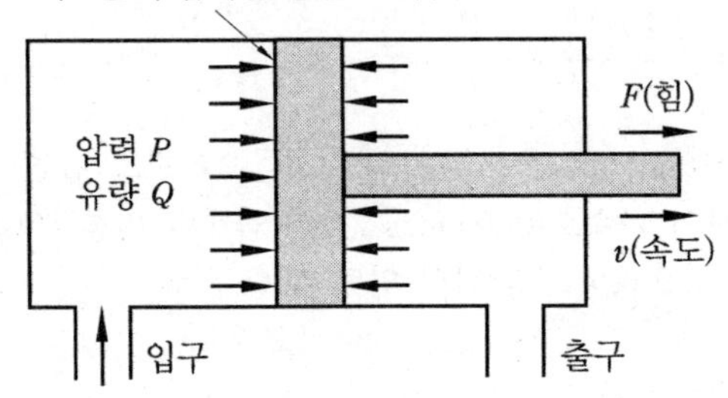

위 그림의 실린더 작동 상태는 F(힘) = A(단면적)×P(압력)

속도(v) = $\frac{Q}{A}$가 성립되므로 이 경우의 동력을 살펴보면

동력= $F \cdot v$이므로 유체 동력(L_0) = $A \cdot P \cdot \frac{Q}{A} = P \cdot Q$로 나타낸다.

참고

- **동력의 단위**
  ① 동력의 기본 단위 : kgf·m/s
  ② 전력의 기본 단위 : kW
  ③ 영국 마력 : HP
  ④ 미터 마력 : PS

동력의 환산표

구 분	PS	HP	kW	kgf·m/s
PS	1	0.986	0.736	75
HP	1.014	1	0.746	76
kW	1.360	1.34	1	102
kgf·m/s	0.0133	0.0131	0.0098	1

(2) 유체 동력의 계산식

$$L_o = \frac{P \cdot Q}{6} [\text{kgf} \cdot \text{m/s}]$$

여기서, L_o : 유체 동력(kgf · m/s), P : 유체 압력(kgf/cm^2), Q : 유체 유량(L/min)

유체 동력을 kW로 나타내면

$L_o = \dfrac{P \cdot Q}{612}$ [kW]가 되며, 1 kW=102 kgf · m/s이므로 102×6=612

유체 동력을 HP로 나타내면

$L_o = \dfrac{P \cdot Q}{456}$ [HP]가 되며, 1 HP=76 kgf · m/s이므로 76×6=456

유체 동력을 PS로 나타내면

$L_o = \dfrac{P \cdot Q}{450}$ [PS]가 되며, 1 PS=75 kgf · m/s이므로 76×6=450

1-9 펌프의 축동력

유압에서는 유압 펌프를 사용하여 유체 동력을 발생시키므로 이 펌프를 작동시키기 위하여 일반적으로 전동기를 이용하여 펌프에 동력을 전달하며, 이를 축동력이라고 한다.

펌프의 축동력$(L_S) = \dfrac{P \cdot Q}{612 \times \eta_p}$ [kW]이며, η_p는 펌프의 효율을 나타낸다.

예제 4. 유압 펌프의 배출 압력이 204 kgf/cm^2, 토출량이 30 L/min일 경우 유압 펌프를 구동하는 데 필요한 동력은 몇 kW인가? (단, 효율은 0.8이다.)

해설 $L_S = \dfrac{P \cdot Q}{612 \times \eta_p} = \dfrac{204 \times 30}{612 \times 0.8} = 12.5 \text{ kW}$

∴ 12.5 kW

1-10 유압 모터의 여러 가지 계산식

① 모터의 토크 : $T = \dfrac{P \cdot q}{2\pi} \cdot \eta_T$ [kgf · cm]

② 모터의 회전수 : $N = \dfrac{Q}{q/\eta_V}$ [rpm]

③ 모터의 출력 : $L_m = \dfrac{2\pi \cdot N \cdot T}{612 \times 10^3}$ [kW]

여기서, T : 토크(kgf·cm), Q : 공급 유량(cm^3/min)
q : 모터 용량(cm^3/rev), L_m : 모터의 출력(kW),
η_T : 토크 효율, η_V : 용적 효율
N : 회전수(rpm), P : 유입구와 유출구의 압력차(kgf/cm^2)

2. 공압의 기초

2-1 공압 기술의 발달

(1) 공압 기술의 역사

압축 공기는 인간이 사용한 가장 오래된 에너지 중의 하나이며 BC 1000년경 그리스 사람인 Ktesibios가 최초로 사용하였다. 그 후 BC 100~AD 100년경에는 무기·펌프·시계·오르간 등에 이용하기 시작하였고 고대 이집트인들은 이 압축 공기를 이용하여 불을 피웠다.

14세기부터 동력의 기계화 및 작업성을 향상시키는 데 이용하면서 일찍이 광업이나 건설업 등에 사용되어 왔으며, 실제로 공압 기술이 산업에 적용된 것은 제2차 산업 혁명과 1850년 채광용 증기 드릴, 1880년 공기 브레이크, 1927년 차량용 자동문 개폐 장치 등을 들 수 있다.

현재에는 고도의 산업용 기기나 의료 기기 등에서 널리 이용되고 있으며 품질이 고급화되어 자동화의 주체로서 유압 제어, 전기 제어와 함께 널리 사용되고 있다.

(2) 공기의 이용

공기는 생활에 없어서는 안 될 중요한 것으로 인간의 생존을 위한 에너지의 공급원으로 널리 이용되고 있으며, 그 용도는 다음과 같다.

① 공기의 성분(주로 산소)을 이용한 것 : 물질의 연소, 인간의 호흡
② 공기의 물리적 성질을 이용한 것 : 열기구
③ 흐름의 상대적인 현상을 이용한 것 : 낙하산, 행글라이더
④ 흐름의 물리적 현상을 이용한 것 : 에어 커튼
⑤ 동력을 이용한 것 : 공기 수송, 풍차
⑥ 인공적으로 압축한 공기의 에너지를 이용한 것 : 공기 브레이크, 자동문 개폐 장치, 압축 공기 공구, 공압 프레스

2-2 공압의 특성

(1) 공압의 장단점 및 제어 방식별 비교

① 공압의 장점

(가) 공기는 사용할 수 있는 양이 무한으로 얼마든지 있다.

(나) 출력 조정이 쉽고 무단 변속이 가능하며 빠른 작업 속도를 얻을 수 있으므로 작업 시간이 까다롭지 않다.

(다) 유압에서와 같이 리턴 라인이 불필요하므로 배관이 간단하다.

(라) 점성이 적으므로 압력 강하가 적다.

(마) 압축 공기는 저장탱크에 저장할 수 있으며 필요에 따라 사용할 수 있으므로 압축기를 계속 운전할 필요가 없다.

(바) 온도의 변화에 둔감하므로 극한 온도에서도 대체로 운전이 보장되는 편이다.

(사) 청결성이 있고 인체에 무해하므로 목재 · 섬유 · 피혁 · 식품 가공 등에도 사용할 수 있다.

② 공압의 단점

(가) 공압 기기에 급유를 하여 녹을 방지하고 윤활성을 주어야 한다.

(나) 이물질에 약하며 먼지나 습기가 있어서는 안 된다.

(다) 기준 이상의 힘이 요구될 때의 압축 공기는 효율이 낮고 비경제적이다.

(라) 압축성으로 인하여 균일한 피스톤 속도나 일시 정지 등이 곤란하며 응답 속도가 늦다.

(마) 밸브의 전환 시에 배기 소음이 크다.

2-3 공압의 기초 이론

(1) 공압의 물리적 성질

① 대기와 공압

(가) 공기의 성분 : 지구 표면은 공기층으로 되어 있으며, 공기의 조성 성분을 체적과 중량으로 알아보면 다음과 같다.

구 분 \ 성 분	N_2	O_2	Ar	CO_2
체적 조성	78.09	20.95	0.93	0.03
중량 조성	75.53	23.14	1.28	0.05

(나) 표준 상태 : 공기의 표준 상태는 온도 20℃, 절대압 760 mmHg, 상대 습도 65%인

상태를 말한다.

② 압력 : 공기는 높이에 따라 밀도가 다르며 표고가 높은 곳일수록 공기의 무게는 가벼워진다. 이 공기가 단위 면적에 작용하는 힘을 압력이라 한다.

압력 단위의 관계

kgf/cm^2	bar	kPa	mmHg
1	0.9807	98.07	735.6
1.0332	1	100	760
0.010332	0.01	1	7.5

③ 공기 중의 수분 : 공기 중에는 수분이 함유되어 있고 이 수분은 기기에 악영향을 주게 된다. 그러면 관련 용어와 수분의 양을 구하는 식을 알아보자.

(가) 관련 용어

㉮ 전압력(P)[kgf/cm^2abs] : 수분과 건조 공기의 혼합 기체가 나타내는 압력을 말한다.

㉯ 수증기 분압(P_w)[kgf/cm^2] : 습공기 중의 수증기가 나타내는 압력을 말한다.

㉰ 절대 습도(kgf/kg′f) : 습공기 중에 포함되어 있는 건조 공기 1 kgf에 대한 수분의 양을 말한다.

㉱ 상대 습도(ϕ)[%] : 어떤 습공기 중의 수증기 분압(P_w)과 같은 온도에서의 포화 공기의 수증기 분압(P_s)과의 비이다.

㉲ 노점 온도 : 이슬점이 생기는 온도로 어느 습공기의 수증기 분압에 대한 증기의 포화 온도이다.

(나) 수분의 양을 구하는 식

$$\text{절대 습도}(x) = \frac{0.622P_w}{P-P_w}\ [\text{kgf/kg}'\text{f}] \qquad \text{상대 습도}(\phi) = \frac{P_w}{P_s}\times 100\%$$

$$\therefore\ x = \frac{0.622\,\phi P_s}{100P-\phi P_s}\ [\text{kgf/kg}'\text{f}]$$

그러면 온도 40℃, 상대 습도 50%, 압력 7 kgf/cm^2의 공기 중에 들어 있는 수분의 양을 알아보자.

다음의 습공기표에서 $P_s = 7.523\times10^{-2}$ kgf/cm^2이므로

$$x = \frac{0.622\,\phi P_s}{100P-\phi P_s} = \frac{0.622\times50\times7.523\times10^{-2}}{100\times(1.033+7)-50\times7.523\times10^{-2}}$$

$= 0.0029\,\text{kgf/kg}'\text{f}$이 된다.

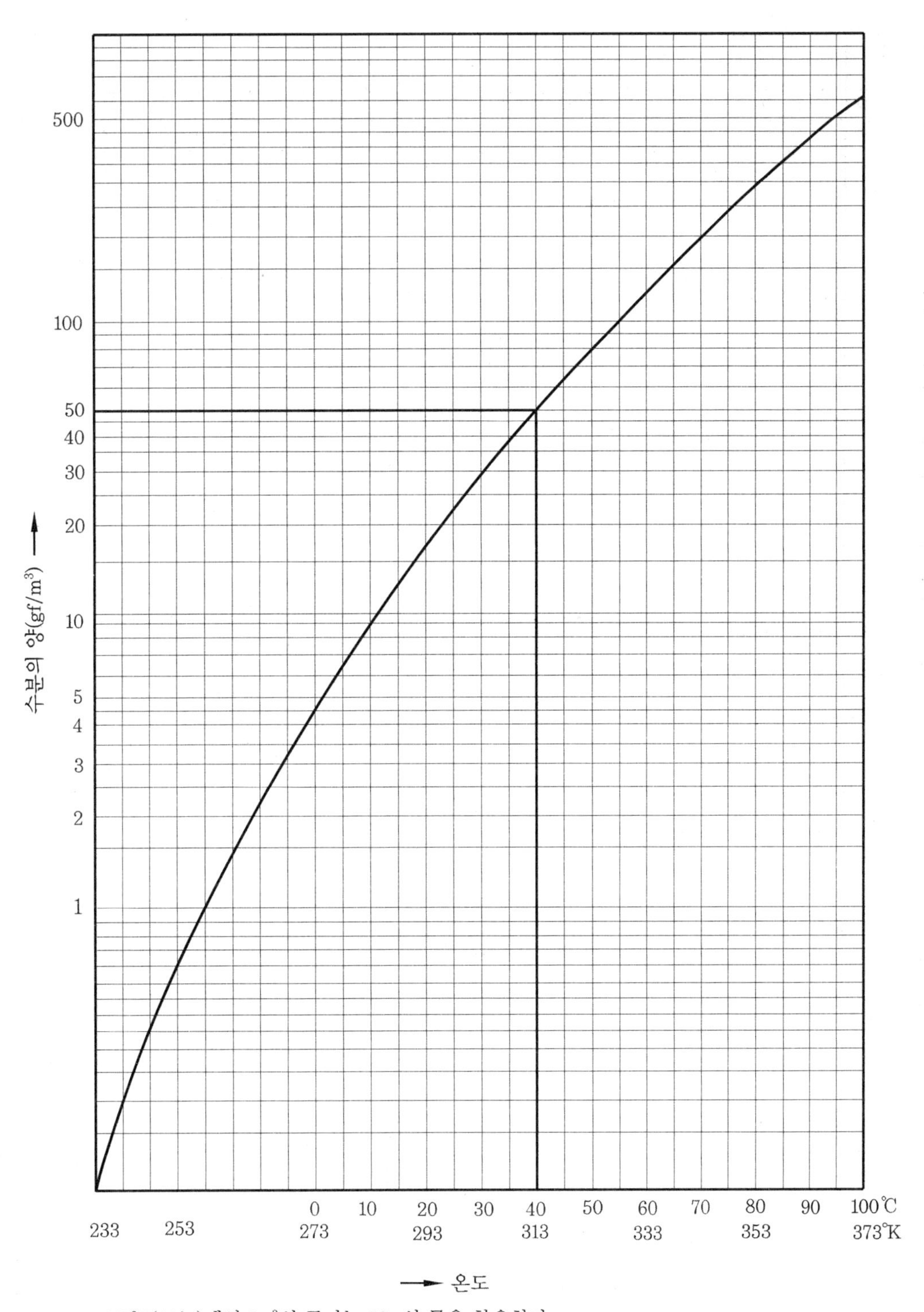

※ 313°K(40℃)에서 $1m^3$의 공기는 50 g의 물을 함유한다.

노점 온도 곡선

습공기표

t	P_s	h_s	x_s	t	P_s	h_s	x_s
℃	kgf/cm^2	mmHg	kgf/kg′f	℃	kgf/cm^2	mmHg	kgf/kg′f
−45.0	1.133×10^{-4}	0.08336	0.06823×10^{-3}	20.0	2.383×10^{-2}	17.53	0.01459
−44.0	1.263×10^{-4}	0.09292	0.07605×10^{-3}	21.0	2.535×10^{-2}	18.65	0.01564
−43.0	1.406×10^{-4}	0.1034	0.08467×10^{-3}	22.0	2.695×10^{-2}	19.82	0.01666
−42.0	1.564×10^{-4}	0.1150	0.09417×10^{-3}	23.0	2.864×10^{-2}	21.07	0.01773
−41.0	1.738×10^{-4}	0.1278	0.1046×10^{-3}	24.0	3.042×10^{-2}	22.38	0.01887
−40.0	1.929×10^{-4}	0.1419	0.1161×10^{-3}	25.0	3.230×10^{-2}	23.75	0.02007
−39.0	2.138×10^{-4}	0.1573	0.1288×10^{-3}	26.0	3.427×10^{-2}	25.21	0.02134
−38.0	2.369×10^{-4}	0.1742	0.1426×10^{-3}	27.0	3.635×10^{-2}	26.74	0.02268
−37.0	2.621×10^{-4}	0.1928	0.1578×10^{-3}	28.0	3.854×10^{-2}	28.35	0.02410
−36.0	2.898×10^{-4}	0.2132	0.1745×10^{-3}	29.0	4.084×10^{-2}	30.04	0.02560
−35.0	3.201×10^{-4}	0.2354	0.1927×10^{-3}	30.0	4.327×10^{-2}	31.83	0.02718
−34.0	3.532×10^{-4}	0.2598	0.2127×10^{-3}	31.0	4.581×10^{-2}	33.70	0.02885
−33.0	3.893×10^{-4}	0.2864	0.2345×10^{-3}	32.0	4.849×10^{-2}	35.67	0.03063
−32.0	4.288×10^{-4}	0.3154	0.2582×10^{-3}	33.0	5.130×10^{-2}	37.73	0.03249
−31.0	4.719×10^{-4}	0.3471	0.2842×10^{-3}	34.0	5.425×10^{-2}	39.90	0.03447
−30.0	5.188×10^{-4}	0.3816	0.3125×10^{-3}	35.0	5.735×10^{-2}	42.18	0.03655
−29.0	5.699×10^{-4}	0.4192	0.3433×10^{-3}	36.0	6.059×10^{-2}	44.57	0.03875
−28.0	6.255×10^{-4}	0.4601	0.3768×10^{-3}	37.0	6.400×10^{-2}	47.08	0.04109
−27.0	6.860×10^{-4}	0.5046	0.4132×10^{-3}	38.0	6.757×10^{-2}	49.70	0.04352
−26.0	7.516×10^{-4}	0.5529	0.4528×10^{-3}	39.0	7.131×10^{-2}	52.45	0.04611
−25.0	8.229×10^{-4}	0.6053	0.4957×10^{-3}	40.0	7.523×10^{-2}	55.34	0.04884
−24.0	9.002×10^{-4}	0.6621	0.5423×10^{-3}	41.0	7.934×10^{-2}	58.36	0.05173
−23.0	9.839×10^{-3}	0.7237	0.5928×10^{-3}	42.0	8.363×10^{-2}	61.52	0.05478
−22.0	1.074×10^{-3}	0.7902	0.6474×10^{-3}	43.0	8.818×10^{-2}	64.82	0.05800
−21.0	1.173×10^{-3}	0.8621	0.7067×10^{-3}	44.0	9.284×10^{-2}	68.29	0.06140
−20.0	1.279×10^{-3}	0.9406	0.7707×10^{-3}	45.0	9.775×10^{-2}	71.90	0.06499
−19.0	1.393×10^{-3}	1.025	0.8399×10^{-3}	46.0	0.10288	75.68	0.06878
−18.0	1.517×10^{-3}	1.116	0.9146×10^{-3}	47.0	0.10825	79.62	0.07279
−17.0	1.631×10^{-3}	1.214	0.9951×10^{-3}	48.0	0.11386	83.75	0.07703
−16.0	1.794×10^{-3}	1.320	1.082×10^{-3}	49.0	0.11972	88.06	0.08151
−15.0	1.949×10^{-3}	1.434	1.176×10^{-3}	50.0	0.12583	92.56	0.08625
−14.0	2.116×10^{-3}	1.557	1.277×10^{-3}	51.0	0.13221	97.25	0.09216

t	P_s	h_s	x_s	t	P_s	h_s	x_s
℃	kgf/cm^2	mmHg	kgf/kg'f	℃	kgf/cm^2	mmHg	kgf/kg'f
-13.0	2.296×10^{-3}	1.689	1.385×10^{-3}	52.0	0.13886	102.14	0.09657
-12.0	2.489×10^{-3}	1.831	1.502×10^{-3}	53.0	0.14580	107.24	0.1022
-11.0	2.696×10^{-3}	1.983	1.627×10^{-3}	54.0	0.15303	112.6	0.1081
-10.0	2.919×10^{-3}	2.147	1.762×10^{-3}	55.0	0.16057	118.1	0.1144
-9.0	3.158×10^{-3}	2.323	1.907×10^{-3}	56.0	0.16842	123.9	0.1211
-8.0	3.414×10^{-3}	2.511	2.062×10^{-3}	57.0	0.17660	129.9	0.1282
-7.0	3.689×10^{-3}	2.713	2.229×10^{-3}	58.0	0.18511	136.2	0.1358
-6.0	3.983×10^{-3}	2.930	2.407×10^{-3}	59.0	0.19397	142.7	0.1438
-5.0	4.208×10^{-3}	2.161	2.598×10^{-3}	60.0	0.2032	149.5	0.1523
-4.0	4.635×10^{-3}	3.409	2.802×10^{-3}	61.0	0.2128	156.5	0.1613
-3.0	4.995×10^{-3}	3.674	3.021×10^{-3}	62.0	0.2228	163.8	0.1709
-2.0	5.379×10^{-3}	3.957	3.255×10^{-3}	63.0	0.2331	171.5	0.1812
-1.0	5.790×10^{-3}	4.259	3.505×10^{-3}	64.0	0.2439	179.5	0.1922
0.0	6.228×10^{-3}	4.581	3.772×10^{-3}	65.0	0.2551	187.6	0.2039
1.0	6.996×10^{-3}	4.925	4.057×10^{-3}	66.0	0.2667	196.2	0.2164
2.0	7.194×10^{-3}	5.292	4.361×10^{-3}	67.0	0.2788	205.1	0.2298
3.0	7.725×10^{-3}	5.682	4.685×10^{-3}	68.0	0.2913	214.3	0.2442
4.0	8.590×10^{-3}	6.098	5.031×10^{-3}	69.0	0.3043	223.9	0.2597
5.0	8.891×10^{-3}	6.540	5.339×10^{-3}	70.0	0.3178	233.8	0.2763
6.0	9.531×10^{-3}	7.010	5.391×10^{-3}	71.0	0.3318	244.1	0.2943
7.0	1.0211×10^{-2}	7.511	6.208×10^{-3}	72.0	0.3464	254.8	0.3136
8.0	1.0933×10^{-2}	8.042	6.652×10^{-3}	73.0	0.3614	265.8	0.3346
9.0	1.1700×10^{-2}	8.606	7.124×10^{-3}	74.0	0.3770	277.3	0.3573
10.0	1.2511×10^{-2}	9.205	7.625×10^{-3}	75.0	0.3932	289.2	0.3820
11.0	1.3378×10^{-2}	9.840	8.159×10^{-3}	76.0	0.4099	301.5	0.4090
12.0	1.4294×10^{-2}	10.514	8.725×10^{-3}	77.0	0.4273	314.3	0.4385
13.0	1.5264×10^{-2}	11.23	9.326×10^{-3}	78.0	0.4452	327.5	0.4709
14.0	1.6292×10^{-2}	11.98	9.964×10^{-3}	79.0	0.4638	341.1	0.5066
15.0	1.7380×10^{-2}	12.78	0.01064×10^{-3}	80.0	0.4830	355.3	0.5460
16.0	1.8531×10^{-2}	13.61	0.01136	81.0	0.5029	369.9	0.5893
17.0	1.9749×10^{-2}	14.53	0.01212	82.0	0.5235	385.1	0.6387
18.0	2.104×10^{-2}	15.47	0.01203	83.0	0.5448	400.7	0.6936
19.0	2.240×10^{-2}	16.47	0.01378	84.0	0.5668	416.9	0.7557

④ 공기의 압력과 온도 및 체적의 관계

(가) 보일의 법칙(Boyle's law) : 일정량의 공기 온도를 균일한 상태에서 압축하면 압력이 상승하게 되며, 그때의 체적은 이 압력과 서로 반비례한다.

$$PV = C$$

여기서, P : 공기의 절대압력(kgf/cm^{2}abs), V : 비체적(m^3)

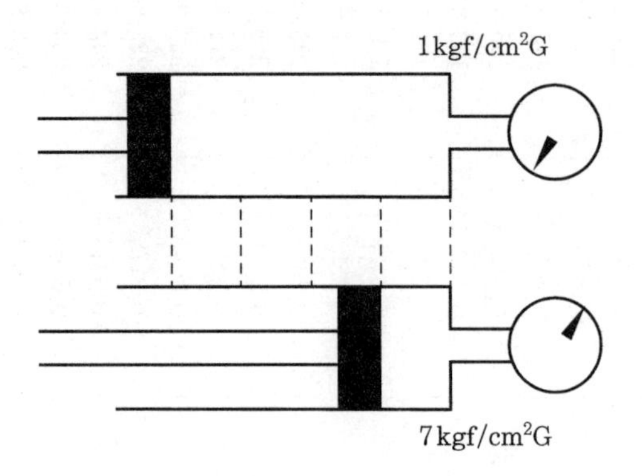

예를 들어 위 그림과 같이 압력 1 kgf/cm^{2}G(≒2 kgf/cm^{2}abs)의 공기를 $\frac{1}{4}$의 체적 까지 압축하면 압력은 7 kgf/cm^{2}G(≒8 kgf/cm^{2}abs)로 되어 절대 압력으로 약 4배 증가한다. 이와 같이 온도가 일정하면 일정량의 기체 압력과 체적의 곱은 항상 일정하며, 이러한 관계를 보일의 법칙이라고 한다.

(나) 샤를의 법칙(Charle's law) : 일정량의 공기를 일정한 압력으로 유지한 채 가열 또는 냉각하면 공기 체적은 절대 온도에 정비례한다(온도 1°에 $\frac{1}{273}$씩 증감한다).

$$v = \frac{v_0 T}{273} \qquad P = \frac{P_0 T}{273}$$

여기서, v_0 : 온도 0℃일 때의 체적(m^3)
p_0 : 온도 0℃일 때의 절대 압력(kgf/cm^{2}abs)
T : 절대 온도(273+온도 변화량) (°K)

이러한 관계를 샤를의 법칙이라 한다.

(다) 보일-샤를의 법칙(Boyle-Charle's law) : 일정량의 기체에서 압력과 온도를 바꾸면 체적이 변한다는 것은 보일의 법칙과 샤를의 법칙에서 알 수 있다. 그러나 압력, 온도, 체적이 같이 변하는 경우의 이들 법칙을 정리한 것으로 일정량의 기체의 체적은 절대 온도에 비례하고 압력에 반비례한다.

$$Pv = RT$$

여기서, R : 가스 정수(공기 : 29.27 kg · m/kg · °K)

⑤ 공기의 상태 변화

㈎ 단열 변화 : 기체가 외부와 열의 교환이 없는 상태로 압력이나 체적이 변하는 것을 말하며 $Pv^m = C$, $Tv^{m-1} = C$가 된다. 여기서, m은 단열 지수(정압 비열과 정적 비열의 비)로 공기의 경우 약 1.4이다.

일반적으로 압축기를 이용하여 공기를 압축할 때와 용기에 담겨진 공기를 한꺼번에 방출하는 경우와 같이 현상의 변화가 단시간에 이루어지는 경우에도 단열 변화로 본다.

㈏ 등온 변화 : 일정량 기체의 상태 변화가 일정한 온도에서 이루어지는 변화를 등온 변화라 하며, 이때의 식은 $Pv = RT = C$가 된다.

㈐ 폴리트로프의 변화 : 공업상 실제에 생기는 상태 변화는 일반적으로 불안전한 모양으로 단열 변화를 일으키며 이때에는 식에 $m > n > 1$인 지수 n이 주어진다.

$$TP^{\frac{1-n}{n}} = CTv^{n-1} = CTv^n = C$$

(n : 폴리트로프 지수, $m > n > 1$, m : 기체의 비열비로 공기의 경우 약 1.4)

⑥ 오리피스를 통과하는 흐름

㈎ 유효 단면적 : 그림과 같이 날카로운 둘레를 가진 오리피스에서는 오리피스 그 자체의 최소 단면적 A_1보다 하류측 흐름의 단면적 A_2가 최소로 되며, 이때의 유속은 최대가 된다. 이때의 A_2를 유효 단면적이라고 하며, 유동 능력을 나타내는 가상적인 단면적이 된다.

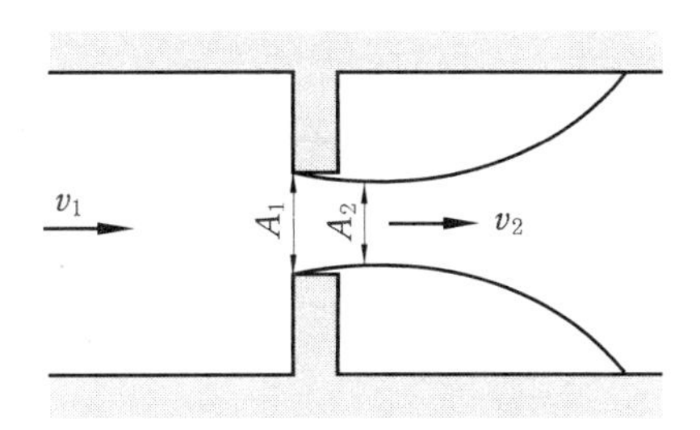

오리피스를 통과하는 흐름

㈏ 축류율 : 위의 그림에서 구멍부의 최소 단면적 A_1과 축류부의 최소 단면적 A_2의 비, 즉 $\frac{A_2}{A_1}$를 축류율이라 한다.

㈐ 유량

㉮ 임계 압력 : 오리피스를 통과하는 흐름의 1차측과 2차측의 압력비를 크게 할수록 유속과 유량이 증가하나 압력비가 어느 일정한 값에 이르면 유속은 음속이 되며, 이때부터는 압력비를 크게 해도 유량은 변하지 않는다. 이때 압력을 임계

압력이라 하며, 그 비는 공기의 경우 $P_1 = 1.89\,P_2$가 된다.

㈏ 아음속 흐름 : 기체의 속도가 음속 이하인 경우를 말하며, 일반적으로 음속의 $\frac{1}{2}$ 정도 이상이 되면 속도 변화에 따라 압력 변화가 생기는 것으로 $P_1 + 1.033 < 1.89(P_2 + 1.033)$인 경우이다. 이때의 유량 Q는 다음과 같다.

$$Q = 22.2S\sqrt{(P_1 - P_2)(P_2 + 1.033)} \cdot \sqrt{\frac{273}{273+t}}\ [\text{L/min}]$$

㈐ 음속 흐름 : 소리의 속도로 흐름을 나타내며, $P_1 + 1.033 \geqq 1.89(P_2 + 1.033)$인 경우로 이때의 유량 Q는 다음과 같다.

$$Q = 11.1S(P_1 + 1.033) \cdot \sqrt{\frac{273}{273+t}}\ [\text{L/min}]$$

⑦ 밸브의 C_v값과 유효 단면적

(가) C_v값(coefficient of valve) : 5.5℃(60° F)의 깨끗한 물을 이용하여 밸브 전후의 압력차를 1 PSI(0.07 kgf/cm^2)로 유지하여 흐르게 했을 때의 유량을 GPM(3.785 L/min) 단위로 나타낸 값을 말한다(PSI : pound per square inch, GPM : gallon per minute).

(나) 밸브의 유효 단면적(S) : 밸브의 실유량에 의한 밸브의 저항을 나타낸 값으로 동일 조건에서 동일 유량이 통과할 수 있는 등가 계산상의 단면적을 말한다.

(다) C_v값과 유효 단면적과의 관계식 : $S \fallingdotseq 18C_v\,[\text{mm}^2]$

제2장 유압 기기

1. 유압 펌프

1-1 개 요

유압 펌프는 전동기나 엔진 등에 의하여 얻어진 기계적 에너지를 유압으로 바꿔 주는 기계적 장치로서 유압 모터나 실린더를 작동시키는 유압 장치이다.

펌프에는 정용량형(1회전당의 토출량을 변동할 수 없는) 펌프와 가변 용량형(1회전당의 토출량을 변동할 수 있는) 펌프가 있으나 일반적으로 정용량형 펌프가 사용되고 있다.

정용량형은 밀폐된 유실의 용량 변화에 의해 기름을 흡입·토출하며, 흡입과 토출 쪽은 격리되어 있어서 부하가 변동하여 펌프의 토출 압력이 변화해도 펌프의 토출량은 거의 일정하여 유압장치에 적합하다.

1-2 기구에 의한 분류

유압 펌프
- 기어 펌프 : 외접 기어 펌프, 내접 기어 펌프
- 피스톤 펌프 : 액시얼형 피스톤 펌프, 레이디얼형 피스톤 펌프, 리시프트형 피스톤 펌프
- 베인 펌프 : 1단 베인 펌프, 2단 베인 펌프, 각형 베인 펌프, 가변 베인 펌프, 2련 베인 펌프(복합 베인 펌프)

1-3 기어 펌프의 특징 및 구조

(1) 기어 펌프의 특징

① 구조가 간단하다.

② 다루기 쉽고 가격이 저렴하다.

③ 기름의 오염에 비교적 강한 편이다.
④ 펌프의 효율은 피스톤 펌프에 비하여 떨어진다.
⑤ 가변 용량형으로 만들기가 곤란하다.
⑥ 흡입 능력이 가장 크다.

(2) 외접식 기어 펌프

2개의 기어가 케이싱 안에서 맞물려서 회전하며, 맞물림 부분이 떨어질 때 공간이 생겨서 기름이 흡입되고, 기어 사이에 기름이 가득 차서 케이싱 내면을 따라 토출 쪽으로 운반한다(기어의 맞물림 부분에 의하여 흡입 쪽과 토출 쪽은 차단되어 있다).

(3) 내접식 기어 펌프

외접식과 같은 원리이나 두 개의 기어가 내접하면서 맞물리는 구조이며, 초승달 모양의 칸막이판이 달려 있다.

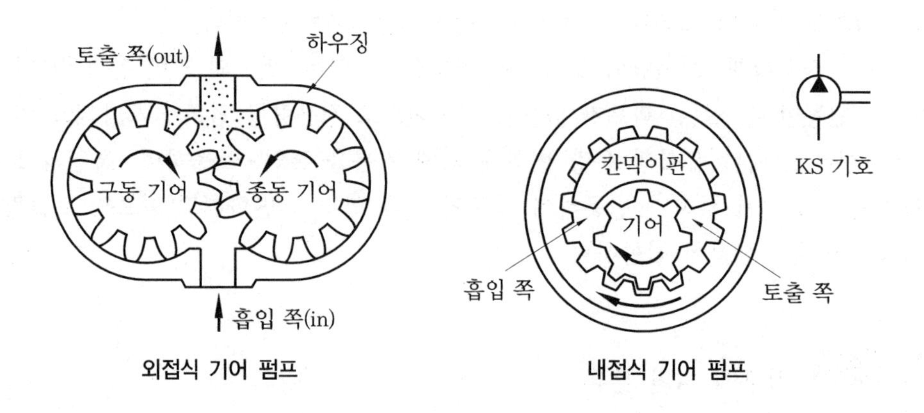

외접식 기어 펌프　　내접식 기어 펌프

1-4 피스톤 펌프의 특징 및 구조

(1) 피스톤 펌프의 특징

① 고압에 적합하며 펌프 효율이 가장 높다.
② 가변 용량형에 적합하며, 각종 토출량 제어장치가 있어서 목적 및 용도에 따라 조정할 수 있다.
③ 구조가 복잡하고 비싸다.
④ 기름의 오염에 극히 민감하다.
⑤ 흡입 능력이 가장 낮다.

(2) 레이디얼형 피스톤 펌프

실린더 블록이 회전하면 피스톤 헤드는 케이싱 안의 로터의 작용에 의하여 행정이 된다. 피스톤이 바깥쪽으로 행정하는 곳에서는 기름이 고정된 밸브축의 구멍을 통하여 피스톤의 밑바닥에 들어가며, 안쪽으로 행정하는 곳에서 밸브 구멍을 통하여 토출된다.

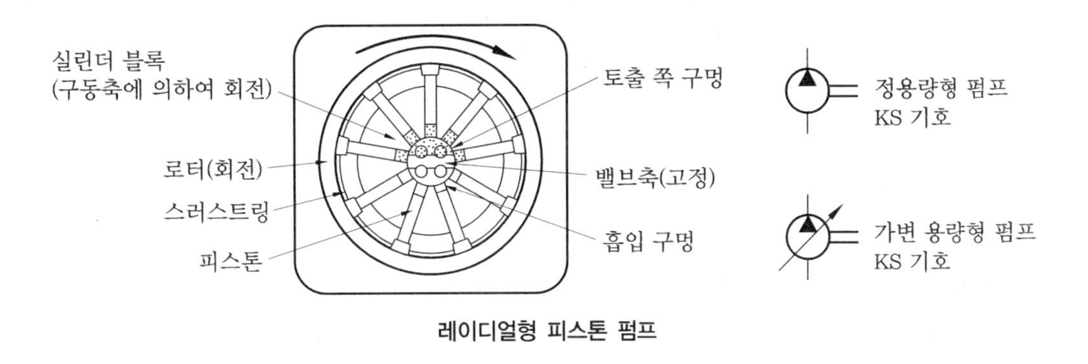

레이디얼형 피스톤 펌프

(3) 액시얼형 피스톤 펌프(사판식)

경사판과 피스톤 헤드 부분이 스프링에 의하여 항상 닿아 있으므로 구동축을 회전시키면 경사판에 의하여 피스톤이 왕복 운동을 하게 된다. 피스톤이 왕복 운동을 하면 체크 밸브에 의해 흡입과 토출을 하게 된다. 사판의 기울기 α에 의해 피스톤의 스트로크(행정)가 달라진다.

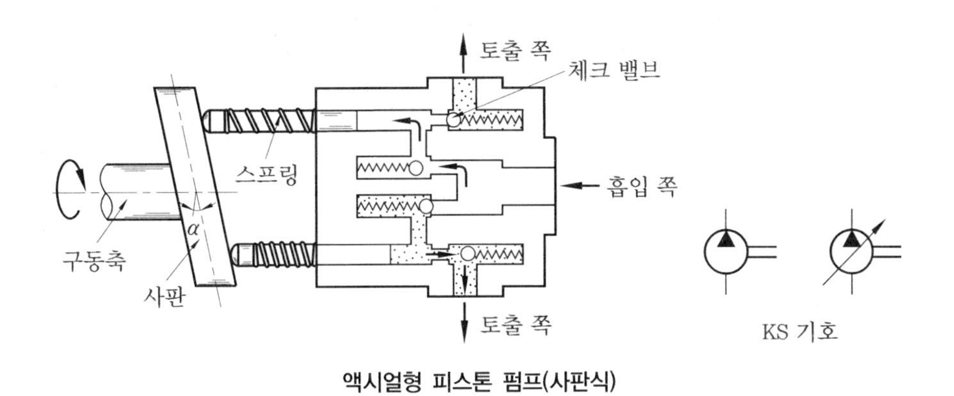

액시얼형 피스톤 펌프(사판식)

(4) 액시얼형 피스톤 펌프(사축식)

축 쪽의 구동 플랜지와 실린더 블록은 피스톤 및 연결봉의 구상 이음(ball joint)으로 연결되어 있으므로 축과 함께 실린더 블록은 회전한다. 기울기 α에 의해 피스톤의 스트로크(행정)가 달라진다.

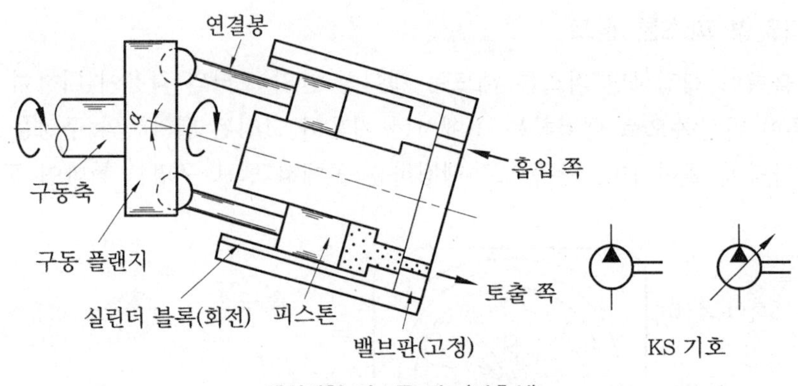

액시얼형 피스톤 펌프(사축식)

(5) 리시프트형 피스톤 펌프

크랭크 또는 캠에 의하여 피스톤을 행정시키는 구조이며, 고압에서는 적합하지만 용량에 비하여 대형이 되므로 가변 용량형으로 할 수 없다.

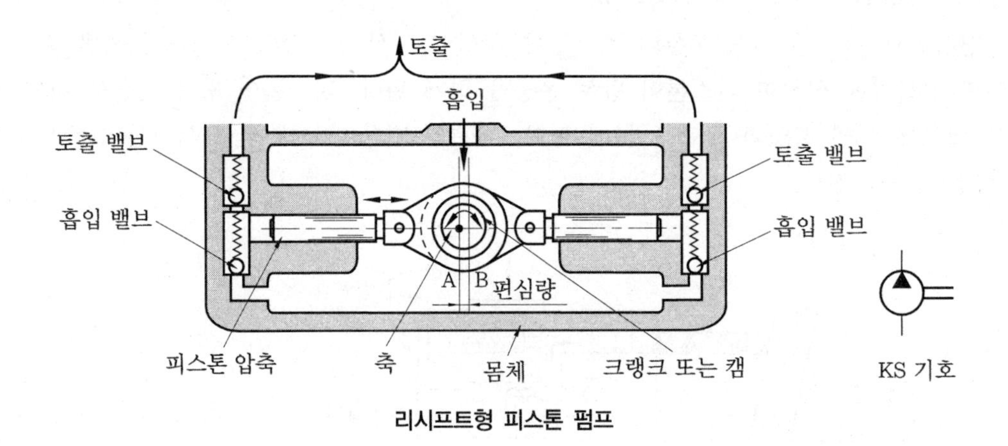

리시프트형 피스톤 펌프

1-5 베인 펌프의 특징 및 구조

(1) 베인 펌프의 특징

① 수명이 길고 장시간 안정된 성능을 발휘할 수 있어서 산업 기계에 많이 쓰인다.

② 맥동(끊어짐과 이어짐)이 적고 소음이 작다.

③ 수리 및 관리가 용이하다.

④ 작게 만들 수 있어 피스톤 펌프보단 단가가 싸다.

⑤ 기름의 오염에 주의하고 흡입 진공도가 허용 한도 이하이어야 한다.

(2) 단단 베인 펌프(single vane pump)

축이 회전 운동을 하면 로터가 회전하고 베인은 원심력 및 유압에 의하여 튀어나와 캠링 내면에 닿아 섭동한다. 베인 사이의 유실은 캠링의 곡선에 따라 용적을 형성하고, 유실이 넓은 곳에 흡입구가 달려 있어 기름이 흡입되며, 유실이 좁은 쪽에는 토출구가 있어서 기름이 강제적으로 토출된다.

로터 외부에 작용하는 유압은 평형되어 있으므로 베어링부에 작용하는 레이디얼 하중은 줄어들며, 이를 압력 평형형이라고도 한다.

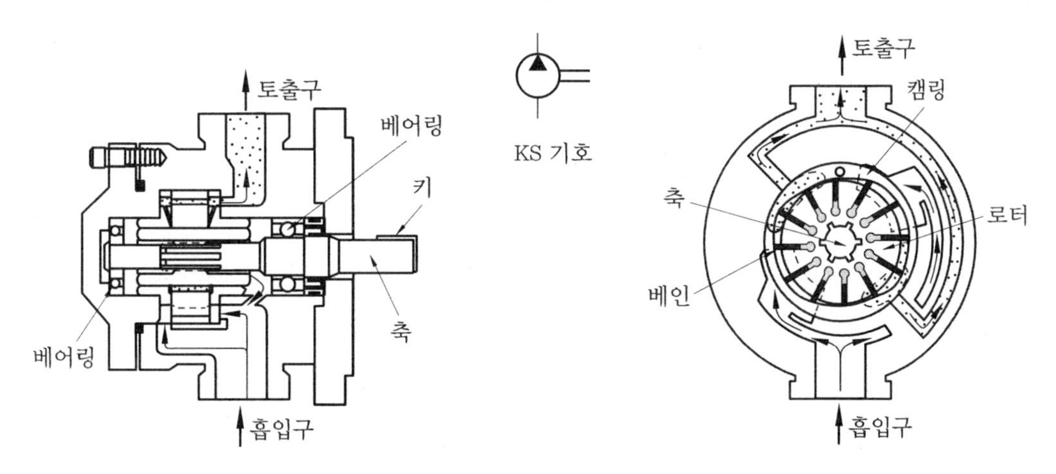

단단 베인 펌프

(3) 2련 베인 펌프

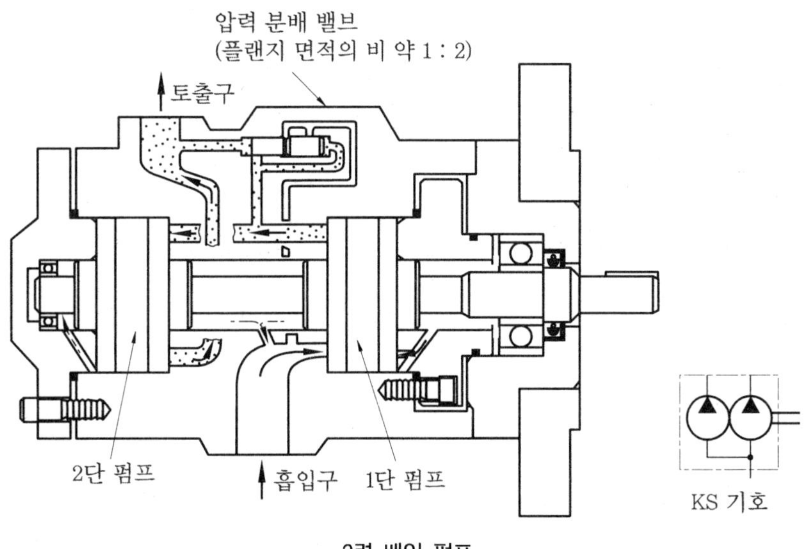

2련 베인 펌프

용량이 같은 2세트의 펌프가 같은 케이스 안에 1개의 축에 의하여 회전 운동을 하는 구조로 되어 있으며, 양쪽의 펌프에 언제나 같은 부하가 걸리도록 압력 분배 밸브가 달려있다. 따라서 1단 쪽의 펌프 토출구가 2단 쪽의 펌프 흡입구와 통하고 있다.

압력 분배 밸브는 큰 플랜지와 작은 플랜지로 구성되며, 면적비는 2 : 1로 되어 있다. 따라서 1단 쪽 펌프의 토출량이 2단 쪽 펌프의 흡입량보다 많을 때 과잉 유압은 1단 쪽 펌프의 흡입부로 되돌아온다.

반대일 경우에는 2단 쪽 토출부에서 2단 쪽 흡입부로 유압유가 보충되어 언제나 같은 부하가 되도록 작동한다.

(4) 고압 단단 베인 펌프

단단이고 140 kgf/cm^2 이상의 성능을 지니는 펌프이다. 베인 펌프를 고압화하기 위한 조건으로서는 흡입 쪽에서의 베인과 캠링의 접촉력을 반드시 줄여야 한다. 이를 위하여 베인 바닥에 공급하는 압력을 감압해서 해결하고 있다.

그 밖에 고압으로 높은 용적 효율을 유지할 수 있도록 압력판(pressure plate) 방식으로 하고, 또한 로터의 강도를 높이기 위하여 10장 베인 수직 홈 로터를 쓰고 있다.

베인 바닥에 압력을 공급하기 위하여 측판에 설치하는 포트를 4개로 나누어 펌프의 토출 압력을 약 $\frac{1}{2}$로 감압한 다음 흡입 쪽의 베인 바닥으로 유도한다.

흡입 쪽 베인 바닥에 공급된 기름은 토출 쪽에 오면 초크 구멍을 통하여 펌프 토출 쪽 포트에 배출하는 기구로 되어 있으므로 토출 쪽의 베인 바닥 압력은 머리부보다도 초크의 저항분만큼 높아져서 캠링의 베인을 안정시킨다.

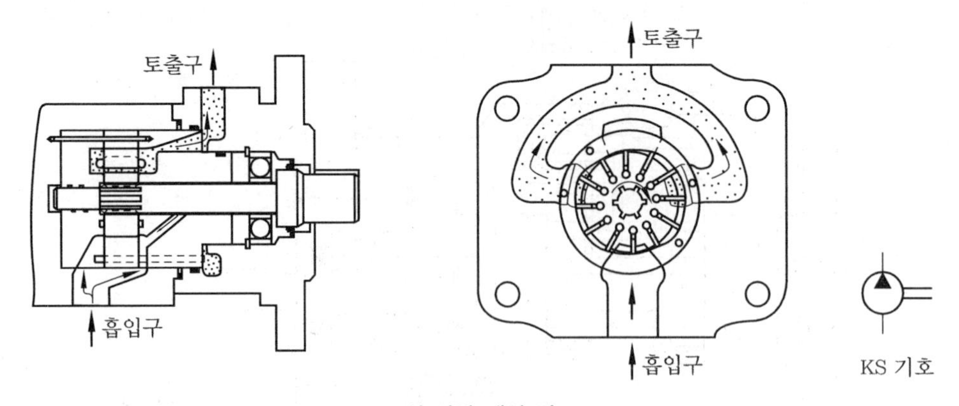

고압 단단 베인 펌프

(5) 가변 용량형 베인 펌프(variable displacement vane pump)

이 펌프는 고정 용량형 펌프 캠링에 비해 캠링 내면은 진원이다. 따라서 무부하 시에는 스프링 힘에 의하여 로터에 캠링을 편심시켜서 유실의 용적을 변화시킨다.

토출 압력이 설정된 값에 도달하면 자동적으로 토출량은 0에 가까워지고 그 이상 압력 상승은 일어나지 않으며, 링의 편심량 변동으로 토출량도 조정할 수 있다.

이 펌프는 동력 절감, 유온 상승의 감소, 릴리프 밸브의 불필요 등의 우수한 점이 있으나 구조면에서 소음, 진동이 약간 크고 압력 평형형이 아니므로 축 받침용 베어링의 수명이 짧아지는 등의 단점이 있다.

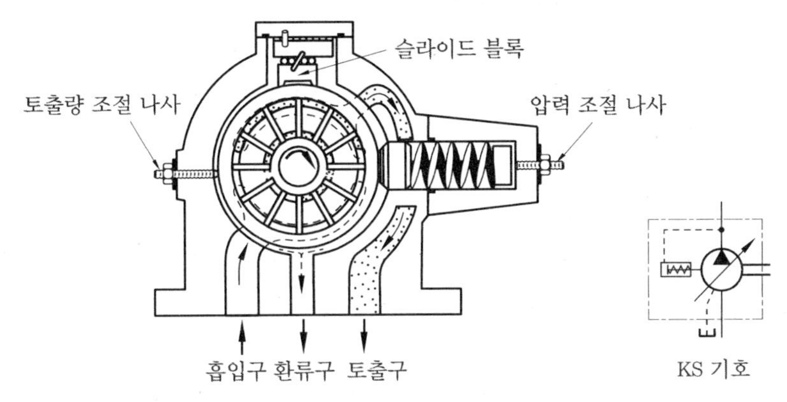

가변 용량형 단단 베인 펌프

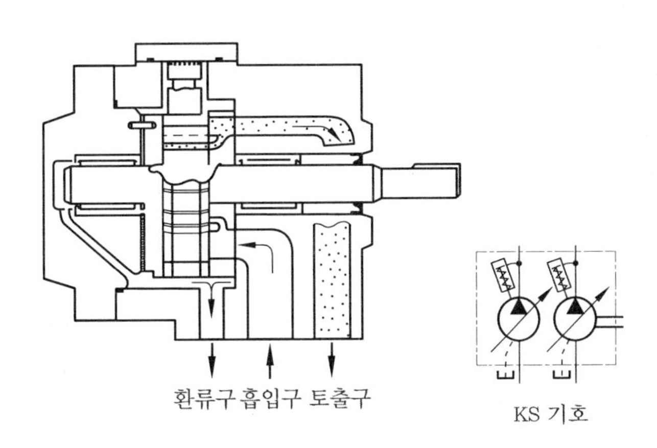

가변 용량형 2련 베인 펌프

1-6 펌프 취급상의 주의사항

(1) 펌프의 고정 및 중심내기(centering) 작업

① 벨트 체인 기어에 의한 가로 구동은 피해야 하며, 이는 소음 발생이나 베어링 손상의 원인이 된다.

② 펌프를 전동기 또는 구동축과 연결할 때에는 양축의 중심선이 일직선상에 오도록 설치해야 하며, 중심이 일치하지 않으면 베어링 및 오일 실(oil seal)의 파손 원인이 된다.

(2) 배관의 설치

① 배관은 규정대로 설치해야 하며, 흡입 저항이 펌프의 허용 흡입 저항을 넘지 않고 되도록 작아야 한다.

② 흡입 쪽의 기밀성에 특히 주의해야 하며, 공기의 흡입은 소음 발생의 원인이 된다.

③ 흡입 쪽 및 토출 쪽을 강관으로 배관할 때에는 배관에 의해 펌프가 강제적으로 편하중을 받지 않도록 주의해야 하며, 이는 소음 발생 및 펌프 파손의 원인이 된다.

④ 드레인 배관의 환류구는 탱크의 유면보다 낮게 하되 흡입관에서 되도록 먼 위치에 설치해야 하고, 드레인 압력은 0.7 kgf/cm^2 이하로 해야 하며, 드레인 압력이 높아지면 오일 실의 파손 원인이 된다.

(3) 펌프 시동 시의 주의사항

시동 시에는 급격히 회전 속도를 올리지 말고 처음에는 전동기의 입력 스위치를 여러 번 ON-OFF시켜 배관 중의 공기를 빼낸 후 연속 운전하여 압력을 낮추거나 무부하 회로로 시도한다.

(4) 회전 방향의 변경

① 펌프의 회전 방향으로 펌프의 앞쪽(축이 있는 쪽)에서 보아 오른쪽으로 회전하는 것이 표준이다.

② 원형 펌프에서 회전 방향을 변경할 때에는 커버를 떼고 카트리지(캠링 1개, 로터 1개, 베인, 부싱 2매)를 통째로 꺼내어 반대 방향으로 조립하며, 이때 핀의 위치에 주의한다.

(5) 흡입 저항

① 흡입 저항은 허용 흡입 저항이라고도 하며 기기에 따라 100~200 mmHg가 있다.

② 흡입 저항이 높아지면 부품의 파손, 소음, 진동의 원인이 되며 펌프의 수명이 짧아진다.

(6) 필터

① 흡입 쪽에는 150메시의 석션 필터를 사용한다.

② 단단 고압 펌프일 경우에는 토출 쪽에 25μ 이하의 라인 필터를 사용한다.

(7) 유압유

깨끗한 기름을 선택해야 하며, 내마모성 유압유를 사용하면 수명이 길어진다.

1-7 펌프의 고장과 대책

(1) 펌프가 기름을 토출하지 않는다.

① 펌프의 회전 방향이 올바른지 검사한다.
② 흡입 쪽을 검사한다.
(가) 오일 탱크에 오일이 규정량으로 들어 있는가
(나) 석션 스트레이너가 막혀 있지 않은가
(다) 흡입관으로 공기를 빨아들이지 않은가
(라) 규정된 점도의 기름이 들어 있는가(점도가 아주 높으면 흡입이 안 될 수도 있다.)
(마) 석션 스트레이너의 눈 간격은 규정의 것인가
(바) 오일 탱크 유면에서 펌프까지의 높이가 너무 높지 않은가 또는 배관이 너무 가늘지 않은가, 배관이 심하게 휘어진 곳은 없는가
② 펌프는 정상적인가 검사한다.
(가) 축의 파손은 없는가
(나) 내부의 부품에 파손은 없는가 분해 · 점검한다.
(다) 분해 조립 시 내부 부품을 빠짐없이 끼웠는가

(2) 압력이 상승하지 않는다.

① 펌프로부터 기름이 토출되고 있는지 검사한다.
② 유압 회로를 점검한다.
(가) 유압 배관이 도면대로 되어 있는지 검사한다.
(나) 언로드 회로의 점검 : 펌프의 압력은 부하로 인하여 상승하며, 부하가 걸리지 않는 상태에서는 압력이 상승하지 않는다.
③ 릴리프 밸브를 점검한다.
(가) 압력 설정은 올바른가
(나) 릴리프 밸브 자체의 고장은 없는가
④ 언로드 밸브(시퀀스 밸브, 전자 밸브 등을 언로드용으로 사용하고 있는 경우)의 점검
(가) 밸브의 설정 압력은 올바른가
(나) 밸브 자체의 고장은 없는가
(다) 전자 밸브를 언로드 회로에 사용할 때에는 특히 전기 신호(램프, 솔레노이드)의 확인 및 전자 밸브가 실제로 작동하고 있는지의 여부를 검사한다(전기 회로의 전자 접속기는 작동하고 있지만 접점 불량, 단선 등으로 전자 밸브가 작동하지 않는 경우도 있다).
⑤ 펌프의 점검 : 축, 카트리지 등의 파손이나 헤드 커버 볼트의 조임 상태등을 분해 점검한다.

(3) 펌프의 소음

① 위의 현상과 관계가 있다.
 (가) 석션 스트레이너가 막혀 있지 않은가
 (나) 석션 스트레이너가 너무 적지 않은가
② 공기의 흡입은 없는가
 (가) 탱크 안의 기름을 점검하여 기름에 기포 등이 없는지 점검한다.
 (나) 유면 및 석션 스트레이너의 위치를 점검한다.
 (다) 흡입관의 이완은 없는가, 패킹은 완전한가
 (라) 펌프의 헤드 커버 조임 볼트가 느슨하지 않은가
③ 환류관의 점검
 (가) 환류관의 출구는 흡입관 입구에서 적당한 간격을 유지하고 있는가
 (나) 환류관의 출구가 유면 이하로 들어가 있는가(유면보다 높으면 기름 속으로 공기가 들어가게 된다.)
④ 릴리프 밸브의 점검
 (가) 떨림 현상이 발생하고 있지 않은가
 (나) 유량은 규정에 꼭 맞는가
⑤ 펌프의 점검
 (가) 전동기 축과 펌프 축의 중심이 일치되었는가
 (나) 파손 부품(특히 카트리지)은 없는가를 분해 점검한다.
⑥ 진동
 (가) 설치면의 강도는 충분한가
 (나) 배관 등에 진동은 없는가
 (다) 설치 장소의 불량으로 떨림이나 소음(소리의 메아리나 공명 등)이 없는가

(4) 기름 누출

① 조임부의 볼트 이완
② 패킹, 오일 실, O링의 점검(오일 실 파손의 원인은 중심이 일치하지 않거나 드레인 압력이 너무 높을 때이다.)

(5) 펌프의 온도 상승

냉각기의 성능은 충분한가 또는 유량은 적지 않은가

(6) 펌프가 회전하지 않는다

펌프의 소손, 축의 절손 : 분해하여 소손 부분을 조사하고 신품과 교환한다(이 경우 원인을 꼭 규명해야 하며, 원인으로는 먼지에 의한 마모 또는 헤드 커버 볼트의 조임 불량, 토크가 너무 클 때 등이다).

(7) 전동기의 과열

① 전동기의 용량이 맞는지 검사한다.
② 릴리프 밸브의 설정 압력은 올바른가

(8) 펌프의 이상 마모

① 유압유의 오염
② 점도가 너무 낮거나 기름의 온도가 너무 높다.
③ 유압유의 열화

1-8 분해 조립 방법

분해하기 전에 설명서를 확실히 읽고 지시에 따른다(틀린 분해 조립은 도리어 다른 문제를 일으킬 우려가 있다).

① 펌프와 전동기는 반드시 작업대 위에서 분해 조립한다.
② 분해 순서대로 나열하여 역순으로 조립한다.
③ 케이싱 등의 분해 시에는 표시점(eye mark)을 찍는다.

(1) 분해 요령

① 헤드 커버 부착 볼트(육각 홈붙이 볼트)를 풀어 헤드 커버를 떼어낸다.
② 카트리지(캠링, 로터, 베인, 부싱, 핀)를 꺼낸다.
③ 축에서 키를 분해하여 플랜지 설치 볼트를 풀고 플랜지를 떼어낸다.
④ 헤드 커버 쪽에서 축 끝을 가볍게 두드리면 축, 베어링 및 스페이서가 함께 빠진다(이때 나무 해머 및 플라스틱 해머를 사용한다).
⑤ 축에서 베어링을 분해할 때에는 스냅링을 빼고 나서 프레스로 베어링을 빼낸다.

(2) 조립 방법

① 분해의 역순으로 하며, 마모 부품이나 파손 부품은 신품과 교환한다(오일 실과 O링은 반드시 신품과 교환한다).
② 축에 베어링을 프레스로 압입한 후 스냅링을 끼운다.
③ 축을 몸체에 결합한다.
④ 스페이서를 결합하고 플랜지를 결합한다(오일 실 및 O링이 들어 있는지 확인한다).
⑤ 카트리지를 설치한다(이때 회전 방향에 따라 핀의 위치가 달라진다). 베인은 경사진 부분(가공 부분)이 회전 방향에 대하여 뒤쪽이 되도록 하며, 로터는 베인 회전 방향에 대하여 앞쪽이 되도록 조립한다.
⑥ 헤드 커버를 부착하고 볼트로 조인다. 이때 O링을 꼭 확인한다.

2. 유압 제어 밸브

유압 제어 밸브란 유압 펌프에서 발생시킨 유압을 이용하여 유압 장치에서 유체의 압력, 흐름 방향의 전환 및 속도를 제어하기 위한 유량의 제어 등의 기능을 수행하여, 우리가 원하는 일을 할 수 있도록 해주는 유압 기기를 말한다.

유압 장치의 기능상 밸브의 선택은 매우 중요하며, 그 형식이나 구동 장치, 제어 능력, 크기 등이 고려되어야 한다. 이를 기능면에서 분류할 경우, 압력 제어 밸브, 방향 제어 밸브, 유량 제어 밸브로 크게 나눌 수 있다.

압력 제어 밸브는 유압 회로 내의 압력을 일정 값으로 설정하여, 회로 내의 최고 압력을 제한하거나 사용하는 용도에 따라 압력의 크기를 감소시킬 때, 펌프를 무부하 상태로 할 때, 회로 내의 압력 차이에 따라 구동 장치의 운동 순서를 결정하는 용도에 사용되며, 릴리프 밸브, 감압 밸브, 언로드 밸브 및 압력 시퀀스 밸브 등이 이에 속한다. 회로 내에서 운전할 때에 여러 가지 밸브들의 급작스런 개폐로 인하여 이상 고압 현상이 발생되는데, 이 압력을 서지 압력(surge pressure)이라고 한다. 압력 제어 밸브 중 릴리프 밸브는 이러한 서지 압력을 안정된 회로 압력으로 만들어 주는 역할을 한다.

방향 제어 밸브는 유압 회로 내의 유체의 흐름 방향을 전환하거나 흐름의 단속에 사용되는 것으로, 유압 액추에이터의 구동 방향을 조절하는 데 사용되며, 체크 밸브, 셔틀 밸브, 2방향, 3방향, 4방향 제어 밸브 등이 있다.

유량 제어 밸브는 유체의 유량을 제어하여 유압 기기의 속도 제어가 필요한 경우에 사용되는 밸브로서 압력 보상형 및 비보상형, 교축 밸브 등이 있다.

다음은 유압 제어 밸브를 기능에 따라 분류한 것이다.

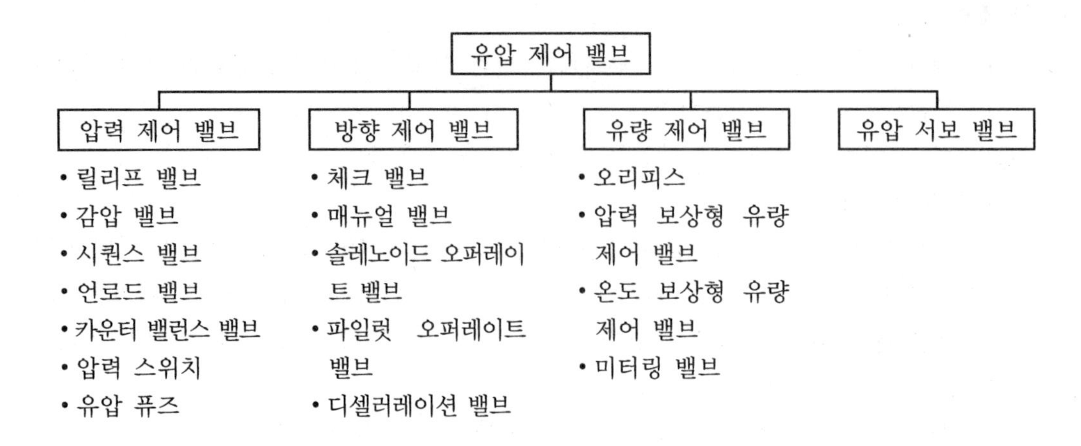

2-1 압력 제어 밸브

(1) 종류

압력 제어 밸브에는 릴리프 밸브, 감압 밸브, 시퀀스 밸브, 언로드 밸브, 카운터 밸런스 밸브 등이 있다.

(2) 릴리프 밸브(relief valve)

최초의 압력이 설정 압력 이상이 되면 회로 유량의 일부 또는 전부를 탱크로 보내어 회로 내의 최고 압력을 규제한다(같은 구조의 밸브로서 이상 고압 발생 시에만 작동시켜서 과부하 방지용으로 사용하는 것을 안전 밸브라고 한다). 릴리프 밸브를 구조면에서 나누어보면 직동형과 파일럿 작동형(밸런스 피스톤형)이 있다.

① 오버 라이드(over-ride) 특성

사전 누설 특성이라고도 하며, 릴리프 밸브나 체크 밸브 등에 회로 압력이 증가했을 때 밸브가 열리기 시작하여 어느 일정한 흐름의 양으로 안정되는 압력을 크랭킹 압력이라고 하며, 압력이 더욱 증가하면 그 밸브의 소정 유량이 통과할 때에 밸브의 저항에 의한 압력 상승이 있다. 이러한 현상을 압력 오버 라이드라고 하며, 압력 유량 선도로 나타낸다.

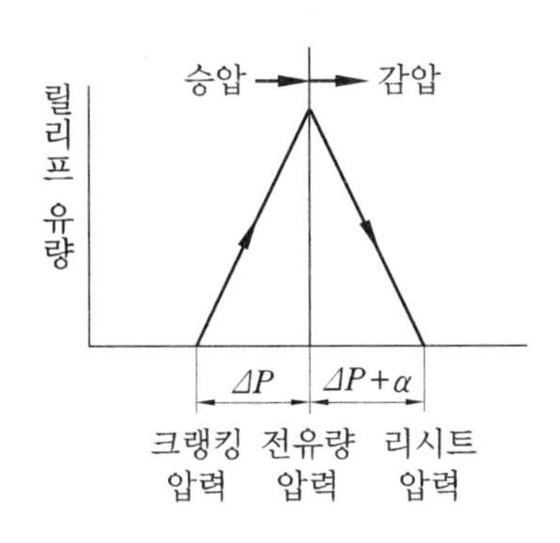

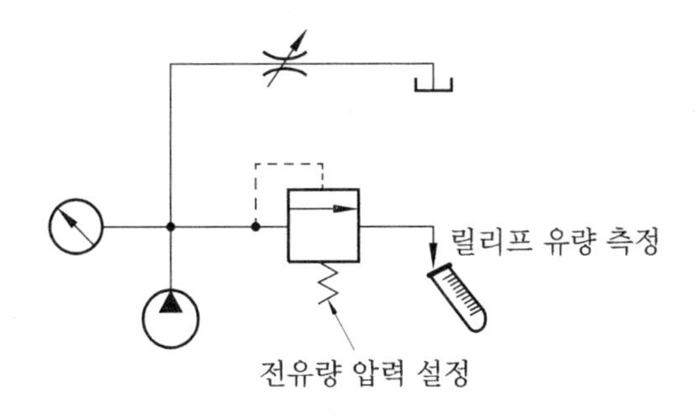

압력 유량 선도

㈎ 회로 압력이 상승해가는 과정에서 전유량 압력에 도달하기 이전부터 밸브가 열리기 시작하여 유량의 일부가 빠져나가 작동기(모터, 실린더 등)의 유량이 줄어서 이용률이 저하된다(이 크랭킹 압력과 전유량 압력의 차가 작을수록 릴리프의 성능이 좋은 것이다).

오버 라이드는 $\Delta P\,[\text{kgf/cm}^2]$로 나타내거나 $\dfrac{\Delta P}{\text{전유량 압력}} \times 100\,\%$로 나타낸다.

㈏ 직동형의 경우 ΔP가 커지기 때문에 전유량을 이용할 수 있는 압력 범위가 좁아진다.

㈐ 여기에서 리시트 압력이란 압력이 강하하기 시작하여 밸브가 닫힐 때까지의 압력을 말하며, $\Delta P+\alpha$가 된다(α는 히스테리시스손이다). 직동형은 이 α도 파일럿 작동형에 비하여 커진다(α가 크다는 것은 리시트 압력으로 강하하기까지 밸브가 열려 있으므로 그동안 이용할 수 있는 유량이 줄어드는 셈이 된다).

② 직동형 릴리프 밸브(direct type relief valve)

㈎ 용도 : 대체로 저압 또는 작은 유량일 때 쓰인다(고압 대용량이 되면 성능상 무리이므로 파일럿 작동형을 사용하게 되며, 파일럿 작동형 릴리프 밸브의 파일럿 밸브로서 쓰인다).

㈏ 릴리프 밸브의 성능 중 회로의 효율에 크게 영향을 미치는 것으로 오버 라이드 특성이 있다(직동형은 높은 압력, 많은 유량일수록 오버 라이드 특성이 저하한다).

㈐ 릴리프 밸브 작동 시 채터링이 발생될 때가 있는데 직동형에서는 체터링 방지 대책으로 덤핑실을 만든다.

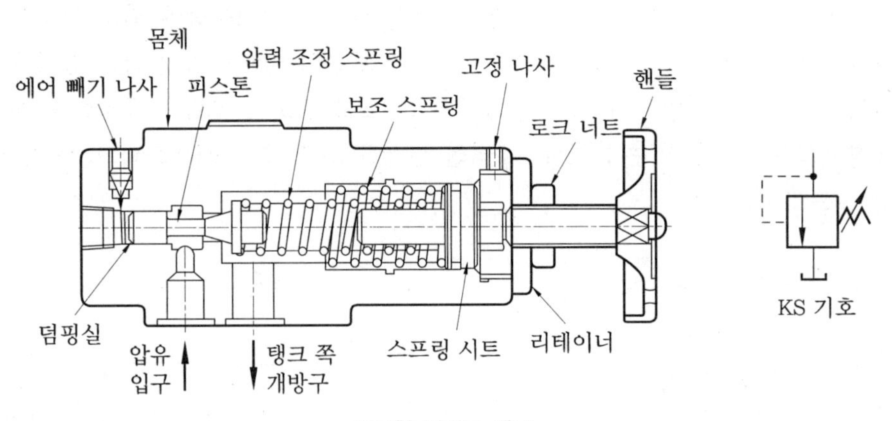

직동형 릴리프 밸브

③ 파일럿 작동형 릴리프 밸브(pilot operated relief valve)

㈎ 파일럿 작동형 릴리프 밸브는 주밸브의 움직임을 유압 밸런스로 하고 있으므로 채터링 현상이 일어나지 않고 압력 오버 라이드가 작으며, 벤트 구멍을 이용하여 원격 제어를 할 수 있는 이점이 있다(압력의 설정 시 스프링을 이용하는 것은 직동형과 같으나 주밸브는 기름 압력에 의한다).

㉮ 1차압 P_1이 설정값 이하일 때 파일럿 밸브는 닫히므로 주밸브 초크로부터 전달된 압력이 $P_1=P_2$가 되어 주밸브에 작용하는 유압력은 평형이 되는 관계로 주밸브는 스프링 힘으로 닫히게 된다.

㉯ 1차압 P_1이 설정값까지 올라가면 파일럿 밸브가 열려서 일부의 기름이 주밸브 초크를 통하여 파일럿 밸브를 거쳐 탱크로 흐르는데, 이때의 통과 유량에 따라 압력의 차이가 생겨서 주밸브에 작용하는 P_1, P_2의 압력차가 스프링의 힘 이상이 되면

주밸브가 열려 탱크 라인이 개방되고 펌프 압력이 그 이상으로 상승을 억제한다.

㉰ 1차압 P_1이 설정값 이하로 돌아오면 파일럿 밸브가 닫히기 시작하여 초크를 통과하는 유량의 감소에 따라 차압도 감소하여 스프링의 힘에 의해서 주밸브가 닫힌다.

(나) 파일럿 작동형의 경우 주밸브의 크랭킹을 릴리프 밸브의 크랭킹으로 하며, 오버라이드는 5~20 %(직동형 40~50 % 정도)이고 히스테리시스도 작다.

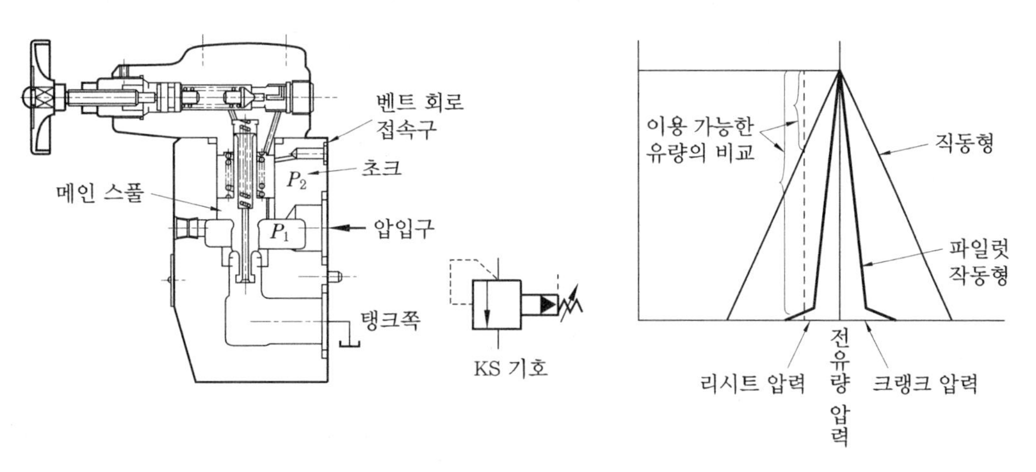

파일럿 작동형 릴리프 밸브

④ 파일럿 작동형 벤트를 이용한 언로드 제어

필요할 때 이외에는 펌프를 무부하 운전시켜 동력 절감 및 유온 상승을 억제하는 데 널리 쓰이는 방법이며, 전자 밸브의 ON- OFF로서 벤트를 개폐한다(릴리프 밸브와 전자 밸브를 하나로 한 복합형도 있다).

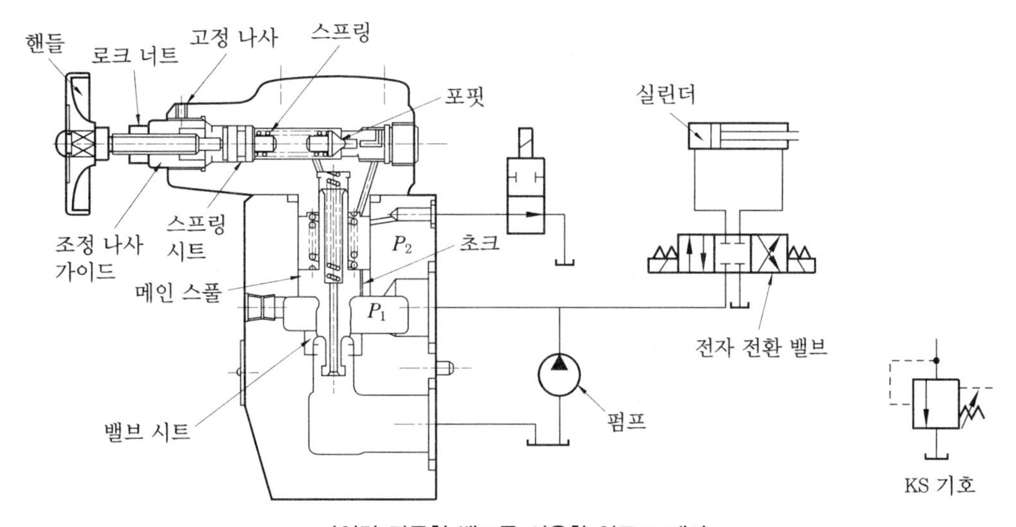

파일럿 작동형 벤트를 이용한 언로드 제어

(가) 벤트가 열렸을 때의 언로드 : P_2는 열려 있으므로 초크 부분의 흐름에 의하여 P_1 쪽으로 주밸브 스프링을 밀어올리는 것만큼의 압력이 발생하며 주밸브는 열린다.

(나) 벤트가 닫혔을 때의 언로드 : $P_1 = P_2$가 되어 주밸브는 복귀하여 닫히고 설정 압력까지 상승하면 릴리프가 작동한다.

참고

벤트 언로드 제어의 경우에는 벤트 라인 배관 계통의 영향으로 언로드로부터의 복귀 시간에 지체가 생기기 쉬우므로 주밸브를 미는(스프링의 압력을 크게 한) 하이벤트형(표준은 로벤트형)을 사용하여 복귀를 촉진한다.

⑤ 벤트를 이용한 원방 제어 : 원방 조작으로 설정압을 변경하려고 할 때에 사용된다.

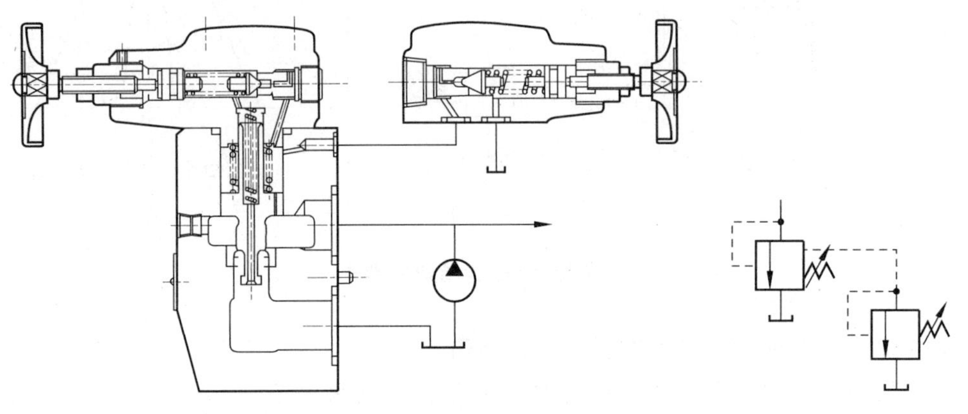

벤트를 이용한 원방 제어

[많은 수의 압력 제어의 예]

벤트 회로의 전환 조작으로 P_1, P_2, P_3 언로드의 압력 전환이 이루어진다.

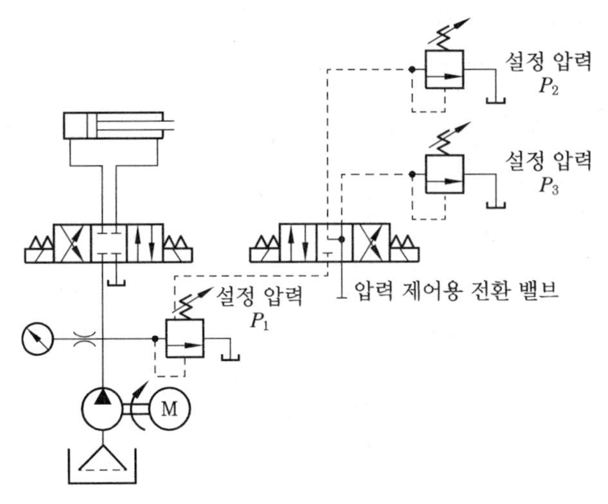

압력 제어의 예

⑥ 파일럿 작동형과 직동형의 비교

유압에 사용하는 릴리프 밸브는 안전 밸브를 겸하여 압력 조절 밸브로서 사용되는 때가 많으며, 구조면에서 분류하면 파일럿 작동형(밸런스 피스톤형)과 직동형의 2가지가 있다(유압 장치의 라인 압력 조정에는 파일럿 작동형이 많이 사용되고 있다).

파일럿 작동형과 직동형의 비교

구 분	파일럿 작동형	직동형
구 조	• 메인 스풀과 파일럿 스풀이 있으며, 메인 스풀을 유압으로 밸런스 시켜서 압력을 유지한다(압력 조정은 파일럿부로 한다).	• 메인 스풀밖에 없어 메인 스풀을 스프링으로 눌러 그 스프링의 힘으로 압력을 조정한다.
조 작	• 파일럿 부분의 작은 스프링을 조작하기 위하여 핸들에 걸리는 힘이 작아서 쉽게 조정할 수 있다.	• 메인 스풀의 강력한 스프링을 조작하기 위하여 핸들에 걸리는 힘이 커서 압력 조절에는 큰 힘이 필요하다.
압력 조절 범위	• 하나의 스프링으로 광범위하게 조정할 수 있다.	• 스프링을 누르는 힘이 크기 때문에 작은 범위만 조정할 수 있다.
원방 조작	• 리모트 컨트롤 밸브로서 원격 압력 조정이 가능하며, 방향 전환 밸브로서 언로드도 가능하다.	• 원격 압력 조절이 불가능하다.
응답성	• 메인 스풀의 작동이 다소 지체되어 서지압이 발생한다.	• 메인 스풀의 움직임이 빨라서 서지압이 작아도 된다.
압력 오버 라이드 (유량-압력 곡선)	• 압력 변화가 작고 효율이 좋다. (곡선 변화)	• 압력 변화가 커서 효율이 나쁘다. (직선 변화)

⑦ 릴리프 밸브의 취급

㈎ 릴리프 밸브의 설치 위치는 압력 조정을 필요로 하는 부분에 넣어 사용한다. 유압 펌프의 토출 라인에는 반드시 필요하며 다음 그림과 같이 펌프에서 나온 라인이 닫히게 되는 사이에 넣지 않으면 파손의 원인이 된다.

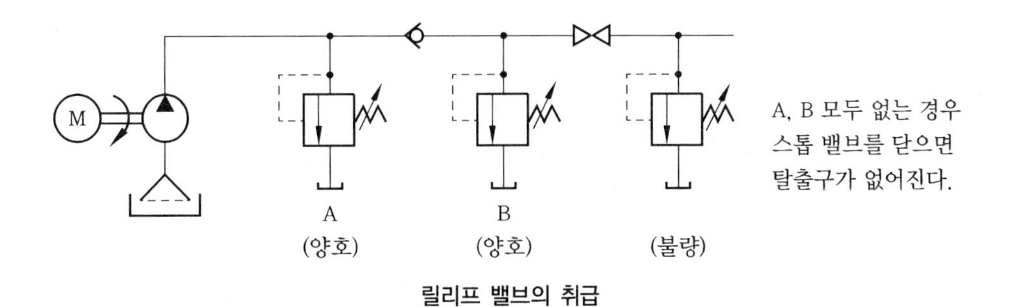

릴리프 밸브의 취급

(나) 원방 조작 시에는 벤트 접속구에 접속한다.

(다) 핸들의 설치 위치 $\frac{3}{4}$, $1\frac{1}{4}$, 2B에서는 90° 단위에서 아무 곳이나 설치해도 사용이 가능하다.

(라) 접속 : 유압유의 입구, 출구의 접속은 아무 곳이나 입구 또는 출구로 하여 사용해도 된다.

(마) 펌프의 기동 시에는 릴리프 밸브를 저부 연다.

(바) 설정 압력은 회로 작동압보다 10~15 kgf/cm^2 정도 높게 한다 (너무 높으면 열 손실이 일어나고, 너무 낮으면 작동압과 크랭킹압이 일치하여 헌팅 현상이나 압력 변동이 발생한다).

(사) 벤트의 길이는 3 m 이내로 하며, 너무 길면 파일럿실의 용적이 커져서 헌팅 현상, 압력 변동, 극단적인 시간 지체 등의 불안정 현상을 일으킨다.

(아) 배압 : 탱크 라인(T포트)은 직접 탱크에 개방하며, 배압을 걸어줄 필요가 있을 때에는 외부 드레인 방식으로 한다(표준 : 5 kgf/cm^{2}까지).

(자) 작동유의 점도 범위는 16~220 CST이다.

(차) 작동유의 오염 : 스풀의 작은 구멍을 통과하는 기름을 파일럿 밸브로 제어하므로 깨끗한 기름을 사용한다(10μ 정도의 필터를 사용하면 효과적이다).

(카) 압력 조절 범위를 바꾸려면 압력 조절 스프링을 교환하고 네임 플레이트(name plate)의 형식을 바꾼다.

(타) 설치 조건에는 전혀 제한이 없다.

(파) 압력 조정 시 승압은 핸들을 "INCREASE"(우회전), 감압은 핸들을 "DECREASE"(좌회전)으로 한다.

(하) 서브 플레이트를 사용하지 않을 때에는 설치면을 6-S로 다듬는다.

(거) 압력 조정 후에는 반드시 로크 너트를 조인다.

(너) 허용 압력 조정 범위 : 압력 설정은 조정 범위의 최대 조정 압력의 20%로 억제한다.

(더) 불연성 작동유를 사용한다.

⑧ 릴리프 밸브의 분해 점검 조립

(가) 분해 점검

㉮ 파일럿 부분의 6각 홈 볼트를 풀어서 스풀 및 스풀용 스프링을 빼낸다.

- 큰 밸브 시트, 스풀의 시트 부분의 흠의 정도를 점검한다.
- 스풀이 손으로 가볍게 움직이는가를 점검한다.
- 스풀의 초크 구멍에 먼지가 끼어 있는지 점검한다.

㉯ 파일럿 부분의 6각 홈 멈춤 나사를 풀고 로크 너트, 조정 나사 가이드를 분해하여 스프링 시트, 압력 조정 스프링, 포핏을 빼낸다.

• 작은 밸브 시트, 포핏 시트 부분의 흠 및 접촉 상태를 점검한다.
• 작은 밸브 시트의 초크에 먼지가 끼어 있지 않은가 점검한다.

(나) 조립 : 전부품을 깨끗이 세척유로 씻어서 깨끗한 작동유에 담근 다음 조립한다. 조립 순서는 분해 순서의 반대로 하되, 부품의 조립은 정확히 하고 특히 O링이 파손되지 않도록 하며, 몸체 커버 부착 시 스풀이 변형되지 않도록 주의한다.

⑨ 릴리프 밸브의 고장 원인과 대책

고 장	원 인	대 책
압력이 높거나 낮다.	① 설정 압력이 맞지 않는다.	• 올바른 설정을 다시 한다.
	② 압력계가 고장이다.	• 압력계를 점검 후 교체한다.
	③ 포핏이 밸브 시트(小)에 제대로 닿지 않았다.	• 포핏에 마모나 흠이 있으면 교환한다(새것이면 조절 나사를 풀고 안내봉을 몇 번 밀어서 교정할 수 있다).
	④ 스풀의 작동 불량	• 몸체 커버를 떼고 스풀 초크에 먼지가 끼었는지 점검하고 몸체와 몸통 커버 구멍에 흠이 있는가, 손상되지는 않았는지 스풀을 가볍게 움직여본다.
	⑤ 약한 스프링이 들어 있다(스프링의 간격이 작다).	• 스프링을 교환한다.
	⑥ 밸브 시트(大, 小) 부분이 파손되었거나 먼지가 끼어 있다.	• 시트를 교환 또는 세척한다.
압력의 불안정	① 피스톤의 작동 불량	• 전항 참조
	② 포핏의 접촉 불안정	• 교환한 작동유의 오염을 점검한다(흡입관의 접속 부분 및 펌프의 에어 흡입을 점검한다).
	③ 포핏의 이상 마모	• 포핏의 교환(작동유의 오염을 점검한다.)
	④ 기름 속에 공기가 섞여 있다.	• 회로 중의 공기를 빼낸다.
	⑤ 포핏 시트에 먼지가 끼어 있다.	• 전항 참조
	⑥ 펌프 불량	• 유면이 낮아서 환류관이나 스트레이너가 기름 속에 들어있지 않다(펌프를 수리한다).
	⑦ 유량이 아주 작다.	• 사이즈를 바꾼다.

압력계가 미세하게 변동하거나 이상음이 발생한다.	① 피스톤의 작동 불량 ② 포핏의 이상 마모 ③ 벤트 포트의 공기 ④ 기름을 허용량 이상으로 보낸다. ⑤ 다른 밸브와의 공진 ⑥ 탱크의 설치 불량 ⑦ 탱크 배관에 배압이 발생한다. ⑧ 벤트 라인과 포핏이 공진한다. ⑨ 점도가 낮다(온도가 높다).	• 특히 몸체와 커버의 중심 내기에 주의한다. • 포핏의 교환 • 회로 중의 공기를 빼낸다. • 큰 밸브로 바꾼다. • 설정압을 조정한다(설정값의 차가 5 kgf/cm^2 이내에서 발생하기 쉽다). • 일부를 바꾼다. • 밸브 근처에서 직각으로 굽히지 말 것(밸브를 외부 드레인 형으로 바꾼다.) • 배관 속에 오리피스를 넣는다. • 적당한 점도와 온도로 한다.

(3) 감압 밸브(pressure reducing valve)

이 밸브는 회로의 일부에 감압한 압력을 가하는 기능을 지니는 압력 제어 밸브이다(주회로의 압력은 릴리프 밸브로 제어한다). 설정된 2차 압력 이상의 1차 압력 변동에 대해서 2차 압력은 변화를 받지 않고 언제나 설정된 일정한 압력을 유지시킨다.

제어 밸브로서의 파일럿 압력은 밸브의 출구 쪽, 즉 2차 압력으로부터 유도되며, 항상 2차 쪽의 파일럿 유압으로 제어되며 1차 압력과는 관계가 없다. 역지 밸브의 내장형은 역류를 얻을 수 있다.

감압 밸브는 2차 쪽을 일정하게 하기 위하여 항상 파일럿 밸브로부터 압유를 드레인으로 탱크에 내보내 메인 스풀을 압력 밸런스시켜서 감압하는 기능을 가지고 있으므로 반드시 드레인을 탱크 라인에 배관해야 한다.

① 릴리프 밸브와의 차이점

릴리프 밸브는 여분의 기름 탱크에 돌려 보내어 주회로의 압력을 설정값 이하로 억제하지만 감압 밸브는 주회로 압력(1차압)보다 낮게 2차 압력을 제어하기 위하여 여분의 기름을 2차 쪽으로 통과시키지 않는 밸브이다.

② 감압 밸브의 종류

(가) 정비례형 : 1차 압력을 일정한 비율로 감압하는 것이며, 고압 1단 베인 펌프에 쓰이고 있는 것과 같다.

(나) 정차등형 : 1차 압력과 2차 압력의 차를 일정하게 유지하는 밸브이며, 유량 조절 밸브의 압력 보상 기구로 쓰인다.

(다) 2차압 일정형 : 1차 압력이 설정 압력 이하일 때는 전부 열리고, 설정된 압력 이상이 되면 이에 작용하여 2차 압력을 설정값에서 멈추게 한다. 유압 회로 내의 일부 압력을 감압하는 데 쓰인다.

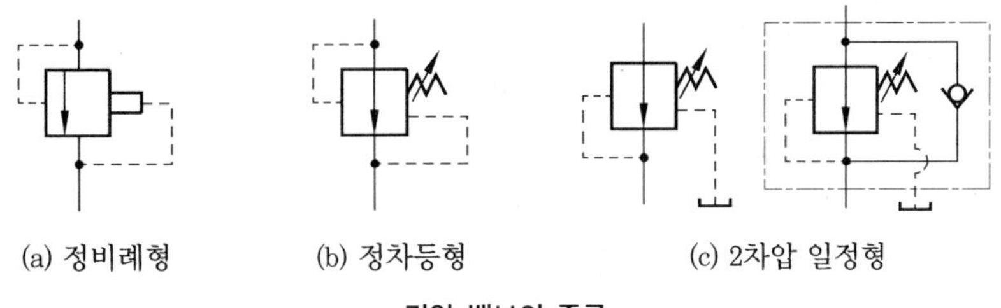

(a) 정비례형 (b) 정차등형 (c) 2차압 일정형

감압 밸브의 종류

③ 2차압 일정형 감압 밸브(파일럿 작동형)의 기구와 응용 예

클램프용 실린더 B를 릴리프 압력으로 가압하며, 가공용 실린더 A는 필요에 따라 그 이하로 제어하는 예이다.

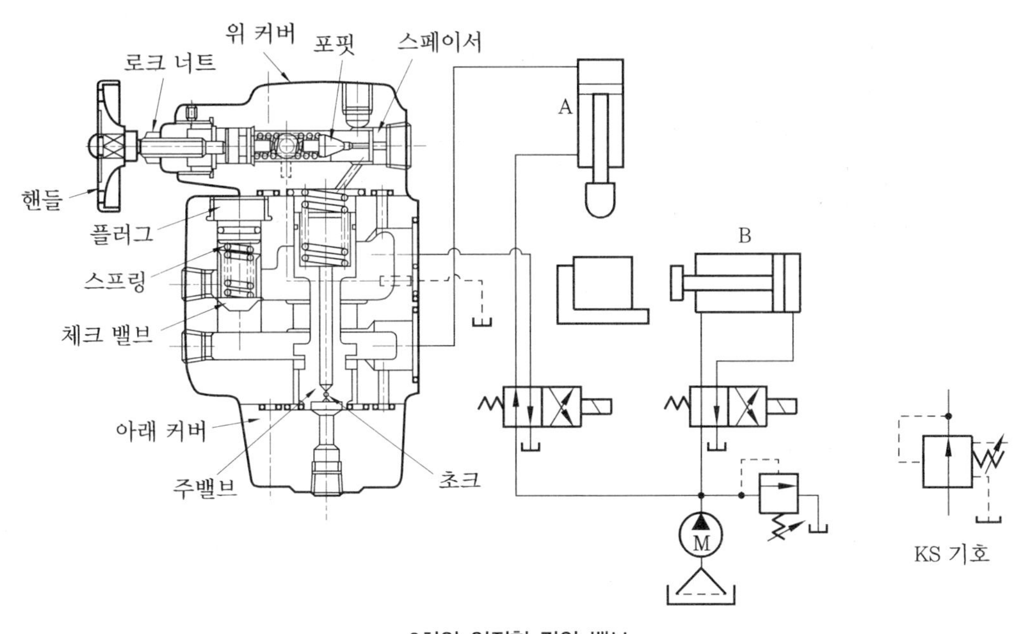

2차압 일정형 감압 밸브

㈎ A 실린더의 작동 압력이 감압 밸브의 설정된 압력에 도달하지 않았을 때 파일럿 밸브는 닫혀 있으므로 주밸브의 위쪽과 아래쪽의 압력은 초크를 통하여 같은 압력이 되고, 주밸브는 스프링의 힘으로 열린다.

㈏ A 실린더 헤드 쪽의 압력이 설정값이 되면 감압 밸브의 2차 쪽 압력으로 파일럿 밸브는 열려 초크 부분 흐름의 압력 강하분만큼 그 밸브 위·아래에 차압이 생기며, 초크 유량의 증가에 따라 커져서 결국 주밸브를 밀어올려 1차에서 2차 쪽으로 흐름을 멈추는 방향으로 작용하기 때문에 1차 압력이 더 상승해도 2차 압력은 설정값에서 멈춘다 (주밸브의 열리는 각도는 드레인 양 및 실린더 라인에서의 누출분이 1차에서 2차로 흐르는 상태에 따라 다르다).

④ 2차압 일정형(직동형)의 구조

(가) 2차 압력이 설정 압력 이하일 때 : 2차 압력은 상부 파일럿 포트를 통하여 주밸브의 우측에 작용하고 있는데 스프링의 힘으로 주밸브는 열리고 있다.

(나) 2차 압력이 설정값을 넘을 때 : 2차 압력이 스프링의 힘을 이겨내어 주밸브를 닫는 방향으로 작동하며, 2차 압력은 그 이상 상승하지 않는다.

(다) 실린더가 정지하여 가압 상태일 때 : 1차에서 2차로의 누출은 주밸브 안의 구멍에서 흘려보내 2차 압력이 설정값을 넘지 않도록 작용한다.

(라) 2차 압력이 다시 떨어졌을 때 : 스프링의 힘이 주밸브 우측에 작용하는 전압력을 이겨내어 주밸브는 복귀한다.

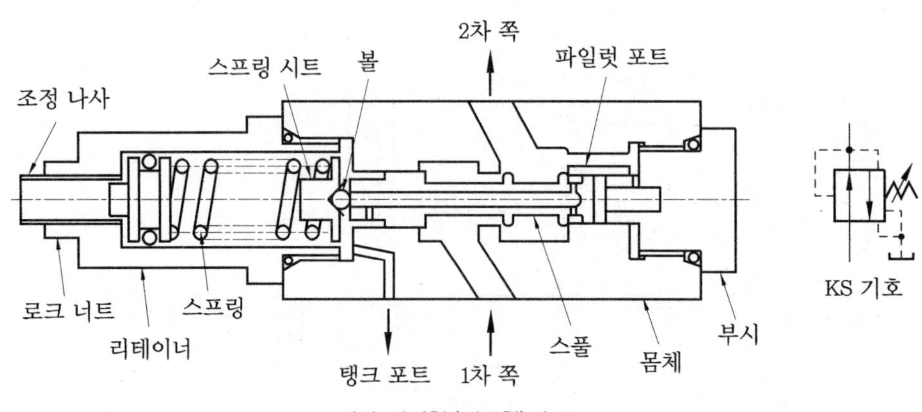

2차압 일정형(직동형)의 구조

⑤ 감압 밸브의 사용 방법

유압 장치에 있어서 사용 압력 이상의 압력원이 있어서 그 압력을 그대로 사용할 수 없기 때문에 사용 압력까지 감압하여 사용할 때 설치된다(2개 이상의 유압 구동부가 있고 압력이 다를 때 사용된다).

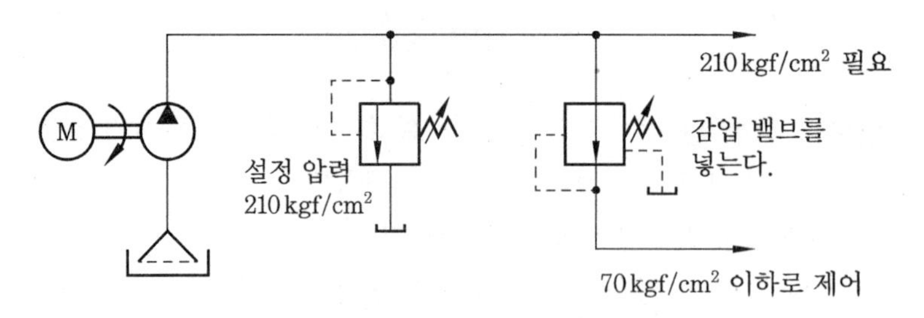

감압 밸브의 사용 예

(가) 감압 밸브도 릴리프 밸브처럼 벤트 라인으로 배관함으로써 원방 제어도 가능하다.

(나) 펌프 시동 시에는 압력 조정 핸들을 전부 열어 놓으면 처음부터 라인에 고압이 가해지지 않아서 안전하다.

(다) 핸들 방향은 90° 단위에서 3방향으로 사용할 수 있다(단, 개스킷형은 제외한다).

(라) 감압 밸브는 드레인 압력이 설정 압력의 기준이 되어 있으므로 반드시 탱크에 개방시킨다(배압이 크면 압력 변동이 생기거나 최소 압력의 설정이 불가능해질 때도 있다).

(마) 기름의 오염, 먼지 등은 고장의 원인이 되므로 주의한다.

⑥ 감압 밸브의 분해 점검 방법

(가) 파일럿 부분의 볼트를 풀어 큰 스프링과 메인 스풀을 뺀다(O링에 흠이 없는지 점검한다).

(나) 아래쪽의 몸체 바닥 커버를 떼어낸다(O링의 흠 상태 및 체크 밸브의 움직임(가볍게 움직여야 한다), 체크 밸브 시트 부분과 몸체 밸브 시트에 흠이 없는지 점검한다).

(다) 파일럿 하부의 조정 나사 가이드를 풀어 O링 압력 조절 스프링 포핏을 빼낸다(O링에 흠이 없는가, 포핏 및 밸브 시트(小)에 흠이 없는지 점검한다).

(라) 불량품이 있으면 새 부품과 교환한다(메인 스풀, 몸체의 다듬질은 정밀하게 되어 있으므로 부품이 맞지 않으면 감압 밸브 전체를 교환해야 한다).

(마) 조립 : 감압 밸브의 전부품(특히 O링)을 깨끗한 기름으로 씻고 깨끗한 작동유에 담근 다음조립하며, 조립 순서는 분해의 반대 순서로 한다.

㈜ 부품의 조립은 정확하게 하며, 특히 O링이 파손되지 않도록 한다.

(4) 시퀀스 밸브(sequence valve : 순서 작동 밸브)

이 밸브는 사용 방법에 따라 시퀀스 밸브, 언로드 밸브, 카운터 밸런스 밸브 등의 이름으로 사용되는 밸브이다.

① 파일럿 및 드레인의 내(內), 외(外) 방식의 조합과 KS 기호 : 직동형의 밸브이며, 주밸브의 조작 압력(파일럿 압력)을 자기 내부압에서 끌어내느냐 또는 외부압에서 끌어내느냐는 밑 뚜껑의 조립 변경으로 가능하다. 드레인을 내부로 하느냐, 외부로 하느냐는 윗 뚜껑의 조립을 변경하여 결정할 수 있으며, 이들 조합으로서 1~4형으로 분류하고 필요에 따라 체크 밸브가 사용된다.

체크 밸브를 사용하지 않는 경우

형 식	1형	2형	3형	4형
명 칭	릴리프 밸브	시퀀스 밸브	시퀀스 밸브	언로드 밸브
파일럿 압력	내부 파일럿	내부 파일럿	외부 파일럿	외부 파일럿
드레인 방식	내부 드레인	외부 드레인	외부 드레인	내부 드레인
KS 기호	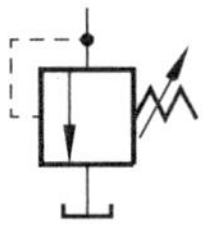	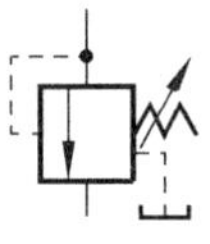	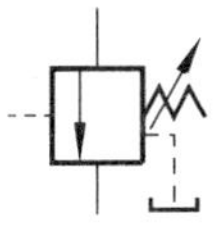	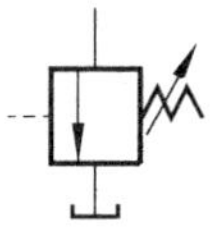

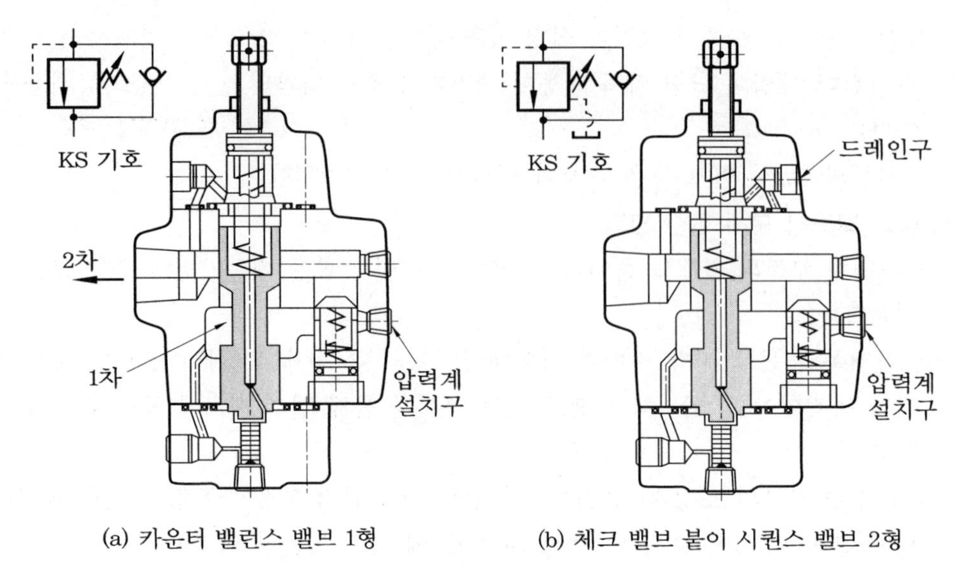

(a) 카운터 밸런스 밸브 1형 (b) 체크 밸브 붙이 시퀀스 밸브 2형

내부 파일럿 드레인

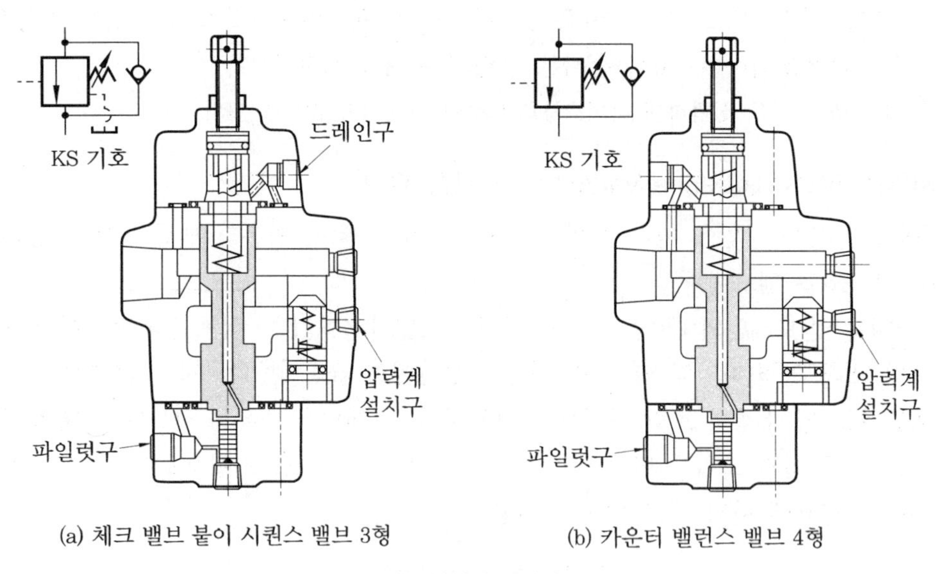

(a) 체크 밸브 붙이 시퀀스 밸브 3형 (b) 카운터 밸런스 밸브 4형

외부 파일럿 드레인

② 시퀀스 밸브로서의 사용법(실린더의 작동 순서의 예)

㈎ 2형의 예

클램프 실린더가 전진하여 클램프가 끝나면 A 라인의 압력이 상승하여 시퀀스 밸브를 열어서 가공 실린더를 전진시킨다. 후진도 역시 가공 실린더의 후진이 끝난 직후 시퀀스 밸브가 열려서 클램프 실린더를 후진시킨다.

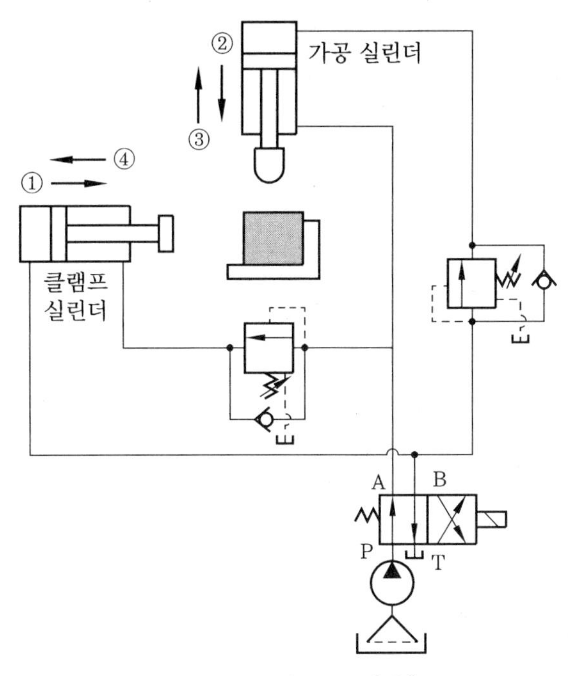

실린더 작동 순서의 예(2형)

안정된 작동 순서를 얻기 위해서는 시퀀스 밸브의 크랭킹 압력은 전행정의 실린더 작동 압력보다 10 kgf/cm² 이상 높게 하는 것이 좋다. 또한 필요한 통과 유량을 확보하려면 시퀀스 밸브의 오버 라이드분을 감안하여 릴리프 설정 압력과의 차이를 얻는다.

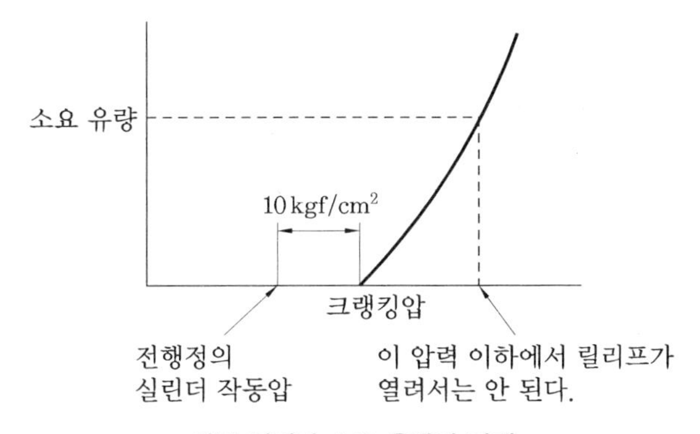

작동 압력과 소요 유량의 관계

(나) 3형의 예

클램프 실린더가 장입 실린더까지 겸하고 있어서 이에 속도 제어를 하였을 경우, 전진 중 A라인 압력이 릴리프 설정 압력 가까이 상승하므로 2형에서는 시퀀스 밸브가 열려 가공 실린더도 동시에 전진하여 작동 순서가 이루어지지 않으므로 시퀀스 밸브 3형을 사용하여 파일럿 압력은 유량 제어 밸브의 2차 쪽에서 유도한다.

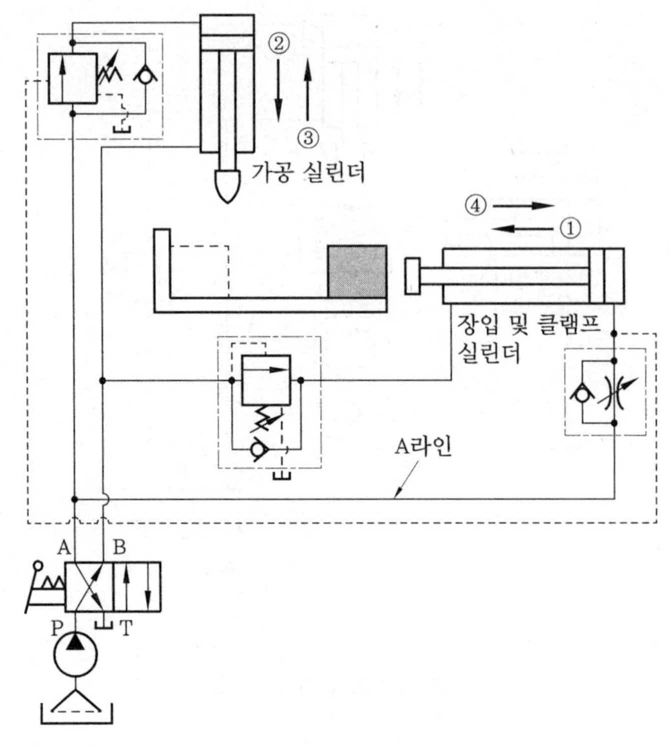

실린더 작동 순서의 예(3형)

③ 언로드 밸브로서의 사용법(무부하 밸브)

파일럿 압력은 외부에서 끌어들이는 관계로 1차 압력에 관계없이 스프링에 설정된 압력 이상의 파일럿 압력이 작용하면 주밸브는 열려 1차 압력을 탱크로 보낸다.

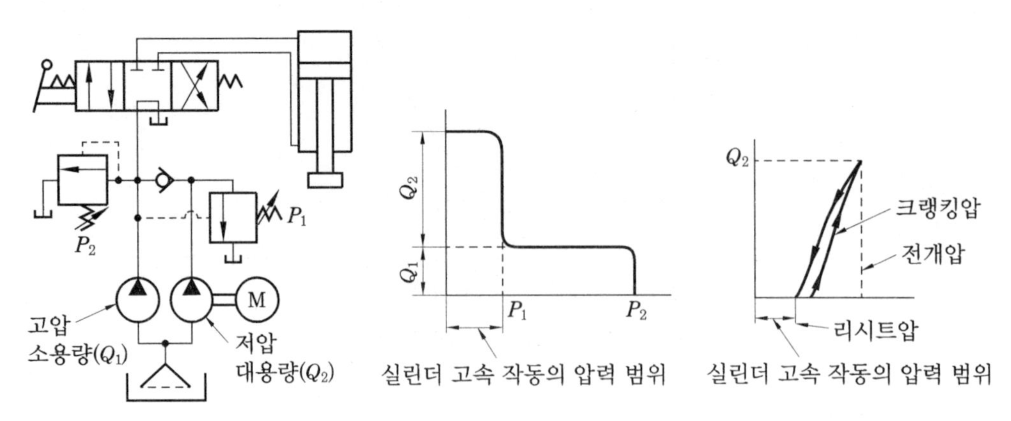

언로드 밸브 사용의 예

• 응용 예 : 콤비네이션 회로

프레스 등에 쓰이는 회로이며, 콤비네이션 회로로 불린다. 작업의 효율을 높이기 위하여 부하 압력이 낮을 때에는 양쪽 펌프의 유량으로 고속 작동시키고, 부하 압력이 높아지면 그것을 파일럿 압력으로 하여 언로드 밸브가 열려서 우측 펌프의 유량은 차단되며 좌측의 고압 소용량 펌프만으로 작동되어, 작은 동력을 이용하여 효율적으로 일을 할 수가 있다.

이 경우도 실린더 고속 작동 시에 필요한 압력과 언로드 밸브의 오버 라이드와의 관계를 감안하여 설정하지 않으면 실린더의 속도가 부족한 경우도 있다. 즉, 언로드 밸브의 전개압을 되도록 낮게 억제하면서 크랭킹 압력은 실린더 전진에 필요한 압력 이상으로 설정 압력을 결정할 필요가 있다.

④ 카운터 밸런스 밸브(배압 유지 밸브)로서의 사용법

작동기에 부하가 걸렸을 경우 움직임을 방지하기 위하여 배압을 유지하는 밸브이며, 시퀀스 밸브처럼 회로의 저항으로서 작용되는 셈이며, 1형과 4형이 있다.

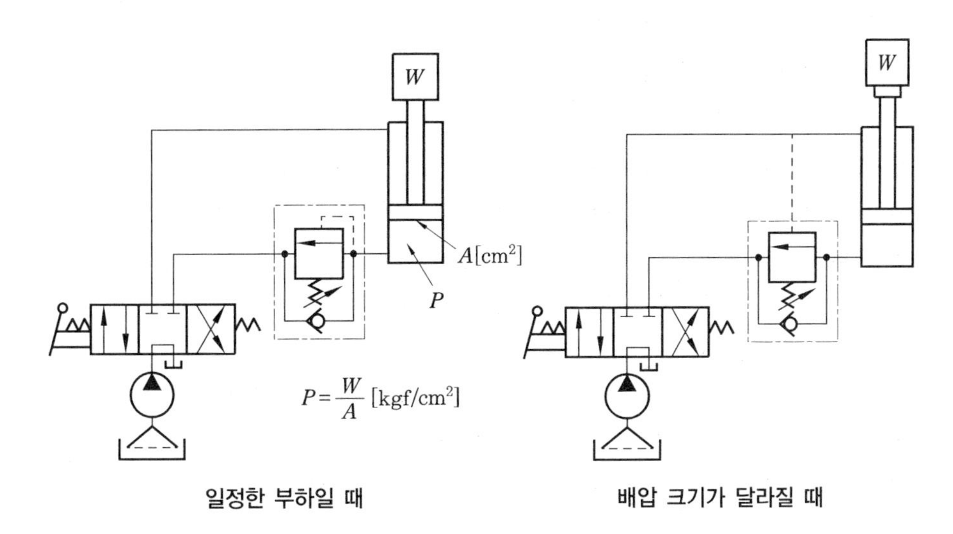

일정한 부하일 때 배압 크기가 달라질 때

(가) 일정한 부하일 때는 1형 사용 : 하중에 의하여 발생하는 배압(P)이 일정하면 그 배압만으로 밸브가 열리지 않도록 약간 올린 상태로 압력을 설정하며, 자기압 제어인 관계로 안정성이 뛰어나다.

(나) 배압의 크기가 달라질 때 : 1형에서는 일정한 설정 압력에 대하여 배압이 줄면 밸브를 열기 위해서는 감소된 크기만큼 보다 큰 압력이 필요하게 된다. 이때 4형이면 하중으로 인해 발생하는 배압과는 아무런 관계가 없다.

주밸브 스프링의 힘과 외부 파일럿 압력과의 관계에 의하여 작동되므로 설정 압력 자체가 높지 않아도 된다. 효율, 발열 등에서 1형보다 유리하지만 배압 변동의 정도나 실린더 속도에 따라 노킹 현상이 일어나기 쉬운 결점이 있다(노킹 방지는 파이프 라인의 관 단면적(관지름)을 줄여서 한다).

⑤ 시퀀스 밸브의 분해 점검 방법

시퀀스 밸브의 고장은 대부분 잘못된 조립에 의한 것이며, 때로는 배관을 넣지 않을 때도 있다.

(가) 로크 너트를 풀고 압력 조정 나사의 설정값을 바꾸어 압력이 달라지는지 검사한다.

(나) 윗 덮개의 볼트를 풀고 스프링 밸브를 빼내어 점검하며, 각 형식대로 드레인 구멍이 맞는지 검사한다(스풀이 가볍게 움직이는가를 점검한다. 스풀 및 몸체의 정밀 가공부를 점검한다).

(다) 아래 덮개의 볼트를 풀고 아래 덮개를 뗀다(윗 덮개보다 아래 덮개를 먼저 풀면 밸브가 밑으로 떨어져 흠이 생기는 경우가 있으므로 주의한다).

㉮ 각 형식대로 파일럿 구멍이 맞는지의 여부를 점검한다.

㉯ 피스톤이 정상 작동하는가 또는 흠이 없는가, 몸통 구멍에 흠이 생기지 않았는지 점검한다.

(라) 조립 : 나쁜 부품은 신품과 교환하여 등유로 깨끗이 씻고 새 작동유에 담근 다음 분해의 반대 순서로 조립한다.

⑥ 시퀀스 밸브의 고장과 대책

(가) 압력이 높거나 낮다.

㉮ 설정 압력이 맞지 않는다. → 올바른 설정을 다시 한다.

㉯ 약한 스프링이 끼어 있다. → 스프링을 교체한다.

㉰ 압력계가 고장이다. → 압력계를 점검 후 교체한다.

㉱ 회로에서 기름이 새고 있다. → 배관을 점검한다.

(나) 압력이 불안정하다.

㉮ 기름 속에 공기가 섞여 있다. → 회로 중의 공기를 빼낸다.

㉯ 피스톤의 작동 불량 → 몸체와 커버 사이의 중심 내기에 주의한다.

(다) 탱크 배관에 배압이 발생한다. → 밸브의 상태 검토, 밸브의 선정을 다시 한다.

2-2 유량 제어 밸브

유압 실린더나 유압 모터 등 작동기의 운동 속도를 제어하기 위하여 유량을 조정하는 밸브를 유량 제어 밸브(flow control valve)라고 한다.

유량의 제어법에는 가변 용량형 펌프를 사용하여 1회전당의 토출량을 변경하는 방법과 정용량형 펌프와 유량 제어 밸브를 함께 사용하는 방법이 있다.

일반적으로 가변 용량형 펌프에 의한 경우에는 회로의 효율은 좋지만 펌프의 구조가 복잡하고 정밀한 속도 제어도 어려우므로 대체적으로 유량 제어 밸브를 사용하고 있다. 그런데, 이 유량 제어 밸브는 관로 일부의 단면적을 줄여서 저항을 주어 유압 회로의 유량을 제어하는 것이며, 일명 속도 제어 밸브(speed control valve)라고도 한다.

(1) 종류

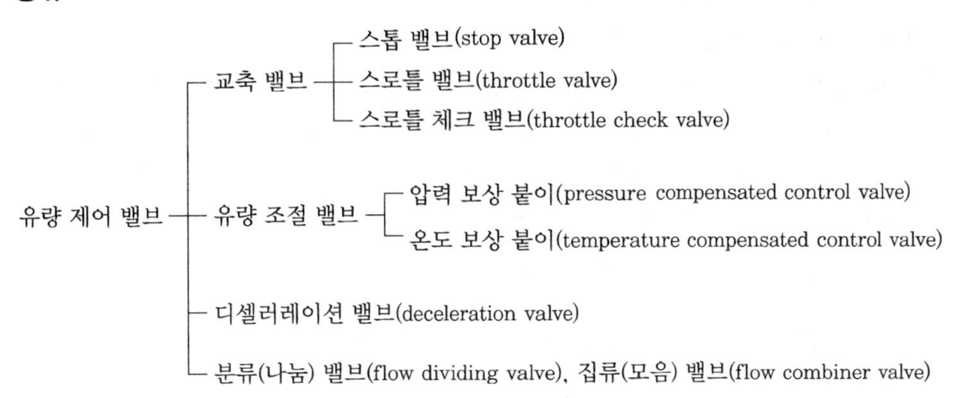

(2) 스톱 밸브(stop valve)

하나의 라인의 흐름을 열거나 닫는 역할을 하는 밸브이며, 시트 타입이기 때문에 완전히 닫힌다 (핸들 조작을 쉽게 하기 위하여 압력 밸런스 구조로 되어 있다).

스로틀 밸브로서 사용하지는 못하나 대체적인 유량 조정을 할 수 있다. 특히 고장나는 부분은 없으나 기름 속에 먼지가 많을 경우 닫히면 밸브 시트 부분에 흠이 생겨 완전히 닫히지 않을 때도 있다.

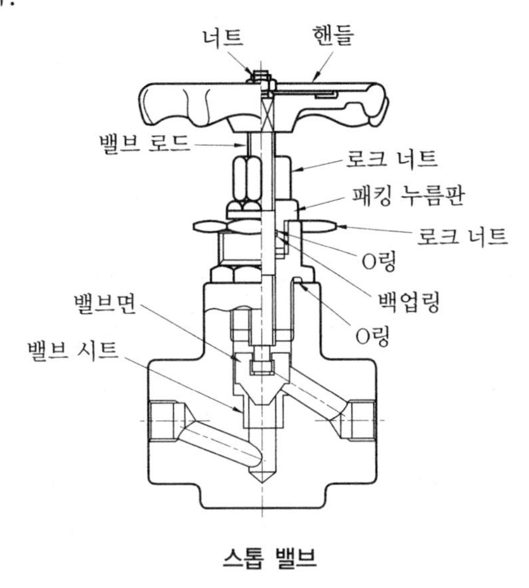

스톱 밸브

참고

- **스톱 밸브 분해 점검 요령**
  ① 핸들 고정 너트를 풀어 핸들을 빼낸다.
  ② 로크 너트를 늦추어 패킹 가압링을 빼낸다.
  ③ 뚜껑을 풀어서 밸브 몸체, 밸브 로드를 빼낸다. 밸브 몸체, 시트 부분, 밸브 케이스, 밸브 시트 부분의 흠의 유무를 점검한다.
  ④ 조립 : 깨끗이 씻은 후 분해의 반대 순서로 조립한다.

(3) 스로틀 밸브 및 스로틀 체크 밸브

① 스로틀(관줄임) 밸브의 형상

유량 제어 밸브는 기본적으로는 스로틀 밸브이다. 스로틀 밸브의 형상에는 니들형, 스풀형, 디스크형 등이 있다. 니들형보다는 스풀형이 조정하기 쉬워서 일반적으로 사용되나, 니들형과 같이 완전히 닫히지는 않는다(경사도). 최근 들어 디스크형이 사용되기 시작하였으며, 조정하기 쉽고 완전히 닫은 후 누출도 줄어들었다.

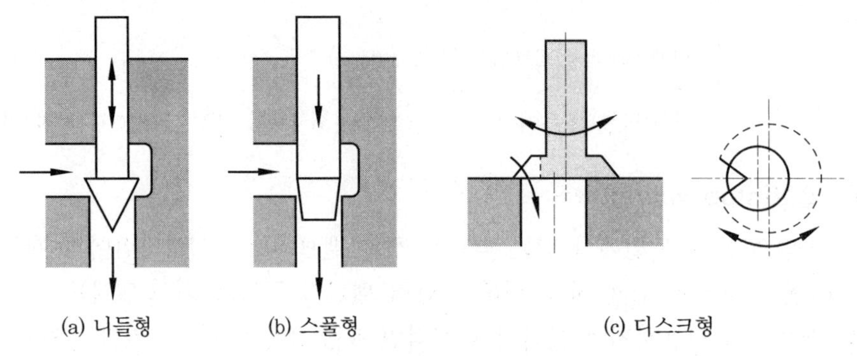

스로틀 밸브의 형상

② 스로틀 밸브의 특징

(가) 구조가 간단하고 조작이 쉽다.

(나) 압력이 밸런스되어 있으므로 고압에서도 핸들 조작이 쉽다.

(다) 스풀식은 유량을 완전히 차단시키지는 못한다.

(라) 열리는 각도가 일정해도 스로틀 밸브 전·후의 압력에 변동이 생기면 밸브를 통과하는 유량이 달라지는 결점이 있다.

(마) 이 밸브를 사용할 때에는 아주 정확한 유량 제어를 필요로 하지 않는 회로 또는 부하 변동에 의한 압력 변동이 적은 회로에 사용한다.

③ 스로틀 밸브 및 스로틀 체크 밸브

스로틀 밸브는 기름의 흐름 방향에 관계없이 두 방향의 흐름을 제어하며, 스로틀 체크 밸브는 스로틀 밸브와 체크 밸브를 합한 것으로 내장된 체크 밸브에 의하여(스로틀과 관계없이) 한 방향으로만 자유류를 얻을 수 있는 것이다.

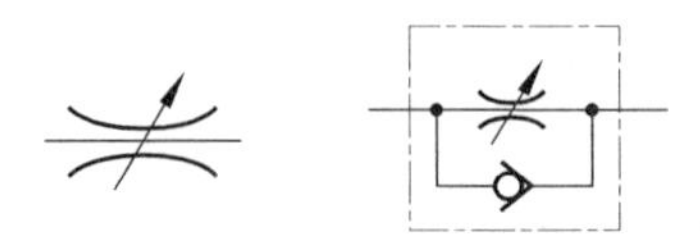

스로틀 밸브 및 스로틀 체크 밸브

핸들 회전-유량 특성에서 보는 바와 같이 같은 핸들 회전 위치에서도 밸브 입구와 출구의 압력차(ΔP)에 의해 유량이 달라진다. 부하(W)가 변동하면 압력계(P_2)가 변동하여(압력계 P_1은 회로의 릴리프 압력) ΔP가 달라지기 때문에 작동기의 속도도 달라지게 된다. 또한 온도의 높고 낮음에서 점도가 달라지면 유량도 약간 변동된다.

따라서, 부하의 크기 달라지거나 온도가 달라져도 정밀한 속도가 요구되는 경우에는 다음의 압력 보상 및 온도 보상 붙이 제어 밸브를 사용해야 한다.

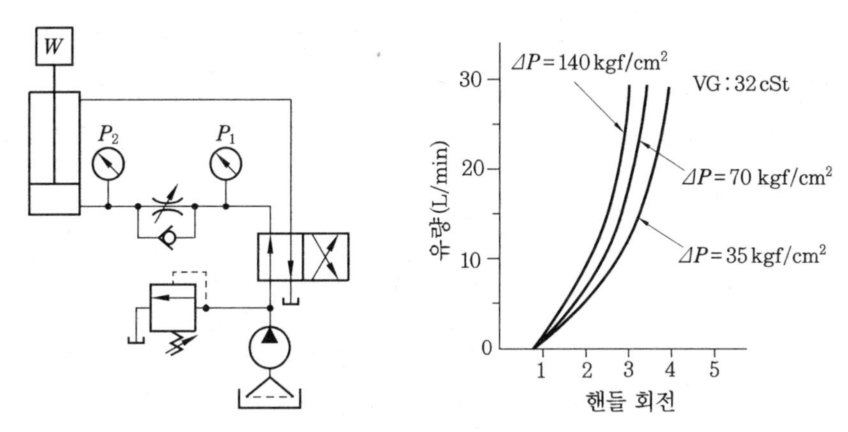

핸들 회전 – 유량 특성의 예

④ 스로틀 밸브의 분해 점검 방법

(가) 육각 너트를 풀어 조정 나사 가이드(특수 볼트)를 풀고 육각 홈 플러그를 풀어 스풀, 스프링, 푸시 로드, 리테이너를 빼낸다. 몸체, 스풀, O링에 흠이 없는지 점검하고 흠이 있으면 새것과 교환한다.

(나) 조립 : 몸체, 스풀, O링을 등유로 깨끗이 씻고 나서 깨끗한 작동유에 담근 다음 분해의 반대 순서로 조립한다.

(4) 유량 조절 밸브(flow control valve)

① 압력 보상 기구의 구조 : 유량 조정 밸브도 기본적으로는 스로틀 밸브이지만 밸브 입구 및 출구의 압력에 변동이 있더라도 유량이 달라지지 않도록 내부의 스로틀 부분의 앞과 뒤는 일정한 차압을 유지하는 압력 보상 기구를 갖추고 있다.

$\frac{W}{A}+P_2$ →   ← P_1

$$\frac{F}{A}+P_2 < P_1 \rightarrow$$ 스풀이 좌로 움직여 감압부가 줄어듦 → P_1 강하 현상

$$\frac{F}{A}+P_2 > P_1 \rightarrow$$ 스풀이 우로 움직여 감압부가 열림 → P_1 상승 원인

$$\frac{F}{A}+P_2 = P_1 \rightarrow$$ 안정된다.

따라서, $P_1 - P_2 = \dfrac{F}{A}$

P_0 : 릴리프 압력

P_1 : 감압부에서 제어되는 압력

P_2 : 부하 압력(2~6 kgf/cm^2)

P_0 또는 P_2가 변동하여도 $P_1 - P_2$가 일정한 값으로 유지되어 유량은 변동되지 않는다. 다만, 입구 압력 P_0는 P_2보다 10 kgf/cm^2 이상 높지 않으면 충분한 압력 보상은 되지 않는다. 이것을 최소 작동 압력차라 하며, 회로압 설정 시 항상 이 점을 생각해야 한다.

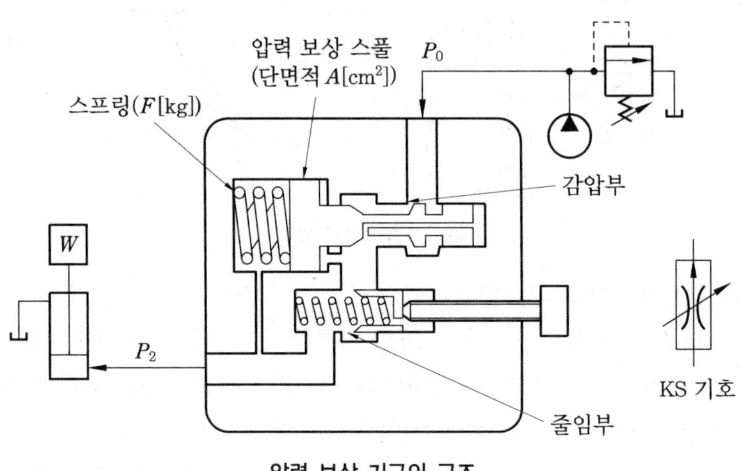

압력 보상 기구의 구조

② 온도 보상의 구조

흔히 아침의 운전 시작 시와 수시간 운전 후와는 조정 핸들의 눈금은 같지만 작동기의 속도가 달라지는 수가 있다. 이것은 운전으로 인하여 기름의 온도가 올라가고 점도가 떨어져서 제어 유량이 증가되고 있기 때문이다.

이와 같이 온도의 변화로서 기름의 점도가 달라지면 스로틀의 형상에 따라 유량계수의 값이 크게 영향을 받기 때문에 그 영향이 적은 얇은 날 오리피스를 스로틀 부분에 사용하여 점도의 변화에 따른 유량의 변동을 최소화한다.

$$Q = C \cdot A \sqrt{\frac{2g \cdot \Delta P}{\gamma}}$$

여기서, C : 유량 계수

A : 스로틀 열린 면적

ΔP : 1차, 2차의 압력차($P_1 - P_2$)

γ : 기름의 비중량

g : 중력의 가속도

Q : 제어 유량

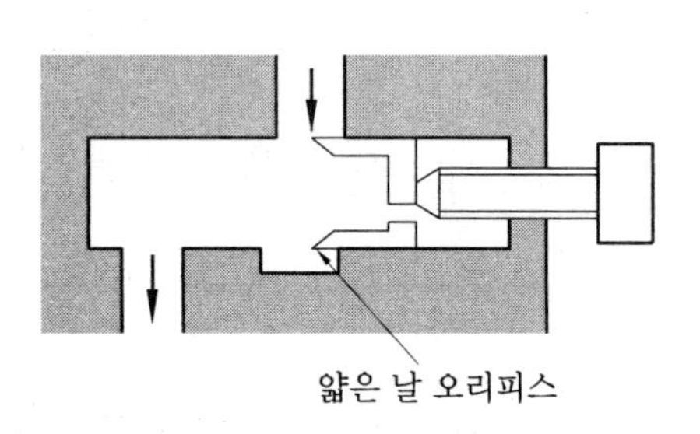

③ 미세한 유량의 제어

압력 보상이 충분히 가능한 최소 유량의 최솟값은 밸브 용량의 크기로서 달라지지만 유량이 적어질수록 먼지의 영향이 커진다. 먼지로 인한 스풀의 섭동 불량과 함께 스로틀 부분에 먼지가 쌓여서 통과 면적이 작아지는 경향이 나타난다. 미소 유량 제어의 경우 시간이 지남에 따라 유량이 차차 감소하는 현상이 나타남은 이 때문이다.

유량 조정 밸브의 경우 100 cm^3/min에서 스로틀이 열리는 면적은 약 0.1 mm^2이 되며, 따라서 제어 유량이 200~500 cm^3/min 이하가 되면 10μ 이하의 라인 필터를 달아야 한다.

④ 유량 제어 밸브의 분해 점검 방법

㈎ 분해

㉮ 십자 홈 나사를 풀어서 눈금판 핸들 유량 조정 나사를 빼낸다(이때 스프링이 튀어나와 잃어버리는 수가 있으므로 주의한다).

→ O링, 백업링에 흠이 없는가 점검한다.

㉯ 스톱퍼를 풀어서 스프링 유량 조정 스풀을 빼낸다.

→ 몸체 및 스풀에 흠이 없는가 점검한다.

㉰ 플러그 및 스톱퍼를 빼낸다.

→ O링에 흠이 없는가 점검한다.

㉱ 드라이버를 몸체 구멍에 넣어 스냅링을 빼낸다. 리테이너, 스프링 및 스풀을 빼낸다(리테이너가 빠지지 않을 때에는 반대쪽으로부터 스풀을 가볍게 두드린다).

→ 몸체 및 스풀에 흠이 없는가, 먼지가 끼지는 않았는가, O링에 흠이 없는가 점검한다.

㉲ 체크 붙이의 것은 플러그를 풀어서 스프링과 체크를 빼낸다.

→ 체크 및 몸체 시트에 흠이 없는가, O링에 흠이 없는가 점검한다.

㉳ 그 밖에 외부 포트 부분의 O링도 점검한다.

㈏ 조립 : 전부품을 깨끗이 씻은 후 작동유에 담그며, O링에는 그리스와 바셀린을 발라서 분해의 반대 순서로 조립한다(이때 핸들을 돌려서 닫았을 때, 회전 플레이트의 0의 숫자가 눈금판의 창에 보이도록 한다).

(5) 디셀러레이션(deceleration) 붙이 스로틀 밸브

이 밸브는 체크 밸브 붙이 유량 조정 밸브와 디셀러레이션 밸브를 내장한 것인데, 유압 실린더의 속도를 행정 도중에 감속 또는 증속할 때 사용된다. 주로 공작 기계의 이송 속도 제어용으로서 캠 조작으로 조기 이송→지체 이송(절삭 이송)→조속 환원의 속도 제어에 적합하다.

① 스로틀과 디셀러레이션의 구조(로터리형)

핸들의 회전에 따라 유량 조정축의 왕복 운동을 디셀러레이션 스풀의 머리 부분에 가공된 캠에 전달하여 스풀을 회전시켜서 기름의 흐름을 전환한다.

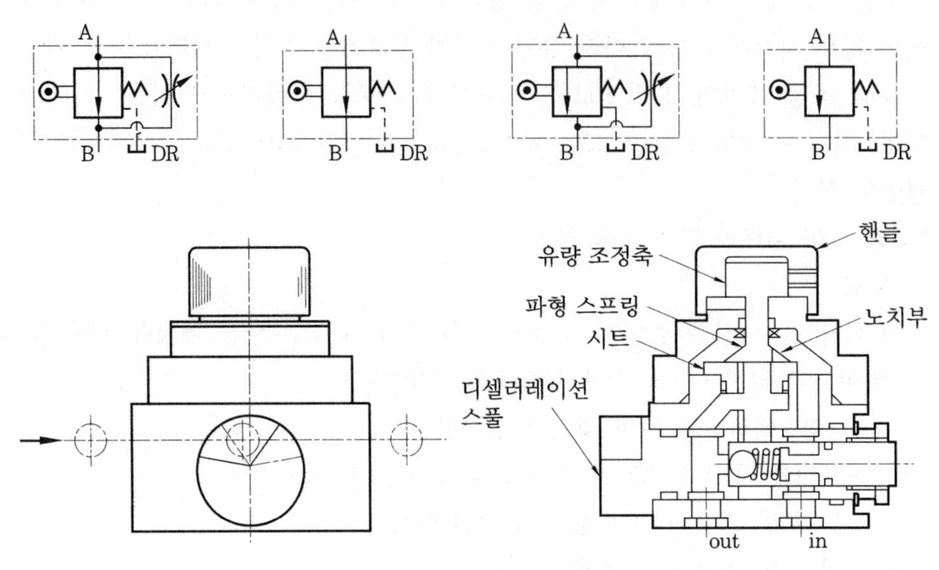

로터리형 디셀러레이션

② 조기 이송→절삭 이송→조기 복귀의 구조(롤러형)

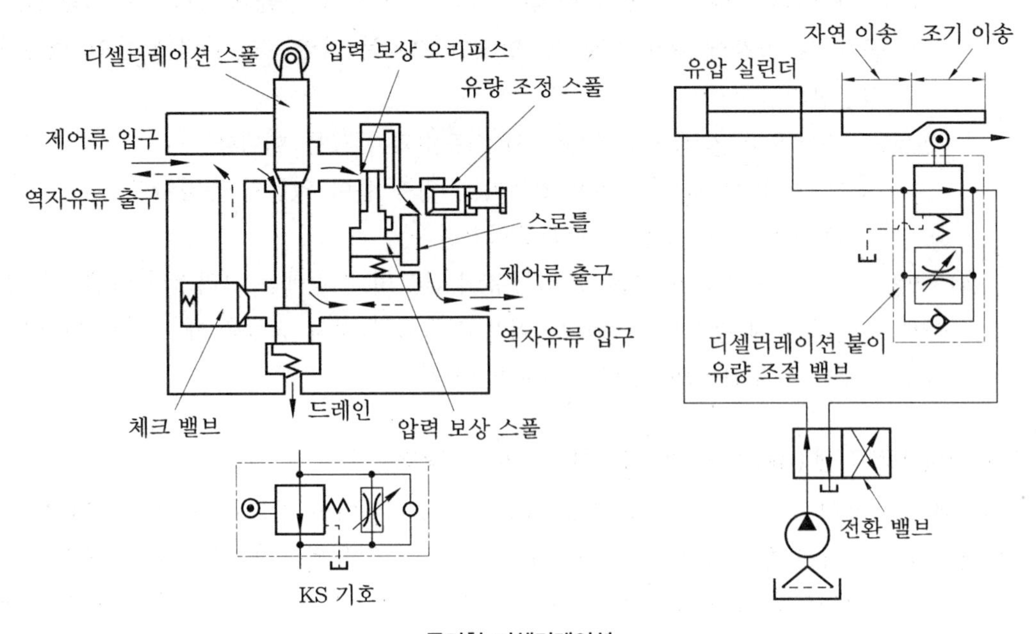

롤러형 디셀러레이션

최초 조기 이송으로 진행하여 바이트가 일감에 접근한 시점에서 테이블에 세트된 핀(도그)으로 디셀러레이션 스풀이 눌려서 닫힌 상태가 되어 실린더로부터의 유출량은 스로틀부에서 제어되어 절삭 이송이 된다. 복귀 행정은 체크 밸브를 지나서 자유류가 되므로 실린더의 조기 복귀가 된다.

③ 디셀러레이션 밸브의 분해 점검 방법

고장의 대부분은 스풀이 원위치로 돌아오지 않는 것이며, 원인으로는 거의가 먼지가 섞여서이다.

→ 메인 스풀이 완전히 나온 상태인지의 여부를 조사한 후에 분해를 시작한다.

(가) 아래 커버 볼트 4개를 풀어서 아래 커버 스프링 키를 빼낸다(메인 스풀이 밑에 떨어지지 않도록 주의해야 한다).

→ 스프링을 빼낸 상태에서 메인 스풀이 손으로 움직여지는가를 조사한다.

(나) 메인 스풀을 아래쪽으로 빼낸다.

→ 메인 스풀, O링, 몸체 쪽 습동면에 흠이 없는지 조사한다. 체크 밸브 불량일 경우(스풀이 블록의 위치에 있더라도 기름이 샐 때에는) 체크 밸브를 분해한다.

(다) 체크 밸브부의 결합 플러그를 풀고 스프링, 체크 밸브를 빼낸다.

→ 체크 밸브, 몸체 밸브 시트 및 습동면에 흠이 없는지 점검한다.

(라) 불량 부품은 신품과 교환한다.

(마) 조립 : 깨끗이 씻은 후에 조립하며, 메인 스풀이 손으로 움직여지는가 검사한다.

(6) 분류 밸브, 집류 밸브

분류 밸브는 유압원으로부터 압력이 다른 2개의 유압 관로에 각 관로의 압력에는 관계없이 언제나 일정한 관계를 가지는 유량을 나누는 기능을 하는 밸브이다. 또한 집류 밸브는 반대로 유압 회로로부터의 유량을 일정 비율로 집합하는 기능을 가지고 있다. 이 두 가지 밸브는 두 개의 실린더를 동조시킬 때에 쓰인다.

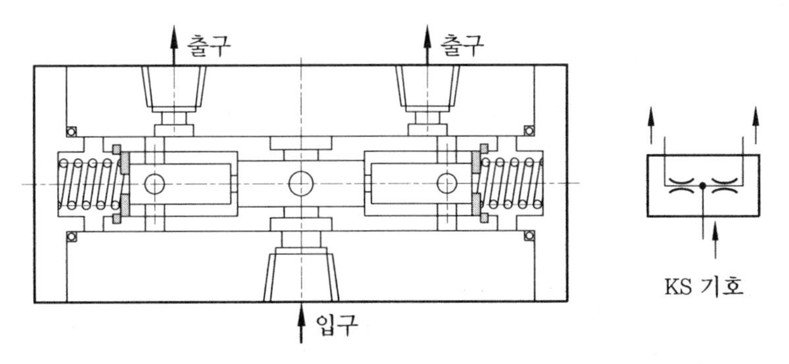

분류 밸브, 집류 밸브

2-3 방향 제어 밸브

방향 제어 밸브(directional control valve)는 관로 내 기름의 개폐 작용 및 역류를 저지하는 작용을 하는 것이며, 작동기의 시동 정지 및 운동 방향 등을 변환하는 것을 목적으로 하여 유압의 흐름 방향을 제어하기 위하여 사용하는 밸브이다.

(1) 종류

방향 제어 밸브는 구조면에서 분류하면 볼이나 피스톤을 시트에 붙였다 떼었다 하는 포핏(popet)형과 스풀을 축 둘레에서 회전시키는 회전 스풀형, 그리고 스풀을 축 방향으로 섭동시키는 직동 스풀형이 있으며, 조작 방식에 따라 분류하면 수동식, 기계식(캠식), 전자식, 파일럿식(유압식)으로 나눈다.

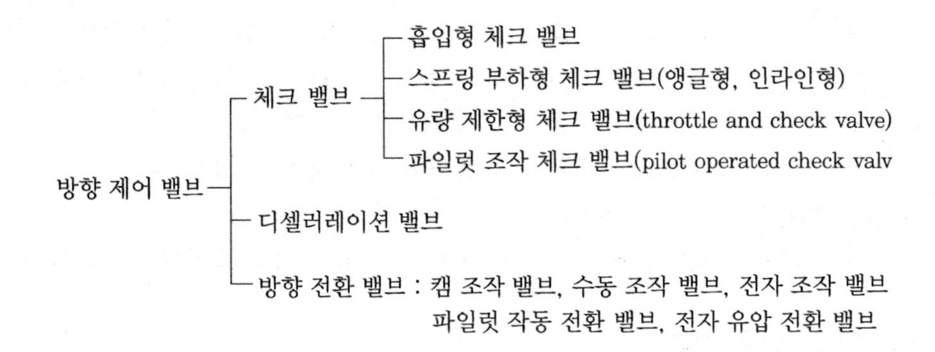

(2) 체크 밸브(check valve)

① 흡입형 체크 밸브 : 공동 현상 발생을 방지할 목적으로 사용한다. 즉 펌프 흡입구 또는 유압 회로의 부(−)압 부분에 이 밸브를 사용하여 유압이 어느 정도 압력 이하로 내려가면 포핏이 열려 압유를 보충한다.

② 스프링 부하형 체크 밸브 : 유압 회로 배관의 중간에 축 방향 또는 직각 방향으로 설치하여 스프링 및 압력에 의하여 한 방향의 흐름을 저지하고, 그 반대 방향의 흐름은 자유로이 흘려보내는 밸브이며, 인-라인 체크 밸브와 앵글 체크 밸브가 있다.

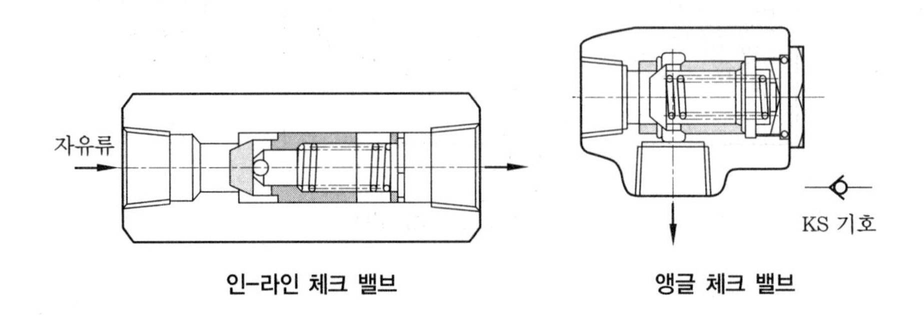

인-라인 체크 밸브 앵글 체크 밸브

③ 유량 제한형 체크 밸브(throttle and check valve) : 한 방향의 유동은 자유 유동이 허용되고 역류는 오리피스를 통하게 하여 유량을 제한하는 밸브

④ 파일럿 체크 밸브 : 체크 밸브에서 필요할 때에 역류를 할 수 있도록 한 밸브이다. 파일럿 스풀이 외부로부터의 압력 신호에 의해 작동되어 역류 방향으로 강제로 유로가 형성된다. 파일럿 체크 밸브는 전환 밸브와 같이 관로의 개폐용으로 쓰이며, 주로 실린더 하중의 장시간 로크용으로 사용된다.

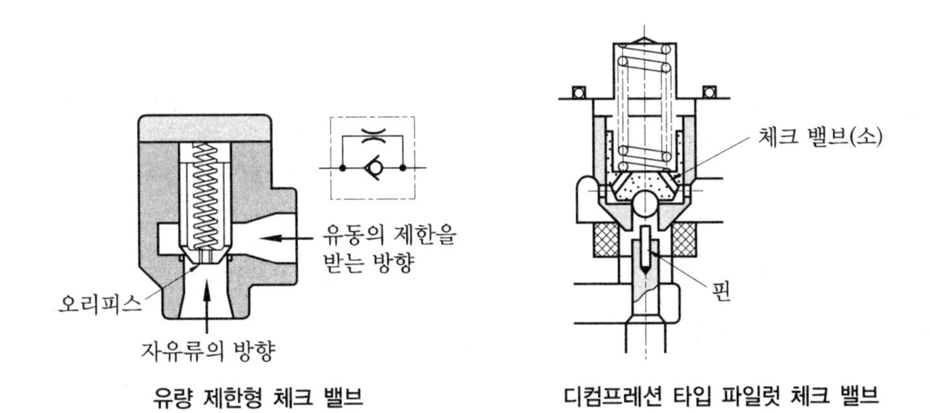

유량 제한형 체크 밸브　　　디컴프레션 타입 파일럿 체크 밸브

(가) 구조도

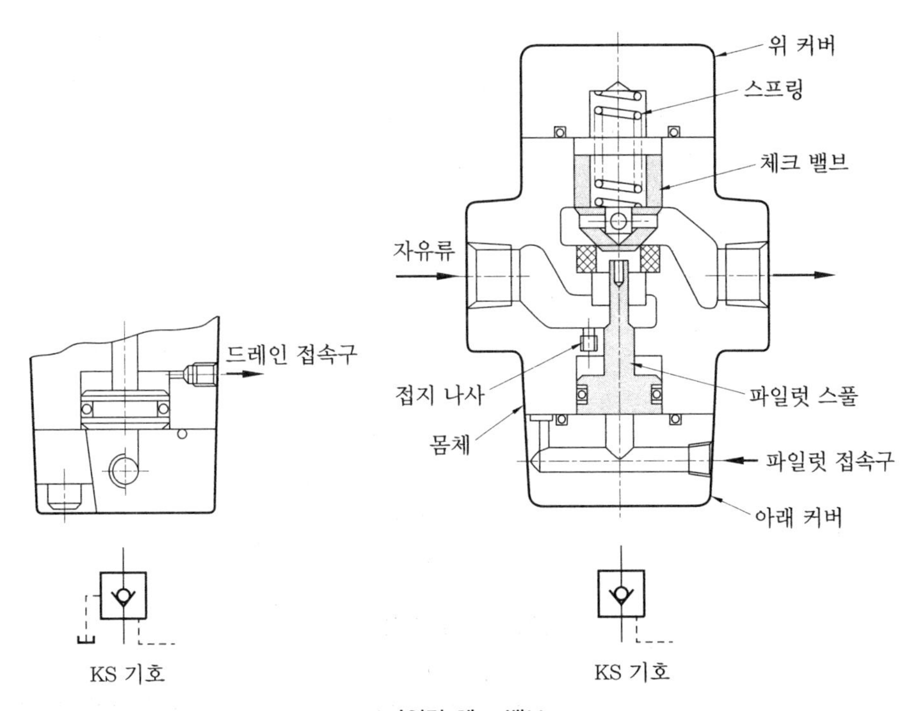

파일럿 체크 밸브

(나) 내부 드레인형과 외부 드레인형의 사용법

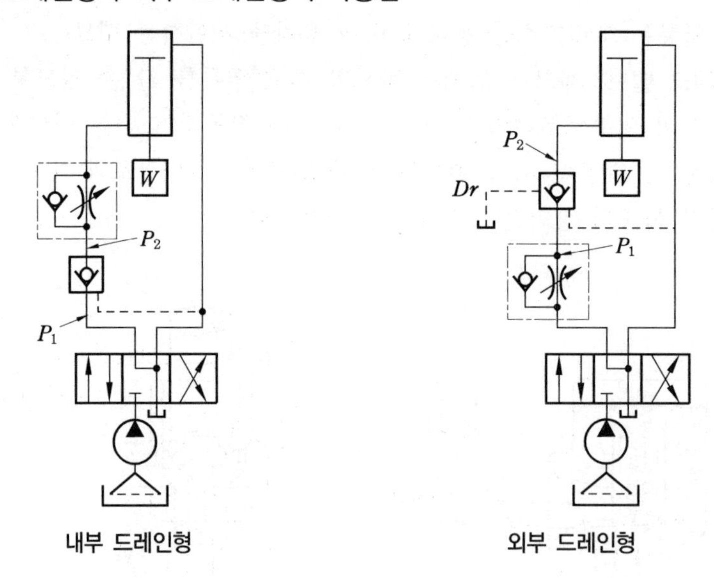

내부 드레인형 외부 드레인형

(다) 파일럿 압력 계산법

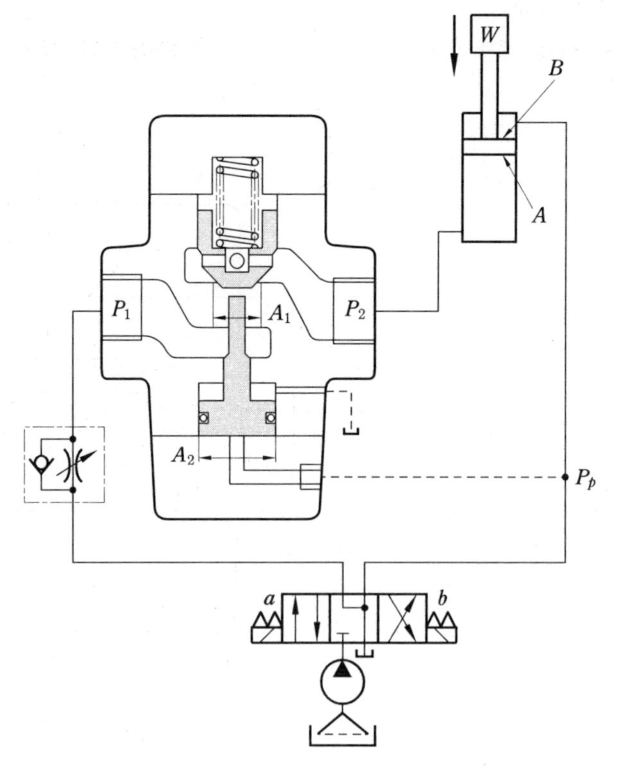

파일럿 체크 밸브 설치 예

$$P_p = \frac{A_1 \cdot W}{A_2 \cdot A - A_1 \cdot B} = \frac{W}{\frac{A_2}{A_1} \cdot A - B}$$ (단, P_p는 릴리프 압력 이하이어야 한다.)

여기서, P_p : 파일럿 압력(kgf/cm^2)

P_1 : 역자유류 출구 압력(kgf/cm^2)(기름이 흐르지 않을 때는 P_1=0으로 본다.)

P_2 : 역자유류 입구 압력(kgf/cm^2)

A_1 : 포핏 시트 면적(cm^2)

A_2 : 파일럿 스풀이 압력을 받는 면적(cm^2)

(A_1, A_2는 면적비 A_1을 1로 했을 때 A_2의 면적비를 그대로 식에 대입해도 된다.)

W : 하중(kgf)

A : 배압 발생 쪽의 피스톤 면적(cm^2)

B : 가압 쪽 피스톤 면적(cm^2)

㈑ 파일럿 체크 밸브의 분해 점검 방법

㉮ 체크 밸브 쪽의 위 커버 볼트를 풀고 위 커버, O링, 스프링, 체크 밸브를 빼낸다(스풀은 손으로 가볍게 움직일 수 있는 상태이어야 한다).

→ O링 체크 밸브, 체크 시트에 흠이 없는지 점검한다.

㉯ 파일럿 스풀 쪽 아래 커버 볼트를 풀어서 아래 커버, O링 파일럿 스풀을 빼낸다(파일럿 스풀은 손으로 가볍게 움직일 수 있는 상태이어야 한다).

→ O링 파일럿 스풀 몸통에 흠이 없는지 살펴본다.

㊟ 불량 부품은 신품과 교환한다.

㉰ 조립 : 깨끗하게 씻은 다음 작동유에 담근 후 분해의 반대 순서로 조립한다.

⑤ 체크 밸브의 용도

체크 밸브의 강도(스프링의 강도)는 용도에 따라 2종류가 있다.

크랭킹 압력
- 0.5 kgf/cm^2 : 단지 역류 방지용 체크 밸브로 사용한다.
- 4.5 kgf/cm^2 : 배압 밸브(저항 밸브)로 사용한다.

㈎ 저항 밸브의 사용 예

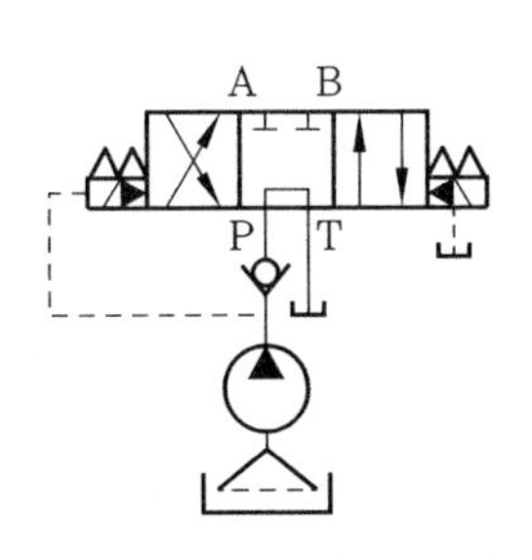

(a) 전자 파일럿 전환 밸브의 파일럿 압력 발생용

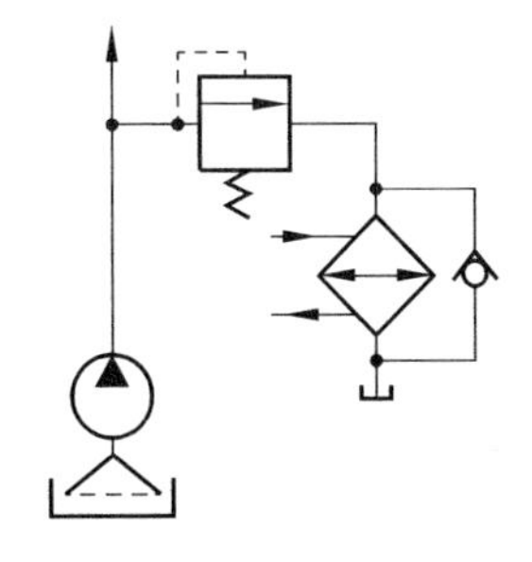

(b) 오일 쿨러 등의 바이패스용

저항 밸브의 사용 예

(나) 체크 밸브의 사용 예

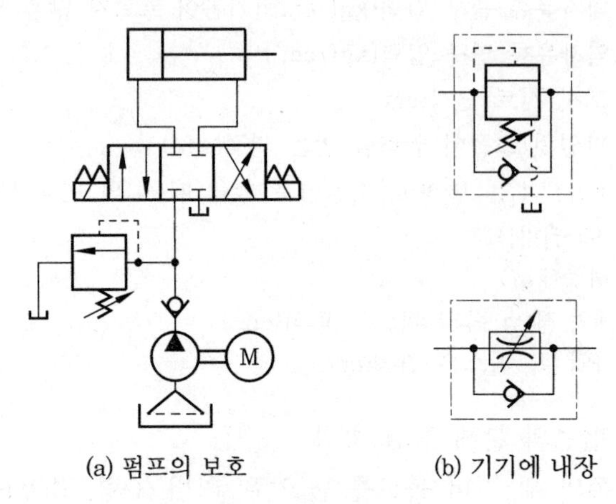

(a) 펌프의 보호 (b) 기기에 내장

체크 밸브의 사용 예

⑥ 체크 밸브의 분해 점검 방법 : 먼지가 시트에 끼어 2차에서 1차로 역류하는 중에 고장이 있는 경우에는 분해하여 세척한다.

(가) 양쪽의 배관을 분리하고 2차 쪽에서 스냅링을 풀어 스프링을 분해하며 스프링, 리테이너, 밸브를 빼낸다.

→ 밸브 및 몸체의 시트에 흠이 없는지 점검한다(흠이 있으면 새것과 교환한다).

(나) 조립 : 등유로 깨끗이 씻은 다음 깨끗한 작동유에 담근 후 조립한다.

(3) 방향 전환 밸브

방향 전환 밸브는 유압 회로에서 기름의 방향을 제어하는 한편 유압원, 유압 실린더, 유압 탱크 및 기타 조작 계통 간의 회로에서 기름의 흐름 방향을 결정하는 밸브이다.

방향 전환 밸브는 포트 수, 위치 수, 방향 수, 스풀 형식의 4가지를 포트의 구성 요소라고 하는데 전환 기능은 이들 요소의 조합에 여러 가지가 된다. 또한 전환 밸브의 기능은 포트의 구성 요소, 스풀의 조작 방법, 스풀의 작동 특성으로 나타낼 수 있다.

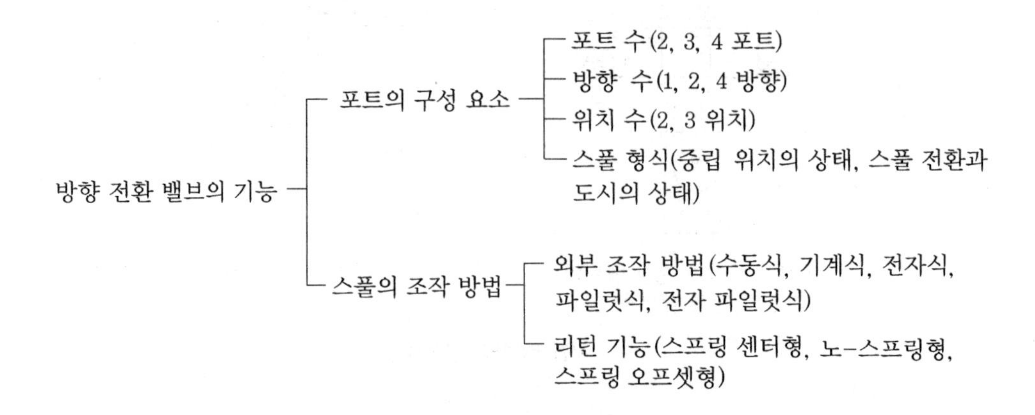

① 방향 전환 밸브의 기능 개요

(가) 포트의 명칭

㉮ 유압용 전환 밸브에서는 다음과 같은 주요 4가지 포트가 있다.

- P : 펌프 포트(프레셔 포트)
- T(R) : 탱크 포트(리턴 포트)
- A, B : 실린더 포트

㉯ 주요 포트 4가지 이외에는

- Pl : 파일럿 포트
- Dr : 드레인 포트

(나) 포트 수 : 전환 밸브에서의 배관의 입구 수

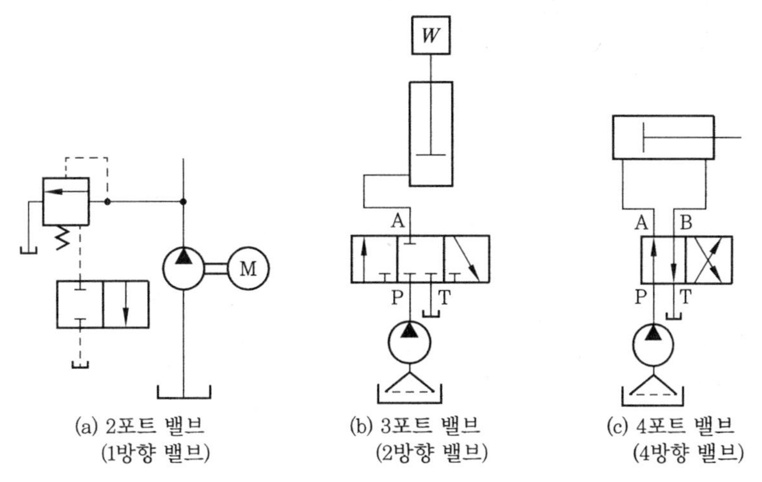

(a) 2포트 밸브 (1방향 밸브)　(b) 3포트 밸브 (2방향 밸브)　(c) 4포트 밸브 (4방향 밸브)

(다) 위치 수 : 스풀 밸브가 작동될 수 있는 위치의 총수로 나타내며 2위치, 3위치 밸브 등이 있다.

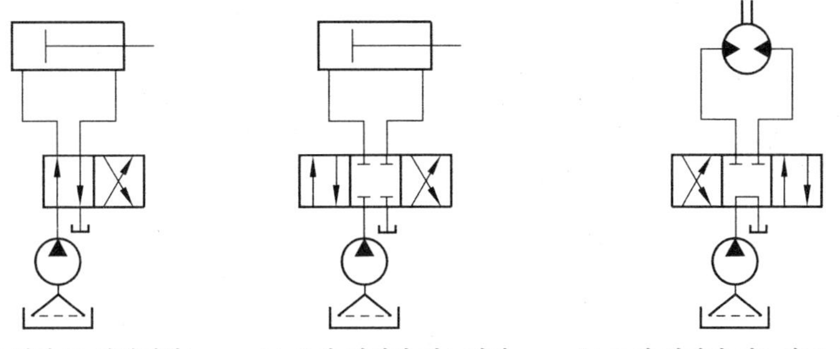

(a) 행정 끝 이외에서는 정지되지 않는다. (2위치 밸브)　(b) 중간 정지가 가능하다. (3위치 밸브)　(c) 중간 정지가 가능하고 중립에서 램프가 언로드 된다. (3위치 밸브)

(라) 스풀 형식

㉮ 3위치 밸브의 중립 위치에서 각 포트간 연결 상태를 나타내는 것이다(2위치 밸브이면 전환 과도기).

㉯ 실린더, 모터의 전진(정전), 후진(역전) 외에 중립 위치에서 실린더 등의 정지 또는 펌프 언로드 기능을 하는 것이다.

㉰ 밸브가 스풀 형식에 따라 중립 위치의 기능이 달라진다(전자 조작 밸브 심벌 참조).

포트 3위치 전환 밸브의 스풀 형식과 표시 기호

스풀 형식 및 기호 표시	사용 예	설 명
올 포트 블록 크로스 센터 A B P T	W M	중립 위치에서 모든 포트가 폐쇄되어 유로가 차단된다. • 작동기를 확실히 정지시킬 수 있다. • 펌프의 유압을 다른 작동기에 사용할 수 있다.
올 포트 오픈 오픈 센터 A B P T	W M	올 포트 블록과는 반대로 모든 포트가 접속되어 있어서 작동측과 부하측이 모두 탱크로 통하고 있다. • 경부하 또는 저속에서 관성에 의한 스스로 이동의 우려가 적은 부하의 정지에 적합하다. • 정지 시 충격이 적다. • 펌프 언로드가 된다.
프레셔 포트 블록 (A, B, T 접속) A B P T	W M	포트 P만 폐쇄되고 나머지 A, B는 포트 T에 접속되어 있다. • 경부하 또는 저속에서 관성에 의한 스스로 움직임의 우려가 적은 부하의 정지에 적합하다. • 펌프의 압유를 다른 작동기에 사용할 수 있다.
실린더 포트 블록 (A, P, T 접속) A B P T	W M	포트 B만 폐쇄되고 포트 P는 포트 A 및 포트 T에 접속되어 있다. • 펌프 언로드가 요구되고 부하에 의한 스스로 움직임을 방지할 필요가 있을 때 사용한다.

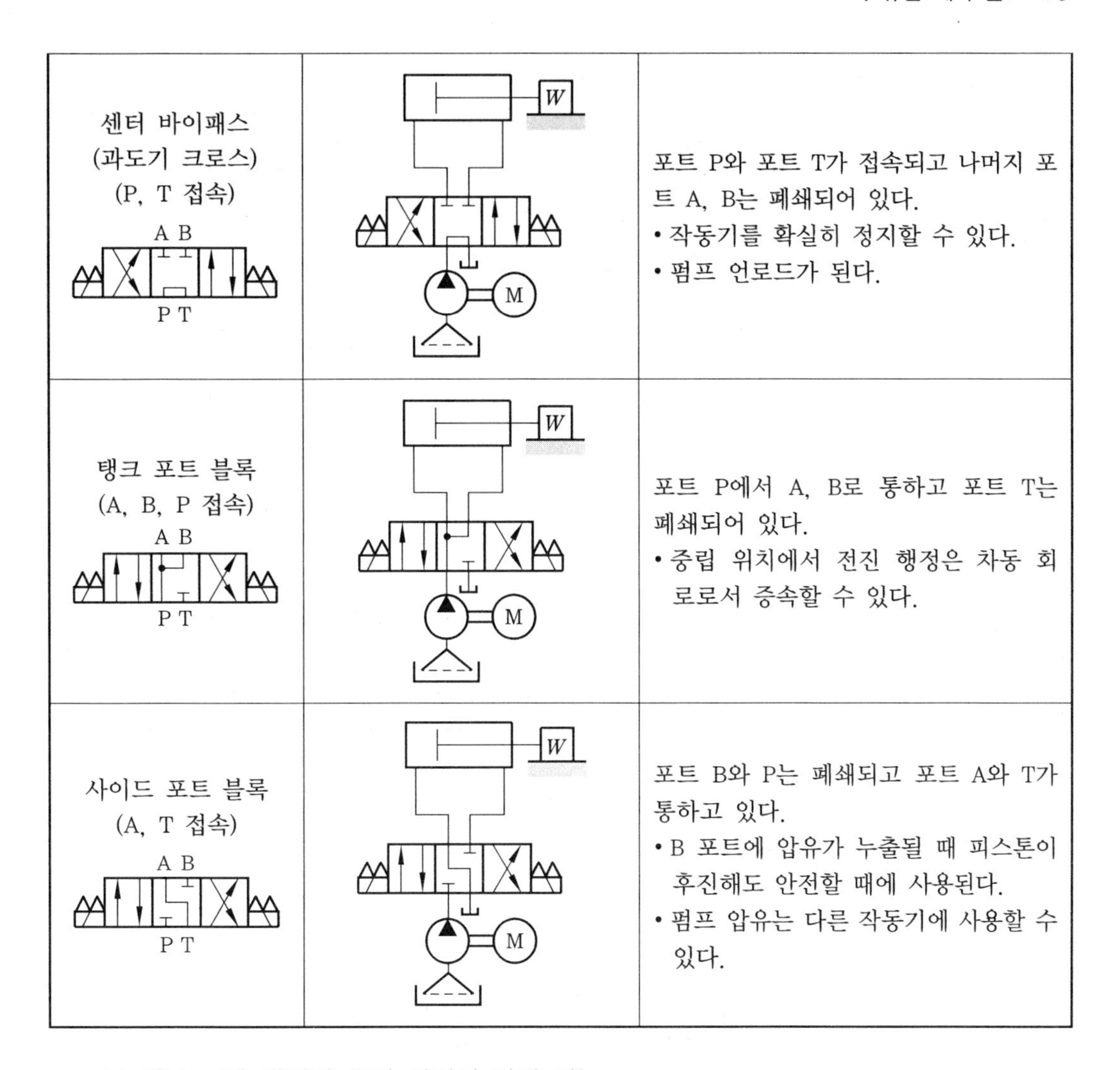

종류	회로	설명
센터 바이패스 (과도기 크로스) (P, T 접속) A B P T	W M	포트 P와 포트 T가 접속되고 나머지 포트 A, B는 폐쇄되어 있다. • 작동기를 확실히 정지할 수 있다. • 펌프 언로드가 된다.
탱크 포트 블록 (A, B, P 접속) A B P T	W M	포트 P에서 A, B로 통하고 포트 T는 폐쇄되어 있다. • 중립 위치에서 전진 행정은 차동 회로로서 증속할 수 있다.
사이드 포트 블록 (A, T 접속) A B P T	W M	포트 B와 P는 폐쇄되고 포트 A와 T가 통하고 있다. • B 포트에 압유가 누출될 때 피스톤이 후진해도 안전할 때에 사용된다. • 펌프 압유는 다른 작동기에 사용할 수 있다.

(마) 외부 조작 방법과 중립 위치의 리턴 기능

전환 밸브의 전환 조작을 하는 방식에는 수동식, 기계식, 파일럿식, 전자식, 전자 파일럿식 등이 있으며, 리턴 기능에는 스프링 오프셋형과 스프링 센터형 그리고 스프링이 없는 형이 있다.

조작 방법과 리턴 기능 및 위치수의 관계

리턴 기능 / 외부 조작 방식	스프링 센터형	스프링 오프셋형	노-스프링형
수동 조작	3위치	2위치	2 또는 3위치
캠 조작	–	2위치	–
전자 조작	3위치	2위치	2위치
파일럿 조작	3위치	2위치	2위치
전자 파일럿 조작	3위치	2위치	2위치

리턴 기능

리턴 기능 명칭	약 어	기호 표시	기능 설명
스프링 센터형	C		3위치 밸브이며 신호를 보내면 중립 위치에서 좌우 어느 위치로 전환되고 신호를 끊으면 자동적으로 중립 위치로 돌아온다.
노-스프링형	N		2위치 밸브이며 신호를 끊어도 그대로의 위치로 계속 유지된다. 다만, 수동 조작 밸브에서는 유지 기구를 붙여서 3위치 밸브로 하는 것도 있다(솔레노이드의 소손이나 순간의 정전 시에도 가공물을 조인 상태에서 가공할 수 있다).
스프링 오프셋형	B		2위치 밸브이며 신호를 주면 노멀 포지션에서 한쪽 위치로 전환되고 신호를 끊으면 자동적으로 원위치로 돌아온다(오동작으로 스프링 백하여도 지장이 없는 회로에 사용된다).

또한 방향 전환 밸브를 나타내는 경우에는 다음의 순서에 따라 부른다.

(포트 수)+(위치 수)+(스풀의 형식)+(리턴 기능)+(조작 방식)

예를 들면 4포트 3위치 프레셔 포트 블록 스프링 센터 전자 조작 밸브라 한다.

㈏ 전환 과도기의 표시와 그 사용 예

방향 전환 밸브는 위치가 달라지는 순간에 각 포트 사이가 열리거나 닫히는 상태가 된다. 그 위치가 변동되는 순간의 상태를 전환 과도기라 하며, 다음 그림과 같이 표시된다.

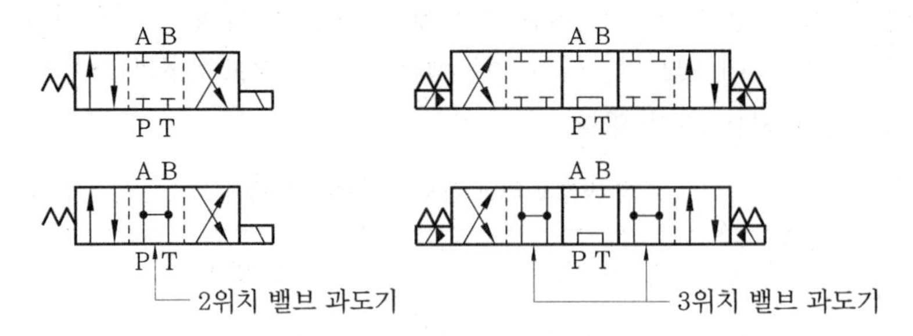

전환 과도기의 표시법

다음 그림의 회로에서 드릴 실린더용의 전환 밸브에 과도기 오픈의 것을 사용하면 ③의 공정 시 순간적으로 언로드 되기 때문에 클램프 압력이 떨어져 구멍 가공에 문제가 생긴다. 따라서 과도기 크로스 전환 밸브를 사용한다.

3위치 밸브의 센터 바이패스형의 전환 밸브에서는 중립에서 언로드 상태에 있고 전환 시 초크가 작은 과도기 오픈의 것이 표준으로 사용된다.

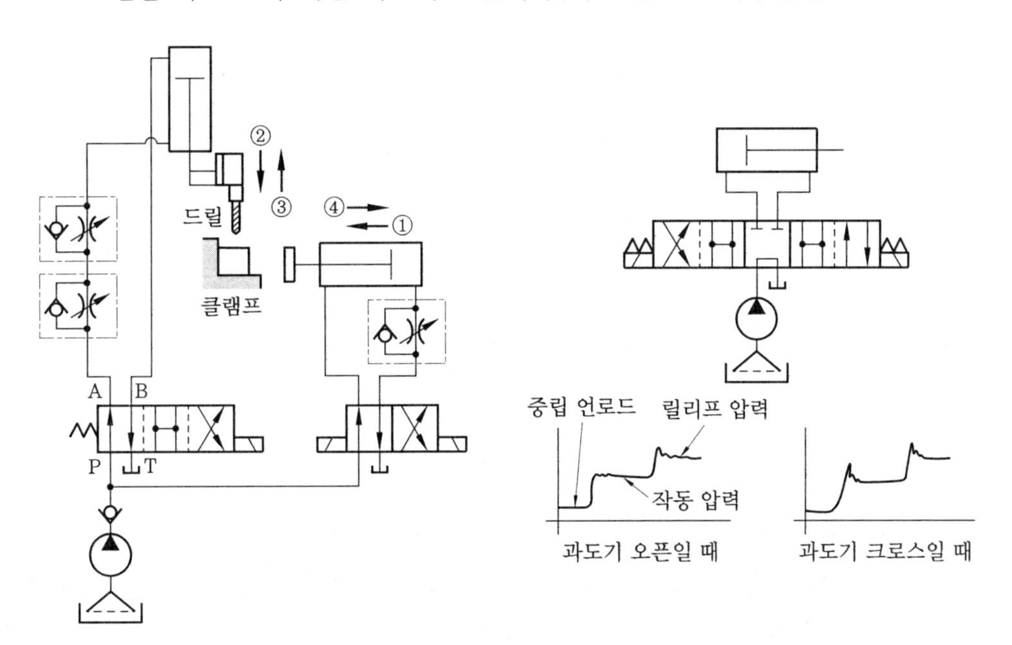

전환 과도기의 사용 예

(사) 스풀 밸브와 유체 고착 현상

원통형의 스풀 밸브는 고압 아래서 장시간 전환된 상태로 방치한면 다음 전환 시 스풀이 움직이지 않는 수가 있다. 이것을 스풀 밸브의 고착 현상이라고 하며, 원인으로는 더트 로트와 하이드롤릭 로크가 있다.

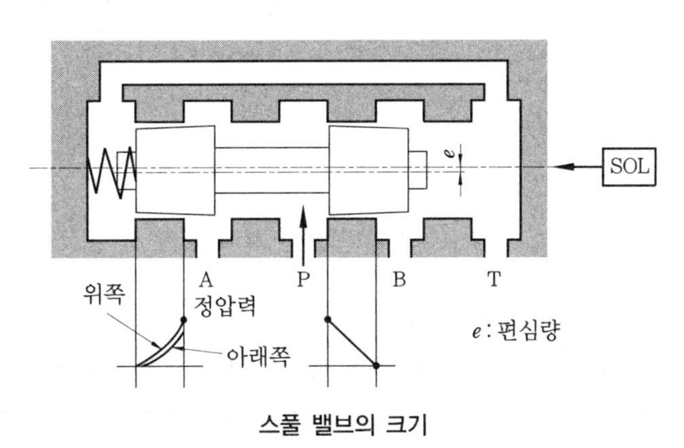

스풀 밸브의 크기

㉮ 더트 로크(dirt lock) : 틈에 먼지가 끼어서 고착을 일으키는 현상이며, 10μ 정도의 필터를 넣어 기름의 오염을 방지한다.

㉯ 하이드롤릭 로크(hydraulic lock) : 틈의 누출로 생기는 스풀축 직각 방향의 불평형 압력에 의해 스풀이 슬리브의 한쪽으로 밀려나는 현상이며, 스풀에 많은 기

름 홈을 넣어 압력을 평형시켜서 유막의 끊어짐을 막고 정기적으로 밸브 스풀을 작동시킨다(2위치 밸브에서는 노-스프링형이 고착 현상이 적다).

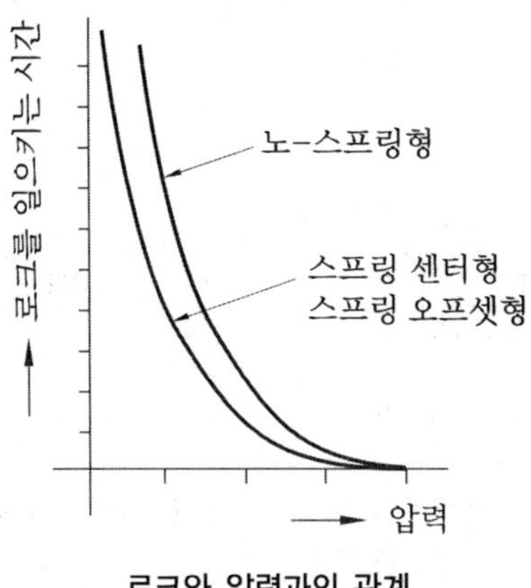

로크와 압력과의 관계

(아) 스풀 밸브의 내부 누출

스풀 밸브는 슬리브와의 사이에 틈이 있어서 올 포트 블록 등 중립 위치에서 포트 사이가 블록의 것이라도 내부 누출이 생긴다. 이 누출은 스풀 형식, 구멍 압력, 사용 온도 등에 따라서도 다르지만 최고 사용 압력 온도 50℃에 있어서 1포트당 정격 유량의 약 0.5% 이하이다.

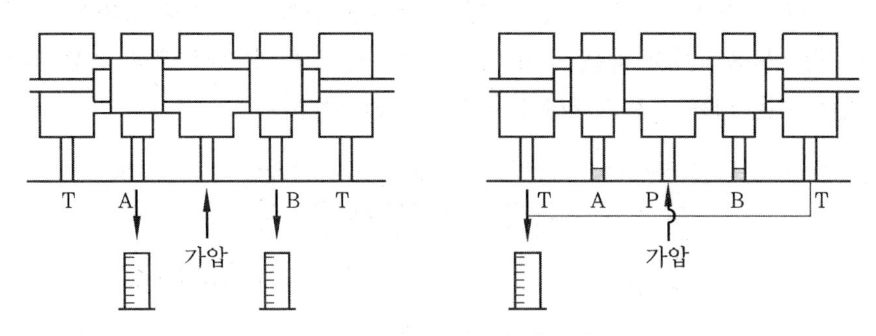

스풀 밸브의 내부 누출

② 수동 조작 밸브(manually operated valve)

수동 레버로 밸브 스풀을 조작하는 것을 말하며, 작동기의 운동을 손으로 직접 조작할 수 있기 때문에 토목, 건설, 기계, 차량용으로 널리 쓰이고 있다. 이 전환 밸브는 크기가 $1\frac{1}{2}$이 한도이며, 사람이 레버나 페달 등으로 조작하여 스풀을 움직여서 밸브 안의 유료를 전환하는 밸브이다. 조작 기구가 간단하고 고장이 적으며 가격도 저렴한 이점이 있으나 복잡한 유압 회로의 제어나 자동 운전에는 적합하지 않다.

(가) 구조도

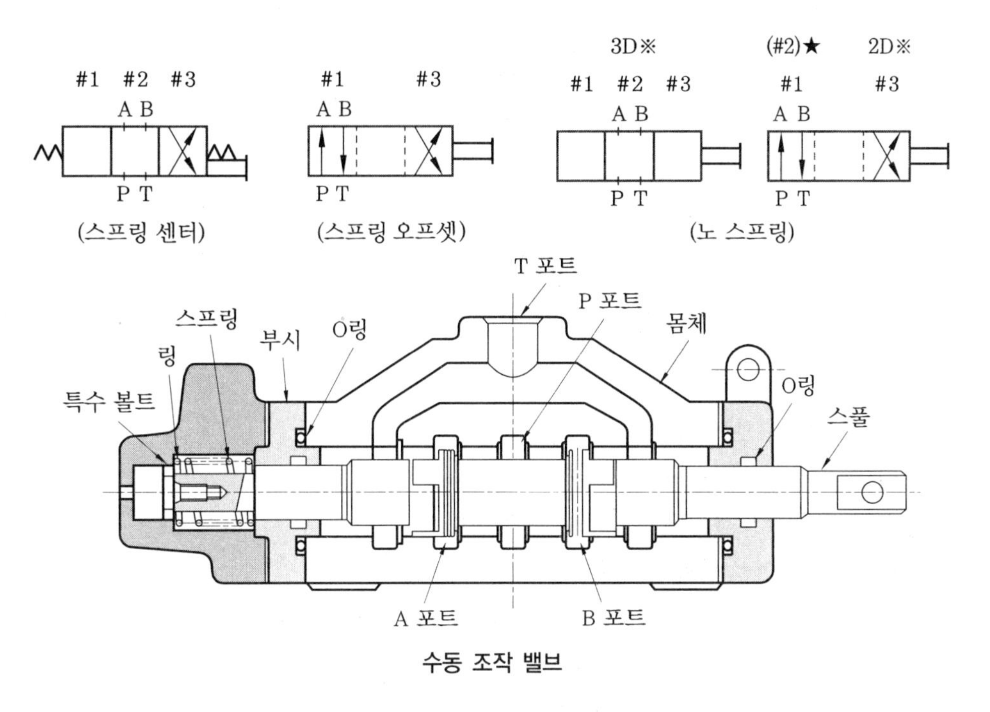

수동 조작 밸브

(나) 3위치 밸브 스프링 센터형

이 형은 손을 놓으면 중립 위치로 돌아오는 형식이다. 수동 전환 밸브에는 스프링 하나만 사용하여 스프링이 어느 쪽으로 움직여도 압착되도록 되어 있다.

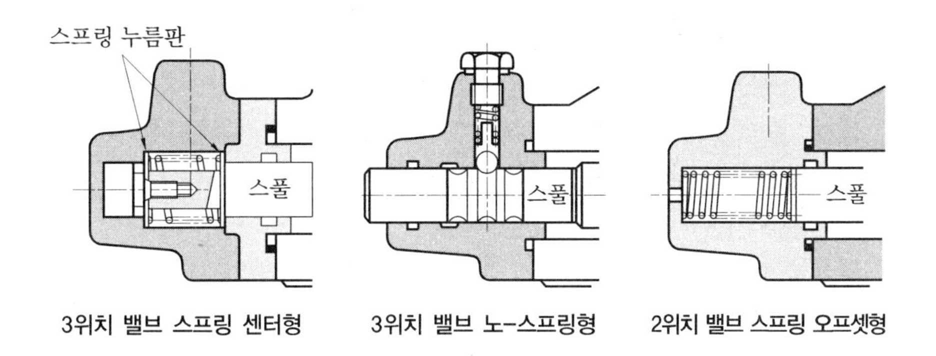

3위치 밸브 스프링 센터형　　3위치 밸브 노-스프링형　　2위치 밸브 스프링 오프셋형

(다) 3위치 밸브 노-스프링형

이 형은 레버를 조작하여 손을 떼어도 그 위치에서 그대로 멈추어 있다. 노-스프링형은 스풀의 한쪽 원주 위에 홈을 내어 각 위치에서 진동 등으로 스풀이 다른 위치로 움직이는 것을 막아주고 있다.

(라) 2위치 밸브 스프링 오프셋형

스프링 오프셋형은 2위치밖에 없는데 노멀 상태에서 스프링의 힘으로 스풀을 한쪽으로 밀며, 전환 시에는 레버를 손으로 잡아주어야 한다.

(마) 레버 조작과 심벌의 관계

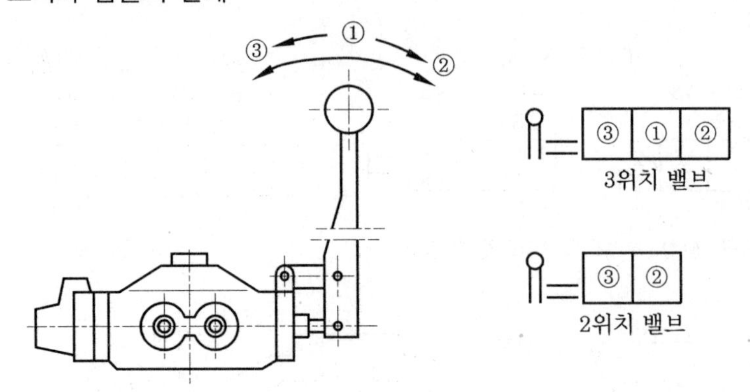

(바) 수동 전환 밸브의 분해 점검 방법

㉮ 분할핀을 빼고 레버를 푼다.

㉯ 레버 쪽 볼트를 풀어 커버를 떼어낸다.
→ 뚜껑 안의 O링을 점검한다.

㉰ N형의 경우에는 스풀의 위치 결정용 스프링을 눌러서 볼트를 풀고 패킹 스프링, 스프링 가이드 위치 결정용 볼을 빼낸다.
→ 패킹, 스프링 그 밖의 가부품 파손 유무를 점검한다.

㉱ 결합 볼트를 빼고 레버 반대쪽 뚜껑을 푼다.
→ 뚜껑 안의 O링, 스프링(C형과 B형)의 파손 유무를 점검한다.

㉲ 스풀을 빼낸다.
→ 스풀 몸체의 홈 파손 유무를 점검한다(개스킷의 경우에는 몸체와 서보 플레이트를 처음으로 분해하고, O링 등의 파손을 점검한다).

㉳ 조립 : 불량 부품은 신품으로 교환하고 나서 다른 기기처럼 깨끗이 씻어서 조립하며, 분해 순서의 반대로 조립한다(O링의 파손에 특히 주의한다).

③ 전자 조작 밸브(solenoid operated valve)

이 밸브는 리밋 스위치 계전기(릴레이), 한시 계전기(타이머) 등에서 발신된 전기 신호에 의해서 전자석을 이용하여 직접 스풀을 조작하는 것이며, 전달 신호에는 ON, OFF 2가지 밖에 없다. 또한 전환의 조작은 솔레노이드로 하고 있는 관계로 자동 제어, 원방 제어, 다수 제어 등이 쉽게 이루어지도록 유압을 사용하는 거의 대부분의 자동 기계에 쓰이고 있으며, 사이즈는 $\frac{1}{8}$, $\frac{1}{4}$, $\frac{3}{8}$ 등이 있다.

전자 조작 밸브는 전기 신호로 전환 조작을 하기 때문에 자동 운전, 원방 조작 또는 비상 정지 등이 쉽게 되며, 전환 시간이 빠르고 정확하므로 현재 가장 많이 쓰이고 있다. 다만 솔레노이드의 흡인력을 이용하기 때문에 지나치게 많은 유량의 것은 곤란하며, 통상 압력 210 kgf/cm^2, 최대 유량 76 L/min까지의 전환에 쓰인다.

(가) 스프링에 따른 분류

㉮ 스프링 센터형

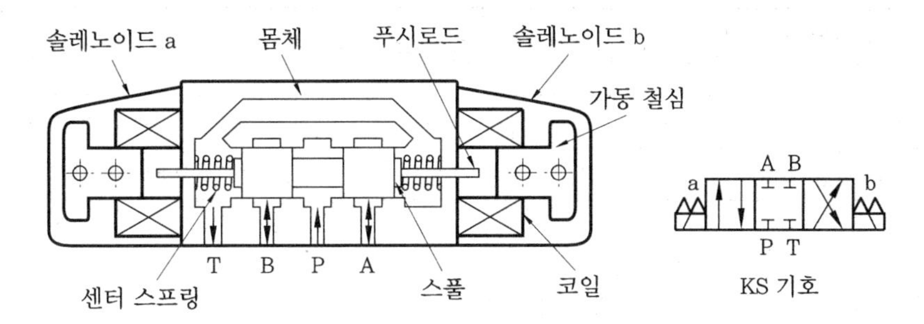

㉯ 노-스프링형

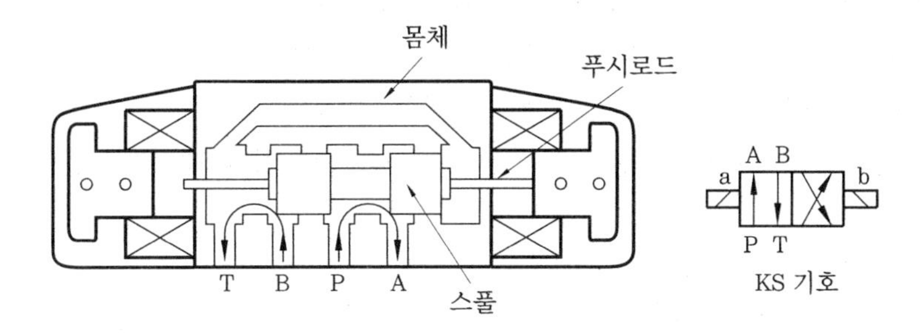

㉰ 스프링 오프셋형

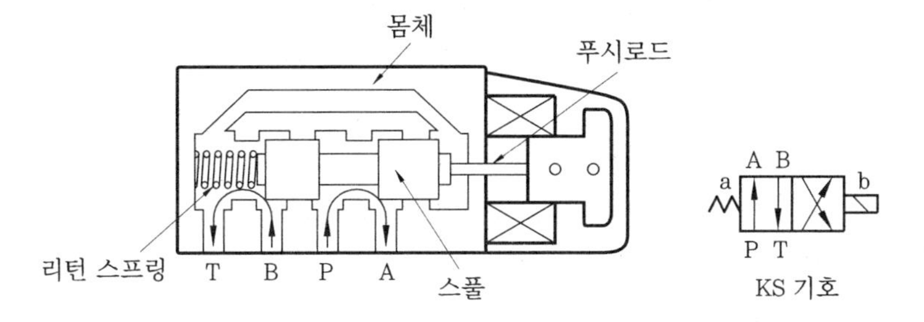

(나) 전자석부의 종류

㉮ 전자석

- 개방형 : 전자석 가동부가 대기 중에서 작동하는 것
- 웨트 아마추어형(밀폐형) : 전자석 작동부가 기름 속에서 작동하는 것

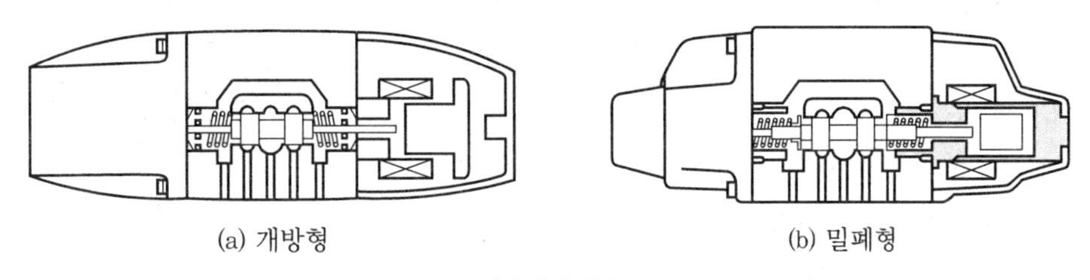

(a) 개방형 (b) 밀폐형

전자석의 종류

㉯ 각 형의 비교

개방형과 아마추어형의 비교

종류 \ 항목	소비 전력(전기적 특성)	전환 작동 시간	가동부의 기름 누출
개방형	좋다.	빠르다.	푸시로드 부분은 O링으로 실
웨트 아마추어형	약간 나쁘다.	느리다.	가동부의 실 부분이 없다.

㈐ 전자 조작 밸브의 분해 점검

㉮ 몸통을 서브 플레이트에서 분해한다.
→ O링을 점검한다.

㉯ 양쪽 모두 솔레노이드 커버 설치용 나사를 풀어 솔레노이드 세트 개스킷을 빼낸다(스프링 오프셋형에서는 한쪽 커버를 떼어낸다).
→ 솔레노이드 코일의 단선, 단락 유무를 점검한다.

㉰ 스냅링, O링 리테이너, O링 누름, 스프링, 스프링 리테이너, 푸시로드 등을 빼낸다.
→ 각 부품의 상태를 점검한다.

㉱ 스풀을 몸체에서 빼낸다(몸체와 스풀 사이의 클리어런스(간격)가 아주 작으므로 무리하게 빼내려고 하면 습동부에 상처가 날 수 있다).
→ 스풀이나 몸체 습동면의 홈의 유무를 점검한다.

㉲ 조립 : 깨끗이 닦은 다음 분해의 반대 순서로 조립한다.

참고

솔레노이드 코일의 전원 연결이 직류일 때는 같은 색의 리드가 같은 극이 되도록 접속해야 한다 (이때 솔레노이드에 달려 있는 문자판의 결선 방식을 확인할 것).

④ 전자 파일럿 전환 밸브(solenoid controlled pilot operated directional)

전자 조작 밸브로 다룰 수 있는 유량에는 전자력, 유체적 쇼크, 내구성 등의 이유로 한계가 있다.

큰 유량의 제어나 전환 시의 쇼크레스의 효과를 얻을 목적으로 전자 파일럿 전환 밸브가 사용된다.

전자 조작 밸브와 스풀 형식의 나타냄은 같지만 파일럿 밸브 (전자 조작 밸브)와 주밸브에는 일정한 조립 형태가 있다.

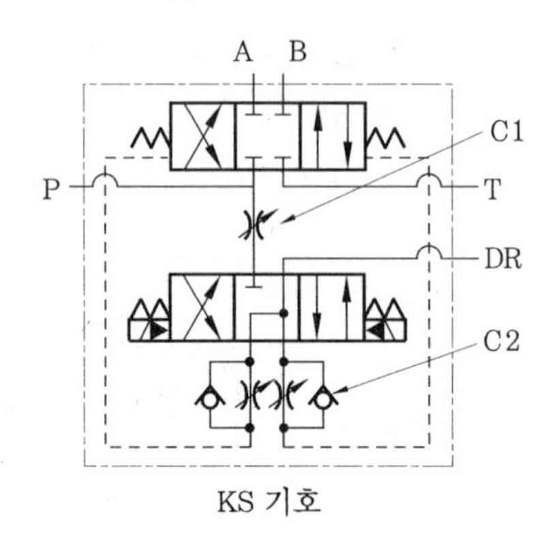

KS 기호

전자 파일럿 전환 밸브

(가) 기본적인 조립 형태

리턴 기능 / 기 호	스프링 센터형(C형) (3위치 밸브)	노-스프링형(N형) (2위치 밸브)	스프링 오프셋형(B형) (2위치 밸브)
KS 기호	A B / P T	A B / P T	A B / P T
상세 기호	A B / Pl Dr / P T / A B	A B / Pl Dr / P T / A B	A B / Pl Dr / P T / A B
파일럿 밸브 (전자 조작 밸브)	스프링 센터형 3위치 밸브 프레셔 포트 블록형	노-스프링형 2위치 밸브 과도기 올 포트 블록형	스프링 오프셋형 2위치 밸브 과도기 올 포트 블록형
주밸브	스프링 센터형 3위치 밸브	노-스프링형 2위치 밸브	노-스프링형 2위치 밸브

(나) 파일럿 방식의 변경 : 전자 파일럿 전환 밸브의 파일럿 유압 방식에는 내부 파일럿 방식과 외부 파일럿 방식이 있다.

파일럿 방식
- 내부 파일럿 방식(표준) : 저항 밸브를 탱크 라인에 넣는다.
- 외부 파일럿 방식 : 저항 밸브를 펌프 라인에 넣는다.

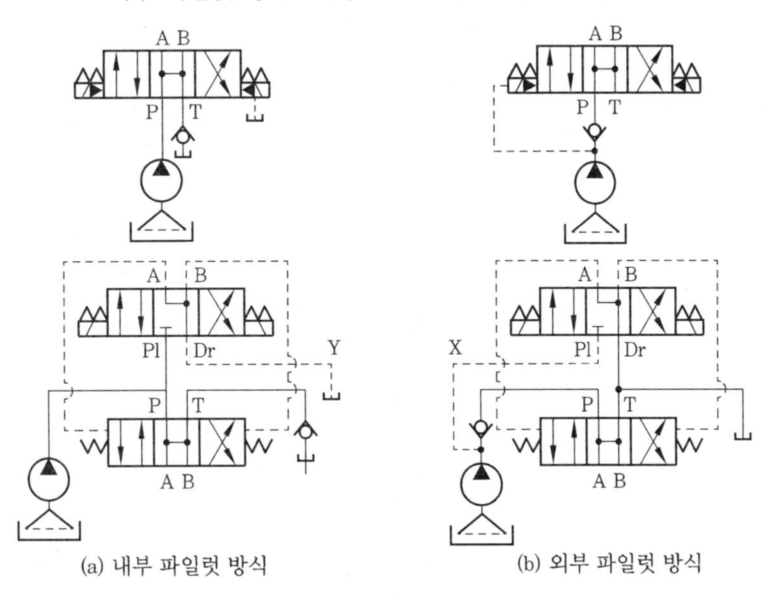

(a) 내부 파일럿 방식 (b) 외부 파일럿 방식

파일럿 방식

㈜ 변경 : 내부 파일럿 방식을 외부 파일럿 방식으로 바꾼다(드레인 방식의 변경도 같은 방법으로 한다).

전환 밸브의 일반적인 분류표

<table>
<tr><th colspan="2">분 류</th><th colspan="2">기호 표시</th><th>설 명</th></tr>
<tr><td rowspan="3">포트수</td><td>2포트</td><td colspan="2"> 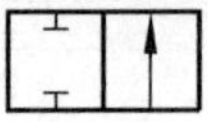</td><td>2개의 작동유 접속구가 있는 밸브</td></tr>
<tr><td>3포트</td><td colspan="2"> 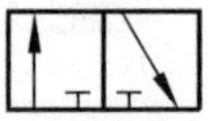</td><td>3개의 작동유 접속구가 있는 밸브</td></tr>
<tr><td>4포트</td><td colspan="2"> 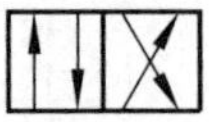</td><td>4개의 작동유 접속구가 있는 밸브</td></tr>
<tr><td rowspan="2">위치수</td><td>2위치</td><td colspan="2"> 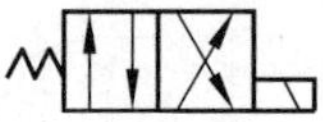</td><td>2개의 작동유 접속구 위치가 있는 밸브</td></tr>
<tr><td>3위치</td><td colspan="2"> 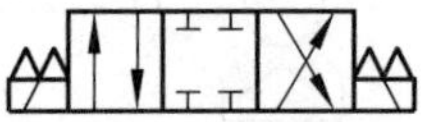</td><td>3개의 작동유 접속구 위치가 있는 밸브</td></tr>
<tr><td rowspan="2">중립
위치에서의
흐름의 형식</td><td>올 포트 블록
(클로즈드 센터)</td><td>프레셔 포트 블록
(ABT 접속)</td><td>센터 바이패스
(PT 접속)</td><td>사이드 포트 블록
(AT 접속)</td></tr>
<tr><td>올 포트 오픈
(오픈 센터)</td><td colspan="2">실린더 포트 블록
(APT 접속)</td><td>탱크 포트 블록
(ABP 접속)</td></tr>
<tr><td rowspan="3">스프링 형식</td><td>스프링
오프셋</td><td colspan="2"> 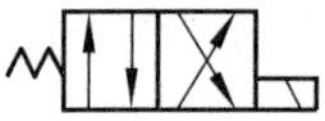</td><td>전환 조작력이 없어지면 스프링의 힘으로 원위치로 돌아오는 밸브(2위치 밸브)</td></tr>
<tr><td>노-스프링</td><td colspan="2"> </td><td>전환 조작력이 없어져도 전환 스위치를 유지하는 밸브(수동 조작 밸브에서는 디텐트 붙이 3위치 밸브도 있다.)</td></tr>
<tr><td>스프링 센터</td><td colspan="2"> 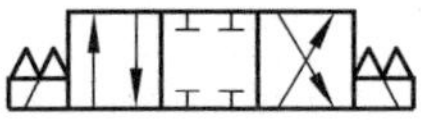</td><td>전환 조작력이 없어지면 스프링 힘으로 중립 위치로 돌아오는 밸브(3위치 밸브)</td></tr>
<tr><td rowspan="5">조작 방식</td><td>기계 조작</td><td colspan="2"> </td><td>캠, 롤러 등 기계력으로 조작되는 밸브</td></tr>
<tr><td>파일럿 조작</td><td colspan="2"> </td><td>파일럿으로 유압력으로 조작되는 밸브</td></tr>
<tr><td>수동 조작</td><td colspan="2"> </td><td>인력으로 조작되는 밸브</td></tr>
<tr><td>전자 조작</td><td colspan="2"> 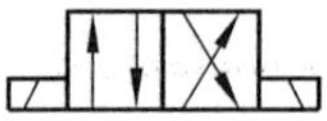</td><td>전자력으로 조작되는 밸브</td></tr>
<tr><td>전자
파일럿 조작</td><td colspan="2"> 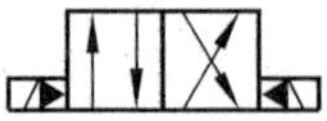</td><td>전자력으로 조작되는 파일럿 밸브로부터의 유압으로 주밸브 스풀을 작동시키는 밸브</td></tr>
</table>

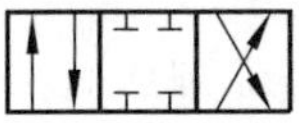

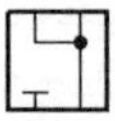

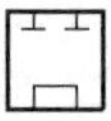

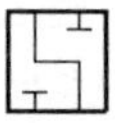

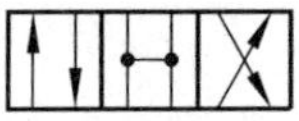

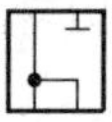

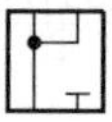

2-4 복합 밸브

복합 밸브란 압력, 유량, 방향 등 모든 제어를 할 수 있는 다기능 밸브이다.

(1) 특징

동력 손실이 적은 압력이 특성이며, 부하에 필요한 압력에 따라 펌프의 압력을 조정한다. 차축 소형 선박에 있어서는 한정된 동력을 효율적으로 이용할 수 있으며, 생산 설비에서도 에너지가 절약된다. 바이패스형을 예로 들면 펌프의 압력은 다음과 같이 된다.

• 전환 밸브 중립 시 : 언로드

• 실린더 작동 시 : 부하 작동에 맞는 압력이 발생된다.

• 실린더 끝단 : 릴리프 압력으로 가압된다.

압력 신호에 비례한 유량 특성을 지니며, 부하의 미세한 속도 제어가 자유로이 이루어진다. 수동 비례 밸브에서는 레버 각도를 변경하고 전자 비례 밸브에서는 솔레노이드에 걸리는 전류값을 변경하여 속도 제어를 한다.

쇼크레스 특성을 지니며 부하의 기동 정지 가속도 정역전이 쉽게 이루어지고 종래의 밸브에 비하여 콤팩트(copact)하다.

(2) 복합 밸브의 구성

복합 밸브는 다음 3가지 블록으로 구성되어 있다.

① 입구 밸브 블록(바이패스형 또는 감압형)

② 전환 밸브 블록(최대 8련까지 가능하다)

③ 엔드 플레이트(전자 비례 밸브, 전자 파일럿 전환 밸브에서는 이들을 결합하는 데 서브 블록을 사용한다.)

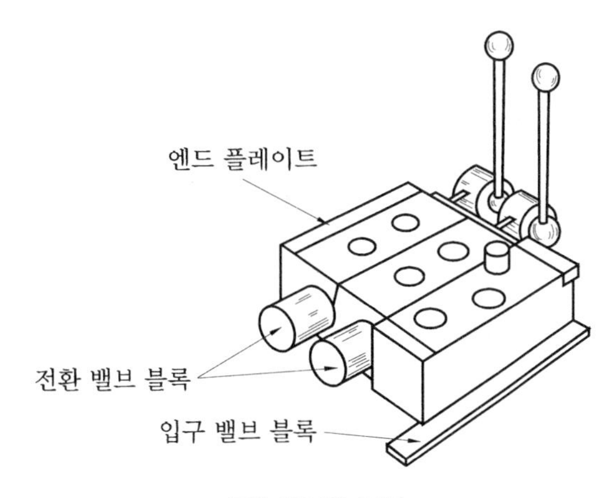

복합 밸브의 구성

(3) 종류

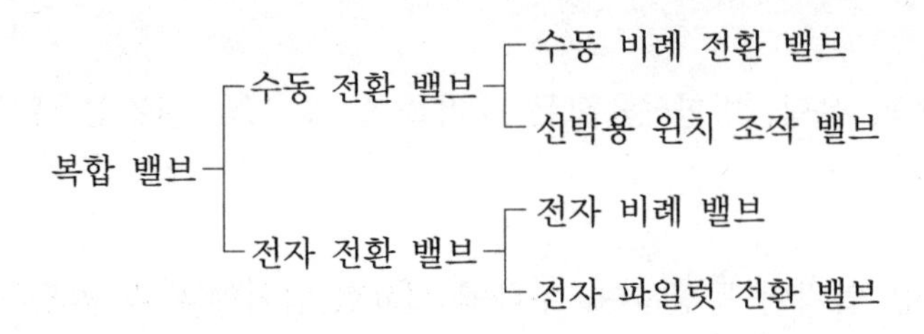

(4) 바이패스형과 감압형의 사용 구분

① 바이패스형은 정용량 펌프(릴리프 밸브 불필요) 회로에서 사용한다(남은 유량은 입구 밸브에서 탱크로 되돌아온다).

② 감압형은 압력 보상형 가변 용량 펌프 또는 어큐뮬레이터를 사용한 회로에서 사용한다. 하나의 펌프로 여러 개의 전환 밸브를 사용한 병렬 회로이며, 완전한 동시 조작이 요구될 경우 각 전환 밸브 블록마다 감압형 입구 밸브를 부착하면 가능하며, 이때 펌프는 동시 조작을 만족시킬 수 있는 용량이어야 한다.

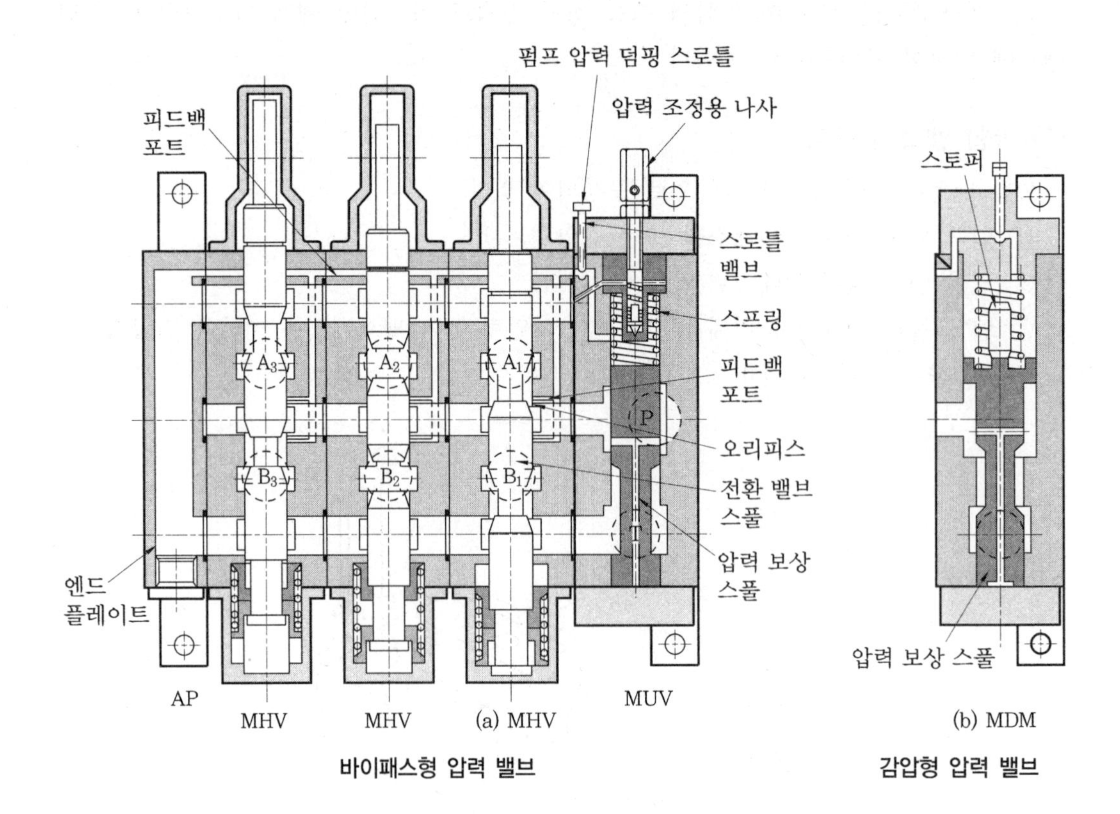

(a) MHV
바이패스형 압력 밸브

(b) MDM
감압형 압력 밸브

(5) 복합 밸브의 구조도

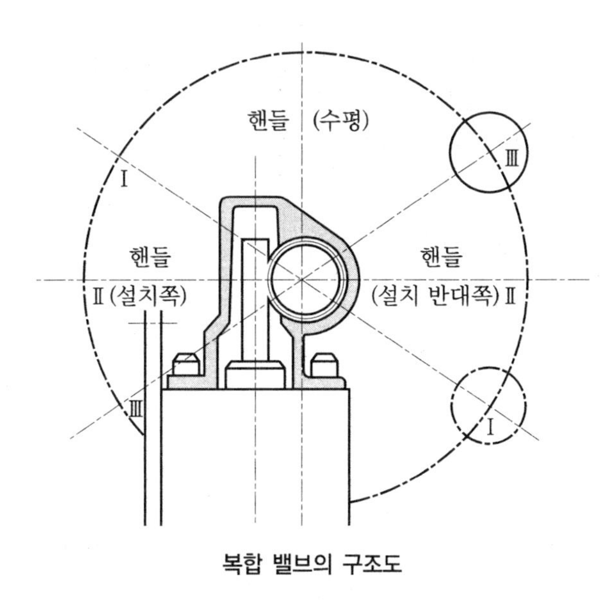

복합 밸브의 구조도

(6) 바이패스형 수동 비례 밸브의 기구와 작동

① 전환 밸브의 스풀이 중립 위치일 때(언로드)

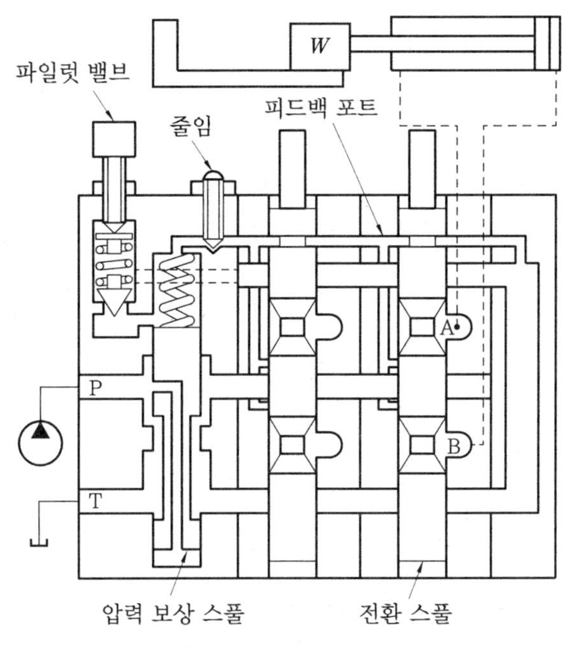

스풀 중립 시 작동 상태(언로드)

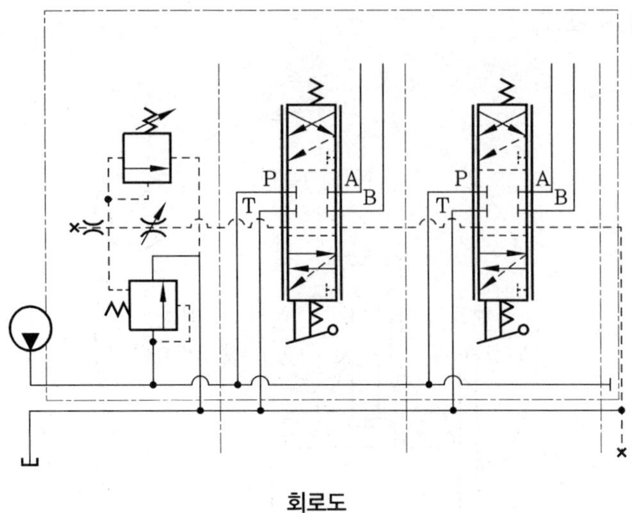

회로도

전환 스풀이 모두 중립일 때 압력 보상 스풀 상부의 유실은 피드백 포트를 거쳐서 탱크 라인으로 통하고 있으므로 압력 보상 스풀 아래에 작용하는 펌프의 압력이 상부의 스프링 힘 이상이 되면 스풀을 밀어 올린다. P 라인은 그 압력을 유지하면서 펌프의 유량은 탱크에 바이패스한다(스프링은 3 kgf/cm^2 또는 6 kgf/cm^{2}의 2종류가 있다).

② 전환 스풀을 열어서 실린더 전진일 때(펌프의 압력은 부하 입구 스프링 힘)

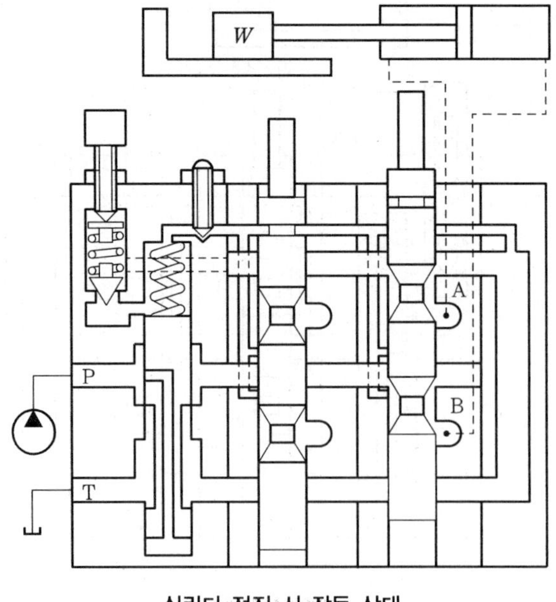

실린더 전진 시 작동 상태

스풀은 P→B로 전환하며, 압력 보상 스풀 위의 유실로는 피드백 포트를 거쳐서 B포트의 압력(부하 압력)이 들어간다.

압력 보상 스풀 하부의 압력 P는 B 포트 압력+스프링 힘을 유지하면서 스풀을 밀어 올려서 남는 펌프의 유량을 탱크에 바이패스 한다. 이때 P에서 B로의 열린 최소 단면적은 스풀 이동량, 레버 각도에 비례한다.

P 포트와 B 포트 압력의 차 ΔP는 부하압에 관계없이 스프링 힘에 따라 일정하기 때문에 통과 유량은 레버 각도에 비례하며, 부하압이 변해도 달라지지 않는다.

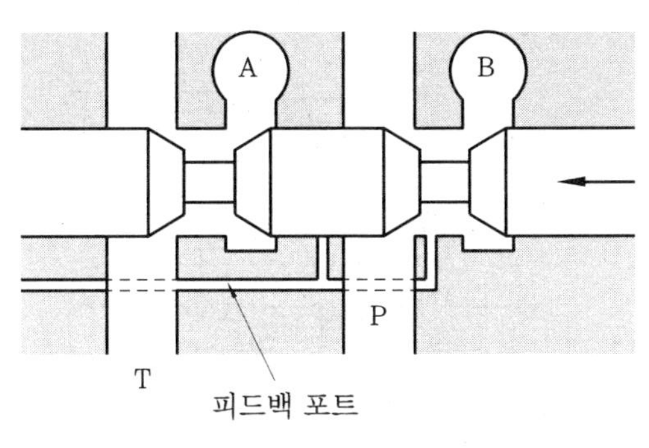

전진 시 스풀 형태

③ 실린더가 정지했을 때(릴리프 설정 압력(최대 210 kgf/cm^2)으로 가압)

실린더가 정지하면 압력이 상승하여 파일럿 밸브가 작동되어 일부의 기름이 스로틀을 통하여 압력 보상 스풀의 위쪽을 거쳐서 탱크에 흐른다. 이 스로틀 앞뒤의 압력차가 압력 보상 스풀의 위쪽을 거쳐서 탱크에 흐른다. 이 스로틀 앞뒤의 압력차가 압력 보상 스풀의 위쪽과 아래쪽에 작용하여 스풀을 밀어올려 P라인은 그 압력을 유지하면서 펌프의 유량을 탱크로 보낸다.

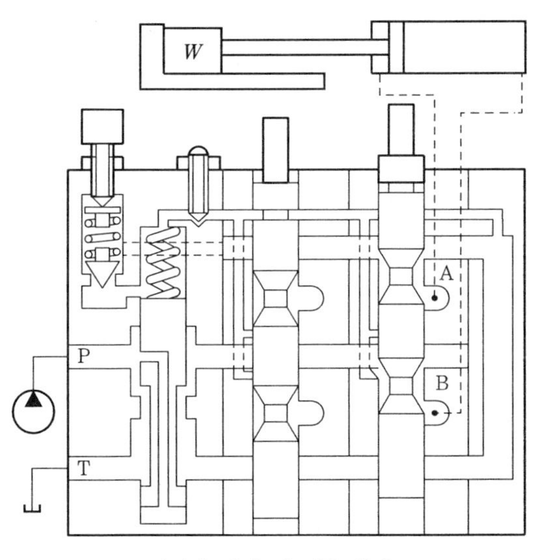

실린더 정지 시 작동 상태

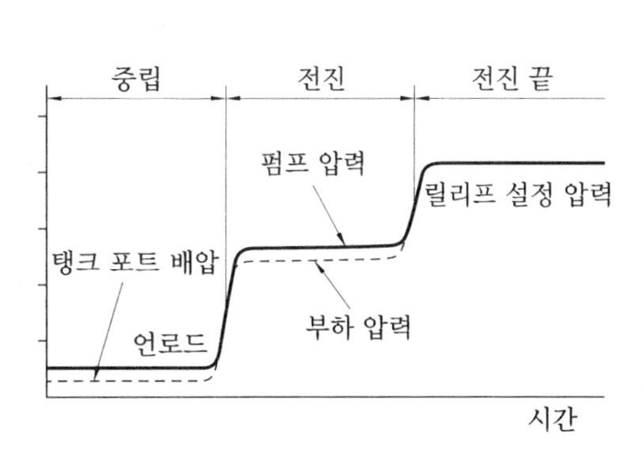

실린더 작동도

(7) 감압형 수동 비례 전환 밸브의 구조와 작동

① 전환 스풀이 중립일 때(입구 밸브 닫힘)

전환 스풀이 모두 중립일 때는 압력 보상 스풀 위쪽의 유실은 피드백 포트를 거쳐 탱크 라인으로 연결되어 있으므로 내부의 P 포트 압력이 스프링 힘과 같은 3 kgf/cm^2 또는 6 kgf/cm^{2}이 되면 펌프로부터의 입구는 닫힌다(필요 이외의 유량은 소비하지 않는다).

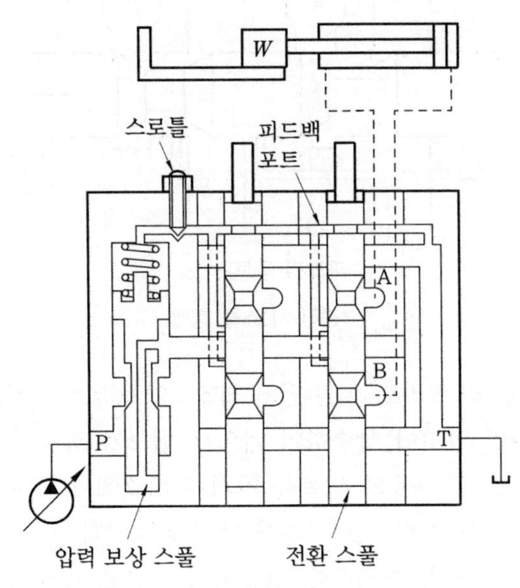

스풀 중립 시 작동 상태(입구 밸브 닫힘)

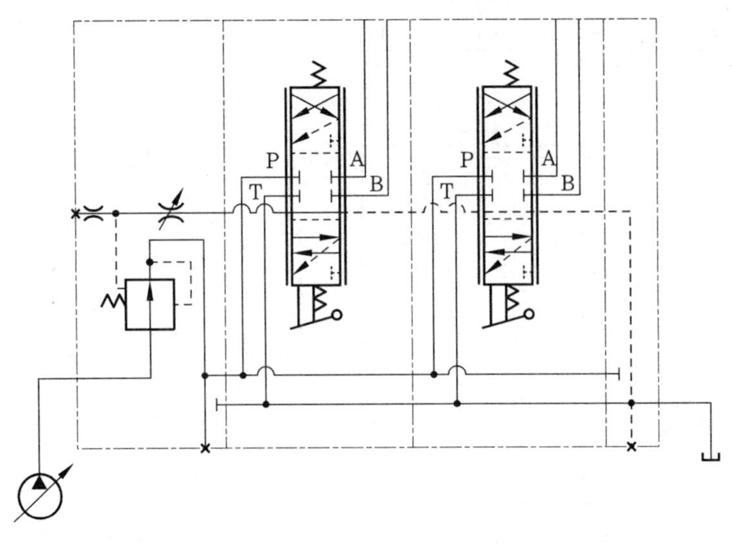

회로도

② 전환 스풀을 열어서 실린더 전진(부하에 필요한 압력 유량만 받아들인다.)

내부 P 포트 압력은 B 포트 압력+스프링 힘과 같이 되며, 제어 유량은 레버의 각도에 따라 비례하는 것은 바이패스형과 같다. 바이패스형에서는 일부 유량을 탱크에 바이패스하여 제어하지만 감압형에서는 내부 P 포트 압력이 B 포트 압력+스프링 힘 이상이 되면 입구 밸브의 열린 면적이 줄어들어서 차압은 일정하게 유지되어 열린 면적에 비례한 유량만이 흐르게 된다.

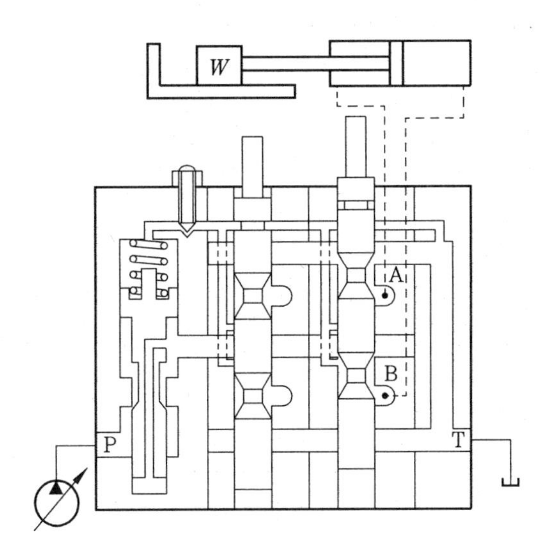

③ 실린더가 정지했을 때(실린더 전지 끝)

실린더가 정지하면 모든 포트의 흐름이 없어지기 때문에(정압의 전달뿐) 압력 보상 스풀의 상·하는 같은 압력이 되어 스프링 힘으로 입구 밸브가 열려 펌프의 최고 압력이 들어가게 되며, 그 압력으로 실린더는 가압된다(펌프는 데드헤드의 상태가 된다).

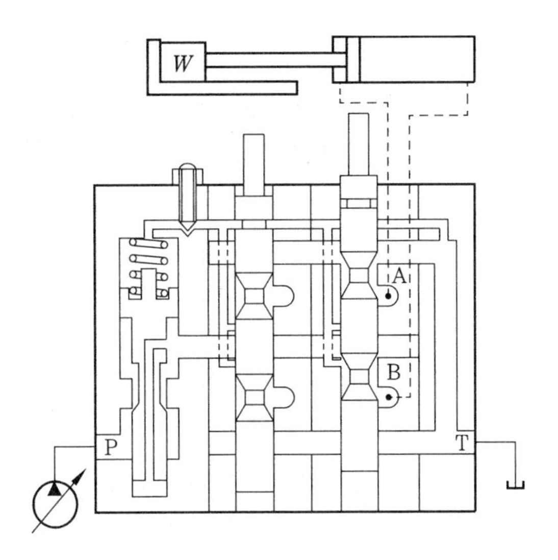

(8) 복합 전자 비례 전환 밸브

① 복합 전자 비례 전환 밸브 구조도

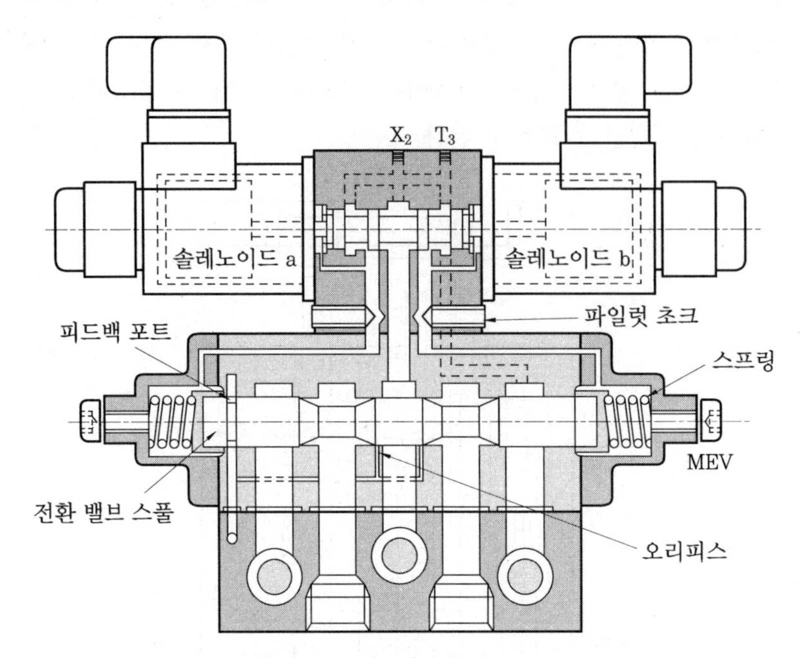

복합 전자 비례 전환 밸브의 단면도

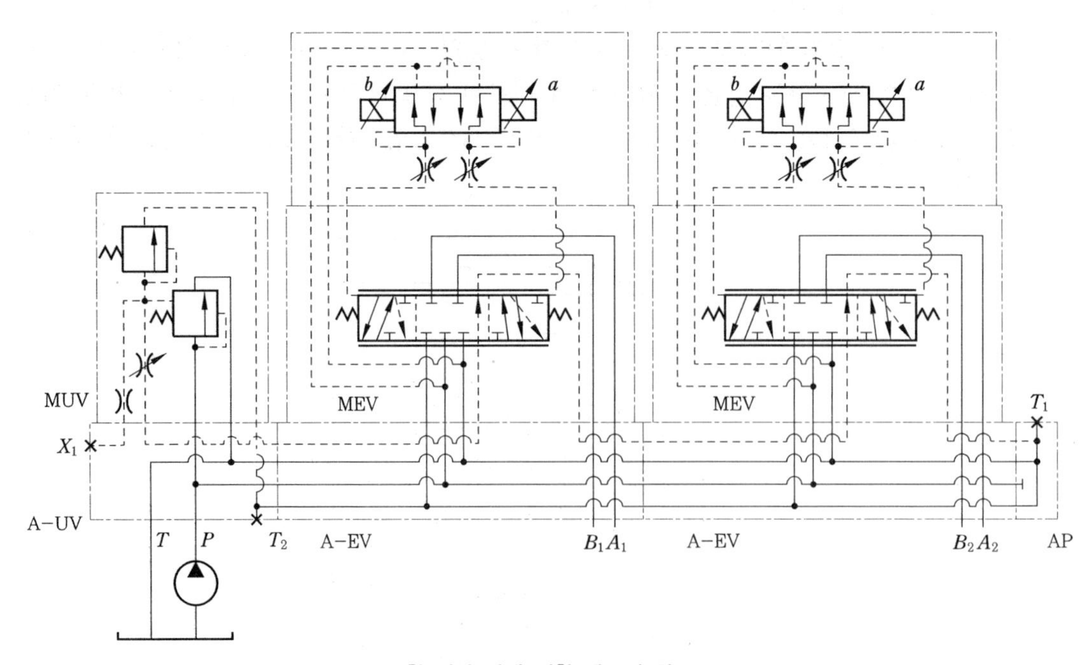

복합 전자 비례 전환 밸브의 회로도

② 복합 전자 비례 전환 밸브의 구조와 작동

입구 밸브는 수동의 경우와 같다(스프링은 6 kgf/cm^{2}이 표준임). 퍼텐쇼미터 또는 전용의 전기 컨트롤러에 의하여 솔레노이드부가 전류값을 제어하여 필요한 유량을 얻는다.

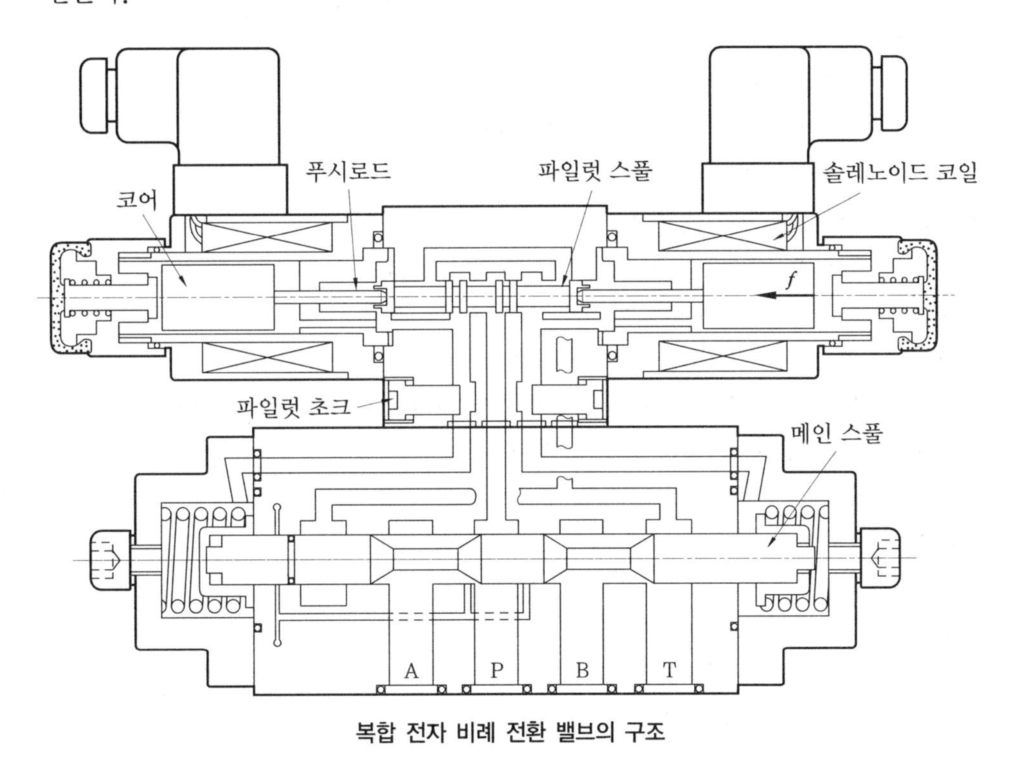

복합 전자 비례 전환 밸브의 구조

③ 유량 특성

부하 압력에 관계없이 솔레노이드 전류(스풀 행정 : 스트로크)에 비례하여 유량을 얻는다.

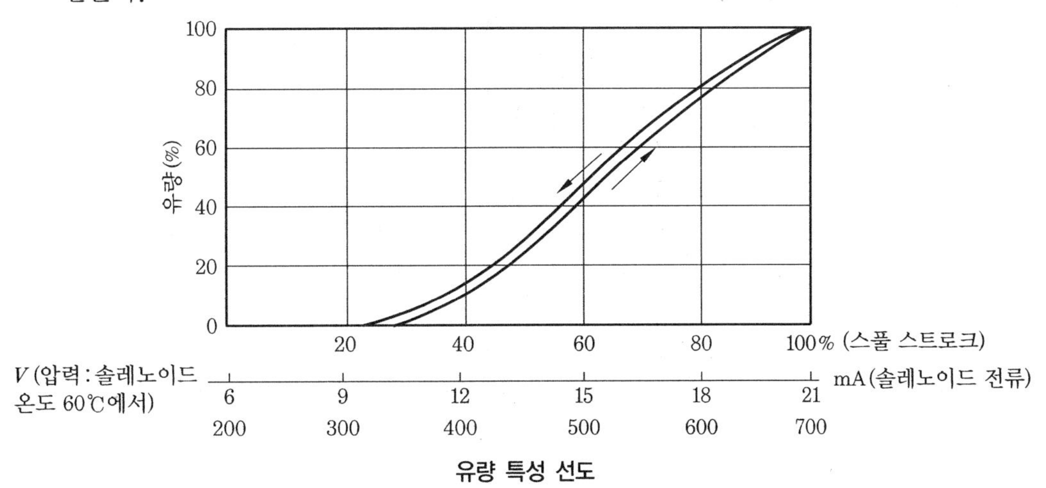

유량 특성 선도

④ 전자 파일럿 감압 밸브의 구조

솔레노이드부가 전류값 I에 비례한 흡인력에 의하여 파일럿 스풀이 눌려 P 포트에서 파일럿 라인으로 흐르는데 그 파일럿 압력은 스풀의 반대쪽 단면에 작용하여 그 전압력과 f가 평행된 상태에서 스풀은 정지하기 때문에 I에 맞는 파일럿 압력(최대 12 kgf/cm^2)을 얻을 수 있다.

⑤ 주 전환 밸브의 구조

파일럿 압력이 전환 스풀의 측면에 작용하여 그 전압력과 반대쪽의 스프링 힘이 평행한 위치에서 정지하여 I에 맞는 행정을 얻을 수 있다.

⑥ 복합 전자 비례 전환 밸브의 제어

복합 전자 밸브의 제어에는 교류 전원 컨트롤러가 사용되며, 전환 밸브 유량은 솔레노이드부가 약 300 mA의 전류가 흐르기 시작하여 700 mA에서 최대가 되는데 퍼텐쇼미터를 사용하여 (0~1 kΩ 접속) 0~850 mA의 범위에서 출력 전류를 제어한다.

또한 솔레노이드부의 전류를 안정시키기 위하여 정전류 회로(전원 전압의 변동 및 솔레노이드의 온도 상승에 의한 저항 증가 억제 역할)를 사용하며 파일럿 스풀, 메인 스풀의 마찰에 의한 히스테리시스는 직류 전류에 펄스파를 넣어 마찰을 감소시킨다.

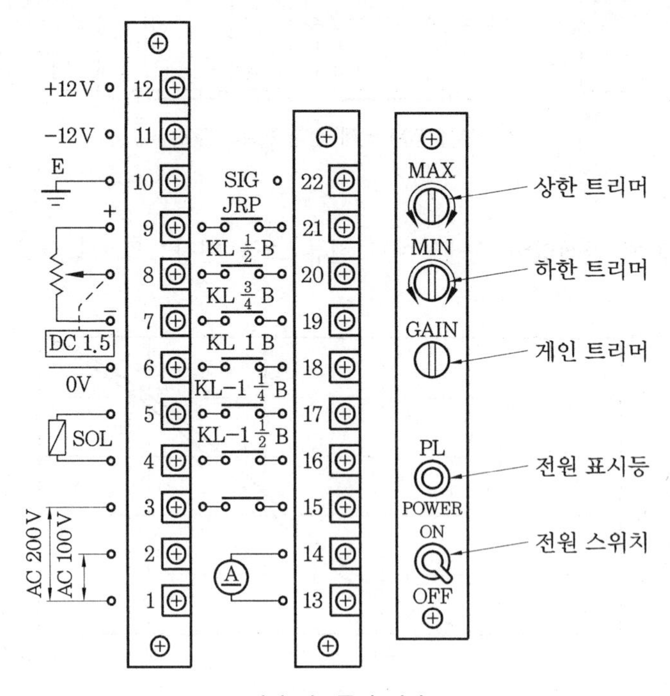

전기 컨트롤러 전면

⑦ 단자 접속의 예

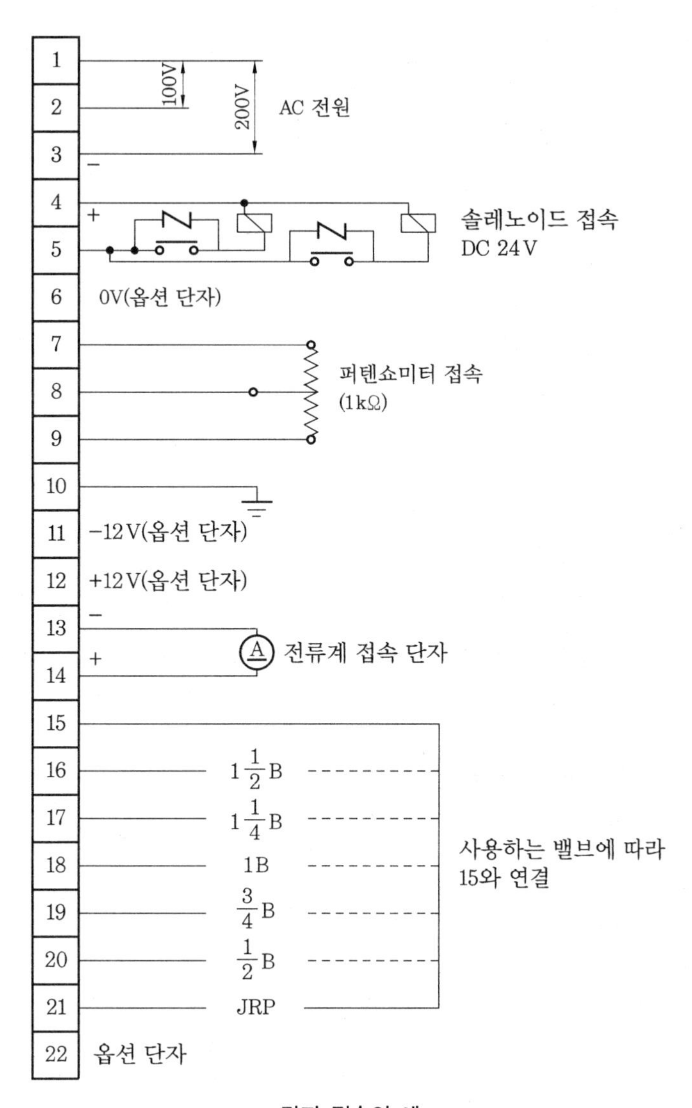

단자 접속의 예

⑧ 응용 예 : 외부 퍼텐쇼미터 2개에 의한 2단 속도 제어

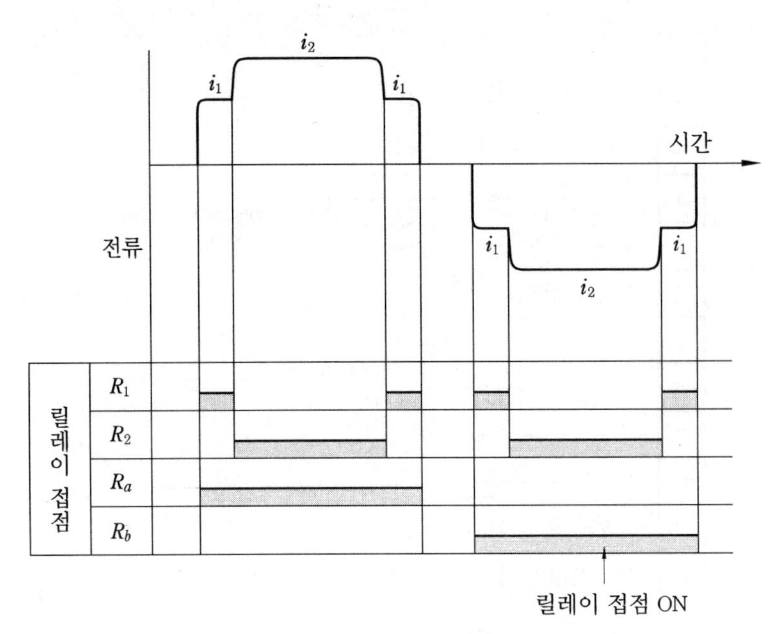

각 릴레이 접점의 ON, OFF에 의한 솔레노이드 a, b 및 여자 전류 i_1, i_2의 전환

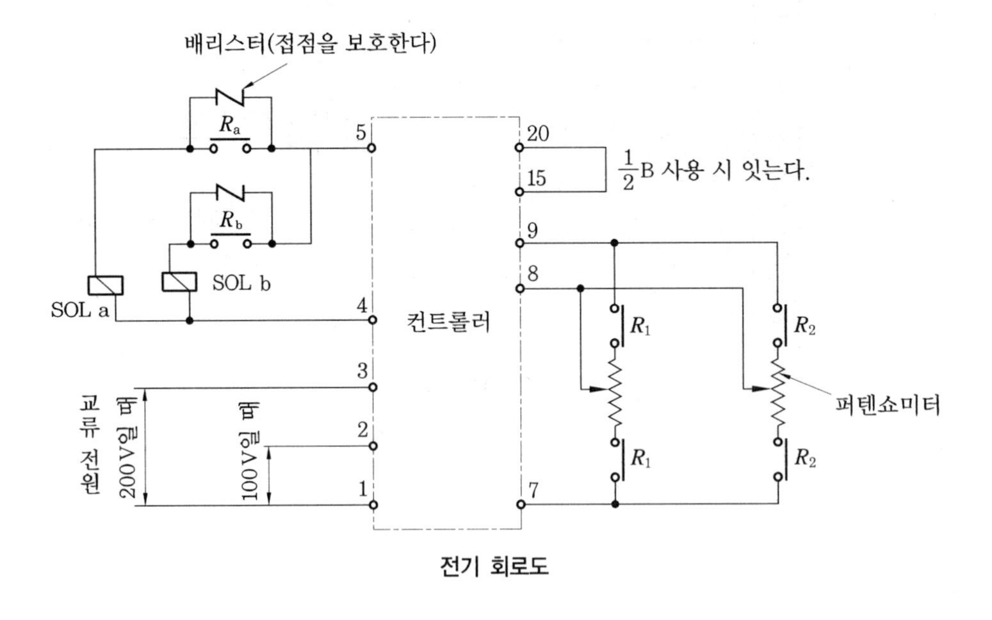

전기 회로도

⑨ 트리머 조정

상한 트리머, 하한 트리머를 조정하여 퍼텐쇼미터 저항(Ω)값의 변화에 따르는 출력 전류값을 조정할 수 있다.

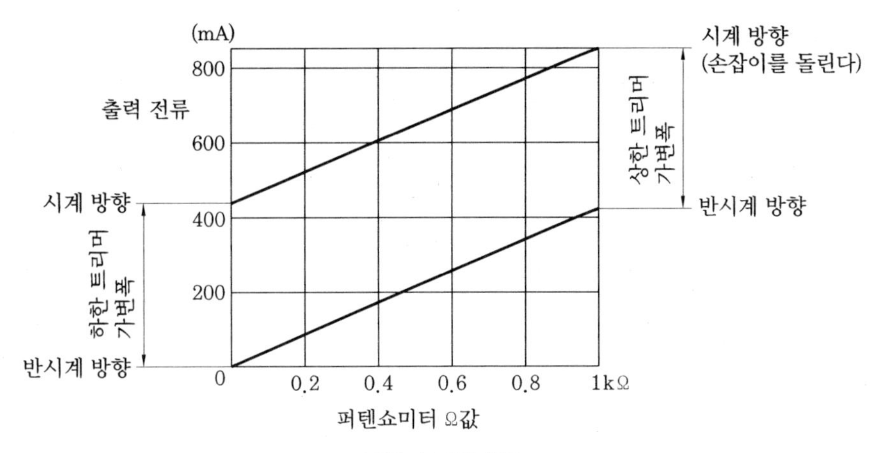

트리머 조정 선도

⑩ 복합 전자 파일럿 전환 밸브

전자 비례 전환 밸브의 파일럿 밸브를 웨트 아마추어 전자 조작 밸브로 바꾼 것이며, 비례 유량 특성 이외의 기능은 같으므로 바이패스형(MUV), 감압형(MDM) 입구 밸브와 조립하여 일반 전환 밸브의 전기 회로로 조작할 수 있다.

유량의 조정은 주 전환 밸브의 조정 나사로 하며, 파일럿 라인에는 스로틀 밸브를 붙이면 파일럿 라인을 줄임으로써 주 스풀의 쇼크레스를 얻을 수 있다.

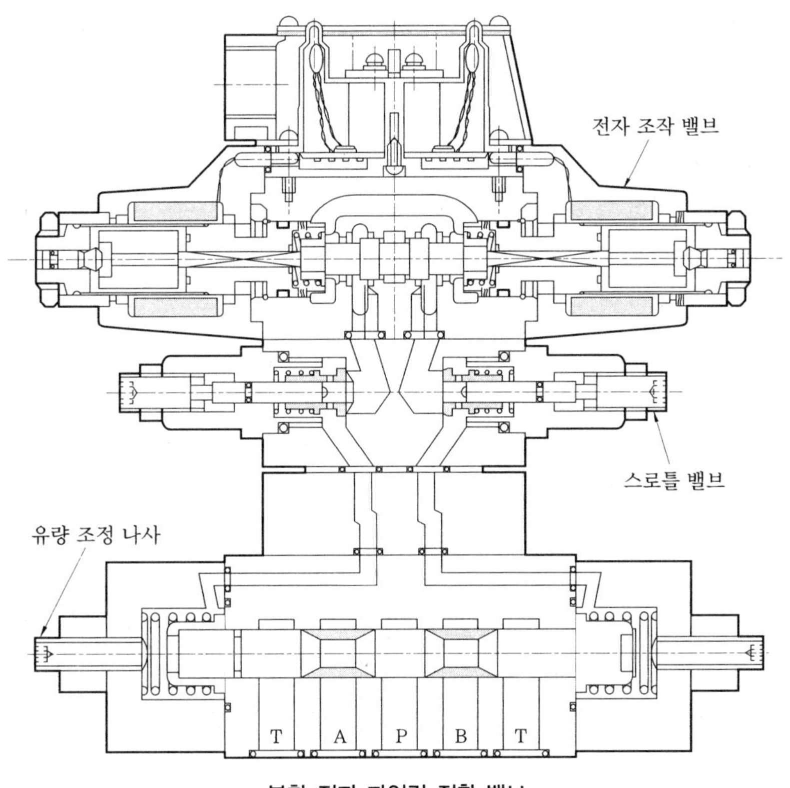

복합 전자 파일럿 전환 밸브

⑪ 복합 밸브의 용도

복합 밸브는 기기의 종류가 다양하여 차량, 선박, 공작 기계, 플라스틱 가공기, 단조 프레스, 하역 운반 기계, 그 밖의 모든 유압 응용 기계에 적용할 수 있다(적정한 형식 선택으로 유압 기기의 성능이 높아지고 합리화 및 원가 절감도 높일 수 있다).

복합 밸브의 응용 예

복합 밸브 사용에 따른 구분	응용 예
속도의 fine control	윈치, 크레인, 포크 리프터, 사다리차, 이동대, 하역 운반 기계 등
쇼크레스	테이블 이송, 이동대, 프레스 단조 기계
동력 절감	배터리 포크 리프터, 토목 건설 기계, 일반 기계
자동 제어, 시퀀스 제어, 프로그램 제어, 원방 제어, 간단한 서보 제어	사출 성형기, 각종 유압 프레스, 기타 자동 기계
단순화 및 원가절감	각종 기계

⑫ 파워 매치 구성(부하에 필요한 압력 유량의 공급)

복합 밸브와 가변 피스톤 펌프의 조합으로 종래의 개회로에서는 얻지 못하는 회로 효율을 얻을 수 있다. 종래에는 부하에 필요한 압력 유량보다 많은 압력 유량을 발생하는 경우가 많아서 언로드 회로, 바이패스 회로, 압력 보상 회로(가변 펌프에 의함) 등이 필요하게 되었으며, 이것들은 모두 부분적인 대책에 그칠 뿐 완전하지는 못하였다.

파워 매치는 동력 소비의 최소화는 물론 펌프 토출 압력이 필요 한도로 억제되기 때문에 펌프의 수명이 길어지고 열 손실도 줄어든다.

㈎ 원리 : 복합 전환 밸브 블록으로 유량을 조절하지만 부하 유량에 대하여 펌프 토출량이 클 때에는 부하 압력에 대하여 펌프 토출 압력이 커지기 시작하여 그 압력차로 파워 매치 밸브가 움직이며, 펌프 토출 압력이 가변 펌프의 조작 실린더에 들어가 토출량을 감소시키므로 펌프 토출량은 부하에 필요한 유량과 같고, 또한 토출량도 부하 압력과 비슷하게 된다.

㈏ 작동 설명

㉮ 전환 밸브가 중립일 때

플로우 컨트롤 밸브는 펌프 토출 압력과 부하 압력과의 차압에 의하여 작동하며, 압력 설정은 7 kgf/cm^2이 표준이다. 프레셔 컴펜세이터(PC : pressure compensator) 밸브는 펌프의 최고 토출 압력을 제어하며 70 kgf/cm^2용, 140 kgf/cm^2용, 210 kgf/cm^2용이 있다.

중립 위치에서의 전환 밸브, 피드백 포트는 닫혀 있으므로 피드백 압력은 0이 되고, 펌프 토출 압력은 FC 밸브를 열어서 조작 실린더에 들어가기 때문에 펌프 토출량은 0에 가까워진다.

펌프 토출 압력은 조작 실린더를 작동시키기 위한 압력(약 15 kgf/cm^2)만 발생한다.

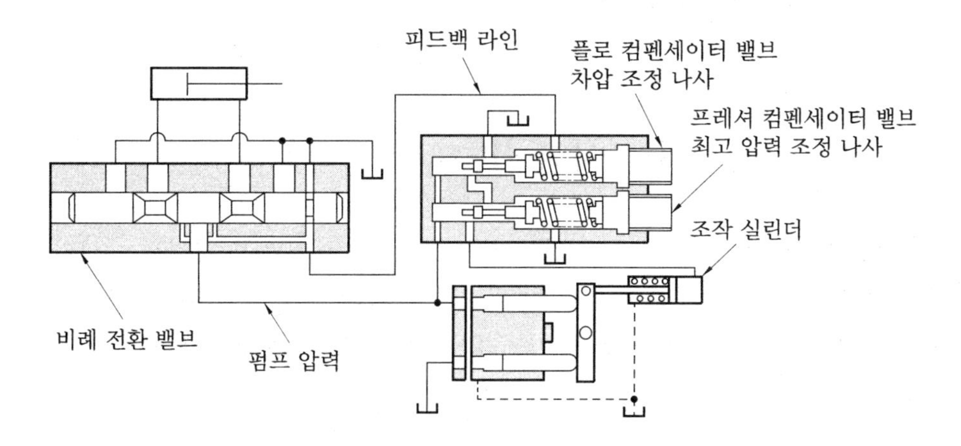

㈏ 유량 제어를 했을 때

전환 밸브를 열면 부하에 필요한 압력이 피드백 되어 FC 밸브의 스프링에 작용하므로 펌프 토출 압력이 높아지기까지 조작 실린더는 드레인 라인에 이어져 토출량을 증대시킨다.

제어 유량에 비하여 펌프의 토출량이 많을 때에는 펌프 토출 압력은 높아져서 피드백 되어 온 부하 압력과의 차압이 FC 밸브의 설정 압력보다 높아진다. 그리고 펌프의 토출 압력은 FC 밸브를 열어서 조작 실리더에 들어가 토출량을 감소시킨다. 이때의 펌프 토출 압력(부하 압력+FC 밸브 설정 압력)은 유지된다.

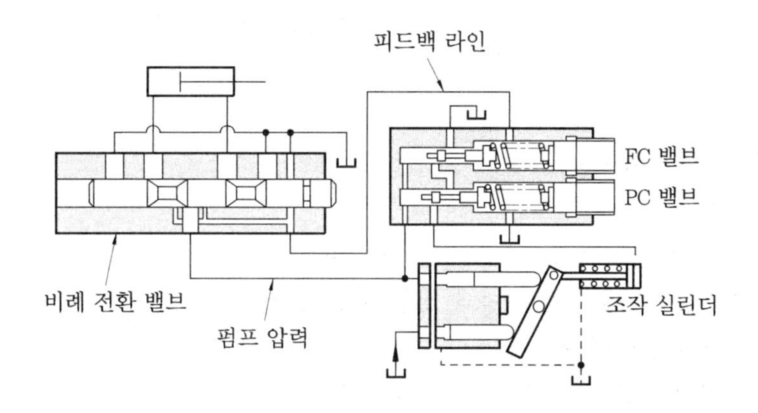

제어 유량이 늘었을 때에는 펌프의 토출 압력은 떨어지고 FC 밸브 양쪽의 차압이 줄어서 설정 압력 이하가 되면 FC 밸브는 왼쪽으로 밀려 조작 실린더는 드레인 포트에 이어져서 토출량을 늘리는 쪽으로 작용한다.

부하 실린더의 끝에서는 펌프 토출 압력이 PC 밸브의 설정 압력이 되면 PC 밸브를 열고 조작 실린더에 들어가 토출량은 0에 접근하여 펌프 토출 압력은 PC 밸브 설정 압력을 유지한다.

3. 작동기(actuator)

유압 펌프에 의하여 공급되는 유체의 압력 에너지를 이용하여 기계적 에너지로 바꾸어 작동 물체를 회전 및 직선 요동의 각 운동을 행하는 것을 작동기라 한다. 왕복 운동을 하는 실린더와 회전 요동 운동을 하는 요동 모터 및 회전 운동을 하는 유압 모터가 있다.

3-1 종 류

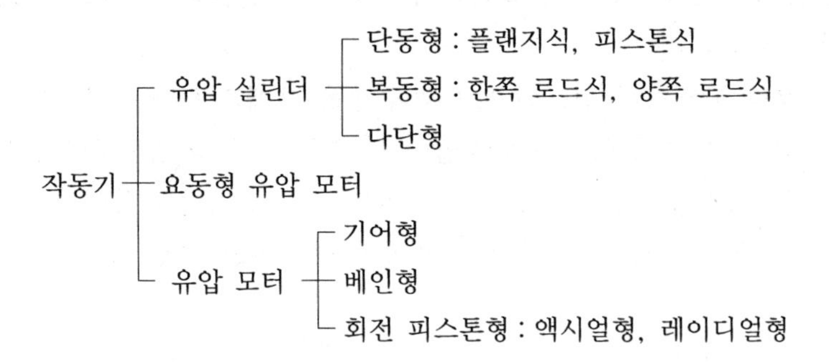

3-2 유압 실린더

유압용 실린더는 한국 산업 규격(KS B 6370)에 의해 정해져 있다.

이 표준 실린더를 사용하면 다음과 같은 이점이 있다.

① 부품의 호환성이 좋다.

② 기능 설정 시험을 통하여 그 성능이 보증된다.

③ 값이 싸고 취득이 쉽다.

(1) 실린더의 종류

실린더 작동 기능에 의한 분류

구 분	분 류	기 호
단동형 KS 호칭 기호(CS)	단동 램형	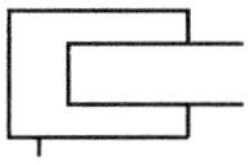
	단동 한쪽 로드형	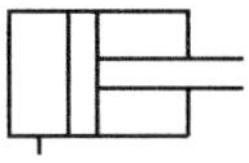
	단동 양쪽 로드형	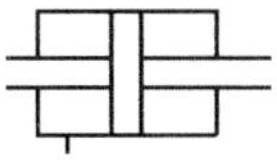
	단동 텔레스코픽형	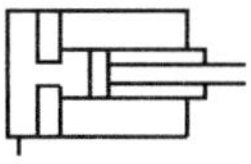
복동형 KS 호칭 기호(CU)	복동 한쪽 로드형	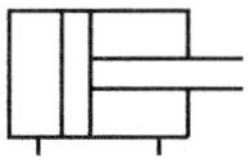
	복동 양쪽 로드형	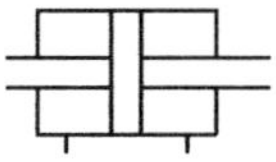
	복동 더블형	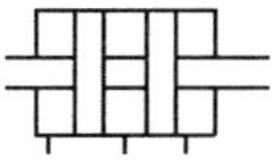
	복동 텔레스코픽형	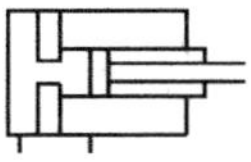

(2) 실린더 부착 형식에 의한 분류

실린더 부착 형식에 의한 분류

구 분	분 류		기 호
축심 고정형	파일럿형		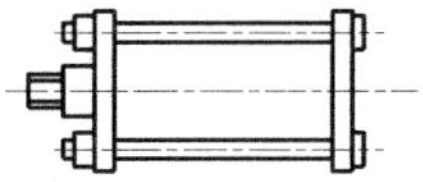
	플랜지형	로드쪽 플랜지(FA)	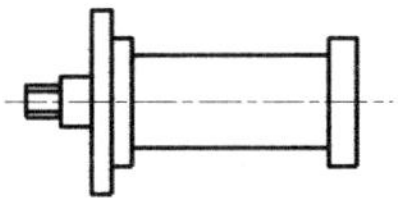
		헤드쪽 플랜지(FB)	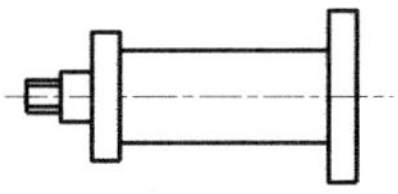

축심 고정형	풋형	축직각 풋형(LA) 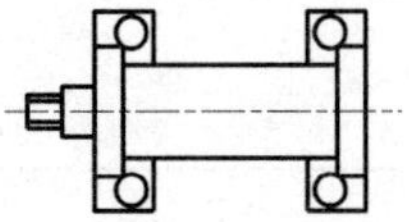
		축방향 풋형(LB) 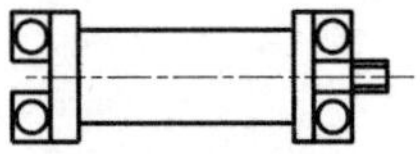
축심 요동형	트러니언형	로드쪽 트러니언형(TA) 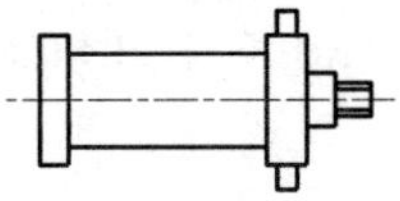
		중간 트러니언형(TC) 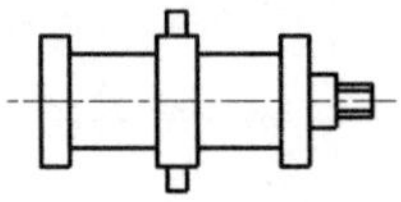
		헤드쪽 트러니언형(TB) 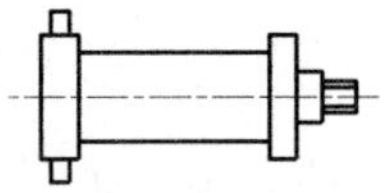
	클레비스형	1산 클레비스형(CA) 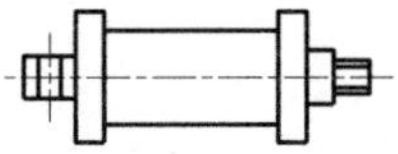
		2산 클레비스형(CB) 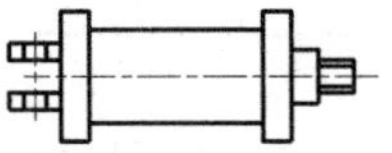
	볼형	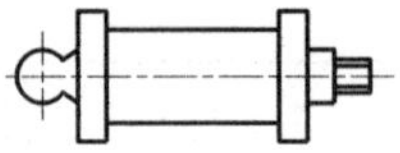

(3) 커버 고정 방식에 의한 분류

파일럿 방식은 일반 산업 기계용으로 수요 분야가 가장 넓다. 그러나 가혹한 사용 조건에서는 실린더의 비틀림, 파일럿의 헐거움이 발생할 때도 있다. 제철 기계 등 특히 가혹한 가동 조건의 실린더의 경우 튜브 플랜지 방식이 쓰이며, 커버 나사 조임 방식은 포트의 위치가 가공하기 어렵고 구조상의 약점 때문에 거의 쓰이지 않는다. 용접 방식은 경제성에 알맞는 실린더라는 면에서 건설 기계용 실린더의 대부분에 쓰인다.

① 파일럿식

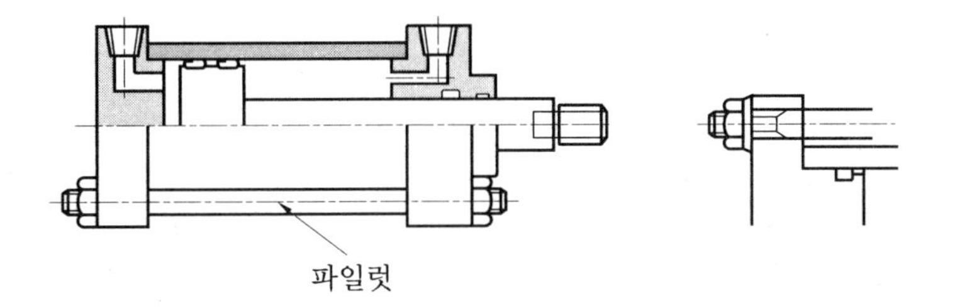

② 튜브 플랜지식

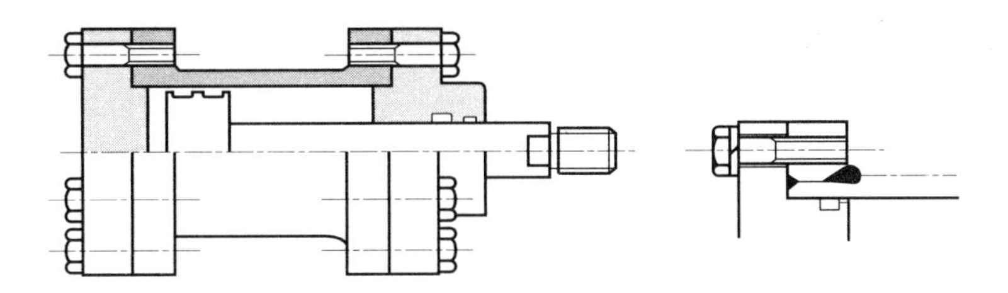

③ 커버 나사 조임 방식

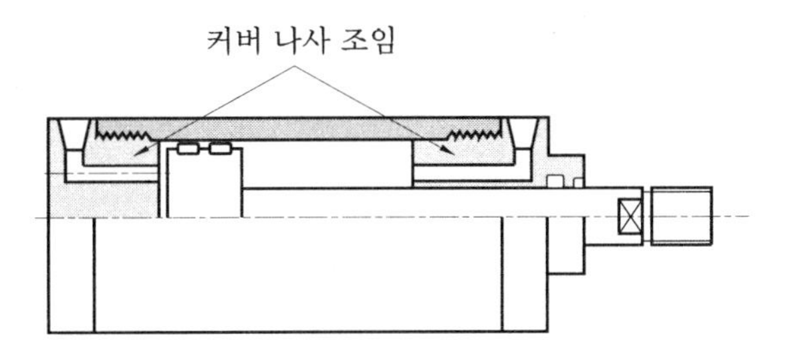

④ 커버 용접 방식

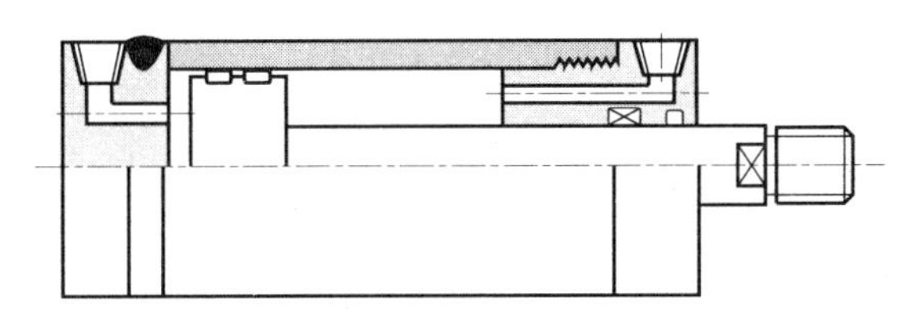

커버 고정 방식과 스트로크 길이와의 관계

커버 고정식	파일럿식			튜브 플랜지식
실린더 안지름	40ϕ	50~160ϕ	180~250	180~250ϕ
70 kgf/cm^2	1500 mm	2000 mm	1500 mm	1500~2000 mm
140 kgf/cm^2	1500 mm	2000 mm	800 mm	800~2000 mm

(4) 유압 실린더의 구조도

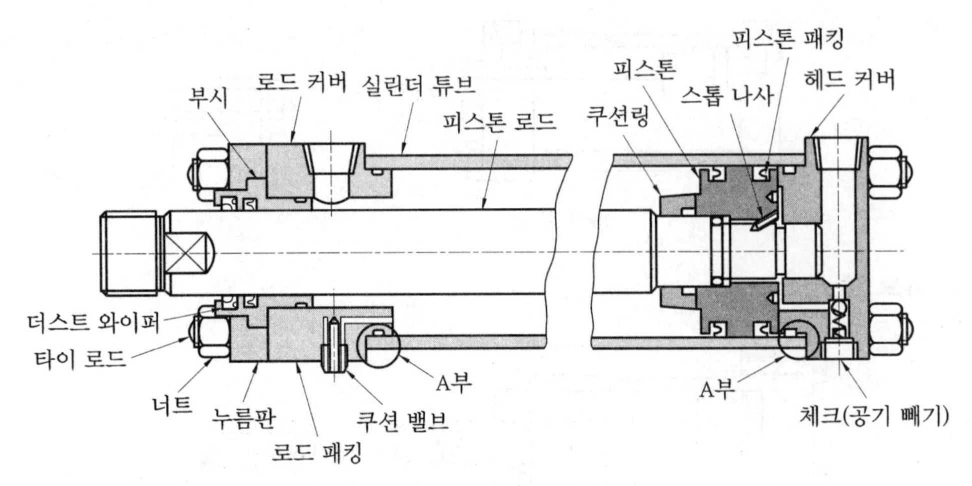

유압 실린더의 구조

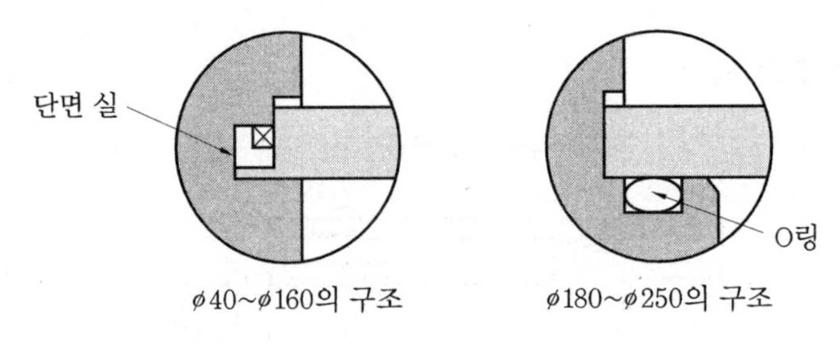

A부 단면도

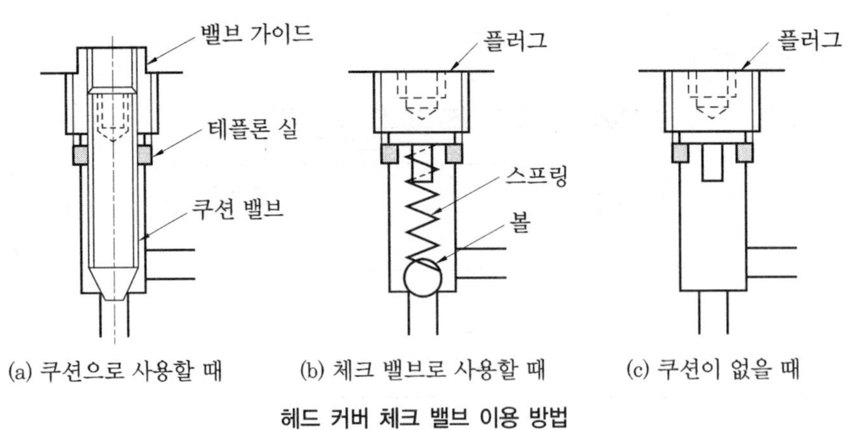

(a) 쿠션으로 사용할 때 (b) 체크 밸브로 사용할 때 (c) 쿠션이 없을 때

헤드 커버 체크 밸브 이용 방법

(5) 표준형 유압 실린더

① 로드 지름의 종류와 면적비 : 튜브의 안지름 및 로드 지름의 기본 치수는 규격화되어 있으며, 로드 지름의 종류와 면적비는 다음과 같다.

로드 지름의 종류와 면적비

로드 지름의 기준	A	(X)	B	(Y)	C	(Z)	D
면적비(AH : AR)	2 : 1	1.6 : 1	1.45 : 1	1.32 : 1	1.25 : 1	1.18 : 1	1.12 : 1

㈜ ① (　　) 안의 로드 지름의 형식은 가급적 사용하지 않는다.
② 면적비는 로드 쪽 수압 면적 AR을 1로 했을 때의 헤드 쪽 수압 면적과의 비이다.

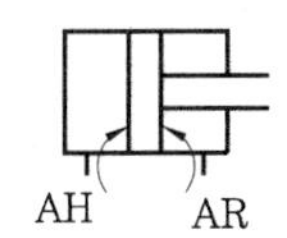

② 패킹의 형상 종류와 특징

패킹의 종류	기 호	패킹 형태	비 고
V 패킹	V		저압, 고압에서의 왕복 운동에 적합하다. 마찰 저항은 약간 크지만 내구성이 좋으며, 압력에 따라 여러 장을 포개어 사용한다(300 kgf/cm^2 이하).
L 패킹	L		비교적 저압용에 쓰인다(35 kgf/cm^2 이하).
U(Y) 패킹	U		한 개로서 seal성이 좋고 마찰 저항도 작다(210 kgf/cm^2 이하).
J 패킹	J		로드부의 실에 쓰이나 최근에는 별로 사용하지 않는다(70 kgf/cm^2 이하).
X 패킹	X		"O"링과 같은 홈이 취부되며 압축분이 작고 비틀림이 좀처럼 일어나지 않는다.
O링	O		운동용으로도 쓰이지만 주로 고정용 개스킷에 적합하다. 압축분 약 5~20 %이며, 100 kgf/cm^2 이상의 고압에서는 백업링을 사용한다.
슬리퍼 실	S		습동 부분에 테플론의 엔드리스 링을 사용하여 "O"링과 조합한 것이며, 부윤활 사용이 가능하다.
피스톤 링	P		내열성 및 내구성이 뛰어나지만 기름의 누출이 많다.

③ 최저 작동 압력 : 무부하 상태에서 헤드 쪽으로부터 압력을 걸었을 때의 작동 압력으로 나타내며, 패킹의 형상에 따라 다음과 같이 정한다.

피스톤 패킹의 종류	최저 작동 압력
V	5 kgf/cm^2 또는 최고 사용 압력×6 %
L, U, X, O, S	3 kgf/cm^2 또는 최고 사용 압력×4 %
P	1 kgf/cm^2 또는 최고 사용 압력×1.5 %

㈜ 로드 패킹에 V패킹을 사용할 경우 위 표의 값을 50 %로 크게 해도 된다.

④ 기름 누출

실린더의 기름 누출은 로드 쪽으로부터의 외부 기름 누출과 피스톤부로부터의 내부 기름 누출이 있다.

(가) 외부 기름 누출 : 피스톤의 이동거리 100 m의 총량으로 나타내며, 로드로부터의 기름 누출량에 따라 다음 그림과 같이 A종, B종 및 C종으로 구분하고 있다.

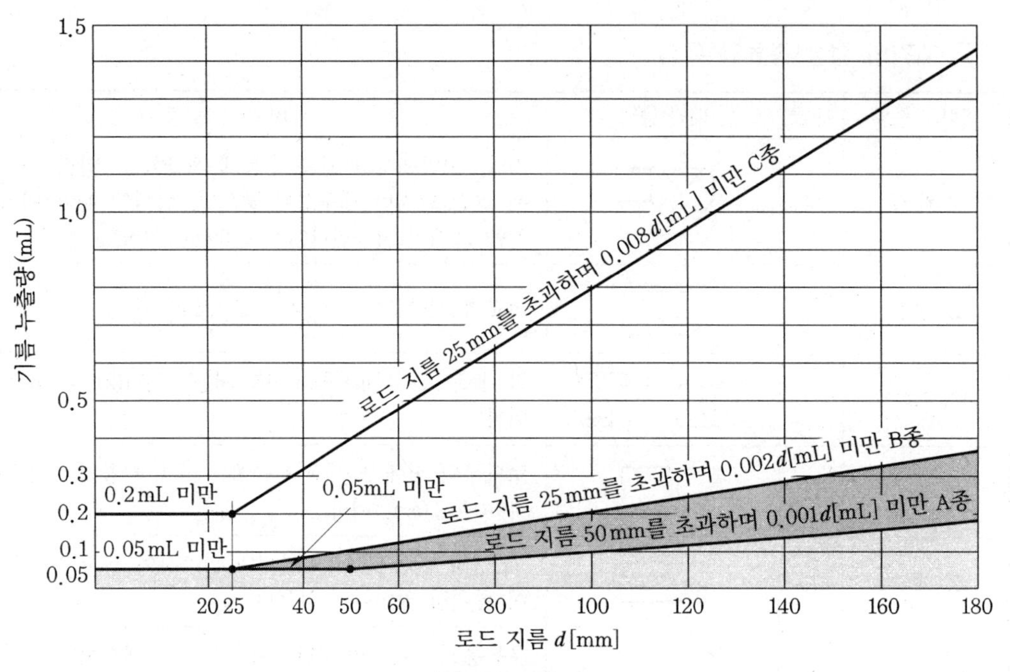

외부 기름 누출량

(나) 내부 기름 누출 : 피스톤의 한쪽에 최고 사용 압력을 걸어서 피스톤의 반대쪽으로 누출되는 기름의 양을 측정한다. 피스톤 링을 사용하지 않은 링의 내부 기름 누출량은 다음 표와 같다.

피스톤 링을 사용하지 않은 링의 내부 기름 누출량 (단위 : mL/10 min)

안지름 (mm)	기름 누출량	안지름 (mm)	기름 누출량	안지름 (mm)	기름 누출량
32(31.5)	0.2	100	2.0	200	7.8
40	0.3	125	2.8	220(224)	10.0
50	0.5	140	3.0	250	11.0
63	0.8	160	5.0		
80	1.2	180	6.3		

⑤ 패킹 재질과 유압유의 적합성

(× : 사용 불가, ○ : 사용 가능)

패킹의 재질 / 유압유의 종류	니트릴 고무	우레탄 고무	불소 고무	4불화에틸렌수지	금 속
일반 광유계 유압유	○	○	○	○	○
물 글리콜계 유압유	○	×	○	○	○
W/O 에멀션계 유압유	○	×	○	○	○
O/W 에멀션계 유압유	○	○	○	○	○
인산에스테르계 유압유	×	×	○	○	○

⑥ 쿠션의 구성

쿠션 기구는 필요에 따라 로드 쪽, 헤드 쪽 및 양쪽 모두에 설치할 수 있다. 쿠션 효과가 있는 피스톤 속도는 5 m/min 이상이다.

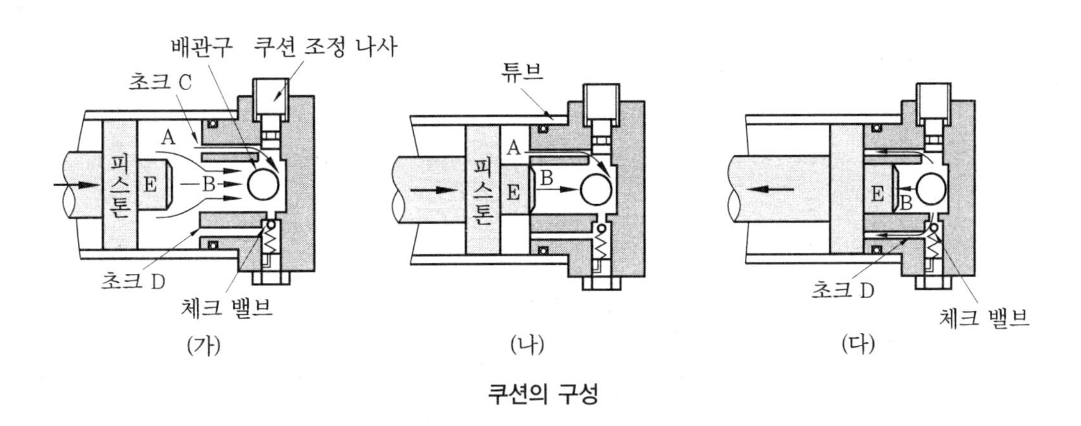

쿠션의 구성

(가) 화살표 방향으로 등속으로 진행한 로드 끝부분 E가 커버에 들어가기 전 A실의 기름은 B실에서 배관구로 유출한다.

(나) 로드 끝부분 E가 커버의 B실에 들어가면 A실의 기름은 저지되어 초크 C를 통과하여 쿠션 조정 나사로 줄여지면서 B실에서 배관구로 유출하여 A실로부터의 유출량이 제한되는 이유로 로드는 감속된다. 여기서, 피스톤 몸체와 커버가 맞닿을 때의 충격을 완화한다.

(다) 복귀의 경우, B실의 압유는 체크 밸브를 열어서 초크 D를 통과하여 A실에 들어가 피스톤 몸체 전체면에 유압이 작용하는 관계로 로드는 매끄럽게 작동한다. 로드 끝부분이 커버에서 떨어질 때까지 체크 밸브는 작용한다.

⑦ 하중 압력계수

하중 압력계수 값은 패킹의 종류와 하중이 걸리는 상태, 실린더의 속도 등에 따라 다르며, 실린더의 효율에 해당하는 것이다. 일반적으로 실린더 단동체에서는 0.9 이상의 값이 되어 저압에서는 급격히 저하한다.

$$\lambda = \frac{W}{P \times A}$$

여기서, λ : 하중 압력계수　　W : 하중(kgf)
P : 작동 압력(kgf/cm^2)　　A : 피스톤의 유효 수압 면적(cm^2)

⑧ 피스톤의 속도

유압 실린더 피스톤의 속도는 패킹의 종류나 재질에 따라 다르지만 약 0.6~18 m/min의 범위에서 사용된다.

참고

- **스틱 슬립 현상** : 피스톤의 속도를 0.6 m/min 이하로 사용하는 경우 가끔 스틱 슬립 현상을 일으킬 때가 있다. 따라서, 마찰 저항을 줄이면 스틱 슬립이 쉽게 일어나지 않으며, 습동면용 윤활유를 작동유로서 사용하거나 습동 저항이 적은 패킹을 선정한다.

⑨ 유압 실린더의 분해 점검 방법

유압 실린더에서 많이 발생하는 고장은 기름 누출이며, 사용 조건에 크게 영향을 준다. 때로는 로드의 휨 또는 흠도 생기므로 사양 결정 시와 설계 시에 신중을 기해야 한다. 유압 실린더는 주 기기에 달려 있으므로 분해 시에는 특히 주의해야 하며, 또한 무거운 물체가 많아서 안전면에도 주의해야 한다.

(가) 유압 실린더를 주 기기에서 떼어내어 먼지가 없는 곳(작업대)에서 분해한다.

(나) 타이 볼트(너트)를 빼낸다.

(다) 로드 쪽 누름관, 부싱, 더스트 와이퍼, 패킹 로드 커버를 빼낸다(패킹의 로드 나사 부분에 흠이 나지 않도록 주의한다).

　㉮ 더스트 와이퍼, 패킹, O링 및 부싱의 흠과 파손을 점검한다.

　㉯ 쿠션 기구의 쿠션 밸브, O링, 체크 볼, 스프링 등을 점검한다.

(라) 피스톤을 빼낸다.

(마) 멈춤나사를 풀고 피스톤 쿠션 링의 순서로 분해한 후 각 부품의 흠 및 손상도를 점검한다.

(바) 필요에 따라 헤드 커버를 분해하여 쿠션 기구를 분해 점검한다.

(사) 조립 : 물체가 커서 기름 속에 담그기가 어렵지만 반드시 등유에 씻은 후 작동유를 발라서 분해와 반대 순서로 조립한다.

(6) 취부 및 취급상의 유의사항

① 중심내기 : 실린더에는 로드와 부시, 튜브와 피스톤의 습동 부분에 미소한 틈이 있

다. 실린더의 중심내기가 좋지 않으면 이 습동 부분에 마모를 일으켜 기름 누출의 원인이 된다. 중심내기 작업은 다음의 요령으로 한다.

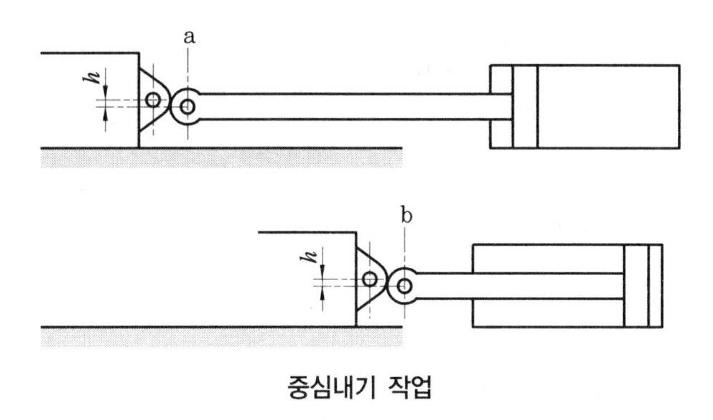

중심내기 작업

중심내기 작업은 평행도와 중심선의 이동 조정을 하는 것이다. 주기 연결부의 링부와 실린더 로드 끝의 링부가 평행하게 되도록 a, b 두 위치에서의 실린더 높이로 맞춘다. 평행도가 나오면 중심 높이의 이동분의 라이너를 깔고 중심 높이가 일치하도록 조정한다.

② 실린더 취부와 부하의 방향 : 실린더의 취부는 부하의 중량에 견디는 동시에 부하를 움직일 때 발생하는 반력에 대해서도 충분한 강성이 필요하다.

③ 플랜지형 실린더의 취부

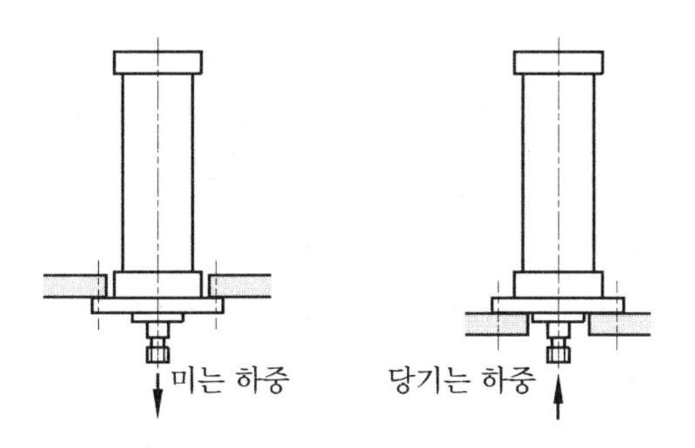

로드 쪽 플랜지

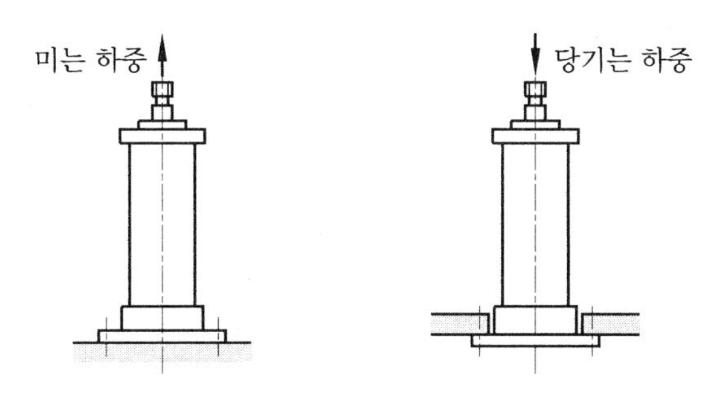

헤드 쪽 플랜지

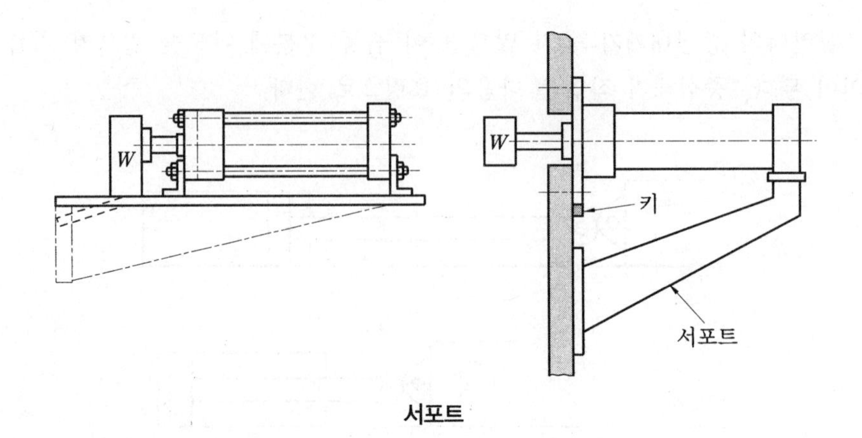

서포트

④ 키의 위치

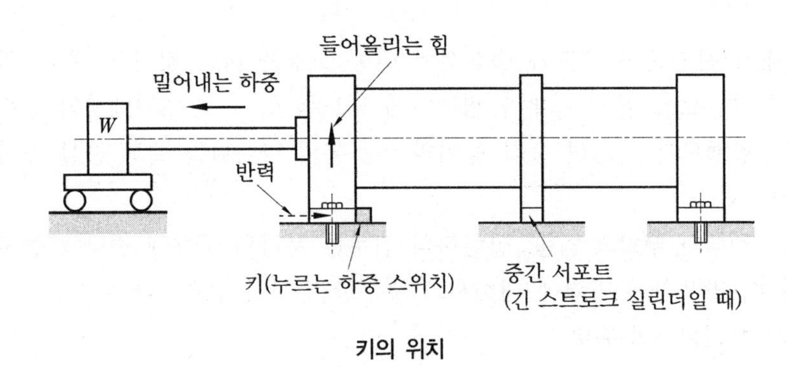

키의 위치

(가) 키 : 밀어내는 하중의 반력(스러스트 하중)을 키로 받는다.

(나) 취부 볼트 : 하중 구동으로 발생하는 들어올리는 힘은 취부 볼트가 받는다.

⑤ 공기 빼기 : 실린더 안에 공기가 들어가면 공기는 압축성이 있어서 스틱 슬립 현상(고착 현상)이 일어나거나 작동 속도가 불안정해진다. 따라서 실린더를 구동하기 전에는 반드시 완전하게 공기를 빼지 않으면 안 된다.

공기 빼기는 실린더를 한쪽으로 움직여서 기름 유입 쪽의 공기 빼기 플러그를 열며 번갈아 반복하여 실시한다.

[주] 공기 빼기는 안전상 저압 상태에서 해야 한다.

전진 시의 공기 빼기는 ①의 밸브, 공기 빼기 플러그를 연다.

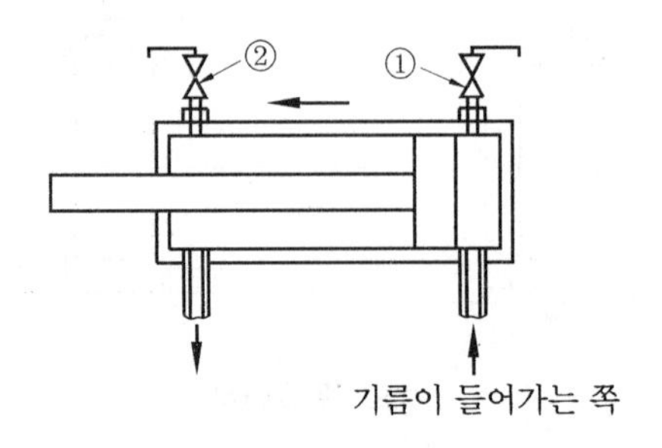

(7) 동조 실린더

유압 장치에 있어서 2개의 실린더 또는 그 이상의 실린더 내에 동일 운동을 하게 하는 회로를 동조 회로 또는 동기 제어라고 한다(2회로에서는 동조 실린더를 사용한다).

① 동조 실린더의 일반 사항

최고 사용 압력(kgf/cm^2)	70, 140					
연수(連數)	2연, 3연, 4연					
사용 속도 범위(m/min)	0.05~10					
사용 온도 한계(℃)	−10~+80(통상 70℃ 이하)					
작동유 점도 범위(cst)	15~200					
안지름(ϕ)	75		100	150	200	300
로드 지름(ϕ)	35		45	70	90	140
유효면적(cm^2)	34.5		62.6	138	250	552.5
최대 스트로크(mm)	2연	535	700	820	760	685
	3연	370	495	575	520	445
	4연	275	370	430	375	300
최소 스트로크(mm)	100					
펌프 접속구(PT)	2연	1	$1\frac{1}{4}$	$1\frac{1}{2}$	2	$2\frac{1}{2}$
	3연	$1\frac{1}{4}$	$1\frac{1}{2}$	2	$2\frac{1}{2}$	$2\frac{1}{2}$
	4연	$1\frac{1}{4}$	$1\frac{1}{2}$	2	$2\frac{1}{2}$	3
조작 실린더 접속구(PT)	$\frac{3}{4}$		$\frac{3}{4}$		$1\frac{1}{4}$	$1\frac{1}{2}$

② 구조

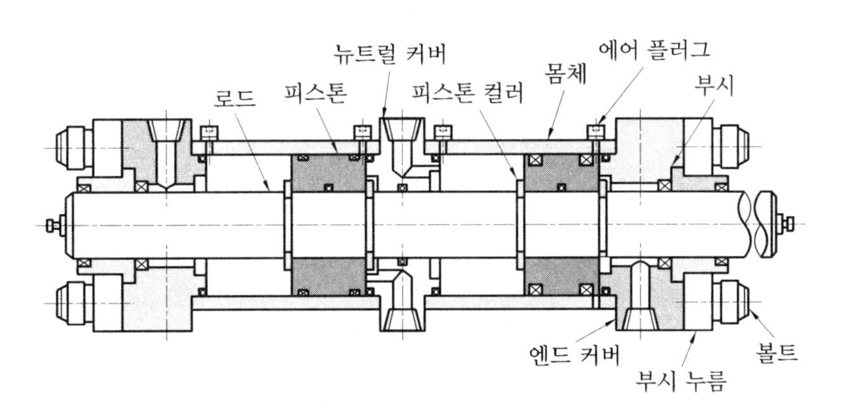

(8) 유압 실린더에 필요한 계산식

① 전진 시(헤드 쪽에서 기름이 들어간 경우)

$F_1 = A \cdot P_1 - B \cdot P_2$ ········· 출력

$v_1 = \dfrac{Q_1}{A}$ ········· 속도

$Q_2 = B \cdot v_1$

② 후진 시(로드 쪽에서 기름이 들어간 경우)

$F_2 = B \cdot P_1 - A \cdot P_2$ ········· 출력

$v_2 = \dfrac{Q_2}{A}$ ········· 속도

$Q_2 = A \cdot v_2$

$$\left[\text{압력이 걸리는 면적 } A = \frac{\pi D^2}{4},\ B = \frac{\pi}{4}\left(D^2 - d^2\right)\right]$$

여기서, F_1 : 전진 시의 출력(kgf), F_2 : 후진 시의 출력(kgf)
A : 헤드 쪽의 수압 면적(cm^2), B : 로드 쪽의 수압 면적(cm^2)
P_1 : 입구 압력(kgf/cm^2), P_2 : 출구 압력(kgf/cm^2)
Q_1 : 유입량(cm^3/s), Q_2 : 유출량(cm^3/s)
v_1 : 전진 시 피스톤의 속도(cm/s), v_2 : 후진 시 피스톤의 속도(cm/s)

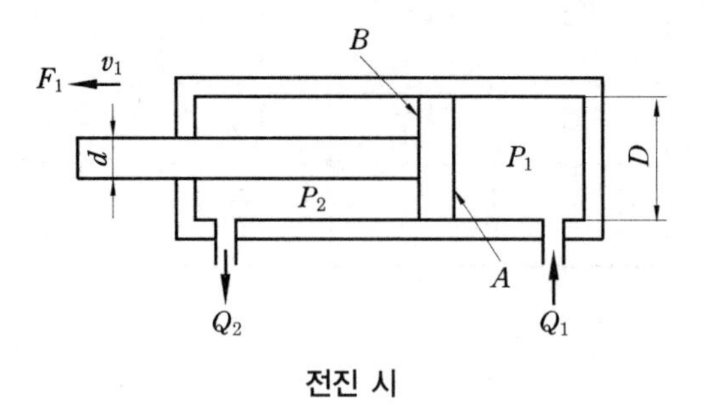

전진 시

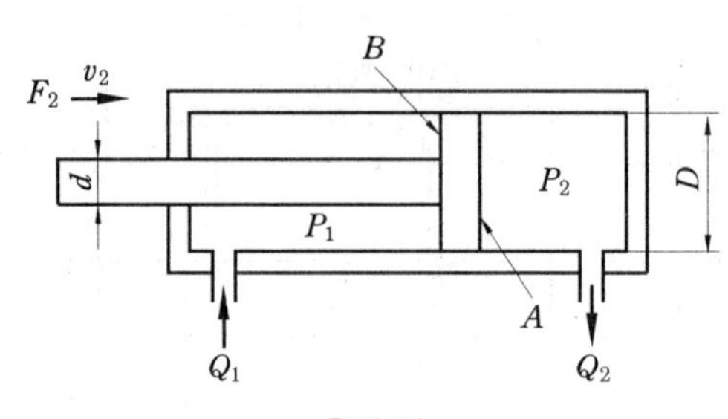

후진 시

3-3 유압 모터

유압 모터는 유압에 의하여 출력축을 회전시키는 것으로, 기구는 유압 펌프와 비슷하지만 구조상 다른 점이 많다.

유압 모터는 속도 제어나 역전이 손쉬우며 소형 경량이고 큰 힘을 낼 수 있다. 가변 용량형도 있으나 일반적으로 정용량형 모터를 사용하고 속도 제어는 펌프로부터 공급되는 유량을 제어하고 있는 방법을 쓰고 있다.

(1) 종류

- 유압 모터
  - 기어 모터
  - 베인 모터
  - 피스톤 모터
    - 액시얼형
    - 레이디얼형
  - 요동 모터

(2) 유압 모터의 사용 예

① 기어 모터 : 변속기, 윈치, 컨베이어, 목공톱, 콘크리트 믹서, 굴삭기, 냉동기 등

② 베인 모터 : 컨베이어, 목공톱, 윈치, 크레인, 콘크리트 믹서 등

③ 피스톤 모터 : 변속기, 선반, 그라인더, 착암기, 권선기, 크레인, 압연기, 원심분리기, 기동기, 기관차, 콘크리트 믹서, 윈치 등

(3) 기어 모터

구조가 간단하고 경량이며 고속 저토크 모터에 적합하다. 기어 펌프와 기본적으로 같은 구조이지만 모터의 경우는 모두 외부 드레인 방식이다(그림과 같이 압유가 작용하는 기어면에 토크가 발생한다).

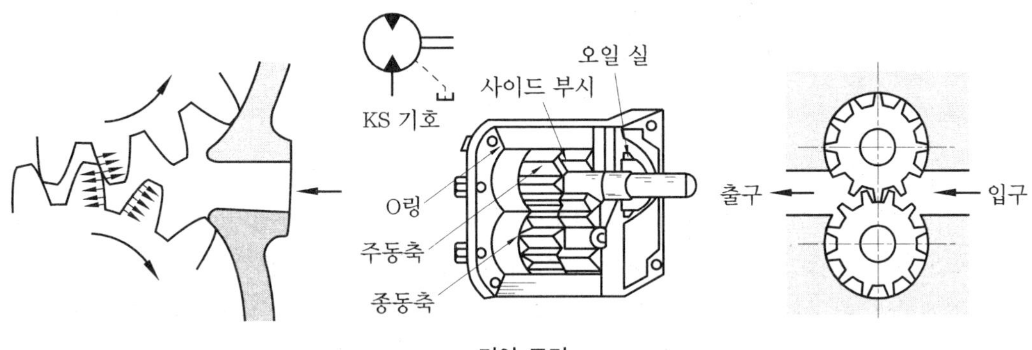

기어 모터

(4) 베인 모터

베인 펌프와 비슷하지만 무부하에서 베인을 오랜 시간 사용할 필요가 있으므로 스프링 또는 유압을 이용하는 형식이다(출력 토크가 비교적 고르며 중속 중토크의 용도에 적합하다).

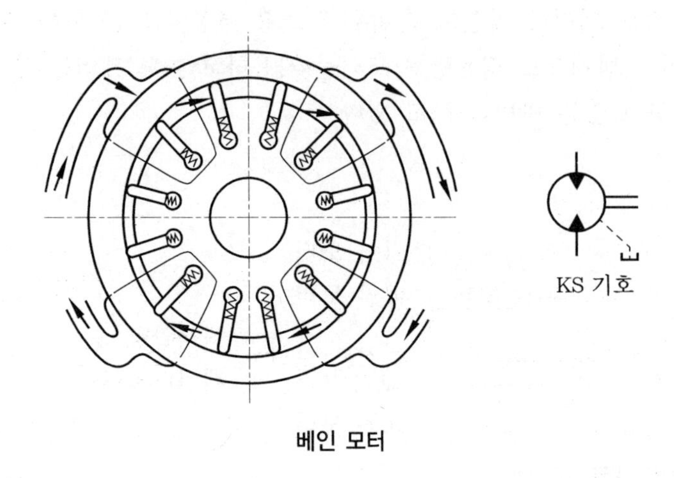

베인 모터

(5) 피스톤 모터

① 액시얼형 피스톤 모터

구조가 복잡하고 고가이지만 효율이 높고 큰 출력을 얻을 수 있다(가변 용량형의 제작이 가능하다).

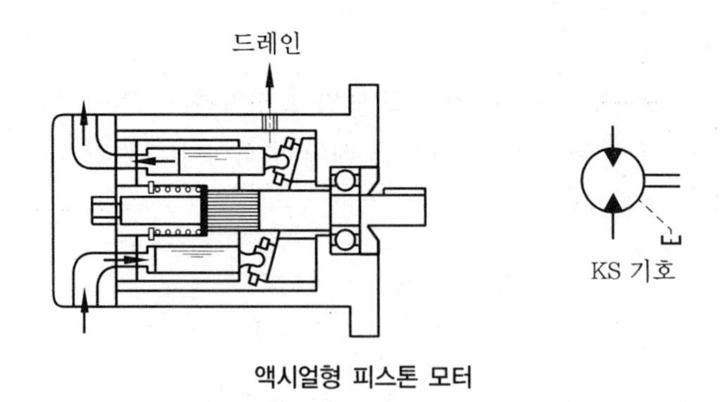

액시얼형 피스톤 모터

② 레이디얼형 피스톤 모터

입구에서 들어간 압유는 회전 밸브를 통하여 실린더에 들어가 피스톤을 민다. 피스톤은 연결 로드를 매개로 하여 편심 캠을 밀어서 축을 회전시킨다. 피스톤의 바깥쪽에서의 행정은 회전 밸브의 출구 포트가 열리므로 기름은 배출된다(기름의 입구, 출구를 반대로 하면 회전 방향도 반대가 된다). 저속 고토크용으로 쓰인다.

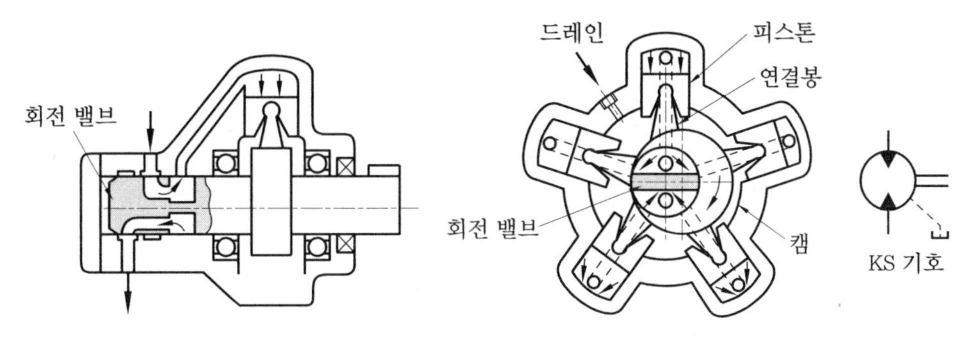

레이디얼형 피스톤 모터

(6) 요동 모터

요동 모터의 종류에는 피스톤형, 베인형, 기타가 있으며, 실린더의 경우 실제 응용에서 링크 기구가 필요하게 되지만 요동 모터의 경우에는 그 자체가 직접 작동체로서 사용할 수 있기 때문에 장치 전체가 간단해진다.

① 실제 사용 예

요동 모터 사용 예

② 피스톤형 요동 모터 : 다음 그림은 피스톤 2개를 사용하고 래크와 피니언을 이용한 피스톤형 요동 모터이다.

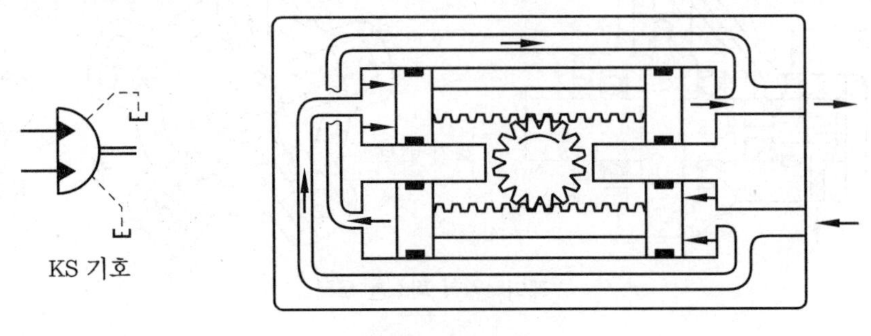

피스톤형 요동 모터

③ 베인형 요동 모터 : 요동 베인이 1~3장의 형식이 있고 요동 각도 베인 개수에 따라 60~280°이지만 다음 그림은 2링 베인을 나타내는 비교적 간단하고 제작비도 싸며, 밸브의 개폐 이송 기구 등에 쓰인다.

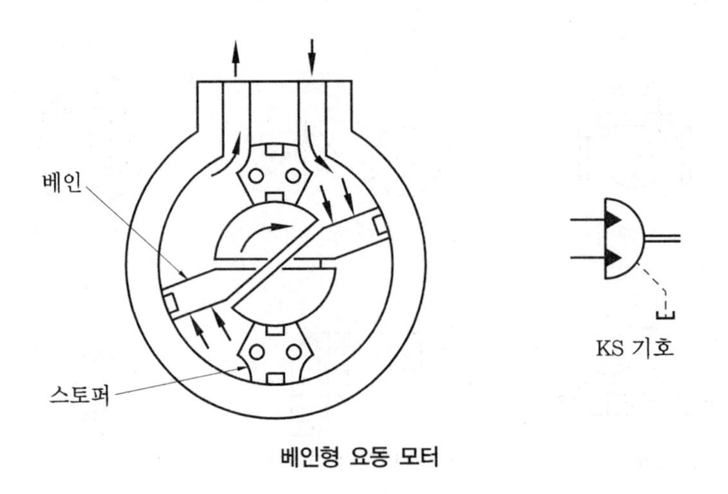

베인형 요동 모터

4. 유압 부속 기기

4-1 개 요

일반적으로 부속 기기는 기계 등 본래의 목적을 달성하기 위한 것이 아니고 자칫 장식적인 느낌이 들지만 유압에서는 펌프 및 밸브와 더불어 그 중요성이 아주 커져서 이들의 기능이 부족하면 장치로서의 결정적인 결함을 가져오는 경우가 많다. 이와 같이 뚜렷하게 나타나지는 않지만 이들 부속기기는 갖가지 중요한 임무를 가지고 있다.

4-2 기름 탱크

기름 탱크는 유압유를 회로 내에 공급하거나 되돌아오는 기름을 저장하는 용기를 말한다. 기름 탱크에는 개방 탱크와 예압 탱크가 있는데, 개방형은 가장 일반적인 형태로 탱크 안의 공기가 통기용 필터를 통하여 대기와 연결되고, 탱크의 기름은 자유 표면을 유지하기 때문에 압력의 상승 또는 저하를 피할 수 있다.

예압형은 탱크 안이 완전히 밀폐되어 압축 공기나 그 밖의 방법으로 언제나 일정한 압력을 가하는 형식이며, 캐비테이션이나 기포의 발생을 막을 수 있다.

(1) 외관 형상

탱크는 대부분 강판을 용접하여 만드는데 수분, 그 밖의 이물이 침투할 수 없는 구조이어야 한다. 밑판은 방열이 잘 되도록 공기의 유통이 되게 띄워져 있다. 내부의 청소는 측면의 커버를 떼어내고 실시하며, 위판을 분해하는 구조는 특별한 경우를 제외하고는 사용하지 않는다(밑판은 방열 관계로 가급적 바닥에서 분리하며, 가능한 한 경사가 지도록 하여 가장 낮은 부분에 이물이 모이도록 한다).

외형

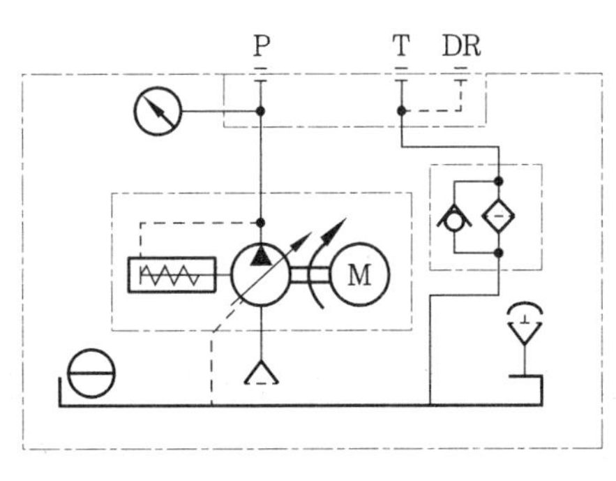

KS 기호

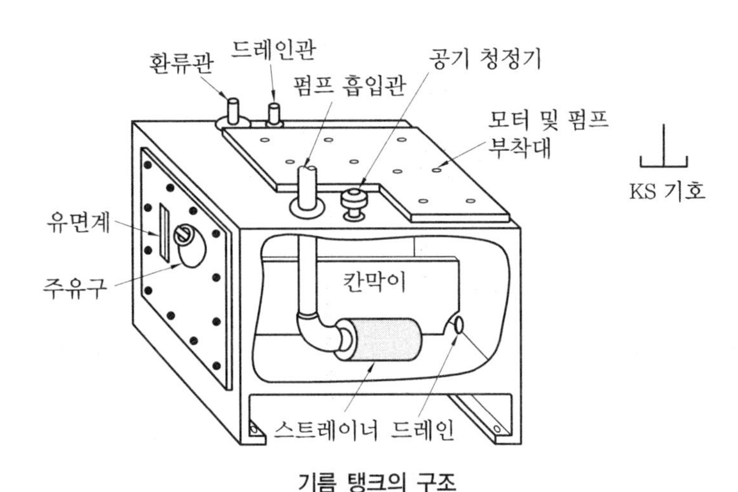

기름 탱크의 구조

(2) 배관 출입구 및 환류관

흡입관 및 환류관이 탱크 윗면을 관통하는 부분은 패킹을 넣은 플랜지 형식으로 하며, 먼지의 침투를 방지하는 구조로 해야 한다. 환류관의 선단은 45°로 절단하여 흐름을 탱크 측면에서 기울게 함으로써 침전물의 직접적인 교반 작용을 방지하고 기름의 냉각 작용을 촉진한다. 너무 가까우면 공진 소음의 원인이 된다.

① 이물이 섞이지 않도록 벽면으로 하며, 최저 유면 시에도 기름에 잠길 것
환류관 : $HR > 3d$, 흡입관 : $D_1 > D_2$

② 최저 위험 유면 : $HL = \frac{1}{2}H$, 석션 위치$(HS) = \frac{1}{4}H$를 기준으로 하여 HD, HU가 50~100 mm 이상일 것

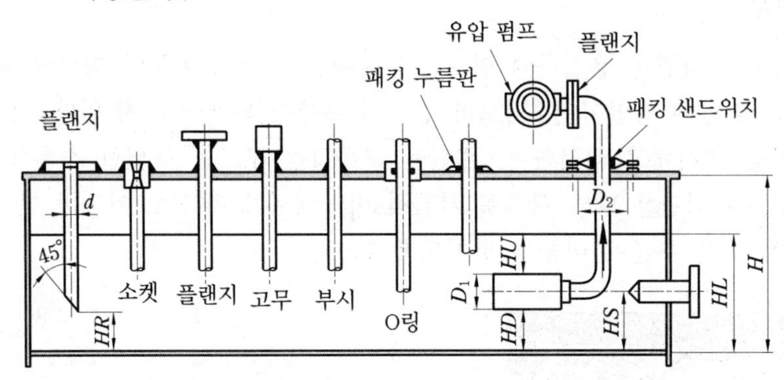

4-3 공기 청정기

오일 탱크 윗부분의 통기구에 공기 청정기(air breather)를 부착하여 공기 중의 먼지가 안으로 들어오는 것을 막는다. 또한 급유 시 오일 탱크 안의 압력 상승 또는 펌프 구동 시 압력 저하의 발생을 막는 역할도 한다.

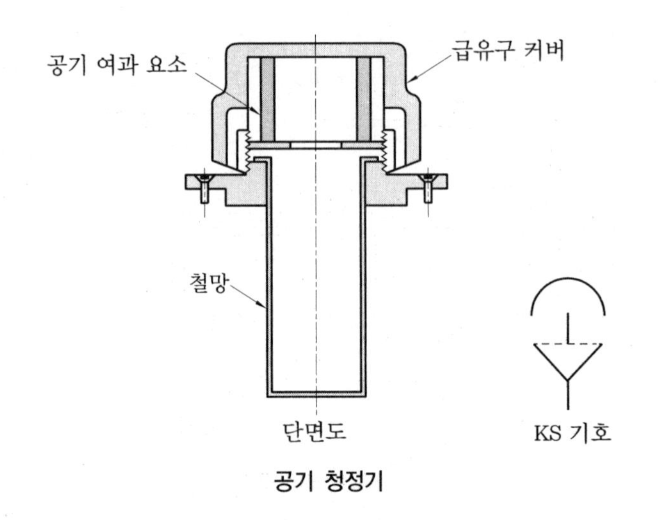

공기 청정기

보통 펌프 용량의 1.5~2배에 해당하는 공기를 통과시키는 크기이면 된다. 여과제로는 철망, 여과지, 펠트 및 폴리비닐 등이 쓰이며, 여과 입도는 5~60 μm 정도이고, 통기 저항은 100 mmAq 정도이다.

4-4 필 터

필터(filters)는 기름 중의 먼지를 제거하여 깨끗한 기름을 유압 회로나 유압 기기에 공급하는 부속기기이다. 일반적으로 아주 작은 먼지를 제거할 목적으로 사용하는 것을 필터라고 하며, 비교적 큰 먼지를 제거할 목적으로 사용되는 기기를 스트레이너라 한다.

유압 회로에서 사용되는 경우는 펌프의 흡입 관로에 넣는 것을 스트레이너, 펌프의 토출 관로나 탱크의 환류 관로에 사용되는 것을 필터라고 하며, 모두 다 아주 작은 먼지를 제거하는 데 쓰인다. 또한 펌프의 흡입 관로에 쓰이는 것은 탱크용 필터, 탱크용 필터를 제외한 것을 관로용 필터라고 한다. 일반적으로 사용 목적에 따라 탱크용 필터를 석션 필터로 부르고 있으며, 관로용 필터를 라인 필터라고도 한다.

(1) 필터 엘리먼트(filters element)

유압 장치에서 많이 쓰이는 필터 엘리먼트 여과제는 여과지, 철망, 노치 와이어, 소결 금속 등이다.

① 여과지 엘리먼트

여과지에 페놀 레진 처리를 하여 아코디언 모양으로 주름을 넣어 원통형으로 한 것이며, 마이크로닉 엘리먼트라고도 한다.

② 노치 와이어 엘리먼트

스테인리스, 모델, 브론즈 따위의 선을 기계적으로 성형하여 원통에 감은 것이며, 리턴 표면의 돌기로 오일의 통로를 열 수 있다. 통로의 단면적은 안쪽이 커지는 기울기를 가지고 있어 세척하기 쉬우며, 메탈 에지 엘리먼트라고 한다.

③ 소결 금속 엘리먼트

스테인리스, 브론즈, 황동 등의 미립자를 그 재질의 용융점보다 약간 낮은 온도에서 소결한 것이며, 여과도는 입자의 크기(입자 크기의 약 18 %)와 압축에 따라 결정된다. 형태에 따라 원통형, 판형, 콘형 등이 있다.

(2) 탱크용 필터

펌프의 흡입관에 설치하는 석션 필터이며, 케이스 없는 탱크용 필터와 케이스 붙이 탱크용 필터가 있다. 보통 여과 입도는 100~150 메시(100~149 μm) 정도이고, 펌프에 따라 그 이상의 것도 사용되고 있다.

석션 필터 용량

유압유 \ 분 류	석션 라인의 소요 메시	용 량	재 질
광유계	100 μm(150메시)	펌프 토출량×2	Al
물+글리콜계	149 μm(100메시)	펌프 토출량×3	SUS
인산에스테르계	149 μm(100메시)	펌프 토출량×3	Al 또는 SUS
W/O 에멀션계	149 μm(100메시)	펌프 토출량×3	Al 또는 SUS

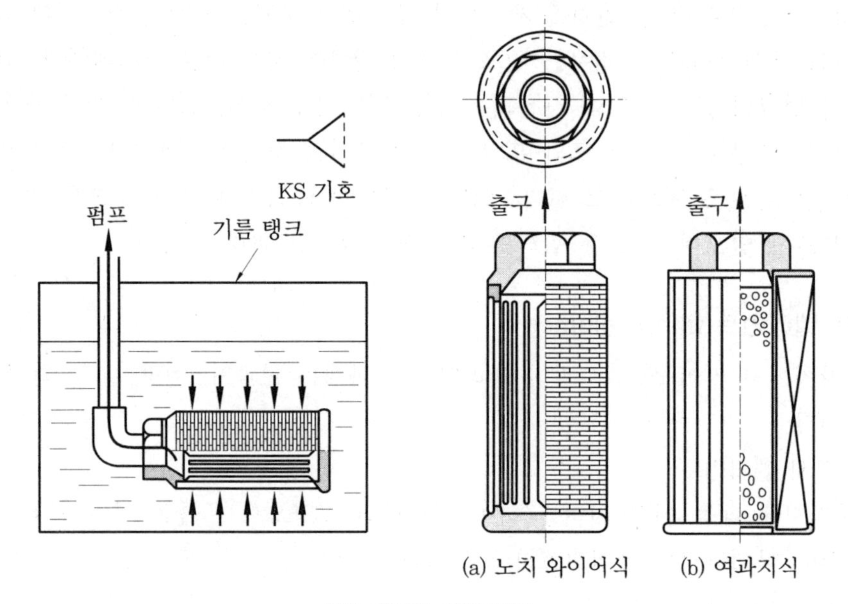

석션 필터의 설치 방법

(3) 케이스 붙이 탱크용 필터

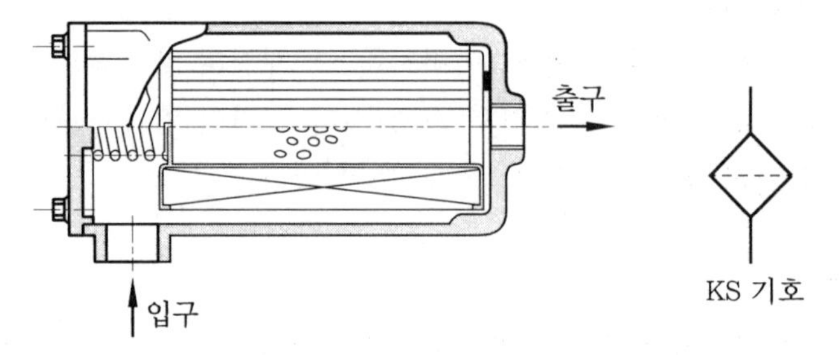

케이스 붙이 탱크용 필터

케이싱 속에 필터 엘리먼트를 부착한 것으로, 오일 탱크 외부에 설치하며, 차압 인디케이터(indicator)를 장치할 수 있다. 또한 배관을 분리하지 않고도 엘리먼트를 꺼낼 수 있기 때문에 막힌 곳의 점검이나 엘리먼트의 교환에 편리하다. 기밀이 완전하지 못하면 공기를 빨아들이므로 주의해야 한다.

(4) 차압 인디케이터 붙이 필터

필터의 막힌 사항을 외부에서 알기 위하여 인디케이터를 붙이는 경우가 많다. 이는 필터, 필터 엘리먼트의 입·출구 쪽의 압력 차가 커지면 케이스 밖에 설치해 놓은 지침을 압력 차에 비례하여 기계적으로 돌려서 차압을 지시하는 것이다. 지시반에는 안전 또는 운전, 주의, 위험 등의 표시가 붙어 있다. 지침에 의해 마이크로 스위치를 작동시켜서 램프, 버저 등으로 막힘을 알릴 수 있다.

(5) 관로용 필터

환류 관로와 펌프 토출 관로에 설치된다. 여과 입도는 장치에 사용되고 있는 기기에 따라 선택하며, 토출 관로에 설치하는 것은 10~40 μm의 것이 많이 쓰이고, 환류 관로에는 보통 토출 관로에 사용하는 것보다 입도가 굵은 것을 사용한다.

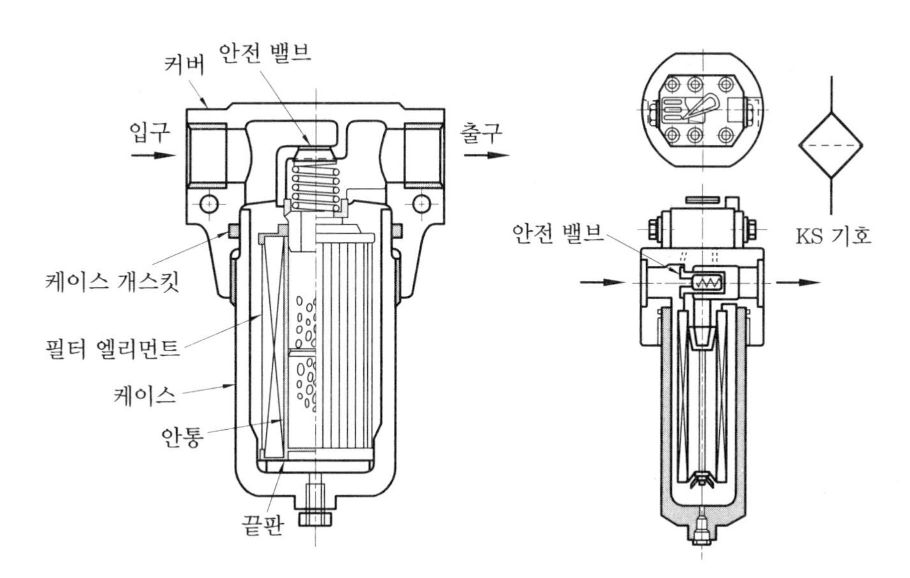

관로용 필터

(6) 필터 눈의 조밀도 표시

이제까지는 메시에 의한 필터 눈의 조밀도 표시가 많았으나 현재에는 이 조밀도를 μm로 표시하도록 되어 있다(실제로는 메시를 많이 사용한다).

표준 표시 조밀도

(1) 한국 KS			(2) 미국 A.S.T.M			(3) 미국 TYLER		
눈의 간격 (μm)	선의 지름 (mm)	환산 (mesh)	눈의 간격 (μm)	선의 지름 (mm)	메시 (No.)	눈의 간격 (μm)	선의 지름 (mm)	환산 (mesh)
420	0.290	36	420	0.290	40	417	0.3099	35
350	0.260	42	*354	0.247	45	351	0.2540	42
297	0.232	48	297	0.215	50	295	0.2337	48
250	0.174	60	*250	0.180	60	246	0.1778	60
210	0.153	70	210	0.152	70	208	0.1829	65
177	0.141	80	*177	0.131	80	175	0.1422	80
149	0.105	100	149	0.110	100	147	0.1067	100
125	0.087	120	*125	0.091	120	124	0.0965	115
105	0.070	145	105	0.076	140	104	0.0660	150
88	0.061	170	*88	0.064	170	88	0.0610	170
74	0.053	200	74	0.053	200	74	0.0533	200
63	0.039	250	*63	0.044	230	61	0.0406	250
53	0.038	280	53	0.037	270	53	0.0406	270
44	0.028	350	*44	0.030	325	43	0.0356	325
37	0.026	400	37	0.025	400	38	0.0254	400

㈜ ① KS B 7676에는 메시의 규정에 의함
② ASTM : 미국재료시험협회
③ 미국 타일러 회사 표준 필터 규격
④ * 표는 I.S.O

참고

① 메시(mesh)란 1인치(25.4 mm) 평방의 면적 안에 있는 한 변의 길이 안의 눈의 줄수를 말한다.
② 눈의 조밀도와 메시와의 관계

$$\text{눈의 조밀도} = \frac{25.4}{\text{메시}} - \text{선의 지름}$$

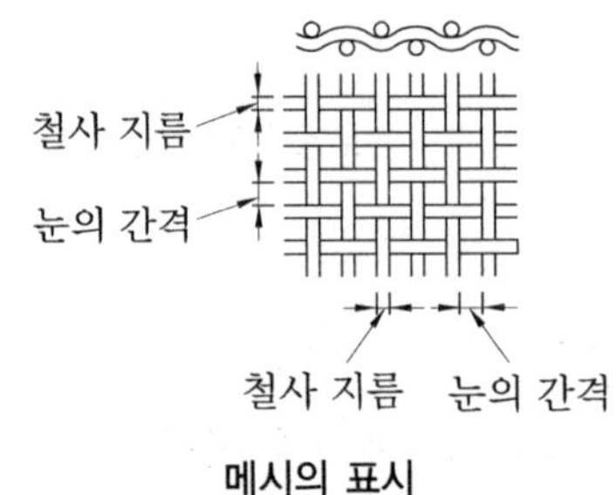

메시의 표시

4-5 온도계

유압 회로의 온도를 측정하기 위하여 사용하는데 일반적으로는 오일 탱크 안의 오일 온도를 재는 데 쓰이며, 그 형상에 따라 막대형 온도계와 압력계형 온도계가 있다.

(1) 바이메탈(bimetal)식

바이메탈 온도계는 감온부에 바이메탈을 넣어 열로써 바이메탈이 움직이는 양을 지시계에 전달하여 지침을 움직여서 그때의 온도를 지시한다. 바이메탈식 온도계는 그 구조가 간단한 이유로 고장이 적고 내구성 및 내진성이 뛰어난 장점이 있다.

(2) 구조

바이메탈이란 온도로 인한 팽창계수가 다른 2종의 금속판을 포갠 것을 말한다. 다음 그림의 (a)는 최초의 상태이고, (b)는 온도가 변화한 경우의 상태이다. 이 움직인 상태로 지침을 움직여서 온도를 나타내고 있다. 온도가 원래 상태로 되면 바이메탈도 원래 상태로 돌아온다. 실제는 그림 (c)처럼 헬리컬(helical)로 되어 있는 것을 사용하며, 온도계는 그림 (d)와 같은 구조가 된다.

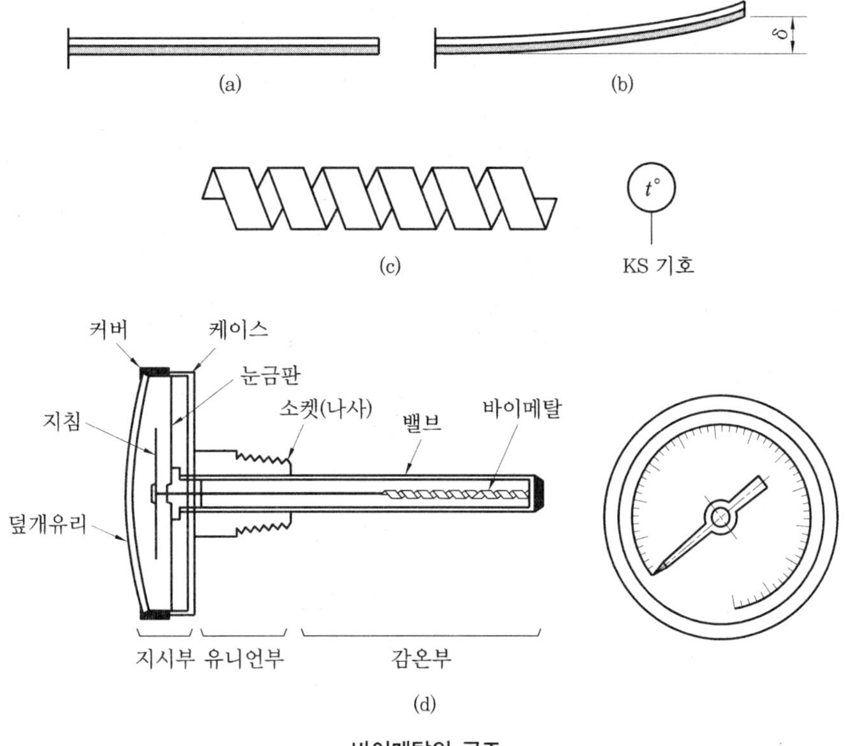

바이메탈의 구조

4-6 압력계

(1) 부르동관식 압력계

용도에 따라 다음의 3가지가 있다.

① 압력계 : 압력을 측정한다.

② 진공계 : 진공도를 측정한다.

③ 연성계 : 압력과 진공도를 한 개의 계기로 측정한다.

(2) 부르동관 압력계의 원리와 구조

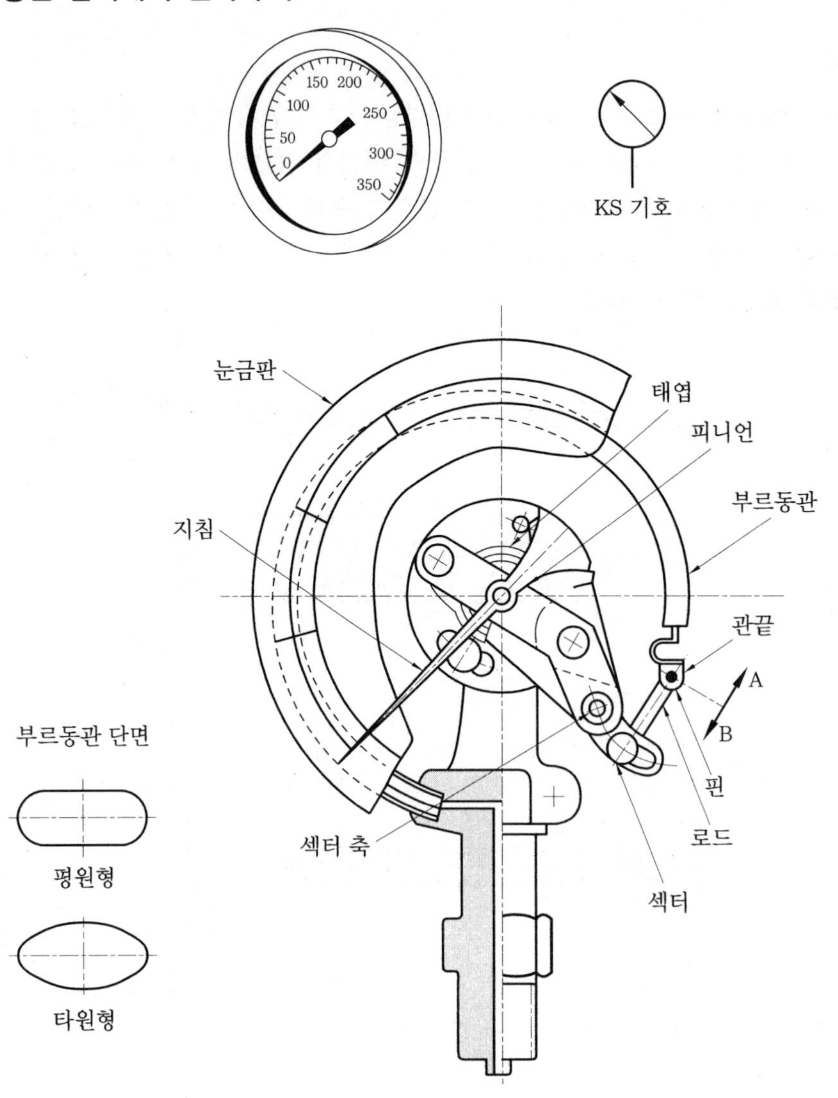

부르동관 압력계의 구조

압력계 연결부는 밑의 측압 물체에 접속하는 나사(관용 나사)가 나와 있고 윗부분에 부르동관이 접착되어 있다. 연결부는 압력 인입구와 구멍이 관통하고 있으므로 측압체의 압력은 연결부를 통하여 부르동관으로 들어온다.

부르동관은 그 단면이 평원형 또는 타원형인 금속관을 둥글게 감은 것인데, 윗 그림과 같은 C형의 것은 "C" 부르동관으로 불리며, 부르동관의 끝은 막혀 있고, 또 관끝은 핀으로 확대 기구에 연결되어 있다.

확대 기구는 피니언 축, 섹터 축, 로드, 로드 핀 및 피니언 섹터의 기어면에 유동을 취하기 위한 스파이럴 스프링(유사 태엽) 등으로 구성되어 있으며, 피니언에는 지침이 연결되어 있다.

(3) 압력계의 호칭

일반적으로 압력계라고 불리는 이 원형 지시압력계는 KS B 7676에 규정되어 있다. 이 규정에 의한 게이지 압력계이므로 대기압을 기준으로 한 압력을 측정하는 것이다.

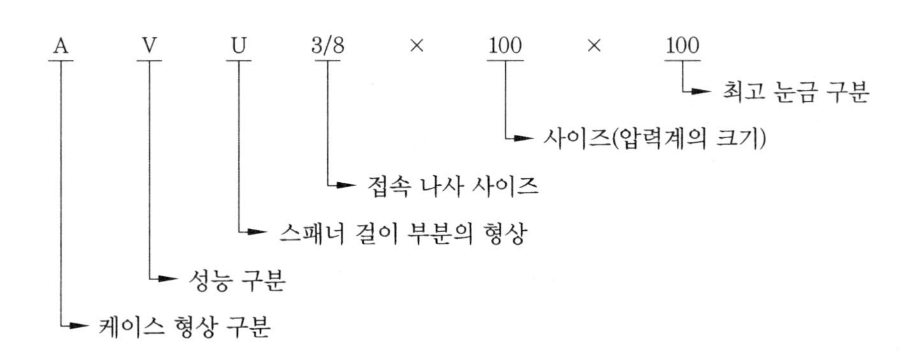

① 케이스의 외부 형상에 의한 구분

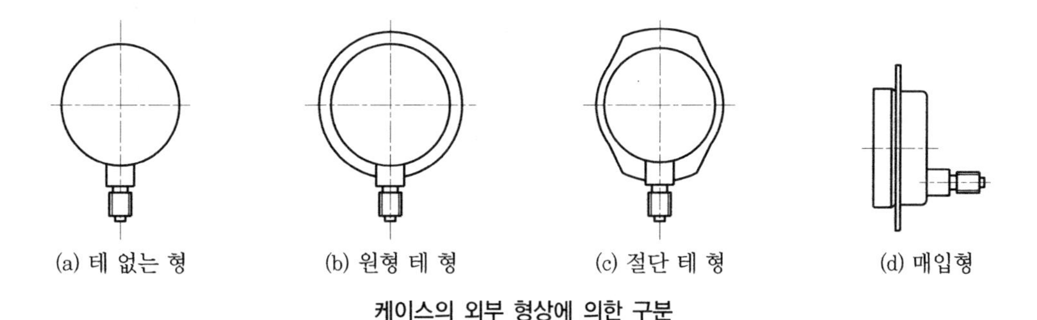

케이스의 외부 형상에 의한 구분

② 성능 구분

성능 구분 / 형 명	기 호	시험 항목					사용 주위 온도(℃)
		지시도	정 압	내충격	내 열	내 진	
보통	없음	○	○	○			−5 ~ +40
증기용 보통	M	○	○	○	○		+10 ~ +50
내열	H	○	○	○	○		−5 ~ +80
내진	V	○	○	○		○	−5 ~ +40
증기용 내진	MV	○	○	○	○	○	+10 ~ +50
내열 내진	HV	○	○	○	○	○	−5 ~ +80

③ 스패너 걸이 부분의 형상

접속부의 형상은 다음의 3가지로 나눈다.

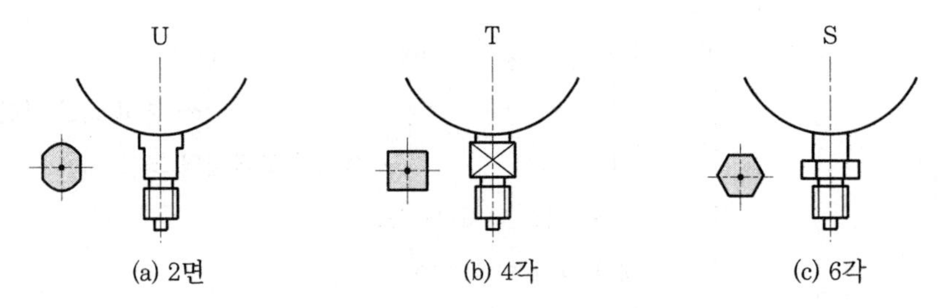

스패너 걸이 부분의 형상

④ 접속 나사 사이즈

관용 스트레이트 나사 : $\frac{1}{4}$B, $\frac{3}{8}$B, $\frac{1}{2}$B의 3가지가 있다.

⑤ 압력계의 크기

65ϕ, 75ϕ, 100ϕ, 150ϕ, 200ϕ, 300ϕ의 6종류가 있는데, 일반적으로 많이 쓰이는 것은 100ϕ이며, 100ϕ 이하 사이즈의 것에서는 높은 정밀도의 압력을 읽을 수가 없기 때문에 정밀도가 과히 중요하지 않은 압력의 측정이나 주위기기 관계상 넓은 크기의 것을 사용할 수 없는 곳에 사용한다.

⑥ 압력계의 눈금 구분

구 분	압력(kgf/cm²)
저압 압력계	0.5, 1, 1.5, 2, 3, 4, 6, 10, 15, 20, 25, 35, 50
고압 압력계	70, 100, 150, 250, 350, 500, 700, 1000
연성 압력계	1×76, 1.5×76, 2×76, 3×76, 4×76, 6×76, 10×76, 15×76, 20×76

(4) 압력계의 선정

압력계에 필요한 최고 압력 범위를 측정할 때에는 압력의 변동이 있는가, 맥동이 있는가 등에 따라 다르지만 압력 변동이 작은 경우에는 상용 압력이 최고 눈금 압력값의 $\frac{2}{3}$ 이하로 하며, 압력 변동이 크거나 맥동이 있는 경우에는 $\frac{1}{2}$ 이하가 되도록 선정한다.

(5) 게이지 댐퍼 압력계용 스톱 밸브

압력계에 급격한 압력 변동(맥동, 서지 등)이 있는 경우 압력의 판독을 쉽게 하거나 압력계가 파손하여 교환할 경우 등을 위하여 스톱 밸브를 사용한다.

4-7 기름 냉각기

유압 장치에서는 기름 중의 먼지와 열이 고장의 주원인으로 되어 있다. 열의 발생은 회로 내의 마찰이나 저항에 의한 손실 또는 외부로부터의 전열로 인하여 도저히 피할 수가 없다. 따라서 작동유를 냉각하는 방법을 보면

- 오일 탱크 용량을 가급적 크게 하여 열을 방산시키는 방법이다.
- 오일 탱크 내부에 동관의 코일을 넣어 이 코일에 냉각수를 순환시켜서 작동유를 냉각시키는 방법이다. 이 방법은 오일 탱크 내부에서 장소를 차지하여 습기가 찬 동관에 닿아 물방울이 되어 기름과 혼합하는 관계로 과히 좋지 않다.
- 유압 회로 안에 기름 냉각기(열교환기)를 사용하는 방법이며, 바람직한 방법이다(기름 냉각기는 통상 다관식 냉각기를 말한다).

(1) 구조 (다관식 기름 냉각기)

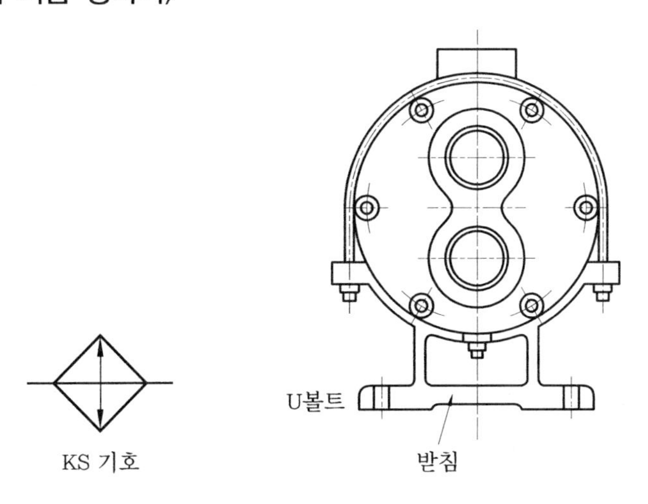

① 기름은 차단판으로 차단되어 셀(shell) 속을 누비면서 냉각된다. 일반 관으로 흐르는 것보다 훨씬 냉각관과의 접촉 시간이 길어져서 냉각 능력이 커진다.
② 물의 흐름은 ①실에서 전열관 속을 통과하여 ②실과 ③실로 흐른다. 이 경우 흐름이 반대 방향이 되어도 아무 지장이 없다.

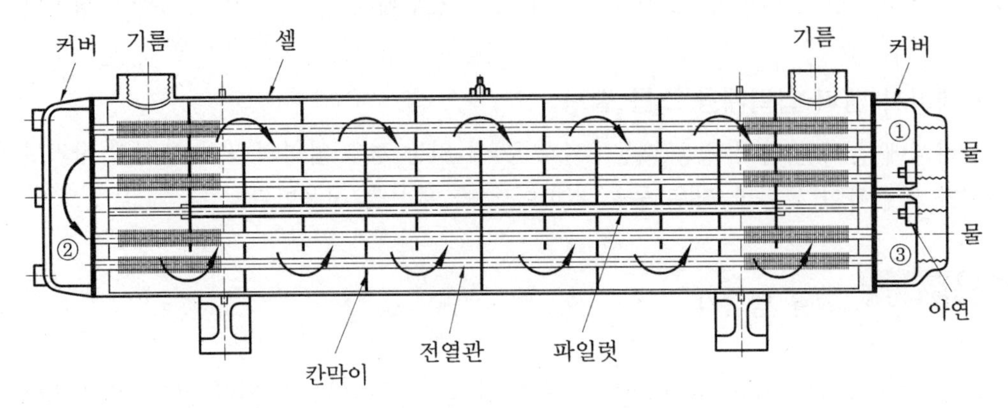

다관식 기름 냉각기의 구조

(2) 오일 냉동기(컨디셔너 : oil condensing unit)

오일 냉동기에 의하여 작동유, 절삭유, 윤활유를 임의의 사용온도로 조절할 수 있어서 다이얼 조작만으로 자동으로 유온을 일정하게 유지하는 기름온도 조절장치이다. 공작기계의 수치 제어 방식, 고 정도화 등으로 높은 정밀도보다 안정된 가공, 보다 발달된 합리화에는 필수 불가결한 장치이다.

① 특징

(가) 냉각수가 필요 없다. (나) 유온(+2℃)이 언제나 일정하다.
(다) 장소가 적게 든다. (라) 보수 관리가 쉽다.

② 원리

(가) 오일 냉동기 유닛은 펌프를 내장하여 오일 탱크에서 흡입한 작동유를 냉각기의 바깥쪽으로 유동시킨다.
(나) 관 속에는 냉매가 흐르는데, 이 냉매는 여기서 기름의 열을 빼앗아 액체에서 기체로 기화된다. 열을 빼앗긴 기름은 냉각되어 오일 탱크로 환류된다. 오일 냉동기에는 보통 히터도 달려 있어 작동유가 저온일 때는 가열도 한다.
(다) 압축기에 의해 냉매 가스를 응축기로 쉽게 냉각 액화할 수 있도록 고온·고압의 가스로 한다.
(라) 이 응축기에서는 고온·고압의 가스가 공기로 냉각되어 응축하며, 고온·고압의 액체가 된다.
(마) 캐비탈 튜브에서는 이 고온·고압의 액체를 압착하여 감압, 냉각기에서 쉽게 증발할 수 있도록 저온·저압으로 한다.

(바) 냉각기에서는 이 저온 · 저압의 액체가 주위에서 열을 빼앗아 증발하여 저온 · 저압의 가스가 된다.

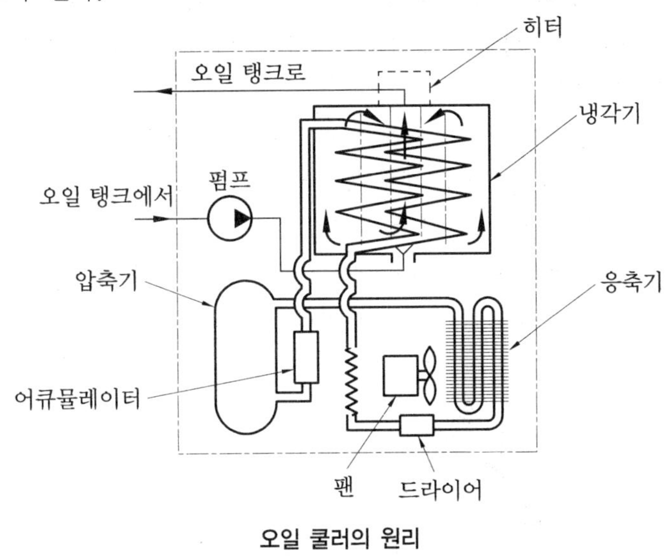

오일 쿨러의 원리

4-8 어큐뮬레이터(축압기)

어큐뮬레이터는 구조가 간단하고, 그 용도도 매우 광범위하여 유압 장치의 계획 설계에 꼭 필요한 기기의 하나이다. 대표적인 용도로서는 다음과 같은 것이 있다.

- 에너지 축적용 : 순간적인 유량으로 하는 경우 정전 등으로 펌프가 정지했을 때 또는 기름 누출 및 온도 변화로 유압의 변화가 생기는 경우에 어큐뮬레이터에 축적된 유압을 방출시켜서 유압을 일정 한계 내에 유지시킬 수 있다.
- 충격 압력의 흡수용 : 유체가 흐르고 있는 회로에서 차단 밸브를 급격히 닫음으로써 발생하는 충격 압력을 흡수하여 기기, 계기, 배관 등을 보호한다.
- 펌프의 맥동 제거용 : 플런저(피스톤)형 펌프에 의해 발생하는 맥동압을 제거하여 유압을 일정하게 할 수 있다.

(1) 종류

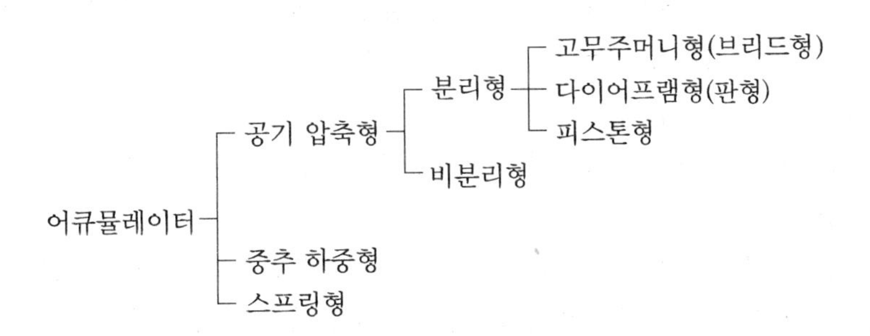

(2) 분리형의 구조

액체와 기체의 접촉 방지를 위해 분리벽을 사용한 형식이다. 가장 많이 쓰이며, 크기도 작고, 설치하기도 쉽다. 이 형식에는 고무주머니형, 다이어프램형, 피스톤형 등이 있다.

① 고무주머니형(블리드형)

(가) 이 형식은 단면이 반구형인 원통형 용기이며, 기체를 봉입하는 고무주머니가 안에 있다. 고무주머니 맨 위에 기체 봉입용 밸브가 달려 있고, 용기 밑에는 용기 밖으로 고무주머니가 튀어나가지 못하도록 포핏 밸브(poppet valve)가 있다.

(나) 이 형식은 고무주머니의 관성이 낮아서 응답성이 아주 좋으며, 유지 관리가 쉽고 광범위한 용도에 쓸 수 있는 장점이 있다.

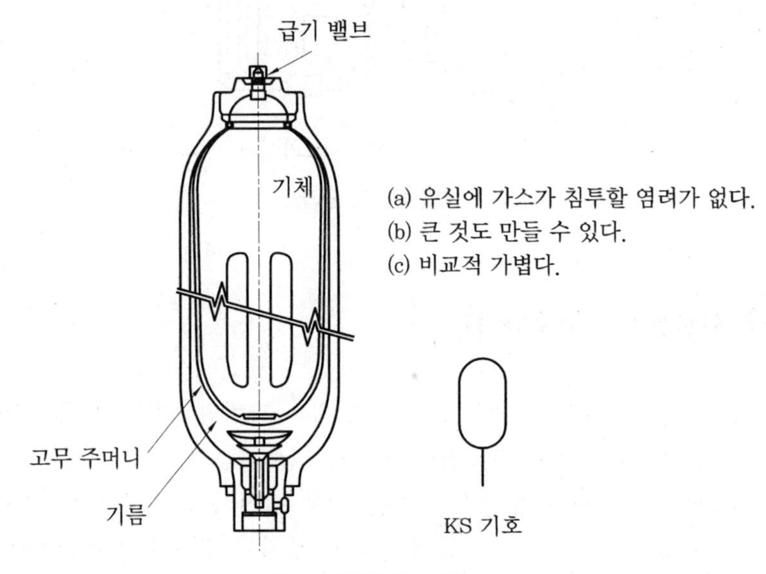

고무주머니형(블리드형)의 구조

② 다이어프램형

(가) 반구체의 용기를 2개 합쳐서 구형으로 하고, 그 사이에 있는 다이어프램으로 액체와 기체를 분리한다.

(나) 동일 용적에 대하여 형상이 구형인 관계로 중량과 용적의 값이 최소이고 항공기용으로 많이 쓰인다.

(다) 단점 : 크기가 구조상 제한이 있으며, 토출량과 용적의 비가 작고 수명은 고무주머니보다 떨어진다.

③ 피스톤형

(가) 이 형식은 가공된 실린더 내부를 피스톤이 자유로이 축방향으로 이동할 수 있게 되어 있다.

(나) 피스톤이 기체와 액체를 차단하고 있으며, O링 등으로 기체의 누설을 막고 있다.

(다) 피스톤형의 장점은 강도가 크고 가혹한 조건에서 사용할 수 있는 것이며, 단점은

피스톤의 질량 및 실의 마찰로 저압에서는 맥동 흡수가 원활하지 못하며, 가공면에서 가격이 비싼 것이다.

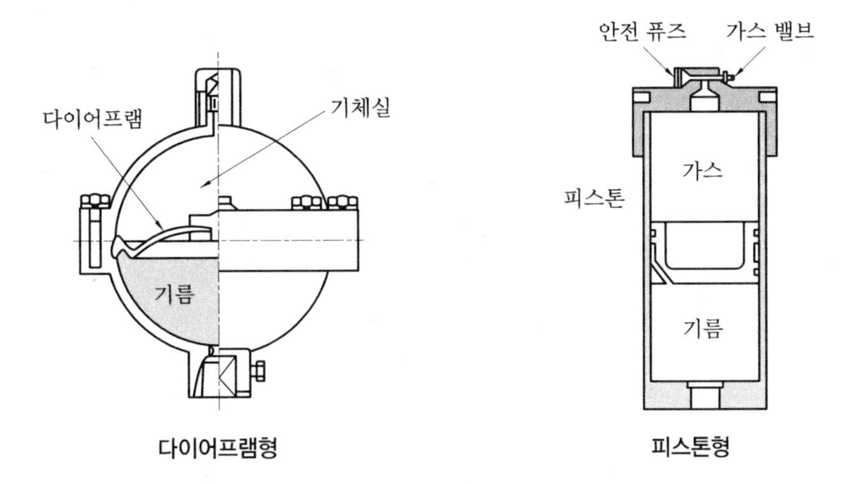

다이어프램형　　　　피스톤형

(3) 블리드형 어큐뮬레이터의 용량 계산(에너지 축적용)

$$P_1 \cdot V_1^n = P_2 \cdot V_2^n = P_3 \cdot V_3^n$$

$$V_1 = \frac{V_w}{\eta \cdot P_1^{\frac{1}{n}}\left\{\left(\frac{1}{P_2}\right)^{\frac{1}{n}} - \left(\frac{1}{P_3}\right)^{\frac{1}{n}}\right\}}$$ 가 된다.

여기서, η : 0.95(어큐뮬레이터의 효율)

n : 등온 변화일 때 1, 단열 변화일 때 1.4

윗식으로 등온 변화의 경우는

$$V_1 = \frac{V_w}{\eta \cdot P_1\left(\frac{1}{P_2} - \frac{1}{P_3}\right)} = \frac{V_w \cdot P_2 \cdot P_3}{\eta \cdot P_1(P_3 - P_2)}$$

단열 변화의 경우는

$$V_1 = \frac{V_w}{\eta(P_1)^{\frac{1}{1.4}}\left\{\left(\frac{1}{P_2}\right)^{\frac{1}{1.4}} - \left(\frac{1}{P_3}\right)^{\frac{1}{1.4}}\right\}}$$ 가 된다.

여기서, V_w : 어큐뮬레이터의 방출량($V_w = V_2 - V_3$) [L]

V_1 : 어큐뮬레이터의 기체 용량 [L]

V_2 : P_2에서의 기체의 체적 [L]

V_3 : P_3에서의 기체의 체적 [L]

P_1 : 예압력(블리드의 경우 $P_1 = (0.8 \sim 0.85)P_2$) [kgf/cm²]

P_2 : 최저 작동 압력(기체의 최저 작동 압력) [kgf/cm²]

P_3 : 최고 작동 압력(기체의 압축 최대 압력) [kgf/cm²]

4-9 전기 히터

유압 장치를 겨울에 사용하는 경우나 시동 시 온도가 낮은 경우에는 적정 온도로 하기 위하여 히터 및 온도계 조정기를 조합하여 온도 조절이 되도록 한다.

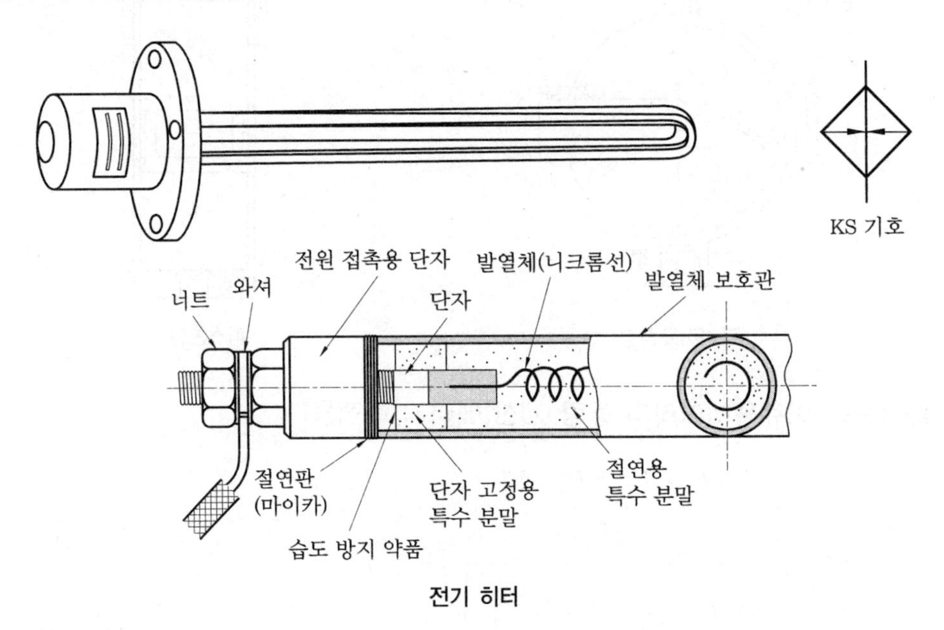

전기 히터

4-10 커플링

커플링은 전동기와 펌프의 축을 직결하는 데 쓰이며, 종류는 여러 가지가 있지만 일반적으로 체인 커플링을 사용하고 있다(커플링의 연결 시 전동기와 펌프의 축 중심이 약간 틀려도 펌프의 소음이나 진동의 원인이 되므로 주의하여 설치해야 한다).

(1) 체인 커플링

표준형 2열 롤러 체인 1개와 2개의 스프로킷이 조립되어 있는 간단한 구조이며, 양축의 연결 분리가 쉽다. 장치가 간단하고 체인과 스프로킷 이의 맞물림 유동에 의하여 신축 효과를 얻기 때문에 베어링의 과열이나 마모를 막을 수 있다. 회전력은 맞물리고 있는 롤러 체인과 스프로킷 이 전체에 나뉘는데 외주 근처에 힘이 걸린다. 따라서 강력한 롤러 체인과 커플링 전체를 작고 가볍게 하여 높은 효율을 얻는다.

(2) 러버 플렉시블 커플링

강력한 타이어 코드를 이용하여 그 양면에 탄성과 굴곡에 강한 고무로 피복한 타이어형의 플렉시블 커플링으로, 다음과 같은 특징이 있다.

• 조립이 간단하여 장착 시간이 절약되며, 정비가 간편하다.
• 전기 절연이 완전하다.
• 주유, 분해, 정비 등이 필요 없으며 진동, 충격 등의 흡수가 우수하다
• 각도 오차의 허용 범위가 크다.

4-11 배관 재료

유압 배관은 기기 사이, 유닛 사이, 작동기까지의 유로를 접속하는 것인데, 관이나 이음부로 구성되어 있다. 이들 관이나 이음은 다종 다양한 것이 시판되고 있는데, 유압 장치의 용도와 목적에 맞고 유압 기기와의 균형이 맞는 것을 선택해야 한다. 이밖에 배관의 작업성, 관로 유지성, 신뢰성, 경제성 등을 고려하여 유압 기능을 보증하는 것이어야 한다.

(1) 강관의 종류

유압 장치에 쓰이는 관에는 강관, 동관, 스테인리스관, 고무 호스 등이 있는데, 동관은 석유계 작동유에 산화를 촉진시키는 이유로 쓰이지 않는다. 스테인리스관은 화학 설비나 선박 등 내식성을 필요로 하는 경우나 서브 밸브 사용 시 녹을 방지하기 위하여 사용된다.

(2) 강관의 선정

사용 압력에 대한 강관의 선정 기준

<table>
<tr><th colspan="2">구 경</th><th colspan="5">유체 압력 범위</th></tr>
<tr><th>A</th><th>B</th><th>15 kgf/cm² 이하</th><th>15 kgf/cm² 이상
70 kgf/cm² 이하</th><th>70 kgf/cm² 이상
140 kgf/cm² 이하</th><th>140 kgf/cm² 이상
210 kgf/cm² 이하</th><th>210 kgf/cm² 이상
315 kgf/cm² 이하</th></tr>
<tr><td>10</td><td>$\frac{3}{8}$</td><td rowspan="10">SGP</td><td colspan="2" rowspan="4">STPG 38, sch 80</td><td></td><td rowspan="10">STS 42
sch 160 이상</td></tr>
<tr><td>15</td><td>$\frac{1}{2}$</td><td rowspan="3"></td></tr>
<tr><td>20</td><td>$\frac{3}{4}$</td></tr>
<tr><td>25</td><td>1</td></tr>
<tr><td>32</td><td>$1\frac{1}{4}$</td><td rowspan="6"></td><td colspan="2" rowspan="6">STS 38, sch 160</td></tr>
<tr><td>40</td><td>$1\frac{1}{2}$</td></tr>
<tr><td>50</td><td>2</td></tr>
<tr><td>65</td><td>$2\frac{1}{2}$</td></tr>
<tr><td>80</td><td>3</td></tr>
<tr><td>100</td><td>4</td></tr>
</table>

바깥지름(mm)	10.5	13.8	17.3	21.7	27.2	34.0	42.7	48.6	60.5	76.3	89.1	101.6	114.3	139.8	165.2
관호칭지름 / 관기호(B)	$\frac{1}{8}$	$\frac{1}{4}$	$\frac{3}{8}$	$\frac{1}{2}$	$\frac{3}{4}$	1	$1\frac{1}{4}$	$1\frac{1}{2}$	2	$2\frac{1}{2}$	3	$3\frac{1}{2}$	4	5	6
SGP	2.0	2.3	2.3	2.8	2.8	3.2	3.5	3.5	3.8	4.2	4.2	4.2	4.5	4.5	5.0
STPG 38 (sch 80)	2.4	3.0	3.2	3.7	3.9	4.5	4.9	5.1	5.5	7.0	4.6	8.1	8.6	9.5	11.0
STS 38 (sch 80)	2.4	3.0	3.2	3.7	3.9	4.5	4.9	5.1	5.5	7.0	7.6	8.1	8.6	9.5	11.0
STS 38 (sch 160)	–	–	–	4.7	5.5	6.4	6.4	7.1	8.7	9.5	11.1	12.7	13.5	15.9	18.2

(3) 관지름 두께의 표시 방법

① SGP일 때

호칭지름(A 또는 B)으로 나타낸다.

예 10A 또는 3/8B (실제 바깥지름 17.3 mm)

② STPG, STS, STPT일 때

마찬가지로 호칭지름(A 또는 B) 및 호칭두께(스케줄 번호 : sch)로 나타낸다.

③ 스케줄 번호(sch)

배관용 탄소강 강관(SGP)에서는 관의 두께를 나타내기 위하여 스케줄 번호가 쓰이고 있다. 스케줄 번호에는 sch 10~160의 10단계가 있다.

④ STPS, OST

관 바깥지름의 실제 치수(mm)와 두께(mm)로 나타낸다. 나사 가공이나 용접을 하지 않고 소요 내압에 견딜 만큼의 얇은 두께의 관이며, 바깥지름으로 압접하는 관계(삽입 이음 사용)로 바깥지름 치수의 허용차가 작고 다듬질 정밀도가 높아진다.

삽입식 이음용 강관의 바깥지름 치수

관바깥지름(mm) / 관기호	4	6	8	10	12	15	16	18	20	22	25	28	30	35	38	42	50
STPS 2	○	○	○	○	○	–	○	–	○	–	○	–	○	–	○	–	–
OST 2	○	○	○	○	○	○	–	○	–	○	–	○	–	○	–	○	○

(4) 이음

① 나사 이음 : 관용 나사(PT)를 사용하여 관과 기기를 연결하는 것이다.

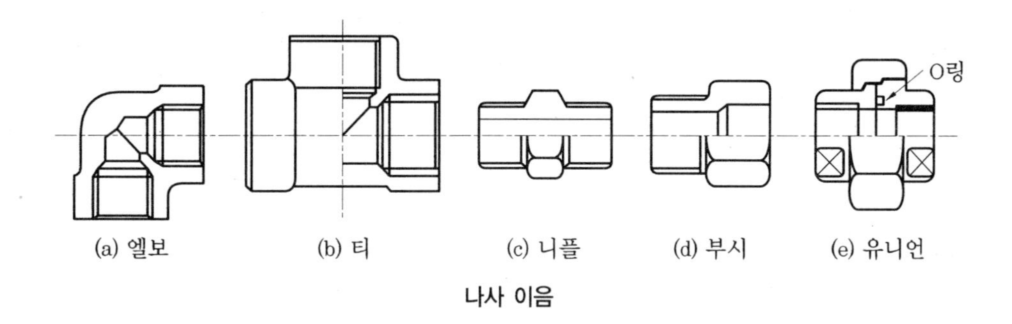

(a) 엘보 (b) 티 (c) 니플 (d) 부시 (e) 유니언

나사 이음

② 용접 이음 : 맞대기 이음과 삽입형 이음의 2종류가 있으며, 맞대기 이음은 보통 2B 이상의 복귀 라인에 사용되고, 삽입형은 보통 3B 이하의 압력 라인에 사용된다(삽입형 이음 부속이나 맞대기 이음 부속 모두 파이프의 스케줄 번호로 표시되어 시판되고 있다).

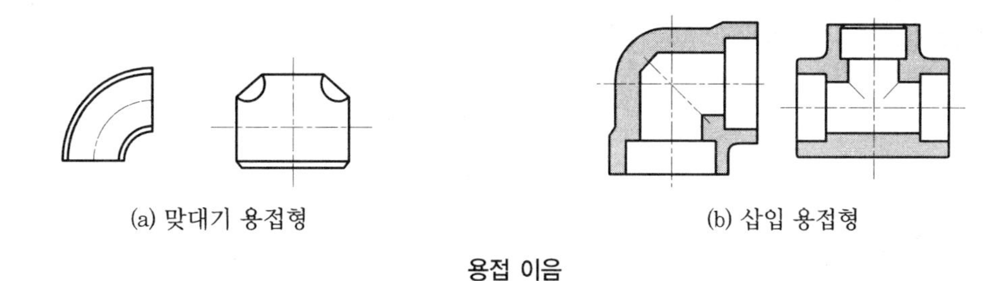
(a) 맞대기 용접형 (b) 삽입 용접형

용접 이음

③ 관 플랜지 : 플랜지를 이용한 이음으로 환류관에는 1.5 kgf/cm^{2}용이 쓰이며, 압력관에는 210 kgf/cm^2 관 플랜지가 사용된다.

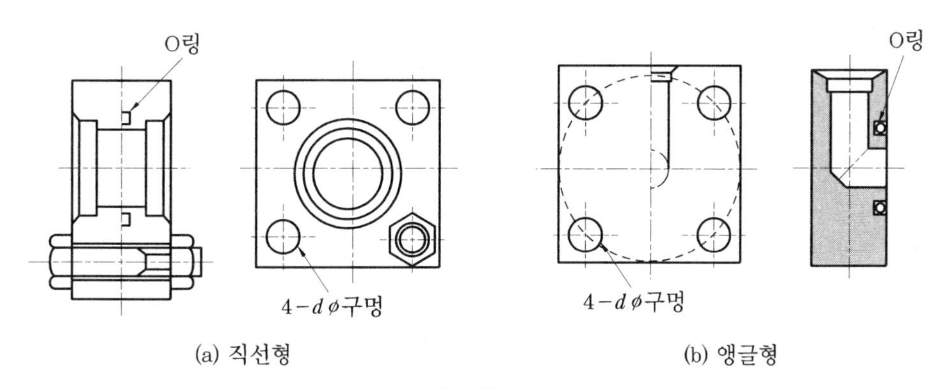

(a) 직선형 (b) 앵글형

관 플랜지

④ 체결식 이음 : 유압용 체결식 관 이음이 있으며, 일반적으로 사이즈 $1\frac{1}{2}$B, 50 mm 이하이며, 압력은 350 kgf/cm^{2}이지만 700 kgf/cm^{2}의 고압에 사용되는 것도 있다. 관 재료는 OST, STPS의 박관이 쓰인다.

다음 그림은 이음에 관을 삽입하여 너트를 조인 후의 슬리브 결합 상태를 나타낸 것이다. 최초의 슬리브는 원통형이지만 너트로 조여지면 그 왼쪽의 파일럿 테이퍼면 위로 밀려서 슬리브의 절단 끝부분이 줄어든다.

그리고 끝은 관 속으로 들어가 슬리브의 중앙이 구부러져 강력한 스프링 작용에 의해 진동 충격으로 인한 너트의 풀림을 막을 수 있다.

슬리브와 몸체 사이의 실은 테이퍼면에서 압접으로 이루어진다. 또한 슬리브의 오른쪽 끝이 관과 닿는 곳에서 관은 유지된다.

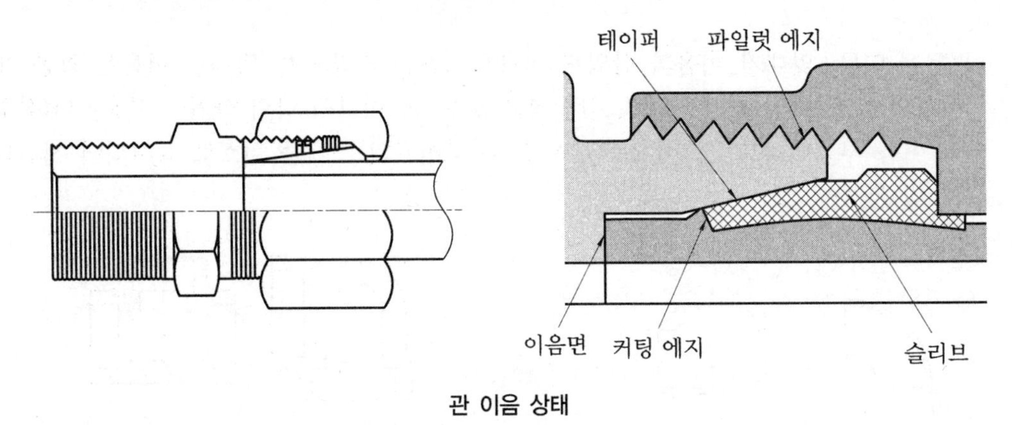

관 이음 상태

4-12 고무 호스

고무 호스는 내유성, 내압성, 내열성을 지니며 유연성이 있어 자유자재로 구부러지는 관계로 취급이 쉬워 강관의 배관이 곤란한 장소 또는 이동용 장치의 배관에 쓰이며 차량, 건설 화학 공업, 제철 등의 일반 공업용, 선박용, 항공기용 등으로 널리 쓰인다.

(1) 고무 호스의 구조

고무 호스는 저압, 중압, 고압용의 3종류가 있으며, 저압용 호스는 합성 고무관의 바깥쪽에, 다만 면사로 짠 것을 피복한 것이나 고무관뿐인 것도 있다. 고압용 호스는 내유, 내열성이 뛰어난 합성 고무의 내측 고무층, 강선을 짠 보강층 및 내유, 내후성의 합성 고무 표면층의 3층으로 되어 있다.

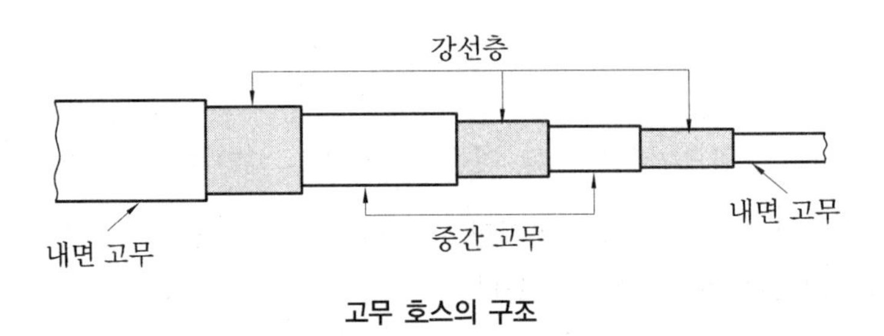

고무 호스의 구조

호스의 안지름

나사의 크기	$\frac{1}{4}$	$\frac{1}{4}$	$\frac{3}{8}$	$\frac{3}{8}$	$\frac{1}{2}$	$\frac{3}{4}$	$\frac{3}{4}$	1	$1\frac{1}{4}$	$1\frac{1}{2}$	2
호스 사이즈	3	4	5	6	8	10	12	16	20	24	32
호스 실안지름(mm)	4.8	6.3	7.9	9.5	12.7	15.9	19	25.4	31.8	38.1	50.8

(2) 셀프 실링 커플링

호스와 같이 사용되는 장치로 셀프 실링 커플링이 있다. 사용상태를 별로 바꾸지 않고 쉽게 떼었다 붙일 수 있으며, 회로를 완전 차단할 수 있다. 이것을 쓰면 유압회로의 부분적 교환이나 기름의 공급을 간단히 할 수 있다.

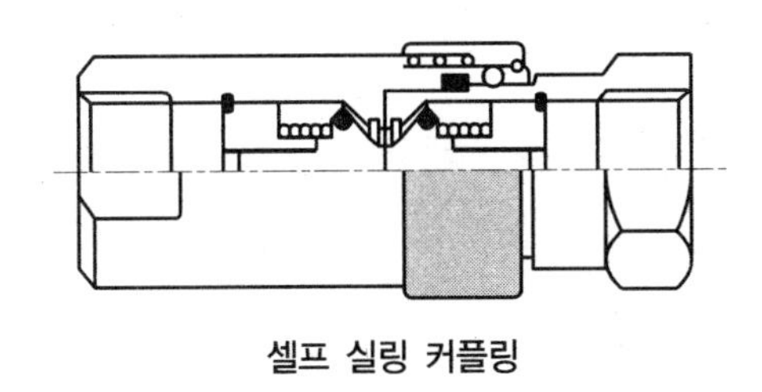

셀프 실링 커플링

5. 유압유

유압유는 유체 에너지를 전달하기 위하여 매우 중요한 역할을 하며, 기계의 종류나 운전 조건에 따라 여러 가지가 쓰이고 있다. 유압 장치를 설계, 제작, 운전, 관리하기 위해서도 유압기기와 더불어 유압유도 알고 있어야 한다.

5-1 유압유의 종류

(1) 광유계

① 첨가 터빈유 : 터빈유에 산화방지제 등의 첨가제를 넣어 긴 수명, 고온 사용 등에 효과가 크다.

② 일반 유압유(R & D) : 첨가 터빈유를 유압에 전용화한 타입이며, 특별한 지시가 없는 한 이 기름을 사용한다.

③ 내마모성 유압유 : 일반 유압유(R & D)에 첨가제(아연계, 유황 등)를 넣어 내마모성, 열 안정성을 향상시킨 것이다.

④ 고점도 지수 유압유 : 점도 지수 향상제를 첨가하여 온도에 의한 점도 변화를 최소화하려는 용도에 사용된다.

(2) 합성계

① 인산에스테르계 유압유 : 윤활성은 광유계와 같고 내화성(인화점 580℃ 이상)이 뛰어나지만 도료나 실재에 주의해야 한다.

② 폴리에스테르(지방산) 유압유 : 내화성은 인산에스테르계보다 떨어지지만 도료는 에폭시 수지, 실재는 니트릴 고무를 사용한다.

(3) 수성계

① 물 글리콜계 유압유 : 에틸렌글리콜과 물(37~40 %)을 섞은 것이며, 알루미늄, 아연 등의 금속제와 반응한다.

② W/O 에멀션계 유압유 : 물 약 40 % (기름 – 물의 입자)

③ O/W 에멀션계 유압유 : 물 약 90~95 % (물 – 기름의 입자)

5-2 유압유에 관한 용어

(1) 비중

비중이란 4℃의 증류수와 같은 체적의 기름이 15℃에서의 중량비를 말한다.

① 광유계 유압유 : 0.85~0.95

② 인산에스테르계 유압유 : 1.12~1.35

③ 수성계 유압유 : 0.92~1.1

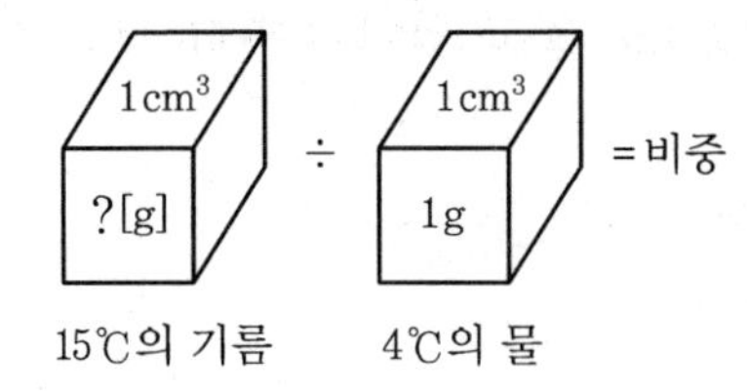

참고

- **비중과 비중량 :** 비중은 무명수로 표시하고, 비중량은 단위 체적당 중량 (kg/m³)으로 표시한다(압력 손실의 계산에는 비중량의 값으로 계산한다).

(2) 비열

비열이란 1 kg의 액체를 1℃ 올리는 데 필요한 열량을 말하며, 유압 장치의 발생 열량에서 냉각기로 흡수할 열량을 계산할 때 기름이나 물의 비열이 필요하다. 단위는 kcal/kg · ℃로 표시한다.

① 광유계 유압유 : 0.44~0.47 kcal/kg · ℃
② 인산에스테르계 유압유 : 0.3~0.4 kcal/kg · ℃
③ 물 : 1 kcal/kg · ℃

(3) 점도

점도는 기름의 끈끈한 정도를 나타내는 것이다.

① 유압에서의 점도의 영향
㈎ 유압 펌프나 유압 모터 등의 효율에 영향을 준다.
㈏ 관로 저항에 영향을 준다.
㈐ 유압 기기의 윤활 작용, 누설량에 영향을 준다.

② 점도의 표시 방법

공학적 점도 표시
- 절대점도 : 푸아즈(P)
- 동점도
  - 스토크스(St)
  - 센티스토크스(cSt)

$$\nu = \frac{\mu}{\rho}$$

여기서, μ : 절대점도, ν : 동점도, ρ : 밀도

참고

- **공업적 점도 표시** : 일반적으로 유압유는 점도수(cSt)로 표시된다(전에는 점도 표시로서 세이볼트유니버설초(SSU)로 나타낸 것이 많았다).
  ① 세이볼트(미국) : SUS 또는 SSU
  ② 레이우드(영국) : RSS
  ③ 앵귤러(독일, 러시아) : °E

③ 적정 점도 : 유압 장치에서의 적정 점도는 펌프 종류나 사용 압력 등에 따라 다르지만 일반적으로 40℃에서 20~80 cSt의 유압유가 사용된다.

(4) 점도 지수(VI : viscosity index)

점도 지수란 온도의 변화에 대한 점도의 변화량을 표시하는 것이다

① 점도 지수가 높은 기름일수록 넓은 온도 범위에서 사용할 수 있다.
② 일반 광유계 유압유의 VI는 90 이상이다.
③ 고점도지수 유압유의 VI는 130~225 정도이다.

(5) 압축성

유압유의 압축성은 고압화가 진행됨에 따라 제어 기기의 응답성이나 정밀도에 영향을 주는 관계로 최근 중요시되고 있다.

압축률 β는 다음 식으로 나타낸다.

$$\beta = \frac{1}{V} \cdot \frac{\Delta V}{\Delta P}$$

다음 그림과 같이 압축했을 때 축소량을 살펴보면 $\Delta V = \beta \cdot V \cdot \Delta P$로 된다.

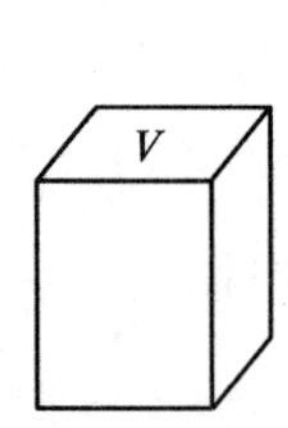

압축 전의 용적

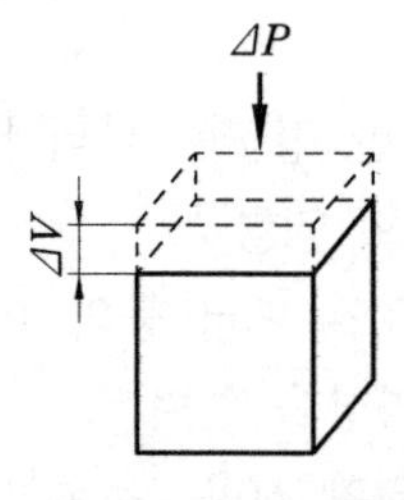

ΔP 가압 시의 축소 용적

유압유의 종류	β [cm³/kgf]
광유계 유압유	6×10^{-5}
항공기 유압유	5×10^{-5}
각종 연료유	5×10^{-5}
인산에스테르계 유압유	3.3×10^{-5}
물 글리콜계 유압유	2.87×10^{-5}
W/O 에멀션계 유압유	4.39×10^{-5}

(6) 인화점

기름을 가열하여 발생된 가스에 불꽃을 가까이 했을 때 순간적으로 빛을 발하며, 인화할 때의 온도를 인화점이라고 한다.

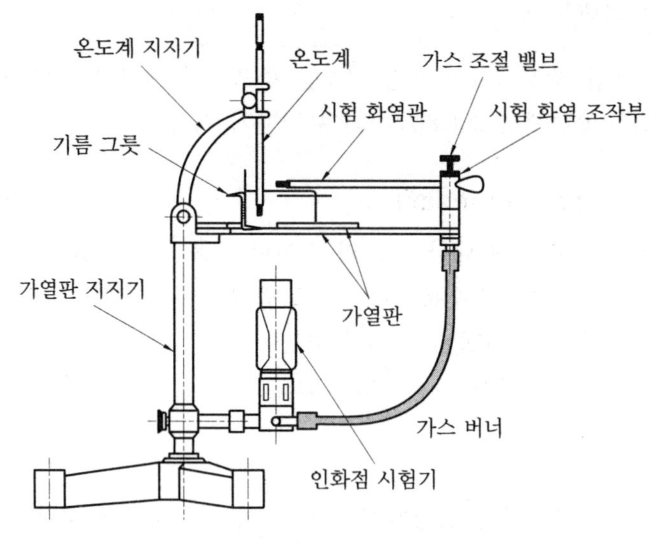

인화점 시험기

[유압유의 인화점]

① 광유계 유압유 : 일반적으로 200℃ 이상

② 인산에스테르계 유압유 : 250℃전후

③ 물 글리콜계 유압유

④ W/O 에멀션계 유압유

⑤ O/W 에멀션계 유압유

※ ③, ④, ⑤는 인화점이 없다.

(7) 유동점

유동점은 기름이 응고하는 온도보다 2.5℃ 높은 온도를 말하며, 저온 유동성을 나타내는 방법으로 표시한다(실용상의 최저 온도는 유동점보다 10℃ 이상 높은 온도가 바람직하다).

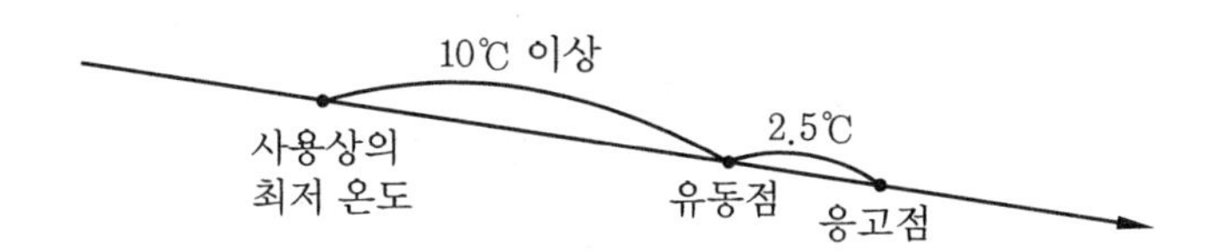

한랭지에서의 겨울철 사용 개시 시 −10℃ 이하가 되는 곳에서는 유동점에 주의할 필요가 있다.

시판 유압유의 유동점 ┬ 일반 유압유 : −10~−35℃
　　　　　　　　　　 └ 저온용 유압유 : −40~−60℃

(8) 색상

색상이란 유압 회로에 사용하고 있는 유압유의 색깔을 나타내는 방법이며, 기름 열화 판정의 기준으로도 쓰인다(유니언 색으로 불리고 있다). 일반 유압유의 사용 전 유니언 색은 $1 \sim 1\frac{1}{2}$이다.

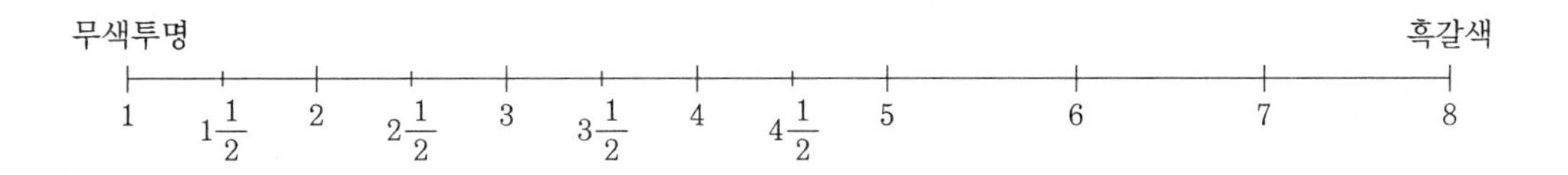

5-3 유압유의 산화 · 열화

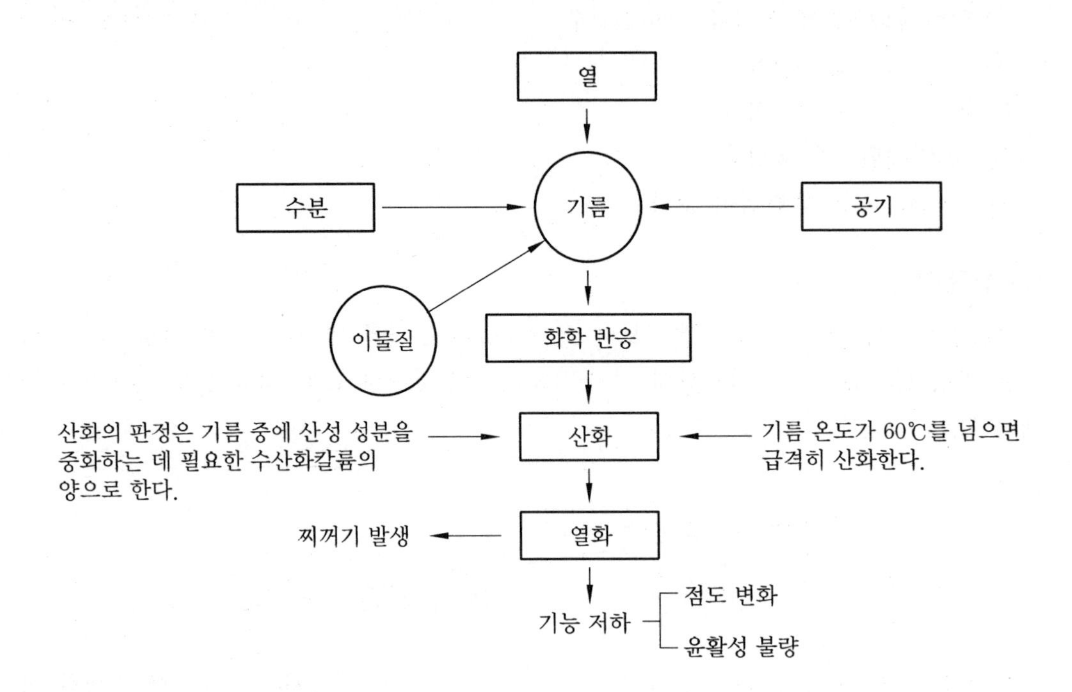

(1) 유압유의 적정 사용 온도

광유계 작동유	W/O형 에멀션계	물+글리콜계	인산 에스테르계
한계 온도 영역	한계온도영역	한계 온도 영역	한계 온도 영역
일정 온도 영역	일정온도영역	일정 온도 영역	일정 온도 영역
한계 온도 영역			한계 온도 영역

(2) 유압유와 소방법

유압유는 소방법에 의해 인화점이 존재하는 것을 위험물로 규정한다.

제4류 석유류의 종류와 지정수량

유 별		인화점	위험물로서 취급되는 양(L)	석유 제품 예
제4류	제1석유류	21℃ 미만의 것	100	가솔린, 아세톤
	제2석유류	21℃ 이상 70℃ 미만의 것	500	등유, 경유
	제3석유류	70℃ 이상 700℃ 미만의 것	2000	중유(유압유도 있음)
	제4석유류	200℃ 이상의 것	3000	기어유, 실린더유, 일반 유압유, 인산에스테르계 유압유

㈜ 유압 장치의 기름이 지정수량을 초과하는 경우 소방법에 적용된다.

5-4 유압유의 개략 특성 일람표

항목 \ 유압유의 종류		광유계 유압유	인산에스테르계 유압유	물 글리콜계 유압유	W/O 에멀션계 유압유
비중		0.85～0.95	1.12～1.35	1.04～1.1	0.92～0.94
점도 지수		90～110 (보통)	-15～20 (낮다)	140～170 (대단히 높다)	120～150 (높다)
방청 · 방충		매우 좋다	약간 좋다	좋다	좋다
가연성		가연성	난연성	불연성	불연성
인화점		150～270℃	230～280℃	없다	없다
독성		없다	무해라고 할 수 없다	없다	없다
상대적 가격		100	500	400	150
펌프의 수명		보통	보통	약간 떨어진다	많이 떨어진다
온도	적정	30～55℃	30～55℃	15～45℃	15～45℃
	한계	80℃	100℃	60℃	50℃
최고 사용 압력		350 kgf/cm^2	350 kgf/cm^2	120～140 kgf/cm^2	105 kgf/cm^2
패킹 재질	사용 가능	니트릴 실리콘 불소고무	실리콘, EP 부틸 불소고무	니트릴, 실리콘 부틸, EP 불소고무	니트릴 실리콘 불소고무
	사용 불가능	부틸, EP	니트릴 폴리우레탄고무	폴리우레탄고무	부틸, EP 폴리우레탄고무

탱크 안 도장	에폭시계, 페놀계	적정 도료가 없음		
윤활성	좋다	좋다	나쁘다	나쁘다
적합성	보통의 금속에는 좋다.	보통의 금속에는 좋다.	아연, 카드뮴, 마그네슘에 사용할 수 없다.	마그네슘에 사용할 수 없다.

5-5 작동유의 올바른 사용법

성능이 우수한 작동유를 사용한다고 해도 올바르게 사용하지 않으면 유압 기구의 성능을 충분히 발휘시킬 수 없다.

(1) 작동유의 오염

유압 기기 고장의 대부분 먼지에 의하여 일어나고 있는데, 먼지에는 마찰이나 용접 작업, 기타 기계 가공 시의 칩, 녹 등 금속 입자로 이루어진 경질의 먼지와 오일의 열화나 실재의 마모 등으로 일어나는 연질의 먼지가 있다. 경질의 먼지는 기계의 습동부에 흠을 내게 하여 오일 누설이 이루어지고 기계의 성능이 저하되며, 연질의 먼지는 회로의 관로(파일럿 라인 등)를 막아서 작동 불량이나 유량 유속 등에 영향을 주고 있다.

회로 중에 먼지의 발생 상태를 대별하면 다음과 같다.

① 회로 중에 처음부터 들어 있는 먼지

기계 가공 중이나 조립 시 들어온 용접 슬래그, 칩 등이 있으며, 경질의 먼지로서 습동부에 흠을 내어 가장 위험하다. 회로 속에 발생하는 녹은 재료의 선정 잘못이나 조립 전의 보관 잘못 등으로 인하여 생기는 것이 보통이며, 온도의 변화에 따라 공기 중의 수증기가 응고(결로 현상)하여 생기는 수도 있다.

② 운전 중에 회로 속에서 발생하는 먼지

기계의 마찰에 의하여 마찰 부분이 마모하여 생기는 기계적인 것과 작동유의 산화에 의하여 생기는 화학적인 것이 있으며, 오일의 산화 생성물은 고형인 먼지나 수분과 함께 슬러지가 되는 수도 있다.

③ 사용 중 외부에서 들어온 먼지

오일 주유구의 필터 불량이나 통기구의 필터 불량으로 들어오는 경우가 많으며, 피스톤 로드를 통하여 들어오는 경우도 있다.

④ 보충 오일 속에 들어 있는 먼지

특히 물이 가장 많은 이물질이다. 물이 들어가면 무겁기 때문에 탱크 바닥에 모이나 유압 펌프의 작동에 의해 미세하게 분해되어 기계의 각 부분에 녹을 발생시킨다.

(2) 작동유의 점검과 교환

작동유의 상태를 점검하는 방법에는 눈으로 보는 방법과 시험에 의한 방법이 있다. 보통 5,000~20,000시간 사용하면 작동유의 성질이 변하여 응고되는 경향이 생기므로 처음에는 100~1,000시간 정도에 교환을 하고 2회부터는 2,000시간마다 교환한다. 흑갈색을 띠고 있으면 즉시 교환하고 비중, 점도 등을 확인하는 것이 좋다.

5-6 플러싱(flushing)

(1) 플러싱의 개요

플러싱은 유압 회로 내의 이물질을 제거하거나 작동유 교환 시 오래된 오일과 슬러지를 용해하여 오염물의 전량을 회로 밖으로 배출시켜서 회로를 깨끗하게 하는 것이다.

플러싱유는 작동유와 거의 같은 점도의 오일을 사용하는 것이 바람직하나 슬러지 용해의 경우에는 조금 낮은 점도의 플러싱유를 사용하여 유온을 60~80℃로 높여서 용해력을 증대시키고 점도 변화에 의한 유속 증가를 이용하여 이물질의 제거를 용이하게 한다. 열팽창과 수축에 의하여 불순물을 제거시킬 수도 있으나 특히, 적당한 방청 특성을 가진 플러싱유를 사용해야 한다.

(2) 플러싱 방법

플러싱은 주로 주회로 배관을 중점적으로 한다. 유압 실린더는 입구와 출구를 직접 연결하고 유압 실린더 내부는 플러싱 회로에서 분리한다. 전환 밸브 등도 고정하며 회로가 복잡한 경우나 대형인 경우에는 회로를 구분하여 플러싱한다.

오일 탱크는 플러싱 전용 히터를 사용하여 오일을 가열하고 회로 출구의 끝에 필터를 설치하여 플러싱유를 순환시켜서 배관내의 오염물질을 제거한다.

일반적으로 플러싱 시간은 수시간 내지 20시간 정도이나 가설필터에 이물질이 없어도 다시 1시간 정도 더 플러싱 해준다.

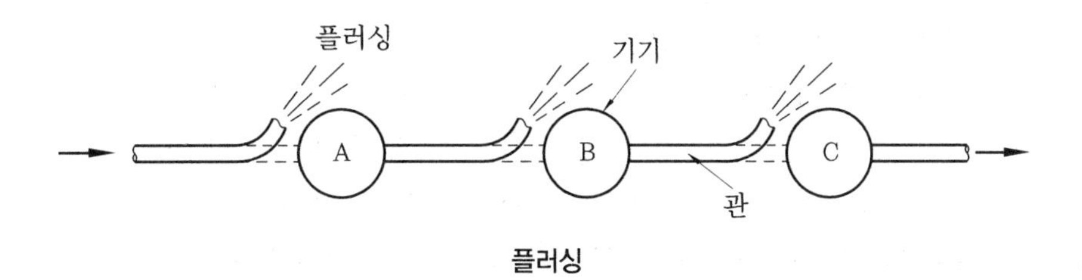

플러싱

제3장 공압 기기

1. 공압 계통의 기본 구성

다음 페이지의 그림과 같은 공압 장치의 기본 구성에서 보는 바와 같이 공기를 압축해서 대기압보다 높은 상태의 압축 공기를 만들어, 공압 실린더나 모터 등의 작동기(actuator)에 의하여 기계적인 힘으로 변화시켜 장치나 기기의 구동력으로 이용하기 위한 기술을 공압 기술이라 하며 여기에는 반드시 압축 공기의 압력 흐름 등을 알맞게 조절할 수 있는 기술이 있어야 한다.

1-1 공기의 압축

압축 공기는 압축기(compressor)에서 만들어지는데, 이때의 압력은 통상 게이지 압력 7~10 kgf/cm^2이 일반적이나 용도에 따라서 10 kgf/cm^2 이상의 고압이 사용되기도 하며, 이 경우에는 고압 가스 규정에 저촉되므로 주의해야 한다.

또 부압이나 진공압을 얻기 위해서는 진공 펌프가 사용된다.

1-2 압축 공기의 처리

압축기에서 발생한 압축 공기는 그대로의 상태에서는 다음과 같은 문제점이 있으므로 정상적인 공기압으로 사용할 수 없다.

① 온도 : 압축기로부터 토출된 직후의 압축 공기는 그 온도가 매우 높다.

② 수분 : 대기 중의 수증기가 응축되므로 많은 양의 수분이 포함된다.

③ 먼지 : 대기 중의 먼지가 농축되므로 많은 먼지가 포함된다.

④ 유분 : 고온에 의하여 변질된 압축기의 오일이 포함되어 있다.

⑤ 압력 : 압축기의 기동, 정지에 의하여 압력 변동이 생기며 실제 사용 압력보다 압력이 너무 높다.

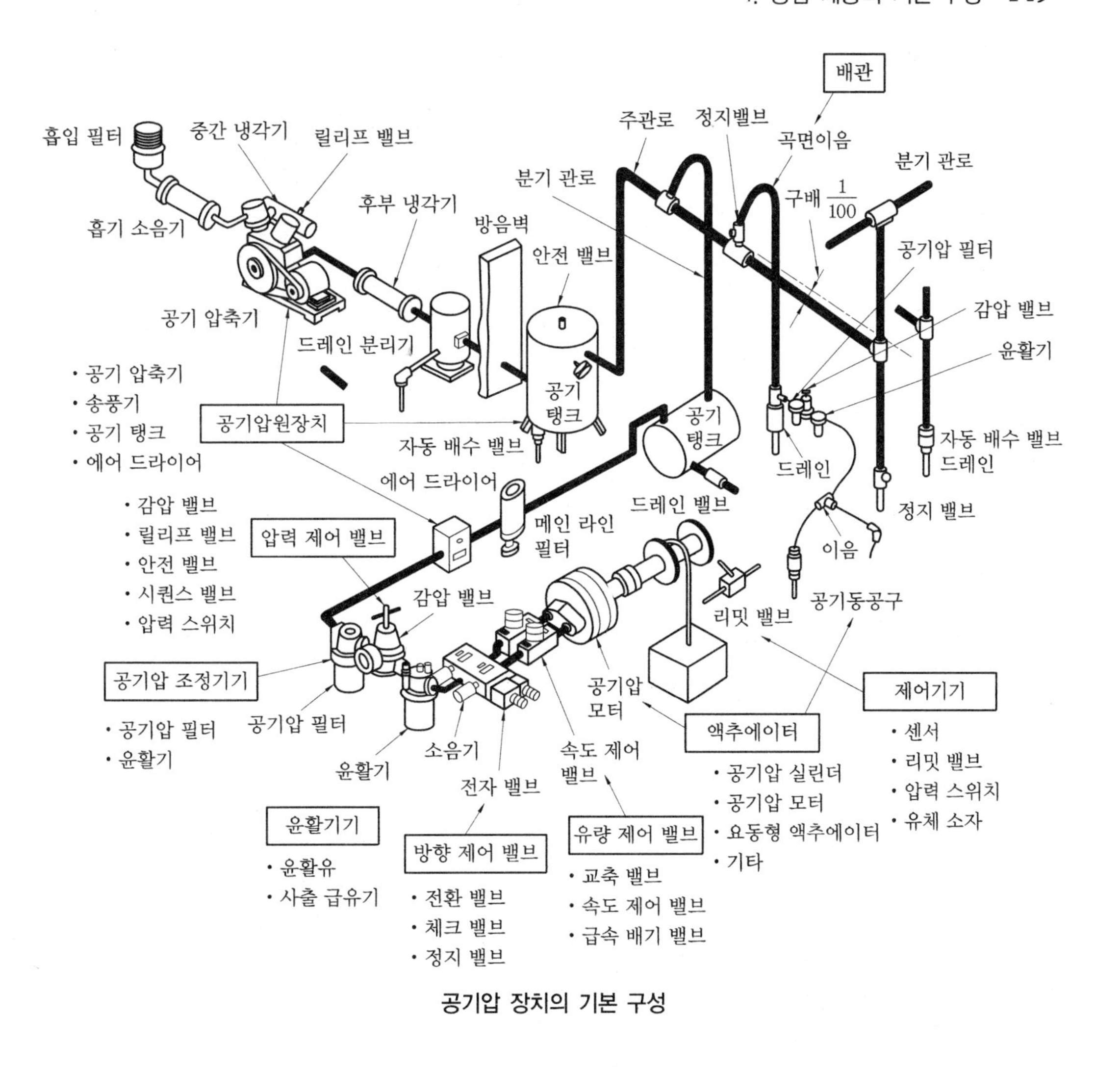

공기압 장치의 기본 구성

2. 공기원과 청정화 계통

2-1 공기 압축기(air compressor)

기계적 에너지를 공압 에너지로 변환하는 기계이며 통상적으로 토출 압력이 $1kgf/cm^2$ 이상인 것을 말하고 구조에 따라 왕복식, 나사식, 터보식 등이 있다.

(1) 압축기의 종류

① 왕복 피스톤 압축기(reciprocating piston compressor) : 오늘날 가장 일반적인 압축기이며 피스톤이 실린더 안을 왕복 운동하여 압축한다.

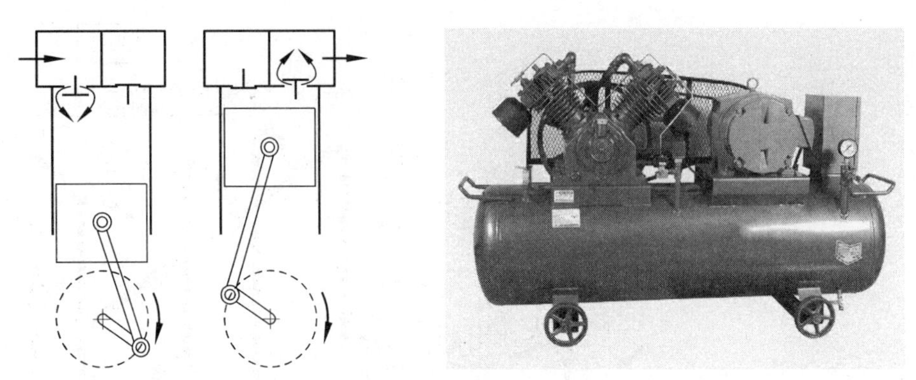

왕복 피스톤 압축기

사용 압력 범위는 1 kgf/cm^{2}에서 수십 kgf/cm^{2}까지이며 고압으로 압축하기 위해서는 다단식이 필요하다.

다단식 압축기는 실린더 안지름이 큰 첫 번째 압축실과 실린더 안지름이 작은 두 번째 압축실을 가진 구조로 되어 있으며, 첫 번째 압축실에서 1차 압축한 공기를 두 번째 압축실에서 다시 한 번 압축하여 높은 압력의 공기를 얻게 되는 것이다.

왕복 피스톤 압축기에는 피스톤 압축기와 격판(diaphragm) 압축기가 있다.

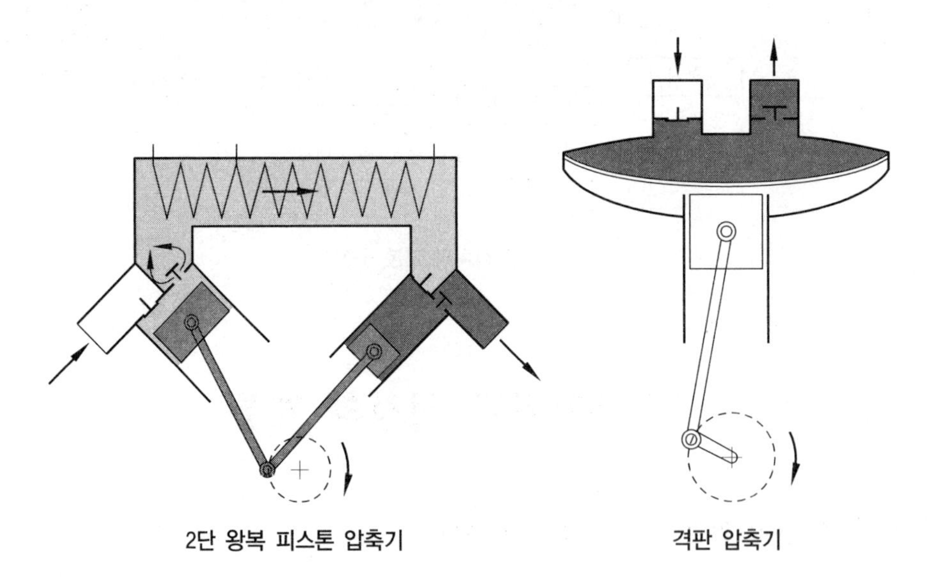

2단 왕복 피스톤 압축기 격판 압축기

② 회전 압축기(rotary compressor)

(가) 미끄럼 날개 회전 압축기(sliding vane rotary compressor) : 편심 로터가 실린더 형태의 하우징(housing) 내에서 회전하면서 흡입과 배출이 이루어지는 회전 압축기이다.

(나) 나사식 압축기(screw compressor) : 나사 모양으로 된 암수 두 개의 로터가 한 쌍으로 되어 있으며 이 로터가 서로 반대로 회전하여 축방향으로 들어온 공기를 서

로 맞물려 회전시켜 압축하는 형태의 압축기이다.

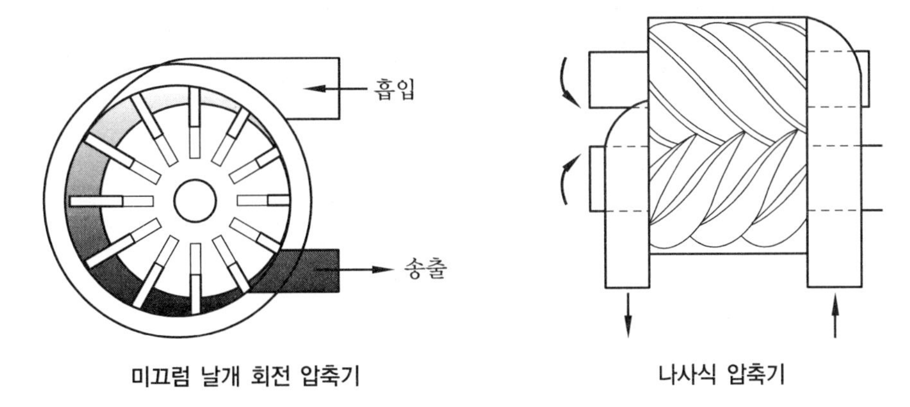

미끄럼 날개 회전 압축기　　　　나사식 압축기

(다) 루트 블로어 (roots blower) : 공기가 체적 변화 없이 한쪽에서 다른 쪽으로 옮겨지는 형태로서 압력 변화가 작은(송풍기와 비슷한 압력 범위) 압축기이다.

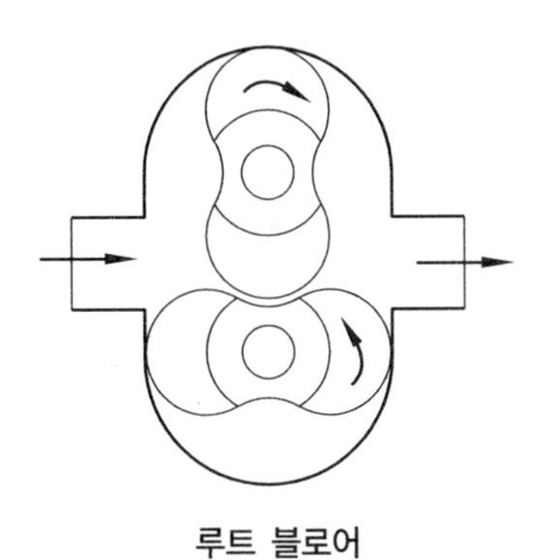

루트 블로어

③ 유동식 압축기(터보 압축기) : 이 압축기는 공기의 유동 원리를 이용한 것으로 대용량에 적합하며 터보를 고속으로 회전시키면 공기도 고속으로 되어 질량×유속이 압력 에너지로 바뀌면서 압축되는 형태의 압축기이다. 반경류 압축기와 축류 압축기가 있다.

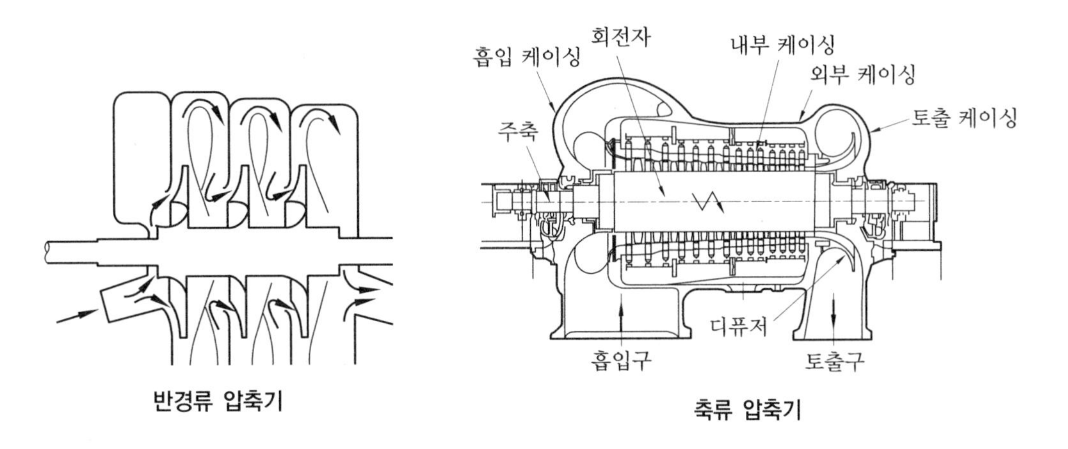

반경류 압축기　　　　축류 압축기

(2) 공기 압축기의 특성

구 분 \ 압축기의 종류	왕복식	나사식	터보식
비 용	작다	높다	높다
맥 동	크다	작다	작다
진 동	크다	작다	작은편임
소 음	크다	작다	크다
이물질의 종류	유분, 탄소 먼지, 수분	유분, 먼지 수분	먼지 수분
정기 수리(시간)(분해 검사)	3000~5000	12000~20000	8000~15000

(3) 공기 압축기의 선정 방법

공기 압축기의 선정 시에는 컴프레서 용량이 공압 기기 공기 소비량의 1.5~2배인 것이 좋다.

① 공급 체적 : 공급 체적은 압축기가 공급해 주는 공기의 양이며, 이를 나타내는 단위는 m^3/min이나 m^3/h이다.

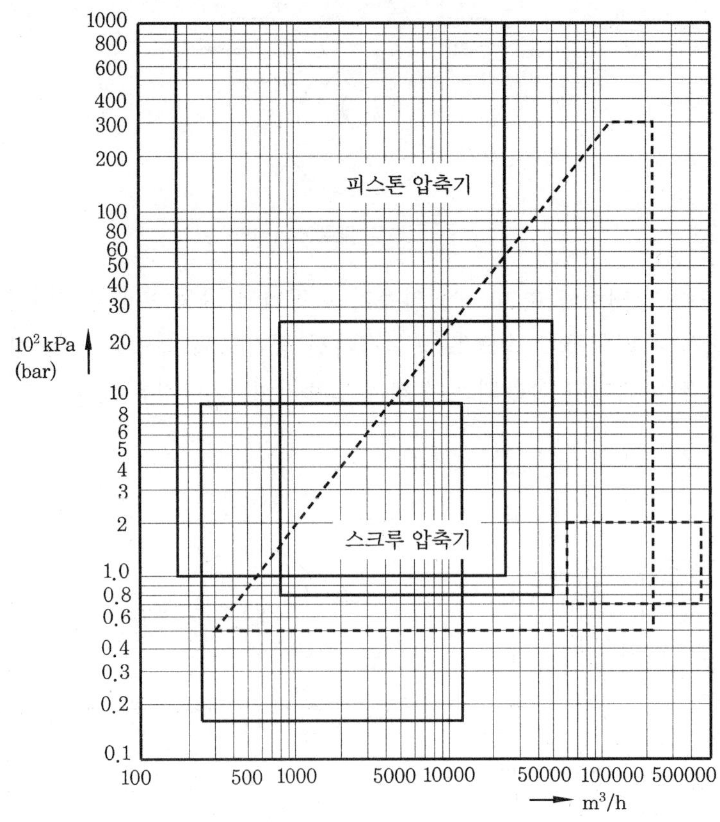

※ 이 도표는 각 형식 공기 흡입량과 압축 범위를 나타낸다.

공급 체적표

② 압력 : 압력에는 작업 압력과 작동 압력이 있으며, 작업 압력은 압축기의 출구 측 압력이나 탱크, 파이프 라인의 압력을 나타내고 작동 압력은 직접 공압 기기를 작동시킬 때 요구되는 압력으로 대부분 7 kgf/cm^2이 많이 사용되고 있다.

③ 구동 장치 : 작업 조건에 따라 전동기나 내연 기관이 사용되고 있으며, 공장 내에서는 일반적으로 전동기가 사용되고 도로 공사 등과 같이 이동식인 경우에는 가솔린이나 디젤 등을 사용하는 내연기관이 압축기의 구동 장치로 사용되고 있다.

④ 압축기의 용량 제어 : 압축기의 용량 제어 방법에는 무부하 제어, 저속 제어, 온-오프 제어의 3가지가 있으며, 공급 체적은 조절 가능한 최대 압력과 최저 압력 사이에서 조절된다.

(가) 무부하 제어

㉮ 배기 제어 : 가장 간단한 조정 방법으로 압력 안전 밸브로 압축기를 제어한다. 탱크 내의 압력이 설정된 압력이 되면 안전 밸브가 열려서 압축 공기를 대기 중으로 방출시키는 것이며 체크 밸브는 탱크의 압력이 규정값 이하로 되는 것을 방지한다.

㉯ 차단 제어 : 이 조절 방식은 흡입 쪽을 차단하여 공기를 빨아들이지 못하게 하는 것으로 대기압보다 낮은 압력(진공압)에서 계속 운전된다. 이 형태의 조절 방식은 회전 피스톤 압축기와 왕복식 피스톤 압축기에 많이 사용된다.

㉰ 그립-암(grip-arm) 제어 : 피스톤 압축기에 널리 사용되는 것으로 흡입 밸브를 열어서 압축 공기가 생산되지 않도록 하는 방법을 말한다.

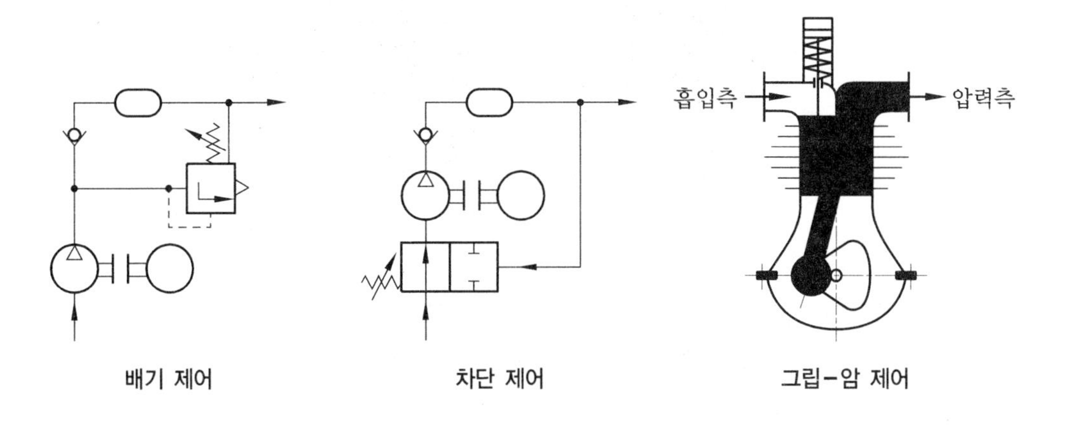

배기 제어 차단 제어 그립-암 제어

(나) 저속 제어

㉮ 속도 조절 : 엔진의 속도를 조절하여 압축량을 조절하는 방법으로 수동, 자동 모두 가능하며 작업 압력에 따라 조절된다.

㉯ 흡입량 조절 : 흡입 공기 입구를 줄임으로써 공기 압축량을 줄이는 방법으로 터보 압축기 등에 사용된다.

㈐ 온-오프 제어 : 탱크가 필수적으로 요구되며 압력 스위치의 작동에 의하여 최대 압력이 되면 모터가 정지하고 최소 압력이 되면 다시 작동하게 되는 것으로 스위치의 작동 횟수를 적게 하기 위하여 가급적 대용량의 탱크가 필요하게 된다.

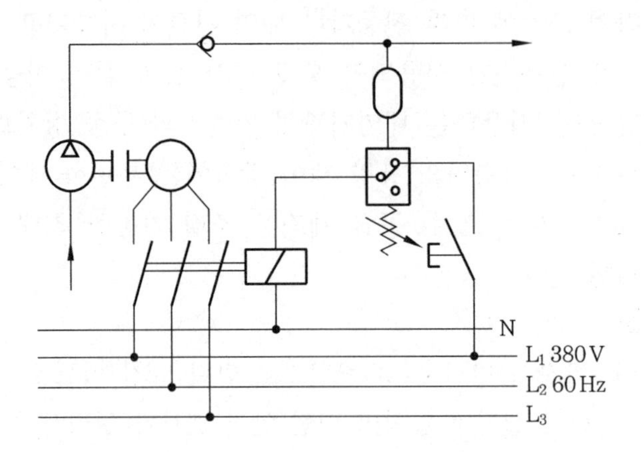

(4) 냉각 장치

공기를 압축하면 열이 발생되므로 발생된 열을 제거해 주어야 한다. 소형 용량의 압축기에서는 핀을 이용하여 냉각시킬 수 있으나 대형 압축기에서는 냉각 팬을 이용해야 하며 30 kW 이상의 압축기에서는 물을 이용한 수랭식으로 냉각해야 한다. 냉각이 좋아야 압축기의 수명도 연장되고 압축된 공기도 양질의 냉각된 것을 얻을 수 있다.

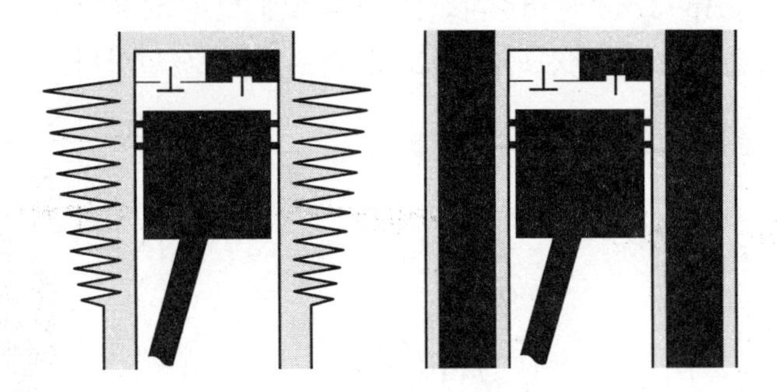

(5) 공기 압축기의 환경 관리

공기 압축기에서 만들어진 압축 공기 내에 오염 물질의 혼입을 막기 위하여 공기 압축기의 설치 장소, 흡입 조건, 유지 보수에 관하여 신경을 쓸 필요가 있다.

① 공기 압축기의 설치 조건

㈎ 극력 저온, 저습한 장소를 선택하여 드레인 발생을 최대한 억제한다.

㈏ 오존, 유해 가스 및 유해 물질이 적은 곳을 선정한다.

㈐ 지반이 견고한 장소를 선택해야 한다.

㈑ 압축기 가동 시 진동, 소음을 고려해야 한다.

㈒ 우수, 염풍, 직사광선이 비추지 않는 장소를 선택하고 흡기 필터를 부착한다.

② 압축기 주위의 처리

㈎ 압축기에서 발생하는 윤활유의 산화된 오일 제거용 필터를 부착하고, 애프터쿨러를 설치한다.

㈏ 공기 탱크를 설치하여 압력의 급변동을 피하고 최대한 온도의 안정을 유지한다.

㈐ 압축기에서 공장 내부로 들어가는 배관 라인에는 후부 냉각기와 드레인 분리기를 설치하여 내부 배관에 드레인을 최대한 제거한 상태로 공급될 수 있도록 한다.

③ 압축기의 유지 보수 : 공기 압축기의 성능을 유지시키기 위해서는 통풍을 좋게 하여 모터와 공기 압축기가 냉각이 잘 되도록 해야 하며, 정기 점검을 철저히 하여 윤활유가 검게 되지 않도록 해야 한다.

㈎ 흡입 상태 및 흡기 필터의 눈막힘 현상이 있는지 정기적으로 점검한다.

㈏ 윤활유 및 냉각수를 점검한다.

㈐ 저장 탱크 내의 드레인을 수시로 배출시켜 내부 배관으로의 드레인이 혼입되지 않도록 해야 한다.

2-2 압축 공기에 포함되는 이물질

압축 공기 중에는 먼지, 유분, 탄소, 수분 등의 이물질들이 포함되어 있으며, 이것들은 다음과 같은 영향을 준다.

(1) 먼지

공기를 7 kgf/cm^{2}까지 압축하면 먼지의 농도가 8배까지 농축되며 먼지는 밸브의 스풀이나 슬리브 사이의 막힘 또는 코일 소손의 원인이 된다.

(2) 유분 및 탄소

고온 공기에 의해 기름이 분무화되고, 이것은 다시 탄화 또는 증기화되며 탄화된 오일은 흑연 형태의 미세한 입자가 되어 나중에는 타르(tar)상의 탄소 물질로 된다. 또한 이것은 피스톤 및 밸브의 고착 · 마모 · 실 불량 및 고무계의 부풀어 오름 현상 발생으로 인하여 기기의 수명을 짧게 한다.

(3) 수분

공기를 7kgf/cm^{2}로 압축하면 체적은 $\frac{1}{8}$로 줄어들어 과포화 상태의 수분이 응축수가 되며, 이 수분에 의해 코일의 절연 불량, 녹 등이 생기게 되고 이로 인하여 밸브의 고착이나 고무 계통이 부풀어 오르는 현상 등이 생겨서 기기의 수명을 짧게 한다.

2-3 압축 공기의 청정화 계통

압축 공기의 청정화 계통에는 애프터 쿨러, 저장 탱크, 주라인필터, 자동 배출기, 공기 건조기, 공기 필터와 유(油) 분리기 등이 있다.

또한 공기 압축기, 애프터 쿨러, 저장 탱크를 주 라인(main line)이라 하고 주라인필터, 자동 배출기, 공기 건조기를 서브 라인(sub line)이라 하며 공기 필터 유(油) 분리기를 로컬 라인(localline)이라 한다.

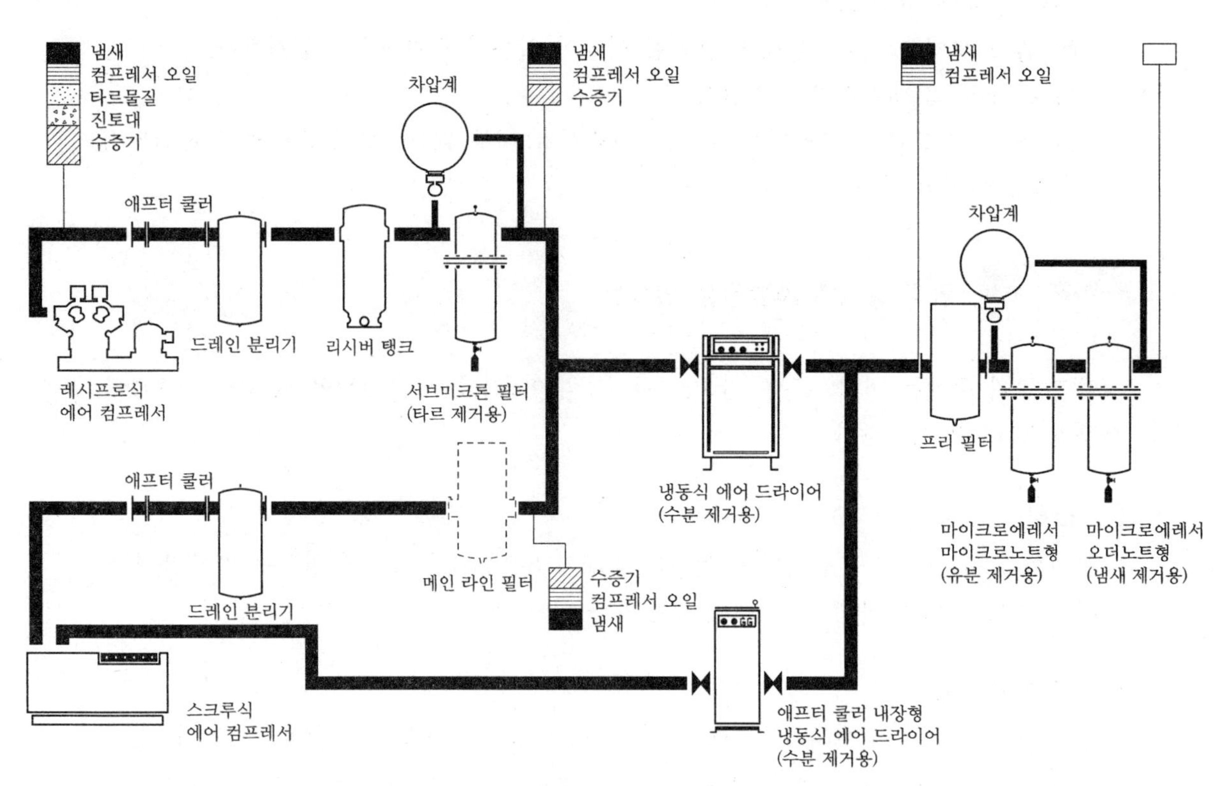

압축 공기의 청정화 계통

2-4 청정화 기기

(1) 애프터 쿨러(after cooler)

① 설치 목적 : 공기 압축기로부터 토출되는 고온의 압축 공기를 공기 건조기로 공급하기 전 건조기의 입구 온도 조건(약 35℃)에 알맞도록 1차 냉각시키고 수분을 제거하는 장치이다.

② 종류 : 수랭식과 공랭식이 있으며 수랭식은 고온 다습하고 먼지가 많은 악조건에서 안정된 성능을 얻을 수 있으므로 냉각 효율이 좋아 공기 소비량이 많을 때 사용되고 공랭식은 냉각수의 설비가 불필요하므로 단수나 동결의 염려가 없으며 보수도 쉽고 유지비도 적게 든다.

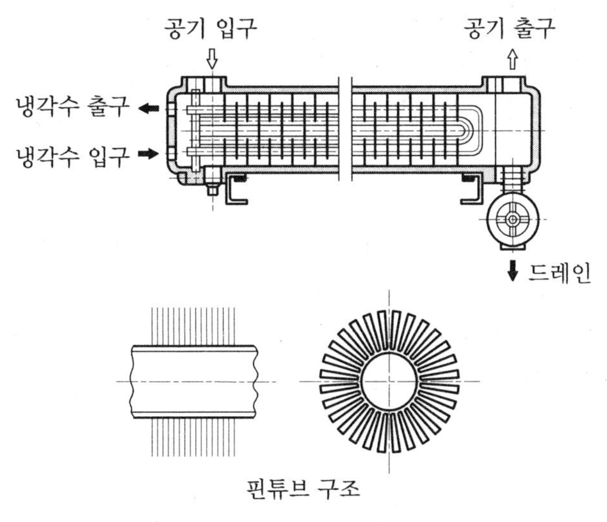

수랭식 애프터 쿨러

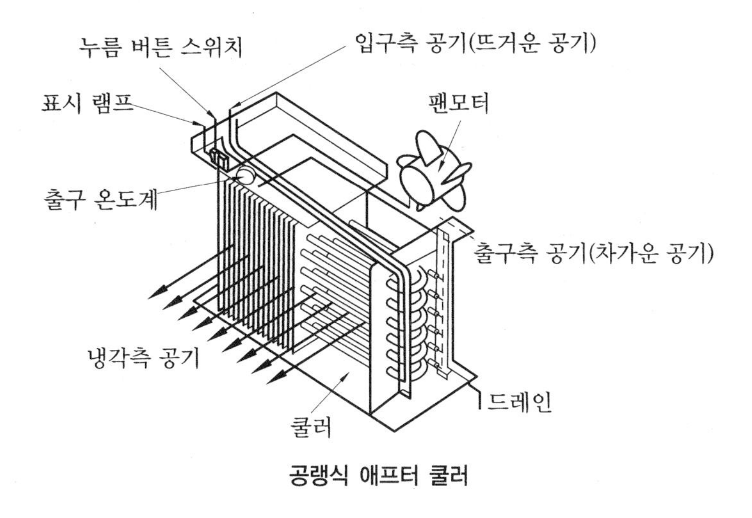

공랭식 애프터 쿨러

③ 사용 시 주의사항

㈎ 수랭식

㉮ 공기 압축기와 가까운 곳에 설치하여 보수 점검이 쉽도록 해야 한다.

㉯ 입구 관로에 100 μm 정도의 여과도를 가진 필터를 설치하여 관 속에 물때가 생기는 것을 방지함으로써 냉각 성능을 보장할 수 있다.

㉰ 단수 시 경보를 낼 수 있는 장치가 있어야 한다.

㉱ 청소 시에는 기계적인 방법이나 적당한 세정제를 사용해야 한다.

(나) 공랭식

㉮ 보수 점검이 쉬운 장소에 설치한다.

㉯ 통풍이 잘 되도록 벽이나 기계로부터 20 cm 이상의 간격을 두고 설치해야 한다.

㉰ 먼지가 많은 장소에서의 설치는 피하도록 하되 부득이 설치해야 될 경우에는 필히 방진용 필터를 설치해야 하며 정기적인 청소가 이루어져야 한다.

(다) 애프터 쿨러는 출구 온도가 40℃ 이하를 유지하도록 설계되어야 한다(공기 건조기 등의 성능 보장을 위한 것임).

(2) 저장 탱크

① 설치 목적 : 압축기 부근에 설치하여 압축 공기를 저장하기 위한 탱크로 일반적으로 압력은 7~10 kgf/cm^2 정도이며 압력 용기의 구조 규격에 의한 제3종 압력 용기에 속한다. 설치 목적은 방열 효과를 얻고 맥류를 방지하며 비상시(정전이나 공기 압축기 고장 등)에 대처하기 위한 것이다.

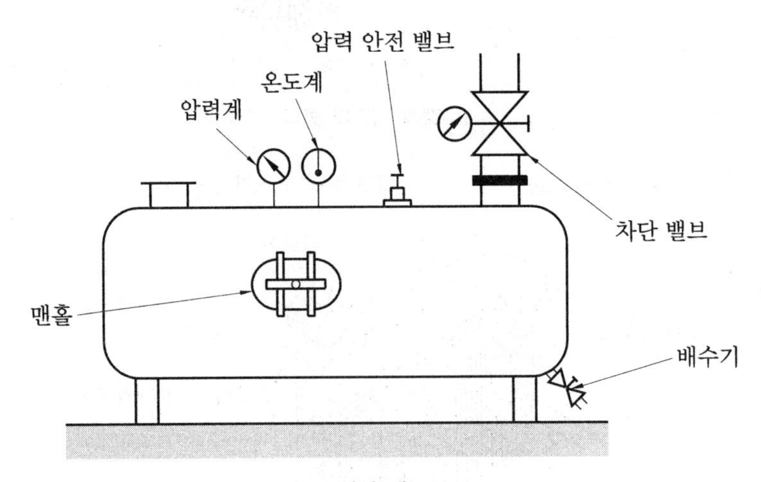

저장 탱크

② 탱크 선정의 예

용적(m^3)	지름(mm)	유효 높이(mm)	배관 크기	압축기 용량(Nm^3/min)
0.2	450	1320	25A	1.0~1.5(7.5~11 kW)
0.4	650	1300	40A	2.0~3.5(15~27 kW)
0.5	700	1400	40A	5.0(37 kW)
0.7	800	1510	50A	7.5(55 kW)
1.0	950	1550	50A	10(75 kW)
1.5	1000	2060	80A	15(110 kW)

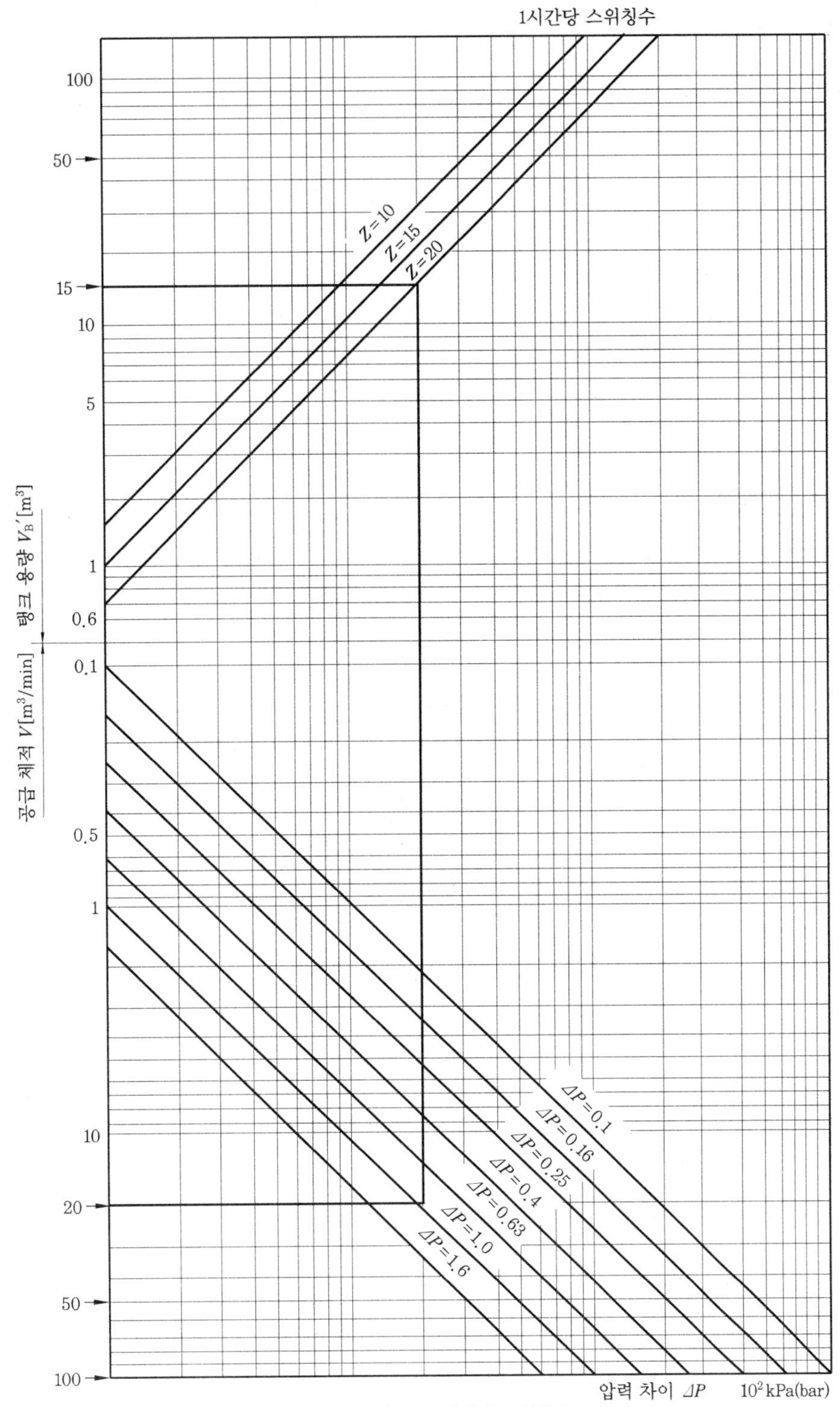

선정 요령의 예 : 공급 체적 $V=20\text{m}^3/\text{min}$, 시간당 스위칭수 20

압력 차이 $\Delta P=100\,\text{kPa}(1\text{bar})$, 탱크의 크기 $=15\,\text{m}^3$

저장 탱크의 선정 도표

③ 용적 산출

$$\text{긴급 안전 대책을 고려한 용적 } Vr_1 = \frac{Q_c T_e}{P_c - P_e}[\text{m}^3]$$

$$\text{맥동을 없애기 위한 용적 } Vr_1 = \frac{200\,V_s}{r}[\text{m}^3]$$

여기서, Q_c : 공압 기기의 공기 소비량(Nm^3/min)

T_e : 최소 필요 지속 시간(min)

P_c : 압축기의 통상 운전 시 하한 압력(kgf/cm^2)

P_e : 공압 계통의 최소 필요 압력(kgf/cm^2)

V_s : 맨 끝 피스톤 한쪽 행정 용적(m^3)

r : 말단의 압력비

(3) 주라인 필터

① 설치 목적 : 주배관에 설치하여 압축 공기 중의 불순물을 제거함으로써 뒷라인 쪽의 엘리먼트의 수명을 연장하고 기기의 고장을 방지하는 데 있다.

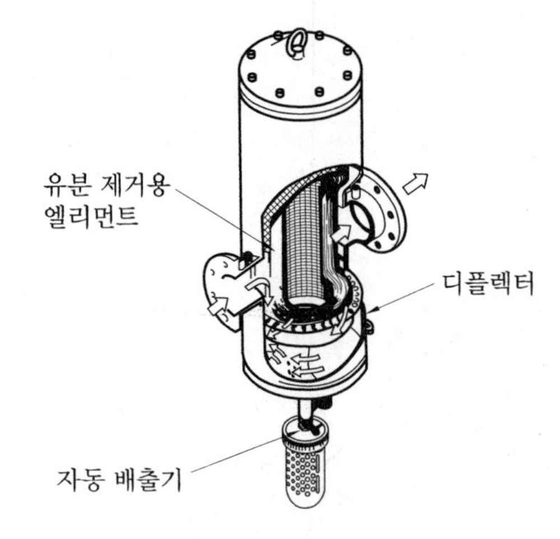

② 사용 시 주의사항

㈎ 1차측과 2차측에 압력계를 설치하여 차압이 허용한계압력(0.9 kgf/cm^2)에 도달하면 엘리먼트를 교환한다.

㈏ 설치 장소는 가능한 한 온도가 낮아야 한다.

(4) 공기 건조기

① 설치 목적 : 압축 공기 중에 들어 있는 수분(특히 필터 등에서 제거할 수 없는 미세한 수증기)을 제거하는 일을 하며 기기의 고장 방지에 이용된다.

② 종류

㈎ 냉동식 : 공기를 강제로 냉각시키고 수증기를 응축시켜 수분을 제거하는 방식의

공기 건조기이다.

(나) 흡착식 : 흡착제(실리카겔, 알루미나겔, 활성제올라이트)를 사용하여 공기 중의 수증기를 제거하는 공기 건조기이다.

(다) 흡수식 : 흡수액(염화리튬 수용액, 트리에틸렌글리콜)을 사용하여 수분을 흡수시키는 공기 건조기이다.

③ 냉동식 공기 건조기

(가) 구조 및 작동 원리

㉮ 열교환기부 : 공기 압축기로부터 들어온 고온 다습한 공기는 공기 예열실에서 제습된 찬 공기에 의하여 예열된 상태로 에어 쿨러로 들어가며, 이곳에서 냉매의 증발열에 의하여 필요 온도로 냉각된다. 이때 응축된 기름이나 수분은 자동 배출기에 의하여 자동적으로 외부에 배출된다. 냉각된 공기는 다시 공기 예랭실로 들어가 이곳에 들어오는 고온 다습한 공기와 열교환하고 건조되어 따뜻한 공기로 공급된다.

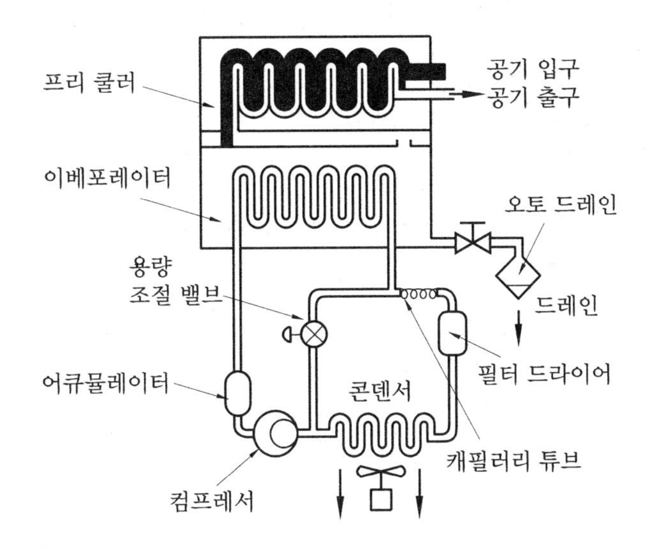

㉯ 냉동회로부 : 냉동기로부터 압축 토출된 고온 고압의 냉매 가스는 열교환기를 통과하여 콘덴서에 이르면 강제 냉각되어 고압의 액화 냉매로 바뀌며 모세관을 통과할 때 압력이 급격히 저하되어 공기 냉각기로 들어간다. 이곳에서 습하고 뜨거운 공기의 열을 빼앗아 급격하게 증발되어 가스화하며 다시 열교환기를 거쳐 냉동기에 흡입됨으로써 1사이클이 완료된다.

(나) 사용 시 주의사항

㉮ 공기 건조기의 콘덴서에 냉각용 공기 공급이 잘될 수 있는 실내에 설치해야 한다.

㉯ 공기 건조기에서 입구 온도가 40℃를 넘지 않도록 애프터 쿨러와 주라인필터 다음에 설치한다.

㉰ 공기 건조기에서 배출되는 공기는 다시 공기 건조기로 순환되지 않도록 주의해야 한다.
㉱ 진동의 전달을 방지하기 위하여 배관 연결 시 가요관을 사용하는 것이 좋다.
㉲ 파이프가 응력에 견딜 수 있도록 엘보를 충분히 사용한다.
㉳ 바이패스관을 설치하여 수리 시에도 압축 공기를 사용할 수 있도록 한다.

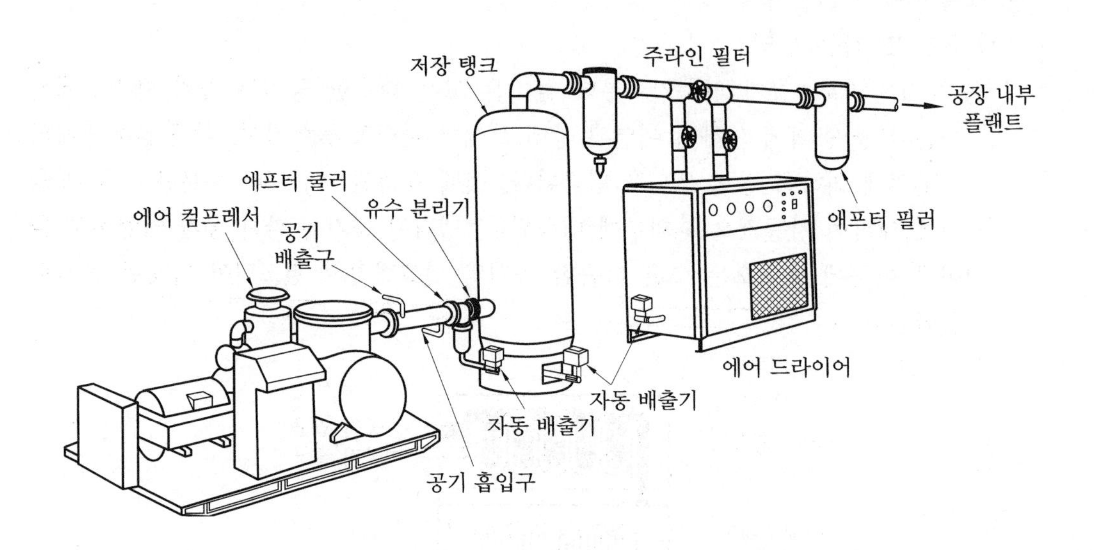

냉동식 공기 건조기의 고장 원인과 대책

고 장	원 인	대 책
1. 공기 건조기가 가동되지 않는다.	• 모터 접점이 빠졌다 • 퓨즈 단락 • 과부하로 인한 정지 • 전원 배선의 단락 • 트랜스의 결함 • 고압 스위치가 열림 • 낮은 냉각수의 압력(수랭식)	• 접점을 이어준다. • 퓨즈 교환 • 전원 스위치를 끄고 과부하의 원인을 점검한다. • 전기 회로를 점검한다. • 교환 • 원인을 점검하여 리셋한다. • 냉각수의 압력을 높인다.
2. 공기 건조기는 가동되나 냉매 압력 온도가 높다.	• 입구 공기 온도가 높다. • 주위 공기 온도가 높다. • 응축기 코일이 오염되었다. • 냉각수 조절 밸브의 결함 • 팬 컨트롤러의 결함 • 팬 모터의 결함 • 압축기 밸브의 결함 • 흡입 압력이 높다.	• 애프터 쿨러를 점검한다. • 환기를 시켜 서늘한 공기가 유입되도록 한다. • 압축 공기로 깨끗이 청소한다. • 수리 또는 교환한다. • 교환 • 교환 • 압축기를 수리 또는 교환한다. • 핫 가스 바이패스 밸브를 조정한다.

3. 공기 건조기는 가동되나 냉매 압력이 낮고 냉매온도는 높다.	• 냉매 계통에서 누설 • 흡입 압력이 낮다.	• 누설 부분을 수리한다. • 핫 가스 바이패스 밸브를 조정한다.
4. 공기 건조기는 가동되나 냉매 압력과 온도가 낮다.	• 핫 가스 바이패스 밸브의 결함 • 팬 컨트롤러의 결함 • 주위 온도가 너무 낮다. • 냉매 충천량이 모자란다.	• 교환 • 교환 • 따뜻한 주위 온도를 만들어 준다. • 누설 부분을 수리하고 보충한다.
5. 공기 건조기가 가동되지 않으며 냉매 압력이 낮고 냉매 온도가 높다.	• 저압 스위치가 열렸다. • 서비스 밸브가 닫혔다.	• 원인을 점검하고 수리한다. • 밸브를 열어준다.
6. 공기 건조기 밑에 물이 흐른다.	• 자동 배출기가 기능을 발휘하지 못한다. • 입구 공기 온도가 높다. • 입구 공기량이 많다. • 입구 공기 압력이 낮다. • 바이패스 밸브가 열렸다.	• 자동 배출기를 청소 · 수리한다. • 애프터 쿨러를 점검한다. • 적정량을 맞추거나 공기 건조기를 큰 용량으로 바꾼다. • 적정 압력을 맞추거나 공기 건조기를 큰 용량으로 바꾼다. • 닫아준다.
7. 공기 건조기에서 높은 차압이 발생한다.	• 입구 공기량이 많다. • 입구 공기 압력이 낮다. • 부분적인 빙결이 있다.	• 정정량을 맞추거나 공기 건조기를 큰 용량으로 바꾼다. • 적정 압력으로 맞추거나 공기 건조기를 큰 용량으로 바꾼다. • 공기 건조기를 얼음이 녹을 때까지 정지시킨다.
8. 빙결로 압축 공기가 공기 건조기를 통과하지 못한다.	• 주위 온도가 너무 낮다. • 공기 건조기 설치 장소가 너무 높다. • 핫 가스의 부적절한 조정 • 자동 팽창 밸브의 부적절한 조정 • 팬 컨트롤러의 결함	• 주위 온도를 높인다. • 핫 가스 바이패스 밸브를 조정하고, 자동 팽창 밸브를 설치한다. • 핫 가스 바이패스 밸브의 재조정 • 자동 팽창 밸브의 재조정 • 교환

④ 흡착식 공기 건조기(adsorption air dryer)

(가) 구조 및 작동 원리 : 습기에 대하여 강력한 친화력을 갖는 건조제를 가득 채운 두 개의 타워로 되어 있으며, 습기를 갖는 압축 공기는 3방 밸브를 통하여 타워 1로 들어간다. 이 공기가 타워 내의 건조제 위쪽을 향하여 이동하는 동안 습기와 그 외의 미립자가 제거되어 초건조 공기로 되어 출구에서 토출된다. 이 과정에서 타워 1에서 나온 소량의 건조 공기는 오리피스를 통하여 타워 2로 들어가 건조제를 재생(제습청정)시키면서 아래로 흘러 내려간다. 즉, 한쪽에서 건조 공기가 만들어지는 동안 다른 쪽에서는 건조제가 재생되는 것이다.

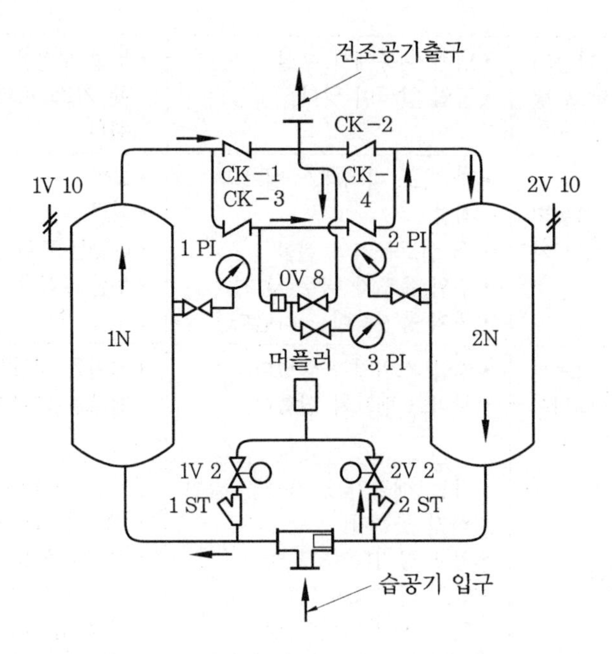

(나) 동작 순서 : 동작 순서는 그림과 같이 (A) 한쪽 통에서는 건조가 이루어지고 다른 쪽 통에서는 재생이 이루어지며 (B) 통을 바꾸기 위하여 같은 압으로 균압시키며 (C) 양쪽 통의 압력이 같을 때 절환시키고 (D) 다시 다른 쪽 통에서 건조가 이루어지고 먼저 건조가 되었던 통에서는 재생이 이루어진다.

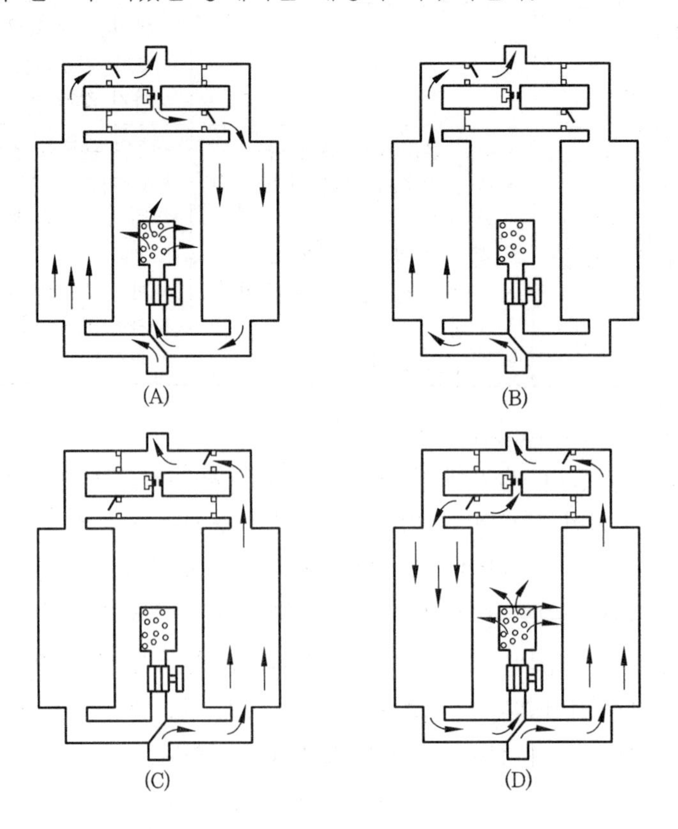

(다) 사용 시 주의사항

㉮ 에어 입구 (A)는 비방폭형 계기의 설치가 안정되고 심한 진동이 없는 장소에 설치한다.

㉯ 에어 출구 (B)는 온도가 급격히 변화하지 않으며 0~70℃의 범위를 넘지 않고 상대 습도가 90 % 이하인 장소에 설치한다.

㉰ 바이패스 밸브 (C)는 가능한 한 주배관에 설치한다.

㉱ 프리 필터 (D)의 흡착제는 1년에 1회 정도 교환하는 것이 좋다.

㉲ 공기 건조기 앞쪽에는 반드시 유분 제거 필터와 프리 필터를 설치해야 한다.

㉳ 프리 필터는 월 1회 정도 정기 점검을 하거나 차압계를 설치하여 압력차가 1 kgf/cm^2 이상이 되면 필터를 교환해야 한다.

(라) 시운전 시 주의사항

㉮ 공기 입구측 밸브를 서서히 열고 배관 라인의 누설과 압력계의 상승을 확인하도록 한다.

㉯ 전원 스위치를 넣는다(이때 한쪽 타워의 압력은 정상 운전 압력이 되고 다른 쪽 압력은 0이 된다).

㉰ 재생 라인 밸브를 조정하여 압력이 1.2~1.4 kgf/cm^2이 되도록 조정한다.

㉱ 머플러(muffler)에서 재생 공기가 배출되는지 확인한다.

재생식 공기 건조기의 고장 원인과 대책

고장 내용	원 인	대 책
1. 노점 상승	• 재생 공기가 부족하다. • 입구 압력이 낮다. • 입구 온도가 높다. • 건조제가 오염되었다. • 바이패스 밸브가 열렸다.	• 재생 공기 조절 밸브로 공기량을 늘린다. • 컴프레서의 압력 조절이 불량인지 프리 필터의 엘리먼트가 막혔는지 점검하여 교환한다. • 애프터 쿨러의 냉각수를 점검한다. • 프리 필터에서 수분과 유분을 충분히 제거하지 못하여 건조제가 오염되었으므로 건조제를 새것으로 교환한다. • 모든 바이패스 밸브를 확실하게 닫아준다.
2. 타워 교체가 안 된다.	• 전원이 끊겼다. • IC 회로의 이상 • 셔틀 밸브가 움직이지 않는다.	• ON/OFF 스위치나 퓨즈를 점검하여 교체한다. • PCB를 교환한다. • 이물이 끼었나 점검한다. • 솔레노이드 밸브를 점검한다.

3. 배기가 안 된다.	• 재생 공기가 들어가지 않는다. • 솔레노이드 밸브 고장 • 머플러가 막혔다.	• 재생 공기 조절 밸브(V8)를 점검한다. • 코일을 점검한다. • 머플러를 빼내어 청소한다.
4. 압력 손실이 많다.	• 스트레이너가 막혔다. • 배관이 파손되었다.	• 타워를 분해하여 스트레이너를 청소한다. • 파손된 부분을 보수한다.

⑤ 흡수식 공기 건조기(absorption air dryer) : 흡수식 공기 건조는 화학적인 방법으로 건조하는 것으로서 압축 공기가 건조제를 통과하면 이 과정에서 물이나 증기가 건조제에 닿을 때 화합물이 형성되고 건조제와 물의 혼합물로 용해되어 공기는 건조된다. 이 혼합 물질은 주기적으로 제거(연 2~4회)되어야만 하며 이는 수동이나 자동으로 할 수 있다. 이때 새로운 건조제를 다시 채워 넣어야 한다. 또한 물과 같이 증기 상태의 기름과 기름 입자들이 이 흡수 건조기에서 분리된다. 기름의 양이 많아지면 건조기의 효율이 떨어지므로 우수한 필터를 설치하는 것이 좋다.

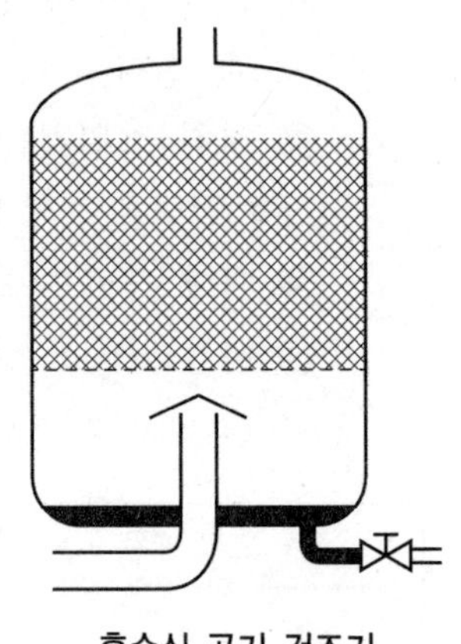
흡수식 공기 건조기

[흡수식 공기 건조기의 특징]

• 장비 설치가 간단하다.
• 건조기에 움직이는 부분이 없으므로 기계적 마모가 작다.
• 외부 에너지의 공급이 필요 없다.
• 취급이 간편하다.

3. 압축 공기 조정 기기

3-1 압축 공기 조정 유닛의 구성

압축 공기 조정 유닛은 ① 압축 공기 필터, ② 압축 공기 조절기, ③ 압축 공기 윤활기로 구성된다.

(1) 에어 서비스 유닛(air service unit)

압축 공기 필터, 압축 공기 조절기, 윤활기, 압력계가 한 조로 이루어진 것으로 기기 작동 시 단말에 설치하여 기기의 윤활과 이물질 제거, 압력 조절(감압)을 행할 수 있도록 만든 것이다.

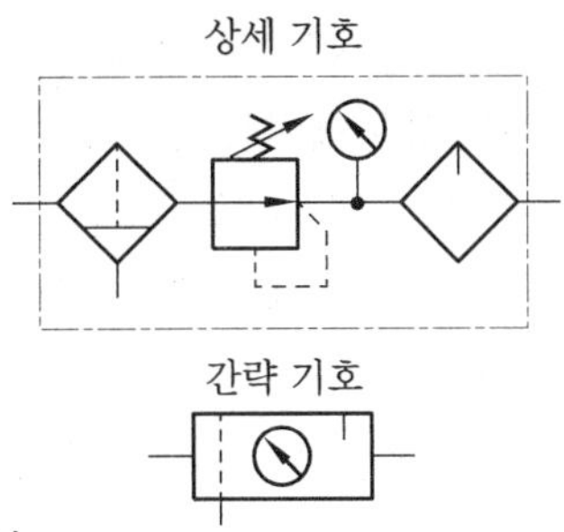

에어 서비스 유닛

[사용 시 주의사항]

- 필터통에 드레인이 충만되어 필터 엘리먼트까지 채워지게 될 경우 필터 효과가 떨어지게 되므로 드레인을 수시로 배출시킬 필요가 있다.(정기적인 점검이 필요하며, 자동 배수 장치 부착을 고려해야 한다.)
- 윤활기는 오일의 양을 점검하여 상한-하한 레벨을 지키도록 한다.
- 기구 세척 시에는 가정용 중성 세제를 사용한다.

① 압축 공기 조정 유닛의 공압 필터

㈎ 압축 공기 필터의 구조

㉮ 필터 엘리먼트 : 필터 엘리먼트는 메시(mesh)의 크기에 따라 분류된다.

- 5 μm 이하 : 특수용 필터로서 순유체소자, 그 밖의 초정밀용 필터
- 5~10 μm : 공기 마이크로미터, 그 밖의 정밀용 필터
- 10~40 μm : 공기 터빈, 공기 모터 등의 고속용 기기 필터
- 40~70 μm : 실린더, 로터리 액추에이터 등 일반용 필터

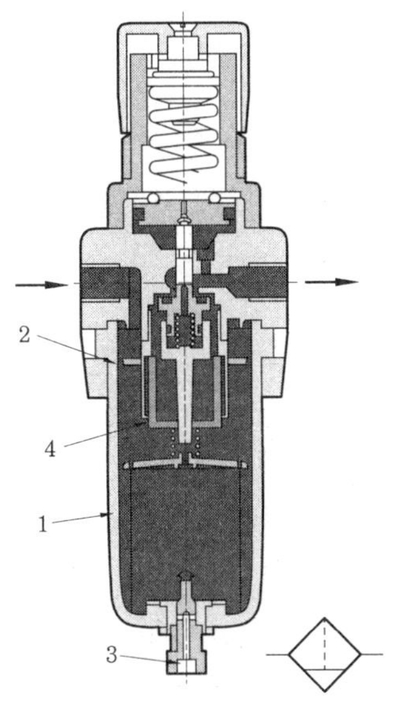

압력 조절기가 있는 필터

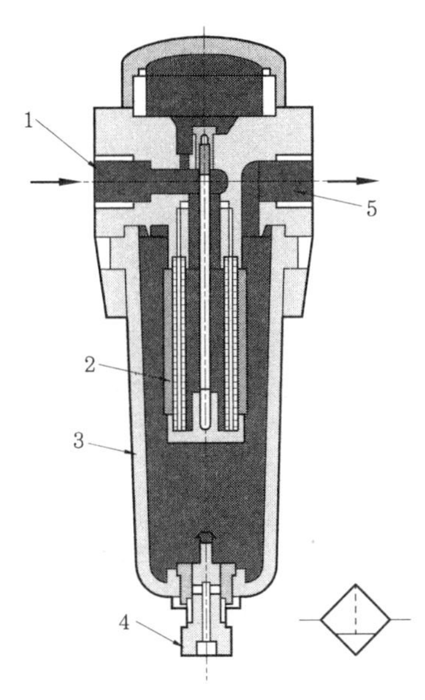

미세 필터

㉯ 필터통 : 투명한 수지(폴리카보네이트)로 되어 있지만 화학 약품에 약하기 때문에 특수 용도에서는 주의를 필요로 한다.

㉰ 미세 필터 : 보통 필터로서 제거할 수 없는 미량의 물이나 미세한 상태의 이물질을 제거할 필요가 있는 경우 식품 공업, 제약 회사, 정밀 화학 공장 등에서 많이 사용한다. 미세 필터의 오염 물질 정화율은 99.999%에 이른다.

(나) 드레인 배출 방법 : 필터통에 수분이 고이면 이 드레인을 수동 또는 자동으로 배출할 것인지 정해둘 필요가 있다.

㉮ 수동식 : 수동으로 밸브나 콕, 나사 등을 열어서 제거하는 방식으로 가장 널리 사용하고 있다.

㉯ 자동식

- 부구식(float type) : 드레인이 일정량 고이면 부구(float)가 위로 상승하면서 밸브가 자동적으로 열려 드레인을 배출하는 방식
- 차압식(pilot type) : 파일럿 신호에 의해 밸브를 열리게 하여 드레인 양에 관계없이 압력 변화를 이용하여 배출하는 방식
- 전동구동식(motor drive type) : 소형 전동기를 사용하여 일정 시간마다 밸브를 기계적으로 개폐시키는 방법으로 드레인을 배출하는 방식

② 윤활기(lubricator) : 공압 실린더, 제어 밸브 등의 공압 회로 시스템 내의 공압 기기 습동부 작동을 원활하게 할 목적으로 사용되는 기기로서 벤투리를 구성한 통로가 있고 확대부와 줄임부의 압력 차이로 인해 기름통 속에 있는 기름이 연속적으로 빨아 올려진 상태에서 압축 공기에 의해 안개와 같이 되어 관로 속으로 흘러 들어가게 된다.

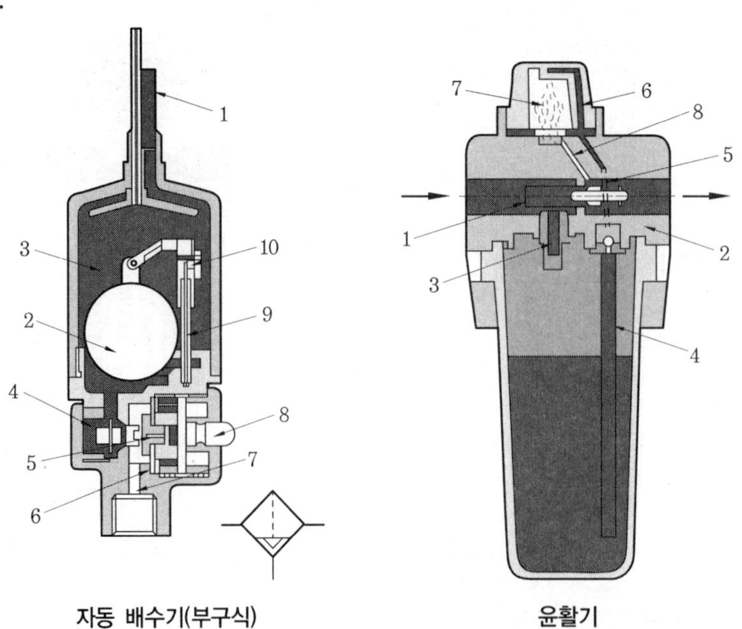

자동 배수기(부구식) 윤활기

③ 압축 공기 조절기(reducing valves) : 감압 밸브를 사용하여 기계로 공급되는 공기의 압력을 감압시켜 적정 압력으로 유지시키는 밸브로 압력계를 포함한다.

3-2 압축 공기 필터

공기압 발생 장치에서 보내져 오는 공기 중의 수분, 먼지 등을 공압 회로에 보내지지 않도록 하기 위하여 입구부에 공기 필터를 설치한다.

(1) 공압 필터의 종류

① 타르 제거용 필터

㈎ 설치 목적

압축 공기 중에 들어 있는 0.3 μm 이상의 타르나 카본 등의 고형 물질을 효과적으로 제거해 주는 에어 필터로 타르나 카본이 많은 공압 회로에 설치하면 비싼 가격의 공기 압축기를 보호하고 수명을 연장한다.

㈏ 사용상 주의점

㉮ 필터의 수명은 압력 강하가 0.7 kgf/cm^{2}에 이르렀을 때이며, 이때는 필터를 모두 새것으로 교환한다.

㉯ 필터의 압력 강하를 측정하기 위하여 차압계를 설치하는 것이 좋다.

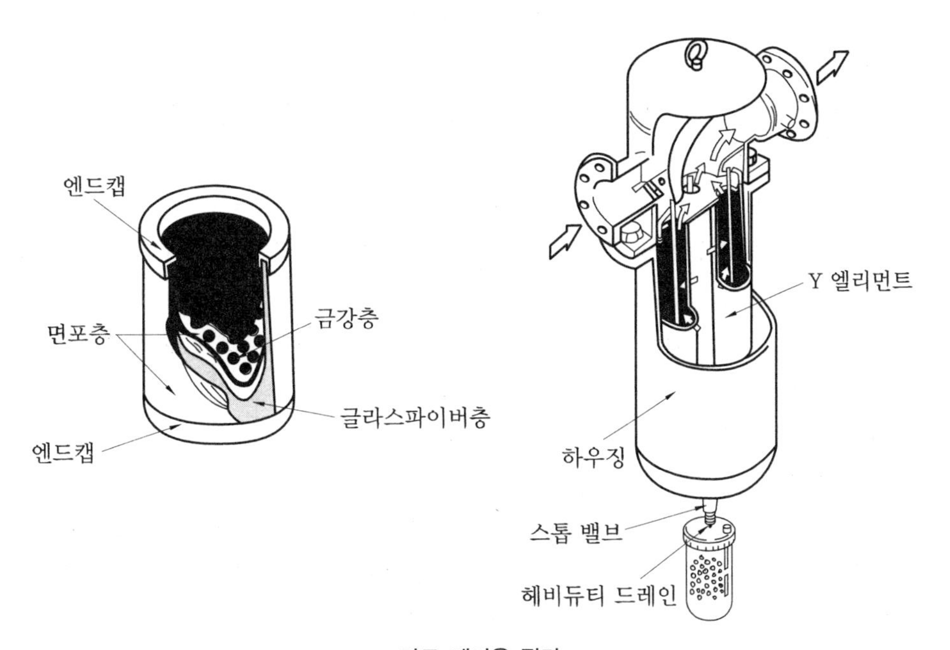

타르 제거용 필터

② 유분 제거용 필터

(가) 설치 목적

압축 공기 중에 들어 있는 기름 입자를 0.1 ppm 이하까지 제거하는 것으로 계장이나 계측, 고급 도장 등 기름이 있어서는 안 되는 공압 회로 시스템 라인에 사용되는 필터이다.

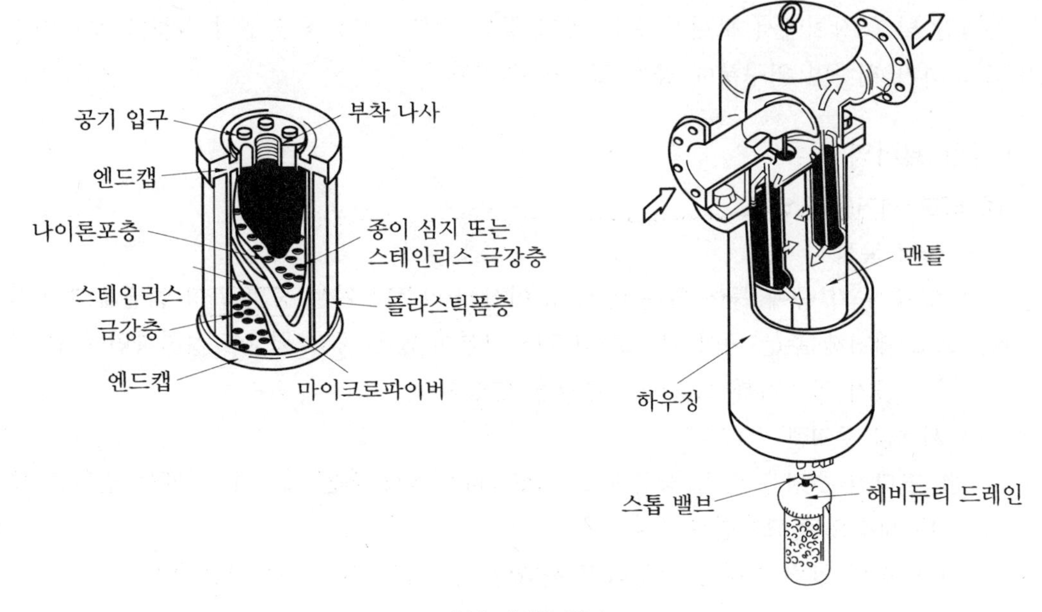

유분 제거용 필터

(나) 사용상의 주의점

㉮ 유분 제거용 필터 앞에는 반드시 타르 제거용 필터나 5 μm의 프리 필터를 사용하는 것이 바람직하다.

㉯ 압력 강하가 0.7 kgf/cm²가 되면 엘리먼트를 교환한다.

㉰ 배관 시 절삭유나 방청유를 반드시 제거하여 필터의 성능 단축 및 공기압 압축기에 영향이 없도록 한다.

㉱ 입구 온도가 30℃ 이상이 되면 유분 제거율이 낮아지므로 온도를 30℃ 이하로 해야 한다.

③ 냄새 제거용 필터

(가) 설치 목적

압축 공기 중에 포함되어 있는 냄새를 제거하는 필터로 냄새는 가스분자 크기의 입자이기 때문에 물리적인 흡착이나 화학 물질의 흡착에 의하여 제거할 수 있으며, 보통 공기를 활성탄에 통과시켜 냄새를 제거한다.

(나) 사용상 주의점

㉮ 냄새 제거용 필터 앞에는 반드시 유분 제거용 필터를 설치한다.

㈏ 메탄이나 일산화탄소 그리고 이산화탄소 제거에 사용해서는 안 된다.

㈐ 압력 강하가 0.7 kgf/cm^2가 되면 엘리먼트를 교환한다.

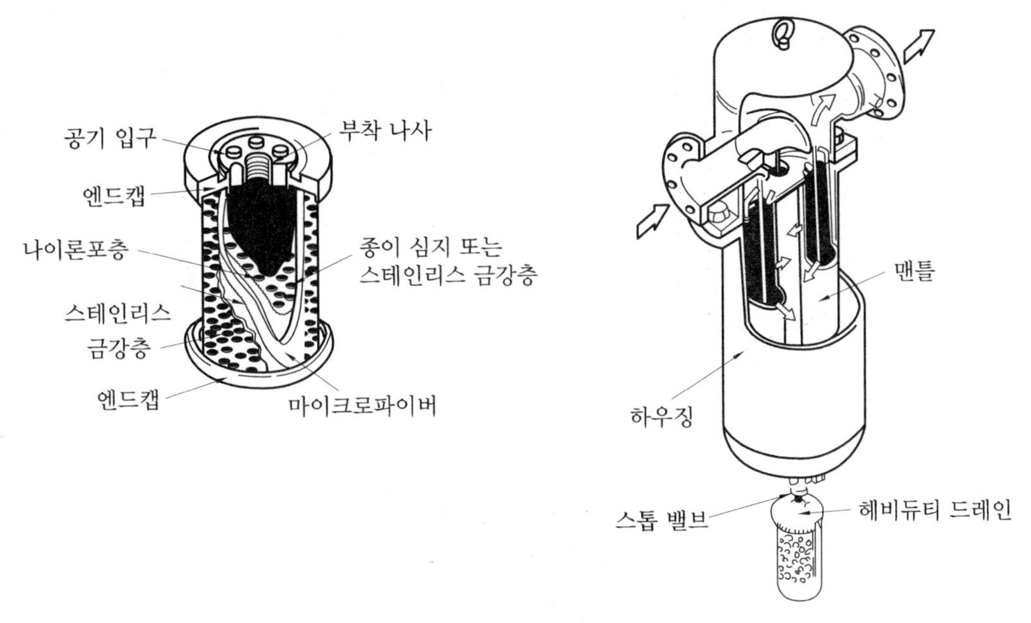

냄새 제거용 필터

3-3 압축 공기 윤활기

(1) 전량식 급윤활기

고정식과 가변식이 있으며, 가변식에는 댐퍼식과 체크식이 있다.

① 구조와 작동 원리

㈎ 압력 밸브 : 압축 공기에 공급되는 압력을 조정한다.

㈏ 유량 조절 니들 : 압축 공기에 공급되는 유량을 조정한다.

㈐ 플로가이드 : 압축 공기와 유량의 비율을 일정하게 조정한다.

㈑ 체크 밸브 : 기름의 역류를 방지한다.

㈒ 클램프 링 : 볼의 탈착을 쉽게 한다.

㈓ 볼 커버 : 볼을 보호한다.

② 사용 시의 주의사항

㈎ 일반적으로 볼의 재질이 PVC 계통이므로 화학 약품을 사용하거나 페인팅을 하는 곳에서 사용하지 않도록 하고 볼 세척은 가정용 중성 세제로 한다.

㈏ 볼 안의 오일 레벨은 항상 상한과 하한 사이로 유지시킨다.

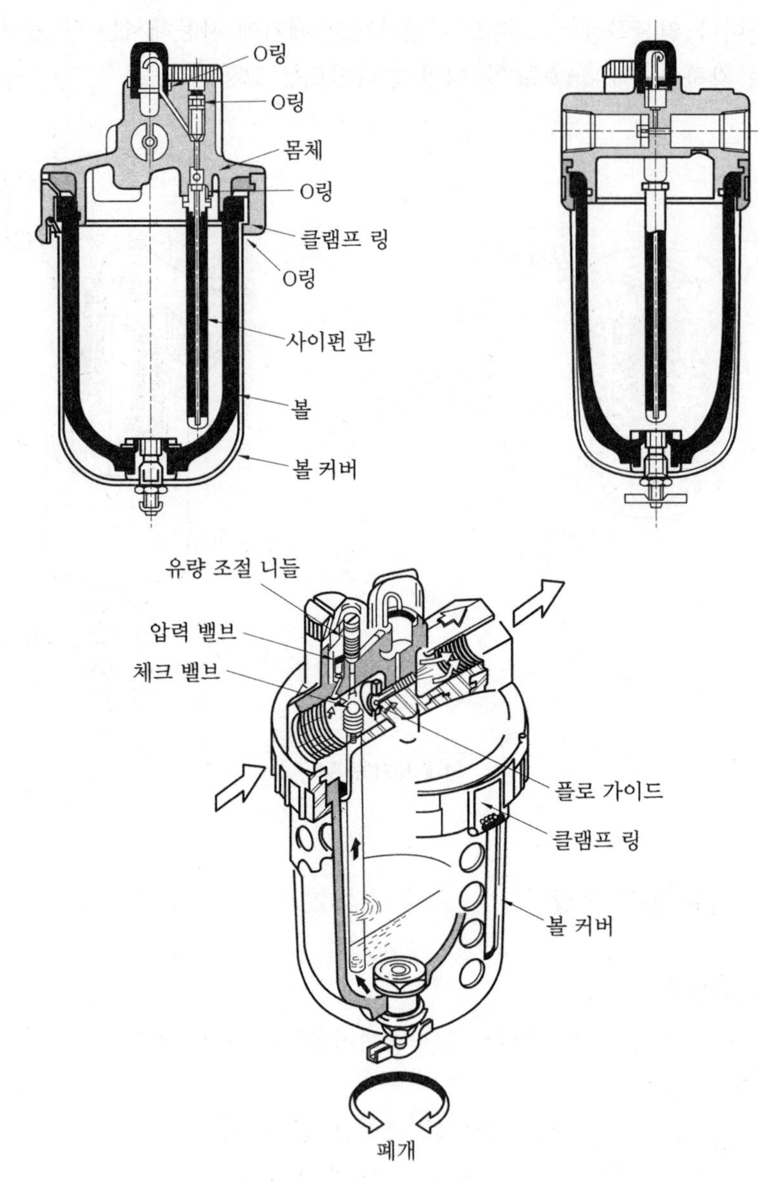

전량식 급윤활기

(2) 선택식 윤활기

① 구조와 작동 원리

(가) 유량 조절 니들 : 압축 공기에 공급하는 유량을 조정한다.

(나) 체크 밸브 : 기름의 역류를 방지한다.

(다) 플로 가이드 : 압축 공기와 기름의 비율을 일정하게 조정한다.

(라) 유분 발생기 : 압축 공기를 이용하여 기름을 확산시킨다.

(마) 적하장 : 기름을 볼 안으로 되돌려 보낸다.

(바) 클램프 링 : 볼을 손쉽게 탈착시킨다.

(사) 볼 커버 : 볼을 보호한다.

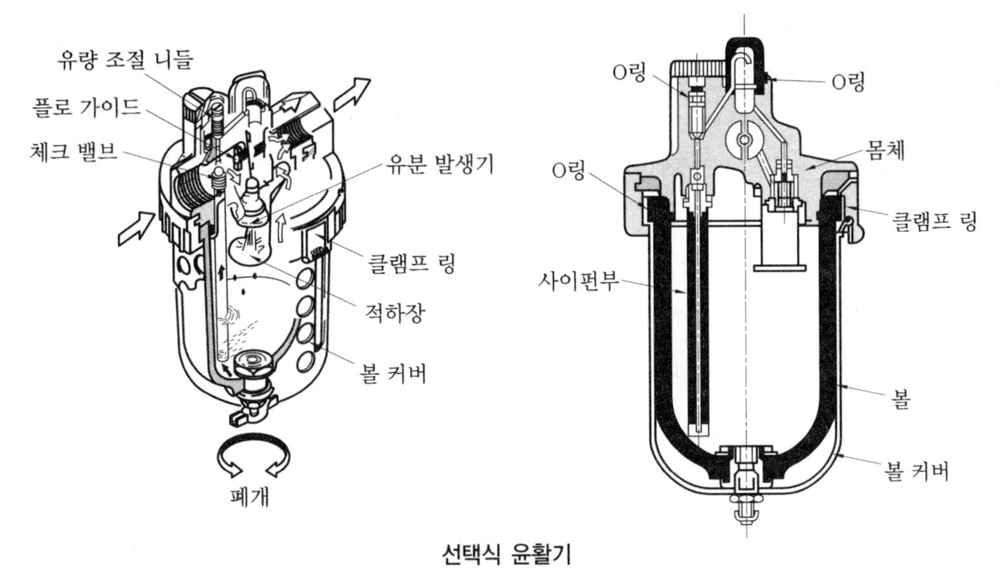

선택식 윤활기

② 사용 시 주의사항

(가) 볼에 기름을 넣을 때에는 1차 압력을 중단하고 볼 안이 가압되지 않은 것을 확인한 다음 주유한다.

(나) 볼은 알맞은 환경에서 사용해야 하며 세척은 가정용 중성 세제로 해야 한다.

(다) 볼 안의 기름 양은 상한 ~ 하한 레벨을 유지시킨다.

(3) 오일 회수기

오일 회수기는 공압 회로 중에서 밖으로 배출되는 윤활유를 회수하여 재생시키는 장치로 자원과 인력을 절약할 수 있고 조정이 쉬우며 청결 등의 효과도 얻을 수 있다.

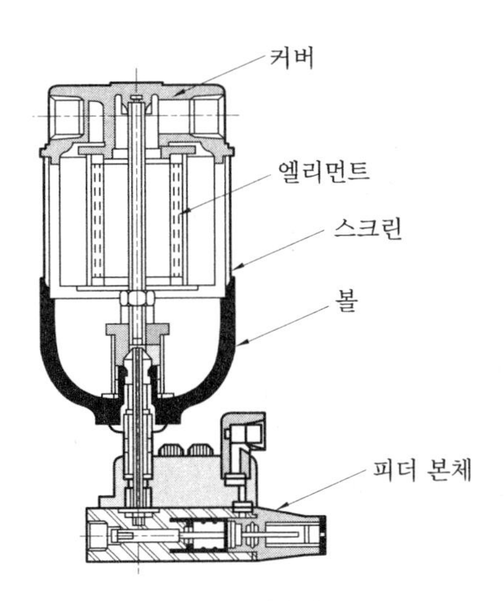

오일 회수기

[사용 방법]

① 윤활기에서 다시 오일을 회수한다.

㈎ 전환 밸브의 배기구와 오일 회수기의 입구를 연결한다.

㈏ 전환 밸브의 출구와 오일 회수기의 입력 신호구를 연결한다.

㈐ 윤활기 급유구나 드레인 포트와 오일 회수기의 오일 토출구를 연결한다.

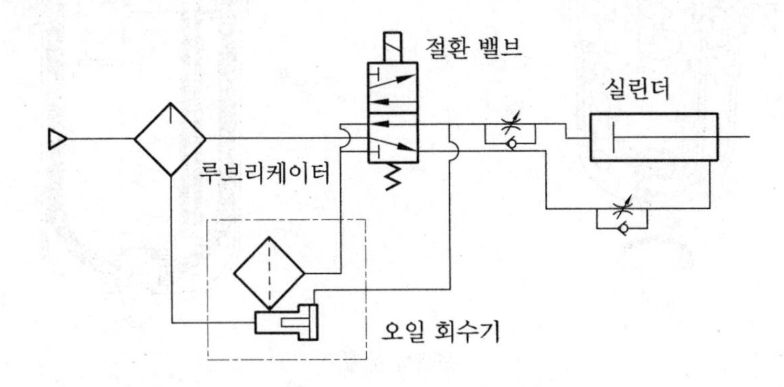

② 오일 회수기를 윤활기로 사용한다.

㈎ 전환 밸브의 배기구와 오일 회수기의 입구를 연결한다.

㈏ 전환 밸브의 출구와 오일 회수기의 입력 신호구를 연결한다.

㈐ 오일 회수기의 볼 안에는 맨 처음 기기의 윤활에 필요한 적절한 양의 기름을 넣어야 한다.

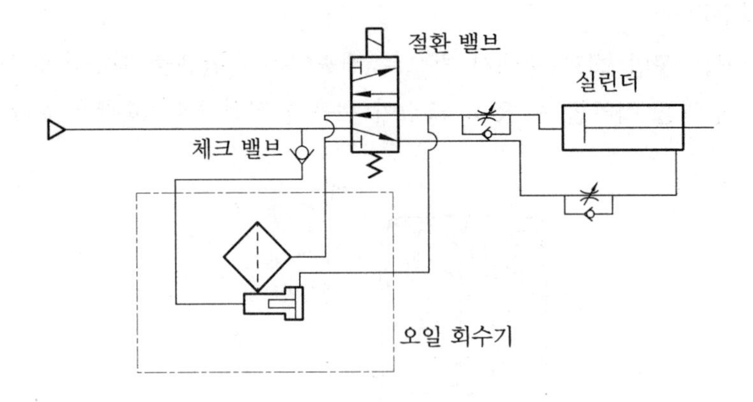

(4) 사출 윤활기 (lubricator)

파일럿 신호에 의하여 간헐적인 급유가 가능한 것으로 한꺼번에 여러 기기에 급유를 할 수 있는 장치이며, 가동 초기에는 기름 안의 공기를 빼기 위하여 피스톤을 손으로 작동시키면서 기름이 잘 돌 때까지 반복한다.

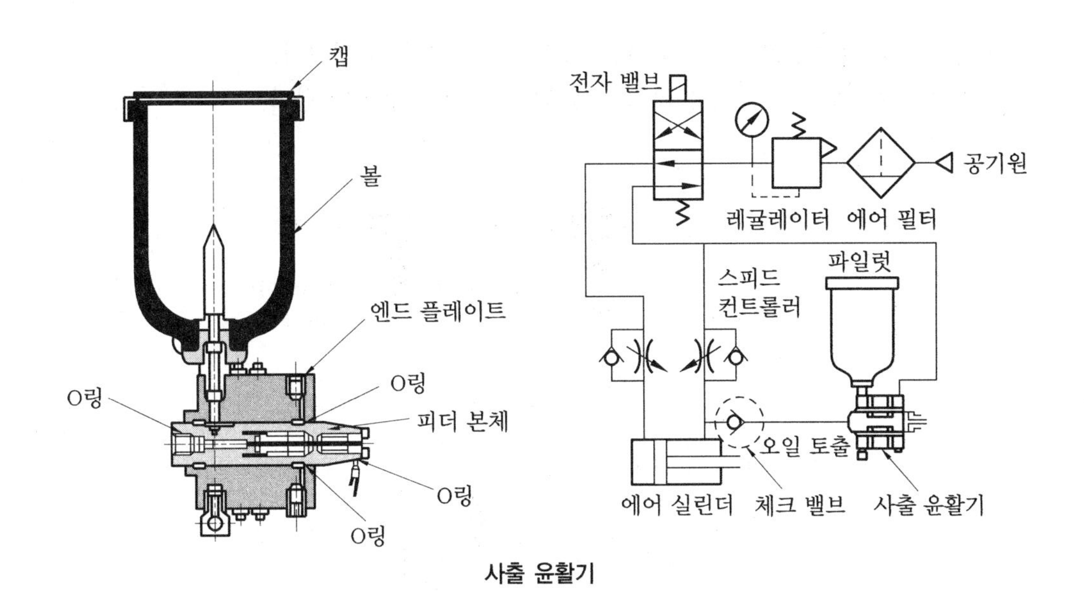

사출 윤활기

(5) 자동 급유기

윤활기에 오일의 급유를 자동으로 해 주는 장치이며 오일 탱크를 설치하면 몇 군데라도 자동 급유가 가능하여 인력의 절감 효과를 얻을 수 있다.

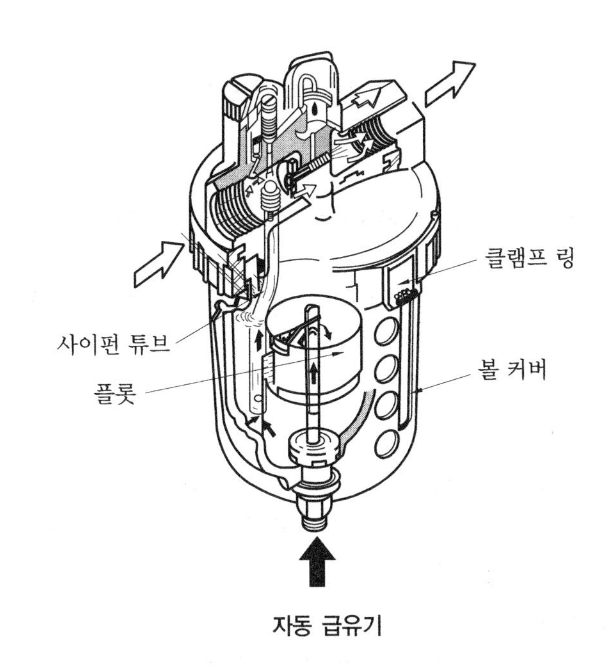

자동 급유기

[표준 배관]

① 오일 라인은 모두 강관으로 배관한다.

② 오일 라인은 될 수 있으면 자동 급유기에 가깝도록 배관한다.

③ 자동 급유기와 오일 라인 배관을 플렉시블 호스로 연결한다.

④ 오일 라인 끝에는 반드시 공기 배출용 스톱 밸브를 설치한다.

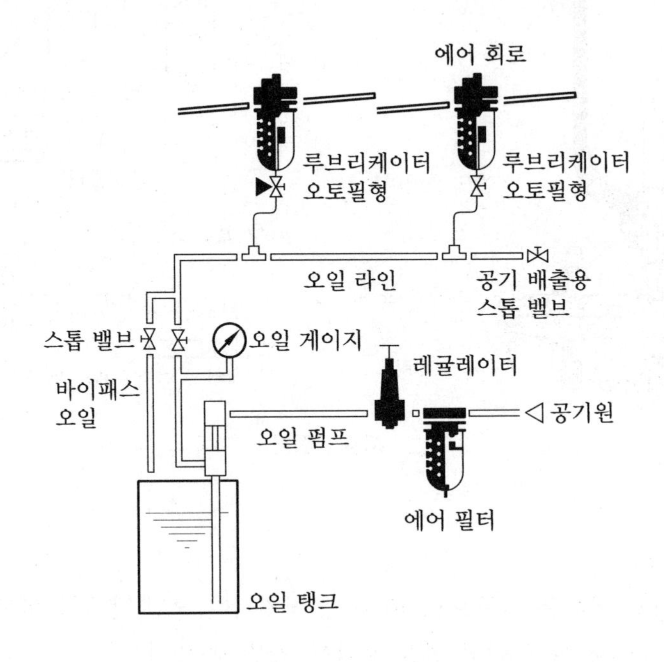

4. 제어 밸브

4-1 압력 제어 밸브(pressure control valve)

공기의 압력을 제어하는 밸브로 파일럿 압력에 의한 방법과 출구쪽 압력에 의하여 제어하는 것으로 나뉜다.

(1) 감압 밸브(regulator)

① 분류 : 감압 밸브를 분류하면 크게 직동형과 파일럿형으로 나뉜다.

㈎ 직동형 : 릴리프형, 논 릴리프형, 블리드형

㈏ 파일럿형 : 정밀형, 대용량형

② 구조 및 작동 원리

㈎ 직동형 감압 밸브 : 직동형 감압 밸브는 핸들을 돌려 스프링을 압축하면 이 힘이 스템(stem)으로 전달되어 밸브 몸체를 내려 눌러 1차측 압력은 2차측으로 흐르게 된다. 이 압력이 다이어프램(diaphagm) 아래쪽에 작용하면 위쪽으로 미는 힘을 발생시켜 조절 스프링의 힘과 대항한다. 2차측 압력이 설정압보다 낮으면 조절 스프

링의 힘이 압축 공기의 힘을 이기고 공기가 계속 흐르게 되며 압력차가 없어져 평형 상태에 이르면 다이어프램은 위로 올라가 밸브가 닫힌다.

릴리프형은 2차측 압력이 설정값 이상이 되면 릴리프 포트를 통하여 대기로 방출시켜 설정 압력을 유지하는 구조이다.

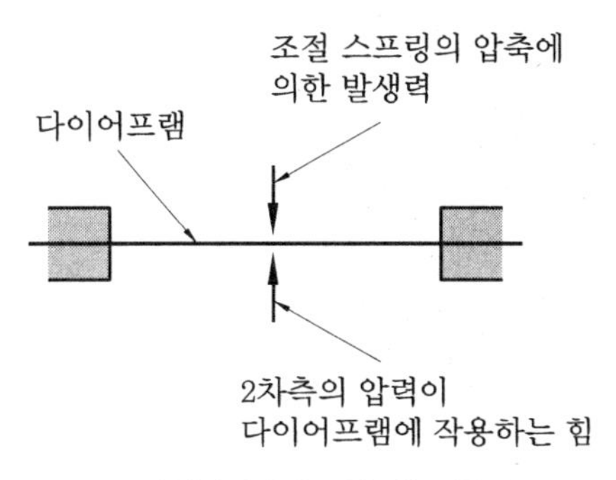

다이어프램에 작용하는 힘

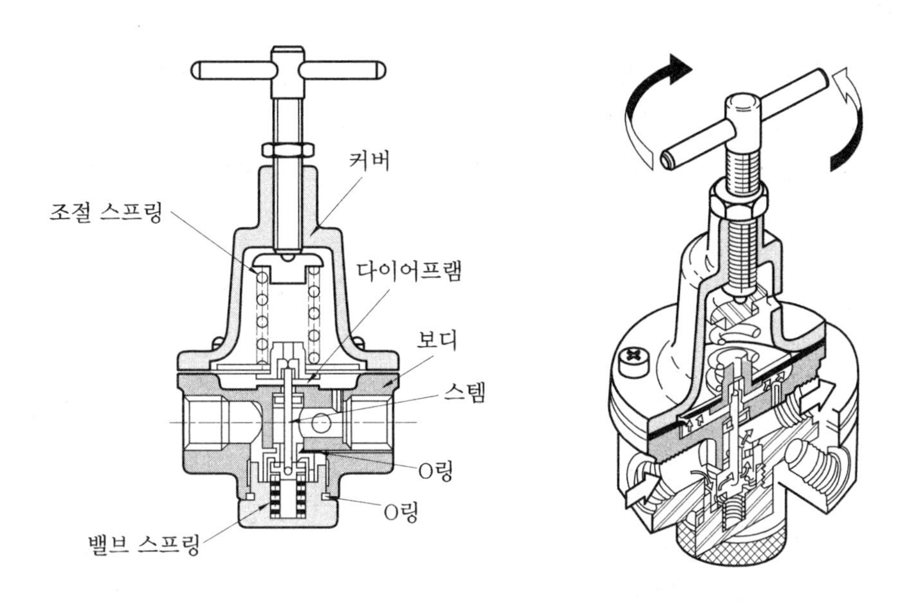

체크 밸브 내장형 감압 밸브 1차측에 체크 밸브를 설치한 것으로 실린더와 전자 밸브 사이에 설치되어 실린더 로드측과 헤드측에 압력차를 두고자 할 때 사용된다. 1차측에 1차 압력이 걸리면 체크 볼이 위쪽으로 밀려가 감압 밸브로 작동하며 1차측의 압력이 전환 밸브에 의하여 배출되면 체크 볼은 아래쪽으로 내려오게 되고 다이어프램실의 압력은 체크 밸브를 통하여 1차측에 배출된다. 이때에는 압력 강하가 생기고 상부 스프링에 의하여 다이어프램이 내려와 2차측 공기를 배출시킨다.

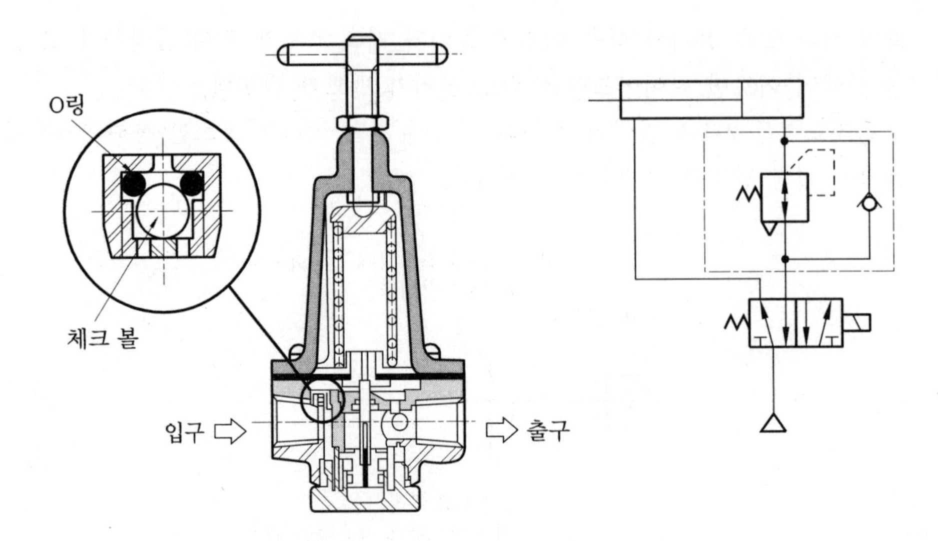

(나) 파일럿형 감압 밸브 : 사용 목적에 따라 직동형 감압 밸브의 압력 정도로는 불충분한 경우에 파일럿 기구로 압력 제어를 행하는 경우에 사용되며 정밀형과 대용량형이 있다.

㉮ 정밀형 : 시험 검사용이나 원격 조작을 위한 지시 압력 발생용 등 유량이 그리 많지 않으나 높은 압력의 정밀도를 필요로 하는 곳에 사용된다.

㉯ 대용량형 : 유량이 큰 곳에서 직동형보다 높은 정밀도를 필요로 하는 곳에 사용된다.

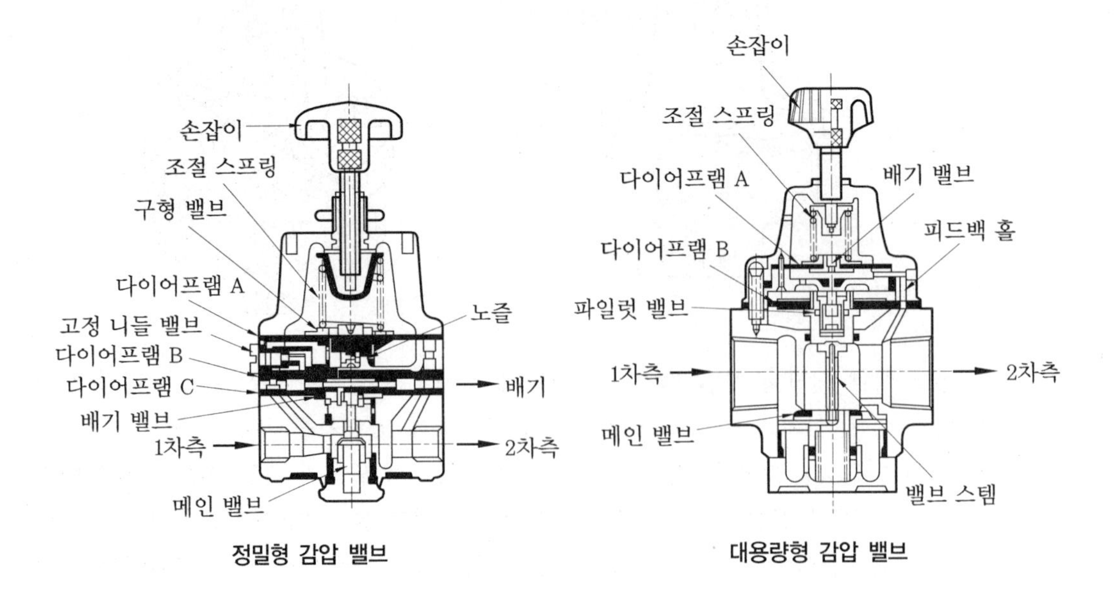

정밀형 감압 밸브　　　　대용량형 감압 밸브

③ 특성 : 유량 특성과 압력 특성이 있으며 특성 곡선은 다음과 같다.

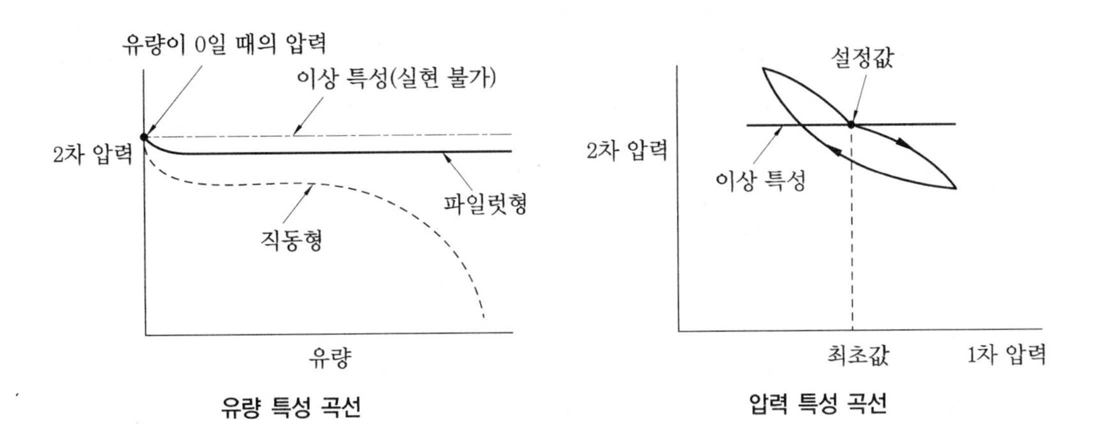

유량 특성 곡선 압력 특성 곡선

(2) 압력 릴리프 밸브(pressure relief valve)

탱크 또는 회로의 최고 압력을 설정하여 회로 내의 압력이 설정 압력 이상이 되면 자동적으로 작동하도록 만든 밸브이며, 공압 기기의 안전을 위하여 사용되므로 안전 밸브라고도 한다. 압력 릴리프 밸브는 응답성이 중요하고 압력이 상승한 경우 급속히 대기에 방출시키는 기능이 있어야 한다.

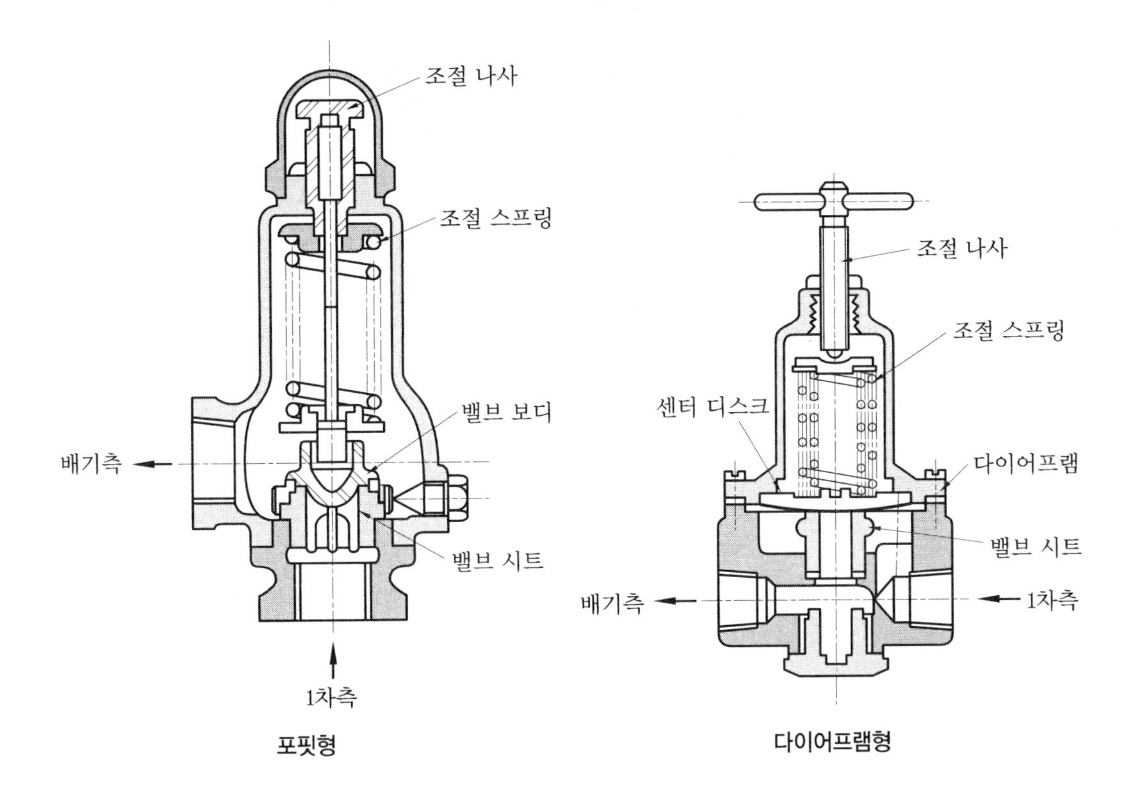

포핏형 다이어프램형

① 포핏(poppet)형 : 밸브의 몸체가 밸브 시트로부터 수직 방향으로 이동하는 것으로 작용이 확실하므로 가장 많이 사용된다.

② 다이어프램(diaphragm)형 : 다이어프램을 사용하여 밸브를 개폐하는 것이며 다이어프램의 재료로는 탄성 고무나 탄성이 있는 금속판이 사용된다.

(3) 압력 스위치(pressure switch)

회로의 압력이 일정압보다 높아지면 압력 스위치 내부에 있는 마이크로 스위치를 작동하게 하여 전기 회로를 열거나 닫게 하는 기기이다.

① 분류 : 형태에 따라 다음과 같이 사용 압력이 달라진다.

㈎ 다이어프램형(고무나 금속) : 1 kgf/cm^2 이하에 사용된다.

㈏ 벨로스(belleows)형 : 80 kgf/cm^2 이하까지 사용된다.

㈐ 부르동관(Bourdon)형 : 80 kgf/cm^2 이하까지 사용된다.

㈑ 피스톤(piston)형 : 1000 kgf/cm^2 이하까지 사용된다.

※ 차동 기구를 가지고 있으며 개방형과 방적형이 있다.

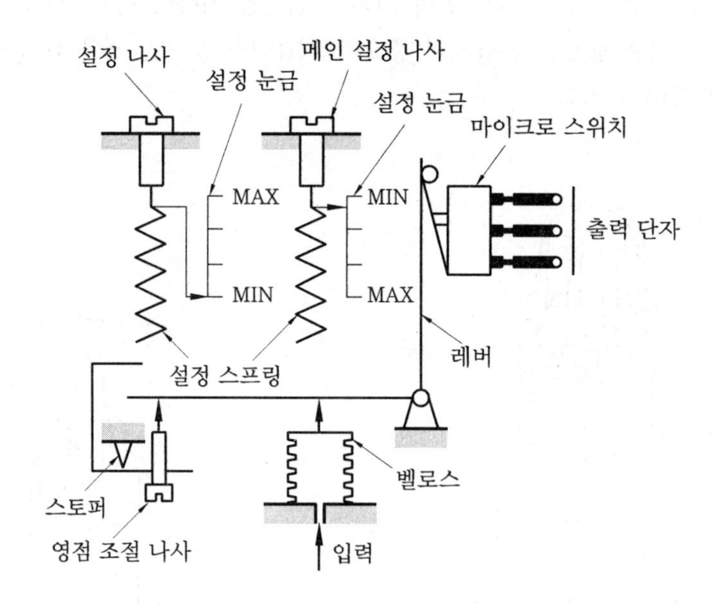

② 사용 시의 주의사항

㈎ 배선 시에는 커버를 열고 내부의 마이크로 스위치에 연결한다.

㈏ 커버가 비닐 계통이므로 고온에서는 사용을 금하고 배관과 연결 시에는 몸체를 잡고 한다.

4-2 방향 제어 밸브

흐름의 방향을 제어하는 기기로 작동기의 운동을 제어할 목적으로 사용되며 조작 방식, 밸브의 구조, 포트 수, 피스톤 수와 기능에 의하여 분류된다.

(1) 방향 제어 밸브의 분류

① 조작 방식에 의한 분류 : 조작 방식에는 전자 조작 방식, 공압 조작, 기계 조작, 수동 조작 방식 등이 있으며 다시 분류하면 다음과 같다.

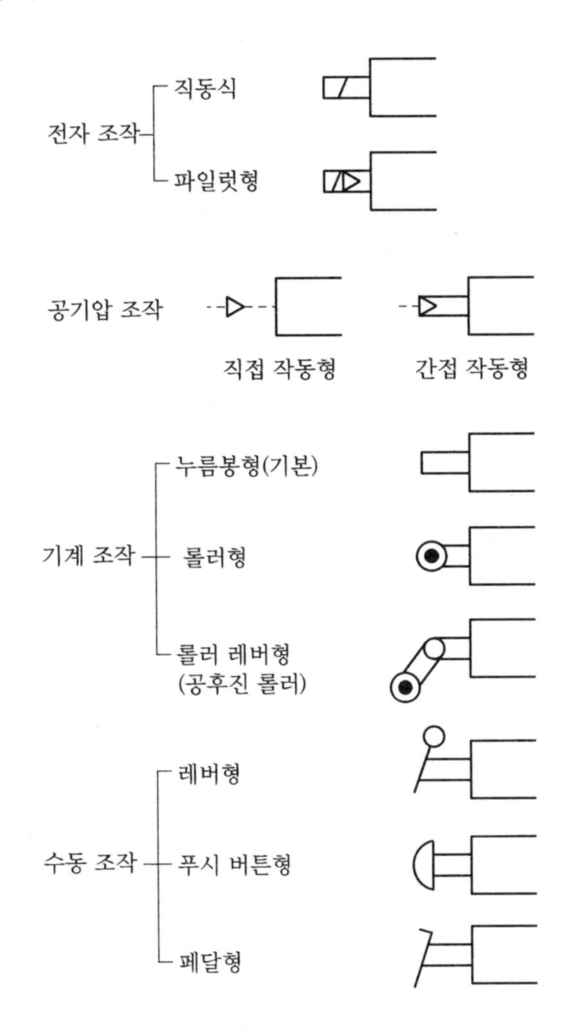

② 밸브의 구조에 의한 분류

(가) 포핏 밸브 : 밸브 몸체가 밸브 시트로부터 직각 방향으로 이동하는 형식으로 다음 그림의 경우 밸브 몸체가 위쪽에 있을 때에는 포트 2와 3이 연결되고 아래쪽에 있을 때에는 포트 1과 2가 서로 통한다. 이 밸브는 마모가 생길 수 있는 곳이 적기

때문에 이물질에 강하며 수명이 길다.

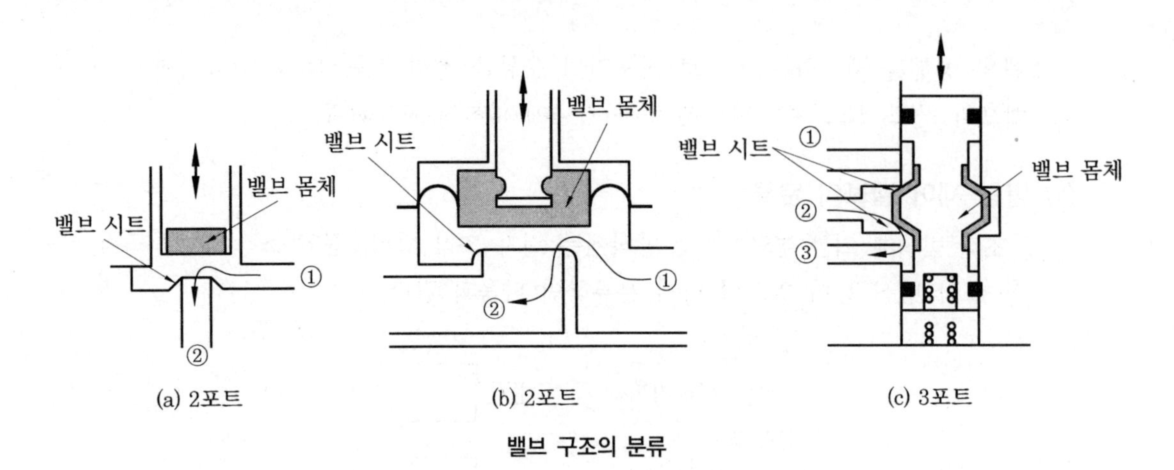

(a) 2포트 (b) 2포트 (c) 3포트

밸브 구조의 분류

(나) 스풀 밸브 : 스풀이란 원통형으로 된 슬리브나 밸브 몸체의 미끄럼 면에 내접하여 축방향으로 이동하면서 관로를 개폐시키는 것으로 이것을 사용한 밸브를 스풀 밸브라 한다.

아래 왼쪽 그림은 메탈형(metal seal type) 스풀 밸브로 슬리브의 중앙을 스풀이 미끄러져 포트 ①과 ②, ③과 ⑤가 연결되거나 ①과 ③, ②와 ④가 서로 연결되는 것이다.

오른쪽 그림은 탄성체(고무)실형 구조로 기밀의 유지성이 우수하여 공기의 누출은 매우 적으나 메탈실 방식은 수 μm의 간격이 필요하므로 어느 정도의 누출이 일어난다.

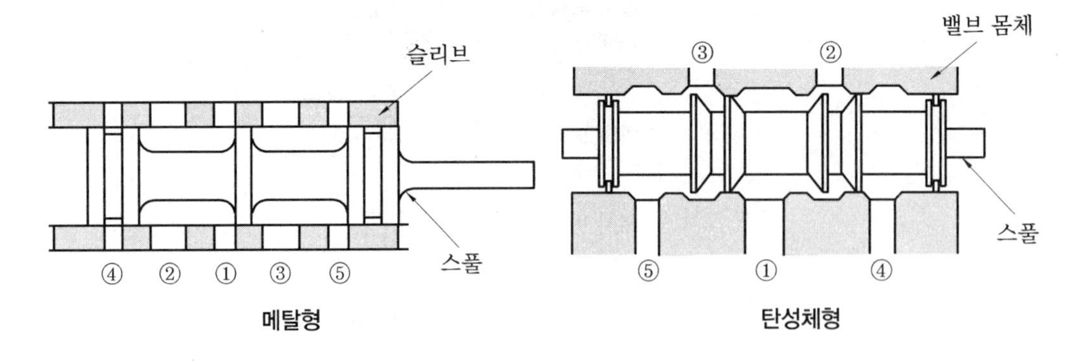

메탈형 **탄성체형**

(다) 회전 밸브 : 로터를 회전시켜서 관로를 바꾸는 밸브로 판 밸브, 볼 밸브 등이 있으며 현재에는 볼 밸브가 주로 사용되고 있다.

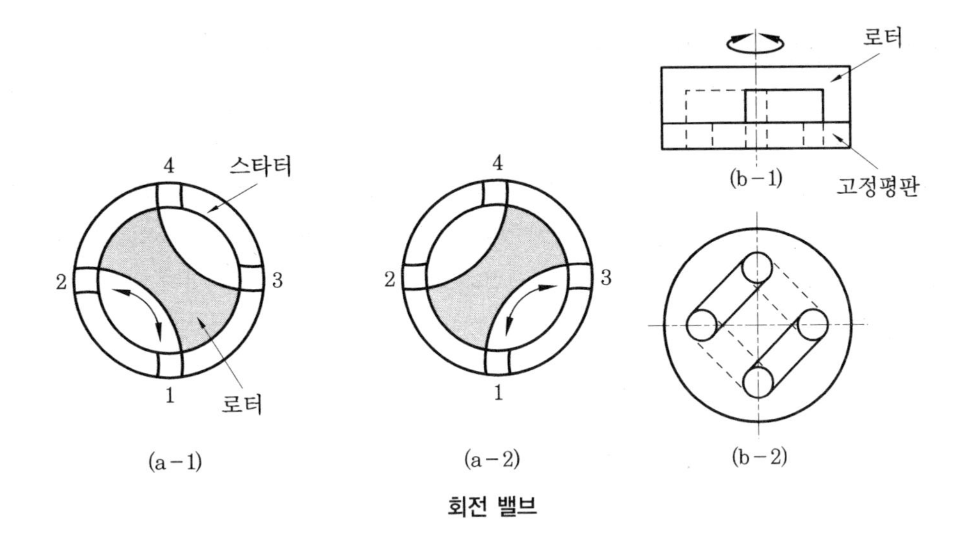

회전 밸브

③ 포트 수 및 위치 수에 의한 분류

포트 수	위치 수	기 호	기 능
2	2		NC(normal close)
			NC(normal open)
3	2		NC(normal close)
			NC(normal open)
4	2		싱글 조작
			더블 조작
	3		더블 조작 클로즈드 센터
			더블 조작 배기 센터
5	2		싱글 조작
			더블 조작
	3		더블 조작 배기 센터
			더블 조작 클로즈드 센터

(2) 논리턴 밸브(non return valve)

논리턴 밸브는 어느 한쪽 방향으로만 공기의 흐름이 이루어지는 밸브로 반대쪽의 압력은 흐름을 저지시키는 역할을 하므로 밸브의 기밀 효과가 우수하다.

① 체크 밸브(check valve) : 한쪽 방향으로는 공기가 흐르지 못하게 하며 그 반대 방향으로는 작은 압력 손실로 흐르게 하는 것으로 밀폐시키는 실부의 형상은 원추(cone)형, 볼(ball)형, 판(plate) 또는 격판(diaphragm)형 등이 있다. 또한 차단시키는 방법에는 공기를 이용하여 차단하는 방법과 스프링을 이용한 방법이 있다.

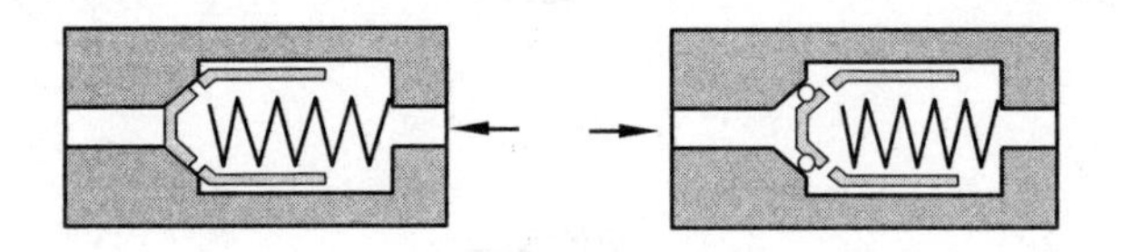

② 셔틀 밸브(shuttle valve) : 두 개의 입구와 한 개의 출구를 갖는 3way 밸브로 오른쪽 그림에서 압축 공기가 Y에 작용하면 A와 Y가 통하게 되고 압축 공기가 X에 작용하면 왼쪽에서와 같이 A와 X가 통하게 된다.

이와 같이 실린더나 밸브가 두 개 이상의 위치로부터 작동되어야만 할 때에는 반드시 셔틀 밸브를 사용해야 한다.

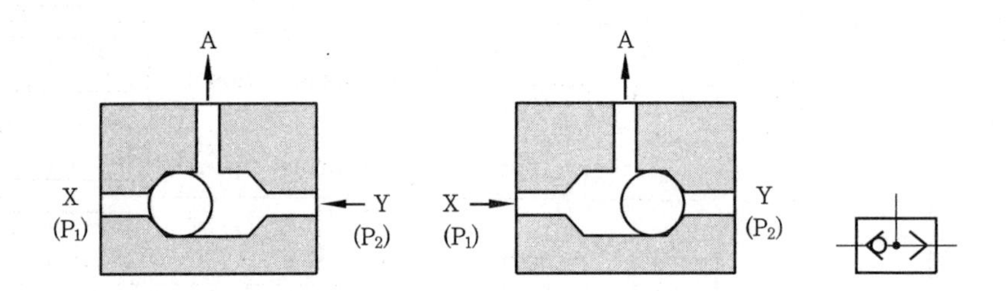

이 셔틀 밸브는 양쪽 제어 밸브 또는 양쪽 체크 밸브라고 부르며, OR 밸브라고도 한다. 다음 그림은 실린더를 손이나 발로 어느 것이든 자유롭게 사용하여 작동시킬 때의 셔틀 밸브의 사용 예이다.

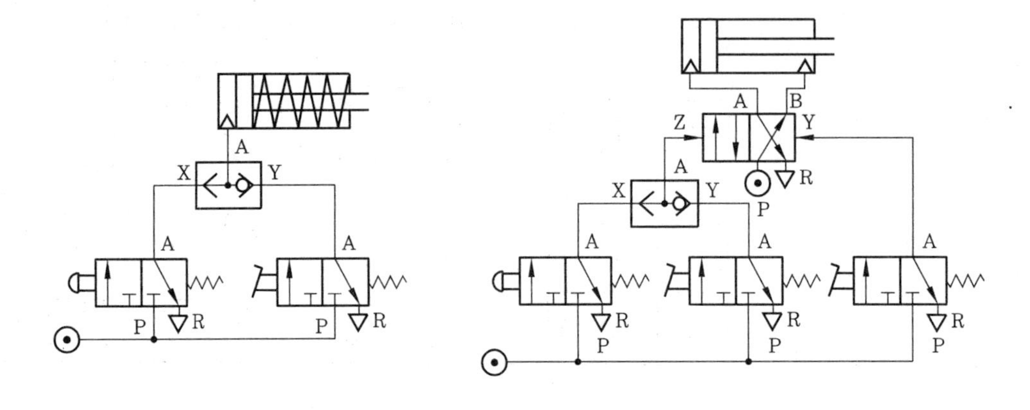

③ 속도 조절 밸브(speed control valve) : 체크 밸브로 하여금 공기의 흐름을 막아 밸브 내부의 조절된 단면을 통하여 공기를 흐르게 하며 공기의 흐름이 반대일 때는 체크 밸브를 열어 자유로이 흐를 수 있게 하므로 공기의 흐름이 한쪽 방향으로만 흘러갈 경우 실린더를 사용한 공기압 기구 등의 속도 조절에 사용되고 있다. 또한 가능하면 실린더 위에 직접 설치하는 것이 좋다.

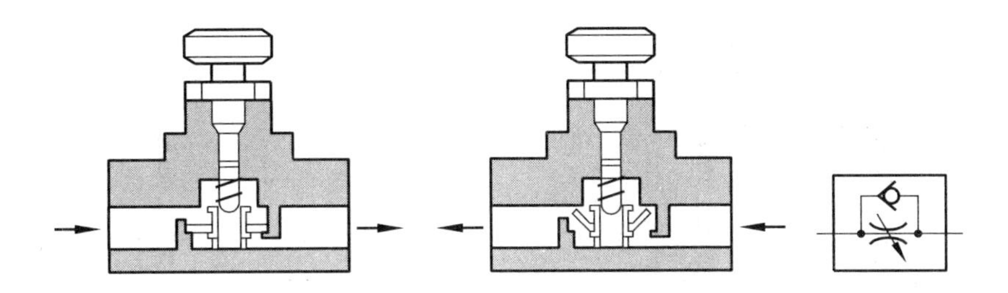

④ 급속 배기 밸브(quick exhaust valve) : 실린더의 피스톤 속도를 증가시키는 데 사용되며 특히 단동 실린더에서 되돌림 시간을 줄일 수 있다.

구조는 공기 입구 P와 출구 A, 배기구 R로 되어 있으며 실린더 작동 시에는 P와 A가 서로 연결되고 R이 막혀 실린더를 움직이게 하며 P의 압력이 저하되면 실린더 속의 압축 공기의 힘으로 P를 막아서 A와 R이 연결되므로 긴 파이프 라인을 통하지 않고 직접 대기로 방출되는 것이다.

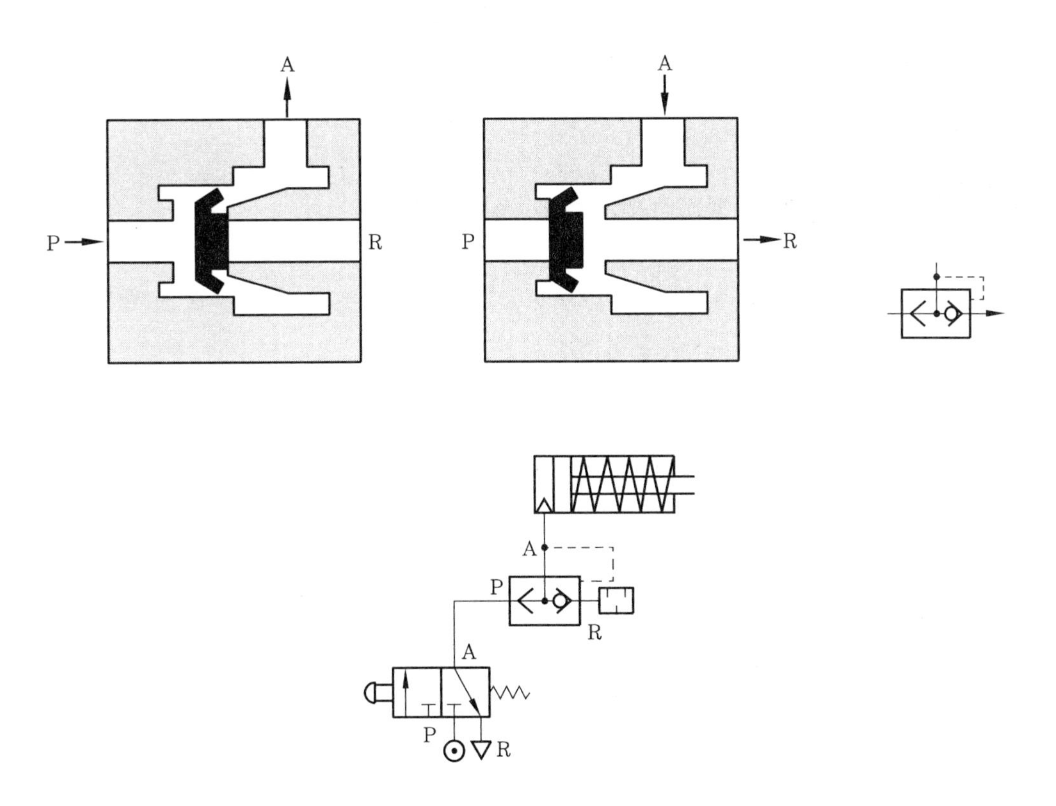

⑤ 2압 밸브(two pressure valve) : 셔틀 밸브와 동일한 구조로 되어 있으나 작동 상태가 반대이며, AND 밸브라고도 한다. 같은 압력 신호일 때는 늦게 들어온 신호에 따라 출구로 나가게 되며 두 개의 압력이 서로 다를 때에는 낮은 쪽의 압력이 출구로 나가게 된다.

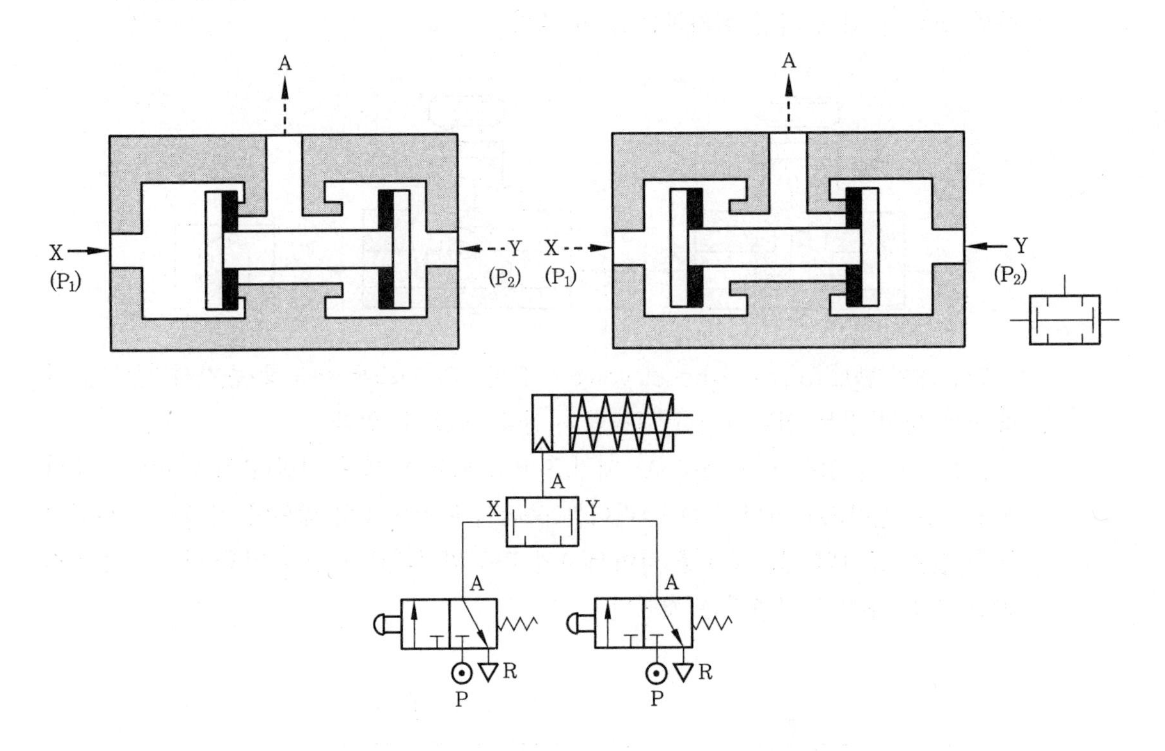

4-3 유량 제어 밸브(flow control valve)

공기가 흐르는 통로의 크기를 가감시켜서 공기의 흐르는 양을 조절하는 밸브로 니들(needle)형, 격판(diaphragm)형 등이 있다.

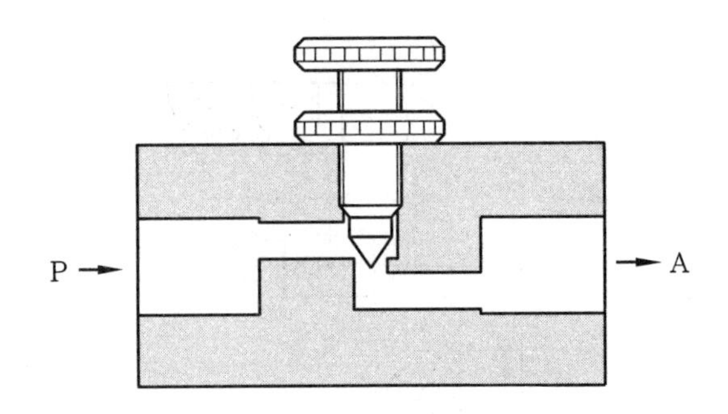

4-4 차단 밸브 (shut-off valve)

공기를 흐르게 하거나 흐르지 못하게 하는 밸브로 유량 제어에도 일부 사용되고 있다.

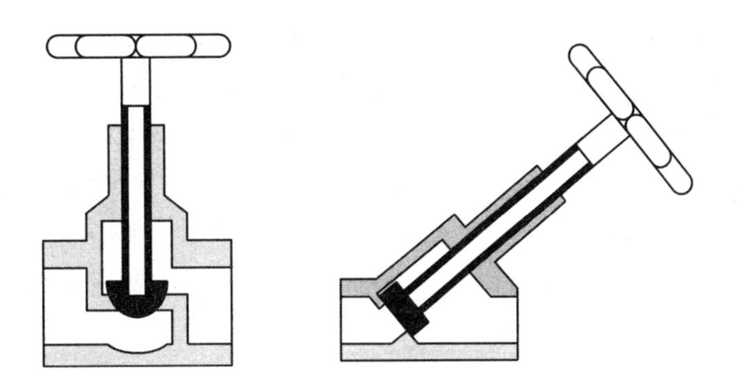

4-5 근접 장치 (proximity-sensing device)

근접 장치는 비접촉식 감지 장치로서 자유 분사 원리(free-jet principle)와 배압 감지 원리(back-pressure sensor principle)의 두 가지가 있으며, 생산 기계나 조립 장치와 사용자의 안전을 위하여 사용되는 자동화 장치의 하나이다.

(1) 공기 배리어 (air barrier)

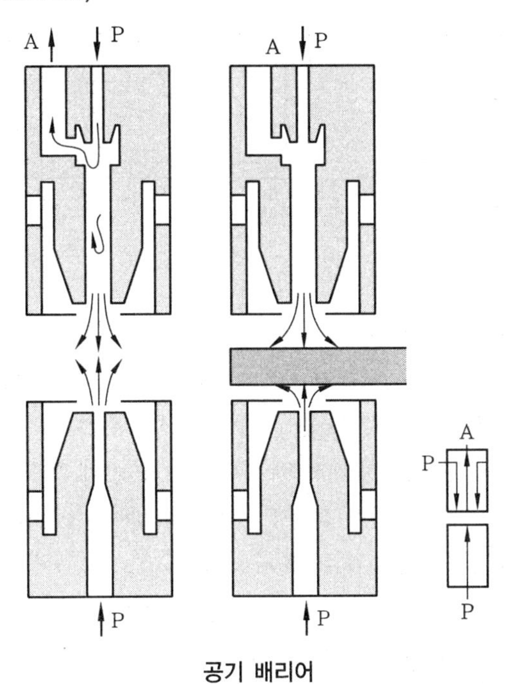

공기 배리어

분사 노즐과 수신 노즐로 구성되어 있으며 두 개의노즐에 모두 0.1~0.2 kgf/cm^{2}의 공기압이 공급된다. 이때의 공기는 습기나 기름이 제거되어야 하며, 분사 노즐과 수신 노즐의 거리는 100 mm를 넘어서는 안 된다. 이때의 소비 공기량은 시간당 0.5~0.8 m^3 정도이다.

앞의 그림에서와 같이 공기는 분사 노즐과 수신 노즐에서 모두 분사되며 분사 노즐에서 분사된 공기는 수신 노즐에서 분사된 공기가 자유로이 방출되는 것을 방해함으로써 수신 노즐 출구 X에 0.005 kgf/cm^{2}의 배압이 형성되도록 한다. 이때 만일 어떤 물체가 노즐 사이에 있게 되면 수신 노즐 출구 X의 압력이 0으로 떨어지게 된다.

신호 압력은 요구압까지 증폭시켜서 사용해야 하며, 공기 배리어는 공기의 흐름에 민감하므로 외부로부터 보호해야 한다. 이 장치는 생산이나 조립 공정에서 개수를 세거나 물체의 유무 등을 검사하는 데 사용된다.

(2) 중간 단속 분사 감지기(interruptible jet sensor)

공기 배리어(air barrier)와 비슷한 원리를 이용한 것으로서 물체의 두께가 얇을 때(5 mm 이하) 물체의 유무를 감지하거나 숫자를 세는 데 사용된다.

다음 그림과 같이 물체가 없을 때에는 X에 신호압이 있게 되나 물체가 있을 때에는 신호압이 소멸된다. P_X에 공급 압력은 0.1~8 kgf/cm^{2}이므로 P_X 쪽에 스로틀 밸브를 사용하여 공기 소모량을 감소시키고 있다.

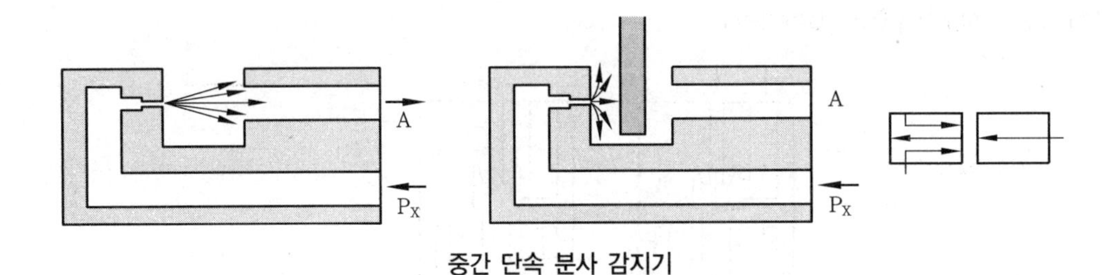

중간 단속 분사 감지기

(3) 반향 감지기(reflex sensor)

이 장치는 분사 노즐과 수신 노즐이 같이 있는 것으로 배압 원리에 의하여 작동되며, 외부의 방해에 영향을 덜 받는다. 다음 그림과 같이 P에 0.1~0.2 kgf/cm^2 정도의 압축 공기를 공급하면 환상의 통로를 통하여 빠져나가는 순간에 반향 감지기 내부의 노즐부는 대기압보다 낮은 상태가 된다. 이때 외부의 어떤 물체에 의하여 환상의 통로로 분출되는 공기가 방해를 받으면 반향 감지기 내부의 노즐(수신 노즐)에 배압이 생겨서 A에 신호 압력이 생기게 된다. 이때 감지할 수 있는 노즐과 물체 사이의 거리는 보통 1~6 mm이며 20 mm까지 감지할 수 있는 특수한 것도 있다.

반향 감지기는 프레스나 펀칭 작업에서의 검사 장치, 섬유 기계나 포장 기계에서의 검사나 계수, 목공 산업에서의 나무판 감지 등에 이용된다.

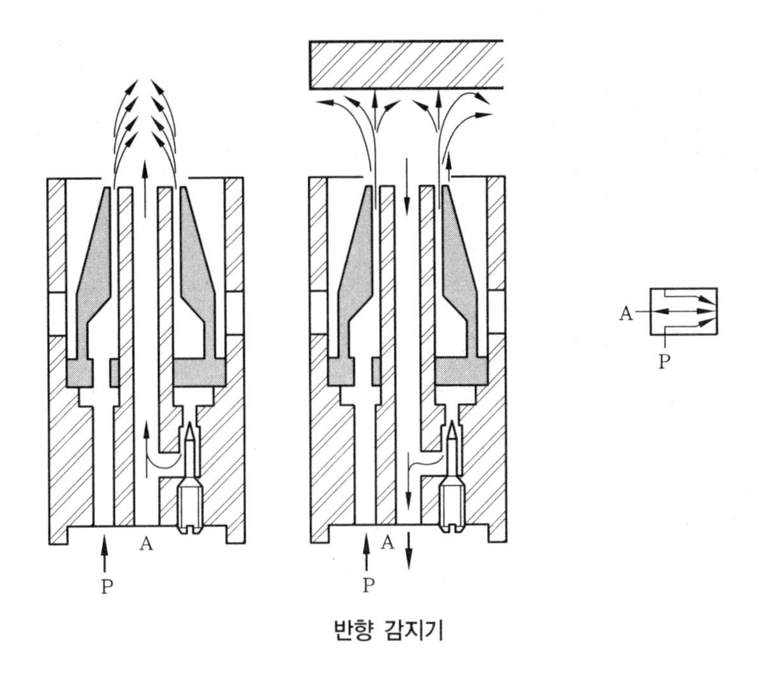

반향 감지기

(4) 배압 감지기(back pressure sensor)

다음 그림에 보는 바와 같이 P에서 공급되는 공기는 출구로 계속 흘러 나가게 되는데 출구가 물체에 의하여 막히게 되면 A에 신호 압력이 생긴다. 이때 P의 압력과 A의 압력이 같기 때문에 증폭기가 필요 없게 된다.

사용 공기 압력은 0.1~8 kgf/cm^2이며 공기의 손실을 줄이기 위하여 감지기 내부에 스로틀 밸브가 장치되어 있다. 마지막 위치의 감지와 위치 제어에 사용할 수 있는 것으로 신호가 있을 가능성이 있을 때에만 압축 공기를 공급하면 공기의 사용을 줄일 수 있다.

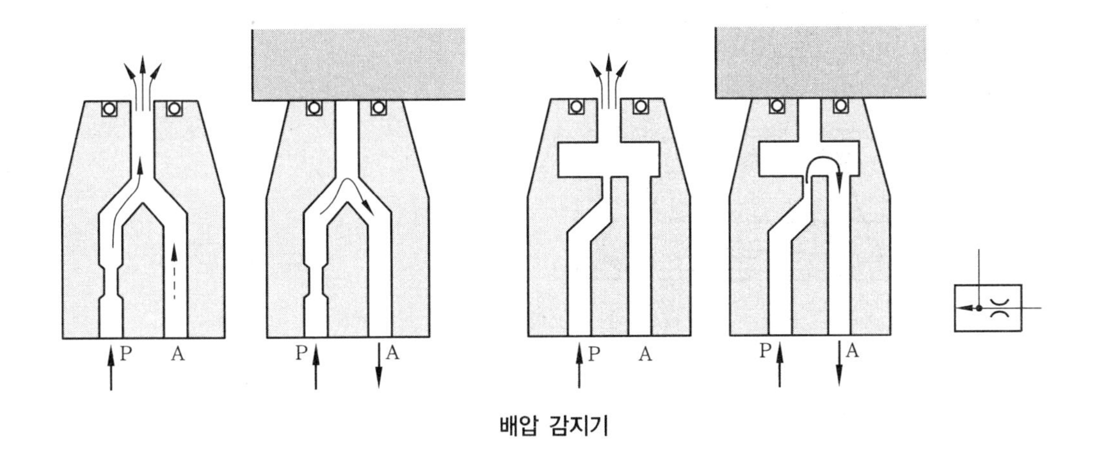

배압 감지기

축으로 제어되는 배압 감지기의 작동 원리는 축이 작동하지 않을 때에는 시트가 밀착되어 P에서 A로 공기가 흐르지 못하지만 축이 작동하여 시트가 열리면 신호 압력이 A로 흐르게 된다(필요시에만 공기가 흐르므로 공기 소모량이 적다).

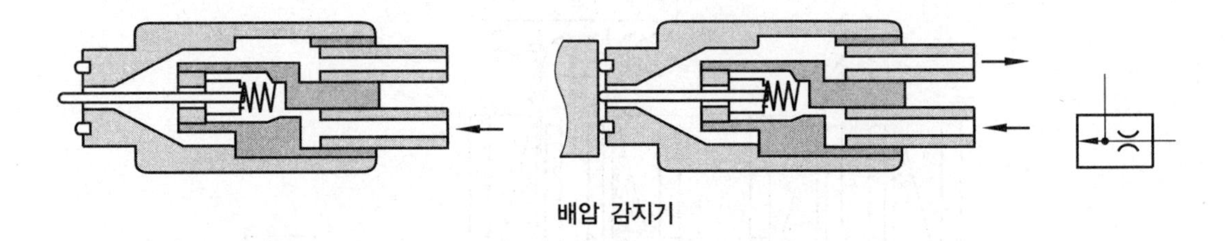

배압 감지기

(5) 공압 근접 스위치(pneumatic proximity switch)

공압 근접 스위치는 공기 배리어와 같은 원리로 작동된다. 아래 그림에서 밸브 하우징 내에 있는 리드 스위치(reed switch)가 P에서 A로 통하는 공기의 흐름을 막고 있다가 영구 자석이 부착된 피스톤이 접근하면 리드가 밑으로 내려오게 되어 P에서 A로 공기가 통하게 된다. 그리고 피스톤이 되돌아가게 되면 리드 스위치는 원위치가 된다. A의 신호 압력은 저압이기 때문에 압력 증폭기를 사용해야만 한다.

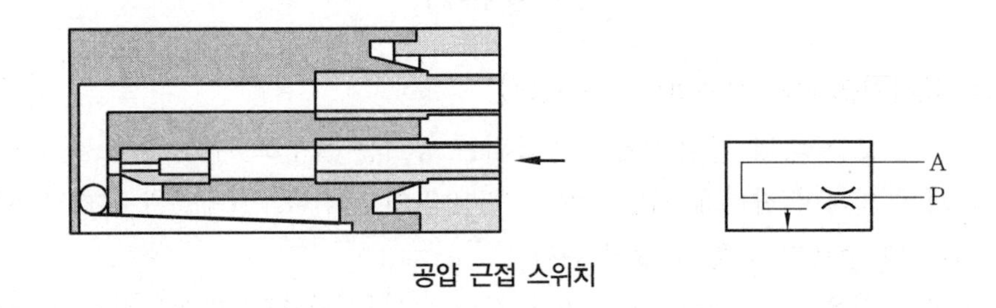

공압 근접 스위치

(6) 전기 근접 스위치(electric proximity switch)

영구 자석을 지닌 피스톤이 스위치에 접근하면 유리 튜브 안에 있는 2개의 리드 위치치가 접촉하게 되어 전기 신호를 보내게 된다. 그리고 피스톤이 움직여 가면 리드 스위치는 원래의 위치로 되돌아간다.

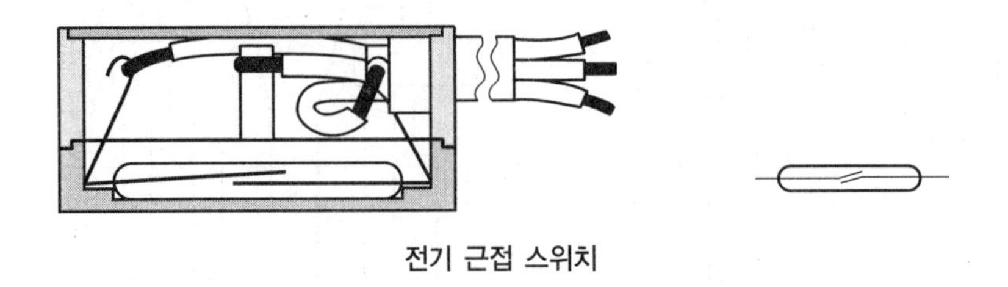

전기 근접 스위치

4-6 압력 증폭기

(1) 1단 압력 증폭기

앞에서 설명한 공기 배리어나 반향 근접 감지기는 신호 압력이 낮으므로 증폭하여 사용해야 하는데, 이때 사용하는 압력 증폭기는 제어 피스톤의 다이어프램이 큰 단면적을 가지는 3way 밸브이다.

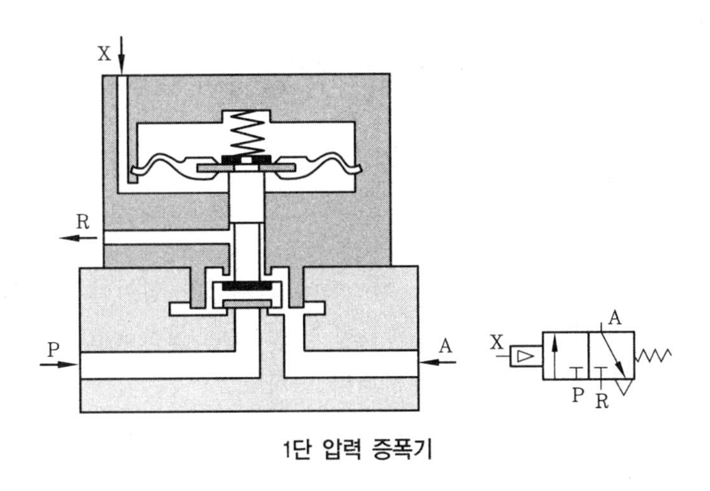

1단 압력 증폭기

작동은 평상시에는 P와 A는 차단되고 A의 공기가 R을 통하여 배출되나 신호 압력이 X에 공급되면 제어 피스톤이 움직여 P와 A가 열리게 되고 P에 공급되는 압력은 정상 압력이므로 A쪽으로 나오는 공기의 힘으로 직접 기계를 구동시킬 수 있게 된다.

X의 신호 압력이 소멸되면 P와 A는 차단되고 처음과 같이 A의 공기가 R을 통하여 배출되는 것으로 신호 압력 0.1~0.5 kgf/cm^2 정도에 사용된다.

(2) 2단 압력 증폭기

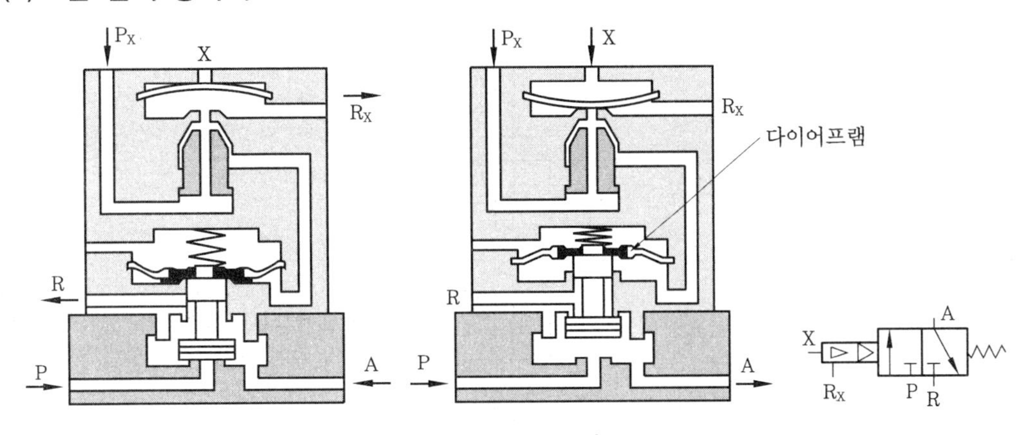

2단 압력 증폭기

2단 압력 증폭기는 아주 낮은 압력을 증폭하는 데 사용된다. 정상 상태에서는 P와 A가 연결되어 있지 않으나 입구 P_X에는 0.1~0.2 kgf/cm^{2}의 공기가 계속 공급되고 있으며 이 공기는 R_X로 배출된다.

이때 신호 압력이 X에 들어오면 P_X와 R_X의 통로를 막고 P_X의 공기는 증폭기의 다이어프램에 공급되어 밸브가 열려 P와 A가 연결된다. 같은 원리로 X의 신호 압력이 소멸되면 밸브가 원위치로 오고 P와 A는 차단되며 P_X의 공기는 R_X를 통하여 배기된다.

5. 공기압 작업 요소

5-1 개 요

작동기(actuator)는 유체의 에너지를 이용하여 기계적인 힘이나 운동으로 변환시키는 기기로 출력 변위가 직선형일 때 이를 왕복형 작동기(reciprocating cylinder)라 하고 회전형일 때 회전형 작동기 또는 공기압 모터라 한다.

모터 중에서도 회전각을 제한하여 270°나 180° 등의 작동 범위 내에서 회전 요동시키는 요동형 모터가 있다.

- 작동기(actuator)
  - 왕복형 : 직선 운동
  - 회전형
    - 모터 : 연속 회전 운동
    - 요동형 모터 : 회전 각도 제한 운동

5-2 공압 실린더

(1) 구조에 의한 분류

피스톤형 실린더	단동 실린더(편 로드) 단동 실린더(양 로드)	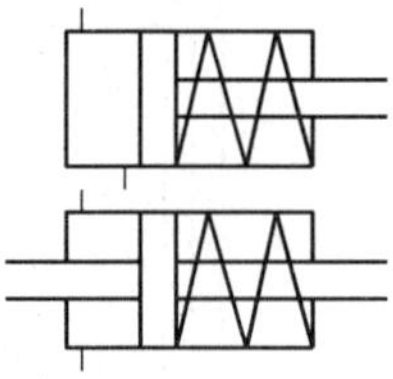	한쪽 방향만의 공기압에 의해 운동하는 것을 단동 실린더라 하며 보통 자중 또는 스프링에 의해 복귀한다.
	복동 실린더(편 로드) 복동 실린더(양 로드)	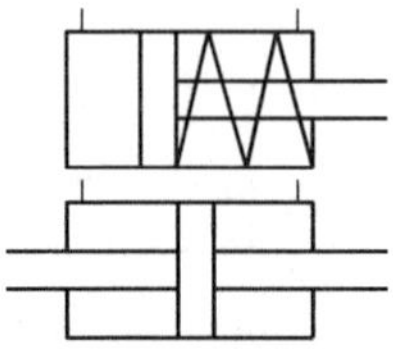	피스톤의 왕복 운동이 모두 공기압에 의해 행해지는 것으로서 가장 일반적인 에어 실린더이다.

피스톤형 실린더	가변 스트로크 실린더	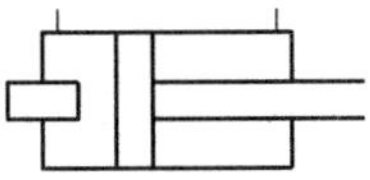	스트로크를 조절하는 가변 스토퍼를 가진 실린더이다.
	듀얼 스트로크 실린더(편 로드) 듀얼 스트로크 실린더(편 로드)	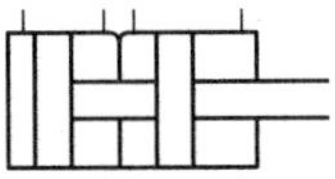 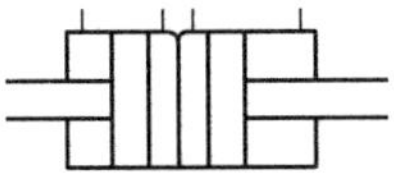	2개의 스트로크를 가진 실린더, 즉 다른 2개의 실린더를 조합한 것과 같은 기능을 갖고 있다.
	탠덤 실린더	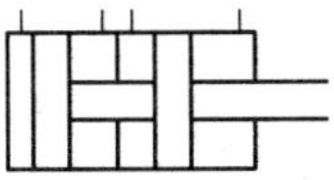	복수의 피스톤을 가진 실린더이며 이것을 n개 연결시키면 n배의 출력을 얻을 수 있다.
	텔레스코프 실린더	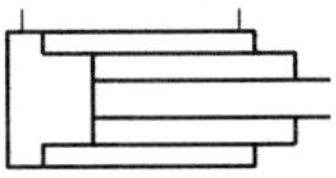	튜브형의 실린더가 두 개 이상 서로 맞물려 있는 것으로 높이에 제한이 있는 경우에 사용한다.
	차압 작동 실린더	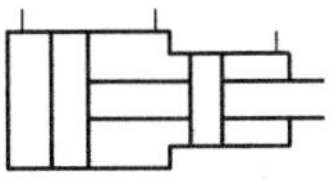	지름이 다른 두 개의 피스톤을 갖는 실린더이다.
램형 실린더		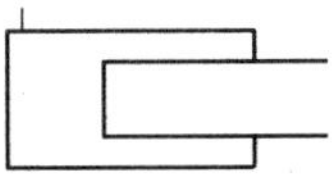	피스톤의 수압 부분의 바깥지름과 로드 바깥지름이 같은 실린더로 좌굴 등 강성을 요할 때 사용한다.
벨로스형 실린더		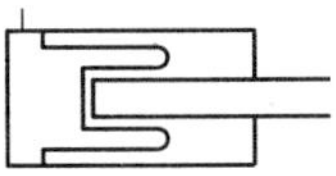	피스톤 대신 벨로스를 사용한 실린더로 섭동부 마찰저항이 작고 내부 누출이 없다.
다이어프램형 실린더		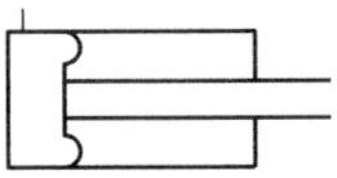	피스톤 대신 다이어프램을 사용한 실린더로 스트로크는 작으나 저항으로 큰 출력을 얻을 수 있다.
와이어형 실린더 (로드리스 실린더)		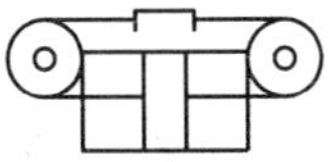	로드 대신 와이어를 사용한 것으로 케이블 실린더라고도 한다.
플렉시블 튜브형 실린더 (로드리스 실린더)		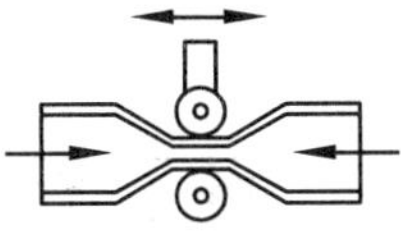	실린더 튜브 대신 변형 가능한 튜브로 피스톤 대신 2개의 롤러를 사용한 실린더이다.

(2) 구조 및 작동 원리

다음 그림은 복동 공압 실린더의 내부 구조도(급유형)로 원통상의 실린더 튜브 양끝을 헤드 커버와 로드 커버로 막고 이 커버를 4개의 타이 로드로 체결(ϕ40 이하는 나사 체결)하고 있다.

이 튜브 안에 튜브와 밀착되어 있는 피스톤이 있고 이 피스톤과 연결되어 있는 피스톤 로드가 커버를 관통하여 외부에 힘을 전달하게 된다.

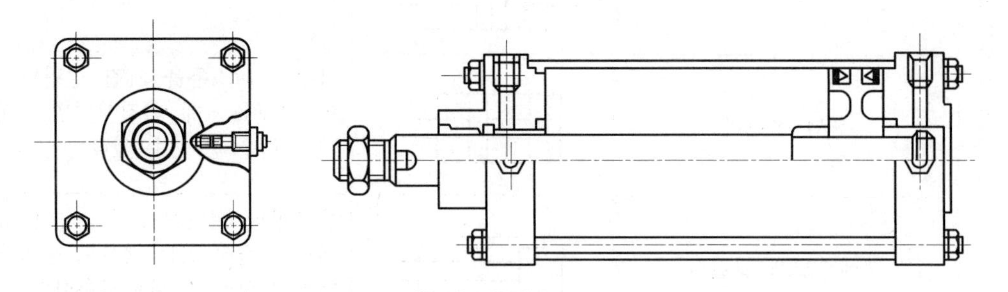

구 분	명 칭	형 상	표준 설계의 예
립 패킹 (lip packing)	U 패킹		
	L 패킹		
	J 패킹		
압착 패킹 (squeeze packing)	O 링		
	X 링		
	NLP		

실린더 헤드 커버와 로드 커버에는 실린더 내부로 공기를 공급 또는 배기시키는 포트가 설치되어 있으므로 피스톤의 앞과 뒤에 교대로 공기를 넣어서 왕복 운동을 하게 되고 공기의 누출을 막기 위해 로드 패킹과 피스톤 패킹을 사용한다. 실린더에는 급유형과 무급유형이 있다.

표 그림은 공압 실린더용 패킹이며 이들 중 위쪽의 ULJ 패킹을 립 패킹이라고 한다. 이것은 방향성이 있기 때문에 복동 실린더의 피스톤 패킹으로 사용할 때에는 반드시 2개가 필요하며 마찰저항은 작으나 수명이 짧은 단점을 가지고 있다.

아래쪽의 O링, X링, NLP 패킹은 압착 패킹에 속하며, 고압에서 적당히 변형되어 실(seal)에 필요한 접촉 저항을 발생시키고 저압에서는 스스로의 탄성에 의하여 기밀이 유지된다.

따라서 일반적으로 압착 패킹은 저압 작동 시 비교적 좋지 않으나 최근에는 NLP 패킹의 개발로 이러한 단점이 보완되고 급유를 하지 않아도 사용할 수 있게 되었다.

쿠션 기구는 행정 끝 가까이에서 피스톤 운동에 제동을 걸어 충격과 소음 등을 흡수 완화시키기 위하여 설치된 것이며, 실린더 로드의 안지름이 40 mm 이상인 것에 설치하면 이로 인하여 실린더 자체의 수명을 크게 연장시킬 수 있다.

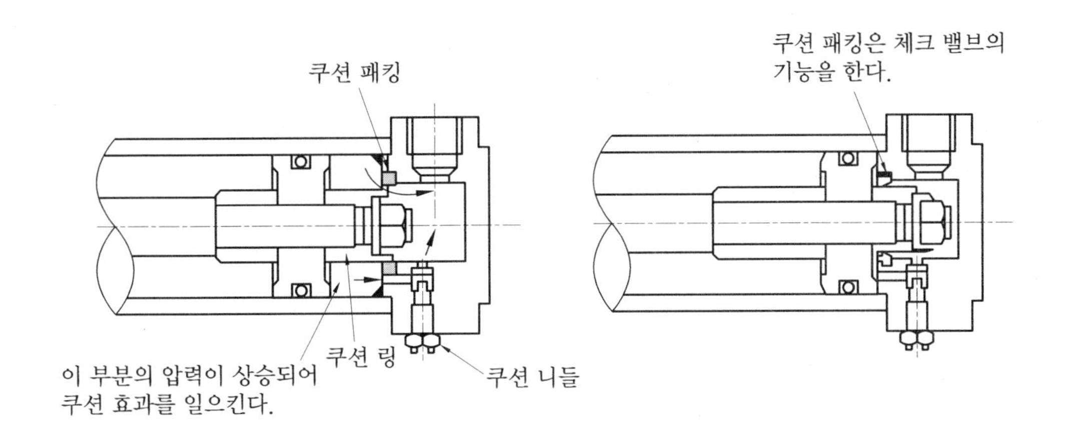

(3) 선정 및 설계상의 주의점

① 튜브 안지름 선정 및 공기 소비량

(가) 이론 출력

㉮ 전진 시(F_1)

$$F_1 = \frac{\pi}{4} D^2 P \text{ [kgf]}$$

㉯ 후진 시(F_2)

$$F_2 = \frac{\pi}{4} (D^2 - d^2) P \text{ [kgf]}$$

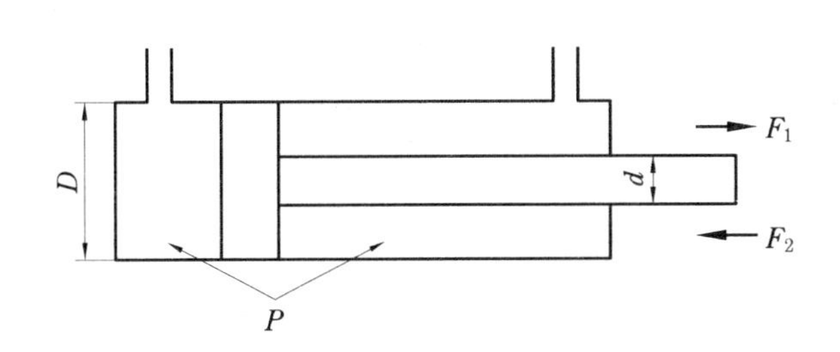

(나) 실제 출력 : 피스톤의 관성력과 패킹의 마찰 손실, 배압에 의한 압력 손실 등을 뺀 값으로 이론 출력의 15% 정도가 감소된다.

(다) 실린더 튜브의 안지름 선정 : 실린더 출력과 부하의 비율(부하율)은 일반적으로 1 : 0.5 ~ 1 : 0.7로 하고 있다.

(라) 실린더의 소요 공기량 : 필요한 부하를 일정한 속도로 작동시키기 위한 필요 공기량으로 에어 컨트롤 유닛이나 배관 크기의 선정에 필요하며 이때의 소요 공기량은 다음과 같다.

$$Q = Q_c + Q_p = \frac{15\pi(P+1)}{1000t}(D^2 Z + d^2 l)\,[\text{L/min}]$$

여기서, Q_c : 실린더부의 소요 공기량(L/min)
Q_p : 배관부의 소요 공기량(L/min)
D : 실린더 튜브 안지름(cm)
d : 배관의 안지름(cm)
Z : 실린더의 행정(cm)
l : 배관의 길이(cm)
t : 1행정에 필요한 시간(s)
P : 사용 압력(kgf/cm^2)

단동 실린더(헤드측 스프링 리턴)의 이론 출력표 (단위 : kgf)

튜브 안지름 (mm)	로드 지름 (mm)	행동 방향	수압 면적 (cm^2)	사용 압력(kgf/cm^2)								
				2	3	4	5	6	7	8	9	10
6	3	OUT	0.282	0.2	0.4	0.7	1.0	1.3	1.6	–	–	–
		IN	–		(2)			0.15				
10	4	OUT	0.785	0.9	1.7	2.5	3.3	4.1	4.8	–	–	–
		IN	–					0.25				
15	5	OUT	1.766	2.0	3.7	5.5	7.3	9.0	10.8	–	–	
		IN	–					0.45				
20	10	OUT	3.14	2	5	8	12	15	18	21	24	27
		IN	–					0.9		(3)		
25	12	OUT	4.90	5	10	15	20	25	30	34	39	44
		IN	–					1.0				
30	12	OUT	7.04	7	14	21	28	35	42	49	56	63
		IN						1.5				
40	16	OUT	12.56	17	29	42	54	67	79	92	104	117
		IN						2.0				

복동 실린더의 이론 출력표 (단위 : kgf)

튜브 안지름 (mm)	로드 지름 (mm)	행동 방향	수압 면적 (cm^2)	사용 압력(kgf/cm^2)								
				2	3	4	5	6	7	8	9	10
6	3	OUT	0.283	0.565	0.848	1.131	1.414	1.696	1.979	−	−	−
		IN	0.212	0.424	0.636	0.848	1.060	1.272	1.484			
10	4.5	OUT	0.785	1.571	2.36	3.14	3.96	4.71	5.50	−	−	−
	4	IN	0.660	1.319	1.979	2.64	3.30	3.96	4.62	−		−
	5	IN	0.589	1.178	1.767	2.36	2.95	3.53	4.12	−		−
15	5.6	OUT	1.67	3.53	5.30	7.07	8.84	10.60	12.37	−	−	−
	5	IN	1.57	3.14	4.71	6.28	7.85	9.42	11.00	−	−	−
	6	IN	1.484	2.97	4.45	5.94	7.42	8.91	10.39	−		−
20	10	OUT	3.14	6.28	9.42	12.57	15.71	18.85	22.0	25.1	28.3	31.4
		IN	2.36	4.71	7.07	9.42	11.78	14.14	16.49	18.85	21.2	23.6
25	12	OUT	4.91	9.82	14.73	19.63	24.5	29.4	34.4	39.3	44.2	49.1
		IN	3.78	7.56	11.33	15.11	18.89	22.7	26.4	30.2	34.0	37.8
30	12	OUT	7.07	14.14	21.2	28.3	35.3	42.4	49.5	56.5	63.6	70.7
		IN	5.94	11.88	17.81	23.8	29.7	35.6	41.6	47.5	53.4	59.4
40	16	OUT	12.57	25.1	37.7	50.3	62.8	75.4	88.0	10.1	113.1	125.7
		IN	10.56	21.1	31.7	42.2	52.8	63.3	73.9	84.4	95.0	105.6
50	20	OUT	19.63	39.3	58.9	78.5	98.2	117.8	137.4	157.1	176.7	196.3
		IN	16.49	33.0	49.5	66.0	82.5	99.0	115.5	131.9	148.4	164.9
63	20	OUT	31.2	62.3	93.5	124.7	155.9	187.0	218	249	281	312
		IN	28.0	56.1	84.1	112.1	140.2	168.2	196.2	224	252	280
80	25	OUT	50.3	100.5	105.8	201	251	302	352	402	452	503
		IN	45.4	90.7	136.2	181.4	227	272	317	363	408	454
100	30	OUT	78.5	157.1	236	314	393	471	550	628	707	785
		IN	71.5	142.9	214	286	357	429	500	572	643	715
125	36	OUT	112.7	245	368	491	615	736	859	982	1104	1227
		IN	112.5	225	338	450	563	675	788	900	1013	1125
140	36	OUT	153.9	308	462	616	770	924	1078	1232	1385	1539
		IN	143.8	288	431	575	719	863	1006	1150	1194	1438
160	40	OUT	201	402	603	804	1005	1206	1407	1608	1810	2011
		IN	188.5	377	565	754	942	1131	1319	1508	1696	1885

180	45	OUT	254	509	763	1018	1272	1527	1781	2036	2290	2545
		IN	239	477	716	954	1193	1431	1670	1909	2147	2386
200	50	OUT	314	628	924	1257	1571	1885	2199	2513	2827	3142
		IN	295	589	884	1178	1473	1767	2062	2356	2651	2945
250	60	OUT	491	982	1473	1963	2454	2945	3436	3927	4418	4909
		IN	463	925	1388	1850	2313	2776	3238	3701	4163	4626
300	70	OUT	707	1414	2121	2827	3634	4241	4948	5655	6362	7069
		IN	668	1337	2005	2673	3342	4049	4679	5347	6015	6684

(마) 실린더의 공기 소비량 : 실린더가 작동되는 곳에서 전환 밸브를 사용할 때 실린더로부터 전환 밸브까지의 배관에서 소비되는 공기량으로 공기 압축기나 저장 탱크의 선정 및 운전 경비 계산에도 필요하다.

$$\text{공기 소비량 } q = q_c + q_p = \frac{\pi N(p+1)}{2000}(D^2 Z + d^2 l)\,[\text{L/min}]$$

여기서, q_c : 실린더의 공기 소비량(L/min)

q_p : 배관부의 공기 소비량(L/min)

N : 1분간의 실린더 왕복수(c/min)

p : 사용 압력(kgf/cm^2)

② 실린더 부착 방법의 종류와 선정 기준 : 실린더 부착 방법에는 축심 고정형과 축심 요동형이 있으며, 축심 고정형은 직선 운동에 사용되는 것으로 운동 방향이 일정하며 축심 요동형은 행정(stroke)이 긴 경우나 운동 방향 및 요동 방향이 같을 때 부시(bush)에 걸리는 하중이 출력의 1/20 이내일 때 사용된다.

실린더 부착 방법의 종류

구 분	분 류		기 호
축심 고정형	파일럿형		
	플랜지형	로드쪽 플랜지 (FA)	
		헤드쪽 플랜지 (FB)	

축심 고정형	풋형	축직각 풋형 (LA)	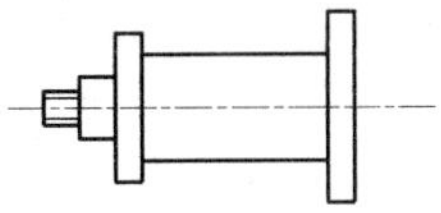
		축방향 풋형 (LB)	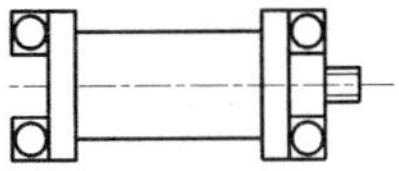
축심 요동형	트러니언형	로드쪽 트러니언형(TA)	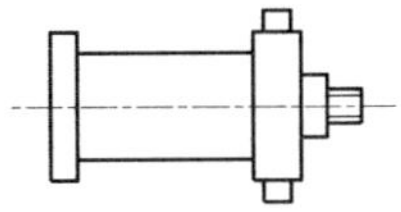
		중간 트러니언형((TC)	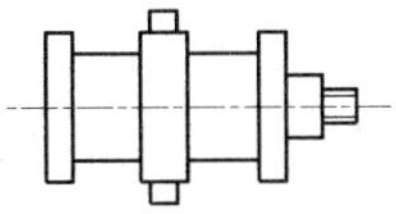
		헤드쪽 트러니언형(TB)	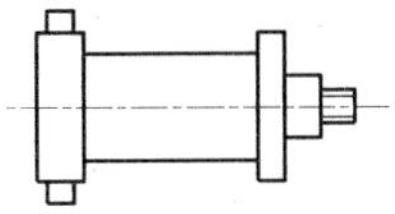
	클레비스형	1산 클레비스형(CA)	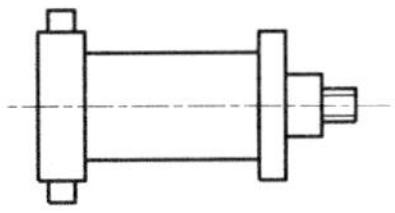
		2산 클레비스형(CB)	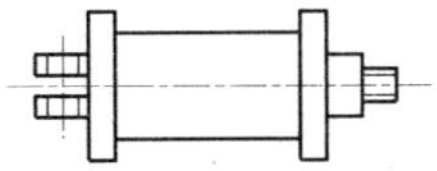
	볼형		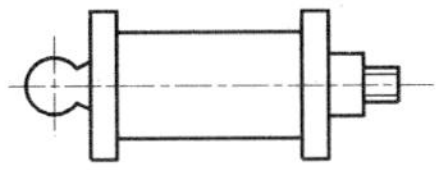

③ 최대 행정 : 실린더의 행정이 길고 부하가 큰 경우에는 피스톤의 휨에 주의해야 하며 실린더 사용 시 메이커의 카탈로그를 참조하는 것이 바람직하다.

④ 쿠션 기구에 의한 흡수 가능 운동 에너지 : 다음 그래프에 나타난 것과 같이 각 실린더 튜브 안지름의 직선 왼편 아래쪽이 흡수 가능한 운동 에너지의 범위이며 범위에서만 100만회 이상의 패킹 수명을 보증 받을 수 있다.

예를 들어 부하 하중이 100 kgf이고 실린더 속도를 200 mm/s로 하고자 할 때 ϕ40의 실린더를 사용하면 무리가 없으나 같은 조건에서 속도를 250 mm/s로 할 경우에는 실린더가 갖고 있는 흡수 가능한 운동 에너지의 한계를 넘게 되므로 실린더에 무리가 오게 된다. 따라서 이때에 ϕ50의 실린더를 사용해야 한다.

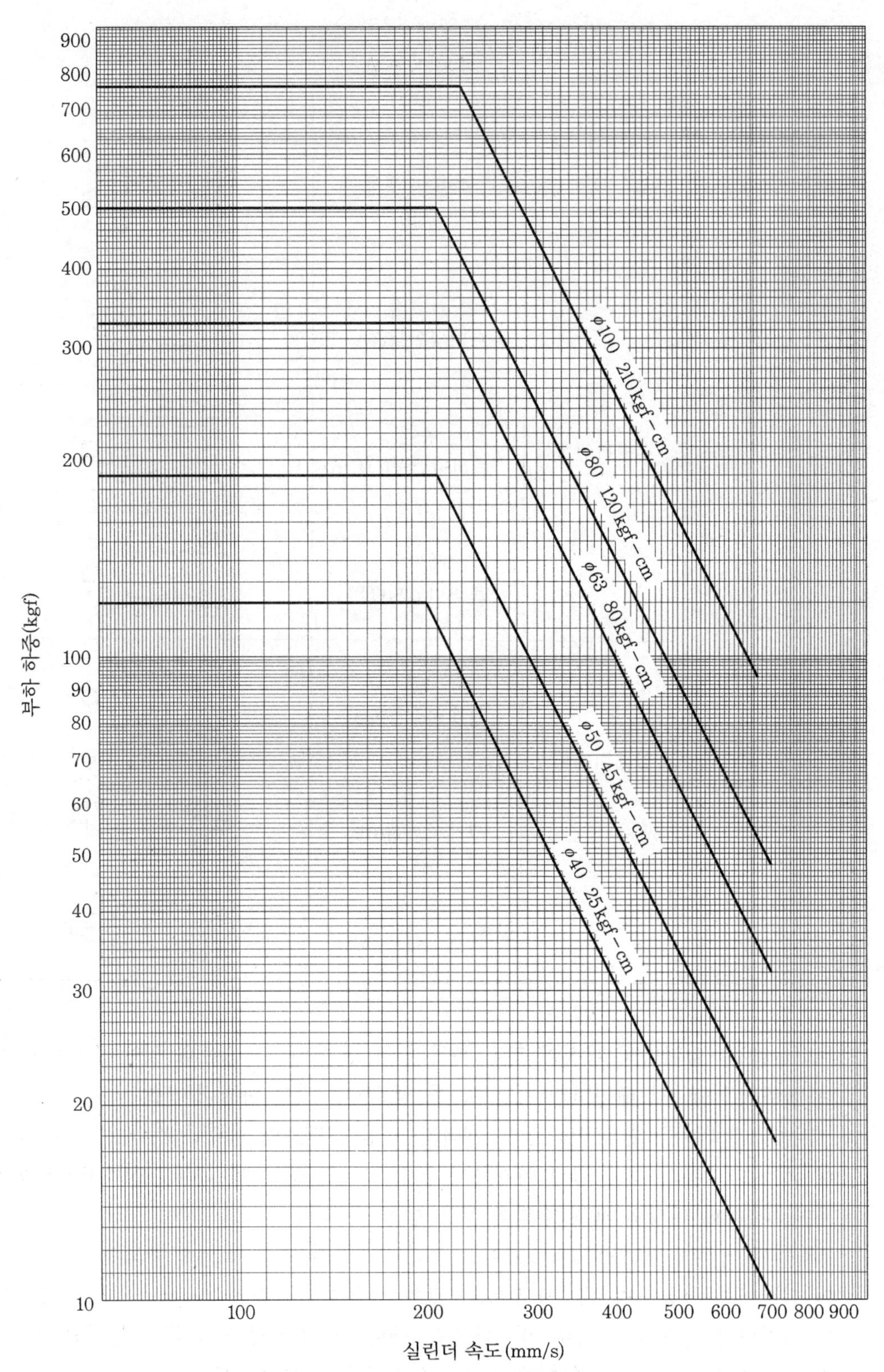

쿠션 기구에 의해 흡수 가능한 운동 에너지

참고

- **소요 공기량과 공기 소비량 :** 소요 공기량은 일정한 부하를 일정한 속도로 작동시키는 데 필요한 부하로 F, R, L 기기나 배관의 크기를 결정하는 데 필요하며, 공기 소비량은 작동기를 사용한 장치에서 전환 밸브가 작동할 때 작동기와 전환 밸브 사이의 배관에서 소비되는 공기량으로 압축기의 선정과 사용 가격의 계산에 필요한 것이다.

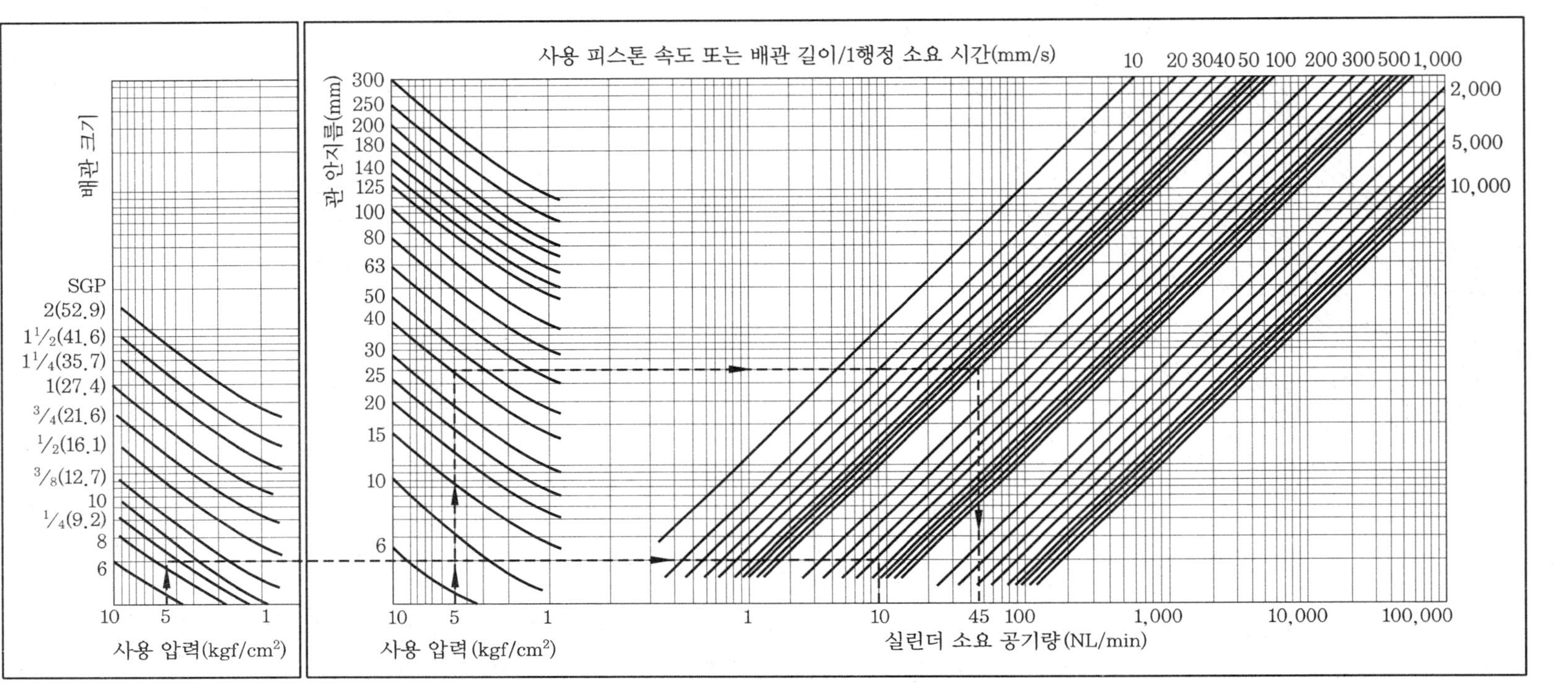

실린더와 배관의 소요 공기량

[그림 보는 방법]

㉮ 1. 관 안지름 40 mm, 사용 압력 5 kgf/cm^2, 속도 100 mm/s일 때의 소요 공기량은 45 NL/min이 된다.

㉮ 2. 위의 조건에서 행정은 200 mm, 안지름 8 mm의 나일론관 1 m로 배관되었다면 배관 부분 소요 공기량은

$$\frac{\text{배관 길이}}{\text{1행정 소요 시간}} = \frac{1000}{200/100} = 500\ \text{mm/s}$$로 되어 9 NL/min이 된다.

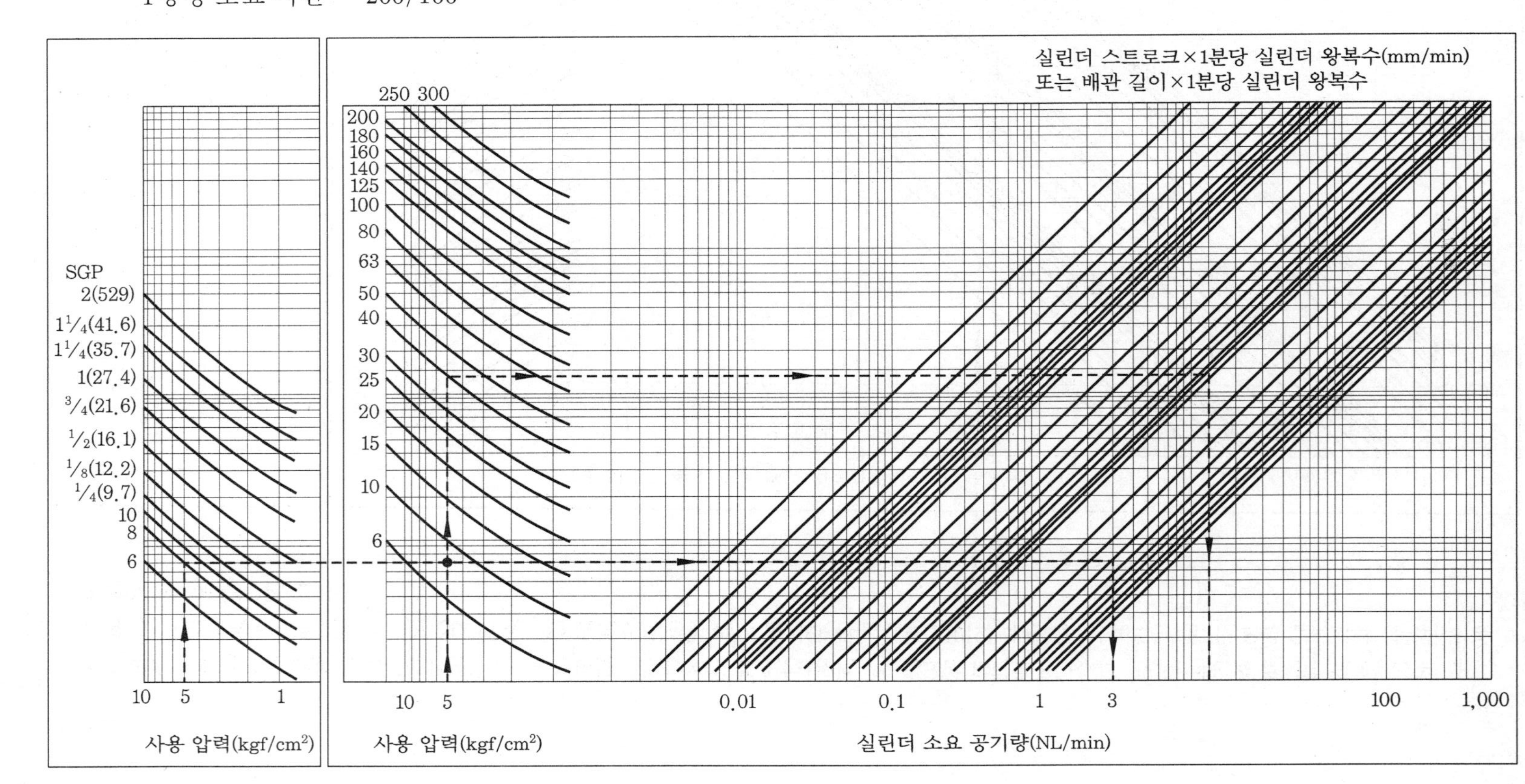

⑤ 피스톤 속도를 고속으로 할 경우의 주의점

㈎ 될 수 있으면 부하율은 작게 하고 안지름이 큰 실린더를 사용한다.

㈏ 압력 강하가 일어나지 않도록 한다.

㈐ 실린더 내의 배압을 빠르게 제거시키기 위하여 급속 배기 밸브를 부착시켜 사용한다.

㈑ 공기 압축기는 용량이 큰 것을 사용하고 중간 저장 탱크를 설치하여 사용하는 것이 바람직하다.

㈒ 속도가 제대로 나오지 않을 때는 파이프 안지름을 크게 한다.

㈓ 충격 흡수 기구 병용을 검토해야 한다.

㈔ 패킹의 수명을 확인해야 한다.

㈕ 작동 시 사고를 방지할 수 있는 조치를 한다.

⑥ 피스톤 속도가 저속 작동인 경우의 주의점

㈎ 속도가 50 mm/s 이하의 경우에는 고착 현상의 발생을 검토한다.

㊟ 피스톤의 속도를 50 mm/s 이하로 사용할 때는 가끔 고착 현상을 일으킬 때가 있으므로 이때에는 마찰 저항을 줄여야 하며 윤활기의 선정에도 특별히 주의하도록 하고 패킹도 습동 저항이 작은 것을 사용해야 한다.

㈏ 저속 정밀 이송 시에는 공기-유압 유닛을 사용한다.

㈐ 공기의 유량이 적어 속도 제어 및 윤활에 문제가 발생하므로 기기의 크기 선정에 특별히 유의한다.

㈑ 피스톤의 속도가 느리고 배관의 지름이 작아도 될 경우에는 실린더 포트에 리듀서를 사용하여 배관 지름을 줄인다.

⑦ 주위 온도 및 실린더의 사용 범위 : 다음 그림에서 나타난 바와 같이 적당한 사용 범위는 5~60℃이며 그 이하나 이상이 될 때에는 내한 실린더나 내열 실린더를 사용해야 한다.

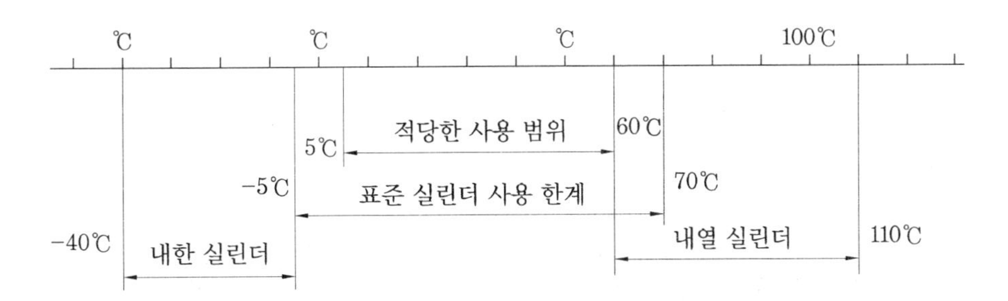

⑧ 방진 : 주위 환경이 나쁘고 먼지가 많은 장소에서는 다음 그림과 같이 플렉시블 로드부에 플렉시블 커버를 사용하여 먼지의 침입을 방지해야 하며 플렉시블 커버를 사용할 수 없는 곳에는 먼지를 긁어낼 수 있는 장치(scraper)를 부착한 실린더를 사용해야 한다.

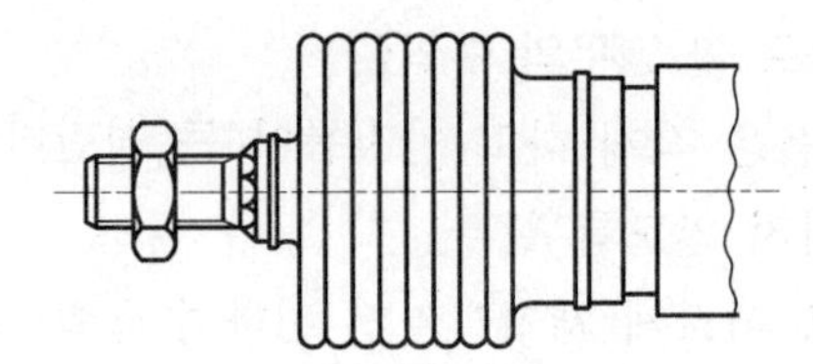

⑨ 실린더 방식 : 사용 장소에 따라 부식이나 패킹의 부풀음 현상이 있는 곳에는 표준 실린더의 사용을 금하고 특수 실린더를 사용해야 한다.

⑩ 압축 공기 : 압축 공기는 충분히 청정된 깨끗한 공기를 사용한다.

⑪ 사용 윤활유 및 적정 공급량 : 윤활유는 터빈유 1종(150VG 32와 같은 종류)을 사용하며 윤활유의 적정한 공급량은 보통 압축 공기 10L에 한 방울 정도로 한다. 패킹의 부풀음 현상은 드레인(수분과 압축기 오일)과 기계유, 스핀들유 그리고 시너 등의 유기성 용제와 접촉하여 일어난다.

⑫ 배기 : 배기음을 줄이기 위하여 배기구에 소음기(silencer)를 설치해야 하며 이때에는 배압을 검토해야 한다.

⑬ 배관 : 주배관은 강관으로 하고 휨 등이 필요한 곳에는 고무 호스를 사용한다.

⑭ 실린더를 제어하기 위한 기기

(가) 압력 조정기 : 사용 압력은 필요 이상으로 고압으로 설정하지 말고 필요한 양과 적당한 압력으로 조정하며 적합한 규격의 것을 사용한다.

(나) 스피드 컨트롤러

㉮ 실린더의 속도를 제어하는 방법에는 실린더로 들어가는 공기를 제어하는 미터 인 방식과 실린더에서 나오는 공기를 제어하는 미터 아웃 방식이 있으며, 일반적으로는 미터 아웃 방식이 많이 사용되고 있으나 단동 실린더의 경우에는 미터 인 방식이 사용되고 있으므로 주의해야 한다.

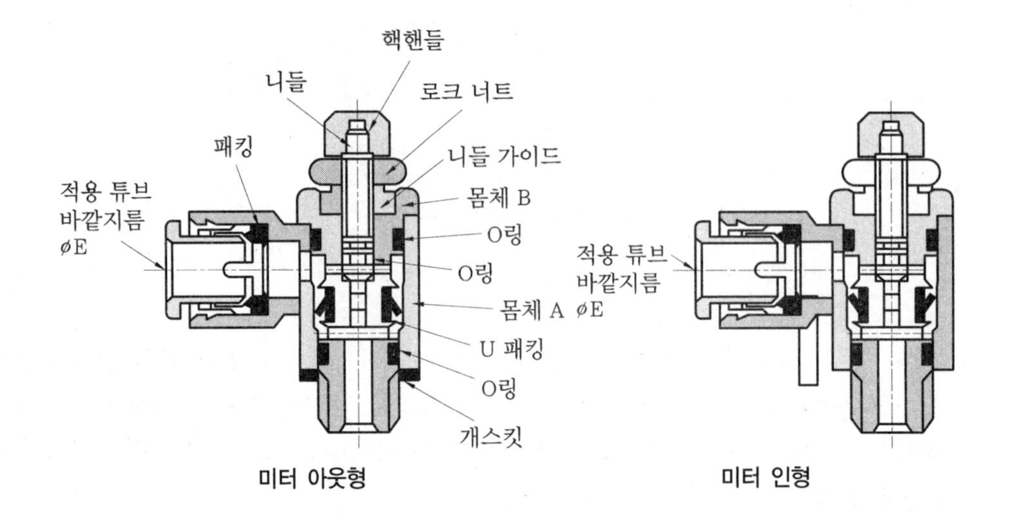

㉯ 스피드 컨트롤러는 실린더와 가까이 설치하는 것이 속도 조정에 유리하므로 주의한다.

㉰ 스피드 컨트롤러의 유량 조절 특성에는 적정 범위가 있으므로 이 범위 내에서 사용해야 한다.

㈐ 밸브

㉮ 밸브의 설치 장소는 될 수 있으면 실린더에 가까운 쪽으로 하는 것이 공기의 소비량을 줄일 수 있어 경제적이다.

㉯ 밸브의 크기는 실린더의 피스톤 속도에 의하여 선정해야 한다.

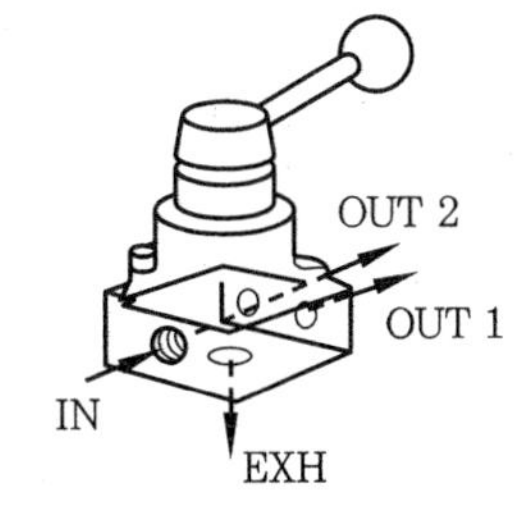

㉰ 중간 정지 등을 필요로 할 경우에는 공기의 압축성에 의하여 정확한 곳에서의 정지나 장시간 압력 유지가 어려우므로 밸브의 구조 선정 후 별도의 회로를 구성하는 것이 좋다.

㈑ 윤활기

㉮ 윤활기는 압력조정기 다음에 설치해야 한다.

㉯ 윤활기의 접속경은 피스톤 속도에 의한 공기량에 따라 알맞는 것을 사용해야 한다.

㉰ 공기가 통과하는 시간이 짧을 경우에는 급유가 되지 않는 경우도 있으므로 주의해야 한다.

(4) 자동 스위치 부착 실린더

① 구조 및 작동 원리 : 비자성체의 피스톤에 영구자석을 설치하고 비자성체의 실린더 튜브 바깥쪽에는 자동 스위치(auto switch)를 부착시켜 피스톤의 이동에 따라 스위치가 개폐되며 시퀀스 제어의 검출 신호를 보내는 기능을 갖는 실린더이다.

② 특성 : 종전의 리밋 스위치(limit switch) 검출 방식에 비하여 설계 시간을 단축시킬 수 있으며 설치 공간이 줄어들게 되므로 비용도 절감되고 신뢰성이 높으며 검출 위치 및 검출 개수의 변경이나 보수 시에도 스위치를 쉽게 바꿀 수 있으므로 최근 널리 사용되고 있다.

③ 스위치의 종류와 선정

스위치에는 유접점 스위치와 무접점 스위치가 있으며 사용온도 범위는 −10~60℃ 정도이다.

유접점 스위치에는 AC와 DC가 사용되며 무접점 스위치에는 DC가 사용된다. 특히 무접점 스위치는 가동부가 없으므로 위치 검출의 신뢰성이 높고 채터링이 없으며 수명이 반영구적이다. 2점 표시식 무접점 스위치는 최적 표시 위치를 점등(보통 녹

색)으로 표시하므로 쉽게 부착 조정이 가능하도록 되어 있다.

다음 그림 (a), (b)는 무접점 스위치의 내부 회로도이며, (c), (d)는 유접점 스위치의 내부 회로도이다.

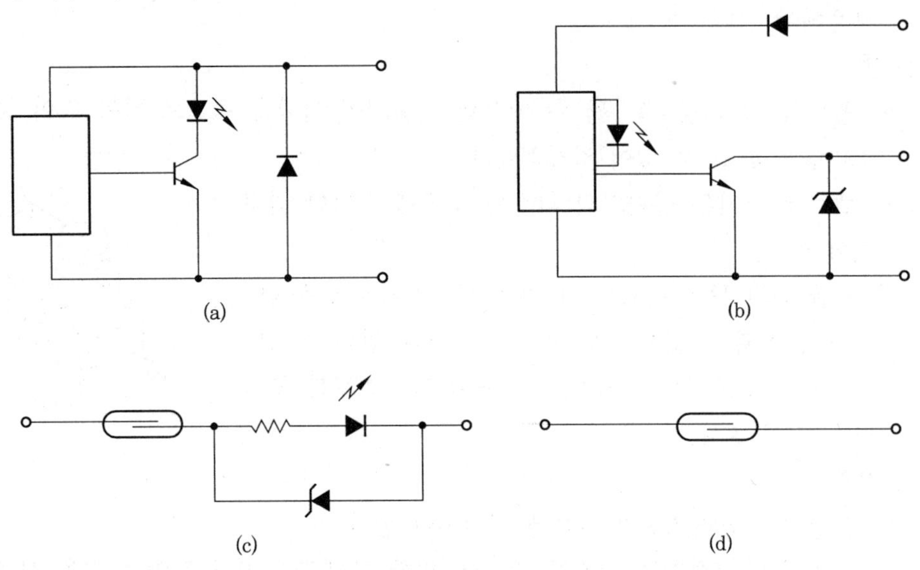

(a) (b) (c) (d)

실린더 스위치의 부착 방법과 최소 거리는 다음 그림과 같다.

스위치 수	1개부	
취부 방법		
	로드측 부착	헤드측 부착
최소 거리	5 mm	
스위치 수	2개부	
취부 방법		
	이면 부착의 경우	동일면 부착의 경우
최소 거리	10 mm	28 mm

④ 사용상의 주의사항

(가) 무접점 스위치

㉮ 리드의 접속 : 리드선은 색에 따라 정확히 접속해야 하며, 이때에는 반드시 회로의 전원을 차단시켜야 한다.

㉯ 출력 회로의 보호를 위하여 릴레이나 전자 밸브를 사용하는 경우에는 스위치를 열었을 때 서지 전압이 발생하므로 그림 (a)와 같이 보호 회로를 사용해야 한다. 콘덴서를 접속 사용할 경우에는 스위치를 닫았을 때 돌입 전류가 발생되므로 그림 (b)와 같은 보조 회로를 사용해야 하고 리드선의 길이가 길 경우(10 m 이상)에는 (c), (d), (e)와 같이 보호 회로를 사용한다.

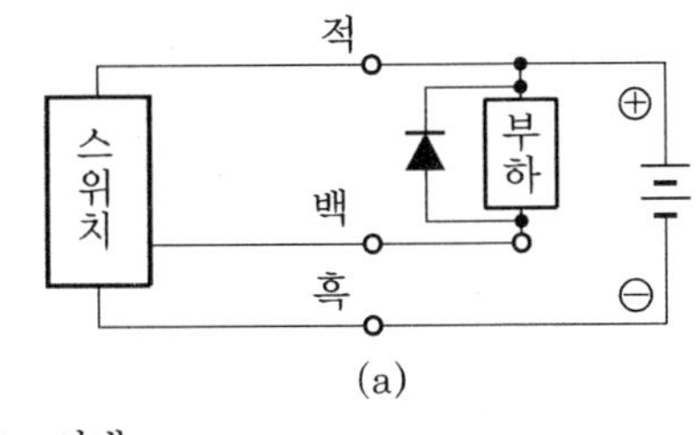

(a)

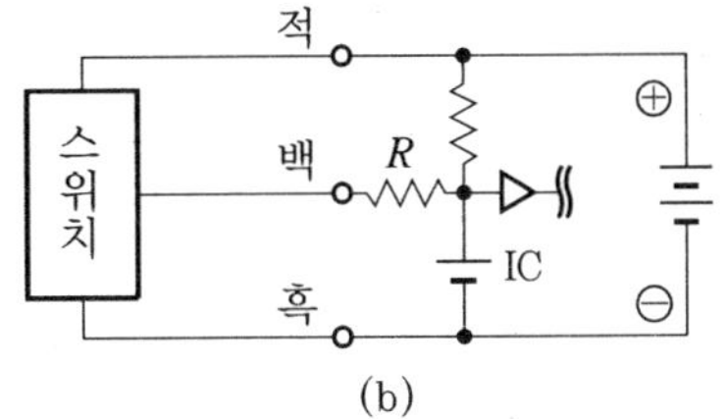

(b)

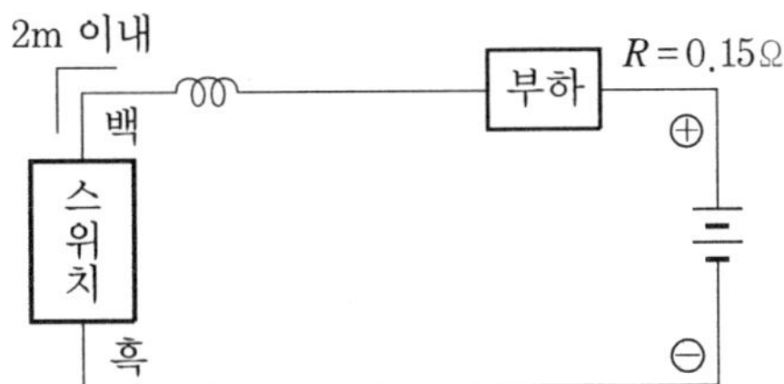

- 초크 코일
  L=수백 μH~수 mH
  고주파 특성에 우수함
- 스위치 가까이 배선한다(2 m 이내).

(c)

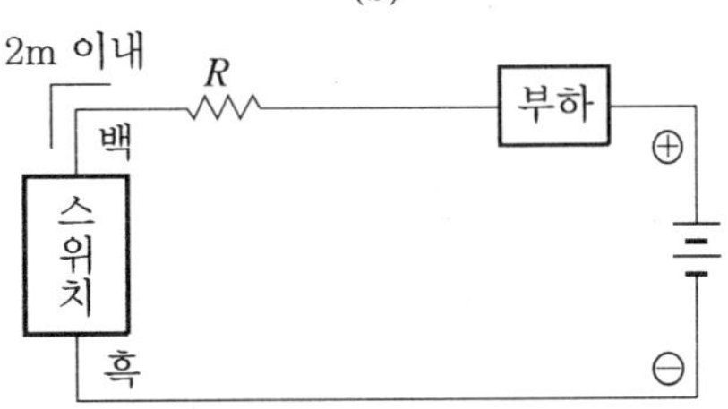

- 돌입 전류 제한 저항
  R=부하측 회로가 허용하는 한 큰 저항 사용
- 스위치 가까이 배선한다.

(d)

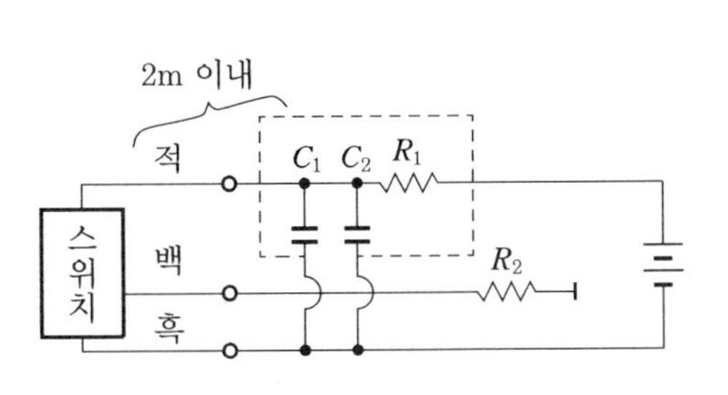

- 전원 노이즈 흡수 회로
  $C_1=20\sim50\mu$F 전해 콘덴서(내압 50 V 이상
  $C_2=0.01\sim0.1\mu$F 세라믹 콘덴서
  $R_1=20\sim30\Omega$
- 돌입 전류 제한 저항
  R_2=부하측 회로가 허용하는 한 큰 저항을 사용
- 스위치 가까이 배선한다(2 m 이내).

(e)

㉰ 스위치를 복수 직렬 접속 시에는 스위치의 전압 강하를 검토하고 병렬 접속 시에는 램프가 어둡거나 점등되지 않는 경우가 있으므로 주의한다. 주위에 자력이 센 물질이나 센 전류가 있는 장소(대형 자석, 스폿 용접기)에서는 가동체가 이동

시 상호 간섭이 생겨 영향을 줄 수 있다.

㉣ 리드선은 길이를 적당히 하여 휨 응력이나 인장력이 걸리지 않도록 배선 시 주의한다.

(나) 유접점 스위치

㉮ 스위치의 리드선은 직접 전원에 연결하지 말고 반드시 부하를 직렬로 접속한다.

㉯ 스위치의 최대 접점 용량이 넘는 부하를 사용해서는 안 된다.

㉰ 릴레이 등의 유도 부하에서는 반드시 다음 그림과 같은 보호 회로를 사용한다.

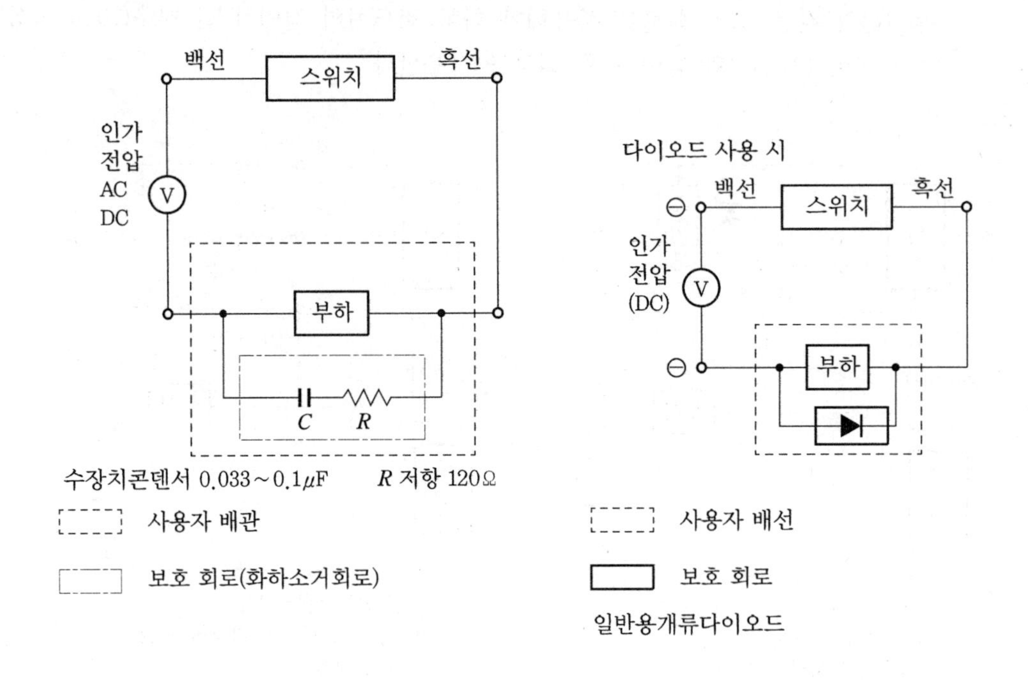

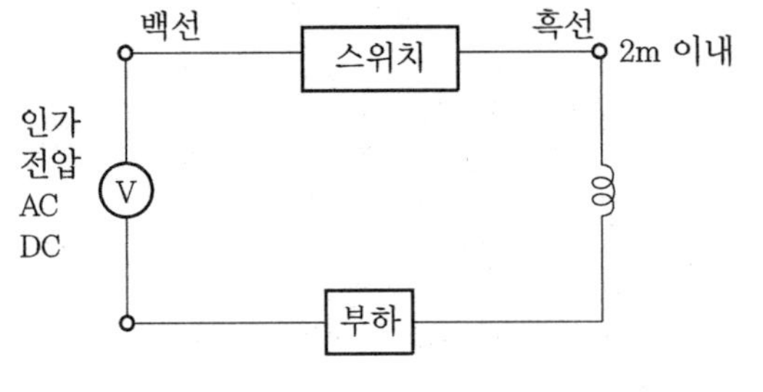

- 초크 코일
  L=수 μH~수 mH
  고주파 특성에 우수한 부품
- 스위치에 가까이 배선한다(2 m 이내).

백선 스위치 흑선 2m 이내 인가 전압 AC DC V R 부하

- 돌입 전류 제한 저항
  R=부하 회로측이 허용하는 한 큰 저항
- 스위치 가까이 배선한다(2 m 이내).

㉱ 배선의 길이가 10 m를 넘는 경우에는 앞의 그림과 같은 보호 회로를 사용한다.

㉲ 스위치를 직렬 접속 시에는 전압 강하가 일어나고 병렬 접속 시에는 램프가 어

듭거나 점등되지 않는 경우도 있다.

㉥ 주위에 자력이 센 물질이나 대전류가 있으면 실린더 가까이 자성체가 이동 시 상호 간섭이 생기므로 주의한다.

㉦ 리드선에 휨이나 인장력이 걸리지 않도록 주의한다.

5-3 회전 작동기(rotary actuator)

압축 공기의 에너지를 기계적인 회전 운동으로 바꾸는 기기로 공압 모터라고 부르며, 널리 사용되는 것으로는 피스톤형과 베인형, 기어형, 터빈형 등이 있다.

(1) 피스톤 모터

이 형식에는 모터의 크랭크 축을 왕복 운동하는 액시얼 피스톤 모터와 크랭크 축에 연결된 커넥팅 로드에 의하여 회전하는 레이디얼 피스톤 모터가 있으며, 운전이 연속적으로 이루어지기 위해서는 많은 피스톤이 필요하게 된다.

출력은 공기의 압력과 피스톤 개수, 피스톤의 크기, 행정 속도에 따라 달라지며 회전 방향도 바꿀 수 있으며 출력은 보통 1.5~19 kW(2~25마력) 정도이다.

① 액시얼 피스톤 모터

구조가 복잡하고 고가이나 효율이 높고 큰 출력을 얻을 수 있으며 가변 용량형의 제작도 가능하다.

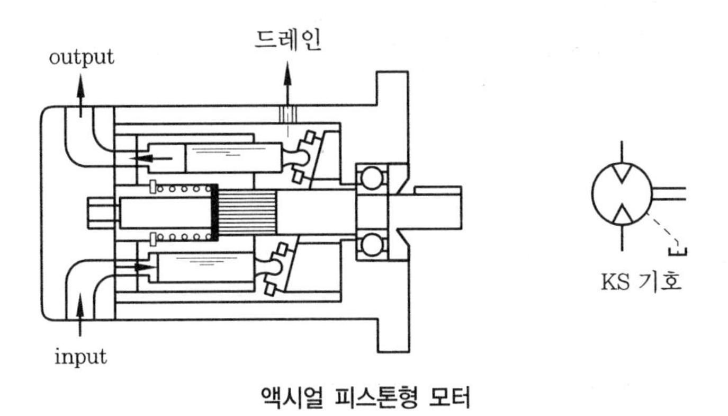

액시얼 피스톤형 모터

② 레이디얼 피스톤 모터

입구에서 들어간 압축 공기는 회전 밸브를 통하여 실린더에 들어가 피스톤을 밀고 피스톤은 연결봉으로 편심 캠을 밀어서 축을 회전시킨다.

피스톤 바깥쪽에서의 행정은 회전 밸브의 출구 포트가 열리므로 압축 공기는 배출된다. 최고 속도는 5000 rpm이고 회전 방향도 바꿀 수 있으며 출력은 1.5~1.9 kW(2~25마력) 정도이다.

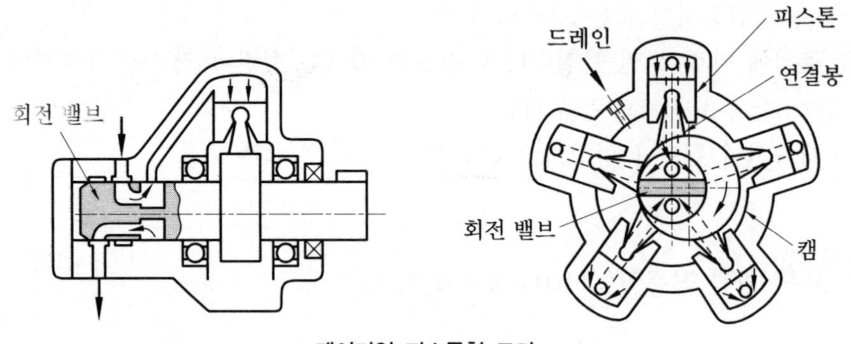

레이디얼 피스톤형 모터

(2) 베인 모터

베인 펌프와 비슷하고 스프링이나 공압을 이용하여 무부하에서 베인을 장시간 사용할 필요가 있으며 출력 토크가 비교적 고르다. 중속 중토크용으로 널리 사용되고 있다.

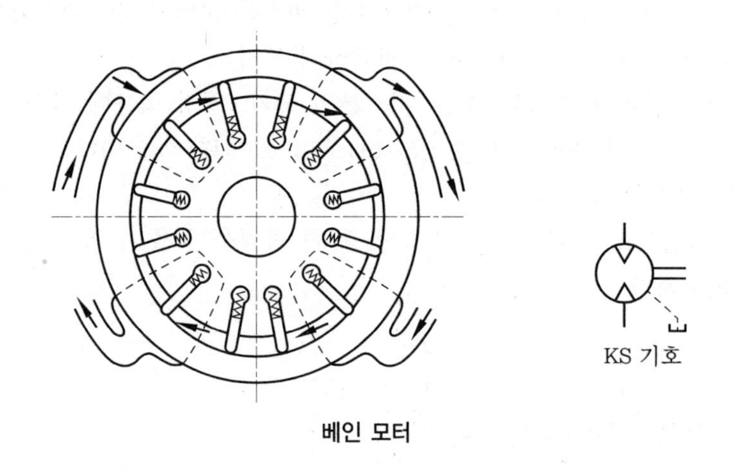

베인 모터

(3) 요동 모터

① 피스톤형 요동 모터 : 그림과 같이 피스톤 2개와 래크, 피니언을 이용하여 작동시키고 있다.

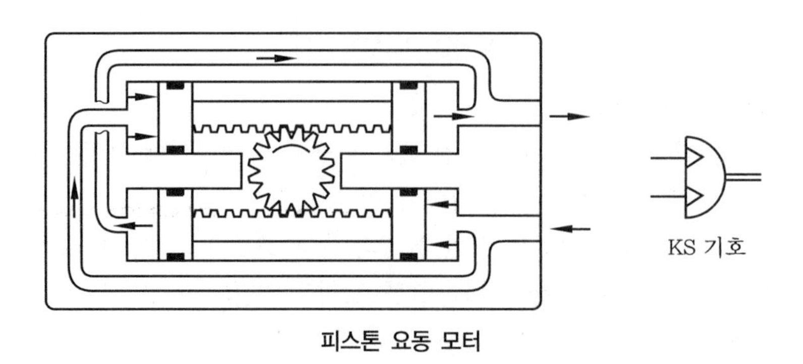

피스톤 요동 모터

② 베인형 요동 모터 : 요동 베인이 1~3이 있고 요동 각도도 베인의 개수에 따라 60~280°이다. 다음 그림은 2링 베인을 나타낸 것으로 비교적 간단하고 제작비도 싸며 밸브의 개폐와 이송 기구 등에 사용된다.

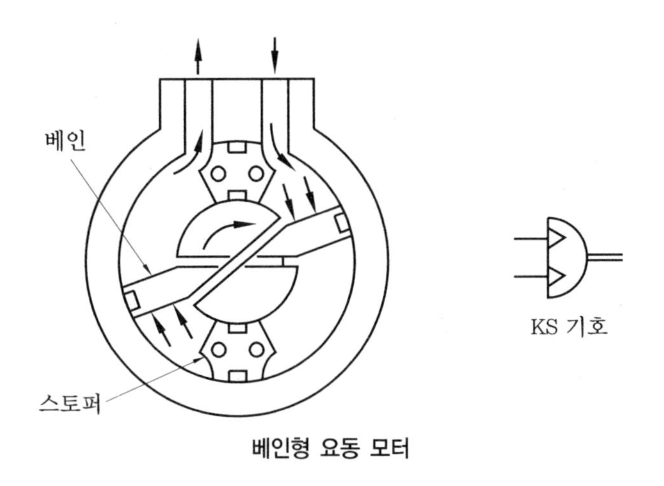

베인형 요동 모터

③ 요동 모터의 실제 사용 예

요동 모터 사용 예

④ 특성 및 선정

(가) 내부 누출과 내부 저항 및 시동 압력 등을 고려해야 한다.

(나) 기종 및 구조와 크기에 따라 요동 각도가 다르며 이 경우에는 이 범위 내에서 내부 스토퍼나 외부 스토퍼로 각도 제어가 가능하다.

(다) 속도 조정은 스피드 컨트롤러로 하며 안정된 작동을 얻기 위하여 그림과 같이 미터 아웃 방식으로 접속한다.

미터 아웃 접속 방법

(라) 부하 변동으로 인하여 원활한 요동이 곤란할 경우에는 잭-피니언형의 저유압형을 사용하여 공기와 유압을 병용하는 것이 좋다.

(마) 발생되는 회전력(torque)에는 개략적인 계산에 의하여 구해지는 이론값과 패킹 및 그 밖의 저항값을 고려한 설계값이 있다. 따라서 실용상에서는 부하율이 50%가 되도록 기종의 크기를 선정한다.

다음 그래프의 회전력 환산 도표를 예를 들어 설명하면 사용 압력 7 kgf/cm^{2}로 2 kgf·m의 회전력을 필요로 할 경우에는 기종 A를 선정한다.

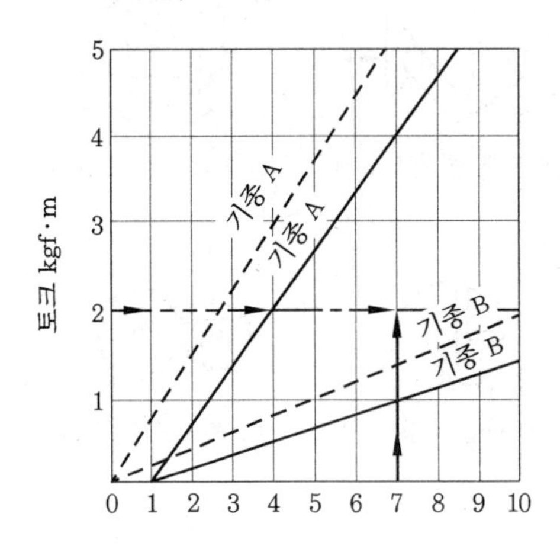

(바) 허용 운동 에너지는 기기의 파손이 일어나지 않는 최대한으로 허용할 수 있는 부하의 운동 에너지를 말한다.

(사) 부하의 운동 에너지가 기기의 허용 운동 에너지를 초과할 경우에는 외부에 완충 기구를 설치하여 관성력을 흡수해야 한다.

(아) 큰 중량의 부하를 직접 작동기 축에 부착하면 축과 베어링부에 파손이 생길 염려가 있으므로 특별히 주의한다.

(4) 공기 유압 기구

공기 유압 기구는 공기압 기구의 단점인 공기의 압축성에 의한 문제를 해소하고 시동이나 부하 변동 시에도 같은 속도의 구동이 가능하며 저속 시 고착 현상을 방지할 수도 있다. 또한 실린더의 정밀 정속 이송, 중간 정지, 스킵(skip) 이송 및 회전 작동기(motor)에서는 저속 구동에도 적합하다.

① 공기 유압 부스터 : 공기 유압 부스터는 공기압을 이용하여 작동유가 들어간 증압기를 가동시켜 수배에서 수십배의 유압으로 변환시키는 배력 장치이다.

특히 초기 이송 시에는 저압의 큰 유량을 토출하고 증압 이송 시에는 공압 소유량이 2단 토출이 가능하므로 편리하다. 따라서 공기압으로 스탬핑(stamping), 리베팅(rivetting) 및 프레스 등을 작동시킬 수 있다.

② 구조 및 작동 원리

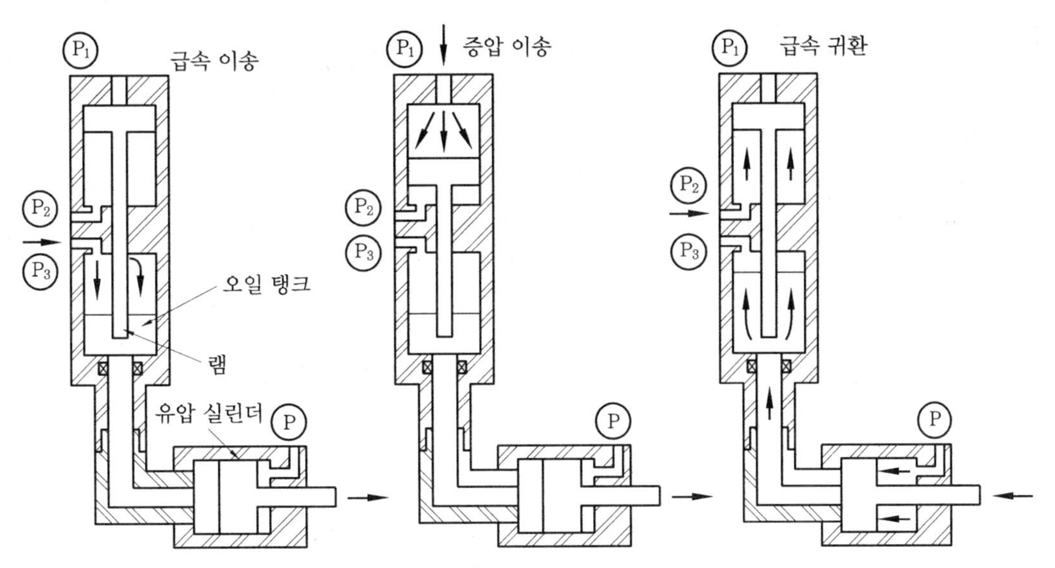

포트 P_3에 에어를 넣으면 오일 탱크 내의 오일이 유압 실린더의 램을 전진시킨다.

포트 P_1으로 에어를 넣으면 유압 실린더 내에 고압이 유입되어 높은 추력으로 램을 전진시킨다.

포트 P와 포트 P_2에 에어를 넣으면 유압실 린더의 램을 조귀환시킨다.

③ 기종 선정 방법의 예

유압 실린더의 튜브 안지름 D가 100 mm(이때 좌굴 하중도 생각한다.)이고, 증압 이송 시 유압 실린더의 이론 추력 $F=6000$ kgf, 사용 공기 압력 $p=5$ kgf/cm^2, 초기 이송 행정 $L_1=80$ mm, 증압 이송 행정 $L_2=5$ mm라 할 때 선정 방법을 살펴보자.

㈎ 증압비를 구한다.

$$\text{증압비} = \frac{F}{\text{공압 시의 이론 추력}} = \frac{6000\text{kgf}}{392.5\text{kgf}} \fallingdotseq 15\text{배}$$

(공압 시의 이론 추력은 $D=100$ mm, $p=5$ kgf/cm^{2}이므로 다음 표에서 찾아보면 392.5 kgf이 된다.)

(나) 초기 이송 유량과 증압 이송 유량을 구한다.

초기 이송 유량=유압 실린더의 수압 면적×행정(L_1)=78.5 cm^2×8 cm=628cc

증압 이송 유량=유압 실린더의 수압 면적×행정(L_2)=78.5 cm^2×0.5 cm≒39cc

($D=100$ mm이므로 수압 면적은 78.5 cm^{2}이 된다.)

공압 시의 이론 추력 수압 면적 (단위 : kgf)

튜브 안지름 (mm)	수압 면적 (cm^2)	사용 압력(kgf/cm^2)								
		2	3	4	5	6	7	8	9	10
ϕ40	12.6	25.1	37.6	50.2	62.8	75.3	87.9	100.4	113.0	125.6
ϕ50	19.6	39.2	58.8	78.5	98.1	117.7	137.3	157.0	176.6	196.2
ϕ63	31.2	62.3	93.4	124.6	155.7	186.9	218.0	249.2	280.4	311.5
ϕ80	50.3	100.4	150.7	200.9	251.2	301.4	351.6	401.9	452.1	502.4
ϕ100	78.5	157.0	235.5	314.0	392.5	471.0	549.5	628.0	706.5	785.0
ϕ125	122.7	245.4	368.1	490.8	613.5	736.2	858.9	981.6	1104.3	1227.0
ϕ140	153.9	307.8	461.7	615.6	769.5	923.4	1077.3	1231.2	1385.1	1539.0
ϕ160	201.1	402.2	603.3	804.4	1005.5	1206.6	1407.3	1608.8	1809.9	2011.0
ϕ180	254.5	508.8	763.2	1017.6	1272.0	1526.4	1781.3	2035.2	2289.6	2544.0
ϕ200	314.2	628.2	942.3	1256.4	1570.5	1884.6	2198.7	2512.8	2826.9	3141.0

(다) 증압 헤드 실린더 : 공기압으로 고유압(고출력)을 얻을 수 있으며, 공기압의 조정만으로 유압을 무단계로 조정할 수 있다.

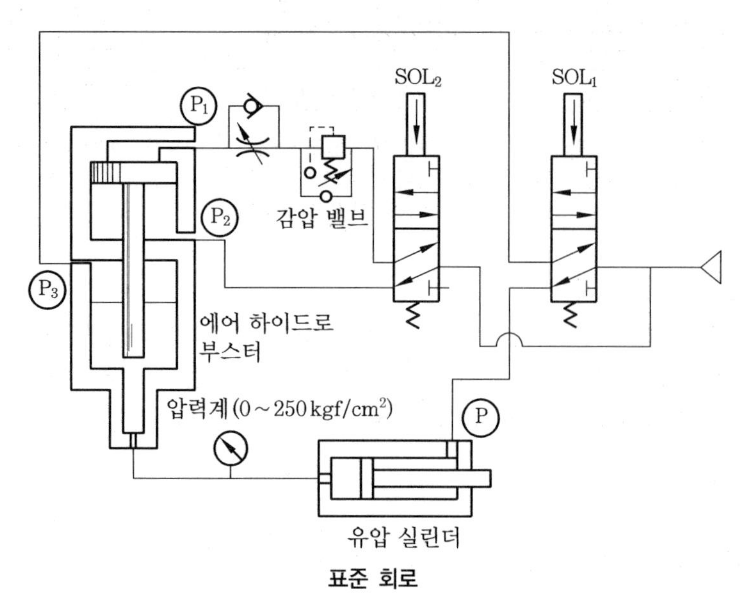

표준 회로

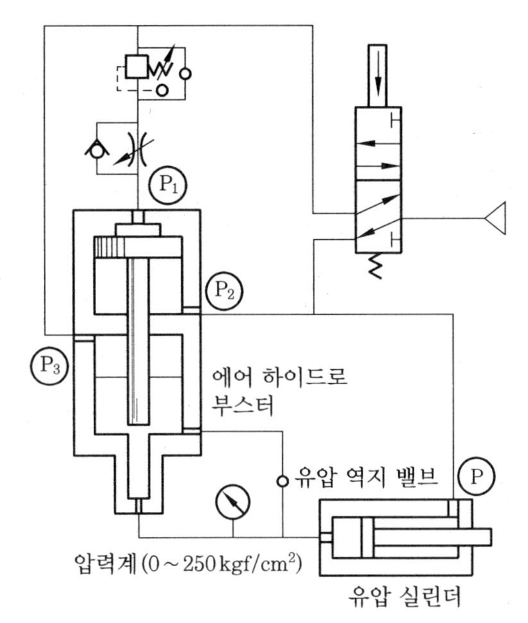

출발 시 고출력 회로

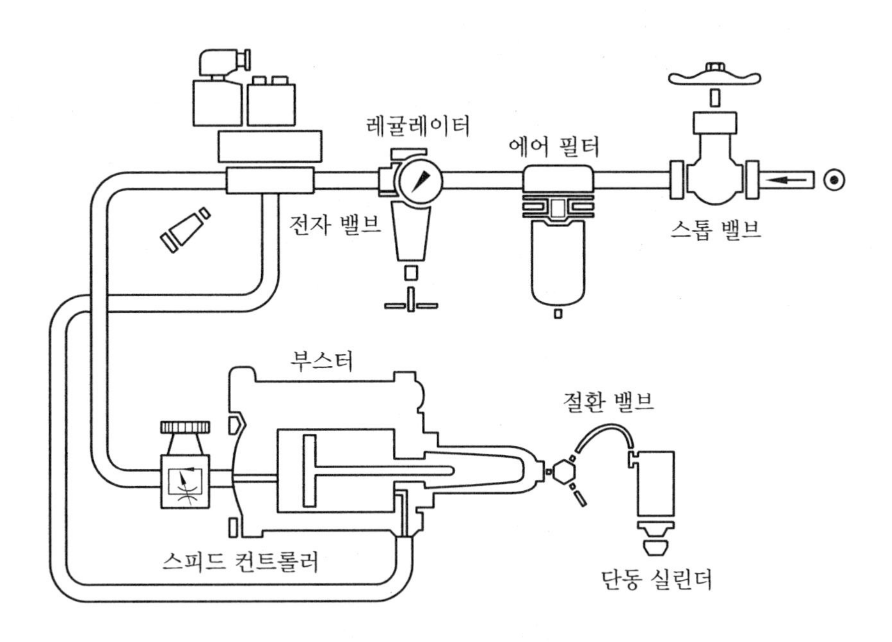

단동 실린더 사용 배관도

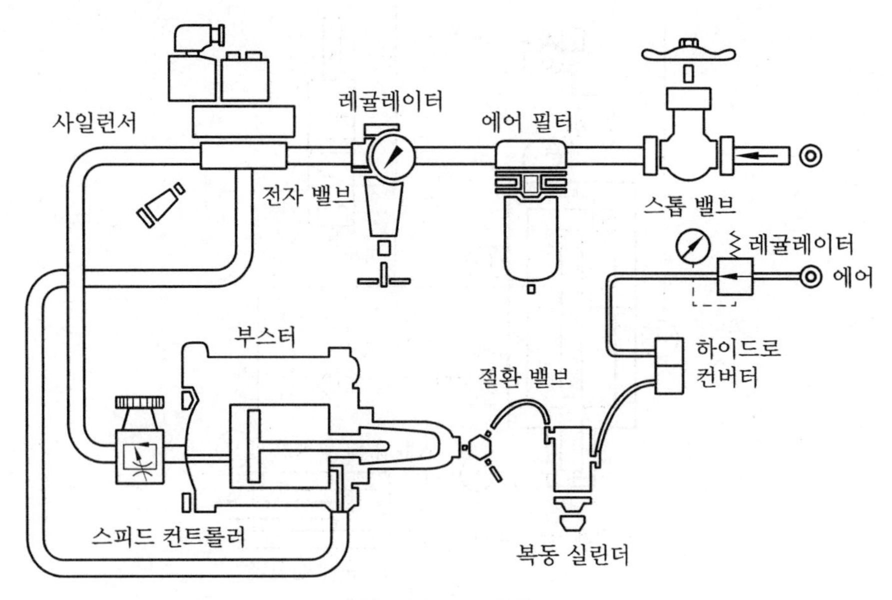

복동 실린더 사용 배관도

④ 사용 시 주의사항

㈎ 부스터는 반드시 수평으로 하여 유압유가 새어 나오는 것을 방지한다.

㈏ 부스터는 헤드 실린더보다 높게 설치하여 유압유 주입 시 공기 빼기를 하기 쉽도록 해야 하며 헤드 실린더의 높이가 높은 경우에는 유압유를 넣고 공기 빼기를 한 후에 헤드 실린더를 부착시킨다.

㈐ 유압유는 유량계를 확인하면서 정량을 주입한다.

㈑ 유압 호스는 곡률 반지름 300mm 이상이 되도록 하여 지나치게 구부리지 않는다.

㈒ 부스터는 분당 6회 정도 이내에서 사용하는 것이 좋다.

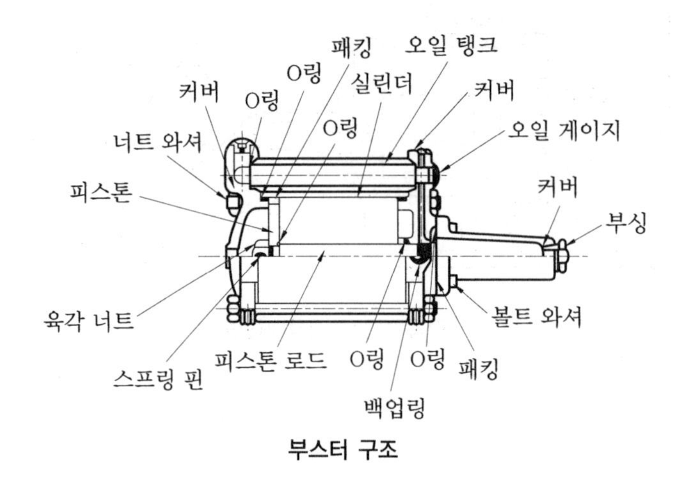

부스터 구조

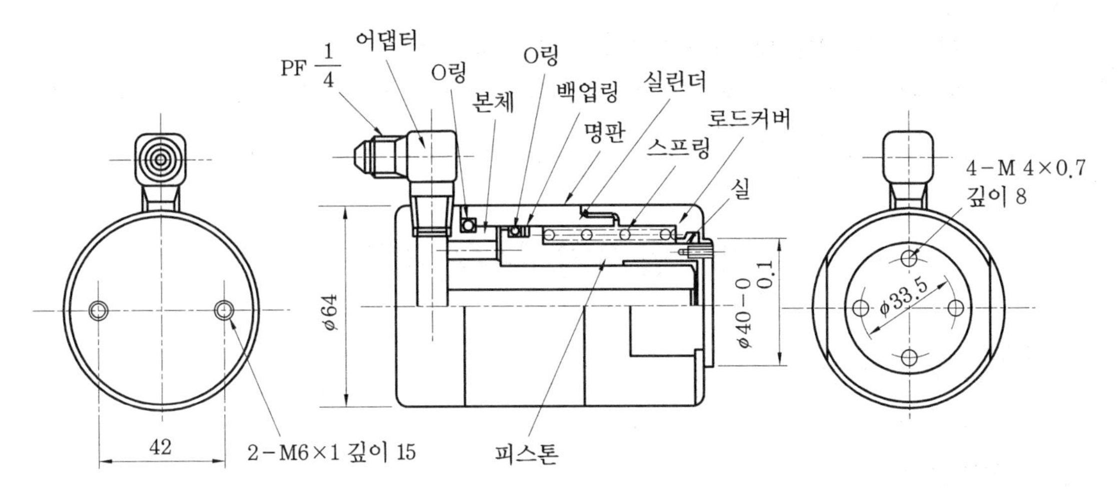

단동형 헤드 실린더의 구조

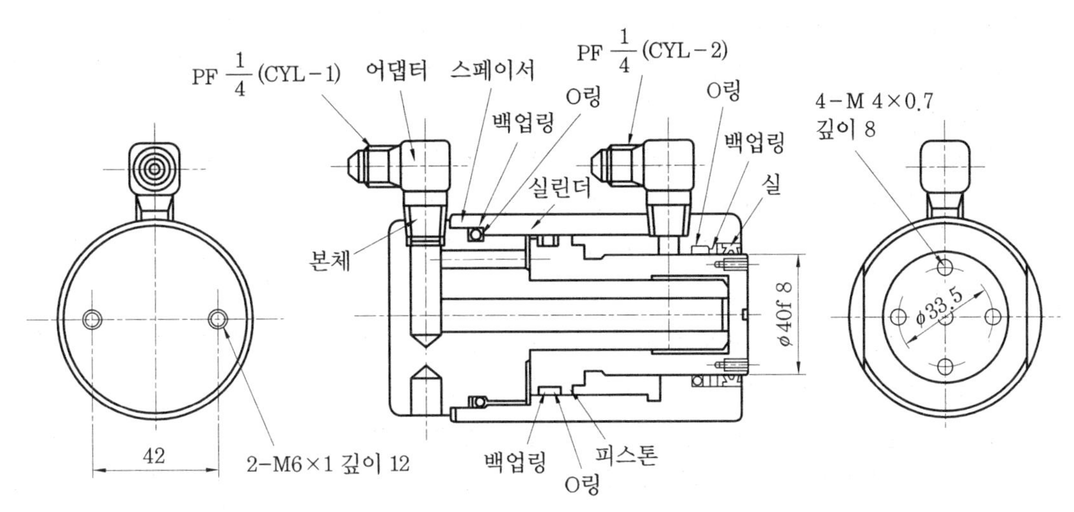

복동형 헤드 실린더의 구조

㉮ 부스터의 출력 계산

출력(kgf) = 공기압(kgf/cm^2)×부스터의 증압비×헤드 실린더의 유효 수압 면적(cm^2) ×효율(보통 0.90~0.95)

㉯ 행정(stroke) 유량 계산

부스터 토출 유량(cc)×0.85≧헤드 실린더의 유효 수압 면적(cm^2)×헤드 실린더의 실제 행정(cm)+유압 호스 길이(cm)×5 cc

(이때 0.85는 여유율이며 유압 호스의 팽창 손실분은 1 m당 5 cc이다)

㉰ 부스터 1대에 헤드 실린더가 2대 이상 사용될 때는 각각의 헤드 실린더 행정 용적을 합산하도록 한다.

부스터의 토출 유량×0.85≧헤드 실린더(1)의 유효 수압 면적×헤드 실린더(1)의 실제 행정+유압 호스 길이(cm)×5 cc+헤드 실린더(2)의 유효 수압 면적×헤드실

린더(2)의 실제 행정+유압 호스 길이(cm)×5 cc

※ 위의 계산과 맞지 않으면 충분한 출력을 얻을 수 없으며 헤드 실린더도 필요한 행정까지 이송되지 않는다.

6. 공기압 부속 기기

6-1 배 관

(1) 공기압 배관의 특징

사용 압력이 보통 5~7 kgf/cm^{2}이며, 유압에 비하여 배관이 쉽고 간단하며 내압에도 주의할 필요가 거의 없으므로 현재에는 나일론이나 우레탄 튜브 등도 사용되고 있다.

① 파이프 : 사용한 공기를 그대로 대기 중으로 방출시키기 때문에 리턴 라인이 필요 없다.

② 누출(air leak) : 누출에 의한 환경 오염이나 화재의 위험은 없으나 압축 공기는 에너지이므로 외부로의 누출은 절대로 없어야 한다.

③ 수분과 녹 : 압축 공기에는 반드시 수분이 포함되어 있으므로 특히 녹 방지에 주의한다.

④ 동결 : 압축 공기는 팽창에 의하여 온도가 낮아지게 되므로 주위 온도가 0℃ 이하가 아니더라도 동결할 염려가 있으므로 주의를 요한다.

⑤ 간헐 운전 : 어떤 장치가 일시적으로 많은 양의 공기를 소비할 경우에는 그 장치 가까이에 보조 탱크를 설치하여 공기를 저장함으로써 압축기의 용량, 배관 등을 작게 할 수 있으며 압력 변동도 적어 다른 기기에 미치는 영향을 줄일 수 있다.

(2) 배관 시의 주의사항

① 주관로의 압력 변동을 작게 하기 위하여 가능하면 루프 모양으로 순환시키는 것이 좋다.

② 적당한 곳에 스톱 밸브를 설치하여 부분적인 점검이 가능하도록 하는 것이 매우 중요하다.

③ 고장이나 비상시에도 압축 공기를 사용할 수 있도록 압축기 2대를 설치하여 교대로 가동시키는 것이 바람직하다.

④ 주배관의 기울기는 1/100 이상으로 하고 관 끝에는 자동배출기를 설치해야 한다.

⑤ 분기관은 주배관으로부터 일단 위쪽으로 올린 후 배관한다.

⑥ 주라인 및 분기관에 필터나 조정기 등을 설치할 때에는 설치 후에 기기의 교환 및

점검이 가능하고 분해가 가능하도록 설치한다.

⑦ 배관의 길이가 긴 경우에는 열에 의한 팽창이나 수축을 고려한다.

⑧ 배관의 연결 전에는 배관 내를 충분히 청소(flushing)하여 이물질이 들어가지 않도록 해야 한다.

⑨ 나사부에 실(seal) 테이프를 감을 경우에는 배관 내로 들어가는 것을 방지하기 위하여 1~2산 정도 남기고 감도록 한다.

⑩ 고무 호스나 나일론 튜브 배관 시에는 충격을 받을 염려가 있는 부분에 보호 커버를 해야 한다.

(3) 배관 크기 선정

배관의 지름 선택은 유량, 파이프 길이, 허용 가능한 압력 강하, 작업 압력과 배관 내의 줄임 효과가 있는 부분품 등의 양에 의해서 결정해야 하며 다음의 파이프 선정 도표와 등가 길이표를 이용하면 쉽고 간단하게 지름의 크기를 결정할 수 있다. 그러면 예를 들어 보도록 하자.

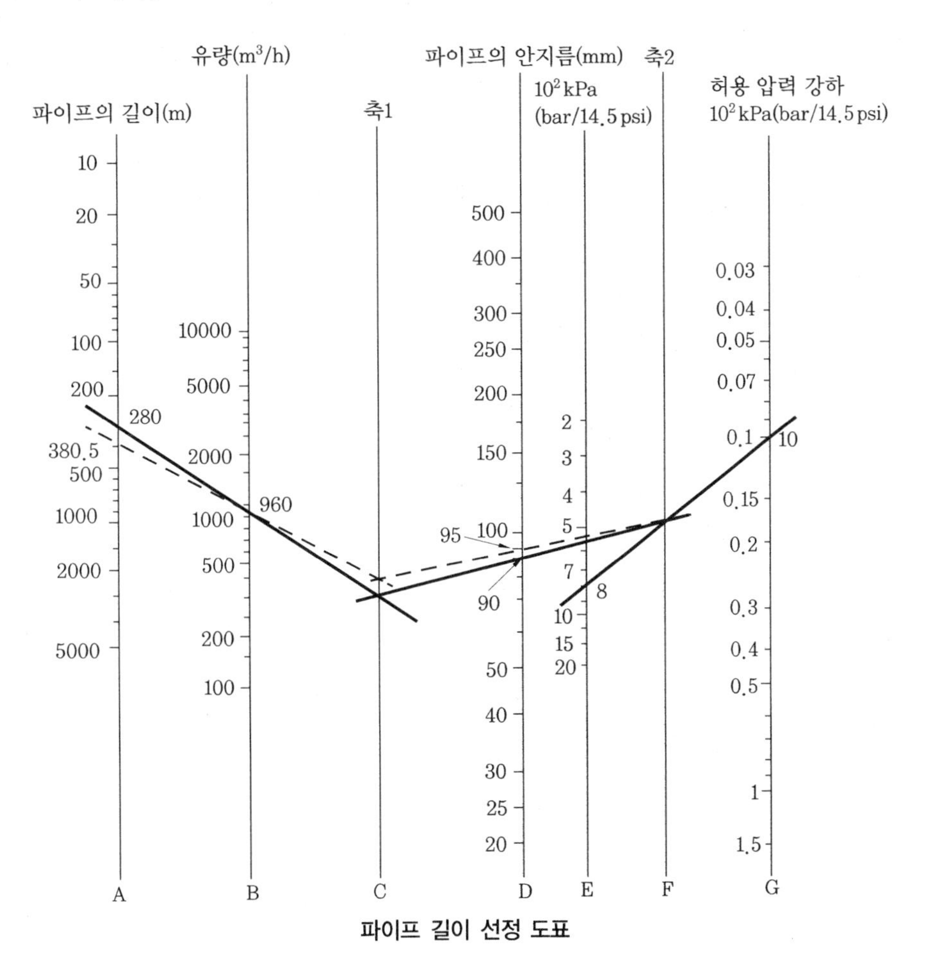

파이프 길이 선정 도표

어떤 공장의 공기 필요량이 4 m^3/min(240 m^3/h)이고 3년간의 수요 증가를 300 %로 가정한다고 하면 총 16 m^3/min(960 m^3/h)(= 4 m^3/min + 12 m^3)의 수요를 예측할 수 있을 것이다. 이때에 사용되는 재료가 파이프 길이 280 m, 티 6개, 표준 엘보 5개, 2way 밸브 1개라고 하고 허용 압력 강하 ΔP가 10 kPa(0.1 bar)이며 작업 압력이 8 kPa라 할 때의 파이프 길이를 알아보자.

먼저 파이프 지름 선정 도표를 이용하여 선 A(파이프 길이)와 선 B(유량)의 점을 연결하면 선 C에서 만나는 점을 얻을 수 있다. 선 E(작업 압력)와 선 G(허용 압력 강하)의 점을 연결하면 선 F의 선상에서 또 하나의 만나는 점을 얻을 수 있다. 이 선 C 점을 연결하면 선 D(파이프의 안지름)에서 만나는 점을 얻을 수 있으며, 이 값이 원하는 파이프 지름으로 여기서는 90 mm이다.

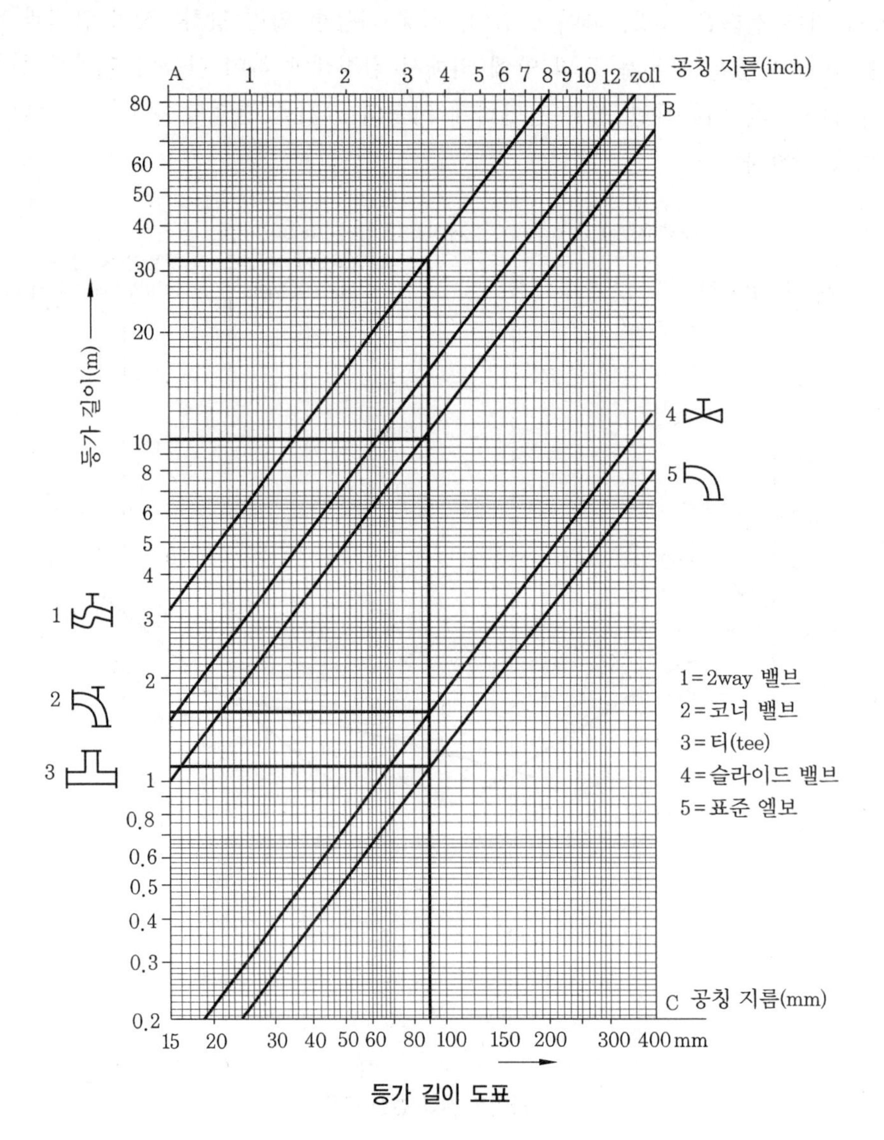

등가 길이 도표

다음으로 등가 길이를 계산해야 하며 등가 길이란 제한 요소의 저항과 같은 값을 갖는 직선 파이프를 말한다. 등가 길이는 등가 길이 도표로 쉽게 알 수 있다.

먼저 티를 알아보면 공칭 지름 90 mm와 티의 선 3이 만나는 점을 알아보면 10.5가 되며 6개 있으므로 10.5×6=63 m가 된다. 엘보의 경우에도 공칭 지름 90 mm와 표준 엘보의 선 5가 만나는 점을 알아보면 1.1이 되며 5개 있으므로 1.1×5=5.5 m가 된다. 2way 밸브의 경우도 공칭 지름 90 mm와 2way 밸브 1이 만난 점을 알아보면 32 m가 되며 1개이므로 32 m이다. 따라서 전부 더하면 100.5(=63+5.5+32)가 되며 이것을 파이프 길이 280 m에 더하면 380.5 m(=100.5+280)가 된다.

다시 파이프 선정 도표에서 총 파이프 길이(A) 380.5 m로 유량(B)과 연결하여 선 C에서 만나는 점을 얻으며 이것을 선 F의 만난 점과 연결하면 파이프 안지름은 95 mm가 되고 파이프 선정에는 95 mm보다 크고 가장 가까운 크기인 100 mm로 하면 된다.

(4) 배관 재료

① 강관 : 15A 이상의 고정 배관에 사용된다.

② 동관 및 황동관 : 내식성과 내열성, 강성 등이 요구되는 곳에 사용된다.

③ 스테인리스관 : 지름이 큰 경우나 직관부에 사용되지만 작업성이 나쁘다.

④ 나일론관 : 내열성은 나쁘나 내식성 및 강도가 우수하여 지름이 작은 공압 배관에 적합하며 절단이 쉽고 작업성이 매우 좋다.

⑤ 폴리우레탄관 : 바깥지름이 6 mm 이하인 경우에 사용된다.

⑥ 고무 호스 : 탄성이 크므로 공기 공구에 많이 사용되며 작업자가 마음대로 구부리면서 작업할 수 있다.

(5) 관의 이음

① 나사 이음 : 일반적으로 관용 테이퍼 나사이며 접속 시에는 누설을 방지하기 위하여 테플론 테이프를 사용하는 것이 보통이며 콤파운드를 같이 사용하기도 한다.

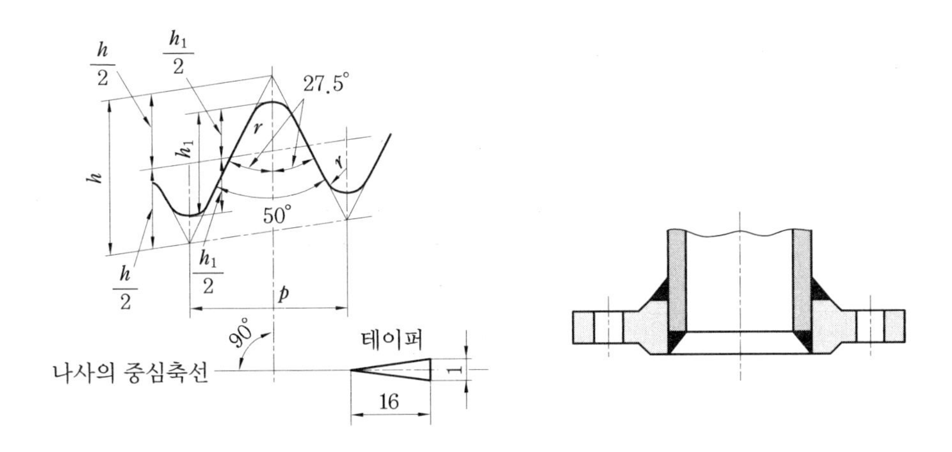

② 플랜지 이음 : 플랜지를 파이프에 용접하여 플랜지와 플랜지를 볼트로 연결시키는 것으로 일반적으로 50A 이상의 연결 시에 많이 사용되고 있다.

③ 플레어 이음(flare fitting) : 동관에 많이 사용되는 것으로 관끝 모양을 접시 모양으로 넓혀서 사용한다. 플레어의 각도는 37°와 45°가 있으며 공기용으로는 45°를 사용하고 있다.

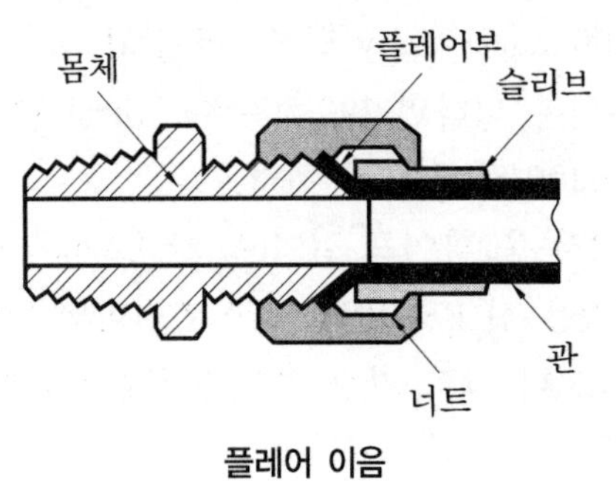

플레어 이음

④ 플레어리스 이음 : 관끝을 넓히지 않고 파이프와 슬리브의 맞물림 또는 마찰을 이용한다.

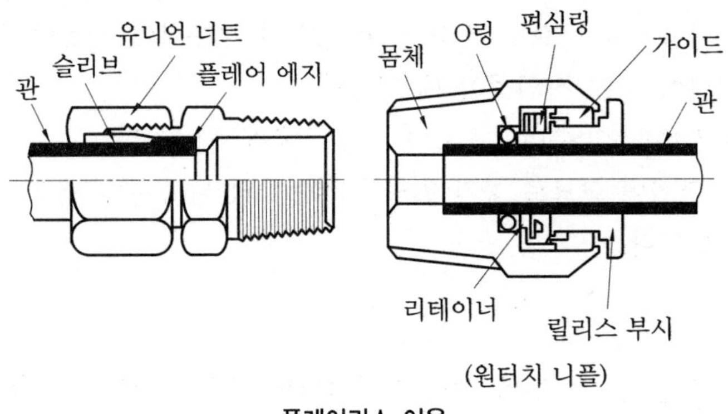

플레어리스 이음

⑤ 고무 호스 이음 : 고무 호스를 끼운 후 밴드 등으로 고정시킨다.

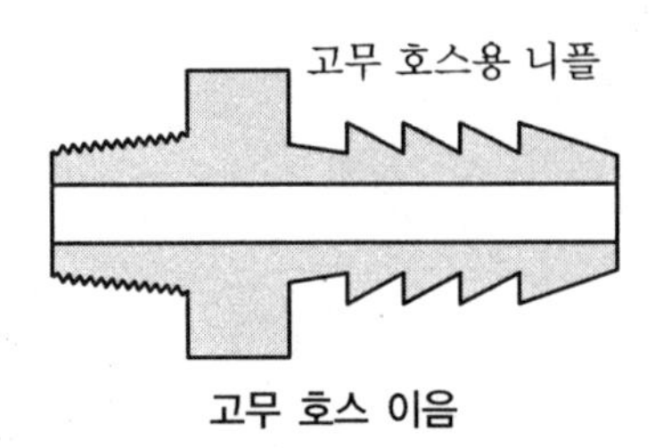

고무 호스 이음

(6) 공압 기기의 배관 시공 시 주의사항

① 강관에 의한 직접 배관

㈎ 나사 전용 기계로 정확한 테이퍼 나사를 가공한 후 압축 공기로 내부를 청소해야 한다.

㈏ 나사부에 실(seal) 테이프를 감을 때에는 1~2산 정도 남기고 감는다.

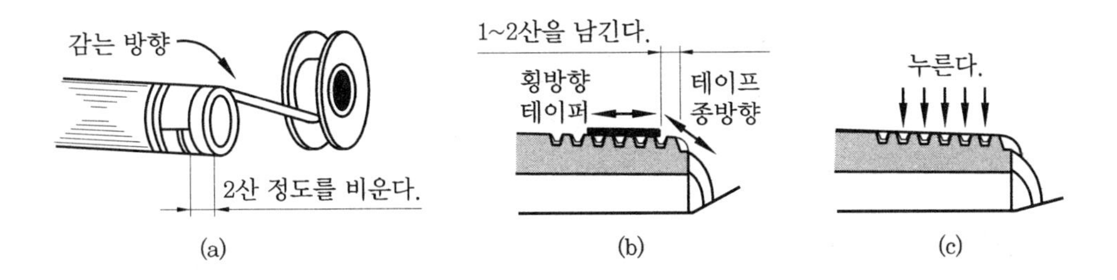

(a) (b) (c)

㈐ 기기의 점검 및 보수, 교환 등을 생각하여 부분적으로 플랜지나 유니언 등으로 연결해야 한다.

㈑ 공압 기기는 대부분 주물로 되어 있으므로 필요 이상의 힘을 주면 안 된다.

② 이음쇠에 의한 배관

㈎ 나일론이나 연질 동관의 경우에는 부속 기구를 사용한다.

㈏ 나일론관 작업 시에는 축방향에 직각이 되도록 튜브 커터를 사용해야 한다.

㈐ 원터치 니플에 관을 끼울 때에는 실의 불량 등이 생기지 않도록 충분하게 끼워 넣는다.

㈑ 기기에 배관할 때에는 반드시 배관 전에 아래 방향으로 청소(flushing)를 해야 한다.

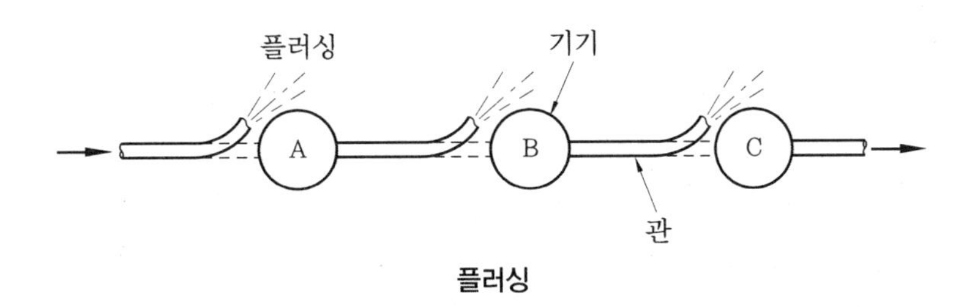

플러싱

제4장 공유압 회로

1. 유압 회로

1-1 유압 회로

기기에 유압을 채택하고 이를 이용하여 여러 가지 일을 하려고 하는 경우 유압 기기 하나만 설치해서는 아무 일도 못한다. 단순히 물체를 움직이는 작업이라 하더라도 유압 실린더, 유압 펌프, 제어 밸브, 오일 탱크, 전동기 등 수많은 유압 기기가 필요하며, 또한 갖가지 기능을 얻을 수 있도록 기기를 조합하여 사용해야 한다.

기기의 조합 방식이 잘못되면 전혀 일을 못하는 수도 있으며, 계획대로 유압 작동을 시키려면 가장 효과적인 조합을 해야 한다. 유압 회로 구성에 있어서 사용 기기의 특성은 물론이고, 가장 기본적인 사용 방법을 알아두지 않으면 안 된다.

또한 반대로 여러 용도에 대하여 어떤 종류의 기기를 어떤 조합으로 사용하면 좋은지를 알아두어야만 회로 설계를 할 수 있다. 기기의 가장 기본적인 조합 방식이 기본 회로이며, 기본 회로의 조합 및 기기의 특성을 이용하여 더욱 고도의 작동을 시키기 위하여 구성한 회로가 응용 회로이다.

기기의 유압화 성공 여부는 그 회로가 주 기기의 움직임에 맞느냐의 여부가 중요하므로 회로 구성은 면밀히 검토하고 신중을 기해야 한다.

간단한 유압 장치의 경우는 기본 회로를 그대로 구성하는 일이 많으며, 또한 복잡한 장치의 경우에도 자세히 보면 여러 가지 용도의 기본 회로를 다양하게 조합한 형식의 것을 많이 볼 수 있다. 다음의 회로는 각 용도에서 가장 기본적인 조합이다.

1-2 기본 회로

(1) 언로드 회로

유압 장치는 일반적으로 유압 펌프부에서 유압 에너지(유량, 압력)를 발생시키고, 그

에너지는 각종 기기를 거쳐서 구동부(실린더 등)에 유도되어 물체를 움직이거나, 무거운 물체를 들어올리며, 가공 등의 일을 한다.

그래서 작동할 필요가 없을(구동부가 정지하고 있다) 때에도 유압 펌프로 큰 에너지를 발생시키고, 그것을 릴리프 밸브 등으로 고압 탱크에 되돌려 보낸다면 그 에너지의 대부분이 열에너지로 변하여 유온을 상승시키거나 불필요한 동력을 낭비해 버린다.

유압 실린더의 움직임이 멈추고 펌프로부터의 토출유가 전부 릴리프 밸브를 지나 탱크로 환류되는 상태에서 효율은 0이다. 유압의 동력은 다음과 같이 나타낸다.

$$\text{kW} = \frac{P \cdot Q}{612\eta}$$

따라서 언로드시킬 때에는 위 식에서 ① P(압력)의 값을 줄이거나, ② Q(유량)의 값을 줄거나, ③ P, Q를 모두 줄인다. 이와 같은 3가지 방법으로 불필요한 작동을 줄여서 회로 효율을 높인다.

참고

유압에서 말하는 언로드는 대개의 경우 펌프에 걸리는 부하 상태의 감소를 말한다.

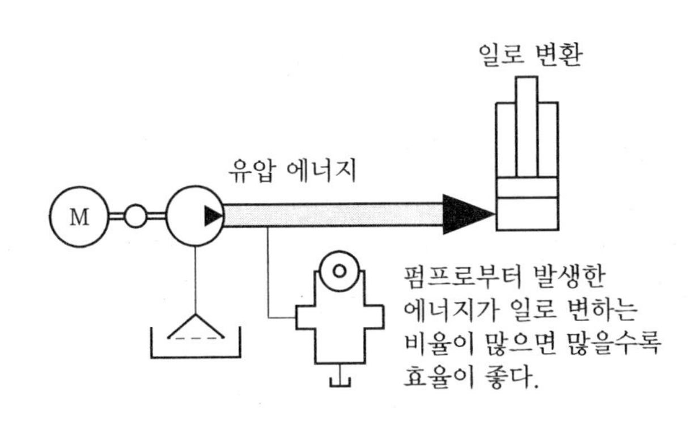

(a)

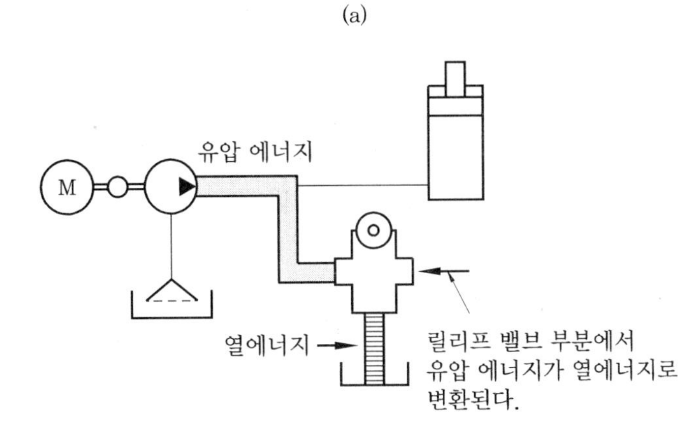

(b)

언로드 회로

① 전환 밸브를 조작하여 언로드시키는 회로

유압 구동부에 압력, 유량 모두 불필요할 때 사용한다. 유압 펌프로부터의 토출유는 전환을 통하여 언로드시킨다.

[작동 설명]

(가) 펌프 토출 유량은 체크 밸브를 지나 작동기를 작동시킨다.

(나) 릴리프 설정압 이상이 되면 릴리프 밸브를 통하여 탱크로 흐른다.

(다) 릴리프 설정압 이하에서 언로드시킬 때에는 전환 밸브를 조작하여 탱크로 흘린다.

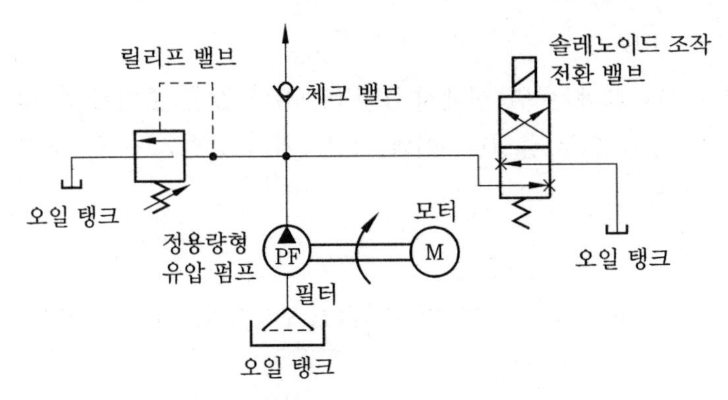

전환 밸브를 조작하여 언로드시키는 회로

② 3위치 전환 밸브의 센터 바이패스를 사용하는 회로

유압 구동부가 1개인 경우 3위치 센터 바이패스형 전환 밸브를 사용한다. 유압 구동부가 작동하지 않을 때에는 전환 밸브로부터 언로드시킨다(유압 펌프와 전환 밸브 사이 및 탱크 라인에 유량 제어 밸브는 들어가지 않는다).

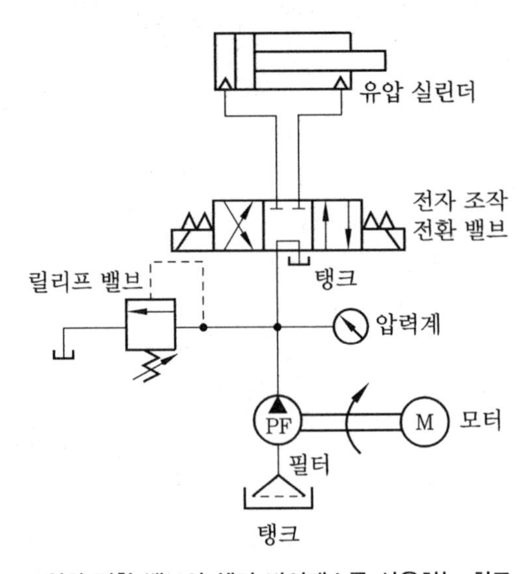

3위치 전환 밸브의 센터 바이패스를 사용하는 회로

[작동 설명]

㈎ 3위치 전환 밸브에서 기기를 작동시킬 때는 펌프→전환 밸브→실린더→탱크로 작동유가 흐른다.

㈏ 기기를 작동시키지 않을 때에는 펌프→전환 밸브→탱크로 작동유가 흐른다(센터 바이패스형 전환 밸브를 사용하였으므로).

③ 어큐뮬레이터를 사용한 회로

다음 그림과 같이 회로 구성을 한다. 유압 펌프의 토출 라인에 릴리프 밸브를 넣어 벤트 라인에 배관해서 전자 밸브에 접속한다. 릴리프 밸브 뒤에 체크 밸브, 어큐뮬레이터, 압력 스위치를 넣어 전기 회로를 구성한다.

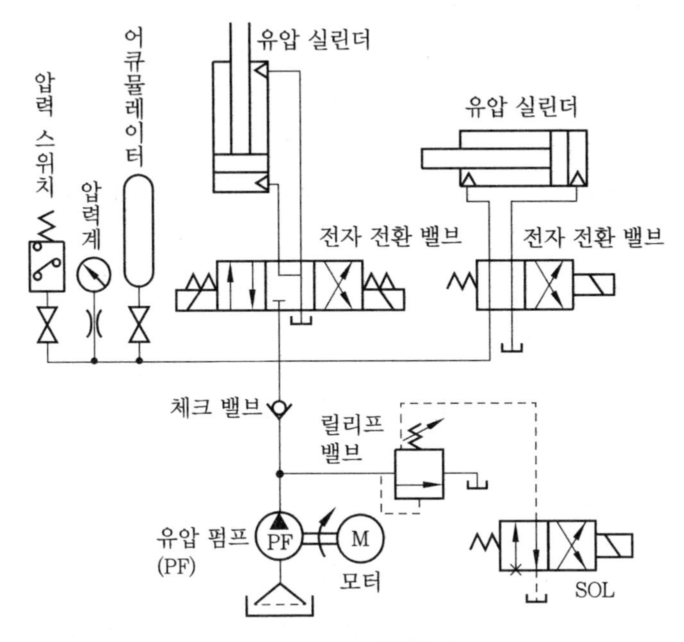

어큐뮬레이터를 사용한 회로

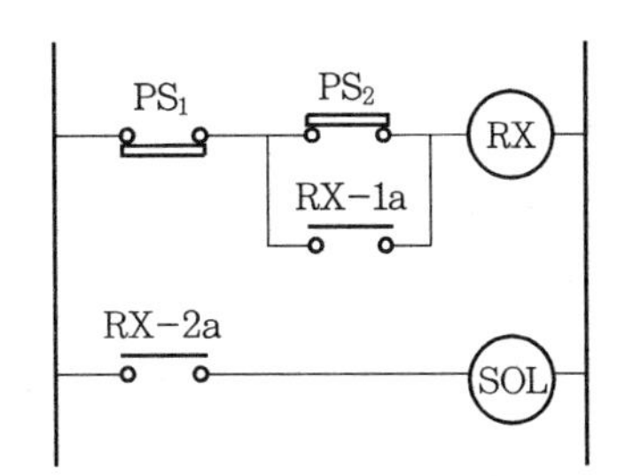

PS_1 : 압력 스위치 고압 쪽 접점
PS_2 : 압력 스위치 저압 쪽 접점
RX : 보조 릴레이
SOL : 언로드용 솔레노이드 코일

전기 회로

이 회로는 올포트 오픈 센터 바이패스형의 전환 밸브를 사용하지 못하며, 유압 펌프가 연속 운전하여 유압 구동부의 작동 횟수가 적을 때에 많이 사용한다. 유압 구동부에 필요한 유량은 어큐뮬레이터(필요에 따라 유압 펌프로부터의 기름도 합류)에서 공급된다. 유압 구동부에 유량이 필요하지 않을 경우 펌프에서 토출된 기름은 체크 밸브를 통하여 어큐뮬레이터에 공급된다. 어큐뮬레이터 속에는 질소(N_2) 가스가 들어 있는데 기름이 들어감으로써 질소 가스의 체적이 줄어들며, 기체의 성질 $PV=$ const에 의해 압력이 상승한다. 압력이 압력 스위치의 고압쪽 설정 압력이 되면 PS_1 접점이 열려 R_a 보조 릴레이의 작동을 정지시키고, 솔레노이드(SOL)를 소자하여 릴리프 밸브 벤트 라인을 개방하여 언로드된다.

유압 구동부가 작동하여 어큐뮬레이터의 기름이 나와 압력이 압축 접점 (PS_1)이 작동 압력보다 낮아지면 PS_1은 닫히지만(ON되지만) PC가 열려 있으므로(OFF되어 있으므로) 솔레노이드 코일용의 보조 릴레이 R_a는 작동하지 않는다.

다시 압력이 내려가 압력 스위치의 저압쪽 설정 압력이 되면 PS_2의 접점이 닫히고(ON되어), PS_1이 닫혀 있으므로(ON되어 있으므로) 보조 릴레이 R_a는 작동하고, 솔레노이드 코일(SOL)을 여자하여 릴리프 벤트 라인은 닫혀 릴리프 밸브로부터 환류가 없어져 유압 펌프에서 토출된 기름은 체크 밸브를 통하여 어큐뮬레이터에 들어간다.

압력이 상승하기 시작하면 PS_2의 접점은 열리지만 보조 릴레이 R_a는 릴레이 a 접점을 이용하여 자기를 유지하고 있기 때문에 솔레노이드 코일은 여자 상태를 계속 유지한다.

따라서, 이 회로에서는 체크 밸브를 기준으로 하여 펌프 쪽은 압력이 없고 앞의 식 $\text{kW}=\dfrac{P \cdot Q}{612\eta}$의 P가 무압인 이유로 kW의 값은 줄어든다.

또한 어큐뮬레이터 쪽에 대해서는 압력이 있지만 불필요한 유량이 없어서 앞의 식과 같이 kW의 값은 감소된다.

(2) 기름 여과 회로(필터 회로)

유압 장치의 기름을 여과하기 위하여 유압 회로 속에 여과기를 넣은 회로이다. 유압의 오일 탱크는 침전조가 아니며 원칙적으로 오일 탱크 안에 먼지가 들어가서는 안 된다.

기름을 여과하는 것은 여과기이며, 석션 스트레이너는 오일 탱크 안의 큰 먼지(조립할 때 떨어진 와셔, 너트, 기타 등)를 흡입하지 않기 위하여 장치한 것이다. 결코 기름을 여과하기 위한 것이 아니다.

① 환류 쪽에 넣는 방법(오일 탱크로 되돌아오는 기름을 여과하는 방법)

이 회로는 릴리프 밸브의 탱크 라인, 전환 밸브의 탱크 라인에 여과기를 넣는 방법이다. 여과기에 먼지가 끼어 P_2 압력계가 어느 정도 상승하면 스톱 밸브를 차단하여 여과기를 세척한다. 이 경우 환류는 배압 밸브를 거쳐서 오일 탱크에 흐른다(전환 밸브는 탱크 라인에 압력이 가해지는 형식을 사용한다).

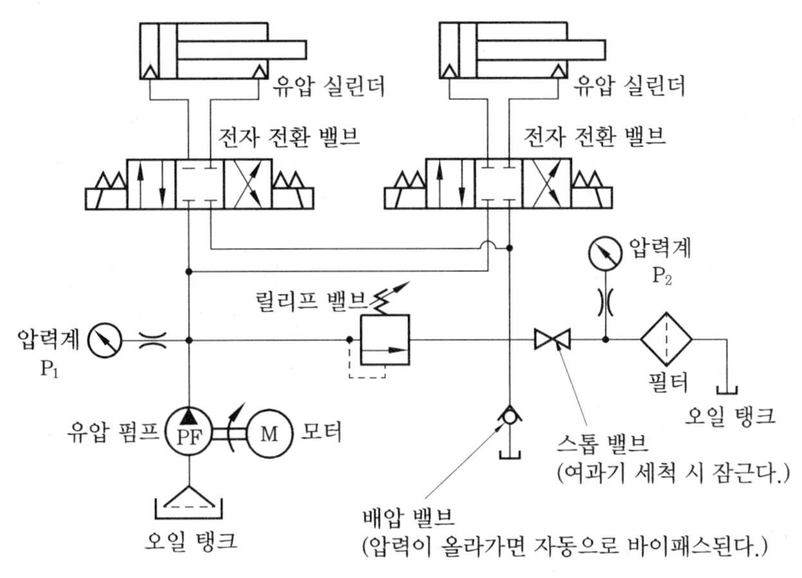

환류 쪽에 넣는 방법

② 토출 쪽에 넣는 방법

이 회로는 전환 밸브를 넣기 전에 여과기를 넣는 방법이며, 고압에 견디는 여과기를 사용해야 하지만 각 기기가 먼지로 인하여 고장이 나는 일은 줄어든다. 회로 구성은 여과기의 앞뒤에 스톱 밸브 SV_1과 SV_2 그리고 압력계 P_1과 P_2도 넣는다.

P_1과 P_2 사이의 차압이 클 때에는 바이패스용 스톱 밸브 SV_3를 열고 SV_1과 SV_2를 닫은 다음 여과기를 세척한다. 여과기와 펌프 사이에는 반드시 릴리프 밸브를 넣는다.

방향 제어 밸브와 유압 구동부에 항상 깨끗한 기름을 공급하기 때문에 고장이 적고 내구 시간이 길어진다.

③ 오일 탱크 안의 기름을 항상 여과하는 방법

이 회로는 여과를 하기 위한 회로를 따로 두는 회로이며, 유압 구동부와 관계없이 모터가 구동되면 항상 탱크의 기름을 여과시키는 것이다.

유압 펌프 PF는 여과를 하기 위한 것이며, 오일 탱크 안의 기름을 유압 펌프(PF) → 스톱 밸브(SV) → 필터 → 탱크로 흐르게 하여 계속 기름을 여과시킨다.

압력계 P의 압력이 어느 정도 올라가면 스톱 밸브(SV)를 닫고 여과기를 세척한다. 이때 유압 펌프(PF)의 압력이 토출되는 곳이 있어야 하므로 반드시 저압 릴리프 밸브를 넣어서 기기의 파손을 방지한다.

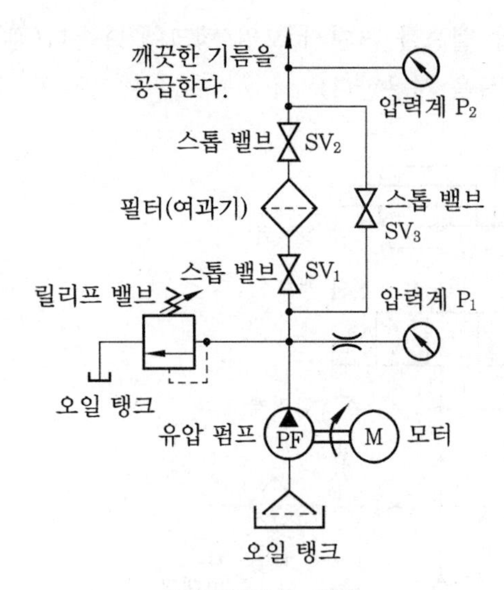

토출 쪽에 넣는 방법

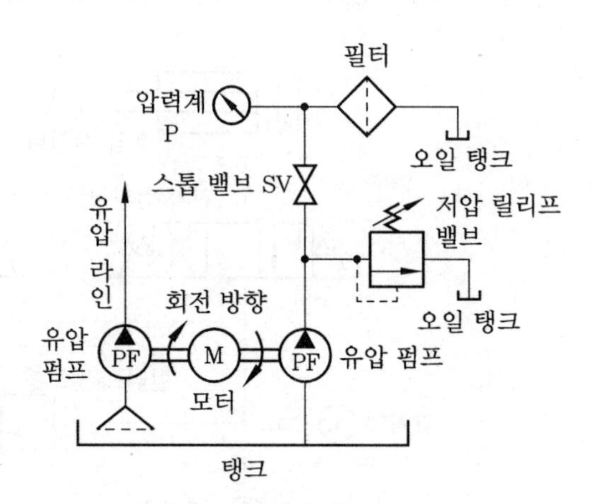

오일 탱크 안의 기름을 항상 여과하는 방법

(3) 압력 제어 회로

압력 제어란 그 라인에 있는 높은 압력을 필요한 압력으로 낮추는 것이다. 증압은 포함되지 않으며, 여러 가지 용도에 따라 제어 방식은 많지만 중요한 것은 부분적 또는 회로 전체의 압력을 필요한 최소한으로 제어하는 데 있다.

① 유압 실린더 한쪽 제어

이 회로는 유압 구동부가 한 계열 밖에 없고 작동 중 한쪽 행정의 출력이 작을 때에 사용한다. 프레스 회로 등에 많이 쓰이며, 유압 프레스의 유압 실린더를 누를 때에는 고압(P_1)이 필요하지만 되돌아갈 때에는 실린더 로드를 밀기만 하면 된다. 이 때에는 로드 쪽 라인에 릴리프 밸브를 넣어 필요 최소 유량의 압력 P_2를 설정하며 불필요한 동력을 절감한다. 감압 밸브를 넣으면 펌프 토출 압력 P_1까지 올라가므로 릴리프 밸브를 넣는 것이 좋다.

[작동 설명]

㈎ 전자 전환 밸브를 조작하지 않을 때 펌프에 의해 토출된 유량은 전자 전환 밸브의 센터 바이패스를 통하여 탱크로 환류된다(이때의 압력은 0에 가깝다).

㈏ 전자 전환 밸브를 정으로 하면 펌프에 의해 토출된 유량은 릴리프 밸브 (A)의 설정압이 되어 유압 실린더의 피스톤 헤드부를 밀며(이때 설정압 이상이 되면 릴리프 밸브 (A)를 통하여 탱크로 환류된다), 실린더 로드부의 기름은 탱크로 환류된다.

㈐ 전자 전환 밸브를 역으로 하면 먼저와 반대로 펌프의 토출유는 피스톤 로드부로 들어가 피스톤을 밀게 된다(이때 릴리프 밸브 (B)의 설정압 이상이 되므로 불필요

한 유량은 탱크로 환류되고 필요한 유량만 쓰이게 되므로 동력이 절감된다). 피스톤 헤드부의 유량은 탱크로 환류된다.

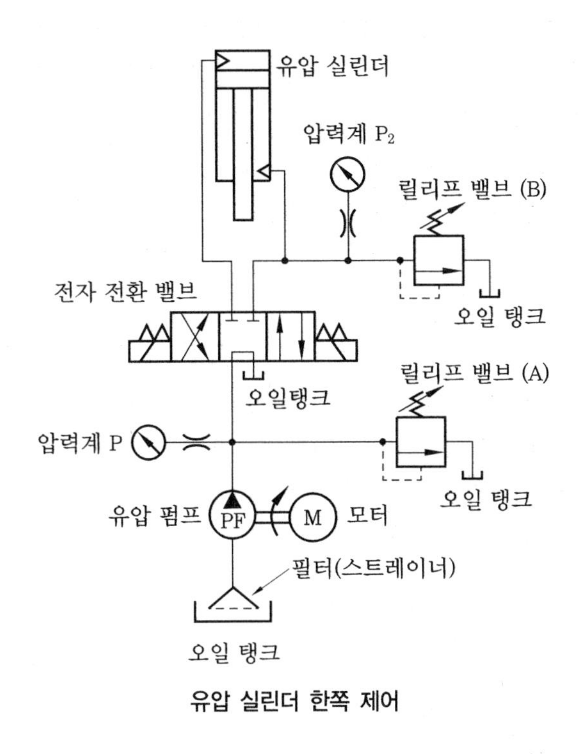

유압 실린더 한쪽 제어

② 감압 밸브 회로

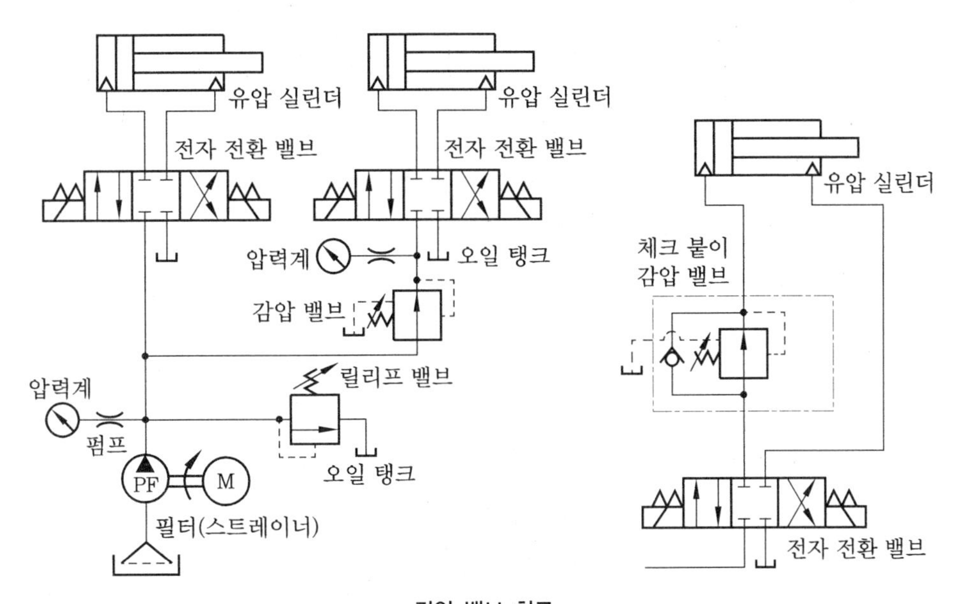

감압 밸브 회로

유압 구동부가 2계열 이상 있고, 그 일부의 압력을 제어할 때에 쓰이며, 전환 밸브 앞쪽에 넣는 방법과 실린더 한쪽만을 감압할 때에는 전환 밸브 뒤쪽(작동기의 한쪽 라인)에 넣는 방법이 있다(감압 밸브는 유압 구동부의 출력을 일정값 이하로 제어하기 위한 것이지만, 유압 구동부가 1계열일 경우 릴리프 밸브로 압력 제어를 할 수 있기 때문에 감압 밸브를 사용할 필요가 없다).

③ 유압 구동부에 필요한 압력을 전환하는 방법

이 회로는 유압 실린더 등의 출력을 부하의 상황에 따라 바꿀 필요가 있는 경우에 사용한다. 회로 전체의 압력을 제어하는 관계로 유압 구동부가 많은 회로에서는 사용하지 못하는 수가 있다.

다음 회로도는 압력을 3단계로 바꾸는 방법이다. 주 릴리프 밸브를 제일 높은 압력 P_1에 설정하여 벤트 라인으로부터 전환 밸브를 매개로 하여 중간 압력(P_2), 저압력(P_3)에 설정한 파일럿 릴리프 밸브를 사용한다.

유압 회로는 유압 제어용 전환 밸브가 중립 위치일 때는 P_1, 좌측 위치일 때는 P_2, 우측 위치일 때는 P_3가 되어 제어하려는 압력으로 쉽게 전환할 수가 있다.

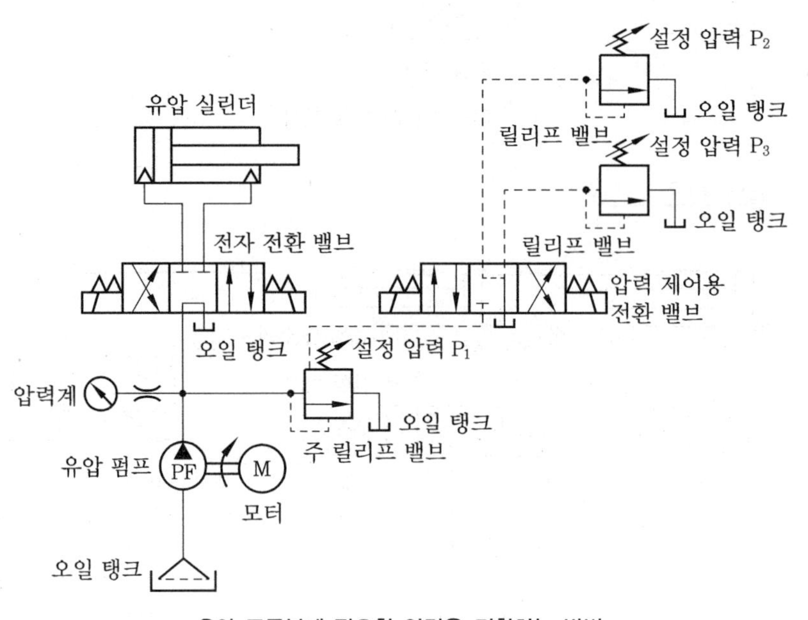

유압 구동부에 필요한 압력을 전환하는 방법

④ 서지압 방지 회로

이 회로는 전환 밸브 전환 시에 압력이 상승함을 방지할 목적으로 사용된다. 회로도와 같이 릴리프 밸브 벤트 라인을 이용하는 것 또는 스로틀 전환 밸브만을 사용하는 것이 있다. 전환 밸브의 파일럿 라인과 릴리프 밸브의 벤트 라인을 접속함으로써 전환된 직후 기름은 벤트 라인에서 전환 밸브의 파일럿 밸브를 거쳐 주 전환 밸브를 전환한다. 그 때문에 대부분의 기름은 릴리프 밸브로부터 어느 정도 낮은 압력으로 오일 탱크에 되돌아온다. 전환이 완료된 후에 압력은 상승하여 유압 실린더에 기름이 보내어진다.

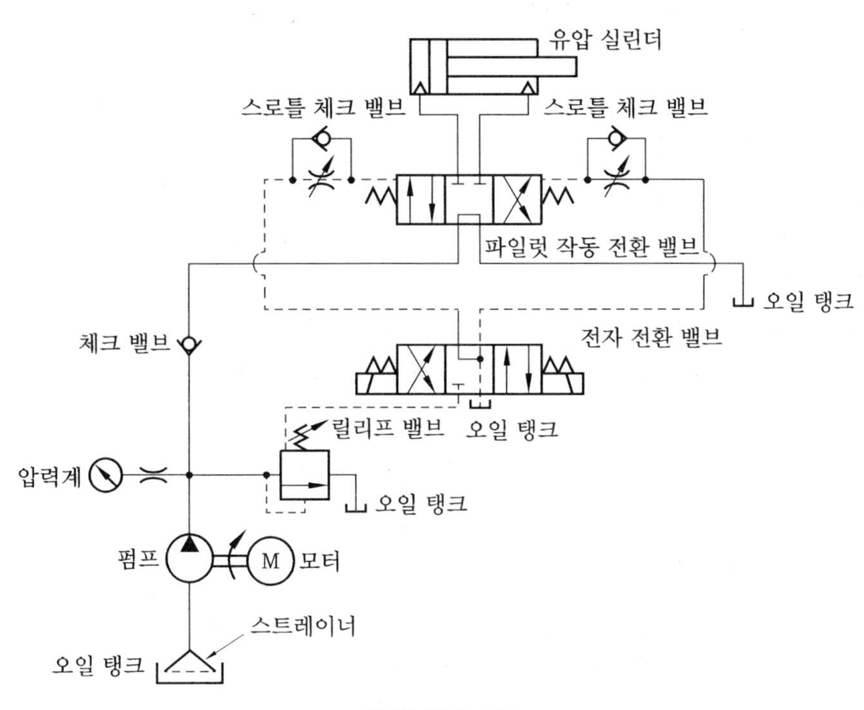

서지압 방지 회로

⑤ 디컴프레션 회로

용적이 큰 유압 실린더 등에서 전환 밸브를 갑자기 전환하면 급격한 압력 변동 때문에 충격이 발생된다. 충격을 방지하기 위하여 여러 가지 회로가 있지만 회로도와 같이 압력을 2단계로 하여 전환 밸브의 움직임을 제어하여 충격을 최소화하는 방법이다(큰 램 실린더를 사용할 때 많이 쓰인다).

유압 실린더에 기름을 보낼 경우 전자 밸브를 여자하여 전환하면 가변 펌프의 토출유는 니들 밸브로 제어되어 적은 유량이 릴리프 밸브(P_4)의 탱크 라인에 들어가서 유압 전환 밸브의 파일럿 라인으로 들어가 유압 전환 밸브를 천천히 전환한다.

유압 펌프의 토출유는 전환 전까지는 유압 전환 밸브에서 탱크로 흐르고 있었으나 반대로 고압 펌프로부터의 기름을 통과시키기 때문에 두 개의 펌프의 토출유가 합류하여 유압 실린더에 들어가 피스톤을 민다. 유압 실린더에 하중이 걸리면 유압 펌프의 토출유는 P_3 압력으로 저압 릴리프 밸브에서 나와 고압 펌프만의 토출유로 유압 실린더를 밀어내어 작동한다.

이 경우 소구경 전자 밸브에서 릴리프 밸브(P_4)의 탱크 쪽으로 압력이 걸리므로 릴리프 밸브(P_4)의 설정 압력이 고압 펌프 토출 압력 이하라고 하더라도 기름이 나오지는 않는다.

작동이 끝나고 실린더를 되돌리기 위하여 유압 실린더에 들어간 기름을 뺄 때 보통의 회로라면 충격이 발생한다.

그러나 이 회로에서는 충격을 완화시키며, 또한 소구경 밸브를 전환하면 유압 실린더의 기름은 릴리프 밸브(P_4)를 통과하여 니들 밸브에서 통과량이 제어되어 소량이 소구경 전자 밸브를 통과하여 탱크로 흐른다.

압력계 P_2가 30 kgf/cm^{2}이 되면 릴리프 밸브(P_4)로부터의 흐름은 정지되고 유압 전환 밸브의 파일럿부에 들어 있어 있었던 기름이 느리게 흘러 유압 전환 밸브를 원위치로 복귀시킨다.

유압 실린더의 기름은 유압 전환 밸브에서 차례로 큰 용량으로 증가하여 흐르면서 압력이 20 kgf/cm^2 이하가 되면 저압 펌프가 기름을 보내어 언로드된다.

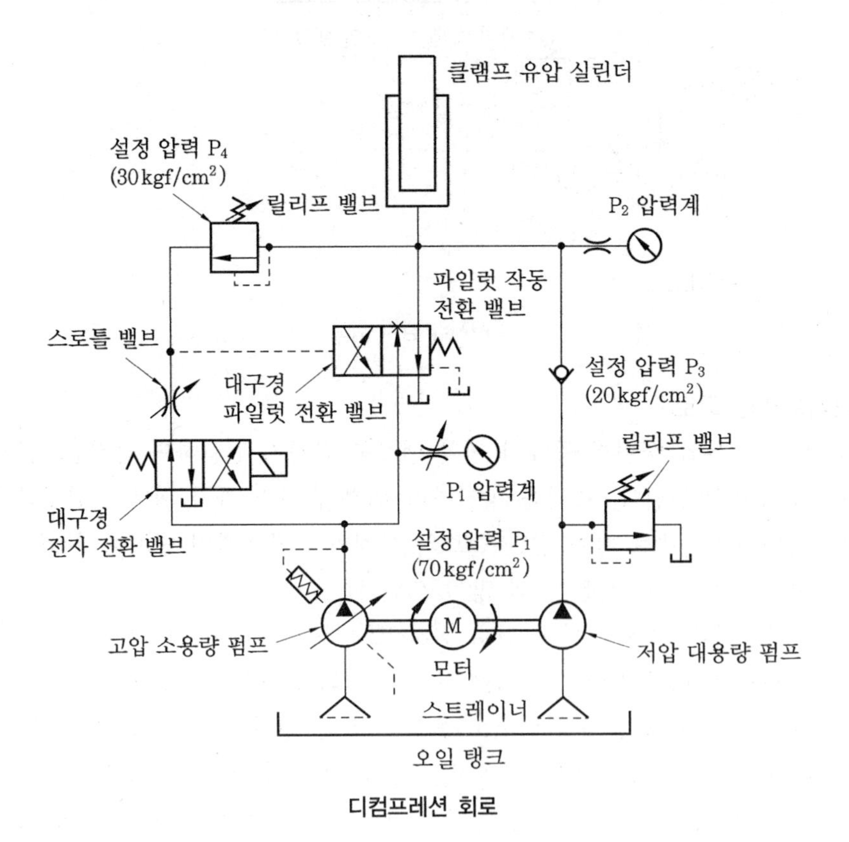

디컴프레션 회로

(4) 압력 유지 회로

유압 구동부가 2계열 이상 있고, 그 안에 클램프 등을 사용하는 등 라인의 압력 강하가 있어서는 안 될 때 사용한다.

유압 실린더 A에 물체를 고정하고, 유압 실린더 B로 가공하는 경우 라인의 압력이 강하하면 물체가 이동할 가능성이 있다. 이러한 경우에 가장 먼저 작동하는 라인에는 저항이 되는 밸브를 넣지 않고 b 라인 등 우선순위에 따라 그 저항 밸브의 저항을 증가시킨다.

회로도에서는 유압 실린더 A가 작동하지 않으면 압력은 상승하지 않고 시퀀스 밸브에서 기름을 보내지 않기 때문에 B 실린더는 정지해 버린다.

압력이 상승하면 펌프의 토출량은 플로우 컨트롤 밸브로부터 일정량이 라인 c에 흐르고 나머지의 유량이 시퀀스 밸브를 통하여 라인 b에 흐른다.

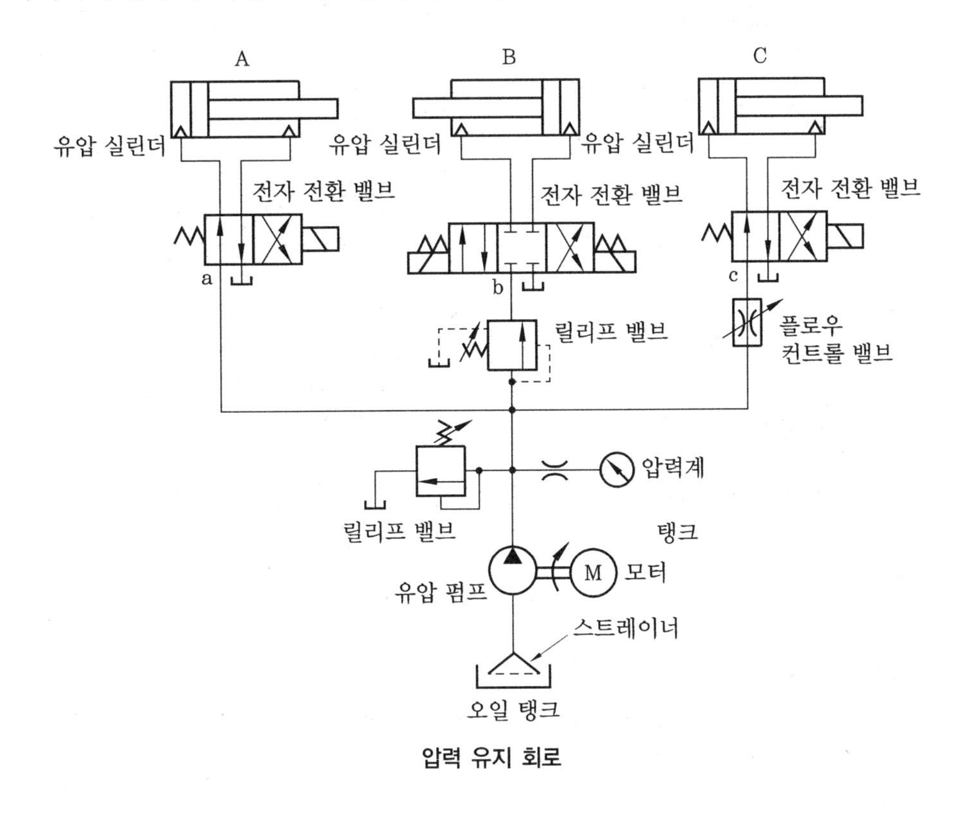

압력 유지 회로

(5) 속도 제어 회로

속도 제어란 유압 구동부의 움직임을 그 유압원이 지니는 최대 용량 이하의 필요한 일정 속도로 조정하는 일이며, 유압 구동부로 들어가는 유량 또는 유압 구동부에서 나오는 유량을 제어함을 말한다.

속도 제어 중에는 단독으로 속도를 제어하는 방식과 복수의 구동부를 서로 연관시켜서 제어하는 동조 방식이 있다.

① 미터 인 회로

미터 인 방식은 유압 구동부에 들어오는 유량을 제어하는 방식이며, 유압 구동부가 많을 경우 조정이 간단하다. 유압 구동부가 중력 또는 다른 힘으로 미리 움직이지 않을 때 이용된다. 유압 실린더 등의 움직임이 느릴 때에는 이용하기 어렵다.

회로도 A는 방향 전환 밸브 바로 앞쪽에 설치한 것이며, 많은 유압 구동부와 합류가 쉽지만 유압 실린더에 사용할 때에는 밀 때와 당길 때의 속도차가 나타난다. 회로도 B는 방향 전환 밸브와 유압 구동부의 사이에 설치한 것으로, 각 행정의 속도가 타행정에 관계없이 조정이 가능하며, 방향 전환 밸브로서 언로드시키기 위해서는 이 위치에 설치해야 한다.

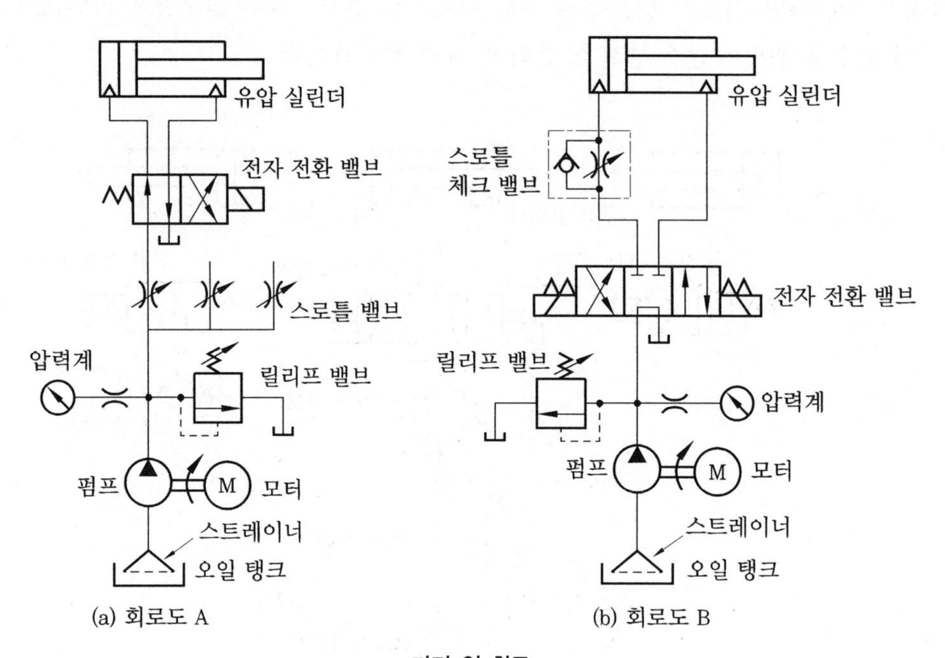

미터 인 회로

② 미터 아웃 회로

미터 아웃 방식은 유압 구동부에서 나오는 유량을 제어하는 방식이며, 중력 또는 다른 힘으로 유압 구동부가 먼저 움직이는 일이 없고 비교적 느린 속도에서도 사용할 수 있다.

회로도 A는 방향 전환 밸브의 탱크 라인에 설치한 것이며, 조정은 간단하지만 유압 실린더에 사용했을 경우 미터 인 방식처럼 밀 때와 당길 때에 속도차가 생긴다. 회로도 B는 전환 밸브와 유압 구동부 사이에 설치한 것이며, 각 행정의 속도를 하나하나 조정할 때 유리하다.

미터 아웃 회로에서 주의해야 할 점은 유압 구동부가 다른 힘으로 유압 실린더 등이 잡아당겨질 경우, 그 하중만으로도 상당한 압력이 되기 때문에 헤드 쪽에 유압을 가하면 압력 P_2는 더욱더 높은 압력이 되어 파이프, 기기 등을 파손시키는 경우가 있다.

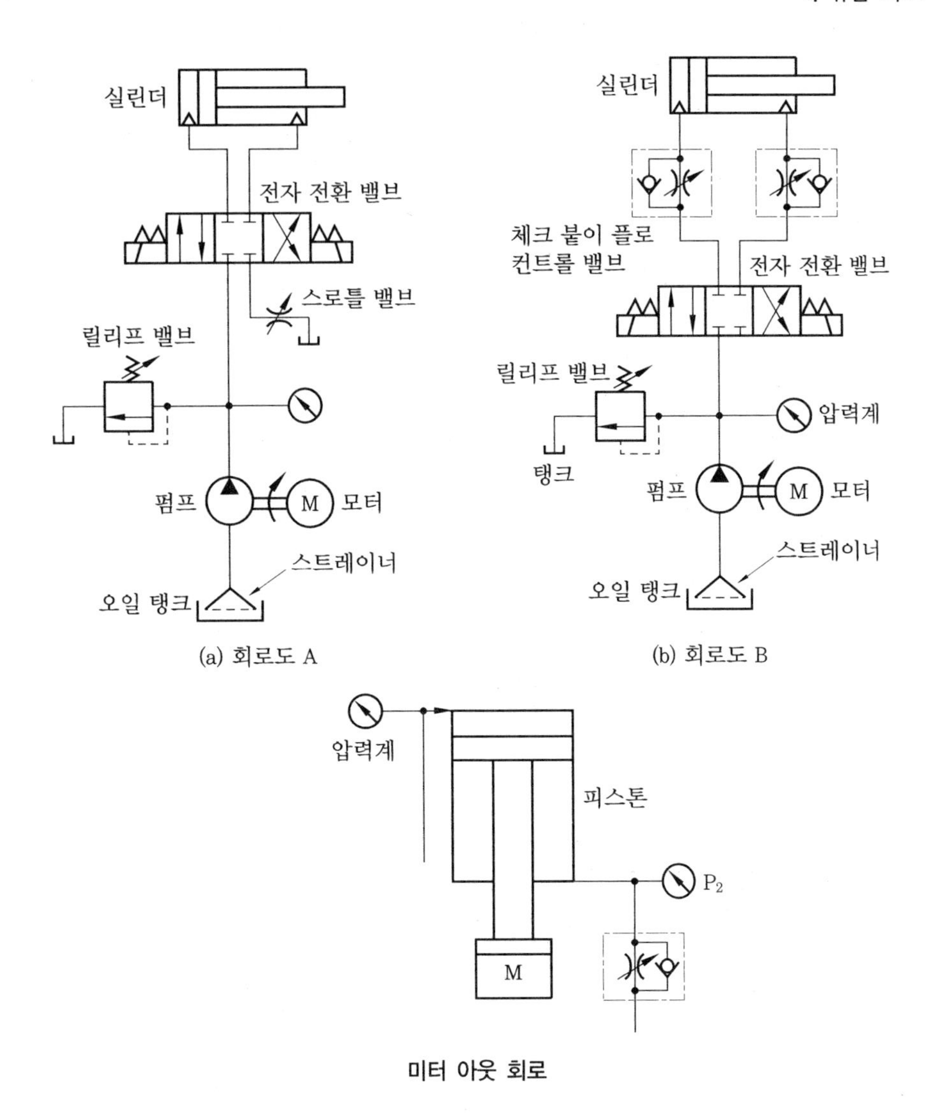

(a) 회로도 A

(b) 회로도 B

미터 아웃 회로

③ 블리드 오프 회로

이 방식은 유압 펌프에서 토출되는 유량 중에서 일정 유량은 내보내고 남은 유량을 유압 구동부에 보내는 방식이며, 1개의 유압 펌프와 1개의 유압 구동부를 사용하는 것이 아니면 정량이 되지 않는다. 유압 구동부가 많은 경우 동시에 여러 개의 작동에는 사용하지 못한다.

블리드 오프 회로를 사용하면 유압원의 압력은 유압 구동부에 필요한 압력 이상으로 상승하지 않아서 동력이나 유온 상승면 등의 효율은 좋지만 압력으로 인해 펌프 용적 효율이 크게 변하는 것은 지장이 있다.

회로도는 모두 유압 구동부에 들어가는 양을 조정하고 있으며, 설치 위치에 따르는 성능상의 영향은 없다(유압 모터를 사용하는 경우 회로도 A처럼 설치하면 브레이크 회로를 겸할 수 있다).

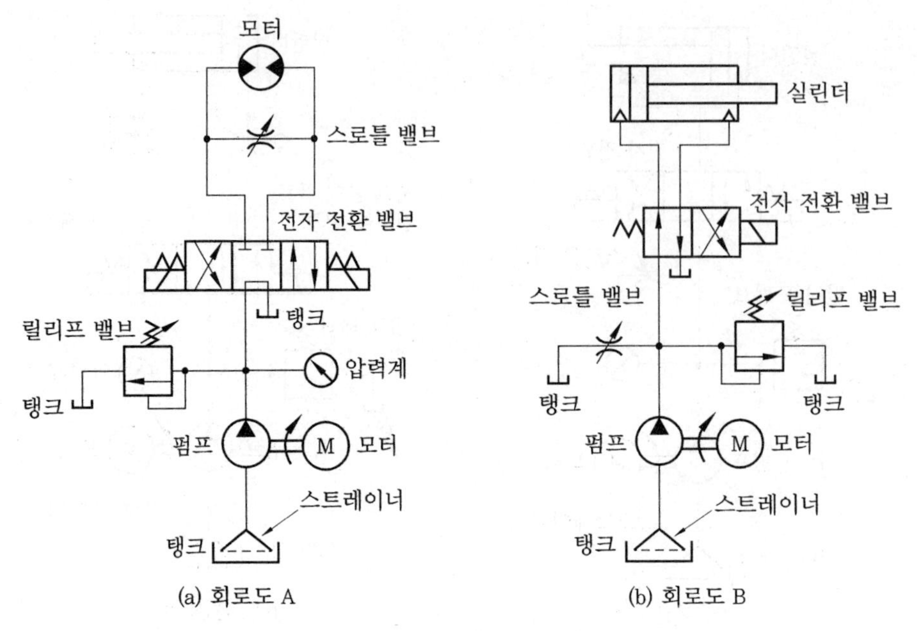

블리드 오프 회로

④ 감속 회로

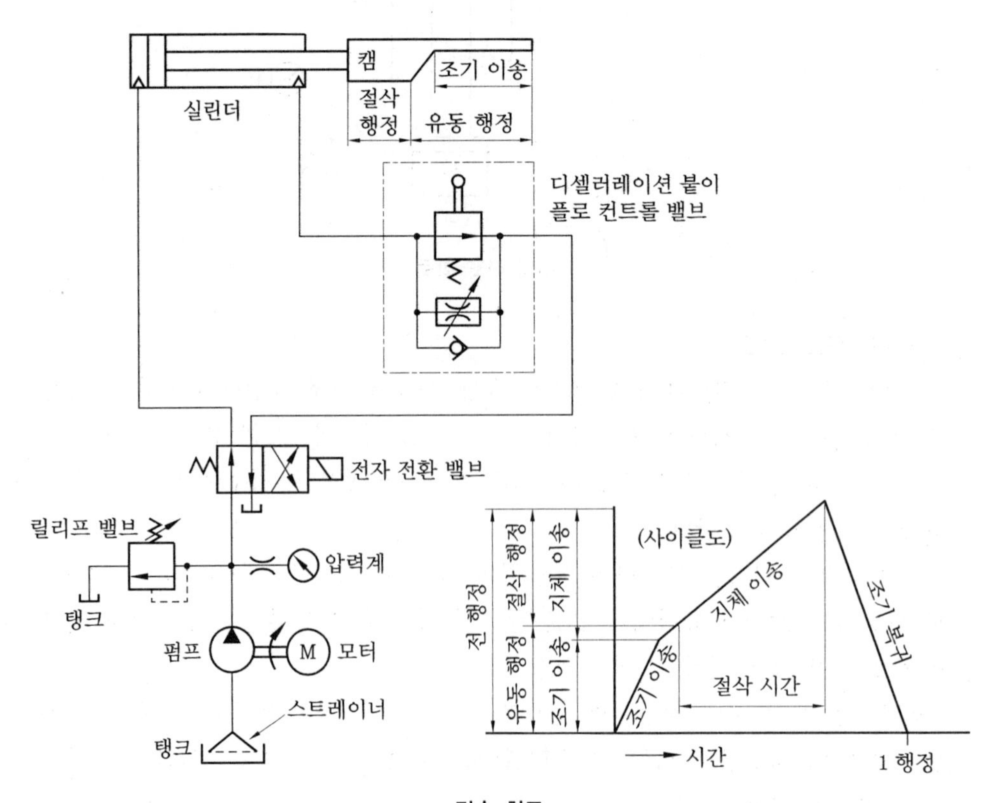

감속 회로

공작 기계 등에서 유동 행정(작업 공정 이외의 행정)은 빠르게, 작업 행정(절삭행정 등)은 느리게 작동시키는 경우에 사용한다. 공작 기계 등은 많은 시간을 가동시켜야 하며, 가동 중에 절삭 행정이 차지하는 비중이 크면 클수록 효율이 좋은 셈인데 필연적으로 절삭 행정 이외에서는 빠른 속도로 작동시키는 것이 요구된다.

회로도는 디셀러레이션붙이 플로우 컨트롤 밸브를 사용한 것이며, 유압 실린더를 밀 때 디셀러레이션의 스풀 끝이 캠에 닿기까지는 회로 속에 제어하는 부분이 없기 때문에 유압 실린더는 빨리 움직인다.

캠에 닿아 스풀이 열리면 기름은 디셀러레이션부로는 흐르지 않고 플로우 컨트롤부에서만 흐르기 때문에 느린 절삭 속도로 밀며 작업을 한다. 유압 실린더가 되돌아올 때에는 체크 밸브를 거쳐 자유류(free flow)가 되기 때문에 빠른 속도로 되돌아온다(이 회로는 미터 아웃 쪽에 설치되어 캠 위치 조정을 가능하게 하며, 미터 인이나 블리드 오프 등은 사용이 곤란하다).

(6) 증속 회로

유압 실린더의 작동 속도는 유압 실린더에 공급되는 유량에 비례하여 증감한다. 간단한 유압 장치의 경우 그 유압 실린더에 공급되는 기름의 양은 유압 펌프의 토출량과 같거나 그 이하일 경우가 많으며, 공작 기계의 조기 이송, 조기 복귀 행정은 가급적 빠른 속도로 유압 실린더를 작동시켜야 효율이 좋다. 이때에는 증속 회로를 사용한다. 증속 회로는 유압 실린더에 걸리는 부하가 작을 때에 사용하며, 유압 실린더의 환류, 보조 실린더, 램의 자중 등을 효과적으로 이용하여 유압 토출량 이상의 속도로 작동시키기 위하여 구성한 것이다.

① 자동 회로

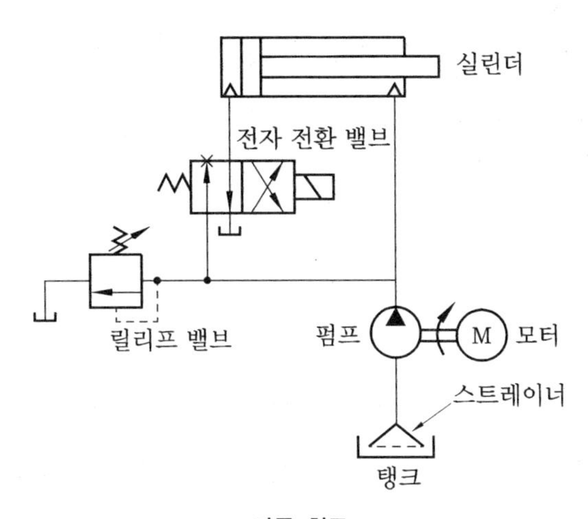

자동 회로

유압 실린더를 압축하려고 할 때 전환 밸브를 전환하며, 유압 펌프로부터의 토출유는 유압 실린더의 로드 쪽, 헤드 쪽의 양쪽으로 유도한다. 모두 같은 압력이 되어 피스톤을 서로 밀게 되나 로드 쪽의 면적이 작은 이유로 힘의 균형이 무너져 피스톤은 로드 쪽으로 밀린다.

[속도 계산식]

실린더의 단면적 A(지름이 ϕD)는 20 cm², 로드의 단면적 a(지름이 ϕd)는 5 cm², 유압력 $P = 30\ \text{kgf/cm}^2$, 유입량 $Q = 2\ \text{L/min}$이라 하면,

피스톤을 밀어내는 힘은

$$P \times A = 30\ \text{kgf/cm}^2 \times 20\ \text{cm}^2 = 600\ \text{kgf}$$

피스톤을 당기는 힘은

$$P \times (A - a) = 30\ \text{kgf/cm}^2 \times (20\ \text{cm}^2 - 5\ \text{cm}^2) = 450\ \text{kgf}$$

미는 힘 - 당기는 힘 = 600 - 450 = 150 kgf

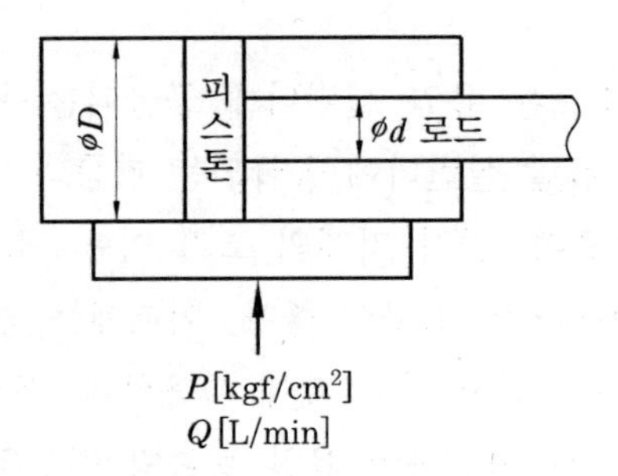

결국 150 kg의 힘으로 유압 실린더는 밀려난다. 이 값은 로드 단면적(5 cm²)에다 유압력(30 kgf/cm²)을 곱한 것과 같으며, 대개의 경우 이 정도의 계산을 하며, 미는 속도와의 관계는 다음과 같다.

우선 2 L/min 밖에 넣지 않는 경우 속도(V_1)는

$$V_1 = \frac{Q}{A} = \frac{2000\,\text{cm}^3/\text{min}}{20\,\text{cm}^2} = 100\,\text{cm/min}$$이 되어

결국 증속 회로가 없는 경우에는 로드 쪽의 환류도 헤드 쪽에 들어가기 때문에 들어가는 양은 증가한다.

따라서, 미는 속도(V_2)는

$$V_2 = \frac{Q + (A - a) \cdot V_1}{A}$$으로 되어 $V_2 = \dfrac{Q}{a}$가 된다.

여기서, $(A - a) \cdot V_1$: 로드 쪽에서 헤드 쪽으로 들어오는 유량

따라서 $V_2 = 400\,\text{cm/min}$이 되어 증속 회로를 구성하지 않았을 때의 속도(100 cm/min)의 4배의 속도가 된다.

당길 때에는 유압 펌프 토출량만이 로드 쪽으로 들어가고, 헤드 쪽의 환류는 전환 밸브를 거쳐서 오일 탱크로 되돌아온다. 이 회로는 밀 때의 증속에만 이용할 수 있어서 용도로는 당길 때에만 쓰인다.

② 보조 실린더를 사용하는 방식

프레스 등에서 대구경의 유압 실린더를 사용할 때에 많이 사용되는 회로이다. 프레스는 유압 실린더의 전행정 중에 일을 하는 공정은 그 일부분이며, 나머지는 조기 이송의 유동 행정이 된다.

그동안의 행정을 느린 속도로 움직여서는 작업 효율이 극히 나쁘므로 소구경의 보조 실린더를 사용하여 조기 이송한다.

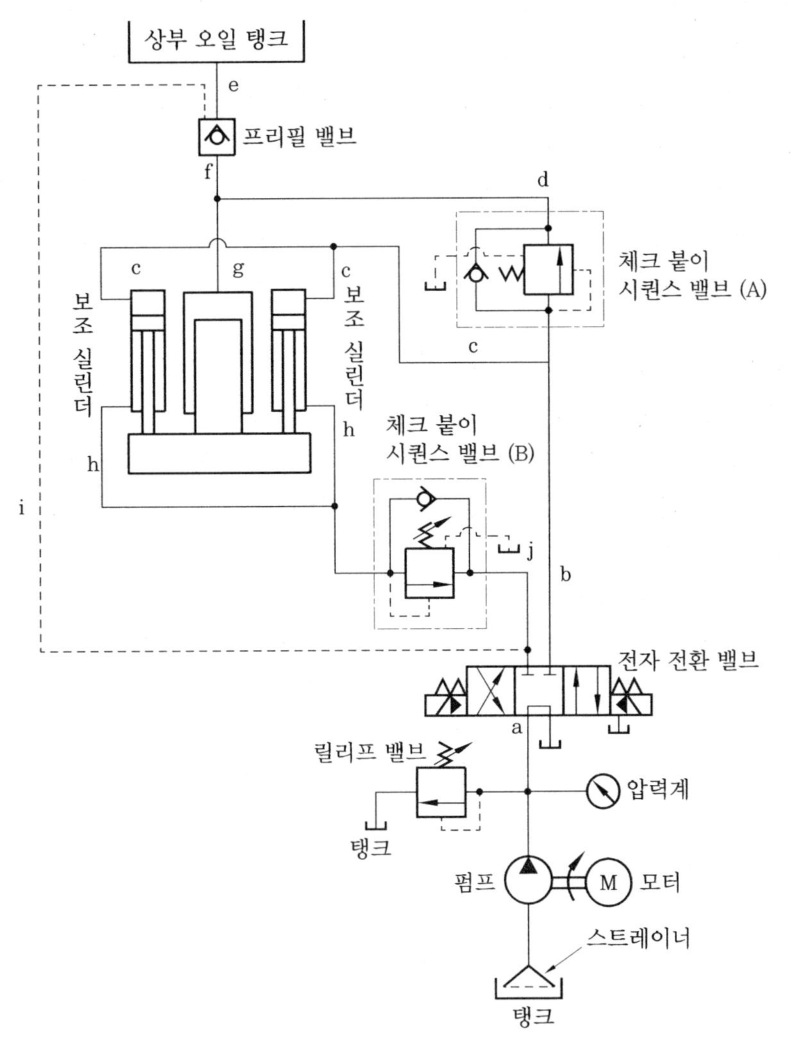

보조 실린더를 사용하는 방식

[작동 순서]

㈎ 방향 전환 밸브를 전환하여 실린더 헤드 쪽으로 기름이 들어가도록 한다.

㈏ 기름은 a→b로 흐르며, 시퀀스 밸브 (A)의 부분에서 압력이 걸리기 때문에 b→c로 흘러 보조 실린더를 작동시킨다.

㈐ 보조 실린더가 작동하면 주실린더도 하강하며, 부압에 의해 상부 오일 탱크의 기름은 e→프리필 밸브(prefill valve)→f→g를 거쳐서 주실린더에 들어간다.

㈑ 프레스 플레이트 램 등이 상당히 무거울 때에는 자중 낙하하여 위험이 생기므로 저항 밸브로서 시퀀스 밸브 (B)를 넣는다.

㈒ 프레스 플레이트가 하강하여 물체에 닿아 큰 출력이 필요하게 되면 보조 실린더만으로는 작동을 못하게 되어 c, b 부분의 압력이 상승하고 기름은 시퀀스 밸브 (A)를 통하여 d→g→주실린더로 들어가 큰 출력으로 서서히 가압한다(이때 라인 프리필 밸브는 실린더부가 압력이 높아져서 닫혀버린다).

㈓ 프레스 플레이트를 당길 때에는 방향 전환 밸브를 전환하여 a→j에 압유를 보내어 시퀀스 밸브 (B)의 체크 밸브부→h→보조 실린더 로드 쪽에 넣어 끌어올린다. 이때 기름은 파일럿 라인 i를 거쳐서 프리필 파일럿부에 압력이 걸려 밸브를 연다. 주실린더의 기름은 g→f→프리필 밸브→e→상부 오일 탱크로 흐른다.

(7) 시퀀스 밸브를 이용한 순서 작동 회로

시퀀스 밸브로 순서 작동을 하는 경우 유압 구동부는 2~3개 가량이 한계이다. 또한 유압 실린더 등의 중간 정지 및 전개 속도 제어도 곤란하다. 용도는 수동 전환 밸브 라인의 순서 작동에 많이 쓰이며, 시퀀스 밸브 때문에 압력 유지가 필요할 때 가장 좋다.

[작동 설명]

① 수동 전환 밸브를 전환하여 토출유를 a 라인에 올려 보낸다.

② c 라인에는 시퀀스 밸브 j가 있어서 압력이 상승하기까지는 기름을 통과시키지 않으므로 기름은 b 라인으로 흘러서 유압 실린더 ㉮가 작동을 한다.

③ 왼쪽 유압 실린더가 끝까지 가서 b, c 라인의 압력이 상승한 후에야 비로소 기름은 시퀀스 밸브 j를 통하여 d 라인으로 흘러서 오른쪽의 유압 실린더가 ㉯의 작동을 한다.

④ 오른쪽 유압 실린더의 작동이 끝났음을 확인한 후에 수동 전환 밸브를 원래의 위치로 복귀시킨다.

⑤ 마찬가지로 ㉰ 및 ㉱의 작동을 한다.

[주의사항]

① 회로도 A의 b 라인 및 f 라인에는 유량 제어 밸브를 넣을 수 없다(㉮ 및 ㉰의 속도 제어는 유량 제어 밸브를 a 라인 및 e 라인에 미터 인으로 넣어야 한다).

② ㉮ 및 ㉰의 행정 부하로 인해 압력이 상승하여 시퀀스 밸브에서 기름이 흐르면 완전한 제어가 안 되기 때문에 시퀀스 밸브의 설정압은 많이 높여야 한다. 또한 b 라인에 유량 제어 밸브를 넣어야 할 때에는 회로도 B와 같이 한다(이때 유량 제어 밸브 k를 넣으면 b, c 라인의 압력이 상승하더라도 시퀀스 밸브의 파일럿 라인은 b_2에 접속되어 있는 관계로 b_2 압력이 상승하지 않는 한 c에서 d로 기름이 흐르지 않아서 회로도 A와 같이 작동을 한다).

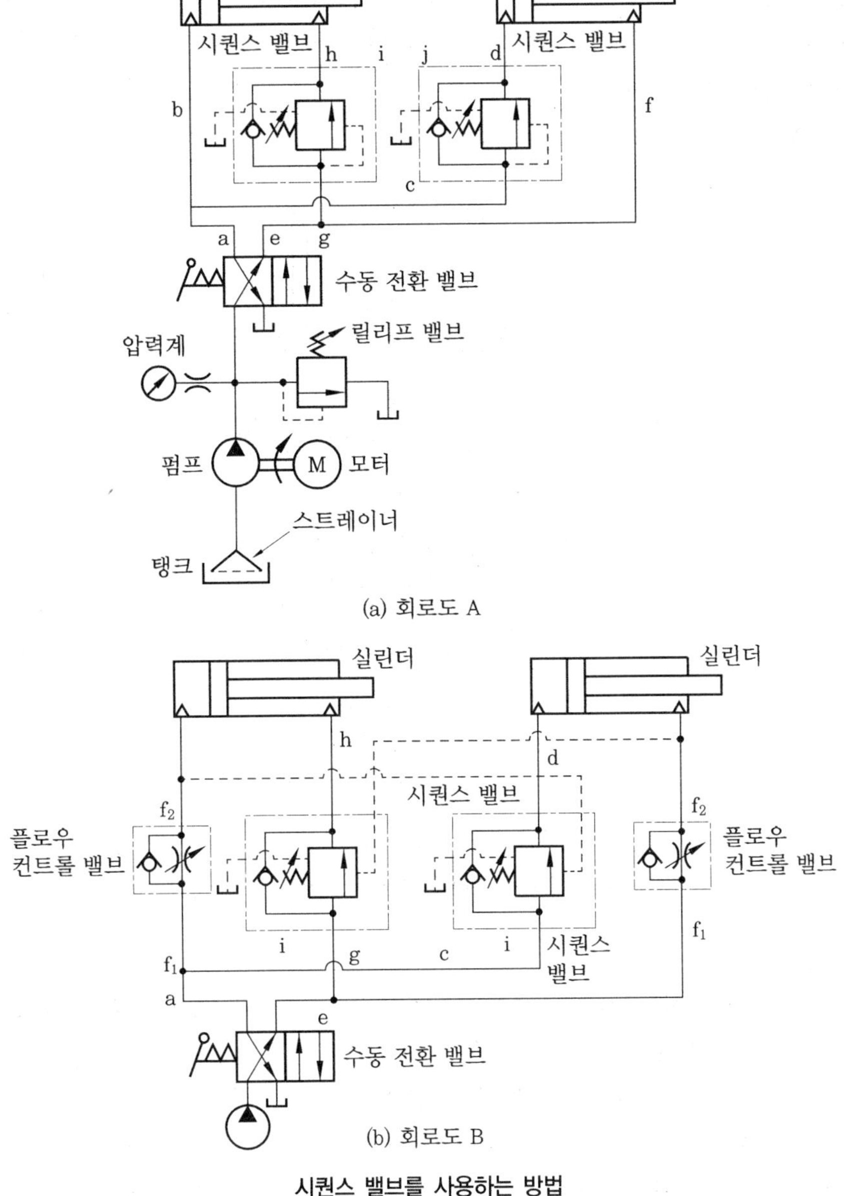

(a) 회로도 A

(b) 회로도 B

시퀀스 밸브를 사용하는 방법

(8) 동기 회로

같은 물체를 몇 개의 유압 실린더로 작동시키려고 할 때 서로 같은 작용을 시킬 때에는 2개 이상의 유압 실린더의 작동이 동조 또는 비례 작동을 하지 않으면 안 된다. 유량 제어 밸브를 사용하든지, 같은 용량의 펌프를 사용하든지 하여 그 조정을 하고 있지만 좀처럼 정밀도가 높아지지 않아 불안정한 작동을 한다.

① 유량 제어 밸브에 의한 방법

각 개의 유압 실린더 라인에 제어 밸브를 달아 손으로 움직임을 보아가면서 조정하는 방법이다. Ⓐ, Ⓑ 두 개의 유압 실린더 작동을 플로우 컨트롤 밸브 ①~④의 유량조정을 통하여 행하는 것이다. 속도를 바꿀 때에는 항상 몇 개의 플로우 컨트롤 밸브를 서로 조정해야 한다. 정밀도는 사용 상황에 따라 달라지지만 10 % 이상의 오차가 있다.

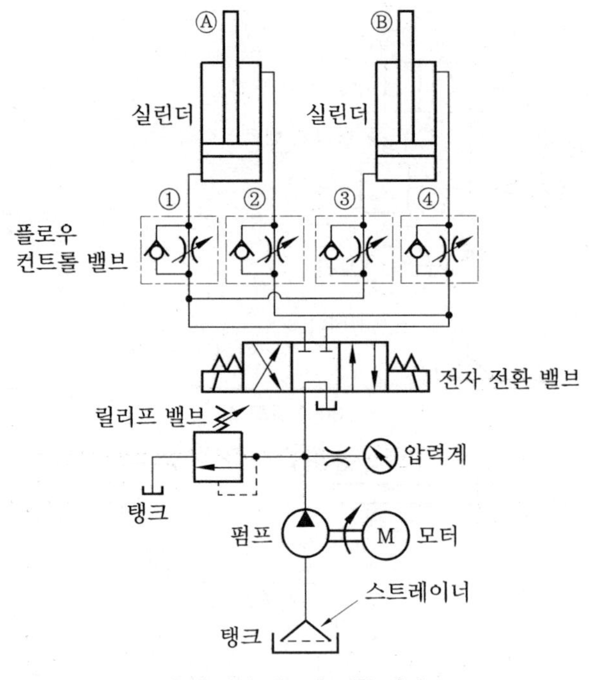

유량 제어 밸브에 의한 방법

② 전용 펌프를 사용하는 방법

동조시키고자 하는 유압 실린더에 각각 같은 용량의 전용 유압 펌프를 사용하여 동기시키는 방법이다.

같은 용량, 같은 성능인 2개의 유압 펌프 PF_1과 PF_2를 각각 유압 실린더 Ⓐ와 Ⓑ의 전용으로 사용하여 방향 전환 밸브를 동시에 전환함으로써 Ⓐ와 Ⓑ 유압 실린더에 같은 용량의 기름을 보내어 동기시킨다. 속도 조정이 곤란하며, 유압 펌프(전동기)

의 회전수를 변동하는 방법밖에 없다. 정밀도는 5% 이상이며, 유압 모터를 사용하여 동조시킬 때도 같은 방법을 사용한다.

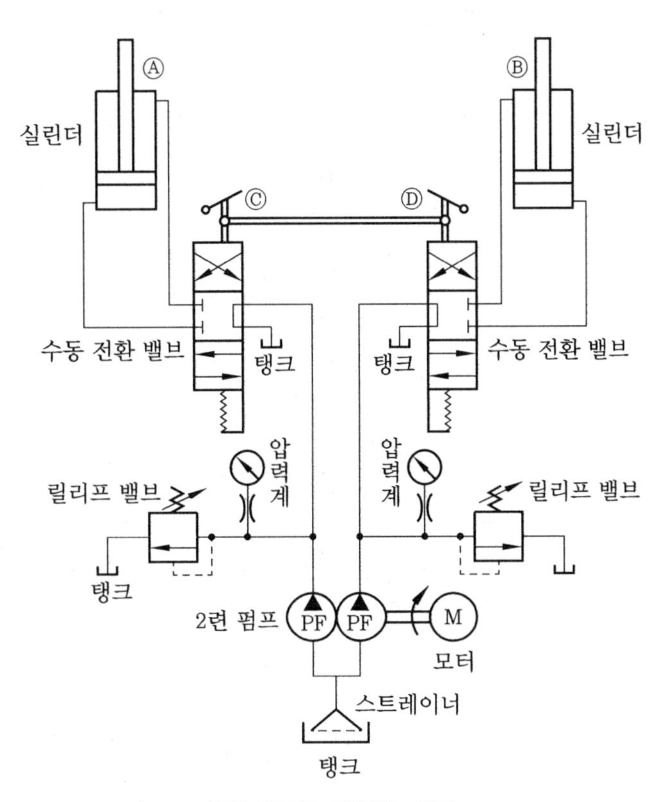

전용 펌프를 사용하는 방법

③ 유압 실린더를 직렬로 접속하는 방법

양쪽 로드의 유압 실린더를 직렬로 접속하여 동기 작동을 시키는 방법이다. 이 회로는 똑같은 크기의 유압 실린더 Ⓐ, Ⓑ 2개를 사용하여 Ⓐ 실린더의 환류를 Ⓑ 실린더에, Ⓑ 실린더의 환류를 Ⓐ 실린더에 보내어 동기 작동시킨다(유량 조정 밸브는 f 및 c 라인에 넣는다).

보정 기구는 한쪽의 끝(하강)에 실린더 Ⓐ가 도달했을 때에 보정용 전자 밸브가 전환하여 라인 g로부터 감압된 기름이 i에 흘러들어가 파일럿 라인 j에 의해 파일럿 체크 밸브가 열려 d, e 라인의 유량 조절을 하여 보정한다.

감압 밸브 조정 압력 P_2는 P_1의 $\frac{1}{2}$정도가 적당하다.

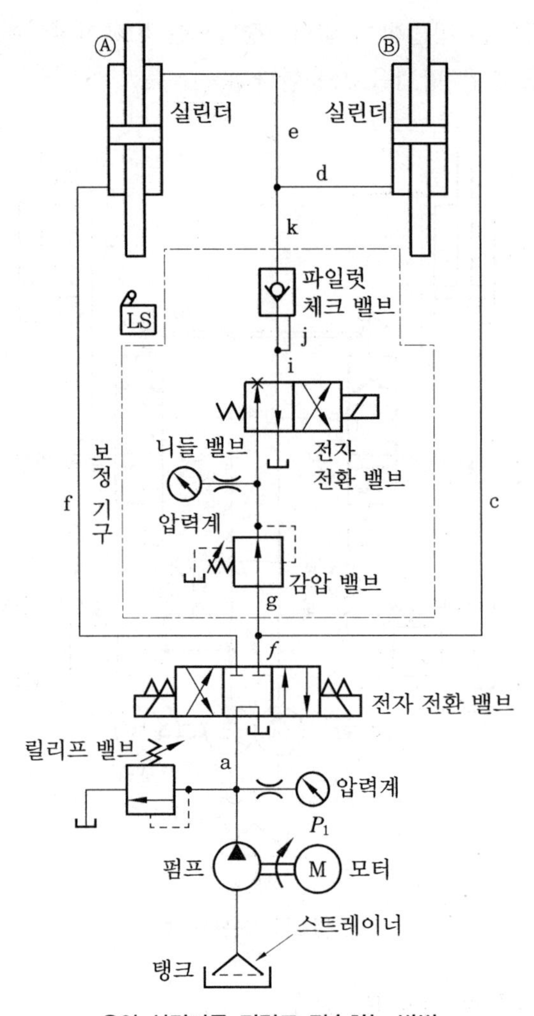

유압 실린더를 직렬로 접속하는 방법

④ 동조 실린더 방식

유압이 구동 실린더와는 별도로 정량의 기름을 보내기 위한 실린더(동조 실린더)의 유량 제어에 사용하는 방법이다.

[작동 설명]

(가) 당기는 작용

㉮ 수동 전환 밸브를 전환하면 기름은 라인 (1)로 흘러서 동조 실린더의 A_1~A_4실로 흘러가 피스톤을 왼쪽으로 이동시킨다.

㉯ 4개의 피스톤은 피스톤 로드로 연결되어 있어서 b, c, d, e 각 라인의 압력이 달라도 B_1~B_4 각 실에서 나오는 유량은 같게 된다. 이와 같이 나온 기름이 조작 실린더의 C_1~C_4의 각 실로 들어가 4개의 유압 실린더의 동기 조작을 하게 된다.

㉰ 각 조작 실린더의 D_1~D_4의 배출유는 라인 n에 수동 전환 밸브를 통하여 탱크

로 돌아온다.

㉣ 운전 개시 시에 동조 실린더와 조작 실린더의 위치를 맞출 때에는 스톱 밸브를 열어서 조작한다.

(나) 당길 때의 보정 작용

㉮ 동조 실린더 피스톤이 왼쪽으로 이동하여 행정 끝에 도달하면 피스톤 로드가 메커니컬 파일럿 체크 밸브 E_2에 닿아 밸브를 연다.

㉯ 4개의 조작 실린더의 전부 또는 일부가 아직 스트로크 엔드에 도달하지 않았을 때 압유는 a → r → E_2 → s → 체크 밸브 순서로 기름을 공급하여 조작 실린더 전체를 행정 끝까지 이동시킨다.

(다) 누르는 작용

㉮ 수동 전환 밸브를 조작하여 펌프 토출유는 라인 (2)에 보낸다.

㉯ 라인 n에서 직접 각 조작 실린더의 D_1~D_4에 보내어 조작 실린더를 밀어내린다.

㉰ 각 조작 실린더 C_1~C_4의 배출유는 동조 실린더의 B_1~B_4 각 실에 들어가 피스톤을 오른쪽으로 민다. 이때 A_1~A_4 각 실의 유량은 a 라인 수동 전환 밸브를 거쳐서 탱크로 돌아간다.

㉱ 동조 실린더 피스톤은 피스톤 로드로 연결되어 있어서 조작 실린더 4개 중 하중이 걸려 빨리 작동하려는 실린더가 있어도 동조 실린더에서 받아들이는 유량이 4라인 모두 같은 양으로 규제되어 동기 작동을 한다.

㉲ 이상 고압이 발생하였을 때에 기름은 밸브를 거쳐서 릴리프 밸브에서 배출된다.

(라) 누를 때의 보정 작용

㉮ 동조 실린더가 오른쪽 행정 끝까지 이동하면 피스톤 로드가 메커니컬 파일럿 체크 밸브 E_1에 닿아 밸브를 밀고 연다.

㉯ 조작 실린더 4개 중 행정 끝에 도달하지 않은 실린더가 있는 경우, 각 라인의 체크 밸브에서 o 라인을 통하여 E_1 → q → a → 탱크로 열려 행정 끝까지 이동시킨다.

참고

• 주의사항

① 조작 실린더 C_1 ~ C_4의 용적과 동조 실린더 B_1 ~ B_4의 용적은 각각 같은 크기로 하지 않으면 안 된다. C의 용적보다 B의 용적이 너무 클 때에는 보정을 못하는 경우가 있다.

② 동조 실린더를 사용하여 행정 중간에서만 사용하고 있으면 누설 유량의 오차가 축적되어 커다란 오차가 생길 수도 있으므로 되도록 행정 끝까지 이동하도록 한다.

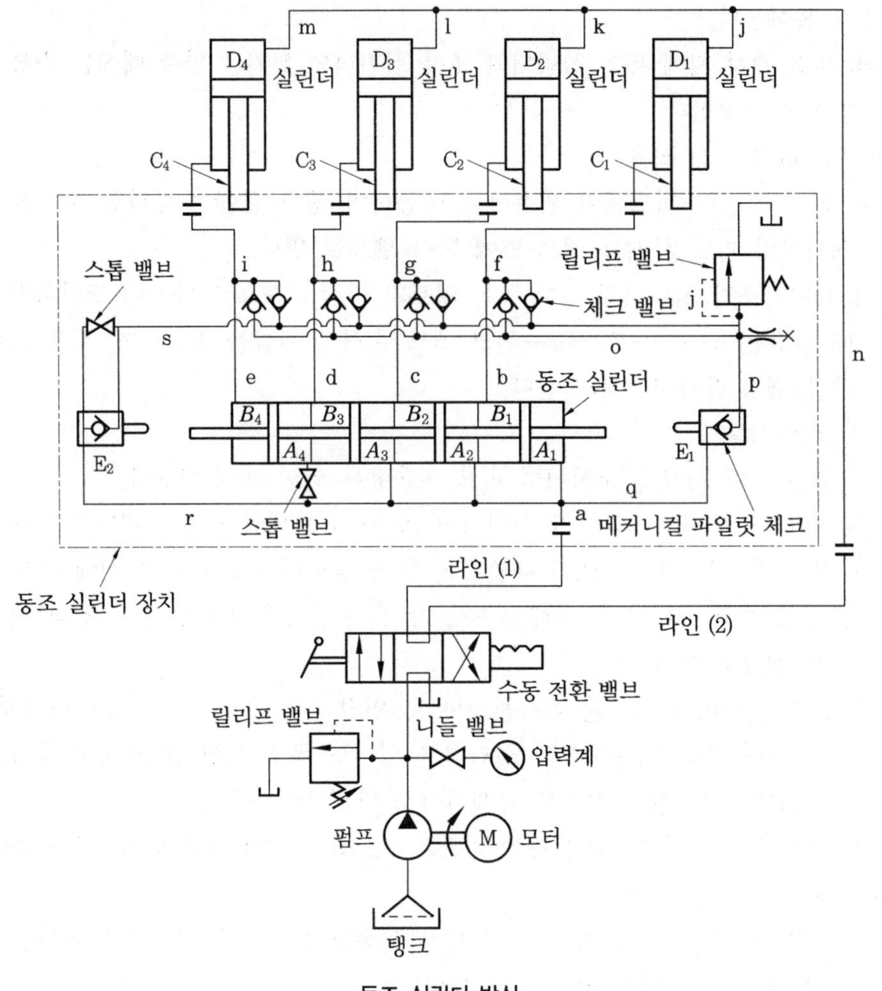

동조 실린더 방식

(9) 축압기 회로

축압기 회로는 동력 절감, 증속, 클램프, 맥동 흡수 등 그 목적에 따라 여러 가지 사용법이 있다.

축압기(어큐뮬레이터)는 그 내부에 압유를 저장해 두는 것이며, 압축된 기체의 팽창 또는 중력을 이용하여 필요할 때에 기름을 압축하는 것이다. 어큐뮬레이터와 펌프 사이에 반드시 체크 밸브를 사용한다. 또한 블리드형의 경우 어큐뮬레이터로부터의 기름을 전부 빼는 것은 좋지 않다.

① 증속 회로

유압 펌프 토출량 이상의 유량이 필요한 경우에 사용하는 회로이며, 유압 실린더가 정지하고 있을 때 어큐뮬레이터에 기름을 공급하여 저장해 두고 유압 실린더 작동 시에 증속을 한다.

유압 실린더를 누를 때에는 유압 펌프 토출량만으로 누른다. 당길 때에는 유압 실린더의 로드 쪽에 기름을 흘려 보내어 파일럿 라인에 압력이 걸리면 파일럿 체크 밸브가 열리고, 유압 실린더는 어큐뮬레이터에 저장되어 있는 압유와 유압 펌프로부터의 토출유가 합해져서 밀게 되므로 빠르게 이송된다.

파일럿 체크 밸브가 없으면 양쪽 모두 빠르게 이송한다(유압 실린더를 누를 때와 당길 때 모두 부하가 걸려 있고, 조기 이송을 할 때 사용한다).

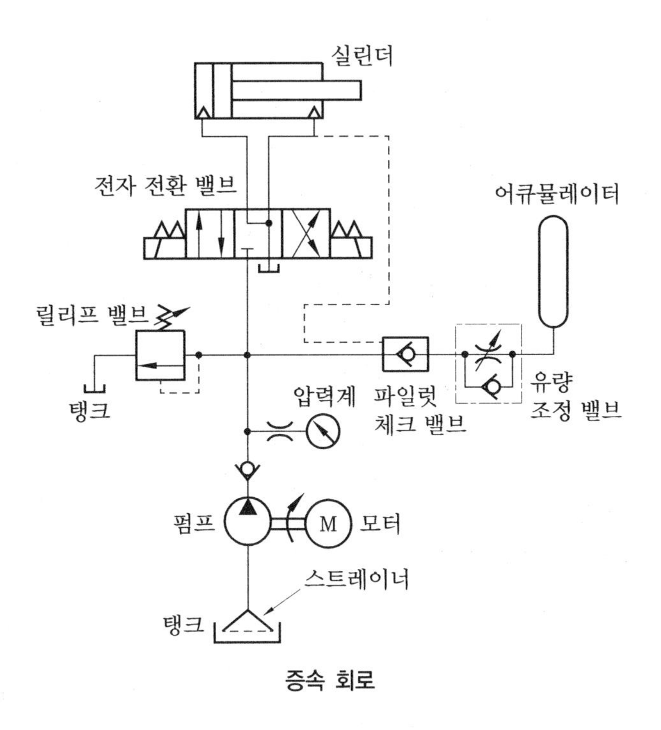

증속 회로

② 클램프 회로

유압 실린더 등에 의해 물체를 클램프하며, 그 클램핑 능력이 떨어져 곤란할 때에 사용한다. 정전, 펌프 고장 등의 사고로 압력이 저하될 때를 대비하여 보다 확실을 기하기 위해서라도 이 회로가 좋다.

클램프 실린더 라인에 최우선적으로 기름을 보내어 클램프한 상태에서도 어큐뮬레이터의 축적량은 많은 압유를 확보해 두고 불의의 사고에 대비하는 회로이며, 클램프 속도를 빠르게 한다(클램프용으로 사용할 때에는 전자 전환 밸브의 노멀 위치에서 클램프한다).

클램프 용도 이외에 압유가 확실하게 유지되지 않을 때와 정전 시 그 유압 실린더를 원위치에 복귀시킬 필요가 없을 때에도 사용된다.

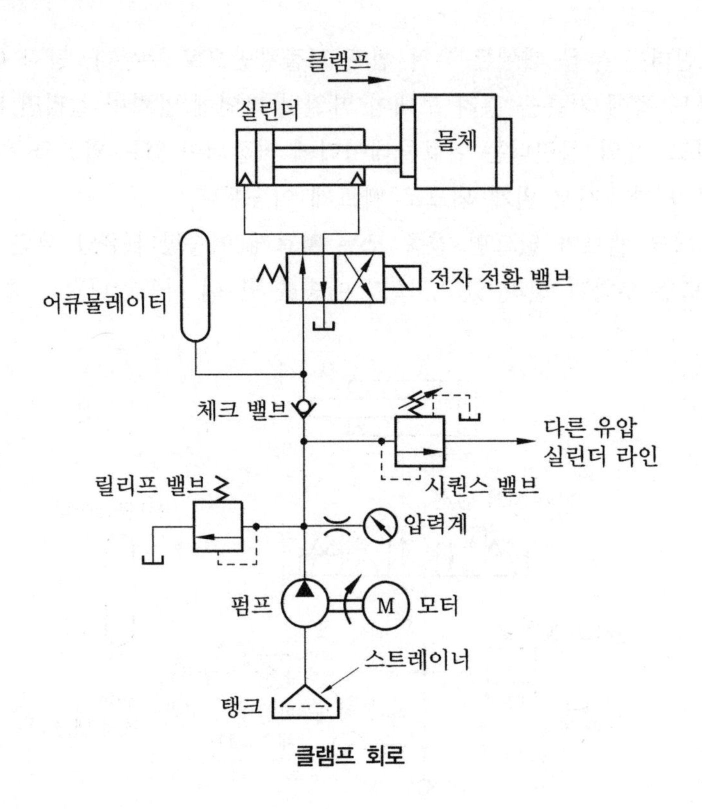

클램프 회로

③ 맥동 흡수용 회로

유압 펌프에 의한 맥동 전환 밸브의 전환 시 서지압 등을 어큐뮬레이터로 흡수할 목적으로 사용하는 회로이다.

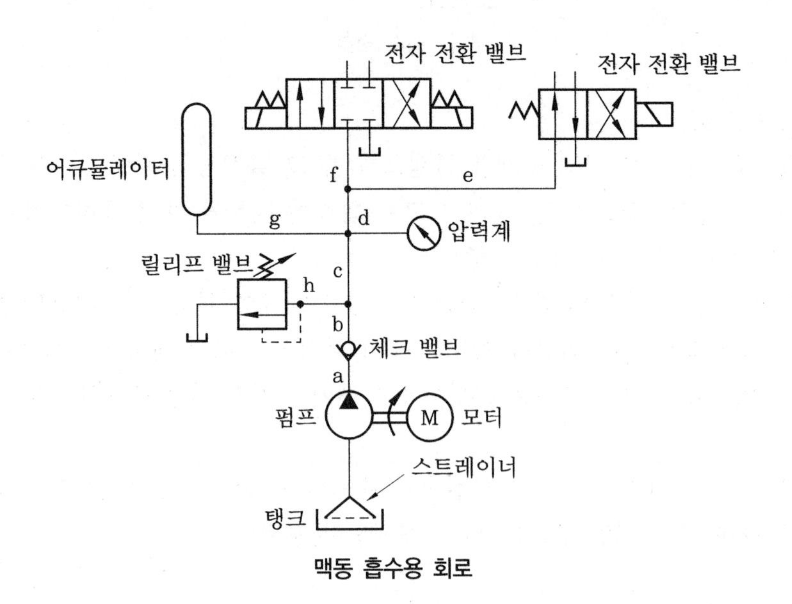

맥동 흡수용 회로

어큐뮬레이터의 용량은 비교적 작은 용적의 것으로 목적을 달성할 수 있다. 어큐뮬레이터는 펌프 토출구에 설치하며, 유압 실린더 회로의 맥동을 방지하기 위해 그 유압 실린더 라인에 설치한다. 기름은 용적 변화가 극히 작지만 기체는 압력에 반비례하여 용적이 작아진다.

이와 같이 압축성이 풍부한 기체를 이용하는 것이 블리더형 어큐뮬레이터이며, 아주 짧은 시간에 압력 변동이 있을 경우, 이 기체 용적이 증감하여 압력이 평균화된다. 이 기구를 이용하여 맥동 서지압을 방지한다.

(10) 증압 회로

유압 실린더의 가장 끝에서 강력한 출력을 필요로 할 때 사용하며, 이동 중에는 낮은 압력으로 기름을 보내고 끝에 가서 부스터 실린더에 의해 고압유를 보낸다.

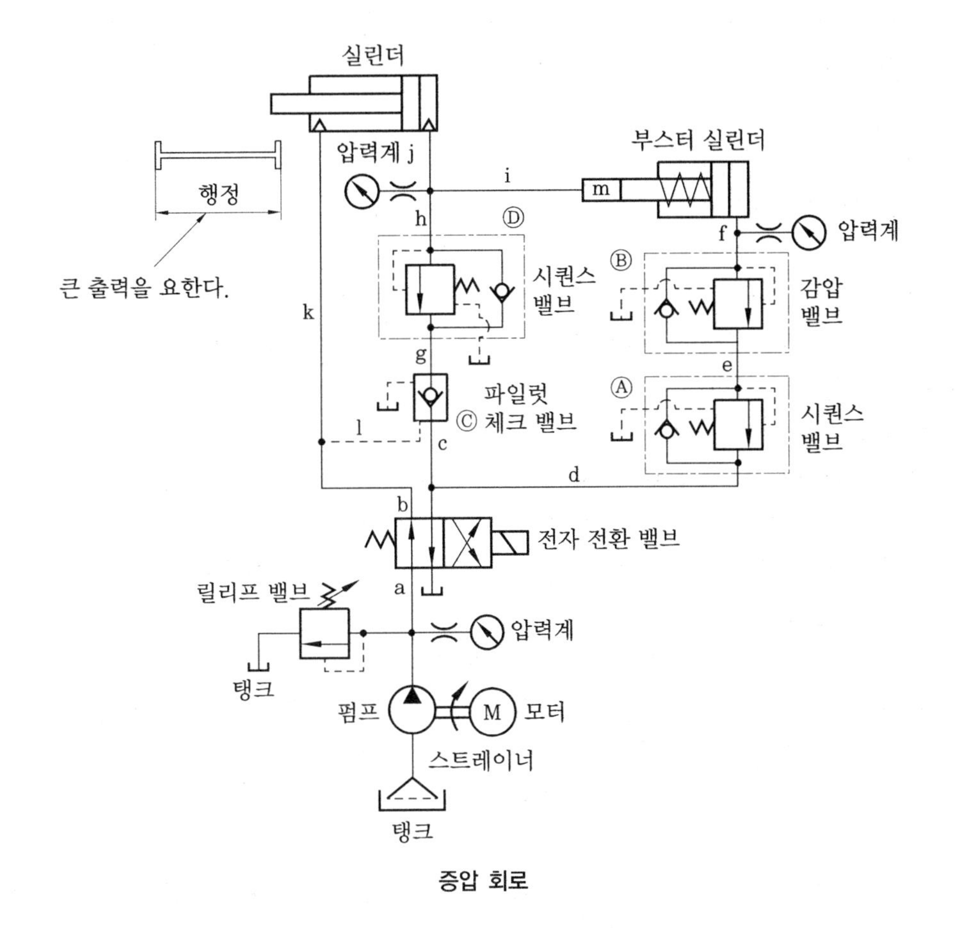

증압 회로

[작동 순서]

① 누르는 작용

㈎ 유압 실린더를 밀 때 끝에서 큰 출력을 필요로 하는 경우 전환 밸브를 전환하여 압유를 a→c→d로 흘려 보낸다.

(나) 시퀀스 밸브 Ⓐ에 의해 저항이 생겨 e 라인에는 기름이 흐르지 않으며, c 라인으로부터 파일럿 체크 밸브 Ⓒ를 통하여 g→시퀀스 밸브 Ⓓ의 체크 밸브→h→j를 거쳐 유압 실린더를 밀어낸다.

(다) 유압 실린더가 행정 끝(스트로크 엔드)에 접근하여 중부하가 가해지면 d, c 라인의 압력이 상승하여 시퀀스 밸브 Ⓐ를 통하여 압력 밸브 Ⓑ로 압력 조정을 한 다음 부스터 실린더를 밀어서 m실로부터 발생하는 고압유를 i→j→유압 실린더 헤드 쪽에 보내어 큰 출력을 발생시킨다. 이때, 파일럿 체크 밸브 Ⓒ는 닫혀 있다.

② 당기는 작용

(가) 전환 밸브를 전환하여 압유를 a→b→k 라인에 흘려 보낸다.

(나) 압유는 k→유압 실린더 로드 쪽으로 들어가 실린더 로드를 끌어당긴다.

(다) 헤드 쪽의 배출유는 j→i, h로 흐르지만 시퀀스 밸브 Ⓓ에 의해 저항이 주어지기 때문에 기름은 우선 부스터 실린더의 m에 들어가 부스터 실린더를 원위치에 복귀시킨다.

(라) 복귀시킨 후 시퀀스 밸브 Ⓓ→파일럿 체크 밸브 Ⓒ→전환 밸브를 통하여 오일 탱크로 되돌아온다.

(11) 유압 모터 회로

유압 모터는 기계 각부의 회전 운동을 시킬 목적으로 사용하며, 회전수 부하 토크에 비례하여 관성이 증가하기 때문에 강인한 유압 실린더에 비하여 유압 모터를 급정지시키면 그 서지압으로 파손될 때도 있다.

유압 모터에 압유를 보내면 회전 운동을 하는데, 이와는 반대로 회전 운동을 주었을 때는 유압 펌프로서 작동한다. 유압 실린더처럼 그 기름 출입구를 완전히 닫아버리면 그 서지압에 의해 기기, 유압 모터, 전환 밸브, 배관 등을 파손시키는 경우가 있다.

① 크로스 회로 방식

유압 실린더의 경우에는 피스톤의 이동과 함께 회로 전체에 용적 변화가 있다. 그러나 유압 모터의 경우에는 용적 변화가 극히 작기 때문에 회로 전체를 폐회로로 할 수 있다(기름 누출 및 기름의 압축에 있어서 오일 탱크를 전혀 사용하지 않고 배관에 국한된 폐회로는 할 수가 없다).

[작동 설명]

(가) 전환 밸브가 중립 위치일 때 유압 펌프 PV에서 토출된 기름은 c→d→전환 밸브→e→f를 지나 흡입 쪽 b로 환류된다.

(나) 전환 밸브를 전환하여 d 라인으로부터 g→h에 흘려 보내면 유압 모터가 회전하며, 유압 모터의 배출유는 i→j→e→f→b로 흘러 유압 펌프 PV에 의해 계속 회전된다.

㈐ 유압 모터를 정지시키는 경우에는 전환 밸브를 중립에 복귀시키며, j 라인의 기름은 직접 저압부로 나가는 길이 없어져 i → 브레이크 회로의 n → 체크 밸브를 지나서 m → 배압 밸브(릴리프 밸브)에 들어가 일정한 저항을 얻어 유압 에너지를 흡수당한 후에도 P → 체크 밸브 → k → h로 흘러 유압 모터에 들어간다(이 일정 저항이 브레이크 작용을 하여 유압 모터를 천천히 정지시킨다).

㈑ 유압 펌프 PF는 폐회로 안의 기름 누출 등으로 감소한 유량을 공급하며, 동시에 유압 펌프 흡입 쪽 b에 압력을 가하여 흡입을 돕는다. 또한 브레이크 회로 P에 압력을 주어 유압 모터의 흡입을 돕는 일도 한다(이 브레이크 회로는 유압 모터뿐만 아니라 유압 실린더에도 사용이 가능하며, 유압 모터 회로도 많이 사용된다).

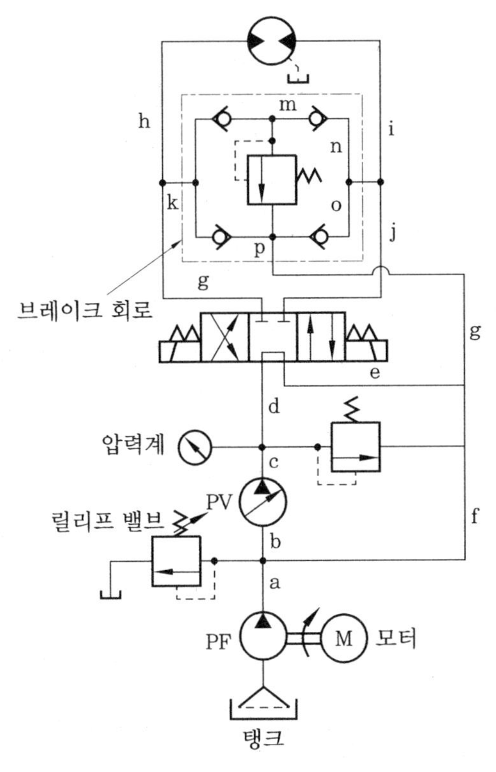

크로스 회로 방식

② 오픈 회로 방식

전동기에서는 회전수가 정해져서 변속이 간단한 유압 모터를 사용한 것인데 좌우 양회전에 사용할 수 있다. 오픈 회로로 되어 있는 관계로 화살표 방향으로 회전하고 있는 상태에서 전환 밸브를 중립으로 복귀시켜도 관성에 의해 유압 모터는 계속 회전하며, 관로 내의 기름은 화살표 방향으로 흘러간다.

유압 모터가 관성으로 유압 펌프로서 작동하고 있을 때, 그 흡입 쪽을 닫으면 기름을 흡입하지 않는다. 일반적으로 환류 쪽의 기름을 그대로 흡입 쪽에 접속하여 흡입을 돕는다.

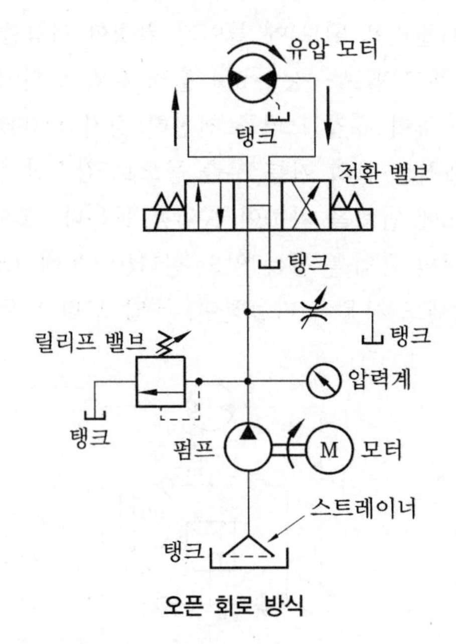

오픈 회로 방식

③ 한쪽 회전의 브레이크 회로

한 방향으로 회전하는 모터를 정지시키는 방법이며, 릴리프 밸브의 저항을 이용한다.

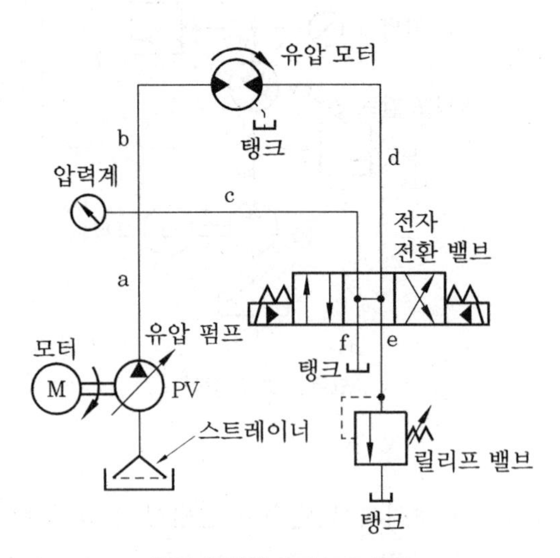

한쪽 회전의 브레이크 회로

[작동 설명]

(가) 유압 모터의 정지 시 유압 펌프 PV에서 토출된 기름은 a → c → f (탱크 라인)로 흘러서 언로드한다.

(나) 유압 모터를 회전시키는 경우 전환 밸브를 조작하여 c↔e, d↔f(탱크 라인)로 접속하여 유압 모터에 기름을 흘려서 회전시킨다.

(다) 유압 모터를 자연 정지시키는 경우에는 전환 밸브를 중립 위치로 하고, 유압 모터의 입구·출구 압력을 0으로 한다.

(라) 유압 모터에 브레이크를 걸어 정지시키는 경우 전환 밸브를 조작하여 e↔f, d↔e로 접속하여 릴리프 밸브로 저항을 주어 기름을 탱크에 돌려 보낸다.

1-3 유압 실제 회로

(1) 100톤 판금 프레스

• 철판의 전단 펀칭을 행하는 기계

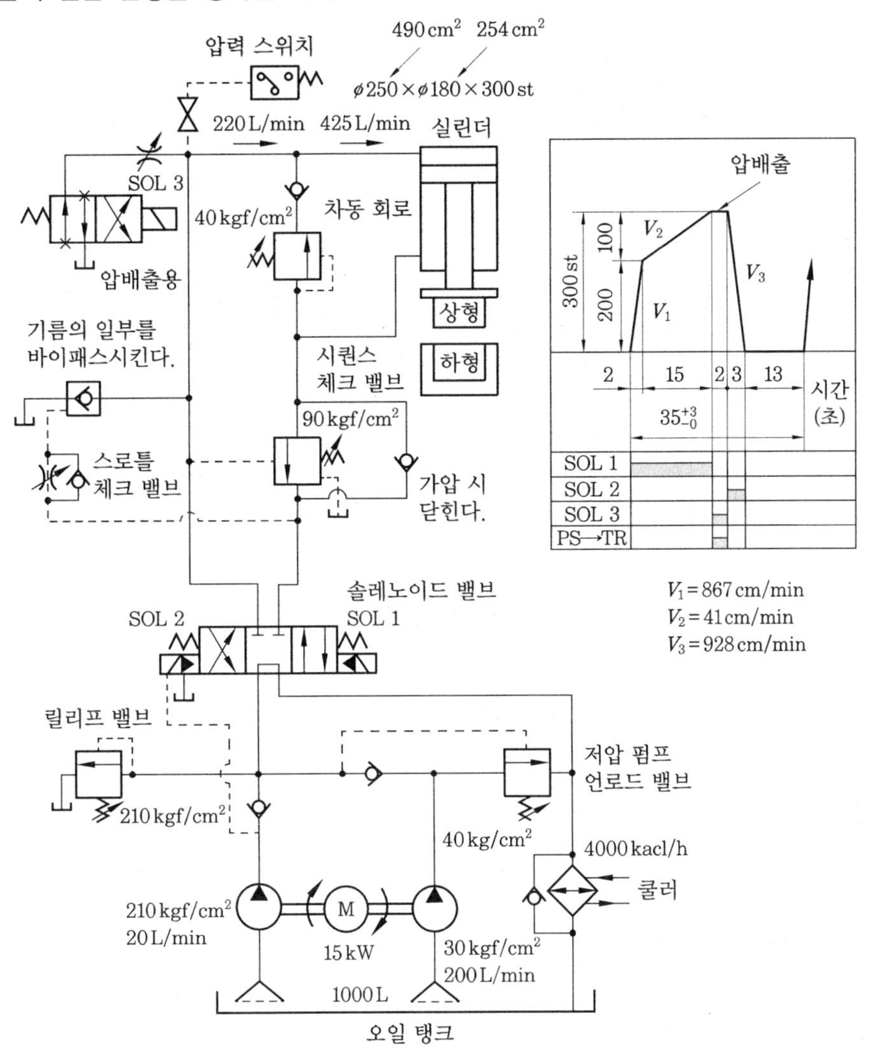

(2) 연속 주조기 회로

• 알루미늄 합금, 마그네슘 합금, 동합금 등을 금형 내에 압입 주조하는 기계

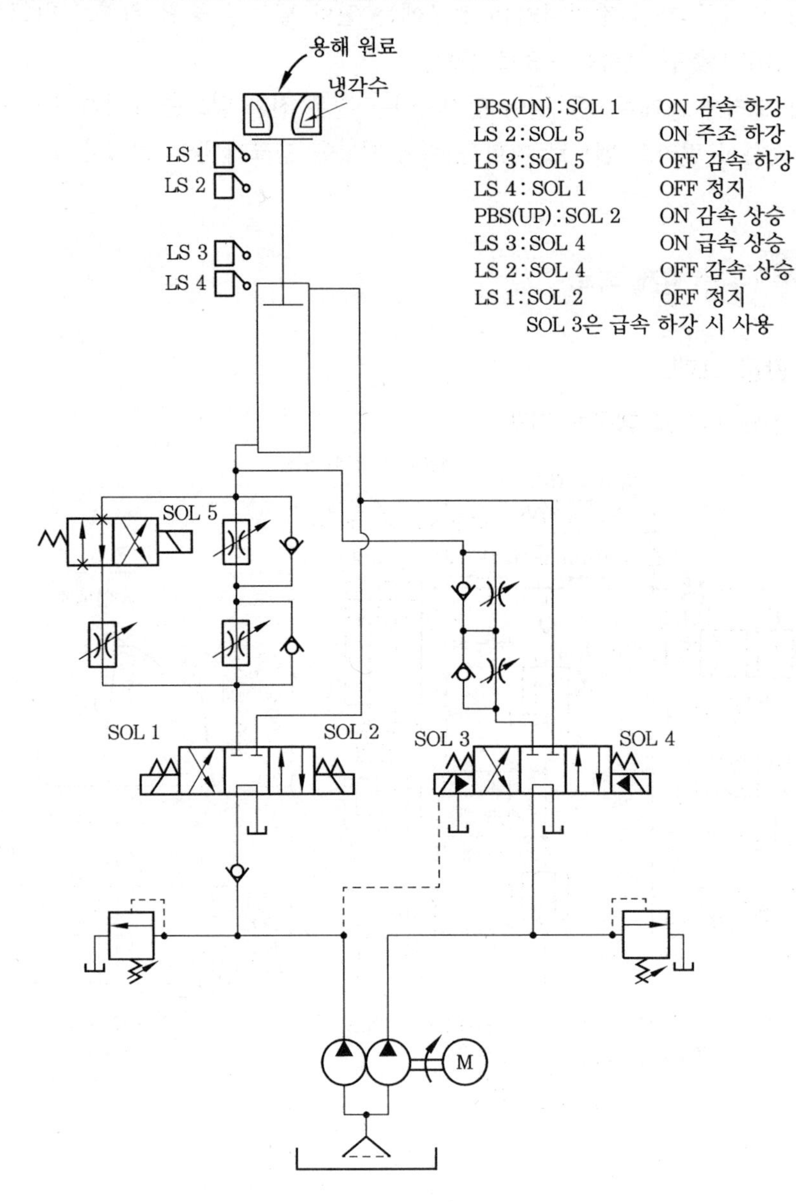

(3) 50톤 유압 프레스

[일반 사항]

① 급속 하강 : 100 cm/min

② 가압 하강 : 45 cm/min

③ 상승 : 225 cm/min

㈎ 급속 정지 시 파일럿 체크 밸브 통과 유량(Q_1)

$Q_1 = 445\ \mathrm{cm}^2 \times 1100\ \mathrm{cm/min} = 489,500\ \mathrm{cm}^3/\mathrm{min} \fallingdotseq 490\ \mathrm{L/min}$

(나) 급속 하강에 필요한 펌프 토출량(Q_2)

$Q_2 = 45\ \mathrm{cm}^2 \times 1100\ \mathrm{cm/min} = 49,500\ \mathrm{cm/min} \fallingdotseq 50\ \mathrm{L/min}$

(다) 가압 하강에 필요한 펌프 토출량(Q_3)

$Q_3 = (445 + 45)\mathrm{cm}^2 \times 45\ \mathrm{cm/min} = 22\ \mathrm{L/min}$

(라) 실린더 로드의 금형 중량을 1,000 kgf이라 하면, 카운터 밸런스 밸브의 세트압은

$\dfrac{1000\ \mathrm{kgf}}{144\ \mathrm{cm}^2} = 7\ \mathrm{kgf/cm}^2$

(마) 파일럿 체크 밸브의 파일럿 위치는 ⓐ에서 하면 열림이나 닫힘이 나쁠 때 ⓑ에서 할 수 있다.

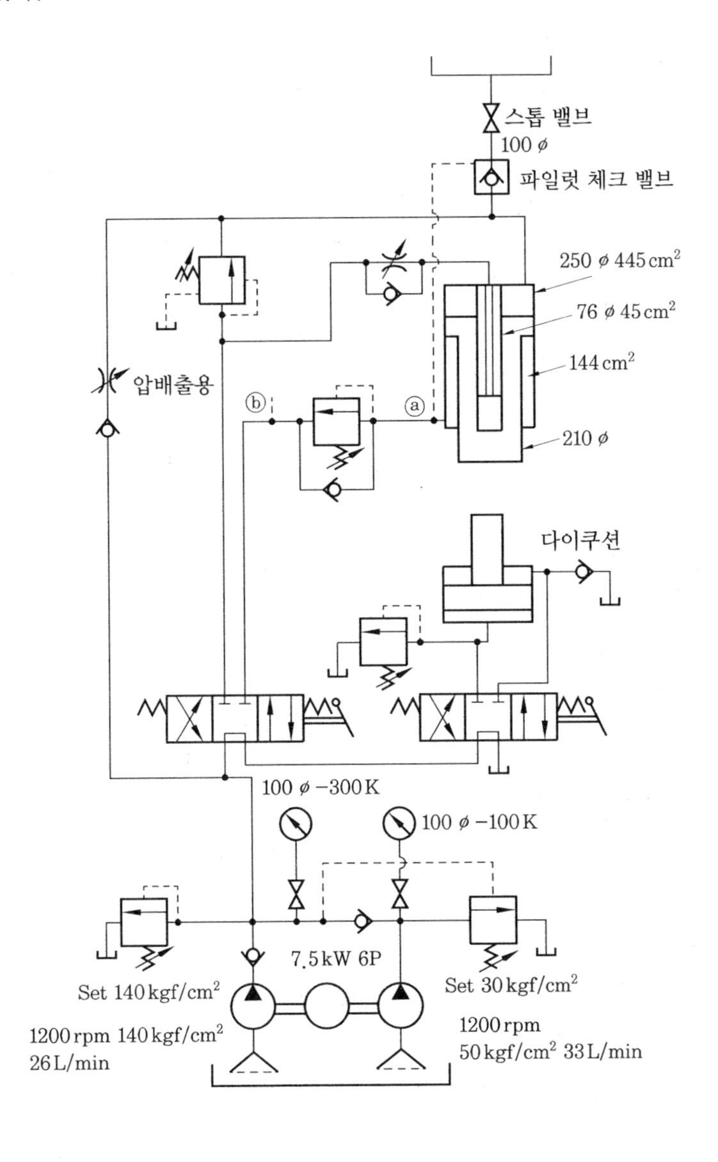

(4) 100톤 성형 프레스

① 상승 속도 : 250~300 cm/min

② 최대 가압 속도 : 26 cm/min

③ 행정 : 269 cm/min

④ 가압 시 자중에 의한 가압 시간 : 10 min

(가) 300 cm/min일 때 주실린더 2개의 필요 유량(Q)

$Q = (1963\text{ cm}^2 \times 2) \times 300\text{ cm/min} = 1178\text{ L/min}$

(나) 300 cm/min일 때 보조 실린더 2개의 필요 유량(Q_1)

$Q_1 = (133\text{ cm}^2 \times 2) \times 300\text{ cm/min} = 79.8\text{ L/min} \fallingdotseq 80\text{ L/min}$

(다) 가압 속도 26 cm/min일 때의 필요 유량(Q_2)

$Q_2 = \{(1963 \times 2) + (133 \times 2)\} \times 26 = 109\text{ L/min}$

하강 속도는 50ϕ 파일럿 체크 밸브를 여는 크기로 조정하며, 가압 중 3.7 kW 전동기는 정지시킨다.

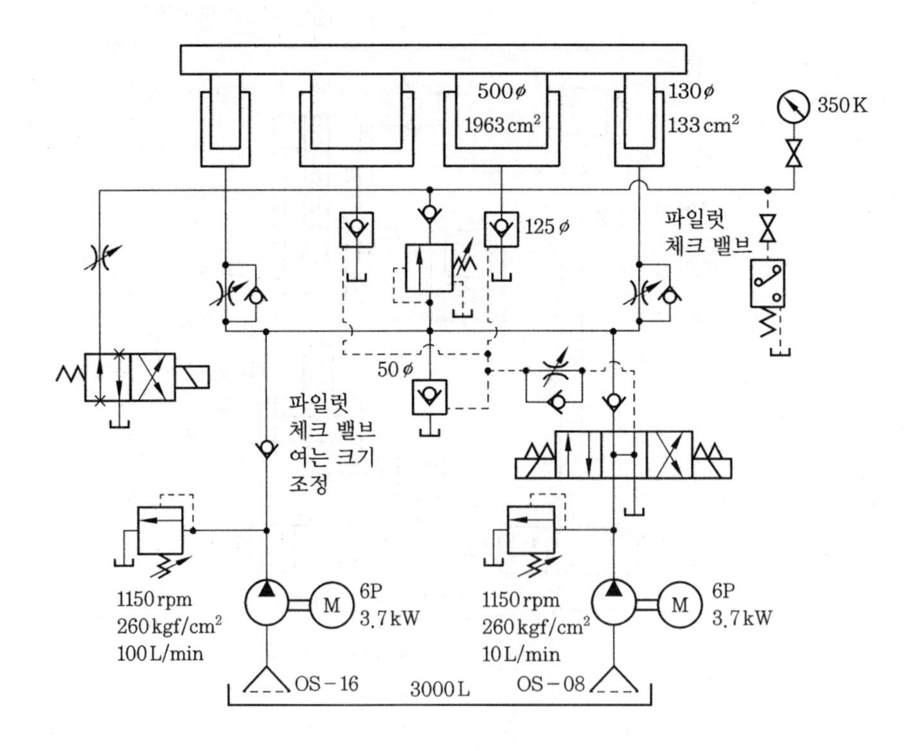

(5) 드릴링 머신

• 드릴 탭 리머 등에 의한 구멍 뚫기 작업을 하는 기계

드릴용 유압 회로 제작 시 스핀들의 조기 이송, 절삭 이송의 절환이 확실하고 부하의 변동에 따라 절삭 속도가 변화하지 않도록 주의해야 한다.

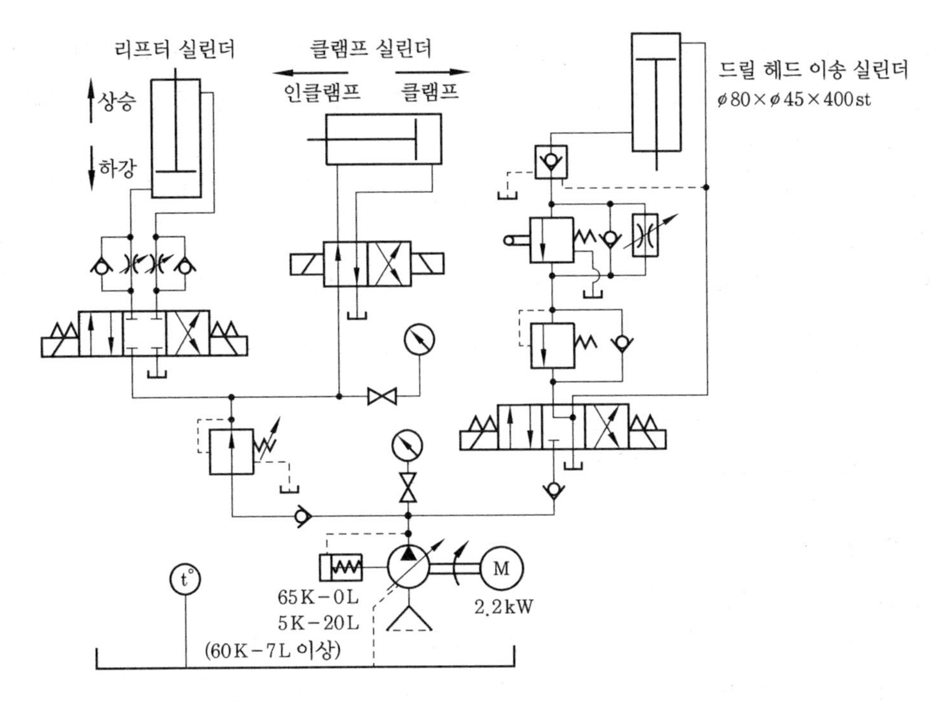

(6) 브로치 머신(20톤)

• 절삭물을 밀거나 잡아당겨서 복잡한 형상의 구멍을 가공하는 기계

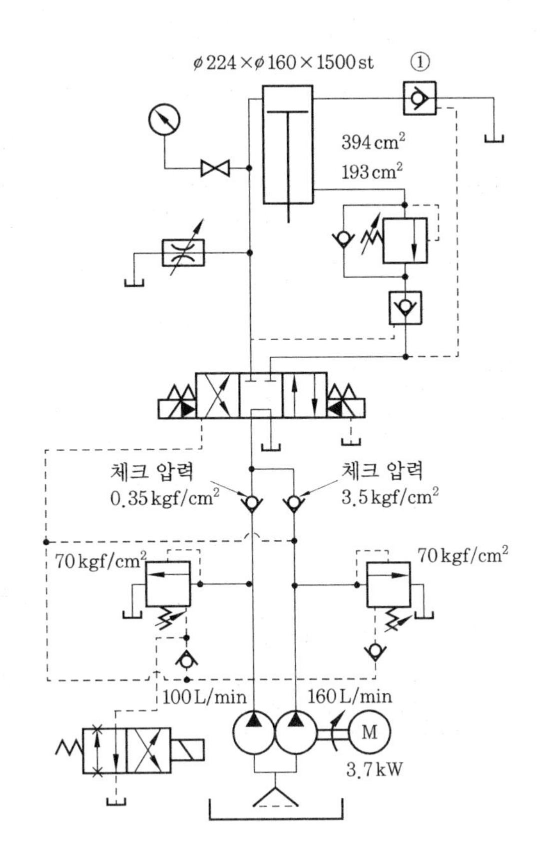

브로치 머신은 절삭 저항의 변동이 크므로 배압 발생이나 자중 낙하 방지 겸용 시퀀스 밸브를 사용한다. 속도 제어 시 같은 속도를 요하며, 동력 손실을 적게 하기 위하여 블리드 오프 제어가 쓰인다.

블리드 오프 제어의 미터 인, 미터 아웃 제어의 경우에는 소용량의 유량 제어 밸브를 사용하는 경우가 많다.

①의 파일럿 조작 체크 밸브에서 실린더 상승 시 실린더 피스톤 측의 배출 유량은 $260\ \text{L/min} \times \dfrac{394\ \text{cm}^2}{193\ \text{cm}^2} = 530\ \text{L/min}$이 되어 펌프 토출량의 2배 이상이 되므로 방향 제어 밸브의 통과 유량을 적게 해야 한다. 브로치 머신의 절삭 속도는 보통 5~10 m/min, 귀환 속도는 12~40 m/min 정도가 많다.

(7) 평면 연삭반

• 숫돌에 의한 연삭을 행하는 기계

가공물의 최종 공정에서 연삭이 얻어지므로 정밀도 0.01 mm, 면 조밀도 1.5μ 이내 정도의 고 정밀도가 요구되며, 테이블 반전 시의 충격 방지가 중요하다.

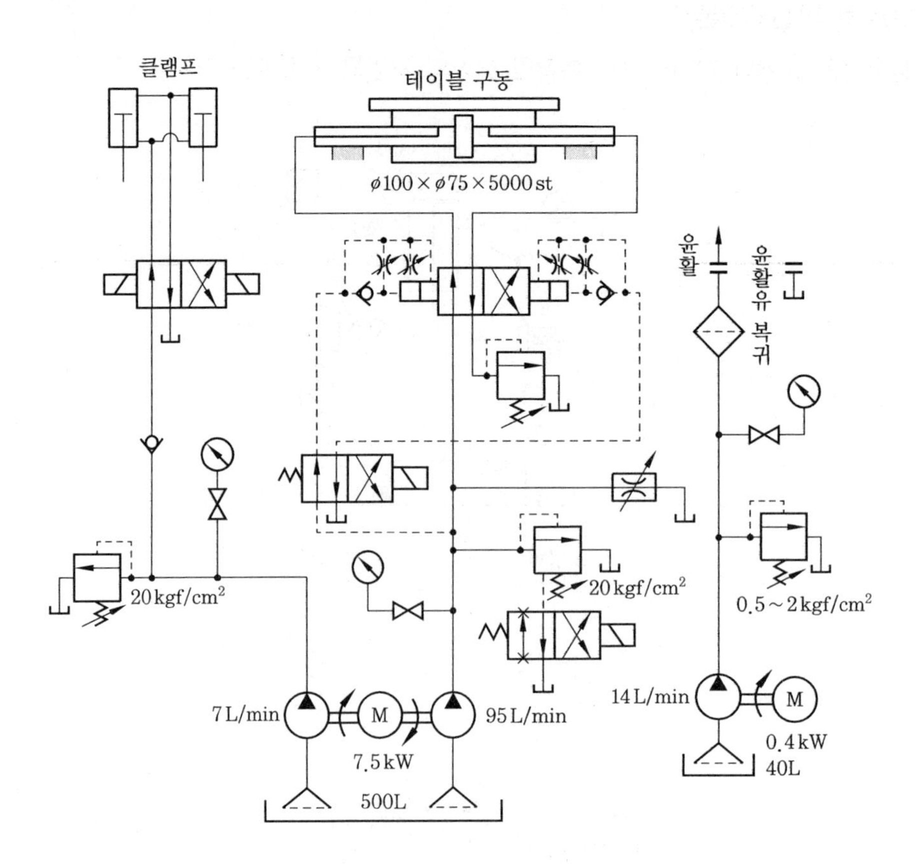

(8) 평삭반 (플레이너)

• 대형의 수평면, 경사면, 홈 등을 수평 절삭하는 기계

플레이너는 대형의 틀을 테이블에 취부하여 작동시키는 것이며, 속도 범위가 넓고 큰 힘과 고속이 요구되므로 고압 대용량의 펌프가 사용되는 경우가 많다. 테이블의 반전 시 충격을 줄이기 위하여 압력 제어, 유량 제어의 2가지 방식이 있으나 본 회로에서는 비례 전자식 전환 밸브로 미터 아웃이 사용되었다. 무단 속도와 반전 시의 충격에 견디도록 설계된 것이다.

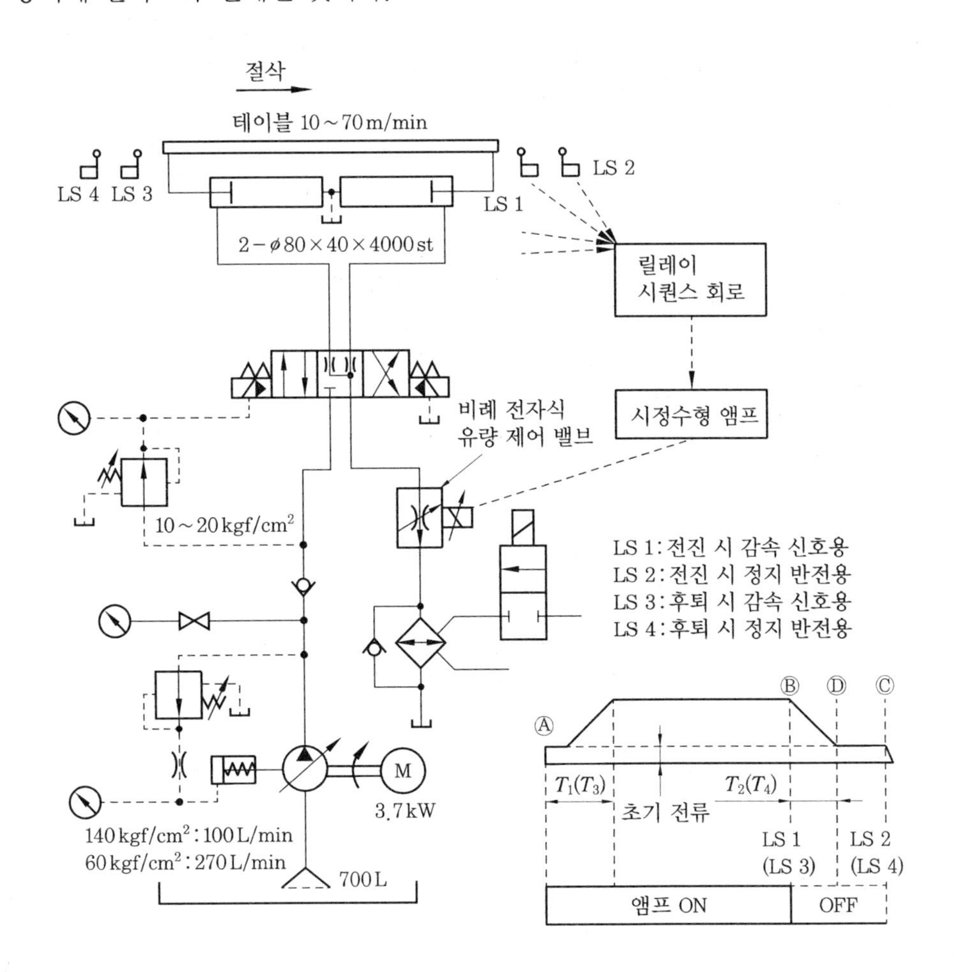

(9) NC 밀링 머신

[일반 사항]

① XY축

(가) 이송 : 5~1,000 mm/min

(나) 조기 이송 : 3,000 mm/min

② Z축

(가) 이송 : 5~1,000 mm/min

(나) 조기 이송 : 1,000 mm/min

수치 제어 밸브를 쓰며, 전기 유압 필스 모터가 많이 사용된다. 펄스 모터 안내 밸브나 유압 모터 부분은 μ 단위의 정밀도를 유지해야 하며, 서모 밸브 사용의 경우 기름 중에 먼지는 금물이다. 보통 유압원의 토출 쪽은 10μ 이하의 필터가 취부된다. 작동유는 온도 변화와 점도 변화가 작은 점도 지수의 NC 머신용 작동유를 사용한다.

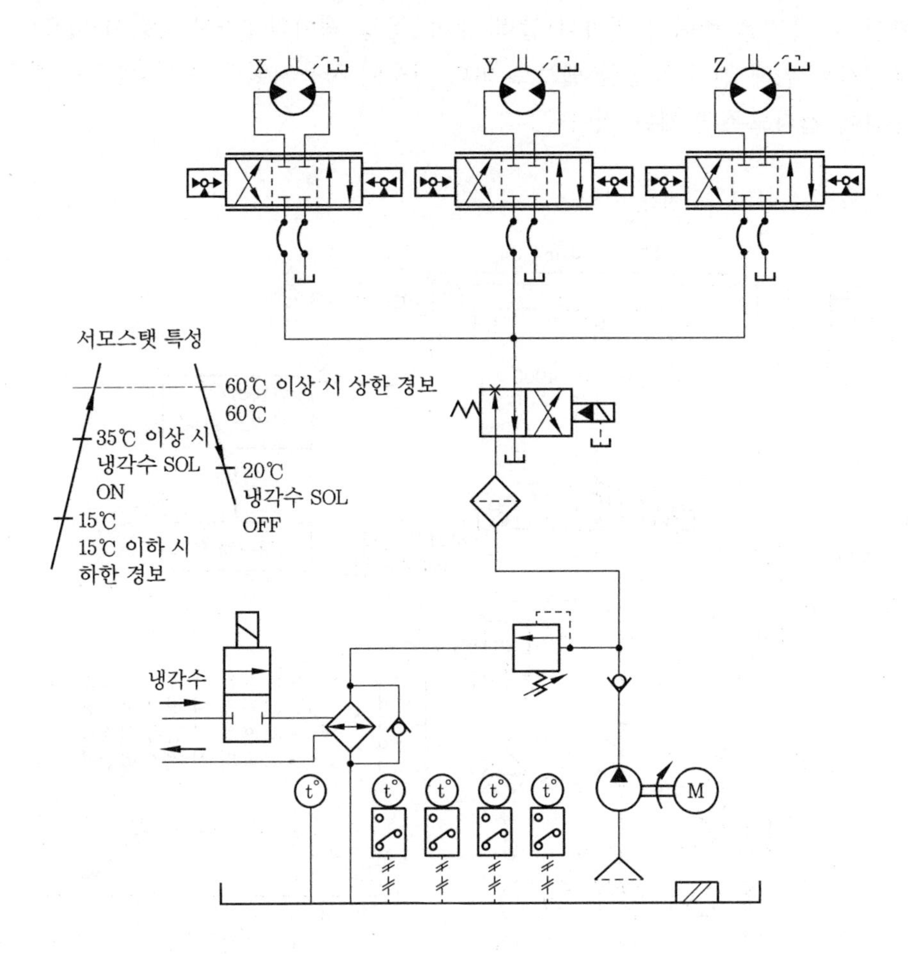

1-4 유압 회로 설계

유압 회로는 구성 작동 방식 및 사용 조건에 따라서 결정된다. 보다 좋은 유압 장치를 보다 사용하기 쉬운 유압 회로로 구성하기 위해서는 요구 조건을 참조하여 설계를 해야 한다. 이때 설계자의 입장에서 요구 조건을 정리하며, 요구 조건에 의거하여 유압 설계를 한다는 마음가짐이 필요하다.

여기에서는 왜 많은 항목이 필요한가, 또한 그 요구 조건에 의해 어떤 회로 설계가 이루어지는지를 인젝션 머신을 통하여 알아보자(인젝션 머신도 여러 가지 형이 있으나 여기서는 가장 간단한 유압 회로에 대하여 말한다).

(1) 일반적인 주문

아래 그림과 같은 인젝션 머신이 있을 경우에 이 유압 회로를 설계하여 견적을 내달라는 주문을 받더라도 설명이 명확하지 않을 때에는 설계를 할 수가 없다. 그러므로 설계에 필요한 설명이 어떤 것인가를 알아보자(여기서는 유압 회로 구성을 주로 설명한다).

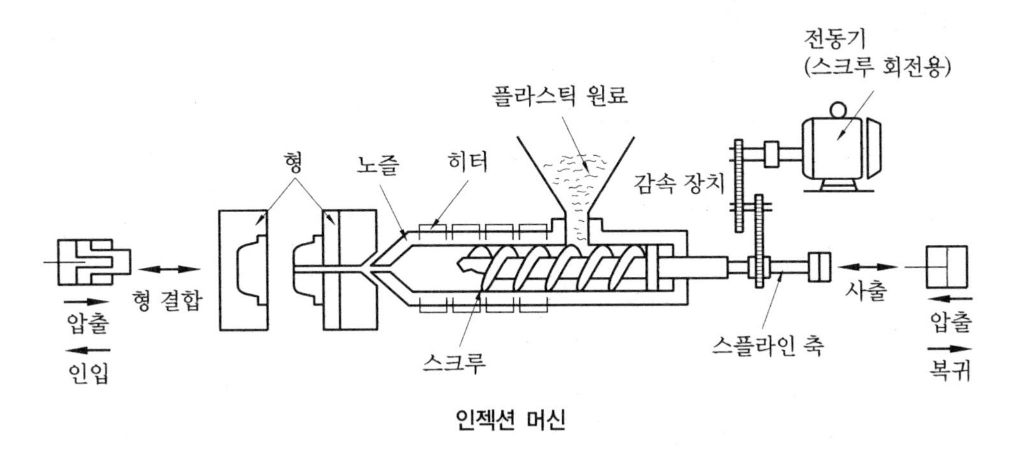

인젝션 머신

① 유선 유압 회로의 설계 시 기계(인젝션 머신)의 어느 부분을 작동시키며, 그 부분의 구성은 어떠한가?

- 위 그림의 ↔ 표시 부분을 유압 실린더로 작동시키는 경우 실린더를 직접 누르는가 크랭크를 이용하는가를 선택한다.

② 각 사용 목적에 따라 이름을 정한다.

- 여기서는 형 결합용과 사출용으로 한다.

③ 유압 실린더를 기계 메이커가 제작하는 경우 또는 유압 실린더의 크기가 지정되어 있을 때에는 그 유압 실린더의 안지름, 로드 지름을 결정한다.

- 형 결합용 부스터 유압 실린더 ϕ200(바깥쪽 실린더), ϕ160(주 로드 지름), ϕ50(부스터 로드 지름)
- 사출용 실린더 ϕ100(실린더 지름), ϕ50(로드 지름)

④ 각 유압 실린더의 행정(최대 이동 거리)

- 형 결합용 : 350 mm, 사출용 : 220 mm

⑤ 유압 실린더의 설치 방법(풋형, 클레스비형, 플랜지형 등)을 결정한다. 별도로 유압 실린더를 제작할 때에는 확실히 정하지 않아도 되지만 기존 유압 메이커에서 만들 때에는 가능하면 유압 기기 형식의 치수를 확인한다.

- 형 결합용, 사출용 모두 헤드 플랜지형

⑥ 유압 실린더가 어떤 방향으로 향하여 사용되는가 설치 방향에 대하여 결정한다. 이때 좌 · 우향 등이 아니고 수직(상향 또는 하향), 수평 또는 경사(각도와 방향)이다.

- 형 결합용, 사출용 모두 수평

⑦ 유압 실린더의 작동이 빠를 때(보통 1분간에 6 mm 이상 작동할 때에는 쿠션이 필요), 중량물을 이동시킬 때에는 쿠션의 필요 여부를 결정한다.

• 없다.

⑧ 유압 실린더의 하중(소요 출력)을 결정한다. 이 하중과 실린더 지름을 알지 못하면 압력을 계산할 수 없다.

• 형 결합용, 누르는 하중 40톤(40,000 kgf)

⑨ 하중 변화가 있는 경우는 행정과 하중의 관계를 결정한다. 형 결합용 등의 클램프용(고정용)일 경우 행정을 조금 남겨 놓고 사용하며, 더욱이 하중은 정지한 상태일 때만 필요하며, 작동하고 있을 때에는 보통 하중이 필요 없다. 부하중이란 유압 실린더를 밀어내려고 하는 힘이 발생하고 있는 것이다. 그러므로 실린더에 압력을 가하지 않으면 밀리거나 잡아당겨지거나 한다. 그림과 같이 스트로크 0~230 mm까지는 하중이 없고, 그 이후 잠시 증가하여 250 mm에서는 40,000 kgf의 출력이 필요하다. 반대로 당기는 행정의 경우에는 250 mm, 스트로크에서만 40,000 kgf의 부하중이 발생하고 있지만 그 후에는 무부하중으로 행정 0 mm까지 이동한다.

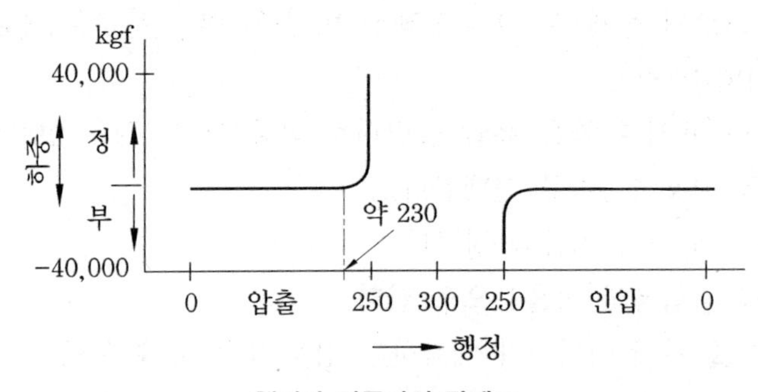

행정과 하중과의 관계도

• 사출용 미는 하중 : 8톤(8,000 kgf) 전행정 동하중 최소 4톤까지 변동시킬 필요가 있다.

⑩ 위와 같이 하여 당기는 하중을 결정한다.

• 형 결합용 당기는 하중 : 0(없다)

• 사출용 당기는 하중 : 불필요(유압 실린더 또는 스크루의 회전으로 당겨진다)

• 형 결합용 당기는 마이너스 하중 : 40,000 kgf(앞의 관계도 참조)

• 사출용 당기는 마이너스 하중 : 10,000 kgf (스크루 로드로 눌리는 힘)

• 사출용 실린더의 당기는 동작(유압에 의함)은 불필요하다.

위의 요구 조건에 의해 유압력을 계산한다.

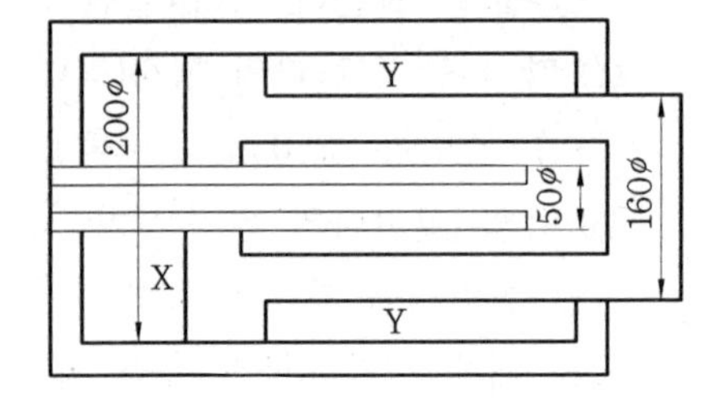

형 결합용 부스터 유압 실린더

[요구 조건 총정리]

① 유압 장치 일반

주기와의 관련성 도면(기본 회로 참조)을 그리고 다음과 같이 설명한다. 형 결합용과 사출용으로 유압 실린더를 사용하되, 형 결합용은 형을 압착시키고 나서 사출 실린더로 수지를 사출한다. 사출이 끝나면 스크루 회전용 모터가 회전하여 스크루가 회전하면서 우측으로 이동한다.

② 유압 구동부

실린더 NO		A	B	C	D	E
명 칭		형 결합용	사출용			
실린더 지름		윗 도면 참조	ϕ100×ϕ50(ϕ100은 실린더 지름, ϕ50은 로드 지름)			
행 정		300	220			
설치 형식		헤드 플랜지형	헤드 플랜지형			
취부 방향		수평	수평			
쿠 션		없다(불필요)	없다			
미는 하중(kgf)	최대	40,000	8,000			
	최소		4,000	(이 란은 배압출하중을 변동시킬 때 기입)		
미는 힘 마이너스 하중		없다	없다			
당기는 하중(kgf)	최대	0	불필요			
	최소					
당기는 힘 마이너스 하중		−40,000	1,000			
미는 속도 (mm/s)	최대	100	83.5			
	최소					
당기는 속도 (mm/s)	최대	83.5	22			
	최소					
속도 오차(%)		규정 없다	밀 때 ±5% 이내, 당길 때 유량 조절 밸브 설치 불가			
특수 조건						
1사이클의 시간				20.6 s		

(2) 압력 계산

① 형 결합용 유압 실린더 압력 계산

㈎ 밀 때

유압 실린더의 안지름이 200 mm이고, 단면적은 $\frac{\pi \cdot D^2}{4}$이므로

$\frac{3.14 \times 20^2}{4} = \frac{3.14 \times 400}{4} = 314 \text{ cm}^2$이 된다.

이 경우 부스터 실린더에도 압력이 걸리므로 부스터 실린더 로드의 단면적을 뺄 필요는 없다.

따라서, 실린더 출력(하중) $F\,[\text{kgf}] = A\,[\text{cm}^2](\text{면적}) \times P\,[\text{kgf/cm}^2](\text{압력})$

압력$(P) = \frac{F}{A} = \frac{40,000}{314} \fallingdotseq 127 \text{ kgf/cm}^2$

또한 형이 닿기까지는 부스터 실린더에 의한 조기 이송 단계에서는 하중이 없고 실린더의 습동 저항과 형의 습동 저항뿐이므로 이 경우 실린더 출력은 마찬가지로

$F = A \times P,\ A = \pi \cdot \frac{D^2}{4}$(지름 50ϕ)이므로

A는 약 19.6 cm^2이며, $F = 19.6 \text{ cm}^2 \times 127 \text{ kgf/cm}^2$

위의 계산으로부터 F는 약 2,500 kgf이 되고, 습동 저항이 이 이상일 경우는 유압 실린더의 부스터 실린더 로드를 크게 하지 않으면 안 된다.

또한 형결합은 클램프로 하는 관계로 실린더가 되돌아와서는 안 되기 때문에 이 압력을 밀 때는 언제나 가압해두지 않으면 안 된다.

㈏ 당길 때

단면적$(A)[\text{cm}^2] = \frac{\pi \cdot D^2}{4} - \frac{\pi \cdot d^2}{4} \fallingdotseq 113 \text{ cm}^2$($D$: 실린더 지름, d : 주로드 지름)

실린더 출력$(F)[\text{kgf}] = A \times P \fallingdotseq 14,350 \text{ kgf}$($P$는 위의 계산식의 압력)이 되어 습동 저항이 14.35톤이 안 되는 한 충분하다.

다만, 당길 때 하중이 있는 경우에는 밀 때와 같은 계산을 한다.

② 사출용 유압 실린더의 압력 계산(형 결합용과 같은 계산을 한다.)

㈎ 밀 때

실린더 안지름 $\phi 100$의 단면적$(A) = \frac{\pi \cdot D^2}{4} = 78.5 \text{ cm}^2$

$F = A \times P$, 소요 압력$(P) = \frac{F}{A} = \frac{8000 \text{ kgf}}{78.5 \text{ cm}^2} \fallingdotseq 102 \text{ kgf/cm}^2$

또한 최소 출력 시에는 $P = \dfrac{F}{A} = \dfrac{4000\,\text{kgf}}{78.5\,\text{cm}^2} \fallingdotseq 51\,\text{kgf/cm}^2$

결국 51~102 kgf/cm^2 사이에서 사용해야 하는 관계로 이 범위의 압력 조정이 가능한 압력 조정 밸브(여기서는 감압 밸브)가 필요하게 된다.

(나) 당길 때

스크루의 회전으로 밀리는 것이며, 실린더 로드 쪽에 압력을 가하여 강제적으로 밀 수는 없기 때문에 필요 압력의 계산은 필요 없다. 그러나 실린더가 너무 가볍게 밀려서는 스크루의 회전으로 수지 원료와 함께 공기가 섞여서 완전한 수지 제품(컵 등)이 이루어지지 않으므로 저항을 넣는 것이 보통이며 압력 계산이 필요하다.

당길 때 하중$(F) = A \times P$, 압력$(P) = \dfrac{F}{A} = \dfrac{1000\,\text{kgf}}{78.5\,\text{cm}^2} \fallingdotseq 13\,\text{kgf/cm}^2$

이 경우 단면적 A는 저항을 주는 쪽, 다시 말하면 헤드 쪽이 되며, 13 kgf/cm^2의 저항 밸브(압력 조정 밸브이며, 여기서는 시퀀스 밸브)가 필요하다. 1,000 kgf이라는 값이 정확하지 않을 경우 또는 불분명할 경우는 위와 같이 압력 계산을 하여 가급적 넓은 범위까지 조정할 수 있는 압력 조정 밸브를 선택한다.

(3) 속도 계산

① 각 유압 실린더를 어느 정도의 속도로 작동시킬 것인가 결정하고, 속도의 허용오차 및 작동 사이클에 대하여 결정한다.

- 형 결합용 실린더 미는 속도 : 조기 이송 6 m/min(100 m/s)
- 사출용 실린더 미는 속도 : 5 m/min(83.5 m/s)
- 형 결합용 유압 실린더 당기는 속도 : 5 m/min(83.5 m/s)
- 사출용 유압 실린더 당기는 속도 : 1.32 m/min(22 m/s)이 된다.

또한 이 속도가 정확하지 않을 경우 1분 동안 5 m 정도 이동한다면, 어느 정도인가를 상상하면서 정해나가도록 한다.

② 위의 속도가 어느 정도 변동되어도 괜찮은가, 5 m/min의 것이 6 m나 4 m가 되어도 무방한가 등 작동 속도의 허용 오차를 결정한다(형 결합용 실린더 속도 오차 : 밀 때 ±5 % 이내(다이캐스트 머신 등은 사출 속도에 의해 제품의 표면이 달라진다).

㊟ 당길 때 : 유량 조정 밸브를 달지 말 것(스크루에 의해 강제 복귀)

(4) 작동 사이클

① 위의 각 실린더가 어떤 순서로 얼마만큼의 시간에 얼마만큼의 행정을 이동했는가 그 작동의 사이클 표를 만든다.

[작동 속도(시간) 계산]

- 형결합 실린더 밀 때 소요 시간(t) = 행정(L)[mm] ÷ 1초에 움직이는 행정(l)[mm/s]

$$t_1 = \frac{L}{l} = \frac{250}{100} \fallingdotseq 2.5 \text{ s}$$

- 형결합 실린더 당길 때 소요 시간(t_2)$= \dfrac{L}{l} = \dfrac{250}{83.5} \fallingdotseq 3 \text{ s}$
- 사출 실린더 밀 때 소요 시간(t_3)$= \dfrac{L}{l} = \dfrac{220}{83.5} \fallingdotseq 2.6 \text{ s}$
- 사출 실린더 복귀 시간(t_4)$= \dfrac{L}{l} = \dfrac{220}{22} = 10 \text{ s}$

이것을 이용하여 사이클 표에 기입한다.

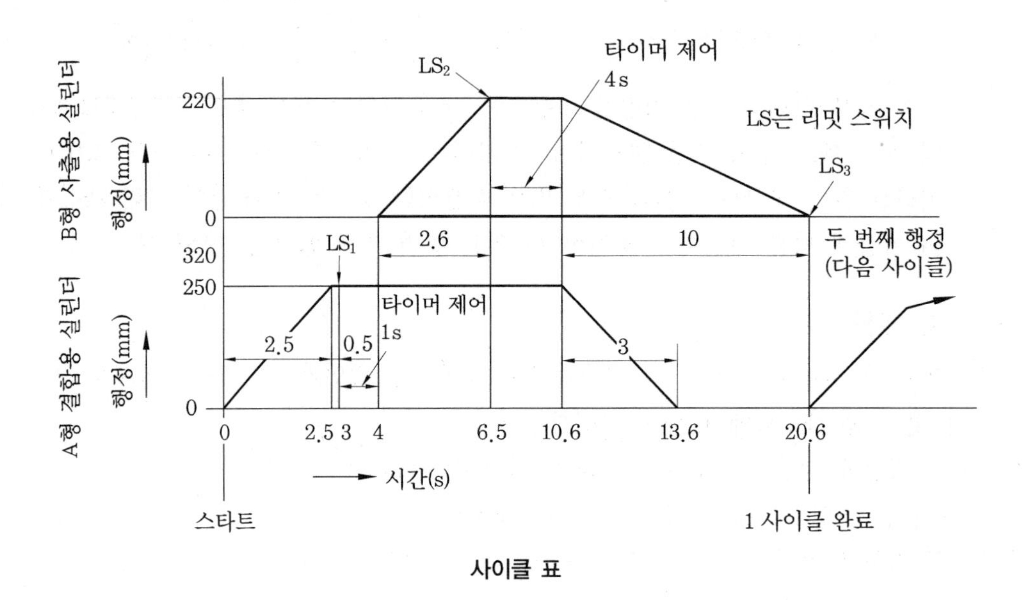

사이클 표

② 작동 순서

(가) 우선 형결합 실린더가 100 mm/s의 속도로 압출되어 형에 닿으면 압력이 상승하여 실린더 전체에 압력이 가해져 약 0.5초에서 완전히 가압된다.

(나) 가압이 끝나면 리밋 스위치 LS_1이 들어가고 타이머가 작동하여 1초의 시차를 두고(형결합 완료로 LS가 들어가고 바로 수지를 사출하면 형에 미세하나마 틈이 있는 경우 수지가 새기 때문에 완전히 압착하기까지 약 1초의 여유를 타이머에 준다) 사출 실린더를 밀어서 수지를 사출한다.

(다) 사출이 끝나면 리밋 스위치가 작동하여 사출한 수지가 굳어질 때까지 약 4초 동안 타이머를 유지했다가 형결합 실린더를 앞의 속도로 당긴다.

(라) 동시에 스크루 회전용 모터가 회전하여 10초 동안에 실린더가 복귀한다. 완전히

복귀하면 리밋 스위치가 작동하여 다음 행정으로 옮겨가 형결합 실린더가 밀린다. 따라서 1사이클의 작동 시간은 20.6초가 된다(사이클이란 움직이기 시작하여 작동이 끝날 때까지가 아니고, 다음 행정의 같은 작동이 시작되기까지의 사이를 말한다).

(5) 유량 계산

① 형 결합용 실린더 유량 계산

밀 때(조기 이송) 실린더 로드 $\phi 50$

소요 유량(Q_1)[cc/min]= A[cm^2]×l[cm/min]

=19.6 cm^2×10 cm(1초당의 행정)×60초(1분간으로 고치기 위하여)

또는 19.6×600으로 되어 약 11,800 cm^3/min=11.8 L/min이 필요하다.

또한 완전 가압을 위한 행정은 불분명하여 0.5초 동안에 충분히 가압되었다고 보고 유량 계산을 무시한다(타이머로 1초 동안의 여유가 있기 때문에). 또는 $\phi 200$ 실린더에서 $\phi 50$의 실린더 로드를 뺀 부분에 기름을 공급하거나 또는 배관의 서지 밸브를 닫아서 흡입해야 하며, 이 유량 계산도 필요하다.

흡입 소요유량(cc/min) = A[cm^2]×l[cm/min]

$$A = \frac{\pi \cdot D^2}{4} - \frac{\pi \cdot d^2}{4} \fallingdotseq 294.4 \text{ cm}^2$$

따라서, Q=294.4×600(6 m/min)≒177,000 cm^3/min=177 L/min

그러므로 서지 밸브는 50A 또는 65A가 필요하게 된다.

흡입관은 토출관 유량의 절반가량의 값을 취하게 된다. 177 L/min의 경우에는 배인 325 L/min짜리 밸브를 써야 한다.

펌프의 경우 석션 스트레이너는 여유를 확보해야 하지만 실린더의 흡입 등 강제 흡입의 경우에는 가까스로 충당해도 된다. 이 경우 50A(토출 쪽) 340 L/min로도 사용할 수 있다.

(가) 밀 때 실린더로부터 배출되는 유량

Q_3[cm^3/min]= A[cm^2]×l[cm(6 m/min)/min]

$$A = \frac{\pi \cdot D^2}{4} - \frac{\pi \cdot d^2}{4} \fallingdotseq 112 \text{cm}^2$$(앞에서 계산했음)

Q_3=112×600≒67,200 cm^3/min=67.2 L/min

따라서 20A 배관으로 충분하다.

(나) 당길 때 소요 유량

Q[cm^3/min]= A[cm^2]×l[cm/min], l=5 m/min(당길 때 속도)

Q=112×500 = 56,000 cm^3/min=56 L/min

이때 실린더에서 배출되는 기름에 대하여 알아보면

$$A = \frac{\pi \cdot D^2}{4} - \frac{\pi \cdot d^2}{4} = \frac{\pi \times 20^2}{4} - \frac{\pi \times 5^2}{4} = 294.4 \text{ cm}^2$$이므로

$Q = A \times P = 294.4 \times 500 \fallingdotseq 147,000 \text{ cm}^3/\text{min} = 147 \text{ L/min}$

따라서, 147 L/min이면 32A로 되지만 앞에서 설명한 흡입이 50A이기 때문에 파이프는 큰 것을 사용한다.

② 사출용 실린더 유량 계산

사출용 실린더는 항상 미는 작동과 복귀 작동뿐이고 강제로 당기는 작동이 없기 때문에 기계 정지 시에는 수지를 넣어 정지시키고, 다음날 그것이 굳어 버리기 때문에 강제로 당기는 회로로 해야 한다.

(가) 밀 때의 유량

$Q_5[\text{cm}^3/\text{min}] = A[\text{cm}^2] \times l[\text{cm/min}]$

$$A = \frac{\pi \cdot D^2}{4} = \frac{\pi \times 10^2}{4} = 78.5 \text{cm}^2, \ l = 500 \text{ cm/min}$$

$78.5 \times 500 = 39,200 \text{ cm}^3/\text{min} = 39.2 \text{ L/min}$(20A)

이때 배출 유량은

$$Q_6 = A \times l, \ A = \frac{\pi \cdot D^2}{4} - \frac{\pi \cdot d^2}{4} = \frac{\pi \times 10^2}{4} - \frac{\pi \times 5^2}{4} \fallingdotseq 58.9 \text{cm}^2$$

$58.9 \times 500 = 29,500 \text{ cm}^3/\text{min} = 29.5 \text{ L/min}$(10A 또는 20A)

(나) 복귀 시 흡입 유량

$Q_2[\text{cm}^3/\text{min}] = A[\text{cm}^2] \times l[\text{cm/min}]$

$l[\text{cm}] = l_s[\text{cm}]$(1초 동안에 움직인 행정)$\times 60 = 2.2 \times 60 = 132 \text{ cm}$

$Q = A \times l = 58.9 \text{ cm}^2 \times 132 \text{ cm} \fallingdotseq 7,770 \text{ cm}^3/\text{min} = 7.8 \text{L/min}$(10A)

실린더로부터의 배출 유량

$Q_8[\text{cm}^3/\text{min}] = A \times l, \ A = 78.5 \text{ cm}^2$

$78.5 \times 132 \fallingdotseq 10,350 \text{ cm}^3/\text{min} \fallingdotseq 10.4 \text{ L/min}$(20A)

이와 같이 밸브 사이즈는 큰 쪽을 사용하므로 로드 쪽 10A, 헤드 쪽 20A가 된다(이 계산으로 파이프 사이즈, 기기 사이즈를 결정한다).

- 이 밖에 기름 탱크의 용량 결정의 자료(열 발생의 면)로서 1일의 가동 시간을 결정한다(여기서는 생략한다).
- 조작 방법(전환 밸브의 전자, 솔레노이드와 수동 등) 및 그 밖의 요구에 대하여 결정한다. 여기에서 전환 밸브는 솔레노이드이고, 기타는 자유로 한다.
- 위의 요구 조건으로 간단한 유압이라면 회로 설계를 할 수 있다. 유압 유닛 또는 복잡한 유압 회로 및 아주 정밀한 유압의 경우에는 이 밖의 갖가지 요구 조건이 필요하다.

(6) 유압 실린더 회로의 설계

① 형 결합용 실린더 회로

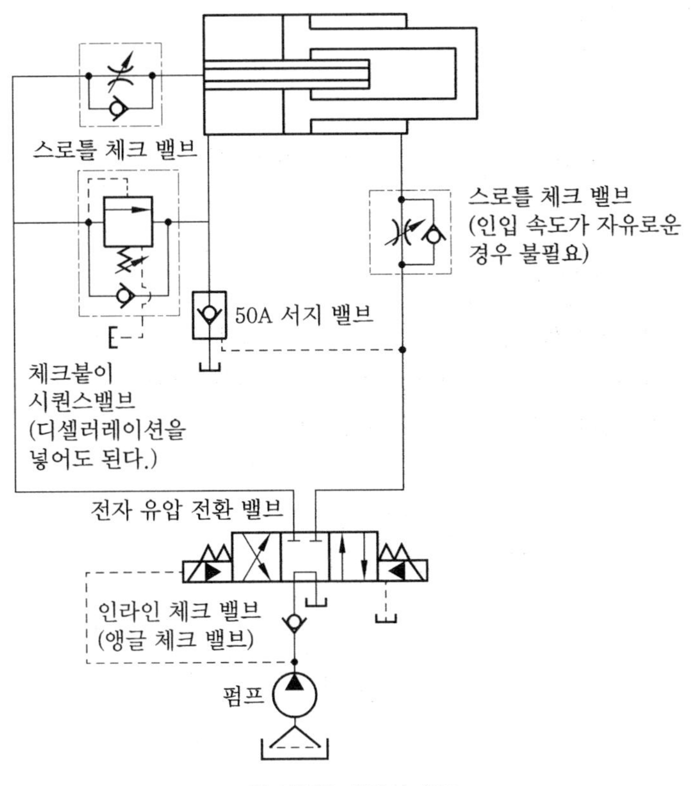

형 결합용 실린더 회로

[회로 설정의 설명]

부스터 실린더로 조기 이송을 한 후에는 압력이 필요하기 때문에 아주 큰 용량의 펌프를 사용하거나 또는 회로도와 같이 시퀀스 밸브와 서지 밸브를 사용하여 회로를 만든다. 또한 부스터 실린더에 펌프 토출량 전부를 흐르게 하여 규정의 미는 속도에 이르면 유량 제어 밸브는 필요 없지만 앞의 유량 계산으로 11.8 L/min밖에 소요되지 않아 전량을 흐르게 하면 상당히 빠른 속도가 되기 때문에 스로틀 체크 밸브가 필요하다. 실린더를 당길 때 스로틀 체크 밸브도 마찬가지이다.

여기에서 유량 제어 밸브(스로틀 체크 밸브)는 미터 인 회로에 들어 있다. 이는 미터 아웃 쪽에 넣으면 회로가 복잡한데다 동력 손실도 크며, 또한 넣는 장소에 따라 아주 고압이 되어 휨이 생기게 된다.

흡입관 쪽에는 흡입저항이 증가하므로 가급적 밸브를 넣지 않는 것이 보통이다. 위의 회로와 전자 전환 밸브를 넣어 회로를 구성하면 되나 센터 바이패스를 사용한 이유는 형결합을 하고 있을 때에만 사출하기 때문에 센터 바이패스 쪽이 효율이 좋은 셈이다.

전자 유압 전환 밸브의 탱크 라인에 체크 밸브를 넣으면 부스터 실린더로 미는 경우에 실린더로부터 나오는 기름에 저항이 걸린다. 면적차로 부스터 실린더는 높은 고압이 된다.

$$P = P_1 \times \frac{A}{A_1}$$

여기서, P : 부스터 실린더 압력, P_1 : 로드 쪽에 걸리는 압력(저항)
A : 로드 쪽 단면적, A_1 : 부스터 실린더 단면적

따라서, $P_1 = 4.5\,\text{kgf/cm}^2$으로 하면 $P = 4.5 \times \frac{113}{19.6} \fallingdotseq 26\,\text{kgf/cm}^2$이 필요하며, 동력이 손실되어 2점에서 체크 밸브는 전자 유압 밸브에 들어가기 전의 파이프에 들어가 외부 파일럿의 전자 유압 밸브가 효율이 좋다는 것이다.

㊟ 기기의 크기, 파이프의 굵기는 앞의 유량 계산으로 결정한다.

② 사출용 실린더 회로

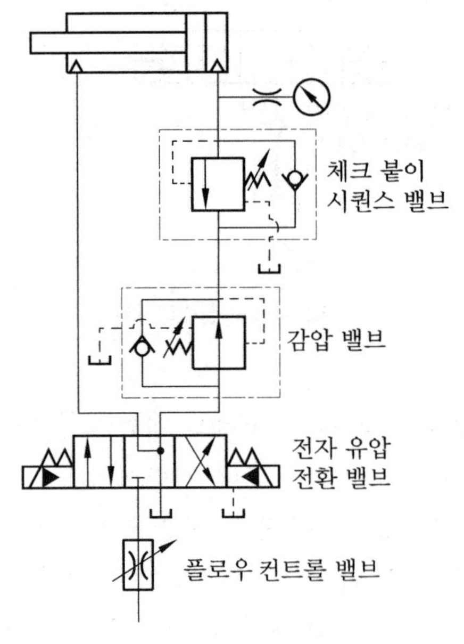

사출용 실린더 회로

[작동 회로 설명]

사출용 유압 실린더는 미는 작용만을 유압으로 시키면 되지만 정지 시에 유압으로 당기지 않으면 안 되기 때문에 로드 쪽도 배관해야 한다.

사출 압력(실린더 미는 하중)을 8톤에서 4톤까지 바꾸어야 하므로 압력 조정 밸브(감압 밸브)를 꼭 닫아야 한다. 감압 밸브를 넣는 위치는 회로도의 위치나 전자 유압 전환 밸브와 플로우 컨트롤 밸브 사이의 어느 쪽도 좋다.

회로도의 위치라면 기름은 왕복(감압 밸브의 1차에서 2차로 흐르거나 2차에서 1차

로 흐른다)하기 때문에 체크붙이 감압 밸브가 필요하다. 전자 전환 밸브보다 앞(밸브 쪽)에 넣어야 하며, 흐름 방향은 한쪽뿐이므로 체크 밸브는 필요 없다.

스크루 회전으로 실린더가 복귀하지만 이때 저항을 주어야 하기 때문에 실린더 헤드 쪽 라인(시퀀tm 밸브를 단 쪽의 라인)에 시퀀스 밸브(저항 밸브로 사용)를 꼭 달아야 한다. 시퀀스 밸브도 감압 밸브처럼 왕복 모두 흐르기 때문에 체크붙이가 필요하다. 이때의 저항 압력을 알기 위하여 압력계가 필요하며, 또한 이 위치라면 감압 밸브 작동 시 2차 압력도 검출할 수 있다.

전자 전환 밸브의 중립 위치에서 실린더 헤드 쪽의 기름이 나와 로드 쪽으로 흡입시켜야 하기 때문에 전자 전환 밸브의 A, B 포트는 탱크 포트에 연결되어 있어야 한다. 또한 실린더의 미는 속도 조정에 플로우 컨트롤 밸브가 필요하다.

(7) 유압 펌프 회로의 설계

① 유압 펌프 부분 회로

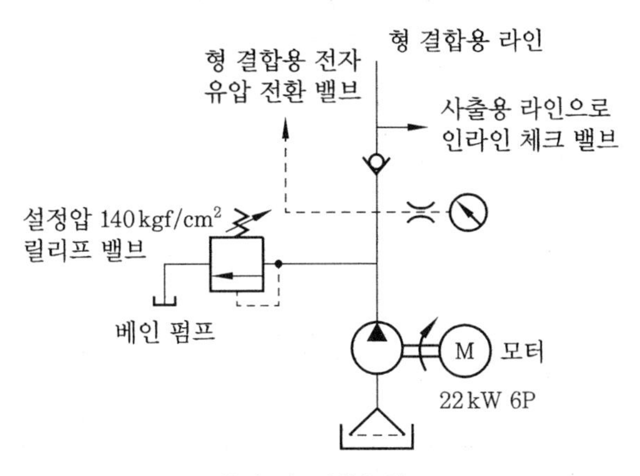

유압 펌프 부분 회로

[회로 설명]

형 결합용 전자 전환 밸브가 외부 파일럿인 이유로 인라인 체크 밸브에 들어간 간단한 회로이다.

유압 펌프 용량(토출량)은 유압 실린더가 겹쳐서 움직이는 일은 있어도 무게에 의해 기름이 소요되는 일은 없기 때문에 앞에서 계산한 유량의 최고값 56 L/min (177 L/min)은 서지 밸브의 흡입으로 펌프는 관계없다. 이상의 용량이 있는 유압 펌프를 사용해야 하며, 압력은 앞에서 계산한 최고 압력 127 kgf/cm^{2}과 배관 저항류(약 10kgf/cm^2)를 더하여 137~140 kgf/cm^{2}으로 릴리프 밸브를 설정하면 된다.

압력계는 상용 압력이 중간 눈금에서 사용함이 바람직하다. 기기 형식의 결정이 되지 않은 것은 오일 탱크의 용량뿐이지만 이 계산은 매우 복잡하기 때문에 여기서는 생략한다.

㈎ 펌프가 항상 정지하고 있는 것 : 1분간 펌프 토출량의 3배 정도의 용량

㈏ 펌프는 계속 회전하고 있지만 압력계가 항상 0을 가리키는 회로(상시 무압 운전) : 펌프 토출량의 3~5배

㈐ 1일 8시간 정도 운전하며, 약 절반 정도의 시간 동안 압력계가 70 kgf/cm^{2}을 나타내는 회로 : 펌프 토출량의 10~12배

㈑ ㈐항의 압력이 140 kgf/cm^{2}인 것 : 펌프 토출량의 20~25배

㈒ 1일 8시간 운전하며 대체로 압력이 70 kgf/cm^{2}인 회로 : 펌프 토출량의 20~25배

㈓ ㈒항의 압력이 140 kgf/cm^{2}인 것 : 펌프 토출량의 40배가 되어 압력이 상승할수록 큰 용량의 오일 탱크가 필요하다. 보통 10배를 넘으면 냉각기를 사용하는 것이 유리하며, 발생 열량 1 kW/h(1시간에 1 kW의 열량이 발생한다)에 대하여 860 kcal/h (시간당 860 kcal의 열량을 냉각한다) 상당의 쿨러를 사용한다.

2. 공압 회로

2-1 공압 회로 구성 방법

(1) 회로도의 구성

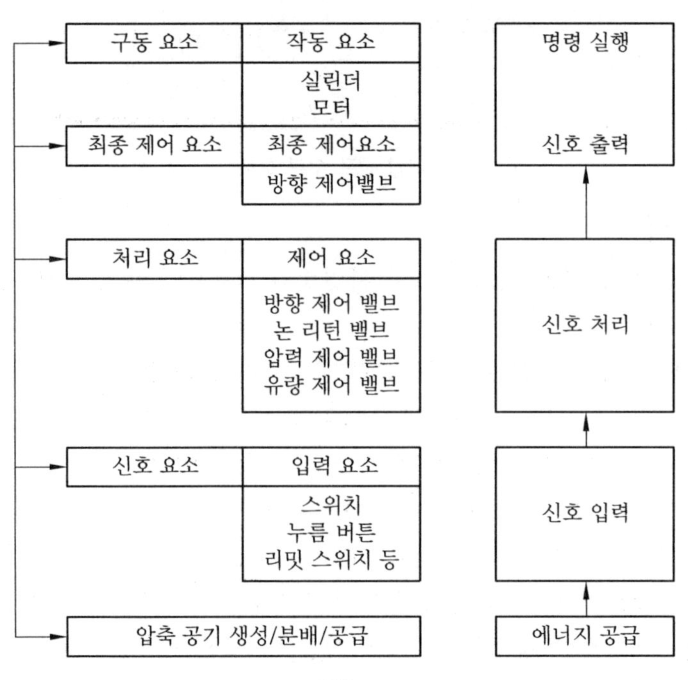

유통도

회로의 배치는 유통도와 같아야 하고 신호의 흐름은 밑에서부터 위로 이어져야 한다. 에너지의 공급원은 회로도와 마찬가지로 유통도에 포함되어야 하며 에너지 공급에 필요한 모든 요소는 제일 밑에 그리고 에너지는 밑에서 위로 분배되어야 한다.

회로가 큰 경우에는 에너지 공급부(에어 컨트롤 유닛, 차단 밸브, 분배, 연결기 등)를 회로도에서 분리하여 나타내고 각 요소에 대한 에너지의 연결은 0으로 표시한다

그러면 수동 버튼이나 페달을 이용하여 공압 복동 실린더의 피스톤 로드를 상사점에 도달한 다음 다시 원위치로 돌아오게 하려는 회로를 알아보자.

다음 그림에서 보는 바와 같이 유통도와 배열은 같으나 회로도에 그려진 위치가 실제 부품의 설치 위치가 아니라는 것을 알 수 있을 것이다.

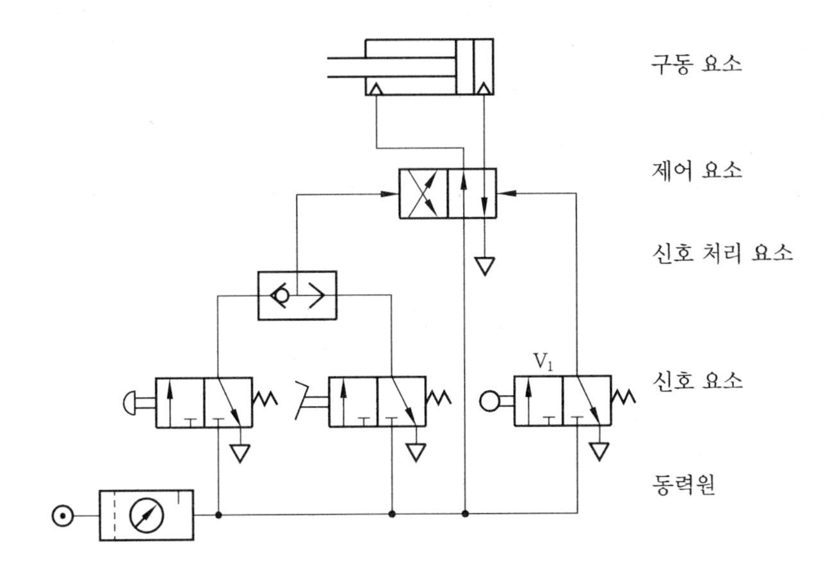

위의 그림에서 밸브 V_1은 피스톤 로드가 상사점에 도달할 때 작동할 수 있으나 신호 요소이므로 회로의 아래 부분에 그리며 또한 실제 배치를 확실히 하기 위하여 실제 위치를 점선으로 표시할 수 있다.

제어 시스템이 복잡하고 여러 개의 구동 요소가 있을 경우에는 제어 시스템을 각각의 구동 요소에 대하여 구분하여 나타내며, 이 순서는 작동 순서와 같은 차례로 그려야 한다.

(2) 요소의 표시

요소의 표시법에는 숫자 표시법과 문자 표시법이 있다.

① 숫자 표시법 : 숫자 표시법의 대표적인 것에는 다음의 2가지가 있다.

㈎ 일련 번호 표시 방법 : 제어 시스템이 복잡하거나 같은 기기가 중복되는 경우 등에 사용되고 있다.

(나) 그룹 번호와 그룹 내의 일련 번호 표시

㉮ 3.12일 때 그룹 3의 요소 12를 나타낸다.

㉮ 그룹의 분류

- 그룹 0 : 모든 에너지의 공급 요소이다.
- 그룹 1, 2, 3 : 각 제어 시스템을 나타내며 통상적으로 작동기 1개를 1개의 그룹으로 나타낸다.

㉯ 그룹 내의 일련 번호 표시

- 0 : 구동 요소
- 1 : 제어 요소
- 2, 4(짝수) : 작동 시의 전진 운동이나 시계 방향(정방향) 운동에 영향을 미치는 모든 요소를 나타낸다.
- 3, 5(홀수) : 작동기의 귀환 행정이나 시계 반대 방향(역방향) 운동에 영향을 미치는 모든 요소를 나타낸다.
- 01, 02 : 스로틀 밸브와 같이 제어 요소와 구동 요소 사이에 있는 요소를 나타낸다.

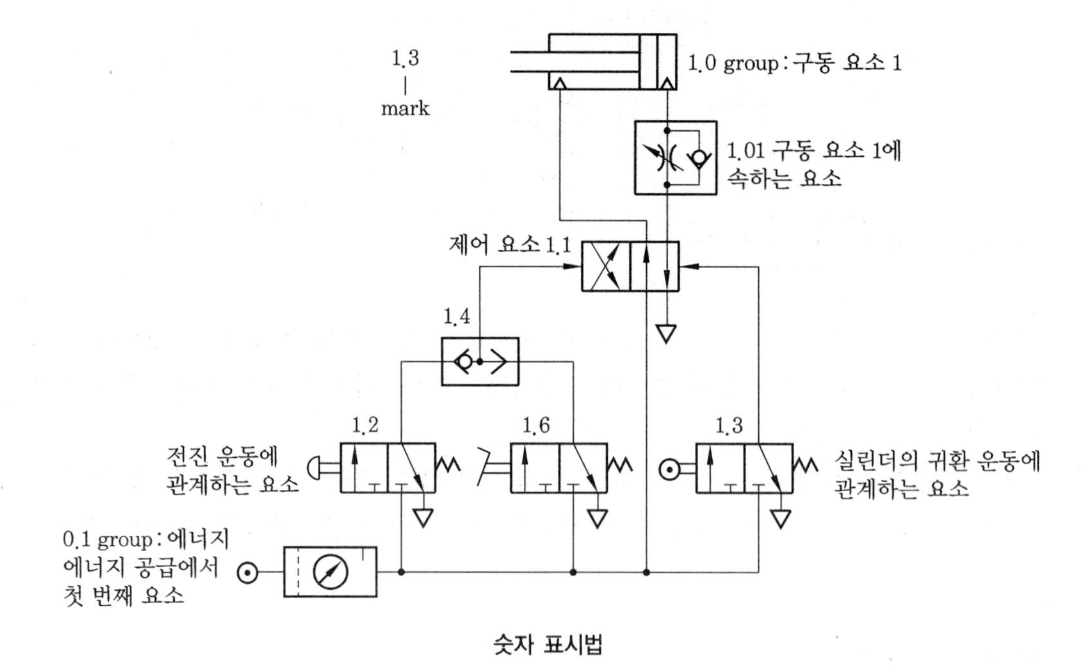

숫자 표시법

② 문자 표시법 : 회로도를 질서정연하게 배열할 때 사용되며 검토와 배열이 쉽고 분명한 장점이 있다. 구동 요소는 대문자로 표시하고 신호 요소와 리밋 스위치 등은 소문자로 표시한다.

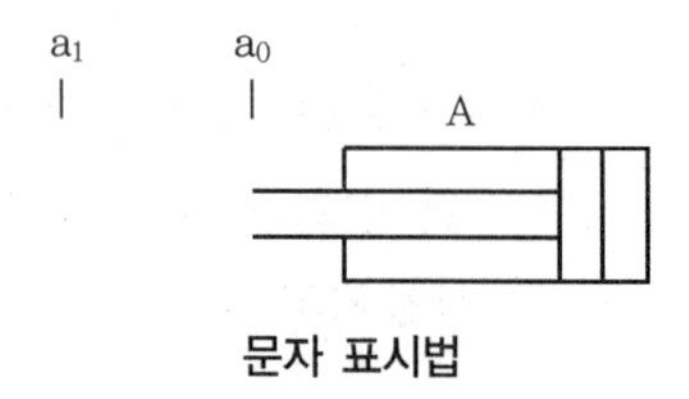

문자 표시법

[문자 표시법의 보기]

- A, B, C …… 구동 요소 표시
- a_0, b_0, c_0 …… A, B, C 실린더의 후진 위치에서 작동하는 리밋 스위치의 표시
- a_1, b_1, c_1 …… A, B, C 실린더의 전진 위치에서 작동하는 리밋 스위치의 표시

참고

> 숫자 표시와 문자 표시를 동시에 사용하는 것도 가능하며 복잡한 부품의 설치와 배관 등은 숫자와 문자를 동시에 사용하여 요소 표시와 연관시킬 수 있다(예 4.69는 4.6 요소에 연결된 파이프).

③ 요소의 표시법

모든 요소는 작동이 되지 않은 상태로 회로도에 나타내야 하며 불가능할 때에는 적절한 조치를 취해야 한다.

예를 들어 밸브가 작동된 상태일 때는 화살표 등으로 표시하고 리밋 스위치일 때에는 캠으로 표시한다.

오른쪽 그림은 상시 닫힘의 리밋 스위치 기호이며 이것이 작동된 상태를 나타낸다.

④ 기호의 표시 : 완성된 회로도에 실제 설치될 요소와 같은 종류의 기호를 사용하여 표시한다.

⑤ 배관 라인 표시

배관 라인은 가능하면 교차점이 없이 직선으로 그려야 하고 작동 라인은 실선으로, 제어 라인은 점선으로 그린다(복잡한 제어 라인에서는 제어 라인도 실선으로 그려 회로도를 간단하고 명확하게 그릴 수 있다).

코드 표시법은 연결부와 행선부를 나타내며 이것은 요소와 연결부의 번호로 구성된다. 다음 그림은 배관 라인 표시법을 나타낸 것이다.

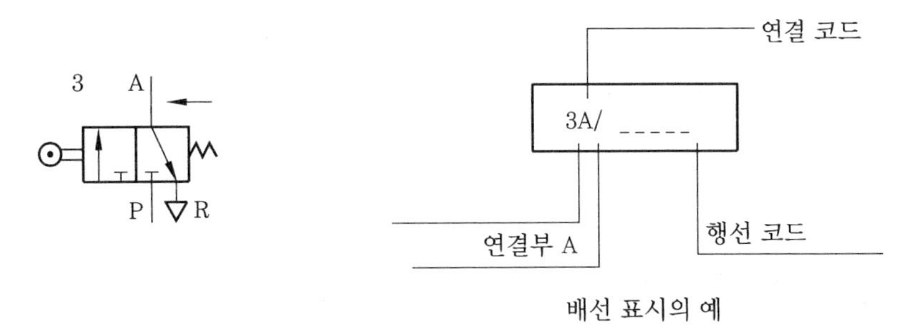

배선 표시의 예

배관 라인 표시법

행선 코드는 배관이 도달한 곳을 명시하며, 다음 그림은 행선 코드를 나타낸 것이다.

요소 3에서 [ ]　　　　요소 12에서 [12×/ 3A]

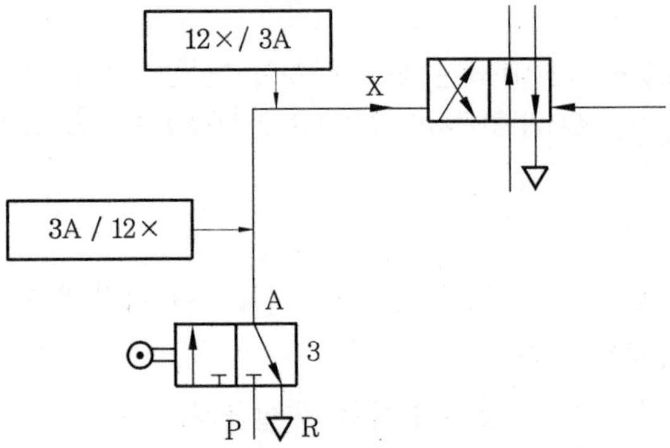

행선 코드의 표시

⑥ 기타 사항 : 이밖에 기술적인 자료나 가격 등을 완성된 회로도에 나타낼 수 있으며 변위-단계 선도 등에 의해 작동 순서를 표시하고 작동 조건과 구동 요소, 제어 요소의 부품목록도 기재한다.

그러면 이제까지의 공압 회로 구성 방법을 정리하여 보기로 한다.

(가) 회로도의 배치는 유통도와 같이 하고 신호는 아래에서 위로 흐르게 한다.
(나) 에너지의 분배도 아래에서 위로 공급되도록 표시한다.
(다) 요소의 실제 배치는 무시하나 실린더와 방향 제어 밸브는 수평으로 그린다.
(라) 모든 요소는 실제 설비나 회로도에서 같은 표시 기호를 사용한다.
(마) 신호의 위치를 표시하고 신호가 한 방향일 때 화살표로 표시한다.
(바) 요소들은 정상 상태로 하며 작동된 상태일 때는 이것을 표시한다.
(사) 배관 라인은 가능하면 교차점이 없이 직선으로 하며 필요시 명칭을 표시한다.
(아) 필요시 기술적 자료와 설치 가격, 시스템 작동 순서, 유효 가동 조건 및 수리 부품 등도 기재한다.

2-2 공압 기본 회로

공압에 사용되는 부품은 기본적인 성질과 기기의 특징을 잘 알아야 하며, 설계 목적에 따라 밸브 및 부품의 특성과 작동 속도, 출력, 유체 흐름 방향 등을 고려하여 선택해야 하므로 부품에 대한 충분한 지식을 갖도록 해야 한다.

기기의 조합을 잘못하면 전혀 일을 못하는 수도 있으며, 계획대로 작동을 시키려면 가장 효과적인 조합을 해야 한다. 공압 회로 구성에 있어서 사용 기기의 특성은 물론이고 가장 기본적인 사용 방법을 알아두지 않으면 안 된다.

또한 반대로 여러 용도에 대하여 어떤 종류의 기기를 어떤 조합으로 사용하면 좋은지를 알아두어야만 회로 설계를 할 수 있다. 기기의 가장 기본적인 조합 방식이 기본 회로이다.

기기의 공압화 성공 여부는 그 회로가 주 기기의 움직임에 맞느냐의 여부가 중요하므로 회로 구성은 면밀히 검토하고 신중을 기해야 한다. 간단한 공압 장치의 경우는 기본 회로를 그대로 구성하는 일이 많으며, 또한 복잡한 장치의 경우에도 자세히 보면 여러 가지 용도의 기본 회로를 다양하게 조합한 형식의 것을 많이 볼 수 있다.

(1) 단동 실린더의 제어

단동 실린더의 제어에는 직접 제어 및 간접 제어, 속도 제어, 셔틀 밸브 및 그 압력 밸브를 이용한 제어 등 여러 가지가 있다.

① 단동 실린더의 직접 제어

다음 그림은 버튼을 누르면 단동 실린더의 피스톤이 전진하고 버튼을 놓으면 원래의 위치로 돌아오는 회로이며 귀환 행정 시에는 실린더 내의 공기를 배출시키기 위하여 3포트 2위치의 밸브를 사용한다.

② 단동 실린더의 간접 제어

지름이 크고 행정이 길며, 실린더와 밸브의 사이가 멀리 떨어져 있는 경우에는 다음 그림과 같이 간접 작동시킨다. 이때 밸브가 작동하면 실린더의 피스톤이 전진하고 작동하지 않으면 원위치로 돌아와야 한다.

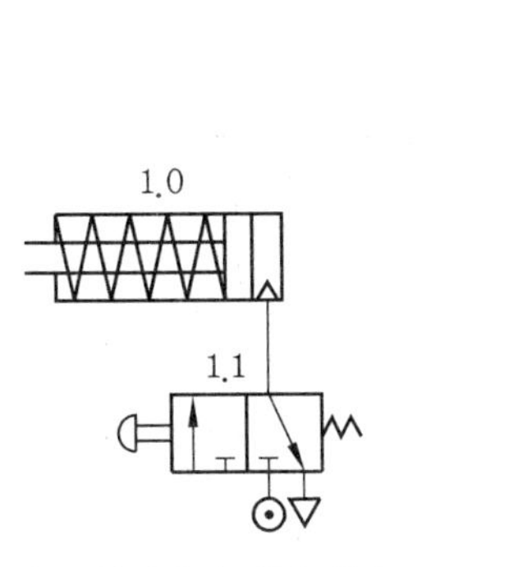

단동 실린더의 직접 제어

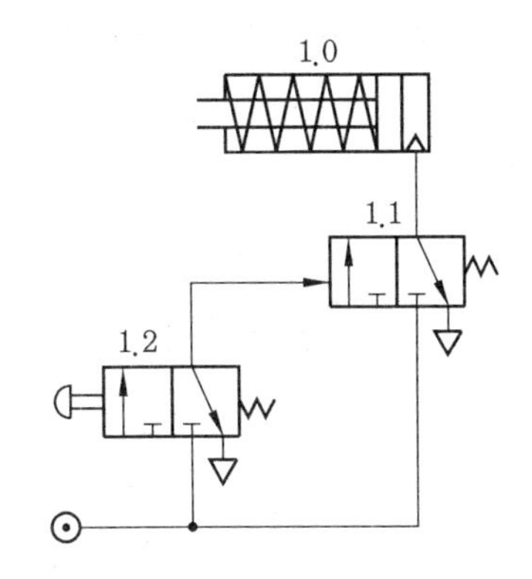

단동 실린더의 간접 제어

밸브 1.1은 간접 작동이므로 실린더 크기에 맞는 용량의 것을 사용해야 하나 밸브 1.2는 실린더 피스톤의 전진 운동에 영향을 미치는 요소이므로 용량이 작아도 되며 에너지 공급 라인으로부터 주밸브까지의 공급 라인을 짧게 하여 불필요한 공간 및 공기 소비를 줄일 수 있는 이점이 있다.

또한 신호와 제어 요소는 구경이 작은 관에 연결해도 무관하므로 신호 요소의 크기가 작아져서 조작하기 쉽고 시간도 짧아진다.

③ 단동 실린더의 전진 속도 제어

단동실린더에서 전진 시 공급되는 공기의 양을 조절함으로써 실린더 피스톤의 속도를 조절할 수 있다.

다음 그림과 같이 전진 시에는 스로틀 밸브에 의해 공기의 양을 조절하고 후진 시에는 체크 밸브를 통하여 조절됨이 없이 흐른다.

④ 단동 실린더의 후진 속도 제어

그림 (a)와 같이 전진 속도 제어 방향과 반대로 회로를 구성하여 전진 시에는 체크 밸브를 통하여 공기의 양을 조절하지 않고 흐르게 하며 후진 시에는 스로틀 밸브에 의해 공기가 조절된다. 그림 (b)에서는 급속 배기 밸브를 사용하여 후진 속도를 증가시키는 회로를 나타내고 있다.

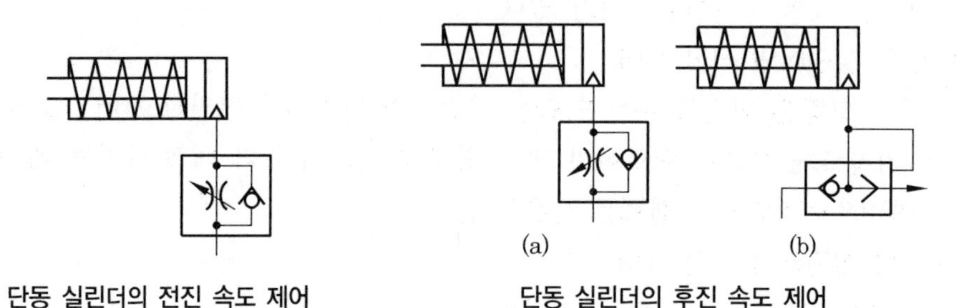

단동 실린더의 전진 속도 제어

단동 실린더의 후진 속도 제어

⑤ 단동 실린더의 전진과 후진 속도 제어

다음 그림은 단동 실린더의 전진과 후진 속도 조절을 표시한 회로이며 전진 시에는 Ⓐ 체크 밸브를 통하여 Ⓑ의 스로틀 밸브에서 조절되며, 후진 시에는 Ⓑ의 체크 밸브를 통하여 Ⓐ의 스로틀 밸브에서 조절된다.

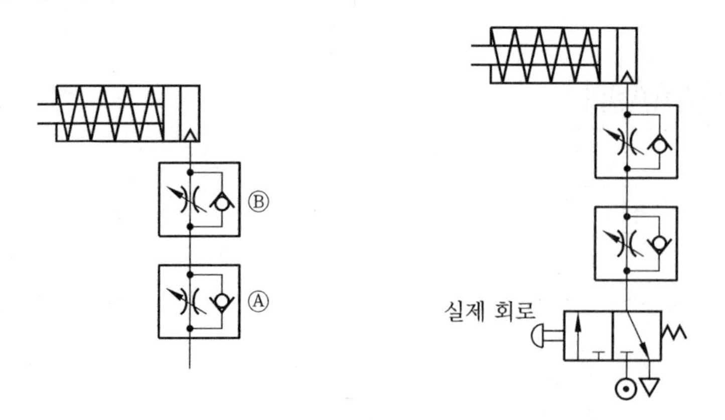

다음 그림은 전진과 후진 속도를 각각 별도로 조정할 수 없도록 만든 감속 방법을 나타낸 것이다.

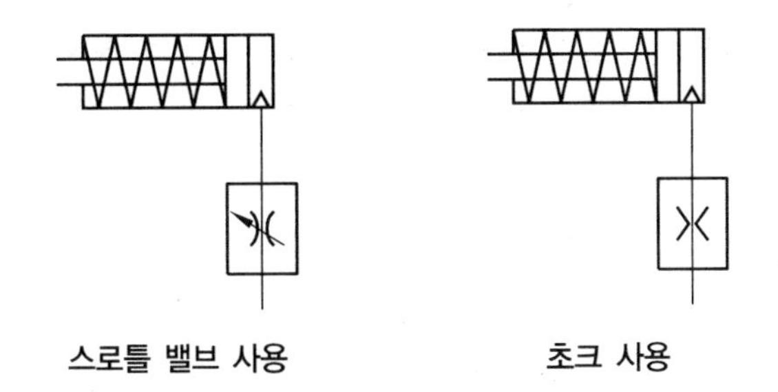

스로틀 밸브 사용　　　　초크 사용

⑥ 단동 실린더의 셔틀 밸브 사용 회로

공압 OR 회로라고 하며 두 개의 신호에 의해 동일한 동작이 일어나는 곳, 즉 각각 다른 곳에서 같은 작동을 할 수 있도록 신호를 보내는 회로로 다음 그림과 같다.

다시 말하면 한쪽에서 신호를 보내거나 또는 다른 쪽에서 신호를 보내거나 양쪽에서 같은 신호를 보내더라도 출력은 같게 나온다. 이 회로에서 셔틀 밸브가 없으면 공기는 밸브 1.2나 1.4 중 작동하지 않는 밸브를 통해서 빠져 나갈 것이다.

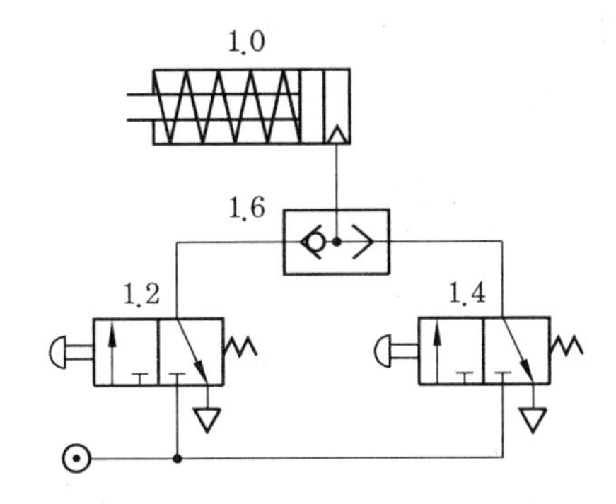

그러면 여러 개의 입력 신호가 한 개의 출구에 전달되기 위한 회로를 알아보도록 하자(각 밸브에 두 개의 입구만 있으므로 셔틀 밸브는 직렬로 연결한다).

4개의 신호 e_1, e_2, e_3, e_4로 똑같은 동작을 시키려고 한다. 다시 말해서 모든 신호가 하나의 출구 a로 연결되려면 다음 그림과 같은 두 가지의 방법이 가능하다.

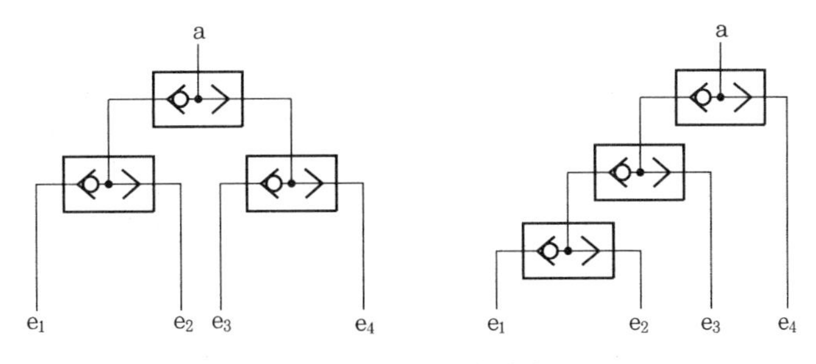

셔틀 밸브의 연결 방법

신호의 수(e_n)와 필요한 밸브 수(n_v)와의 관계는 다음과 같다.

$$n_v = e_n - 1$$

일반적으로 공압에서는 셔틀 밸브가 여러 개의 신호를 받아 하나의 출구에 연결되도록 사용하고 있다. 따라서 하나의 신호를 여러 개의 출구에 연결되는 곳에는 사용하지 않는다.

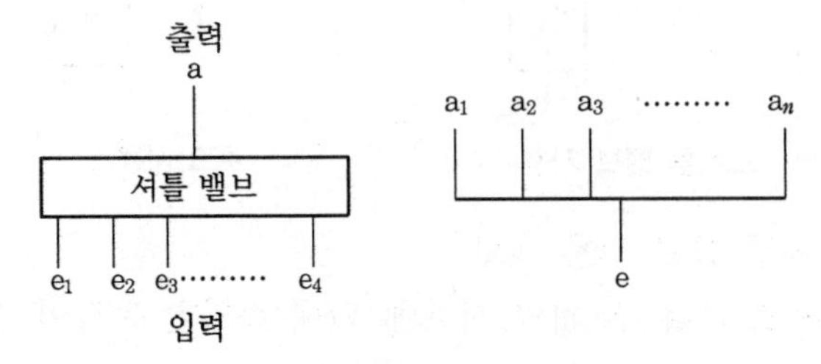

셔틀 밸브의 연결

⑦ 단동 실린더의 2압 밸브 사용 회로

공압 AND 회로라고도 하며, 이 회로는 두 개의 신호가 동시에 들어올 때만 작동되는 회로로 다음 그림과 같이 한쪽에서만 신호가 들어올 때는 2압 밸브에서 차단되어 공기가 흐르지 않는다. 다시 말하면 압력이 낮은 쪽의 공기가 흘러서 작동기를 작동시키는 것이다(같은 압력일 때는 나중 신호의 압이 흐른다).

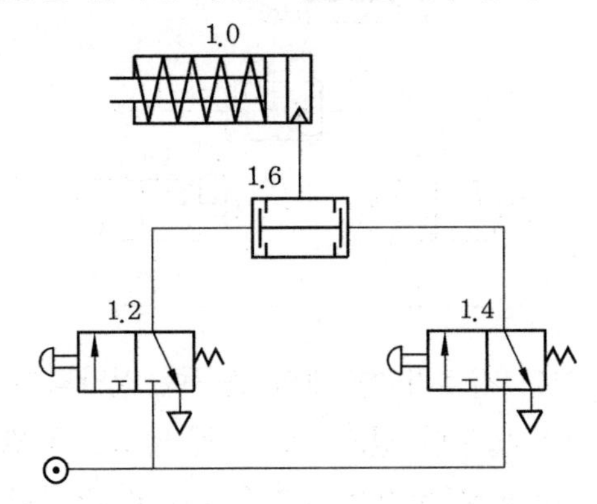

다음 그림은 몇 개의 2압 밸브를 직렬로 연결하여 여러 개의 신호 그룹으로 만든 것이다.

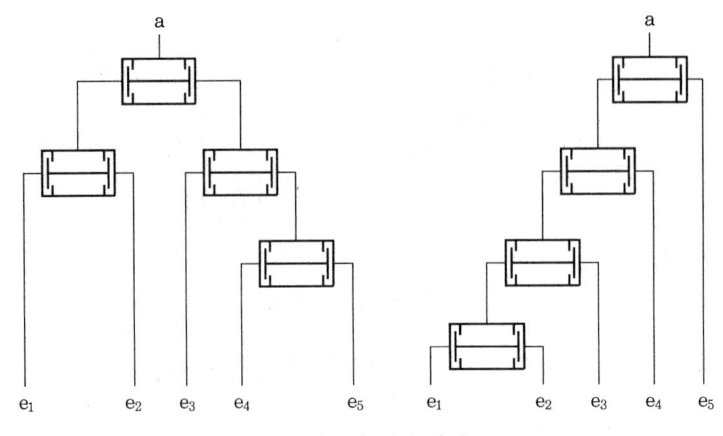

2압 밸브의 연결 방법

다섯 개의 신호 e_1, e_2,……e_5로 어떤 작업을 수행하려고 한다. 이때 필요한 압력 밸브의 수는 다음과 같다.

$$n_v = e_n - 1 = 5 - 1 = 4\text{개}$$

(2) 복동 실린더의 제어

① 복동 실린더의 직접 제어

다음 그림은 4포트 2위치 밸브와 5포트 2위치 밸브를 사용하여 누름 버튼을 누르면 복동 실린더의 피스톤이 전진하고 버튼을 놓으면 원위치로 되돌아가는 경우의 회로도이다.

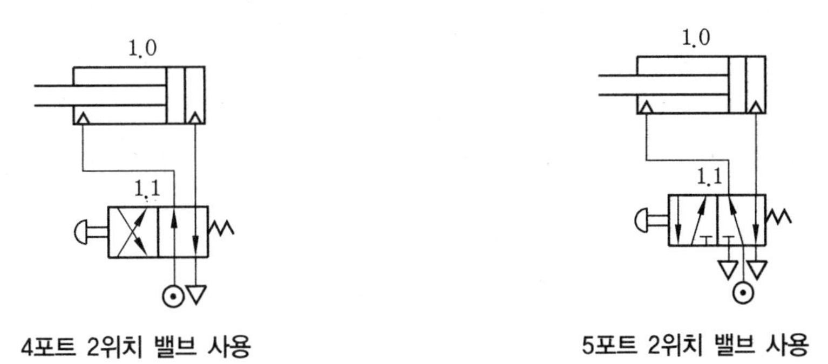

4포트 2위치 밸브 사용　　　5포트 2위치 밸브 사용

5포트 2위치 밸브를 사용하면 전진과 후진 시 따로따로 배기할 수 있다.

㉮ 속도계 사용

② 복동 실린더의 간접 제어

복동 실린더가 1.2와 1.3 두 개의 밸브에 의해 작동되며 1.2 밸브가 작동하면 피스톤이 전진하고 1.2 밸브가 작동을 멈춘 후에도 밸브 1.1이 이 피스톤의 전진 방향에 놓이게 되므로 밸브 1.3을 통한 귀환 행정을 지시하는 신호가 입력될 때까지 그 위치에 정지하게 된다.

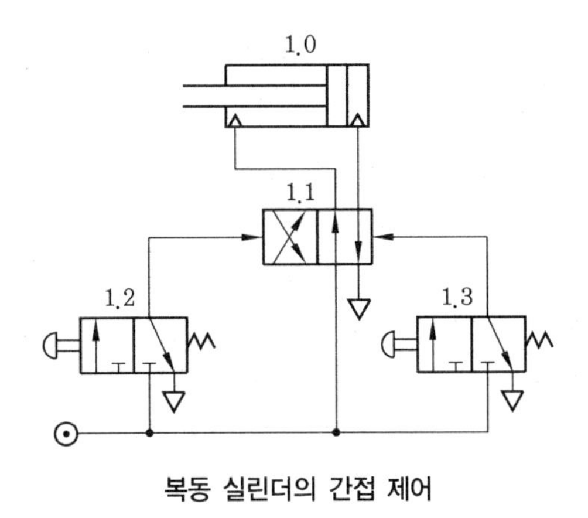

복동 실린더의 간접 제어

앞의 회로도에서 알 수 있듯이 직접 제어는 할 수 없으며 밸브 1.2와 1.3이 실린더에 직접 연결되면 피스톤을 전후진시킬 수는 있으나 행정의 끝부분에서 실린더 내의 압력 감소가 생길 수 있다. 따라서 피스톤이 고정되지 못한다.

③ 복동 실린더의 자동 귀환 제어(리밋 스위치 사용)

전진 운동이 끝난 복동 실린더의 피스톤이 전진 운동에 영향을 미치는 밸브의 작동이 멈추게 되면 스스로 귀환 운동을 하는 회로이다.

그림과 같이 밸브 1.2로부터 충분한 시간 동안 전진 신호가 밸브 1.1에 주어지면, 실린더의 피스톤은 실린더의 상사점에 위치한 밸브 1.3 쪽으로 운동하고, 이 위치에서 귀환 신호가 주어진다.

그러나 밸브 1.2로부터의 신호가 너무 긴 시간 동안 존재하면 밸브 1.3으로부터 귀환 신호가 들어와도 밸브 1.1의 반대쪽에 이미 밸브 1.2로부터 나온 신호가 존재하기 때문에 밸브 1.3의 신호는 효력이 없어진다(압력과 파일럿 스풀의 면적이 같기 때문에 밸브 1.1은 현재의 위치에서 마찰 등에 의해서 평형 상태를 이룬다).

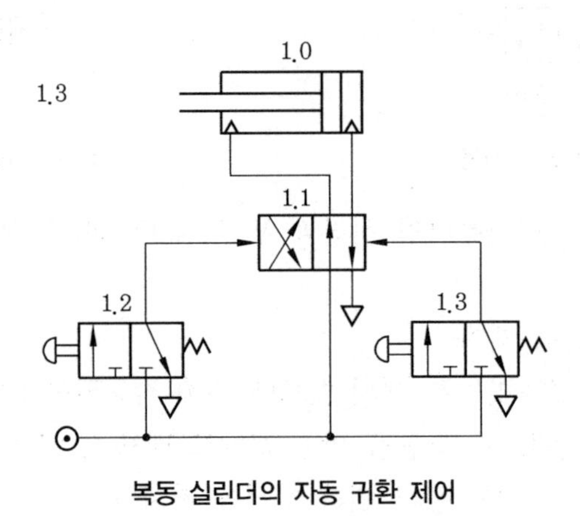

복동 실린더의 자동 귀환 제어

밸브 1.1은 밸브 1.2의 신호를 제거한 후 밸브 1.3의 신호가 들어오면 전환된다. 따라서 먼저 받아들인 신호에 의해 지배적인 작동을 하는 것이다.

④ 복동 실린더의 연속 왕복 운동

복동 실린더가 시작 신호에 의해 상사점과 하사점 사이를 연속적으로 왕복 운동을 하며 정지 신호를 보내면 하사점에 정지한다.

다음 그림과 같이 피스톤의 후진 위치에서 밸브 1.2가 작동되면서 밸브 1.1에 전진 운동 신호가 주어지므로 밸브 1.2에서 배기가 일어나면 스위칭 작용을 하게 된다.

앞에서 설명한 바와 같이 회로도를 그릴 때에는 초기 위치를 나타내야 하므로 밸브 1.2는 초기 위치에서 작동된 상태로 그려야 한다.

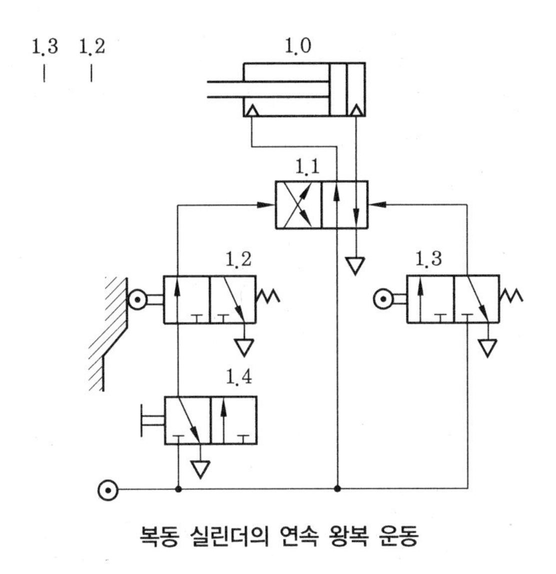

복동 실린더의 연속 왕복 운동

⑤ 복동 실린더의 중간 정지 및 고정 제어

공기는 압축성이 있으므로 실린더를 중간 위치에서 정확하게 정지시키는 것은 정지 상태에서 부하가 약간 변화되어 불가능하지만 정확성은 만족시킬 수 있다.

다음 그림은 중간 정지 및 고정 제어에 관한 회로의 예를 나타낸 것이다.

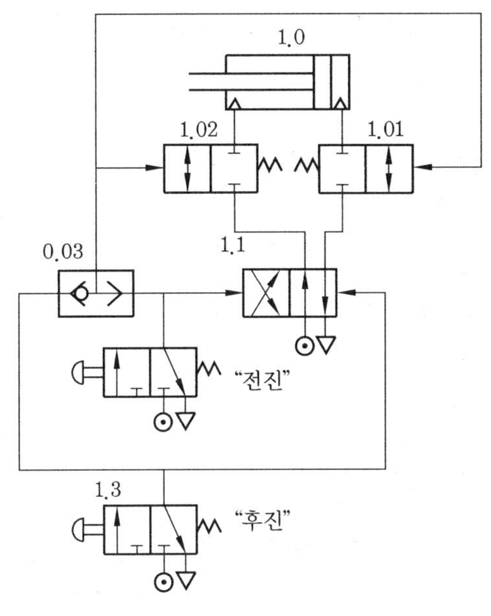

복동 실린더의 중간 정지 및 고정 제어

위의 회로도에서 밸브 1.2와 1.3이 작동되면 2포트 2위치 밸브 1.01과 1.02를 통해서 실린더로 이어지는 두 공급 라인이 열린다. 이때 배기 라인은 동시에 차단되어 실린더의 피스톤은 평형 상태가 될 때까지 움직여 잔류 압력에 의해 정지하게 된다. 이때 밸브

1.01과 1.02는 공기의 흐름이 양쪽으로 흐를 수 있는 것이어야 한다. 이외의 중립 위치에 고정된 4포트 3위치 밸브를 사용하여 밸브의 양쪽에서 압력을 가함으로써 밸브 1.1을 전환시켜 중간 정지 및 고정 제어를 얻는 방법도 사용된다. 다음 회로도는 4포트 3위치 밸브를 사용한 경우를 나타낸다.

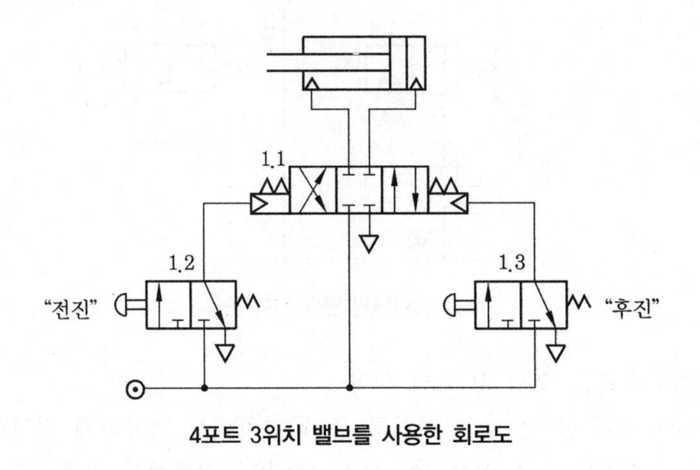

4포트 3위치 밸브를 사용한 회로도

⑥ 복동 실린더의 속도 제어

속도의 조절은 공급되는 공기와 배기되는 공기의 양을 조정함으로써 얻을 수 있으며 수동 방식과 롤러 작동식을 이용하는 방법이 사용된다.

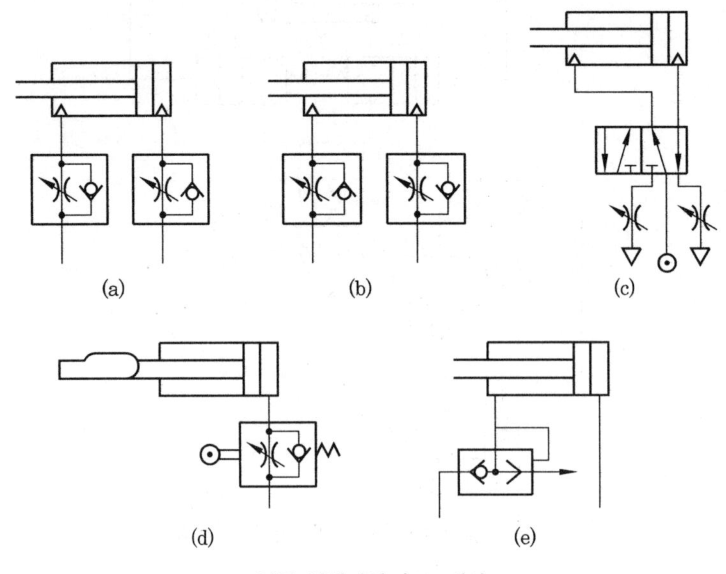

복동 실린더의 속도 제어

그림 (a)는 전진과 후진의 속도를 조절할 수 있는 방법으로 공급되는 공기를 조정하여 액추에이터의 속도를 조절하는 방법이다.

공급되는 공기는 스로틀 밸브에 의해 조정되며, 이때 배기 공기는 체크 밸브를 통하여 자유 공기가 된다.

그림 (b)는 피스톤의 전진과 후진 시의 배기 공기를 조정하여 속도를 조절하는 방법으로 앞의 회로도와는 반대로 배기 공기를 조정하는 방법을 나타내고 있다. 이때의 공급 공기는 자유 공기가 되며 배기 공기는 스로틀 밸브에 의해 조정된다.

그림 (c)는 5/2-위치 밸브를 사용하고 배기 라인에 스로틀 밸브를 사용한 것으로 체크 밸브가 사용되지 않은 회로이다. 이때에는 체크 밸브에서 일어나는 반발력(rebound) 현상이 일어나지 않는 장점을 가지고 있다.

이밖에 그림 (d)와 같이 후진 시 피스톤의 위치에 따라 밸브 내의 리밋 스위치가 작동되므로 배기 공기를 정하여 속도를 조절하는 방법과 그림 (e)와 같이 급속 배기 밸브를 이용하여 피스톤의 전진 속도를 증가시키는 방법 등도 사용된다.

⑦ 압력 사용 복동 실린더 제어 회로

시퀀스 밸브(sequence valve)는 압력에 의해 제어되는 밸브로 일반적으로 방향제어 밸브와 같이 사용된다. 그림 (a)는 시퀀스 밸브의 연결 상태를 나타내고 그림 (b)는 시퀀스 밸브의 기호를 나타낸다.

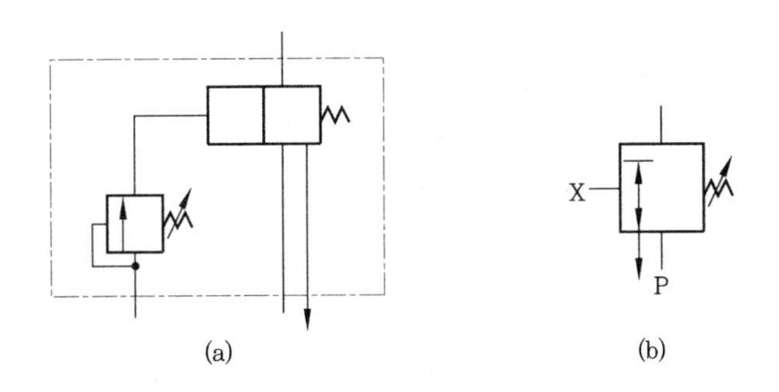

(a) (b)

㈎ 리밋 스위치를 사용하여 끝점을 감지하는 압력에 의한 전환 제어

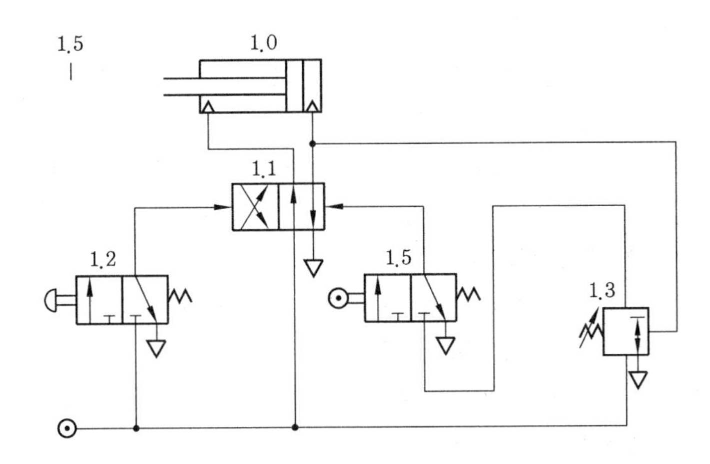

위 그림의 시퀀스 밸브 1.3은 스위치의 전환점이 보통의 작동 압력보다 작게 조정되어 있으며 최대 압력이 생기는 점은 피스톤이 상사점이나 하사점, 즉 정지한 상태일 때로 이때 신호가 시퀀스 밸브를 통하여 주어지며 밸브 1.5에 부착된 스위치는 피스톤이 상사점에 도달했다는 것을 확인하기 위하여 설치되어 있다.

(나) 끝점 확인이 없는 압력에 의한 제어(리밋 스위치를 사용하지 않음)

다음 그림과 같이 밸브 1.2의 누름 버튼 스위치를 누르면 밸브 1.1의 회로가 바뀌고 이에 따라 전진 운동을 시작하게 된다. 끝점에 도달하여 피스톤이 정지하면(실린더 내의 압력이 상승하여 최고 압력에 도달되면) 밸브 1.3이 작용하여 밸브 1.1이 전환되고 피스톤의 후진 운동이 시작된다. 이러한 형식은 작동의 확실성이 중요하지 않은 곳이나 리밋 스위치의 사용이 불가능한 곳 또는 반발력이 생기면 피스톤의 운동이 바뀌어야 하는 곳 등에 사용된다.

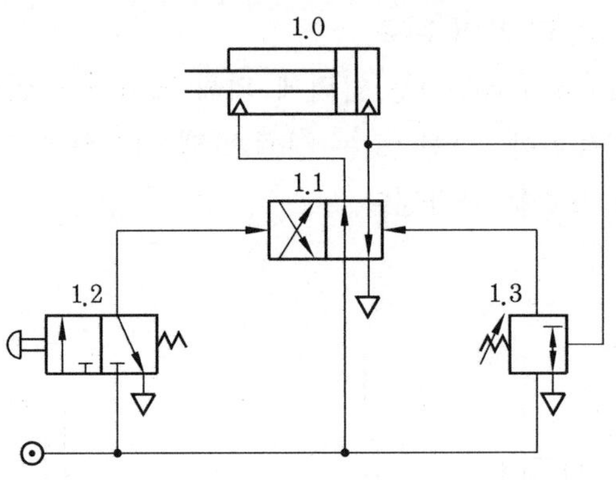

참고

> 압력에 의해 작동되는 제어에서는 원하는 동작에 따라 스로틀 밸브 위치와 스로틀 밸브를 입구나 출구 중 어느 곳에 설치할 것인가를 충분히 생각해야 한다.

⑧ 복동 실린더의 시간 특성 회로

공압 회로에서는 방향 제어 밸브, 스로틀 밸브, 릴리프 밸브, 탱크 등을 배열하여 간단하게 시간 제어를 할 수가 있다.

이때 부품의 특성을 잘 알아야 하며 특히 포핏 밸브는 슬라이드 밸브와 아주 다른 스위칭 특성을 가지고 있음에 주의한다. 다음은 기본 회로의 설명이다.

(가) 주어진 시간에 의해 제어하는 회로

㉮ 시작 지연 동작 특성(start-delayed time behavior) : 그림 (a)는 스로틀 밸브에 의해 공급된 공기가 탱크로 유입되고 일정 시간 경과 후 탱크의 압력이 설정된 스프링 압력과 같아질 때 밸브가 작동되어 회로가 연결된 것을 나타내고, (b)는 같은 경우에 회로가 차단된 것을 나타내는 그림이다.

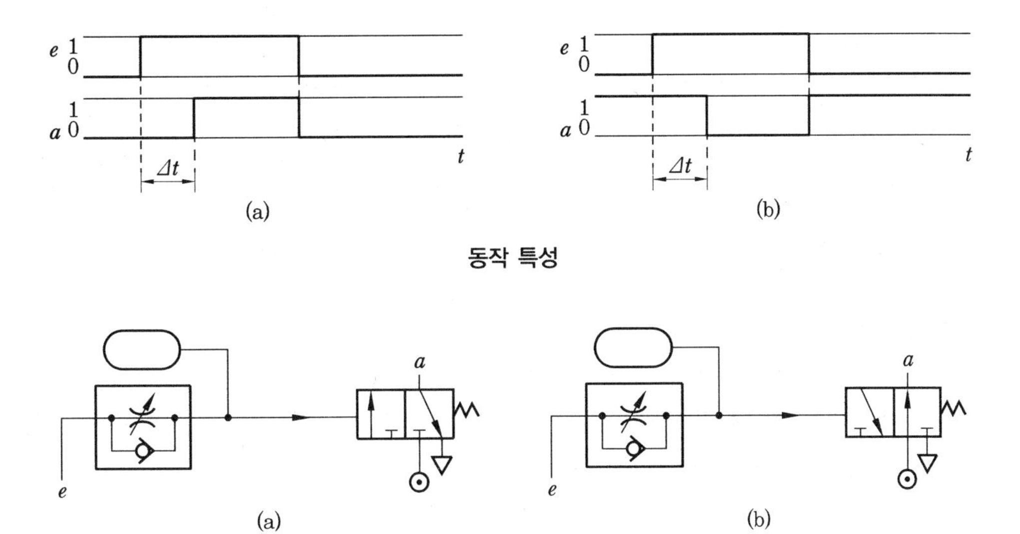

동작 특성

회로도

㉯ 잔류 동작 특성(falloff-delayed time behavior) : 다음 그림 (a)와 같이 체크 밸브를 통하여 유입된 공기에 의해 밸브가 열리고 동작이 끝난 후 스로틀 밸브를 통하여 배출되는 공기압이 떨어지면 스프링에 의해 밸브가 원위치로 돌아오게 된다.

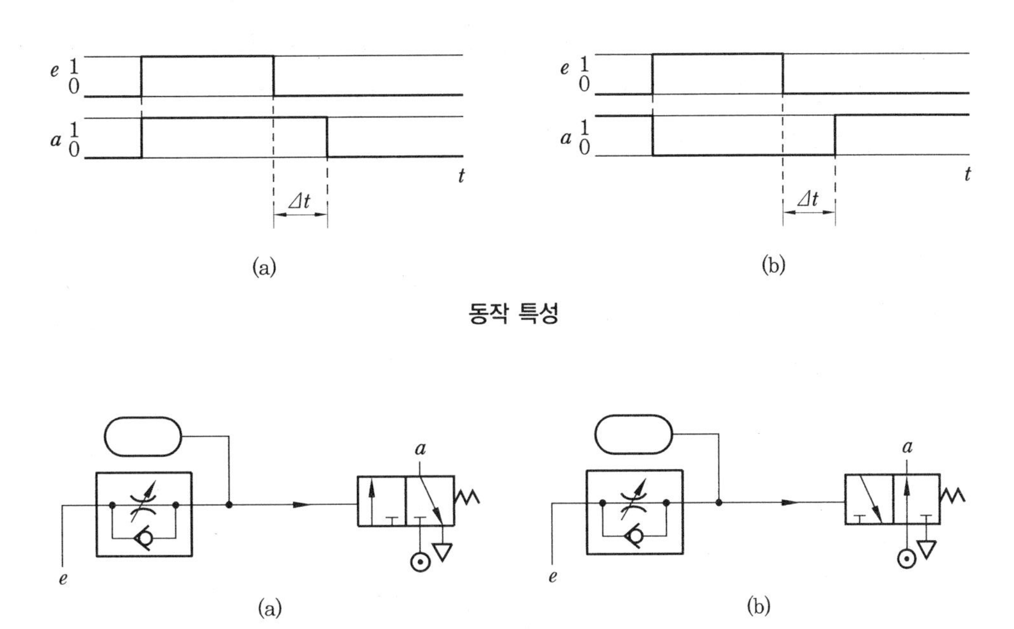

동작 특성

회로도

㉰ 시작 지연 특성과 잔류 동작 특성이 있는 시간 제어 회로 : 다음 그림과 같이 앞의 두 동작을 개별적으로 조절할 수 있는 회로이다.

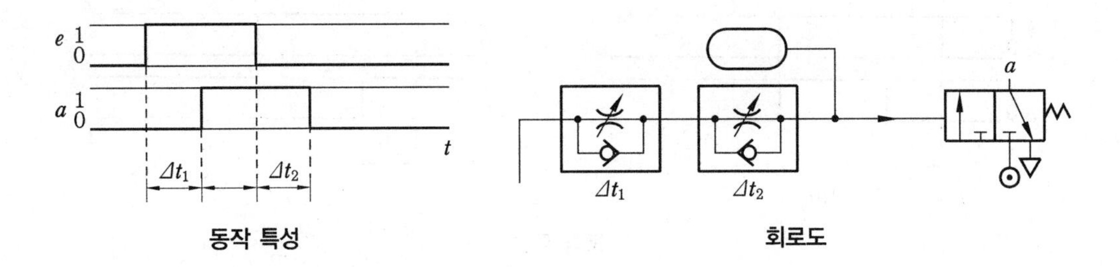

동작 특성 회로도

(나) 펄스의 모양을 결정하는 시간 지연 회로

㉮ 펄스 단축(pulse shortening) : 다음 그림은 펄스를 짧게 해주는 회로로 유입된 공기가 탱크에 차게 되면 밸브를 작동시키고 밸브 작동 시 탱크의 공기가 배출되어 밸브가 원위치로 된다.

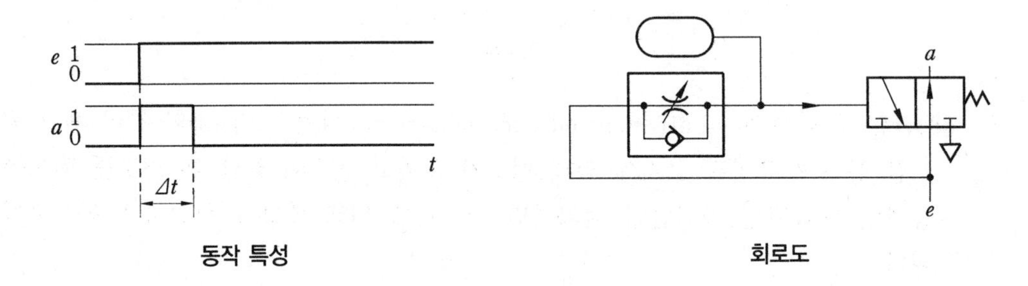

동작 특성 회로도

㉯ 펄스 확장(pulse stretching) : 펄스 단축 회로와 체크 밸브를 반대로 연결하여 순간적으로 공기가 유입되고 동작이 길게 유지되는 회로이다. 다음 그림은 펄스를 길게 늘리는 회로의 특성과 회로도이다.

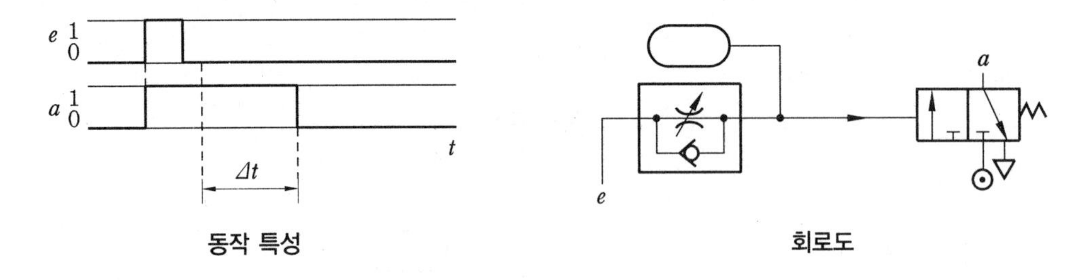

동작 특성 회로도

㉰ 실제 사용 회로

- 피스톤의 끝점 도달을 리밋으로 감지 후 일정한 시간이 경과된 후에 되돌아오는 회로 : 다음 그림에서 밸브 1.2의 푸시 버튼을 누르면 밸브 1.1의 회로가 변경되어 피스톤이 전진하게 된다.

  피스톤이 상사점에 도달되면 밸브 1.5에 의해 회로가 변환되며 스로틀 밸브 1.3에서 일정 시간이 경과한 후 밸브 1.1이 전환되고 피스톤은 돌아온다(제어시간은 피스톤이 상사점에 도달했을 때부터 시작된다).

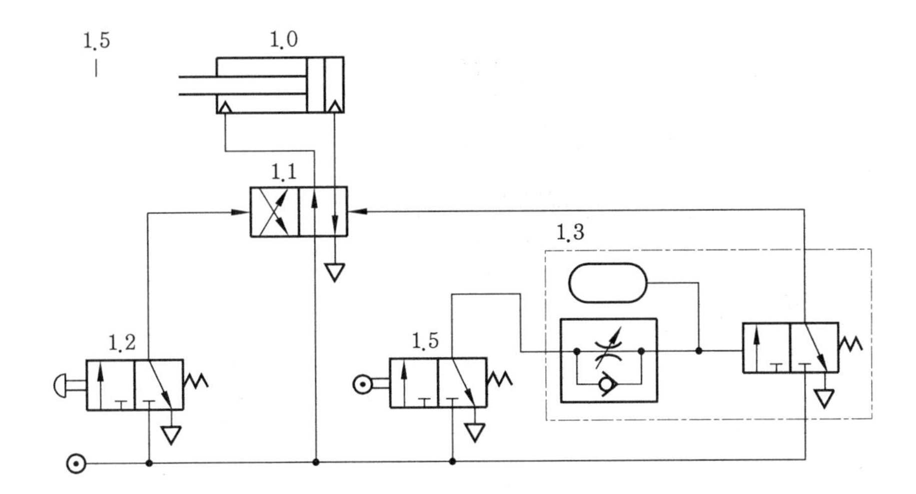

• 끝점 도달의 확인 없이 시간에 의해 전환(리밋 스위치 없는 회로) : 작동의 신뢰성은 없으나 밸브 1.1이 전환할 때(피스톤의 전진이 시작될 때) 압력이 증가하며 피스톤이 상사점에서 정지되는 시간은 피스톤의 행정에 따라 달라진다.

또한 피스톤의 반대쪽에 걸리는 압력이나 부하에 따라 회로의 시간 편차가 생긴다. 만일 피스톤이 행정의 중간에서 멈추게 되면 시간이 늘어나므로 피스톤이 상사점에 도달하지 못하고 되돌아오는 경우도 생긴다.

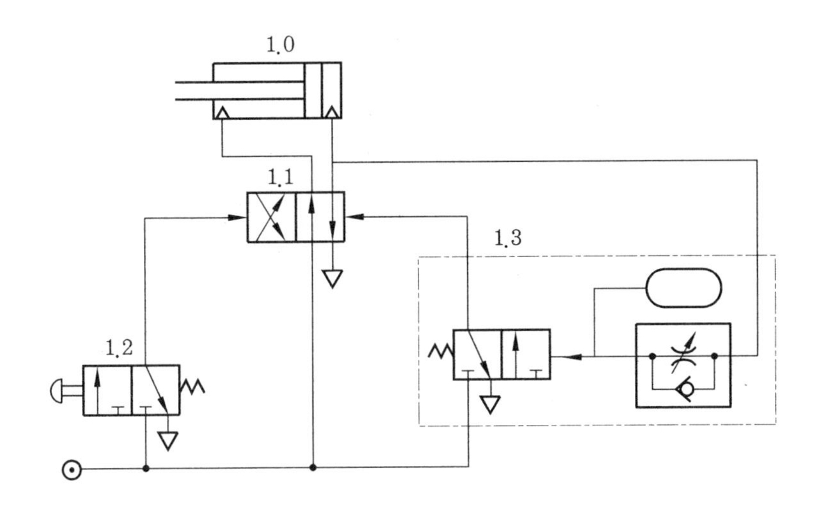

⑨ 복동 실린더의 무접촉 신호 전달기 회로(반향 감지기, 배압 감지기, 에어 게이트 등)

(가) 에어 게이트 신호로 전진하며 반향 감지기 신호로 후진하는 회로 : 다음 그림은 에어 게이트가 간섭 받는 상태에서 신호를 출력시켜야 하므로 에어 게이트 1.2와 밸브 1.1 사이에 밸브 1.4를 연결시켜야 하며 상시 열림(normally open) 밸브가 사용되고 있다.

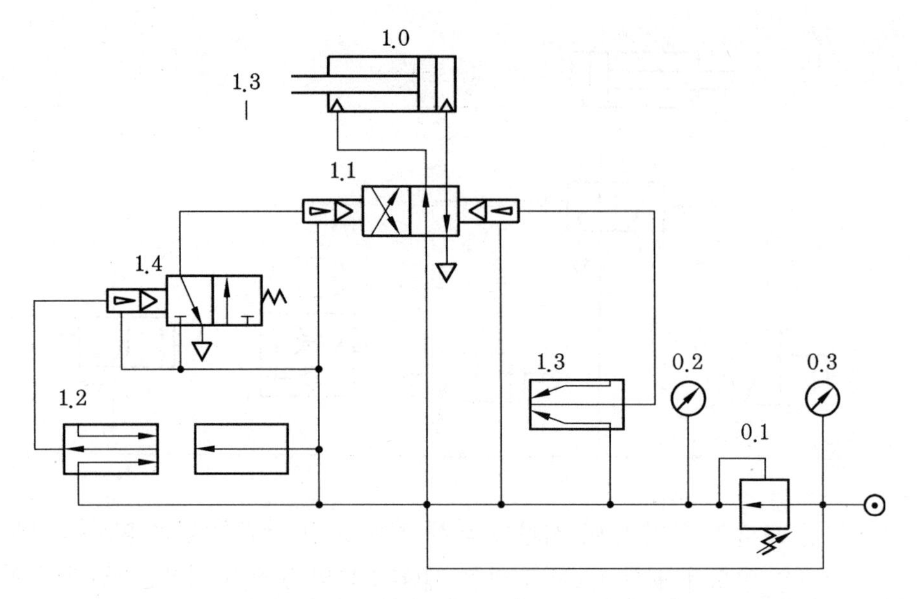

다음 그림은 반향 감지기로부터 나온 신호를 중간 밸브를 통하여 공급하는 회로이며, 이 회로의 장점은 1.2와 1.3으로부터 나온 신호가 1.4와 1.5에서 나온 것과 같이 정상 압력 신호이므로 바로 제어에 사용된다는 점이다.

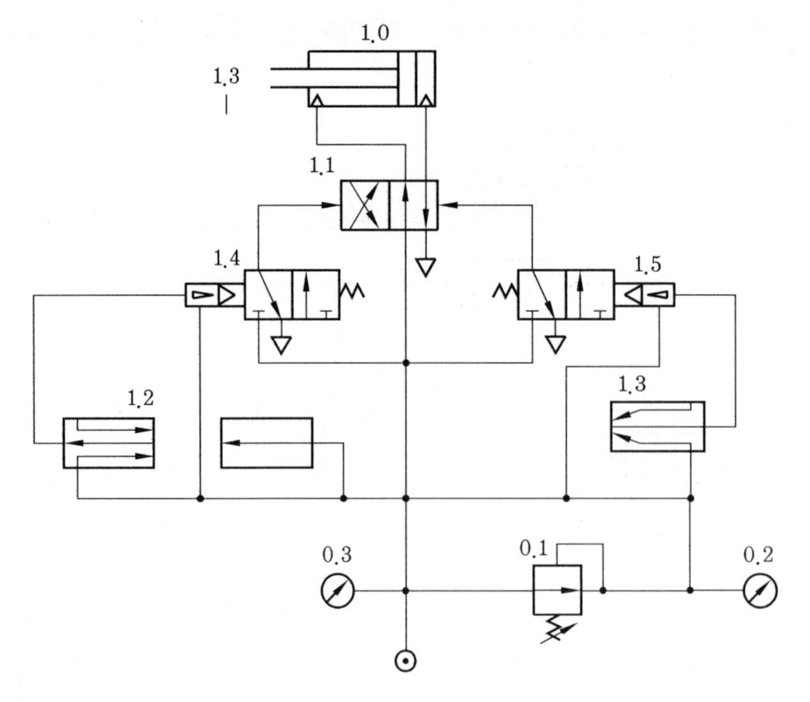

(나) 배압 노즐에 의한 복동 실린더의 전진 및 후진 제어 회로 : 배압 노즐의 장점은 정상 압력으로 공기를 공급할 수 있는 것과 출력 신호로 정상 압력을 유지하는 것이며 완벽하게 작동하기 위해서는 배압 노즐의 출구가 완벽하게 막혀야 한다. 다음 그림에서는 스위치 1.4로 실린더의 전진과 후진 운동을 제어한다.

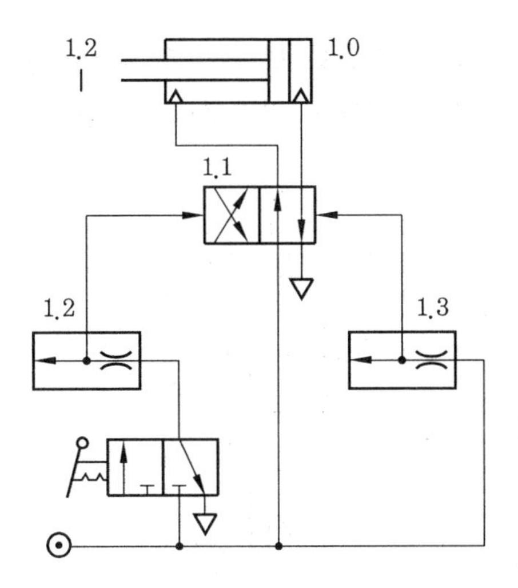

⑩ 충격 밸브와 셔틀 밸브에 의한 복동 실린더 왕복 회로(고정 장치 있음)

그림 (a)에서와 같이 밸브 1.5의 누름 버튼을 누르면 밸브 1.1이 전환되고 셔틀 밸브 1.3을 통한 신호에 의해 밸브 1.4는 최초의 위치로 고정된다. 1.5를 잠그면 밸브 1.1을 통한 신호에 의해 밸브 1.4가 전환되어 귀환 신호의 통로가 열린다.

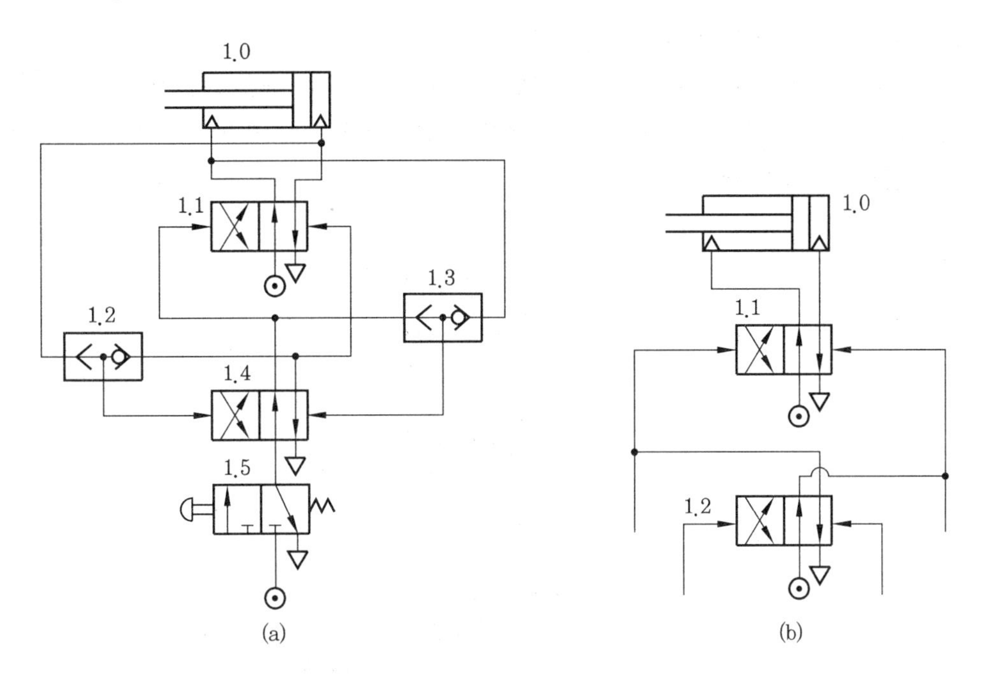

(a) (b)

그러나 실린더의 설치가 부적합하거나 신호 전달이 불량하면 회로에 교란이 생길 수도 있으며, 이때에는 그림 (b)처럼 실린더와 왕복 회로 사이에 다른 충격 밸브를 설치하면 문제가 해소될 수 있다.

⑪ 충격 밸브과 스프링에 의해 귀환하는 3포트 2위치 밸브에 의한 왕복 회로

그림에서와 같이 신호 요소 1.5가 작동되면 밸브 1.3과 1.4를 통과하여 1.1로 나온

출력은 피드백(feed back)이 차단되고 1.5가 원위치로 돌아와야 회로가 통한다. 즉, 밸브 1.2의 전환으로 피드백 신호를 위한 회로가 열리게 된다.

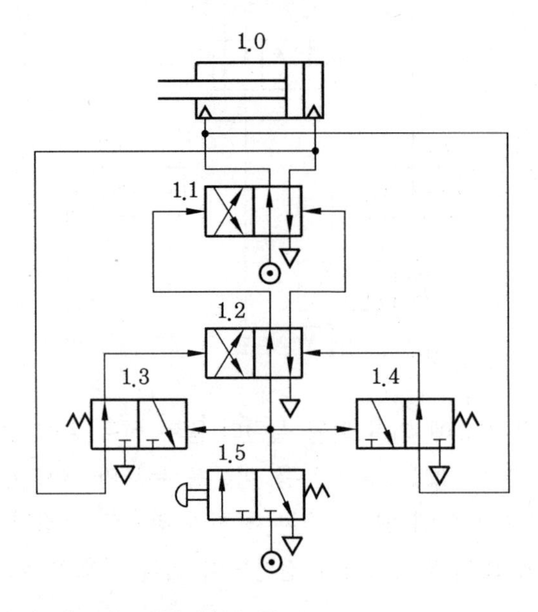

⑫ 충격 밸브와 2압력 밸브에 의한 왕복 회로

다음 그림과 같이 4포트 2위치 밸브를 신호 전달기로 사용해야 하며, 이 경우 밸브 1.2의 전환은 밸브 1.5를 껐을 경우에만 일어나므로 두 방향에서 같이 신호를 받기 위하여 2압력 밸브가 필요하게 된다.

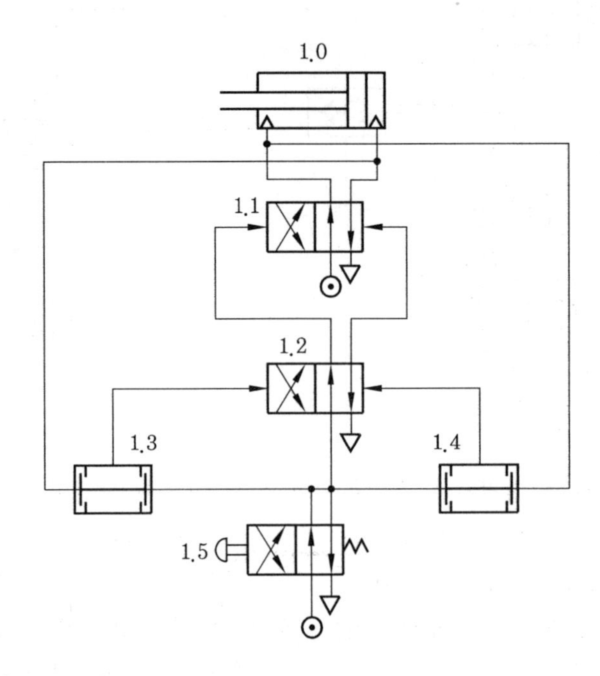

⑬ 리밋 스위치를 사용하지 않는 실린더의 왕복 회로

회로도 (a)에서 스위치 0.1을 끄면 실린더 1.0의 피스톤은 상사점이나 하사점 중 한 곳에서 정지하게 된다. 이때의 피스톤의 정지 위치는 스위치 0.1을 끌 때 피스톤의 운동 방향에 의해 결정되며 피스톤의 초기 위치를 일정하게 하려면 원하는 위치에서 밸브 1.4나 1.5만을 통하여 배기해야 한다.

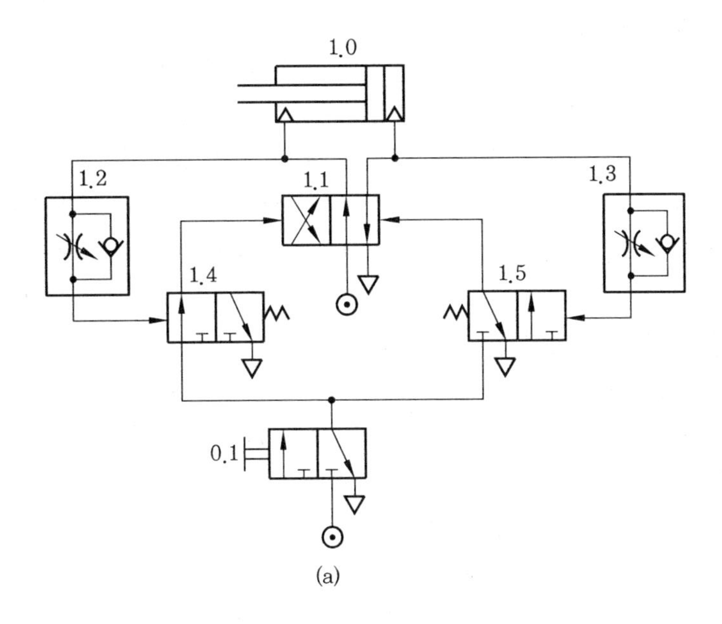

(a)

회로도 (b)는 간단한 구조로 나타낸 것으로 이러한 스위칭 배열을 다진동 밸브 유닛(multivibrator valve unit)이라 한다.

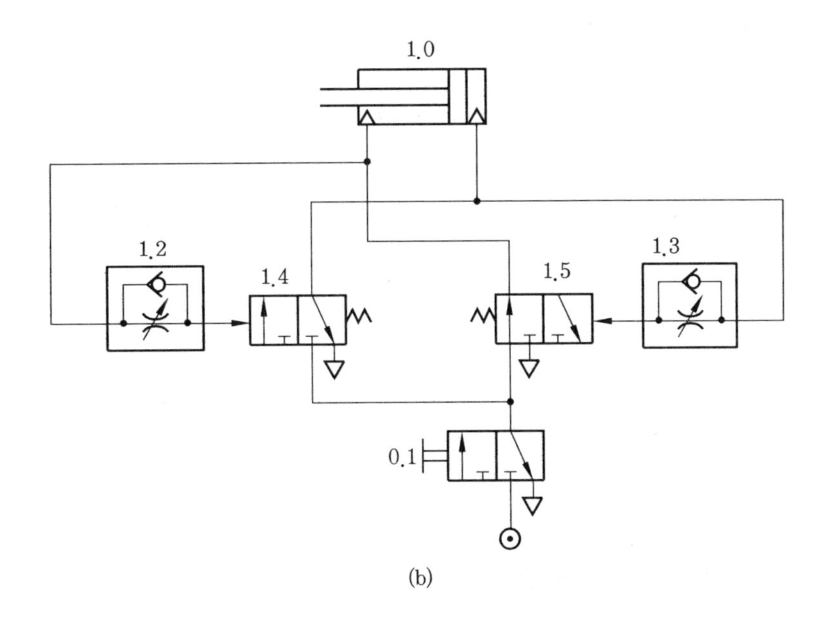

(b)

(3) 공압 시퀀스 제어

① 공압 시퀀스 제어(pneumatic sequence control)

시퀀스 제어는 주어진 조건이 충족되면 순서에 관계없이 그 조건에 해당하는 작업이 수행되는 논리 제어(logic control)와는 달리, 조건이 충족되면 미리 프로그램에 의해 결정된 순서대로 제어 신호가 출력되어 순차적으로 작업이 수행되는 제어 방법으로, 실제의 공장 자동화에 가장 널리 이용되고 있는 제어 방법이다.

시퀀스 제어는 일정한 시간이 경과하면 그 다음 작업이 수행되는 시간에 의한 제어 방법과 전 단계 작업의 완료 여부를 리밋 스위치나 센서를 이용하여 위치 확인하여 다음 단계 작업을 수행하는 위치에 따른 제어 방법의 2가지 제어 방식이 있다. 시간에 따른 제어 방법은 전 단계의 작업 완료 여부를 확인하지 않기 때문에 제어 시스템의 구성은 간단할지 모르나, 제어의 신뢰성이 부족한 문제점이 있어 많이 이용되고 있지는 않다.

그러므로 시퀀스 제어에서는 센서에 의한 위치 검출 확인 제어 방식이 가장 널리 활용되고 있다. 그러나 이 방식에서 큰 문제점의 하나는 상반된 제어 신호가 존재할 경우, 즉 동일한 실린더의 전진 운동 제어 신호와 후진 운동 제어 신호가 같이 존재하게 될 경우 어느 한쪽의 제어 신호는 기능을 발휘할 수 없다는 것이다.

또한 전기 신호로 작동되는 솔레노이드 밸브(solenoid valve)를 사용할 경우, 이러한 신호 중첩 현상으로 인하여 코일의 소손 원인이 될 수도 있다. 그러므로 시퀀스 제어에서는 상반된 제어 신호가 동일한 액추에이터에 존재하게 되는 신호의 중첩 현상이 발생되지 않도록 해야 한다.

이러한 중첩 현상을 없애 주는 여러 가지 방법에 따라 시퀀스 제어를 분류할 수 있는데, 일반적으로 제어 신호의 중첩 현상은 입력된 제어 신호가 너무 길게 지속되기 때문에 발생되므로, 이러한 제어 신호를 짧은 시간 동안에만 유효한 제어 신호로 지속시키는 펄스(pulse) 신호화함으로써 해결할 수 있다.

이러한 제어 신호를 펄스 신호화하는 방법에는 가장 간단한 방법으로 방향성 롤러 리밋 밸브를 이용하는 방법이 있다. 이 방법은 간단하고 비용이 적게 드는 장점이 있으나, 정밀한 위치 제어가 어렵다는 문제점이 있다.

그러므로 상시 열림형의 공압 타이머를 이용하여 펄스화하는 방법이 사용될 수 있으며, 회로상으로 이러한 문제점을 해결할 수 있는 캐스케이드(cascade) 방법, 시프트 레지스터(shift register) 모듈을 이용하는 스테퍼(stepper) 방법 및 공압 전문 시퀀스를 이용하는 방법 등이 있다.

② 공압 시퀀스 제어 회로도의 작성법

제어 회로를 설계하는 방법은 여러 가지가 있으나, 일반적으로 다음에 설명하려는 순서대로 제어 회로를 설계한다.

(가) 운동 순서와 스위칭 조건의 표시

제어 회로를 설계하려 할 때 제일 먼저 고려해야 할 것은 해결하려고 하는 문제를 분석하여 운동 순서와 작업 조건 등을 분명하게 표시하는 것이다. 적당한 표현 방법을 택하여 여러 관련 사항들을 확실하게 파악해야 한다.

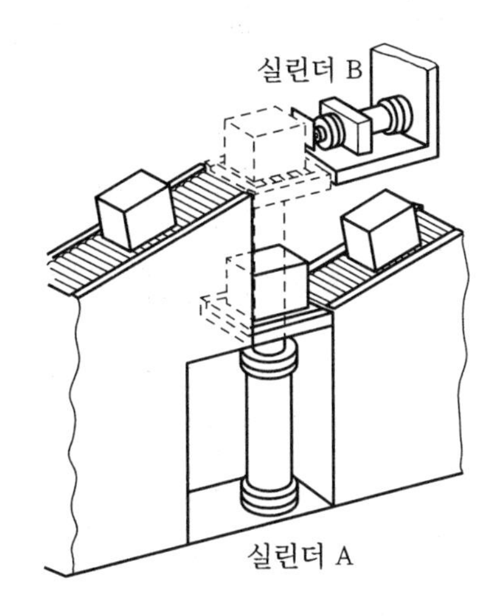

[문제] 물체가 하단의 컨베이어를 통하여 도달되면 A(1.0) 실린더가 물건을 밀어 올리게 된다. 그러면 B(2.0) 실린더는 이를 상단부에 있는 컨베이어로 밀어내게 되며, A(1.0) 실린더와 B(2.0) 실린더는 순서대로 원위치로 후진 운동을 한다.

(나) 운동을 시간적인 순서에 따라 기술한다.

㉮ A(1.0) 실린더가 물건을 들어올린다.

㉯ B(2.0) 실린더가 상자를 밀어낸다.

㉰ A(1.0) 실린더가 내려온다.

㉱ B(2.0) 실린더가 후진한다.

(다) 작업 순서를 도표로 표시한다.

작동 순서	실린더 A의 운동	실린더 B의 운동
1	전진	–
2	–	전진
3	후진	–
4	–	후진

(라) 작업 순서를 약호로 표시한다.

실린더의 운동을 다음과 같이 기호화하여 나타낸다.

A+, B−, A−, B−(+ : 전진 운동 − : 후진 운동)

1.0+, 2.0+, 1.0−, 2.0−

(마) 기능 도표(grafcet)에 의한 방법

기능 도표는 말 대신 도표를 사용하는 것으로, 사용 장비, 배선, 설비의 위치 등과는 무관하게 제어의 내용만을 나타내는 표현 방식이다.

기능 도표는 제작자와 사용자 간의 의사 전달 수단이 될 수 있으며, 서로 다른 분야에 종사하는 전문가들끼리 각자의 의사를 용이하게 표현하는 방법이다.

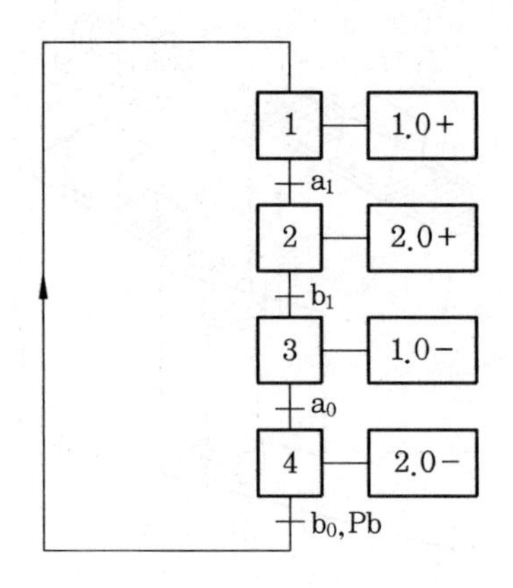

(바) 벡터 선도로 표시한다.

실린더의 전진 운동과 후진 운동을 벡터로 간단하게 표시할 수 있다.

→ : 전진 운동 ← : 후진 운동

1단계 : 1.0 → 2단계 : 2.0 →

3단계 : 1.0 ← 4단계 : 2.0 ←

(사) 운동을 도시적인 표현 방법으로 나타낸다.

작동 순서를 그래프 형식으로 나타낸 그림을 말하며, 운동 선도(motion-step diagram)와 제어 선도(control diagram)로 구분된다.

이 그래프에서는 실린더의 행정 거리, 운동이 일어나는 시간 및 속도는 고려하지 않고, 모든 요소를 같은 크기로 그린다. 실제 제어 회로도를 작성할 때 운동 선도가 가장 많이 이용되며, 변위 단계 선도와 변위 시간 선도 및 제어 선도가 있다.

㉮ 변위 단계 선도(motion-step diagram) : 변위 단계 선도는 작업 요소의 순차적인 작동 상태를 나타내는데, 변위는 각 단계의 기능으로 표현되며 단계는 해당 작업 요소의 상태 변화를 나타낸다.

다음 그림은 변위 단계 선도의 그래프를 나타낸 것으로, 이 그래프의 작성 요령은 다음과 같다.

• 단계는 가능한 한 선형적으로 그리고, 수평으로 그려야 한다.

- 변위는 모든 요소에 대해 같은 크기로 그려야 한다.
- 부품이 여러 개일 경우에는 각각의 사이를 너무 가깝게 하지 않아야 한다.
- 작동 상태를 표시하는 것은 편한 방법을 선택한다. ㉮ 전진-1, 후진-0
- 부품의 표시에 관계된 것은 선도의 좌측에 나타내야 한다.

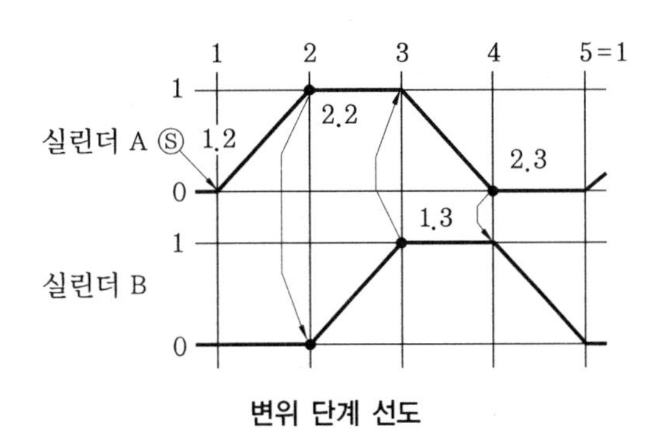

변위 단계 선도

㉯ 변위 시간 선도(displacement-time diagram) : 각 부품의 변위를 시간을 기준으로 해서 그리는 방법으로, 변위 단계 선도와는 달리 시간을 선형적으로 그리고 각 부품 간의 관계를 세운다.

다음 그림은 변위 시간 선도를 타나낸 것으로, 이 그래프의 작성 요령은 다음과 같다.

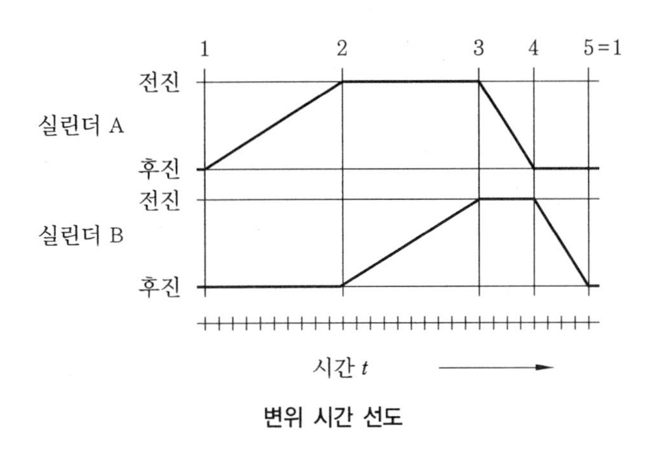

변위 시간 선도

- 각 단계는 점선으로 표시하며, 변위 단계 선도에서와 같이 각 간격은 일정하지 않다.
- 변위 단계 선도에서 여러 가지 사항들을 분명하게 알 수 있으나, 간섭 현상 및 속도 변화 등은 변위 시간 선도에서 더 자세히 알 수 있다.
- 회전 운동을 하는 요소(㉮ 전기 모터나 공압 모터 등)에 대해 변위 시간 선도를 그릴 때에도 앞에서 기술한 과정에 따라 그려야 한다.

㉰ 제어 선도(control diagram) : 제어 선도에는 단계나 시간에 따른 제어 요소의 스위칭 상태를 나타내며, 스위칭 시간 자체만을 고려하지 않는다. 제어 선도를 그릴 때는 다음 사항을 고려해야 한다.

- 가능하다면 제어 선도는 운동 선도와 연계해서 그린다.
- 단계나 시간은 선형적으로 그린다.
- 높이와 간격은 자유롭게 하더라도 분명히 이해할 수 있도록 그린다.

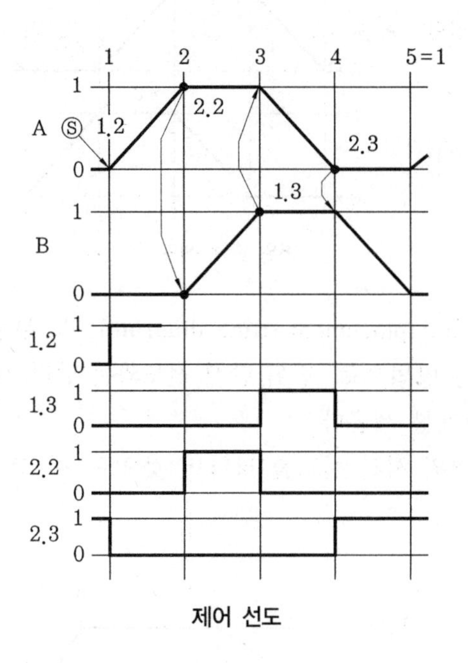

제어 선도

제어 선도에서 0은 작동되지 않은 상태, 1은 작동된 상태를 나타낸다. 이 제어 선도에서 1.2, 1.3, 2.2, 2.3은 리밋 스위치를 나타낸다. 즉 2단계의 작업이 진행되려면 1.0 실린더가 전진 완료 후 전진된 위치를 확인하는 리밋 스위치는 2.0 실린더의 전진 운동을 제어하기 때문에 2.2가 되는 것이다.

또한 2.2가 전진 완료된 위치에 설치되어 있는 리밋 스위치는 1.0 실린더의 후진 운동을 제어하기 때문에, 이 리밋 스위치를 1.3으로 명칭한다. 1.0 실린더가 후진 운동을 완료하면서 완료 위치에 설치된 리밋 스위치를 작동시키는데, 이 리밋 스위치는 2.0 실린더의 후진 운동을 제어하므로 2.3이라고 한다.

제어 선도를 이용하면 제어 선도의 신호 중첩 현상 여부를 확인할 수 있다. 제어 신호의 신호 중첩 현상은 동일한 실린더의 상반된 제어 신호가 동시에 존재하는 것을 의미하므로, 제어 선도에서 1.0 실린더의 전·후진 운동을 담당하는 1.2, 1.3 리밋 스위치와의 스위칭 작동 관계와 2.0 실린더의 전·후진 운동을 담당하는 2.2, 2.3 리밋 스위치와의 스위칭 작동 관계를 확인하여 제어 신호의 간섭 현상을 판단한다.

앞의 제어 선도에서는 1.2, 1.3, 2.2, 2.3이 동시에 작동된 상태가 아닌 것을 확인할 수 있는데, 이는 다행히 신호 중첩 현상이 발생되지 않았음을 알 수가 있다.

③ 제어 선도의 작성

제어 회로도에서 리밋 스위치 등과 같은 제어 요소는 실제 설치되는 위치와는 관계없이 제어 그룹별로 그려지게 된다.

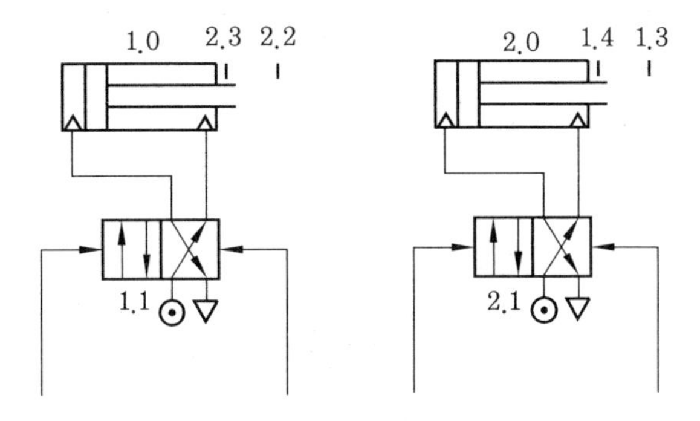

④ 제어 회로도의 작성법

제어 회로도에서 모든 밸브 및 제어 요소들은 초기 시동 조건(initial starting condition) 상태로 표시해야 한다. 초기 시동 조건이란 에너지가 공급되지 않은 상태를 의미한다. 즉 모든 작업 조건이 갖추어진 상태이기 때문에 에너지(압축 공기)를 공급시켜 주고, 시동 스위치를 작동시키면 작업이 실행될 수 있는 상태이다.

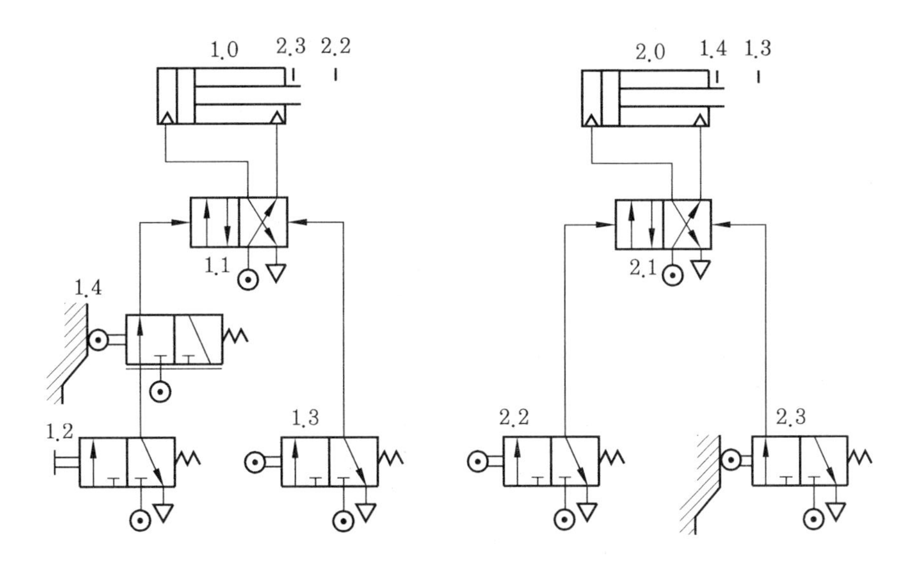

초기 상태에서 2.3 리밋 스위치는 1.0 실린더에 의해, 1.4 리밋 스위치는 2.0 실린더에 의해 이미 작동된 상태이므로 제어 회로도에서는 반드시 작동된 상태로 표시

해야만 된다. 즉 2.3 리밋 스위치와 1.4 리밋 스위치는 상시 닫힘형의 리밋 스위치지만, 이미 실린더에 의해 밸브의 롤러가 실린더 로드에 설치된 캠에 의해 눌려져 있기 때문에, 제어 회로도를 그릴 때 이러한 내용을 그대로 정확히 표시해야 한다.

⑤ 제어 신호의 간섭 현상

앞의 물체 운반 장치의 제어 선도에서는 다행히 제어 신호의 중첩 현상이 발생되지 않았으나, 대부분의 경우에는 제어 신호의 간섭 현상이 발생되기 때문에 실제로 원하는 동작이 일어나지 않게 된다. 다음과 같은 구조를 갖는 엠보싱 장치가 있다.

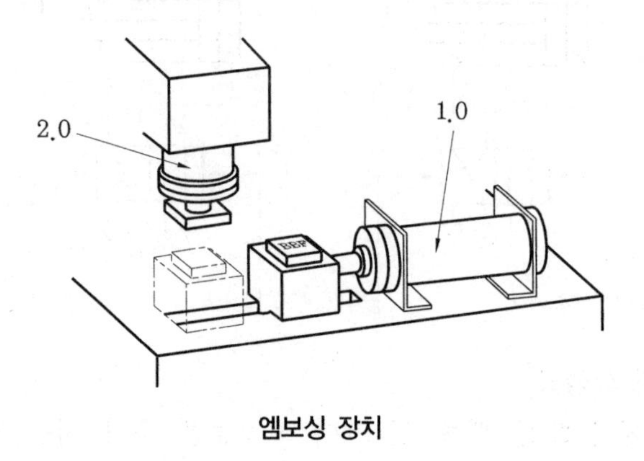

엠보싱 장치

[설계 조건]

가공물을 삽입하고 시동 스위치를 작동시키면 1.0 실린더가 이를 엠보싱 위치로 이송시키고, 2.0 실린더가 엠보싱 작업을 하게 된다. 이와 같은 작업 순서를 갖는 시퀀스 제어 회로의 변위 단계 선도와 제어 선도를 작성하면 다음과 같다.

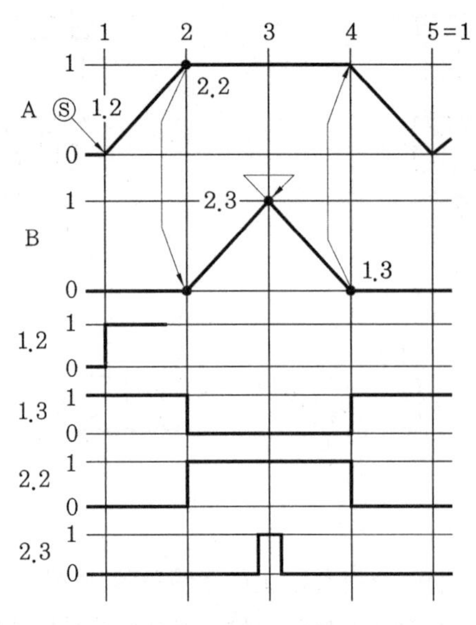

엠보싱 작업기의 운동 선도와 제어 선도

위 그림의 제어 선도에서 1.0 실린더의 전·후진을 담당하는 리밋 스위치를 확인해 보면, 1.0 실린더의 후진 운동을 담당하는 1.3 리밋 스위치 3단계의 2.0 실린더가 후진 운동을 완료한 후부터 계속 작동된 상태로 있다.

그러므로 제어 회로도에서 확인해 보면, 1.1 방향 제어 밸브의 후진 위치(Y 포트)에 제어 신호가 초기 상태부터 제어 신호가 들어가고 있는 상태로, 1.2의 시동 스위치에 의해 1.1 방향 제어 밸브의 전진 위치(Z 포트)에 신호가 가해지더라도 이미 Y 포트에 제어 신호가 존재하기 때문에 중첩 현상이 발생되는 것을 알 수 있다.

즉 1.0 실린더의 후진 운동 제어 신호가 4단계부터 계속 발생되고 있기 때문에 1단계에서 전진 운동 제어 신호가 발생되어도 늦게 입력된 전진 운동 제어 신호는 기능을 발휘할 수 없게 된다.

실린더의 운동을 제어하는 1.1과 2.1 방향 제어 밸브는 밸브의 구조상 양쪽에 상반된 제어 신호가 입력되면 먼저 입력된 제어 신호만이 유효하기 때문에, 1.0 실린더는 전진 운동을 할 수가 없게 된다.

또한 2.0 실린더도 전진 운동 제어 신호(2.2 리밋 스위치)가 2단계부터 계속되기 때문에 3단계에서 후진 운동 제어 신호가 입력되어도 후진 운동은 일어날 수 없게 된다.

⑥ 제어 신호의 간섭 현상 배제법

제어 공학에서 끊임없이 되풀이되는 가장 큰 문제점은 원치 않는 신호로 인한 신호의 간섭 현상이다.

공압에서는 여러 가지 신호 제거 방법이 있는데, 이것은 다음 2가지 유형으로 나누어 생각할 수 있다.

- 현재 가해지고 있는 신호보다 다음의 신호를 더 강력하게 하여 이미 존재하고 있는 신호를 억제하는 방법(신호 억제)
- 불필요한 신호를 차단하는 방법(신호 제거)

㈎ 신호 억제 회로 : 이미 언급했듯이 현행 신호보다 다음 신호를 더 강력한 신호로 하여 신호를 억압한다. 이것은 하드웨어상으로는 차등 압력기를 갖는 방향 제어 밸브나 메모리 밸브의 한쪽에 압력 조절 밸브를 설치해서 해결할 수 있다.

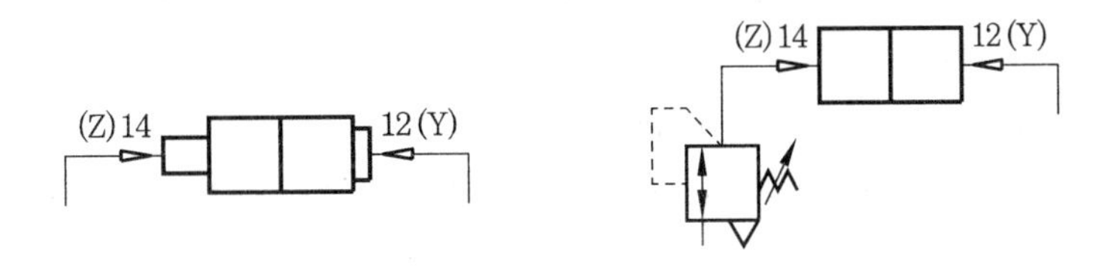

㈏ 신호 제거 회로 : 기계적인 방법 또는 회로상에서 적절하게 구성해서 신호를 제거시키는 것이다.

㉮ 기계적인 신호 제거 방법

이 밸브의 기호는 다음 그림과 같은 밸브로서 방향 제어 밸브, 오버 센터 작동 기구와 각각의 제어 형식 표시로 구성되어 있다.

이 밸브를 사용할 때는 다음 사항들을 주의해야 한다.

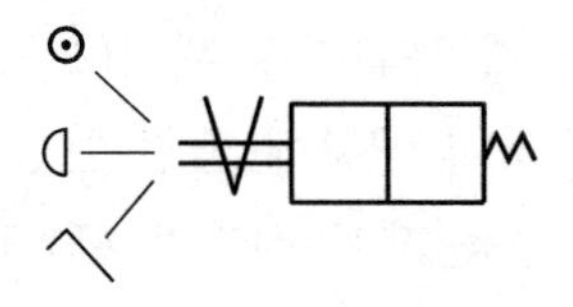

- 작동의 신뢰성은 동작 속도에 크게 영향을 받는다(충분히 긴 신호를 얻기 위해서는 최대 0.1~0.5 m/s의 작동 속도가 한계임).
- 이 밸브는 행정의 중간 부분에서 작동되므로 구동체는 정지 위치(상사점, 하사점)까지 운동해야 하며, 그렇지 않으면 작동 신호가 계속 나오게 되므로 리밋 스위치를 정확히 설치해야 한다. 그러나 구동 요소의 작동이 완전히 끝나면 신호는 더 이상 나오지 않게 된다. 리밋 스위치로 사용할 때에는 스위칭되는 위치를 상사점이나 하사점보다 4~5 mm 앞으로 하여 정확한 동작을 얻는다.

㉯ 방향성 롤러 리밋 밸브를 사용한 방법

만일 제거해야 할 신호가 리밋 스위치에서 나오는 것이라면, 방향성 롤러에 의해 작동되는 리밋 밸브를 사용할 수 있다.

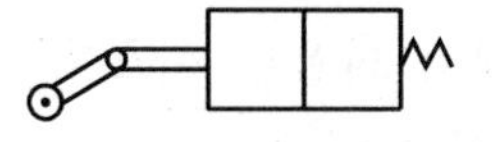

방향성 리밋 밸브를 사용할 때에는 다음 사항들을 주의해야 한다.

- 리밋 스위치를 작동시키는 도구가 리밋 스위치를 작동시키고 나서 지나가야 하므로, 방향성 리밋 스위치가 그 운동이 완료되기 전에 작동되도록 설치해야 한다.
- 방향성 리밋 스위치는 끝 위치에서 작동된 상태로 존재할 수 없으므로, 계속되는 동작의 제어나 감시 등의 목적에 사용될 수 없다.

㉰ 상시 열림형의 공압 타이머를 이용하는 방법

상시 열림형의 공압 타이머를 이용할 경우는 펄스 단축 회로의 신뢰성이 높아 확실한 작동을 기대할 수 있다. 그러나 신호 중첩 현상이 많이 발생하는 회로에서는 회로가 복잡해지고 신호가 중첩되는 모든 부분에 공압 타이머를 사용해야만 하기 때문에 비용이 많이 든다.

다음의 그림 (b)에서는 밸브 1.2에서 나온 공압 신호가 항상 펄스로 바뀌므로 밸브 1.3의 신호는 항상 유효하다. 이때 피스톤의 귀환 운동 중에 밸브 1.2가 작동하면 다시 전환이 일어난다.

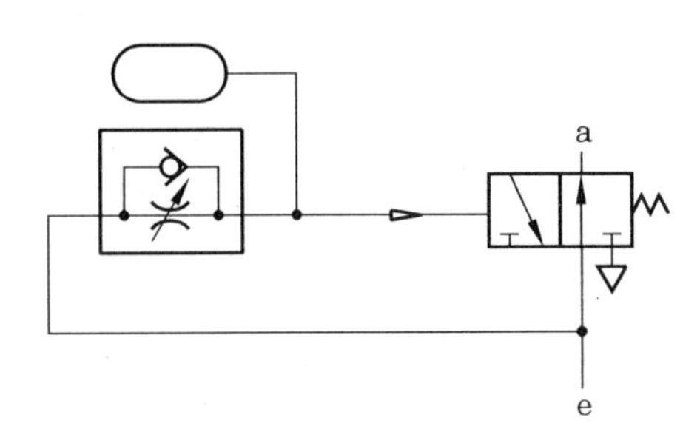

상시 열림형의 공압 타이머

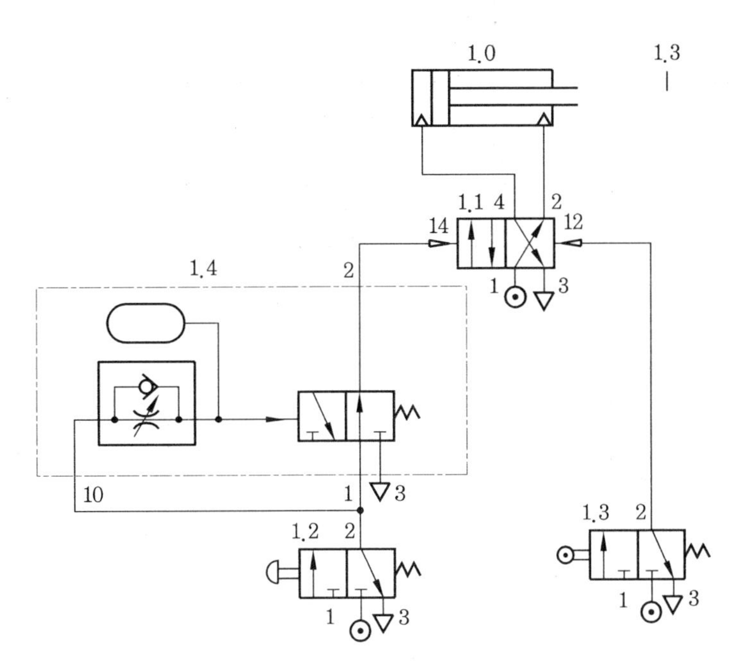

펄스 단축 회로를 사용한 신호 제거 회로

㉱ 메모리 밸브(memory valve)에 의한 신호 제거 방법

실제적으로 가장 많이 사용하는 방법으로, 회로만 올바르다면 작동의 신뢰성이 매우 크고 여러 개의 신호를 동시에 제거할 수 있으므로 비용을 절감할 수 있다. 이때는 일반적으로 충격 밸브가 사용되며, 신호를 차단하는 방법과 필요시 신호 요소에 에너지를 공급하는 방법이 있다.

⑦ 방향성 리밋 스위치를 이용한 제어 회로

이상에서 살펴본 바와 같이 제어 신호의 간섭 현상이 발생된 이유는 1.0 실린더의 후진 운동 신호와 2.0 실린더의 전진 운동 제어 신호가 너무 길게 지속되었기 때문이다. 그러므로 이와 같은 제어 신호의 간섭 현상을 없애려면 너무 길게 지속되어 문제가 되는 신호를 짧은 펄스(pulse) 신호로 만들어 줌으로써 해결할 수 있다.

다음 회로도는 이러한 문제 해결 방법의 하나인 방향성 리밋 스위치에 의한 신호 제거를 보여준 것이다.

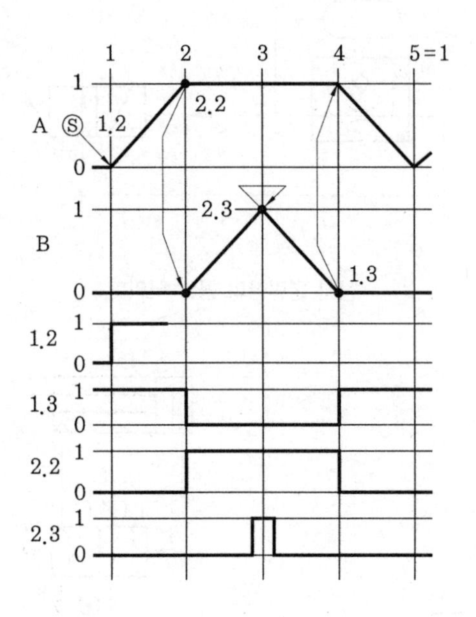

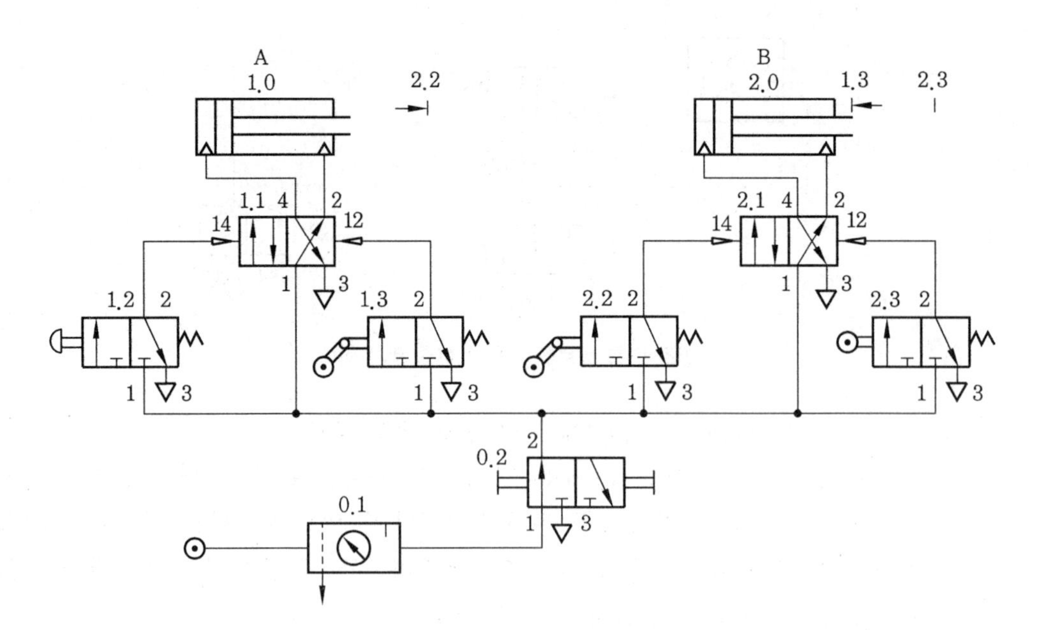

잠금 작용이 모든 범위에서 잘 이루어지고 있는지는 다음 기능 도표에서 알아볼 수 있으며, 아래 회로도는 잠금 작용까지 들어가 있는 회로도이다.

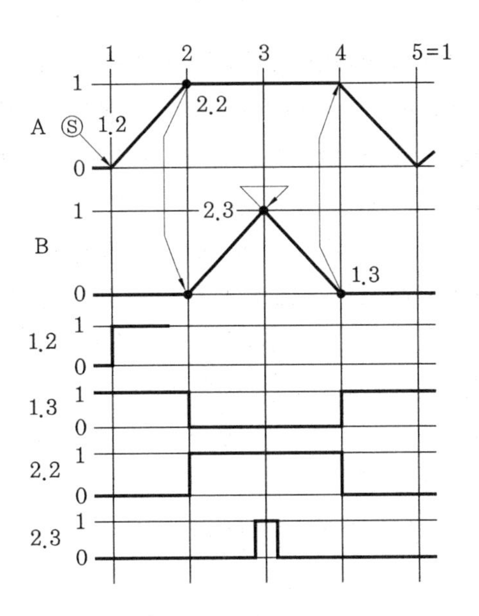

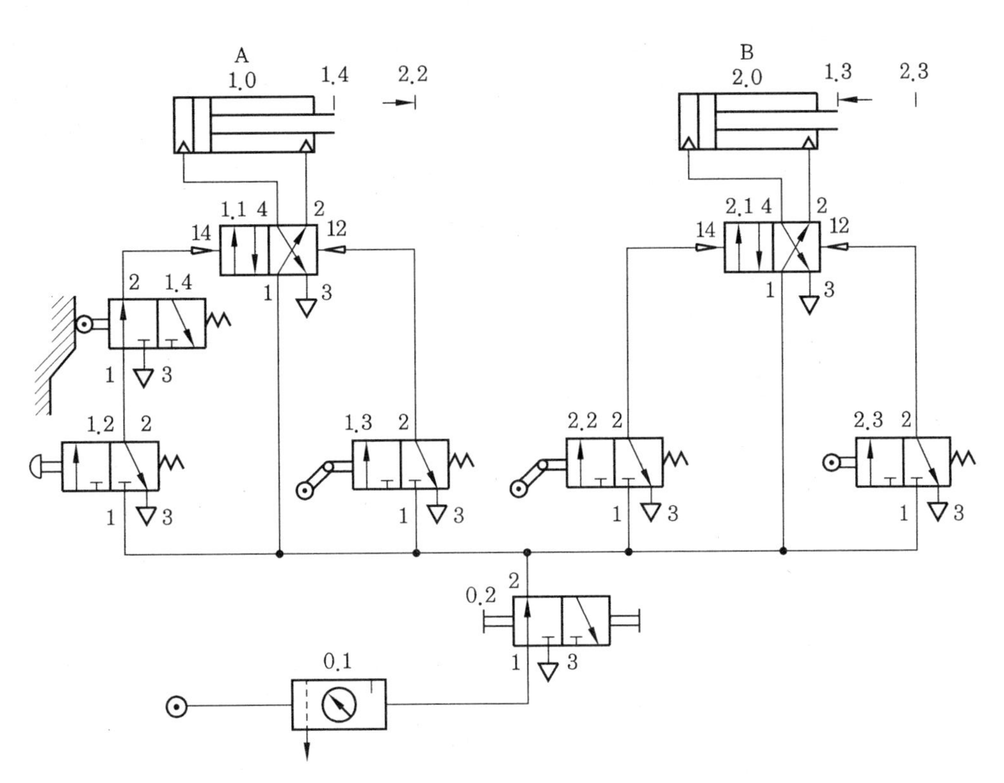

⑧ 시간 지연 밸브(공압 타이머)를 사용하는 방법

다음 그림은 상시 열림형의 시간 지연 밸브를 이용하여 제어 회로도를 완성한 예이다. 1.3 리밋 스위치와 2.2 리밋 스위치는 방향성이 아닌 일반적인 롤러 리밋 스위치를 사용하기 때문에, 1.3 리밋 스위치는 초기 위치 상태(롤러가 캠에 의해 눌려진 상태)를 표시해야 한다.

1.2 시동 스위치를 작동시키려면 실린더는 전진을 하며, 전진 완료 후 2.2 리밋 스위치를 작동시킨다. 2.2 밸브가 작동되면 상시 열림형의 시간 지연 밸브를 경유하여 공압 신호가 2.1 방향 제어 밸브에 전진 운동 신호로 작용되므로, 2.1 밸브가 왼쪽으로 절환되어 2.0 실린더는 전진하게 된다. 이때 2.1 밸브에 가해졌던 공기압은 2.4 시간 지연 밸브의 교축 릴리프를 통해서 에어 탱크에 충진되고 밸브의 설정압에 이르게 되면 밸브는 절환되어 2.1 밸브에 작용되고 있던 공기가 대기 중으로 방출되는데, 에어 탱크에 공기가 충진되는 시간을 너무 길게 조절하면 오히려 신호 간섭 현상이 발생될 수 있으므로 짧게 조절할 필요가 있다. 2.0 실린더가 전진 완료 후 2.3 리밋 밸브를 작동시키면 2.0 실린더는 후진하게 된다. 후진 운동 완료 후 다시 1.3 리밋 스위치를 작동시키게 된다.

이때도 공기압은 1.1 방향 제어 밸브에 후진 운동 신호로 작용되어 1.0 실린더는 후진 운동을 하게 되는데, 후진 운동을 시작하면 그동안 눌려져 있던 2.2 리밋 밸브가 닫히게 되어, 이때 비로소 2.4 시간 지연 밸브의 에어 탱크에 충진되어 있던 공기는 대기 중으로 방출된다.

한편으로는 1.5의 교축 릴리프를 통해 에어 탱크에 충진된다. 그리하여 탱크의 압력이 밸브 설정 압력에 도달되면 밸브가 절환되어 1.1 밸브에 작용되고 있었던 공기는 대기 중으로 방출되고, 상시 열림형의 시간 지연 밸브는 제어 선도상에서 1.3 리밋 밸브 부분의 신호가 제거된 상태를 유지하게 된다.

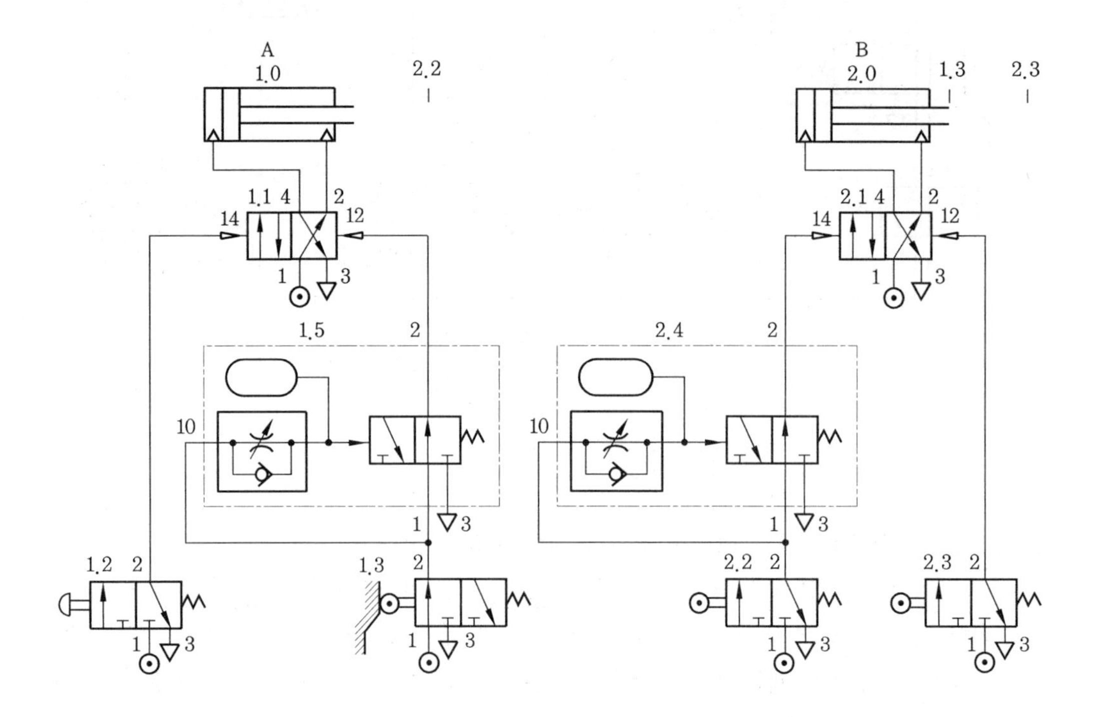

⑨ 메모리 밸브를 이용한 회로

(가) 메모리 밸브 응용 회로 1

방향성 롤러를 사용할 수 없는 경우에는 메모리 밸브를 사용해서 신호 제거를 할 수 있다. 아래 회로도에서는 0.2 메모리 밸브가 신호 단락을 하기 위하여 설치되었다. 여기서 가장 중요한 것은 메모리 밸브 0.2를 적절한 시기에 전환시키는 것이다. 밸브 1.3과 2.2로부터 나온 신호를 각 실린더에 반대 신호가 입력되는 것보다 늦게 제거해서는 안 된다는 것을 기능 도표에서 알 수 있다.

그러므로 3단계와 5단계에서는 각각 1.3과 2.2 신호가 더 이상 존재하지 않도록 신호를 단락시켜야 한다. 즉 3단계에서 2.0 실린더의 후진 운동 신호인 2.3 신호가 꼭 필요하므로 2.2 신호는 단락되어야 하고, 5단계에서는 1.0 실린더의 전진 운동 신호가 절대적으로 필요하기 때문에 1.3 신호는 단락되어야만 한다. 만일 제어 신호나 에너지 공급이 한 지점에서 여러 군데로 분배되어야 한다면, 0.2 밸브의 출구측과 같이 분배 라인을 회로도에 그려 넣는 것이 바람직하다.

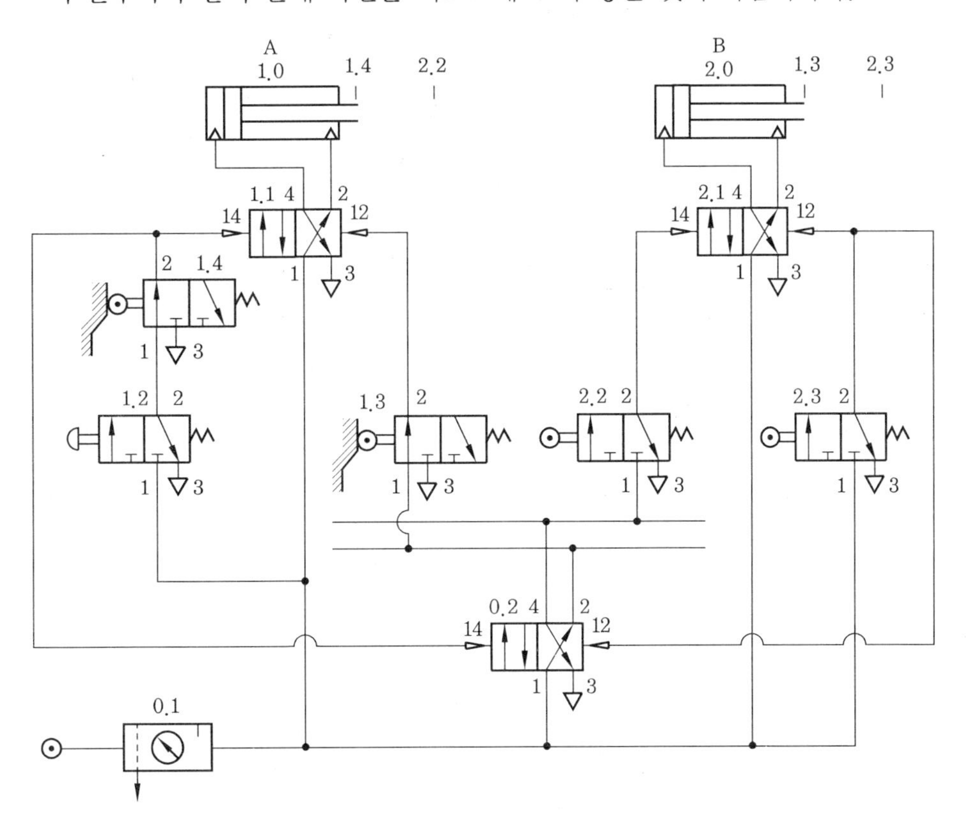

(나) 메모리 밸브를 이용한 응용 회로 2

그러나 이러한 메모리 밸브에 의한 회로는 하나의 신호 요소에 의해서 2개의 다른 작동이 일어날 수 있다는 단점이 있다(2.3과 1.4의 신호). 따라서 이것으로 인해서 스위칭 작용이 잘못될 수도 있기 때문에 주의해야 한다.

밸브 1.4와 2.3의 신호에 의해서 동시에 2가지 동작을 시작하는 것이 아니라 3 메모리 밸브 0.2를 전환시키고, 곧 이어서 이 밸브의 출력으로 1.1 밸브와 2.1밸브를 전환시키는 방법으로 이러한 문제점을 해결할 수 있다.

다음은 2압 밸브를 사용하여 0.1 전환 밸브가 적절한 시기에 스위칭될 수 있도록 설계한 회로도이다.

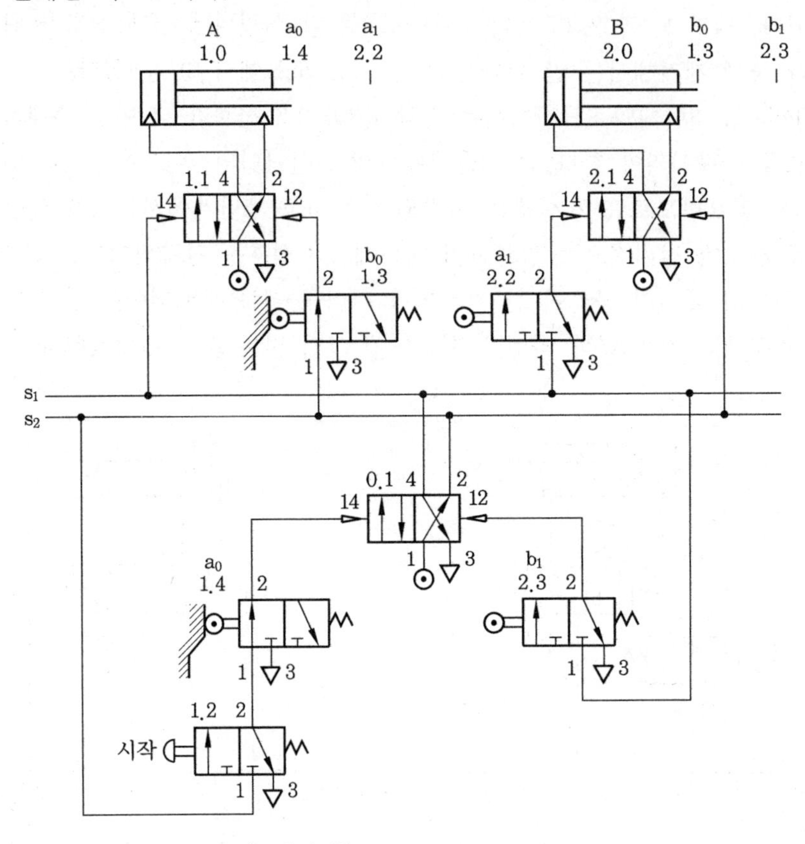

⑩ 스탬핑(stamping device) 제어 회로

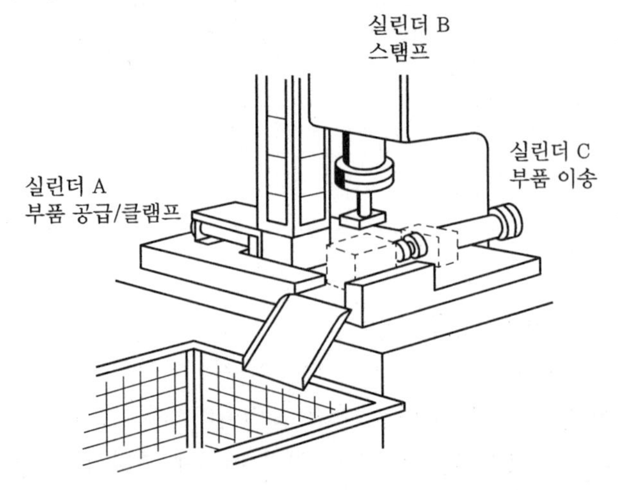

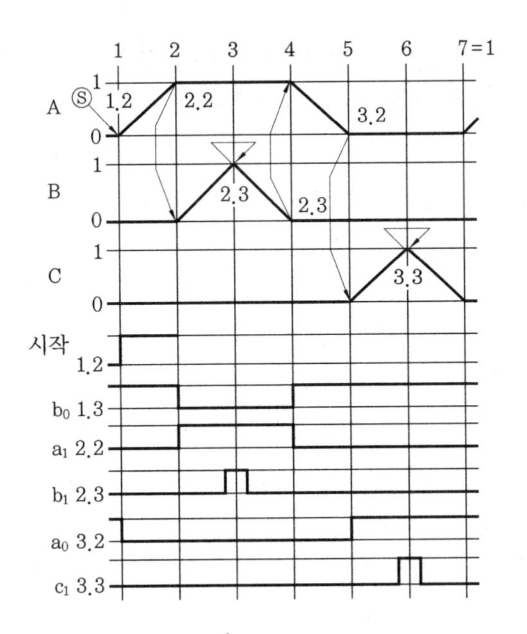

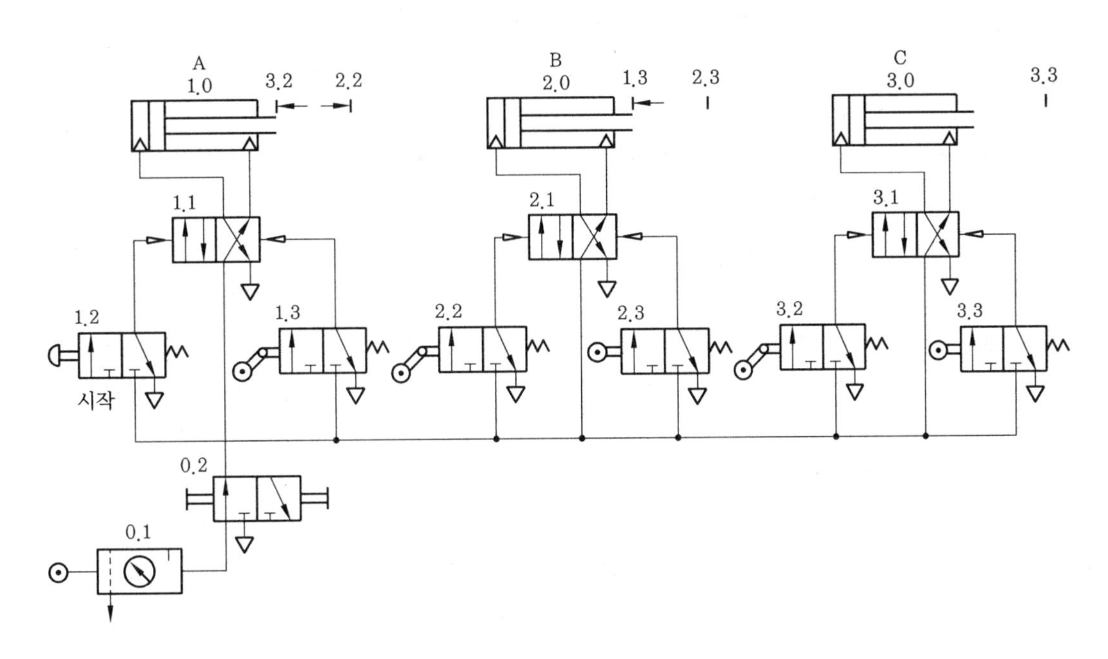

(4) 캐스케이드 제어 회로

① 캐스케이드 제어 방법의 필요성

시퀀스 제어에서 발생되는 제어 신호의 중첩 현상 제거에 지금까지 방향성 리밋 밸브나 공압 타이머를 이용하는 방법을 추구하여 왔으나, 이 방법들은 배선이 간단하고 간단한 기기들을 사용한 관계로 경제적인 해결책은 될지 모르나 작동의 신뢰성이 부족하다.

즉 방향성 리밋 스위치를 사용할 경우에 제어 신호를 짧은 펄스(pulse) 신호화하기 위해서는 리밋 스위치를 약간 앞에 설치해야만 하기 때문에 정확한 위치 제어가 힘들며, 리밋 스위치를 작동시키는 실린더의 속도가 아주 빠르고 리밋 스위치와 제어 밸브 사이의 거리가 긴 경우에는 충분한 제어 신호를 얻을 수 없기 때문에 주의해야 한다.

일반적으로 6 kgf/cm^{2}의 압력을 이용하는 경우, 제어 신호의 전달 속도는 50 m/s 정도이기 때문에 방향성 리밋 스위치와 제어 밸브 사이의 거리가 10 m 이내이어야 하고, 리밋 스위치를 작동시키는 실린더의 속도는 30 mm/s 이내이어야 한다. 또한 방향성 리밋 스위치에서 출력되는 제어 신호는 펄스 신호이기 때문에 다른 제어 신호와 결합되어 사용될 수 없게 되며, 리밋 스위치가 방향을 무시하고 잘못 작동되면 그에 따른 제어 신호가 출력되므로 원치 않는 동작이 일어날 수도 있어 신뢰성을 보장받을 수 없게 되는 여러 가지의 문제점들이 산적해 있다.

공압 타이머를 이용하는 방법은 정확한 위치 제어는 가능하나, 간섭 현상이 여러 군데에서 발생될 경우에는 여러 개의 공압 타이머를 사용해야 하므로 오히려 경비가 많이 드는 비싼 해결 방법이 된다.

또한 공압 타이머의 설정 시간을 작업자가 변경시킨다거나 공압 호스가 꺾인다거나 하여 공압 타이머로부터 충분히 배기되지 못하면 예기치 못한 동작을 하는 수도 있어 주의해야 한다.

이상과 같은 방법들은 작동 시퀀스가 복잡하면 복잡할수록 오작동을 일으킬 가능성이 많아져 신뢰성을 보장받을 수 없으므로, 높은 신뢰성을 보장받을 수 있는 다른 제어 방법이 필요하게 된다. 이때에 가장 많이 이용되는 방법이 제어 신호의 간섭 현상을 좀 더 합리적이고 경제적으로 해결하는 데 이용되는 캐스케이드(cascade) 방법이다. 시퀀스 제어에서 간섭 현상을 합리적이고 경제적인 방법으로 해결하기 위해서 사용되는 기기, 즉 밸브가 특수한 기능을 가지고 있으면 오히려 곤란하며, 리밋 스위치의 경우 작동의 신뢰성을 보장받기 위하여 방향성이 있으면 안 된다.

캐스케이드 제어 회로에서도 제어 신호의 중첩 현상이 발생되지 않게 교통 정리를 해주는 밸브에는 일반적인 복동 실린더의 제어에 이용되는 4/2 way 또는 5/2 way 밸브가 이용되며, 방향성 리밋 스위치와 상시 열림형의 시간 제어 밸브는 사용되지 않는다.

② 캐스케이드에 의한 회로도 설계

시퀀스 제어에서 제어 신호의 간섭 현상은 동일한 액추에이터가 상반된 제어 신호에 의해 발생되므로, 캐스케이드 제어 회로에서는 작동 시퀀스를 간섭 현상이 발생되지 않도록 몇 개의 제어 그룹으로 분류하여 필요한 제어 그룹만 에너지가 공급되도록 제어하면 가능하게 된다.

다음은 캐스케이드 회로를 설계하는 설계 절차 방법을 설명한 것이다.

(가) 운동 선도와 약식 기호에 의해서 작동 순서를 결정한다.

A+, B+, B−, A−

(나) 작동 순서를 그룹으로 나눈다.

- 전환 밸브를 최소화하기 위하여 작동 순서를 그룹별로 나누어야 한다.
- 각 그룹 내에는 동일한 실린더가 포함되지 않도록 구분해야 한다.

A+, B+ / B−, A−
그룹 1　그룹 2

A+, B+, C+ / C−, B−, A−
그룹 1　그룹 2

A+, B+ / B−, A−, C+ / C−
그룹 1　그룹 2　그룹 3

A+ / A−, B+ / B−, C+ / C−
그룹 1　그룹 2　그룹 3　그룹 4

(다) 실린더와 이를 제어하는 전환 밸브를 그린다.

- 캐스케이드에 의해서 회로도를 작성할 경우, 일반적으로 실린더는 메모리 밸브가 사용된다.

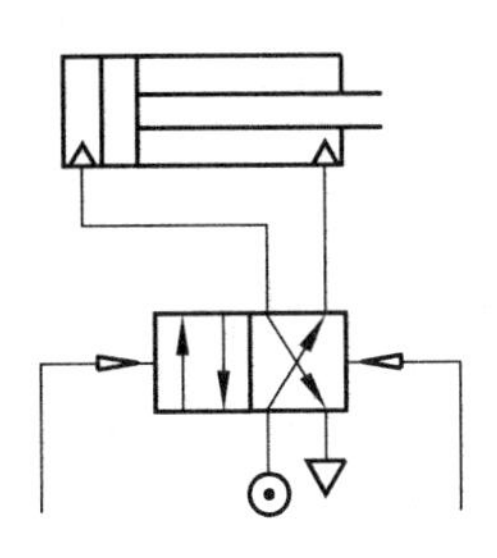
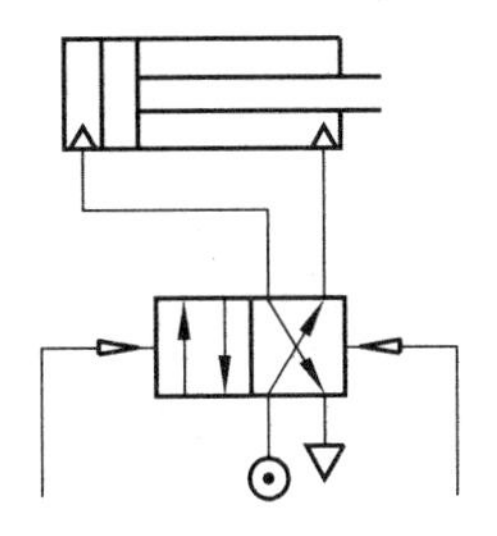

(라) 각 요소에 표시 기호를 부여한다.

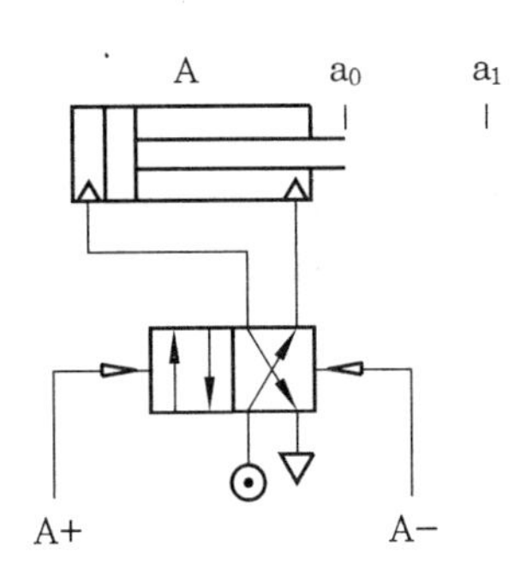

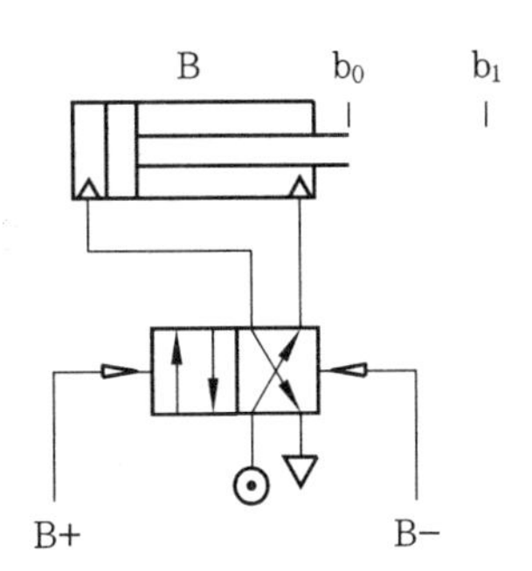

- 문자에 의한 표시 방법이 좋다.
- 액추에이터는 A, B, C, ……를 사용한다.
- 리밋 스위치는 a, b, c, ……를 사용한다.
- "+" 기호는 전진을 나타낸다.
- "−" 기호는 후진을 나타낸다.
- 리밋 스위치의 "0"은 후진 위치에 부착되어 있음을 나타낸다.
- 리밋 스위치의 "1"은 전진 위치에 부착되어 있음을 나타낸다.

(마) 캐스케이드를 그리고, 각각의 입력에 대한 출력을 분배한다.

- 제어 그룹의 개수가 n개이면 이를 제어하는 캐스케이드 밸브는 $n-1$개가 필요하다.
- 제어 신호의 간섭 현상이 발생되지 않으면 하나의 제어 그룹에만 에너지가 공급되어야 하기 때문에 캐스케이드 밸브는 직렬로 연결한다.
- 여기서, s_1, s_2는 제어 라인, 즉 제어 그룹을 나타내고, e_1, e_2는 제어 라인을 바꿔주기 위한 입력 신호이다. e_1 신호가 입력되면 s_1이 ON되고 s_2는 OFF되며, e_2가 입력되면 s_1은 OFF되고 s_2는 ON된다.

입력 신호 : e_1, e_2, ……, e_n

출력 신호 : s_1, s_2, ……, s_n

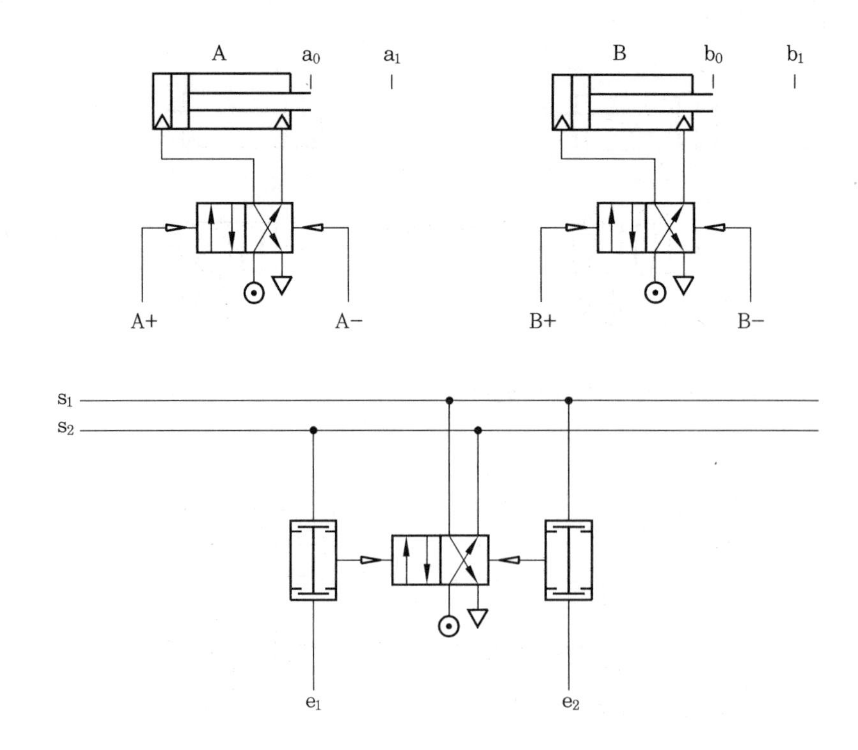

제어 그룹이 3개인 경우에는 다음과 같이 캐스케이드 밸브가 2개 필요하게 되며 이 경우에도 e_1 신호가 입력되면 s_1, e_2 신호가 입력되면 s_2, e_3 신호가 입력되면 s_3 제어 라인이 ON된다.

그러나 시퀀스 제어는 순서에 따라 작업이 수행되어야 하므로 제어 라인 s_1, s_2, s_3도 순서에 따라 ON되어야만 한다.

순서를 지키기 위해서는 s_1 제어 라인은 s_3 다음이므로, e_1 입력 신호는 s_3 제어 라인이 ON된 상태에서만 유효해야 한다. 즉, e_1 입력 신호는 s_3 제어 라인과 AND로 연결되든지 s_3 제어 라인에서 에너지를 공급받으면 가능하게 된다. 마찬가지로 e_2는 s_1에서, e_3는 s_2에서 에너지를 공급받게 되면 제어 라인의 순서를 지킬 수 있다.

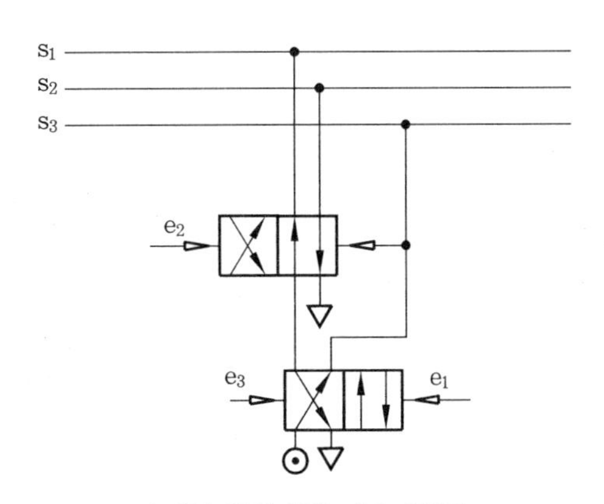

3개의 입력 신호 캐스케이드

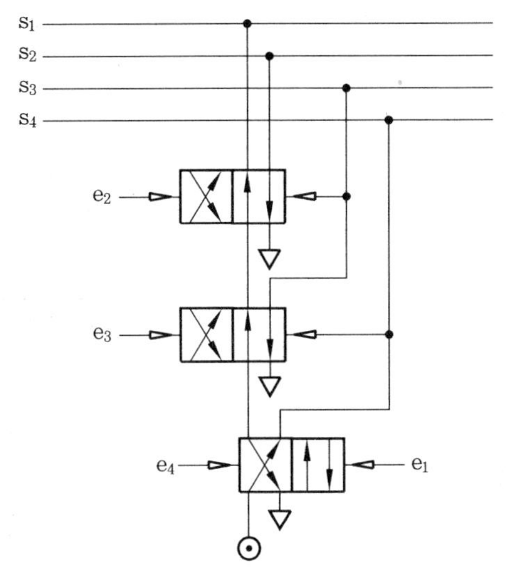

4개의 입력 신호 캐스케이드

[4개의 캐스케이드 스위칭 단계]

- 캐스케이드에 사용되는 모든 밸브는 직렬로 연결한다.
- 직렬 연결에서 첫 번째 밸브는 2개의 출력 신호(s_1, s_2)를 낸다.
- 다른 밸브들은 각각 1개씩의 출력 신호를 내보낸다.
- 직렬 연결에서 밸브는 바로 앞의 밸브를 리셋시킨다.
- 마지막 밸브는 항상 일정한 초기 위치를 유지하기 위해서 2개의 입력 신호를 받아들인다.

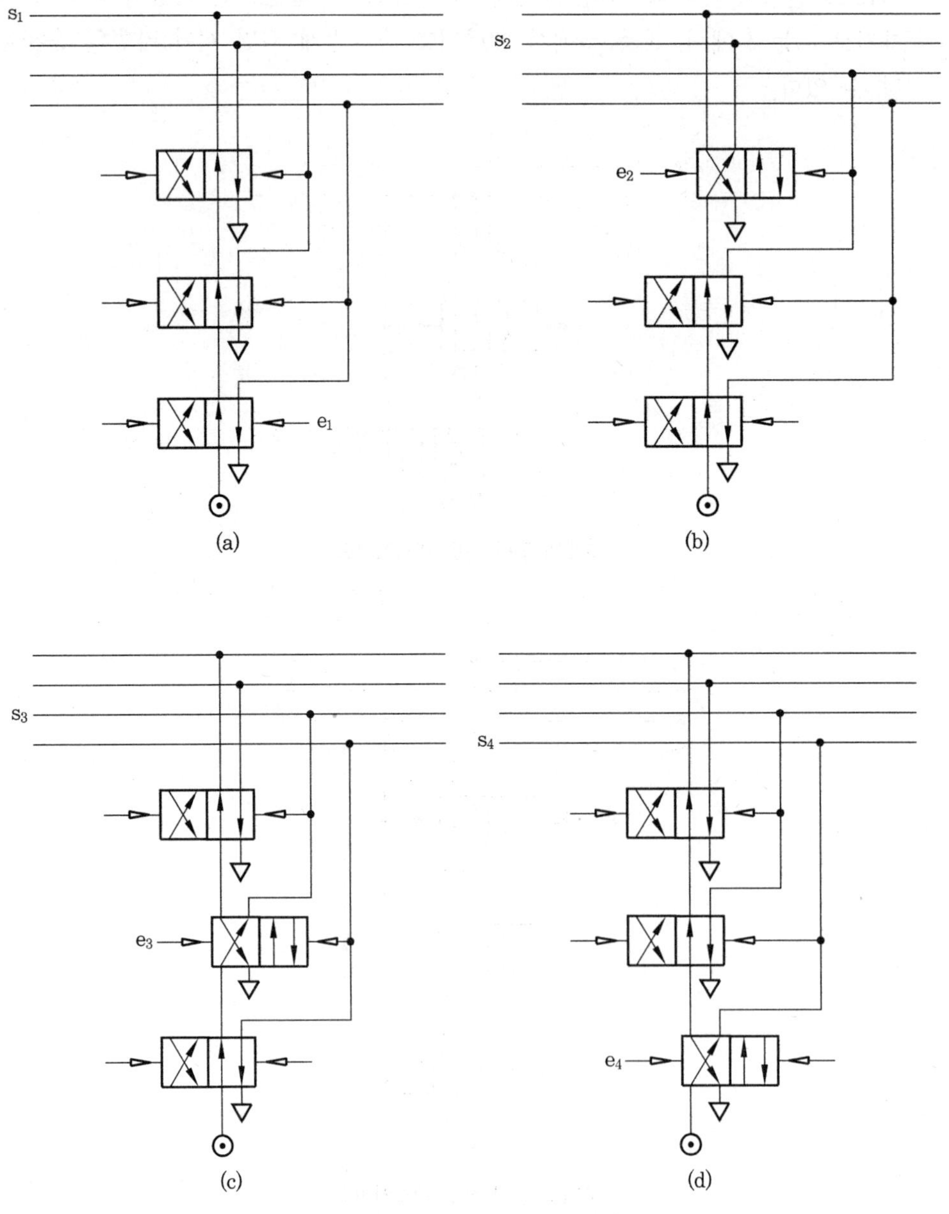

4개의 캐스케이드 스위칭 단계

(바) 운동 선도를 단계별로 옮긴다.

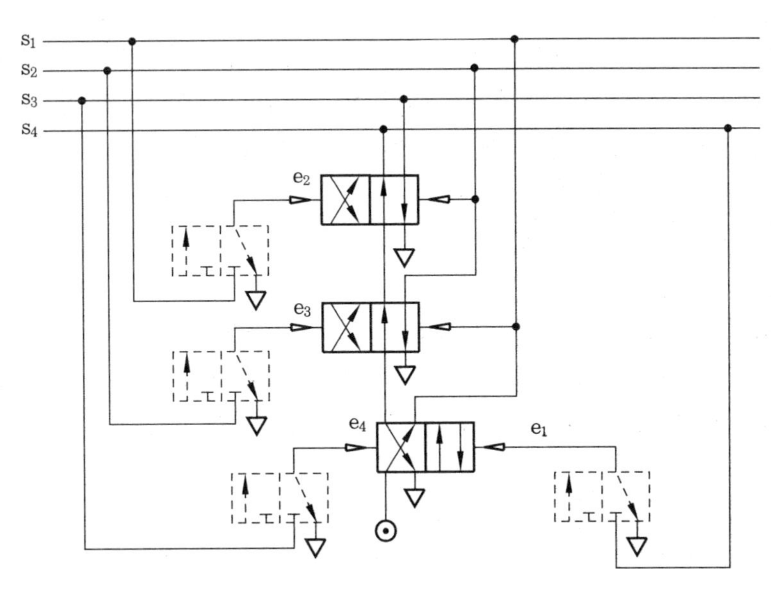

2압 밸브를 생략한 캐스케이드

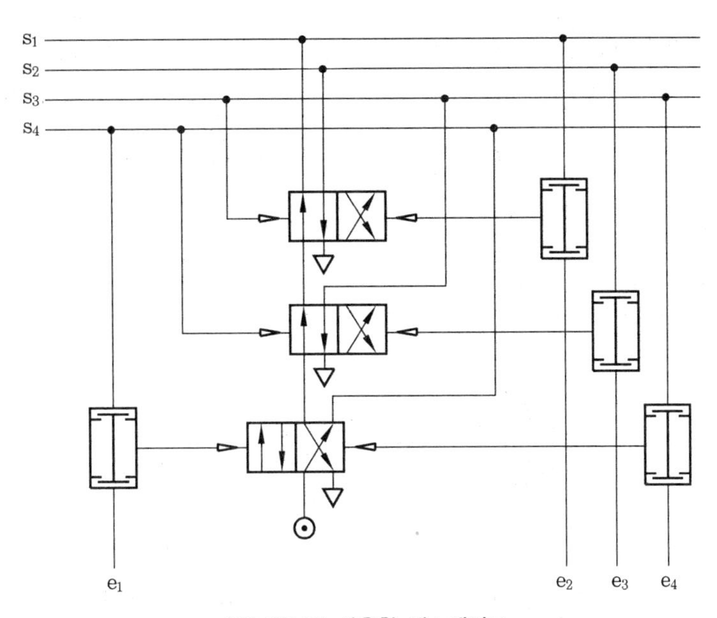

2압 밸브를 사용한 캐스케이드

- 캐스케이드나 시프트 레지스터가 현재의 단계에서 밸브의 전환이 필요한지 여부를 조사해야한다.
- 밸브의 전환이 필요하다면 입력 신호는 출력 신호로 바꿔주기 위한 신호로 사용하게 된다.

- 밸브의 전환이 필요 없다면 현재의 출력 신호는 다음에 수행될 작업의 작동에 사용된다.
- 실리더가 한 작업 사이클 내에서 여러 번 동작해야 한다면 리밋 스위치는 여러 번 작동되고, 한 리밋 스위치가 여러 개의 작업을 담당해야만 될 때에는 리밋 스위치 신호와 캐스케이드 출력 신호를 2압 밸브를 이용해서 잠금(inter locking)하여 사용해야 한다.

(사) 보조 조건과 잠금 장치(연동 작동)는 기본 회로가 모두 완성된 다음에 고려해야 한다.

아래의 회로도는 블록 방법(block method)을 사용해서 완성한 것으로, 여기에서도 시동 스위치에는 리밋 스위치 a_0에 의해서 연동 잠금 장치가 되어 있다. 회로도를 다 그린 후에는 마지막 작업으로 각 요소에 숫자에 의한 표시 기호를 기입한다.

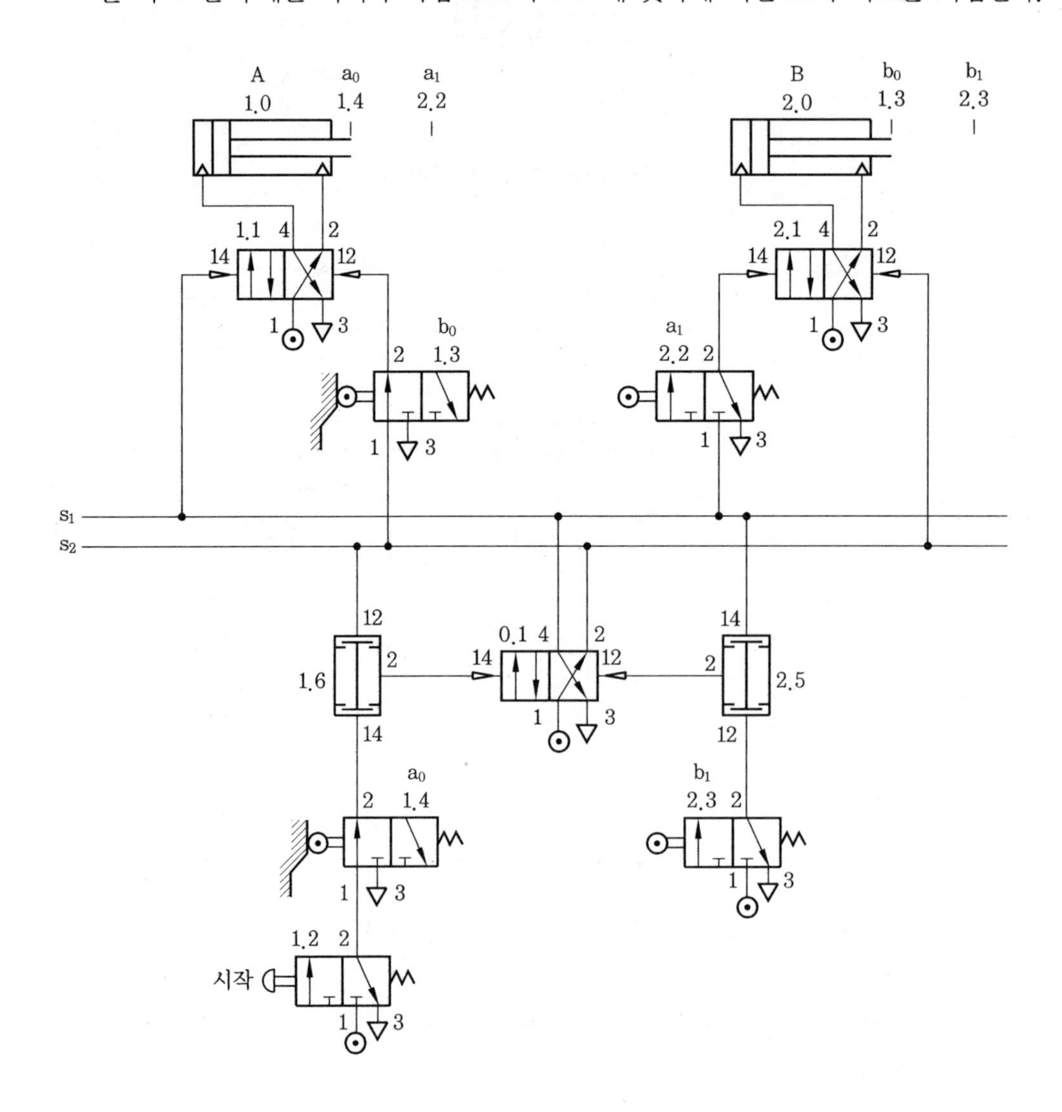

③ 캐스케이드 제어 회로 작성법

다음 그림과 같은 구조를 갖는 밸브 몸체에 스탬핑 작업을 하는 장치를 캐스케이드 방식으로 제어하여 보기로 한다.

㈎ 스탬핑 제어(stamping device) 회로

㉮ 제어 조건 : 공압 실린더를 사용하여 밸브 몸체에 스탬핑 작,을 하려고 한다. 소재가 작업대 위에 위치되면 실린더 A로 스탬핑 작업을 수행하고, 작업을 마친 후 A 실린더는 복귀해야 하며, A 실린더가 복귀한 후, B 실린더로 작업 완료된 가공물을 밀어내고 복귀한다.

㉯ 부가 조건 : 작업은 수동 버튼으로 수행된다. 시작 신호가 주어지면 한 사이클의 작업만 수행하도록 한다. B 실린더는 A 실린더가 스탬핑 작업을 완료하고 후진 운동이 끝난 후에 시작한다.

㉰ 위치도

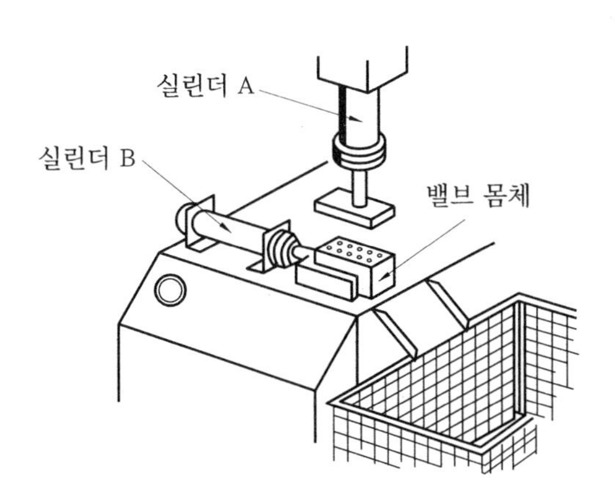

㉱ 변위 단계 선도

캐스케이드 방법을 이용하여 제어 회로도를 작성하는 경우에는 리밋 스위치의 표시를 1.2, 1.3 등의 숫자 표시법보다 문자 표시법으로 나타내는 것이 더 편리하므로 a_1, a_0로 나타낸다.

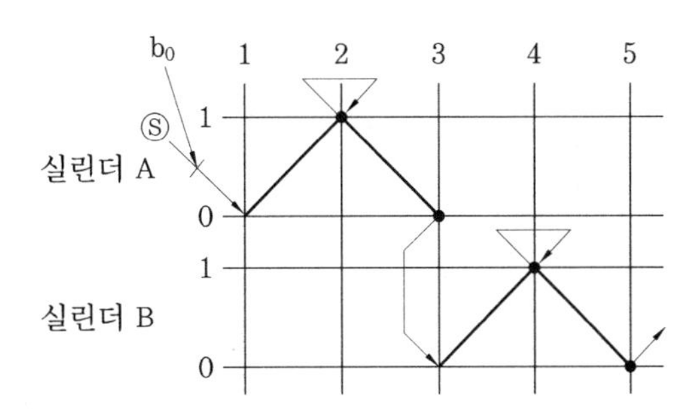

a_0 : A 실린더의 후진 위치를 검출하는 리밋 스위치
a_1 : A 실린더의 전진 위치를 검출하는 리밋 스위치
b_0 : B 실린더의 후진 위치를 검출하는 리밋 스위치
b_1 : B 실린더의 전진 위치를 검출하는 리밋 스위치

㉮ 신호 단락 도표

- 3군으로 분류할 수 있기 때문에 제어 라인은 3개가 필요하다.
- 캐스케이드 밸브(메모리 밸브)는 2개가 더 필요하다.

단 계	1	2	3	4	5	6
운 동	A+	B+	B−	C+	C−	A−
체크백 신호	a_0	b_1	b_0	c_1	c_0	a_0

㉯ 제어 회로도

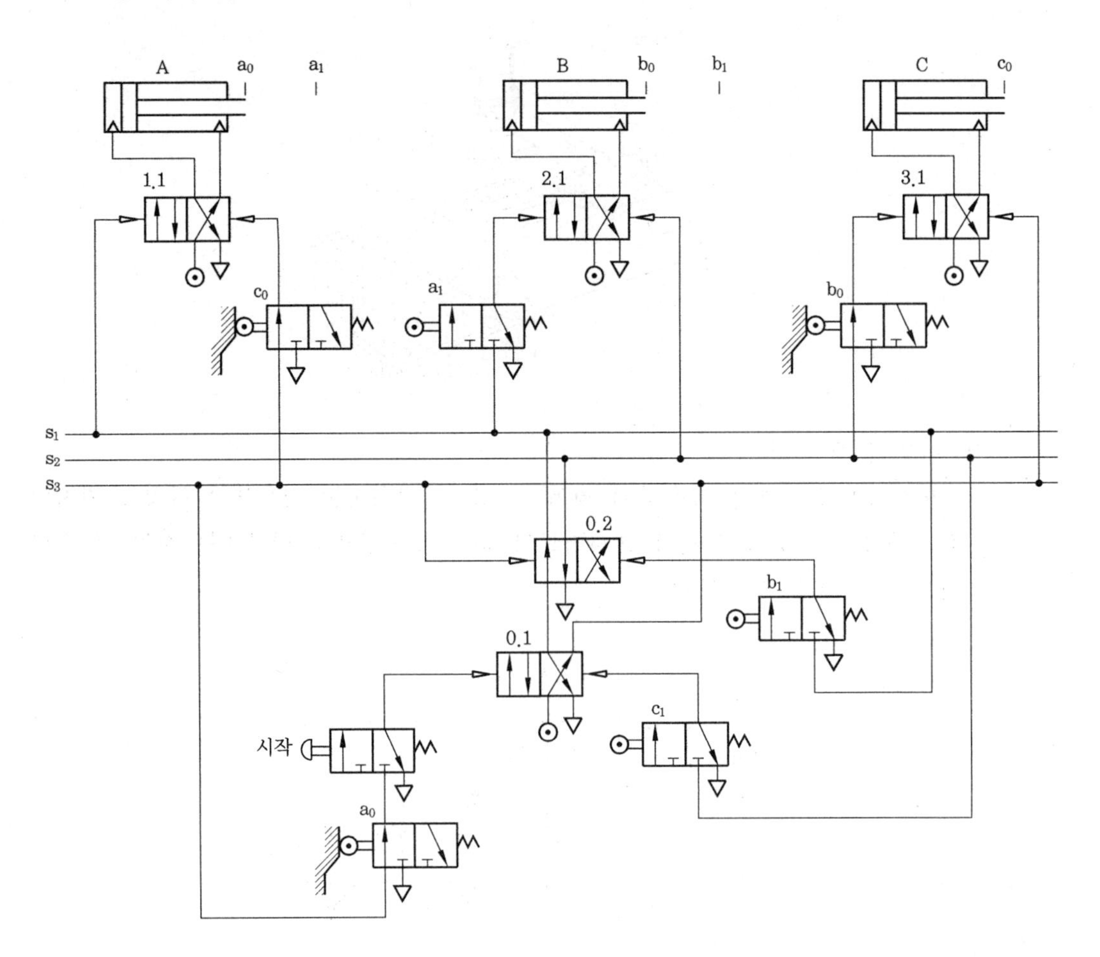

[실습 시 주의사항]

- 회로의 작동 압력은 6 kgf/cm^2로 조정 세팅한다.
- 캐스케이드 작동 특성을 고려한다.
- 보조 부가 조건을 설정하여 회로도를 작성한다.

④ 캐스케이드 제어 회로의 문제점

캐스케이드 제어 방법은 일반적으로 널리 사용되고 있는 밸브를 이용하기 때문에 가장 경제적인 제어 방식이라고 할 수 있다. 또한 제어 신호의 높은 신뢰성이 보장되므로 널리 응용되고 있는 제어 방법이다.

그러나 이 캐스케이드도 작동 시퀀스가 복잡하게 되면 제어 그룹의 개수가 많아져 배선이 복잡해지고, 제어 회로의 작성도 어렵게 되는 문제점이 상존하고 있다. 그리고 캐스케이드 밸브가 직렬로 연결되는 관계로, 제어 에너지의 압력 강하가 발생하여 제어에 걸리는 스위칭 시간이 길어지는 단점이 있다. 또한 배선이 복잡하게 설계되는 관계로, 제어 회로에 이상이 생겼을 경우에 고장 발견(trouble shooting)이 힘들어지므로 보수 유지에 많은 어려움이 있다.

특히 한 사이클 내에서 특정한 실린더가 2번 이상 작동되는 경우에 제어 회로의 작성도 쉽지 않고 배선, 보수, 유지에도 많은 어려움이 있으므로, 제어 회로의 설계 시 이러한 문제점을 잘 고려하여 설계할 필요가 있다.

㈎ 충진 장치의 캐스케이드 회로

㉮ 제어 조건

매거진에 있는 내용물을 상자에 담으려고 한다. 누름 버튼 스위치를 누르면 A 실린더의 셔터를 열어 내용물을 1번 상자에 담게 되며, 규정된 시간이 지나면 셔터는 닫히게 된다. 그 이후 B 실린더가 2번 상자를 매거진 밑으로 이송시켜 같은 작업을 반복하게 한다.

㉯ 위치도

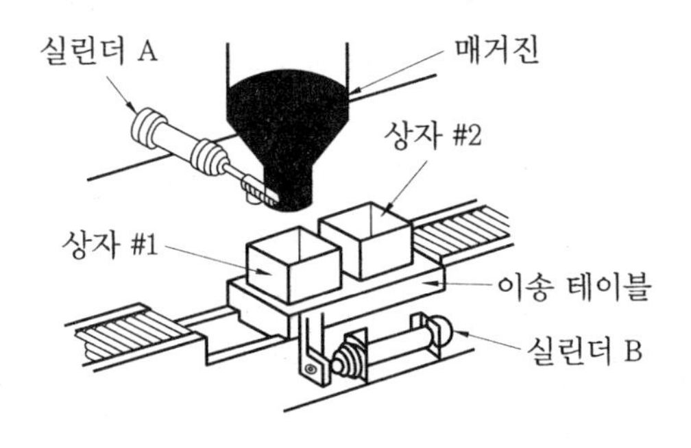

㉰ 변위 단계 선도

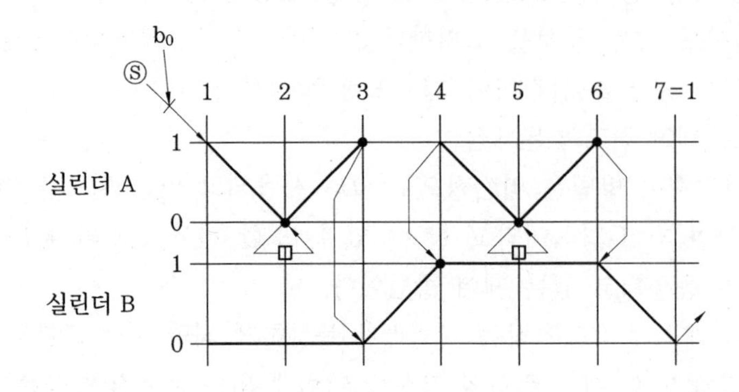

㉱ 신호 단락 도표

이 작동 시퀀스에서 A 실린더는 한 사이클 내에서 2회 작동하기 때문에, 한 리밋 스위치가 2가지 역할을 하게 되는 것이다. 즉 A 실린더의 후진 운동 완료 여부를 감지하는 리밋 스위치 a_0는 제어 라인을 s_1에서 s_2로 바꿔주는 입력 신호 e_2와 s_3에서 s_4로 바꿔주는 입력 신호 s_4로 작용된다.

A−	A+	B+	A−	A+	B−
a_0	a_1	b_1	a_0	a_1	b_0
s_1	s_2		s_3	s_4	

㉲ 제어 회로도 및 동작 설명

- 누름 버튼 스위치를 누르면 제어 라인 s_1에 출력 신호가 발생하여 A 실린더가 후진 운동을 한다. 이때 s_1의 출력 신호가 2압 밸브에 작용된다(매거진의 셔터가 열린다).
- A 실린더가 후진 완료 후 리밋 스위치 a_0가 눌려지면, 리밋 밸브를 통하여 공압 타이머의 파일럿 라인에 신호가 입력되어 시간을 지연시킨다. 일정 시간 경과 후, 2압 밸브에 공압이 가해지고 상단부의 메모리 밸브에 신호가 입력되어 제어 라인s_2에 출력 신호가 발생된다(상자에 내용물을 적당량 충진시키기 위하여 공압 타이머를 사용해서 시간 지연을 한다).
- s_2에 연결된 셔틀 밸브에 신호가 입력되어 방향 제어 밸브가 전환되므로, A 실린더는 전진 운동을 한다. 전진 완료 후 리밋 스위치 a_1이 눌려진다.
- 리밋 스위치 a_1이 눌려지면 B 실린더에 설치된 2압 밸브에 신호가 전달되어 왼쪽에 있는 2압 밸브는 이미 s_2 신호가 입력되어 있다. 그러므로 방향 제어 밸브를 전환시키고 B 실린더가 전진하며, 전진 완료 후 리밋 스위치 b_1이 눌려진다.
- 리밋 스위치 b_1이 눌려져 제어 라인s_3에 출력 신호가 발생한다. 이 신호에 의

해 A 실린더는 다시 후진을 하게 되며, 상단에 있는 메모리 밸브에 작용되어 리셋된다. 또한 아래에 위치한 2압 밸브에 작용하게 된다.

- A 실린더가 다시 후진 완료 후 리밋 스위치 a_0가 눌려져 공압 타이머에 신호가 입력되어 시간 지연이 되고, 일정 시간 후 공압 신호가 2압 밸브에 작용되어 입력 신호 e_4가 작용되고 제어 라인 s_4의 출력 신호가 발생한다.
- s_4의 출력 신호가 왼쪽에 위치한 셔틀 밸브에 작용되어 A 실린더는 다시 전진 운동을 하게 된다. A 실린더의 전진 완료 후 리밋 스위치 a_1이 눌려지면 B 실린더는 후진 운동을 하게 되어 한 사이클을 움직이게 된다. 이때에도 s_4의 신호에 의해 두 번째 메모리 밸브가 리셋된다.

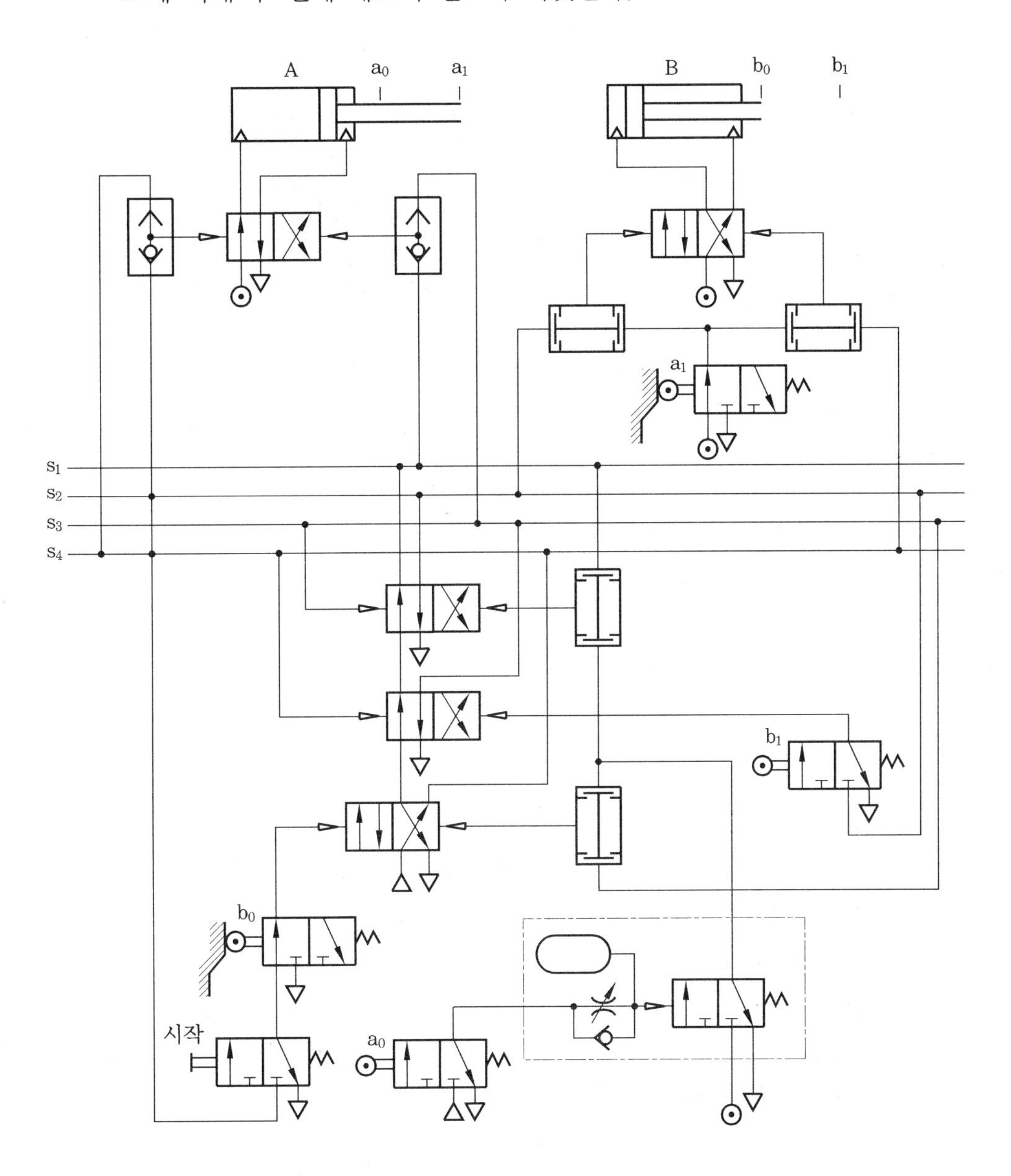

㉶ 완성 회로도

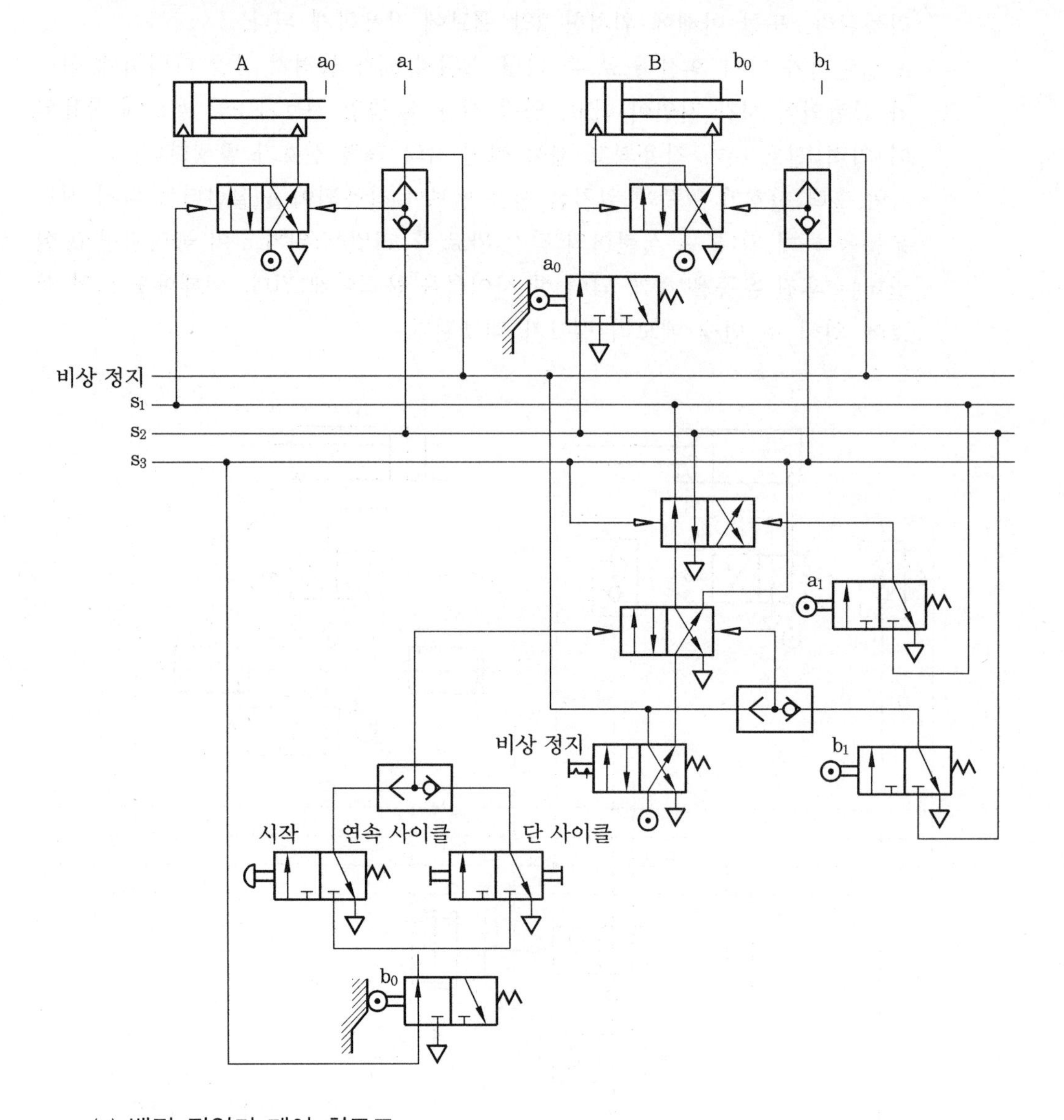

(나) 벤딩 작업기 제어 회로도

㉮ 제어 조건

공압 실린더로 금속판을 벤딩하려고 한다. 소재가 공급되면 단동 실린더 A에 의해서 클램핑되고, 클램핑 후 B 실린더로 1차 벤딩을 하며, 또 다른 복동 실린더 C로 1차 벤딩을 한다.

㉯ 부가 조건

작업은 수동 버튼에 의해서 수행된다. 시작 신호가 주어지면 한 사이클의 작업만이 수행되도록 해야 한다.

㉰ 위치도

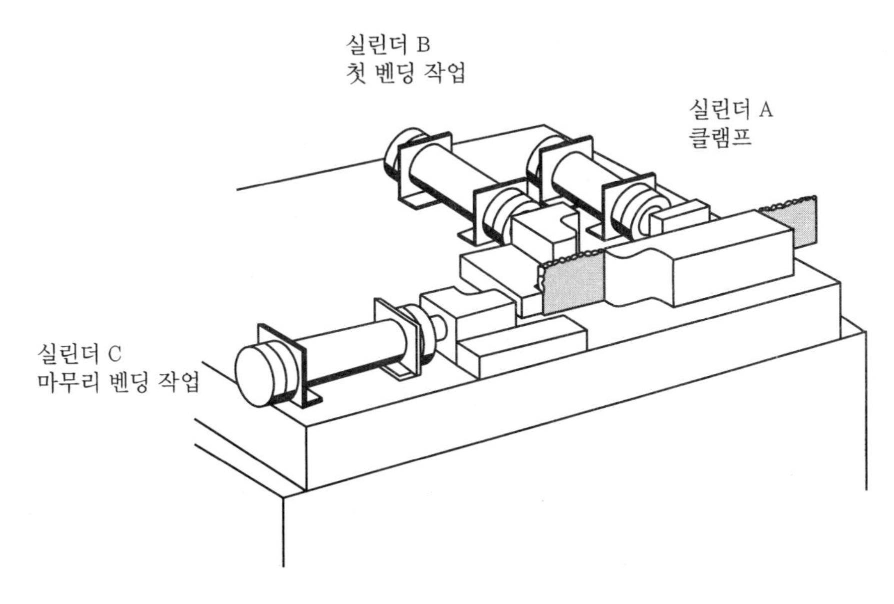

㉱ 변위 단계 선도

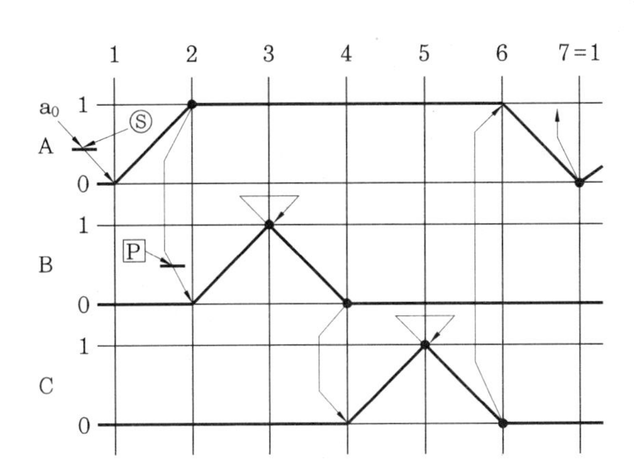

1단계 : 제어 그룹의 분류 및 캐스케이드 제어 라인 준비

아래의 신호 단락 도표에서 제어 그룹을 3개 군으로 나눌 수 있으므로, 캐스케이드 제어 밸브는 2개가 필요하다.

신호 단락 도표

단 계	1	2	3	4
운 동	A+	A−	B+	B−
체크백 신호	a_1	a_0	b_1	b_0
분 류	S_1	S_2		S_3

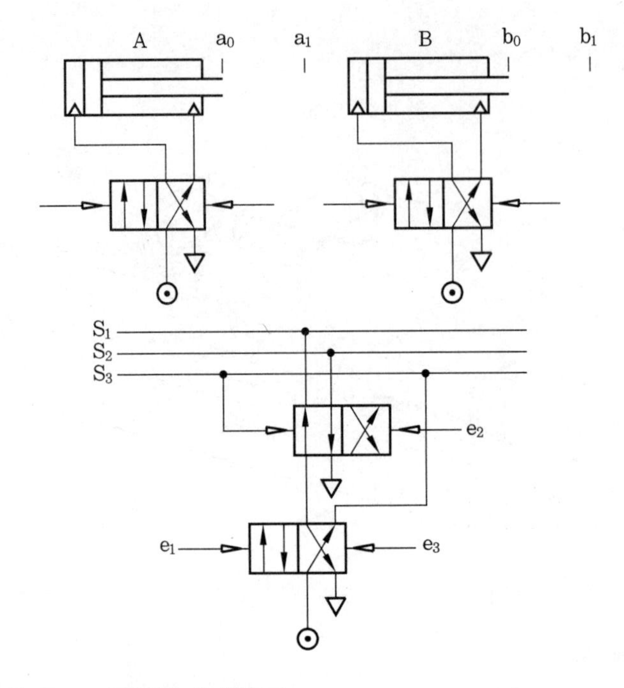

2단계 : 첫 번째 A+ 작업을 완성한다.

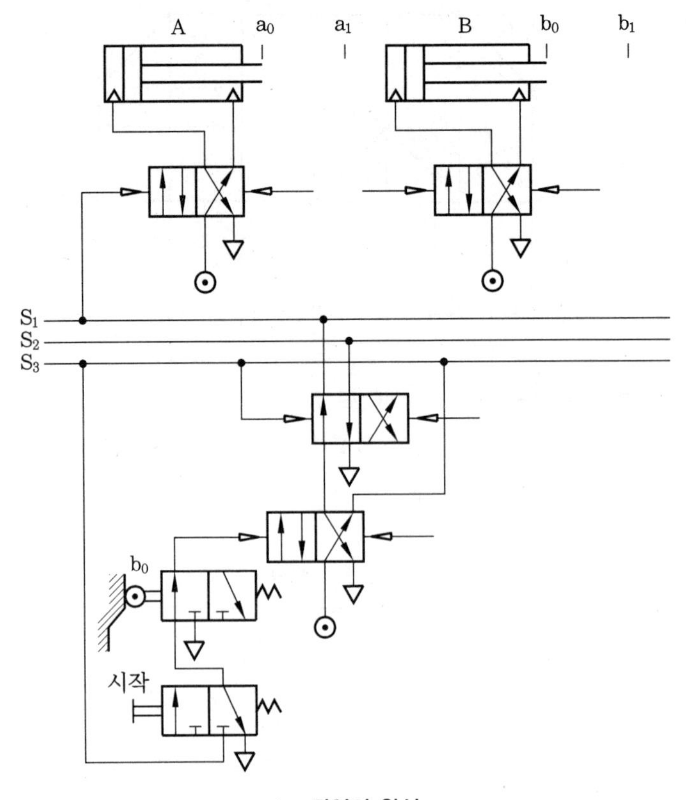

A+ 작업의 완성

첫 번째 작업인 A+ 작업은 첫 번째 제어 라인 S_1을 이용하는 작업이다. 그러나 모든 작업이 완료된 초기 상태에서는 제어 라인 S_3에 압축 공기가 공급되고 있으므로, A+ 작업을 완료하려면 제어선을 S_3에서 S_1으로 바꿔주어야만 가능하다.

그러므로 A+ 작업을 담당하는 제어 신호인 시동 스위치와 b_0 리밋 스위치(마지막 작업인 B− 작업 완료를 확인)는 제어선을 S_1으로 바꾸어 주게 된다.

시퀀스 제어에서는 작업의 순서를 지켜야만 하므로, 제어선을 S_1으로 바꾸는 e_1 입력 신호(시동 스위치와 b_0)는 S_3 제어선에서 에너지를 공급받아야만 한다. 또한 회로 도면상에서 모든 요소는 초기 시동 조건 상태로 표시되어야만 하므로, b_0 리밋 스위치는 작동된 상태로 표시되어야만 한다.

e_1 입력 신호에 의해 제어선이 S_1으로 바뀌면 A+ 작업, 즉 A 실린더의 전진 운동 제어 신호는 S_1으로부터 직접 공급된다. 그러나 A 실린더의 운동에 사용되는 작업 에너지는 제어용 에너지와는 별도로 공급된다.

3단계 : 두 번째 작업 A−를 완성한다.

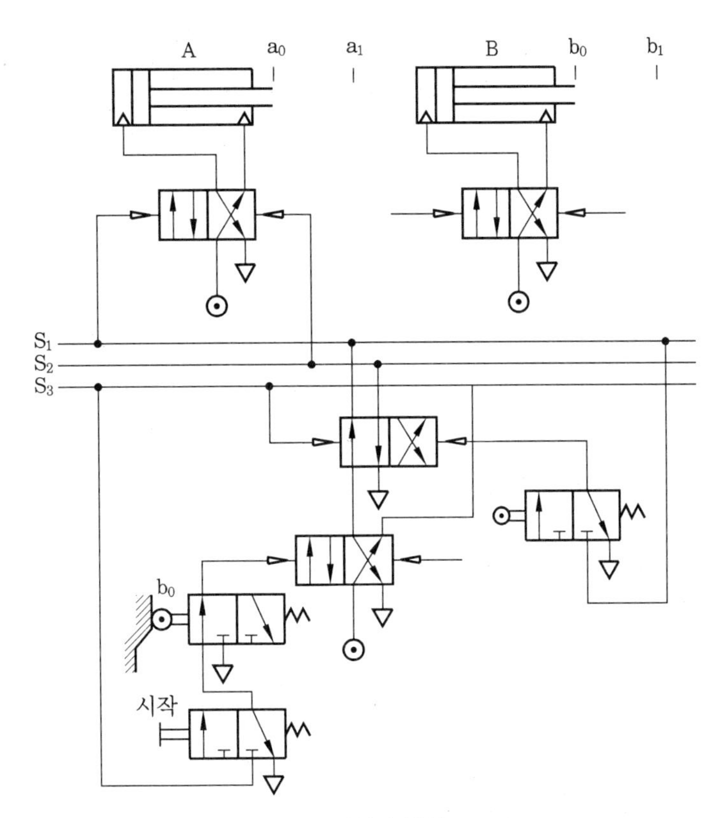

A− 작업의 완성

A− 작업은 2번째 그룹(S_2)에 속하는 작업으로, A+ 작업을 완료하고 난 현재 상태는 아직까지 S_1에 압축 공기가 공급되고 있는 상태이므로, A− 작업을 하기 위해서

는 우선적으로 제어선을 S_1에서 S_2로 바꿔주어야만 한다.

그러므로 A- 작업을 담당하는 전 단계의 A+ 작업 완료를 확인하는 a_1 리밋 스위치는 제어선을 S_2로 바꿔 주기 위한 e_2 신호로 사용되며 제어선의 순서를 지키기 위하여 S_1에서 압축 공기를 공급받게 된다. 그러면 A 실린더의 후진 운동은 S_2 제어선으로부터 직접 공급됨으로써 이루어진다.

4단계 : 세 번째 작업 B+ 작업을 완성한다.

B+ 작업은 S_2 제어 그룹의 두 번째 작업이므로, 제어선을 바꿔줄 필요가 있다. 즉 A- 작업을 마치고 난 바로 다음으로, 제어 라인 S_2에 아직까지 압축 공기가 공급되고 있기 때문에 B+ 작업은 제어 라인 S_2를 그대로 사용하면 된다.

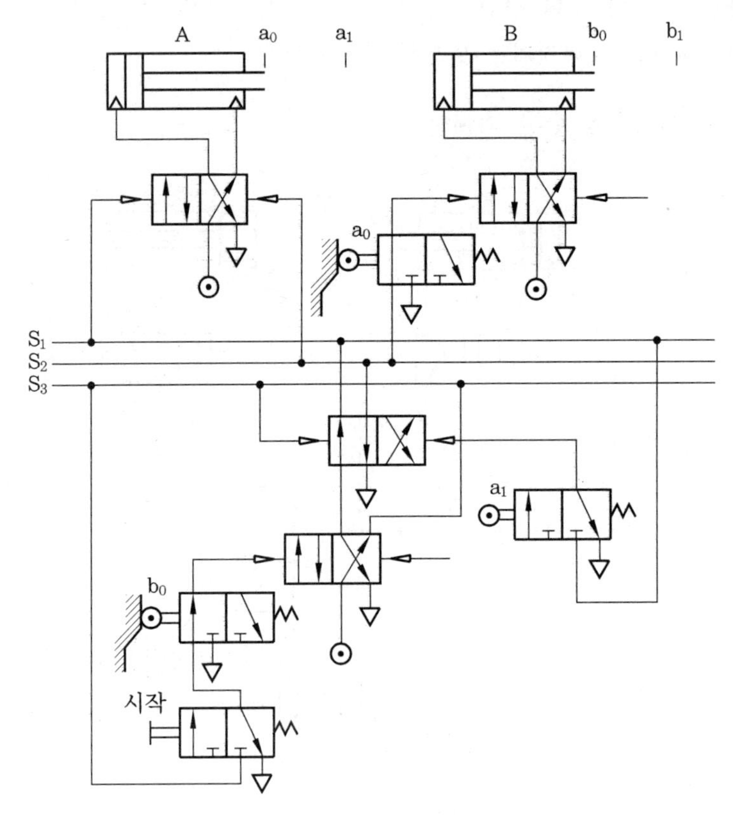

B+ 작업의 완성

그러므로 A- 작업 완료 여부만 확인하여 그 신호를 이용해서 B 실린더를 전진 운동시키면 된다. 리밋 스위치 a_0는 제어 라인 S_2에서 압축 공기를 공급받아 B 실린더의 전진 운동 제어 신호를 발생시켜 준다. a_0 리밋 스위치는 초기 시동 조건에서 A 실린더에 의해 작동된 상태로 존재하기 때문에 작동된 상태로 표시해야 한다.

5단계 : 네 번째 작업 B- 작업을 완성한다.

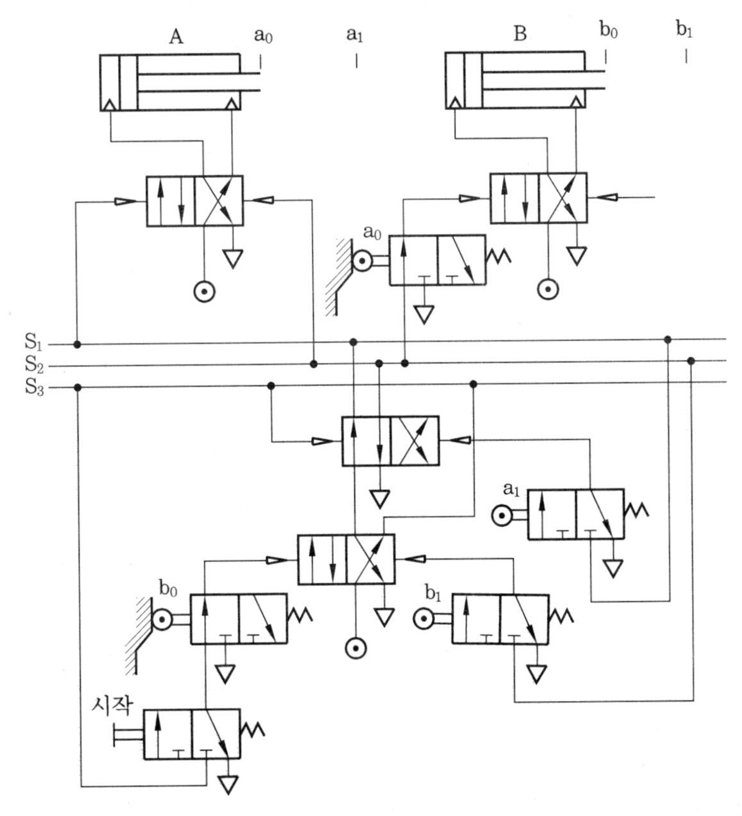

B- 작업의 완성

B- 작업은 3번째 그룹 S_3에 의해서 실행되는 작업이므로, 제어선을 S_2에서 S_3으로 바꿔주어야만 작업이 가능하게 된다. 그러므로 S_2의 마지막 작업인 B+ 작업의 완료 여부를 확인하는 리밋 스위치 b_1은 S_2에서 압축 공기를 공급받아 제어 라인 S_3으로 바꿔주는 신호(e_3)로 사용되며, B 실린더의 후진 운동 제어 신호는 S_3 제어라인으로부터 직접 공급받게 된다.

2-3 공압 실제 회로

여기에서는 실제 사용되고 있는 제어 회로의 예를 나타낸다.

(1) 클램핑 공구

[동작 상태]

재료를 공압 실린더로 고정하는 것으로 처음에는 재료의 조절이 가능하도록 낮은 압력으로 누르고(수동 버튼 사용) 곧이어 정상 압력으로 고정하려 하며(페달에 의한 누름 버튼 사용) 작업을 마친 후에는 다른 수동 누름 버튼으로 실린더를 귀환시킨다.

실제 배치도는 아래 그림 왼쪽과 같고 회로도는 오른쪽과 같다.

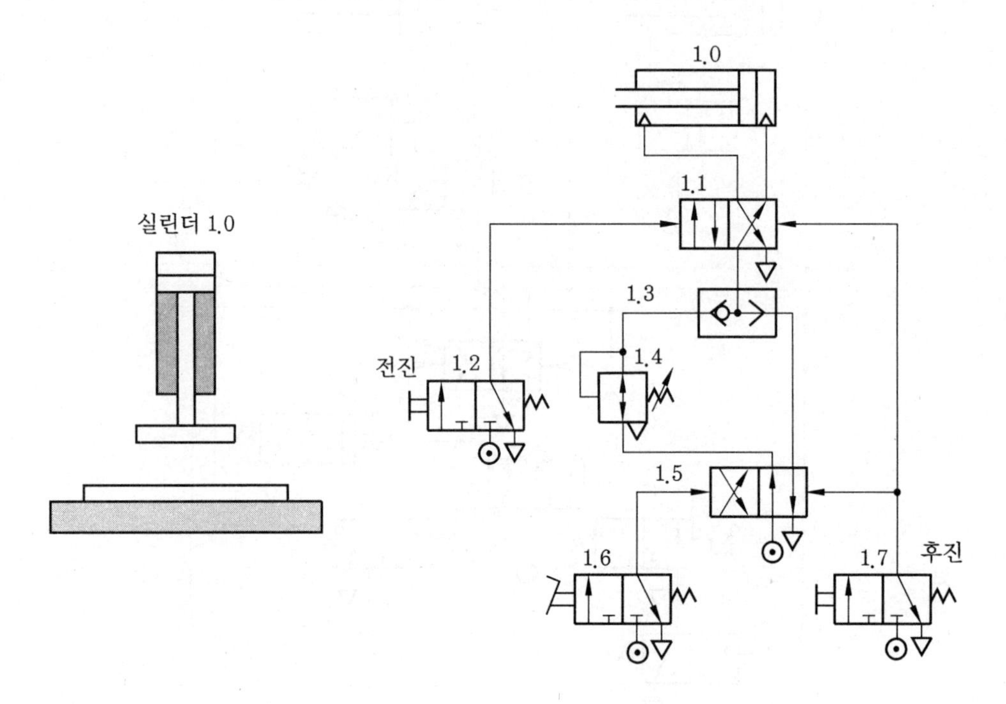

(2) 자동문의 개폐 회로

[동작 상태]

두 짝의 미닫이를 여닫는 것으로 누름 버튼으로 두 개의 실린더를 문의 안과 밖에서 열 수 있으며, 이들 버튼을 두 번째 작동시키면 문을 닫을 수 있다. 다음 그림은 자동문 개폐의 실제 실린더 배치도를 나타낸 것이다.

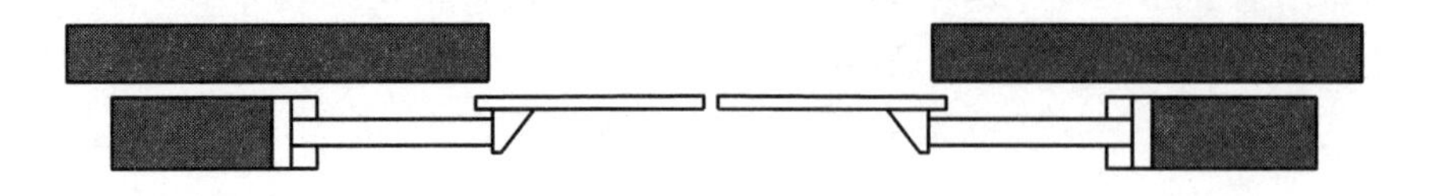

다음 그림은 자동문 개폐의 운동 선도이다.

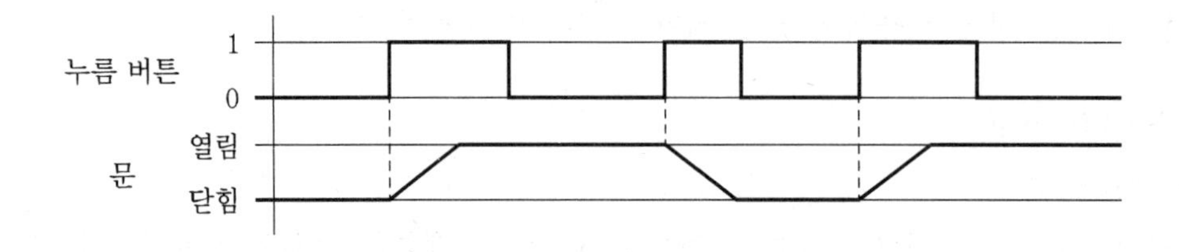

아래 그림은 회로도이며 기본적인 부분은 교번 회로(alternating circuit)로서 신호의 단락과 왕복 운동이 가능하다.

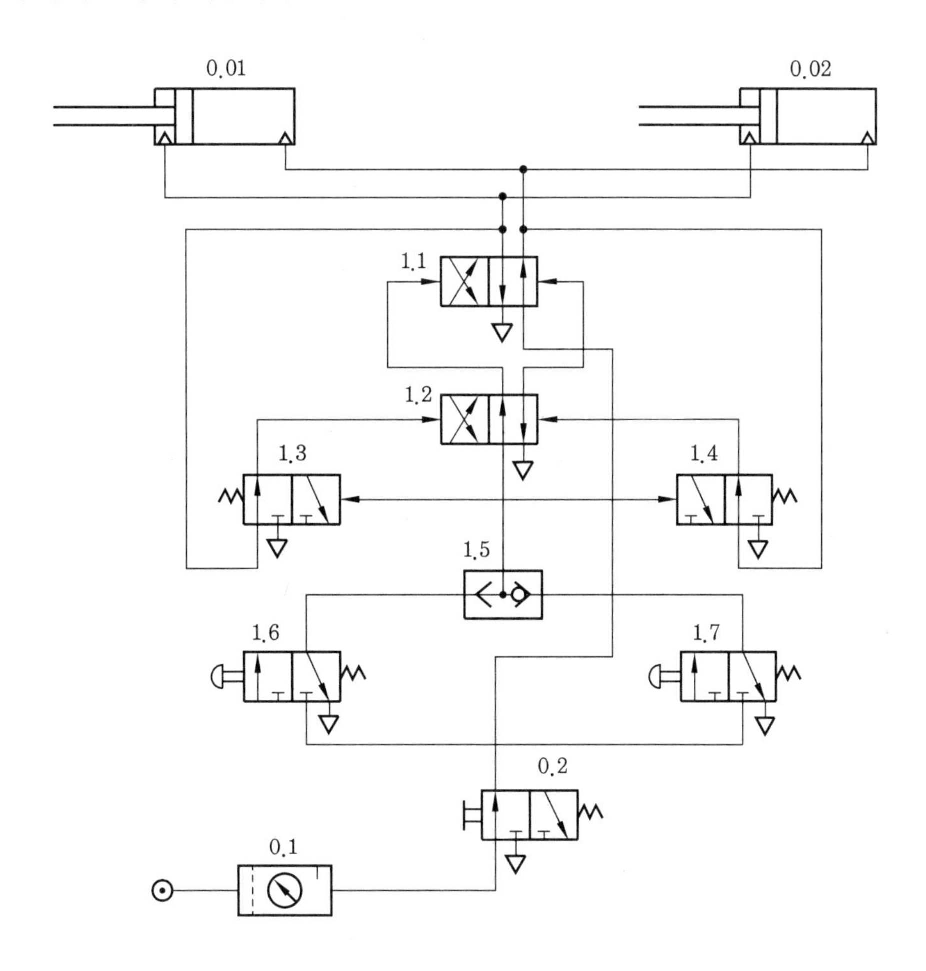

(3) 벤딩 기계

[동작 상태]

여기서는 안경테의 중간 부분을 자동 기계로 벤딩하는 것으로 재료는 저장소로부터 자중에 의해 장입되고 제어 실린더에 의해 두 개의 작업 위치로 이송된다.

첫 번째 위치에서 실린더에 의해 상하로 움직이는 가열기로 가열되고 두 번째 위치에서 굽혀지게 된다.

가열과 벤딩 작업은 각각의 작업 위치에서 조정 가능한 시간 동안 유지되어야 하며 이때 각 실린더의 전진 위치 감지는 리밋 스위치를 사용하지 않아도 된다.

가공이 끝난 재료는 이송 실린더가 원위치로 돌아왔을 때 기계적인 방법으로 빼낸다.

다음 그림은 벤딩 기계의 실제 배치도를 나타낸 것이다.

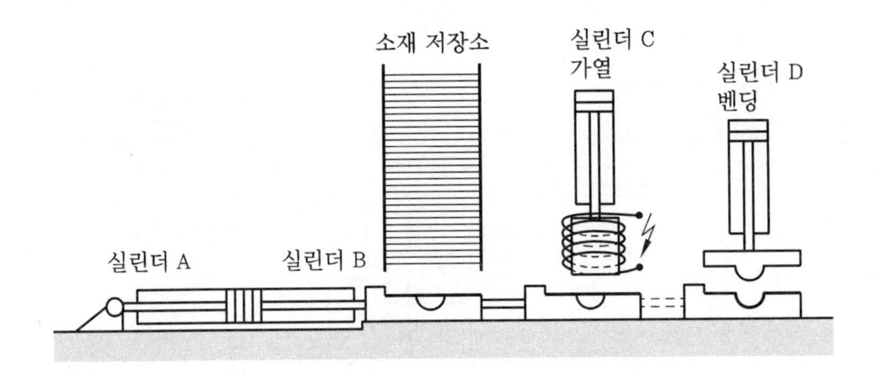

[보조 조건]

① 연속 사이클과 단 사이클의 선택이 가능해야 한다.

② 재료 저장소를 감시하여 재료 저장소가 비었을 때는 시스템의 처음 위치에서 정지해야 한다. 재료 저장소가 직접 감시될 수 없으므로 벤딩 실린더를 신호 전달기로 사용하여 재료가 없을 때에는 벤딩 실린더의 행정 거리가 길어지므로 리밋 스위치로부터 신호를 얻을 수 있다.

다음 그림은 변위 단계 선도를 나타낸 것이다.

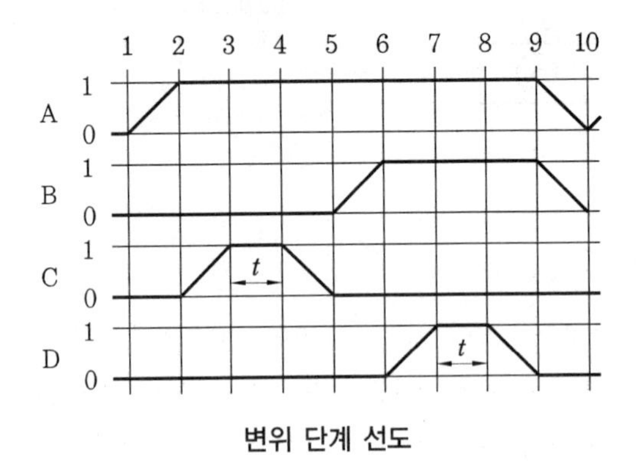

변위 단계 선도

다음 그림은 벤딩(bending) 기계의 회로도를 나타낸 것이다.

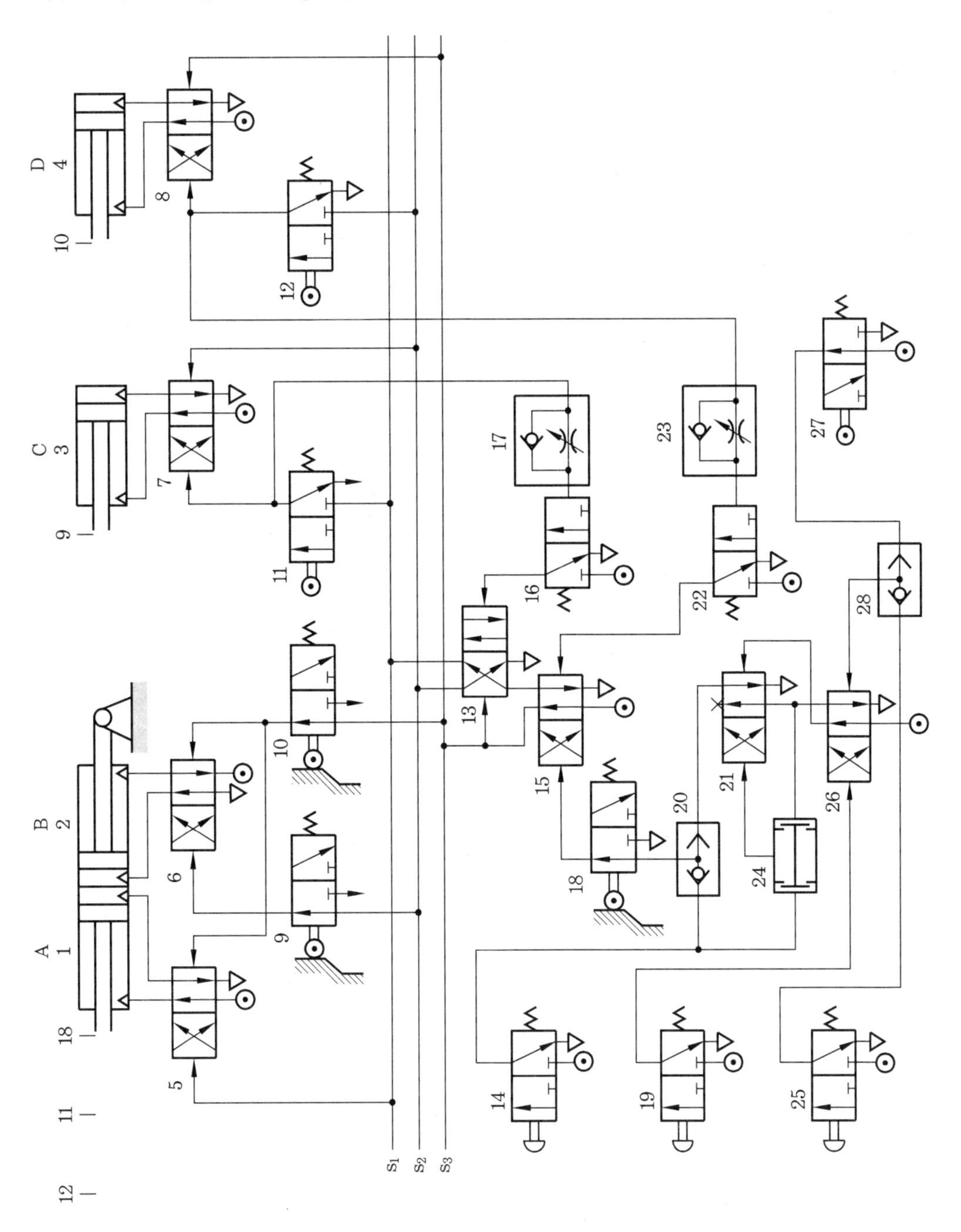

(4) 엘리베이터 회로

[동작 상태]

화물용 엘리베이터가 물건을 1층에서 2층으로 운반하려고 하며 엘리베이터는 아래층이나 위층의 밖에서 제어한다.

상향이나 하향 신호는 아래층이나 위층의 최종 위치와 두 층의 문이 닫혔을 때만 가능해야 하며 엘리베이터가 최종 위치에 도달되었을 때에만 문이 열릴 수 있도록 잠금 실린더로 문의 잠금 장치를 해야 한다.

동력이 차단되었을 때에는 아래층과 위층의 문이 잠기고 엘리베이터는 그 위치에 정지해야 한다.

다음 그림은 엘리베이터 실린더의 실제 배치도를 나타낸 것이다.

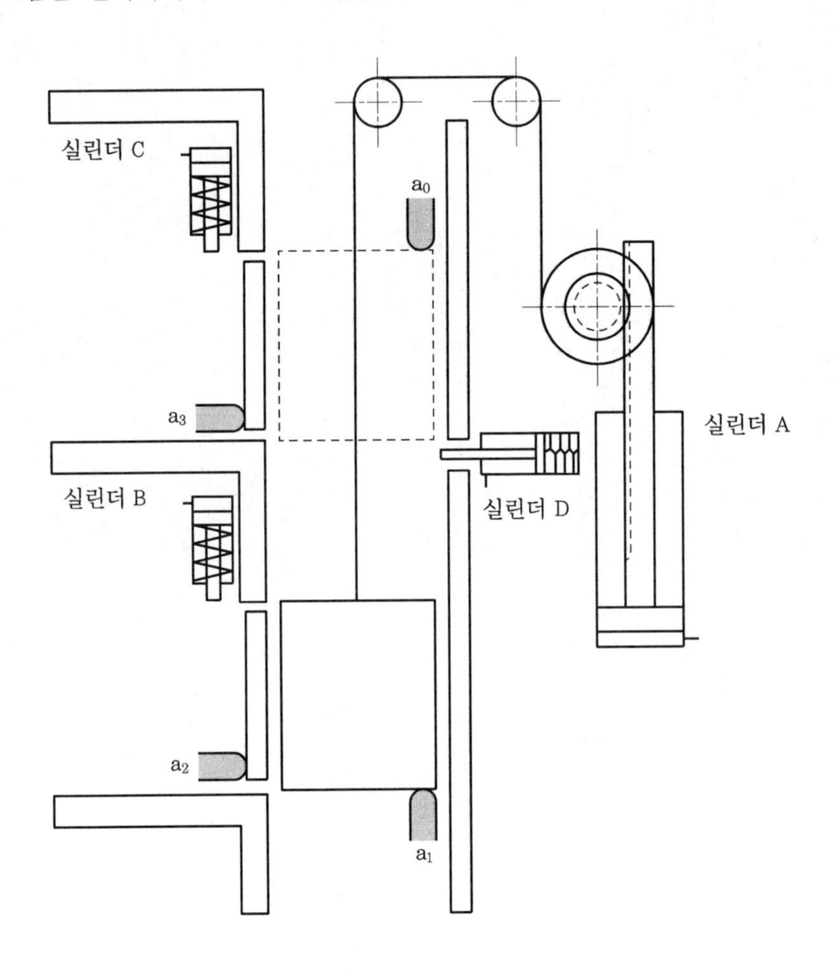

다음 그림은 엘리베이터의 제어 회로도를 나타낸 것이다.

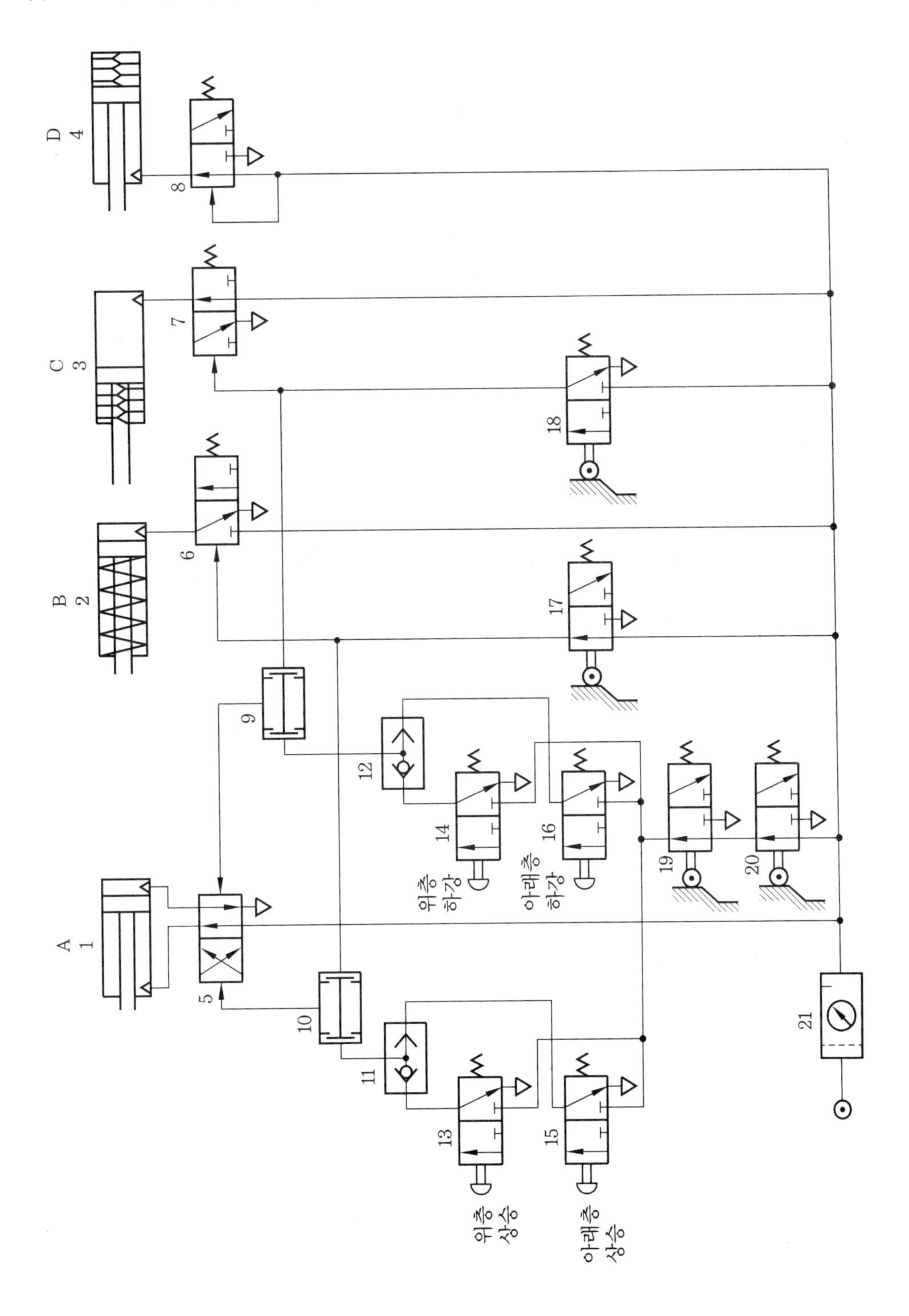

(5) 부분품 운반

[동작 상태]

여러 가지 플라스틱 부품을 두 개의 무한궤도 벨트 사이에서 운반하려고 하며 벨트 사이의 거리와 누르는 힘은 두 개의 누름 버튼을 이용하여 공압 실린더로 조절한다.

부분품 운반의 실제 배치도는 다음 그림과 같다.

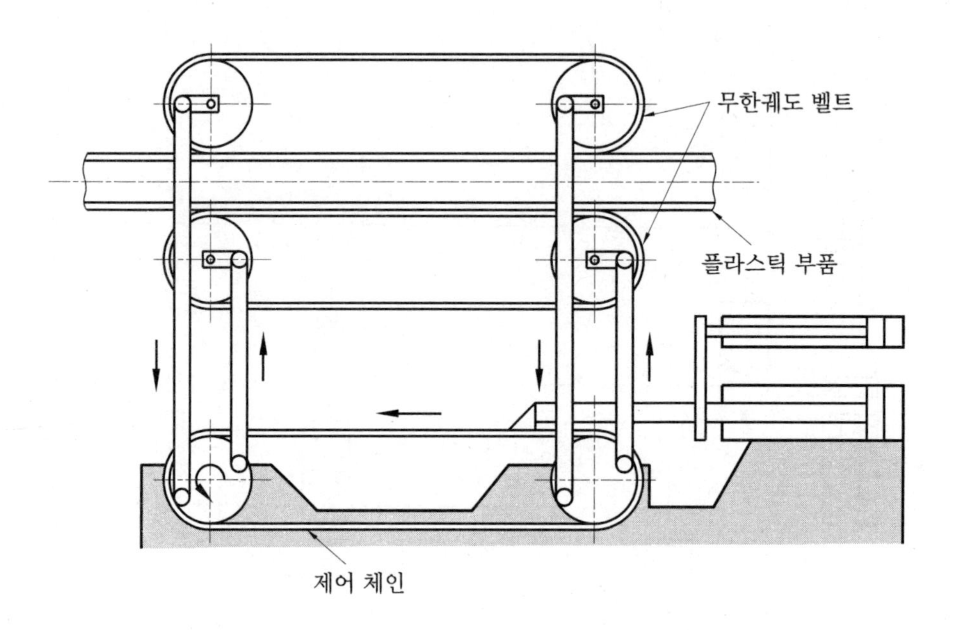

[보조 조건]

① 한 개의 버튼을 작동해서 벨트 사이 거리의 무단 변속과 일정한 조절이 가능해야 한다.

② 부품과의 접촉이 부드러워야 한다.

③ 위험한 상황이 발생했을 때 "비상 정지" 버튼을 작동시키면 즉시 벨트가 벌어져야 한다.

④ 작동 속도는 약 50~80 mm/s 정도 유지해야 한다.

다음 그림은 부분품 운반 장치의 회로도를 나타낸 것이다.

첫 번째와 두 번째의 보조조건은 공압을 사용할 경우에는 유압 실린더와 공압 실린더를 병렬로 연결한 유·공압 실린더의 사용으로 가능하다.

작업 속도가 느리므로 대부분의 작동부는 거의 흔들림이 없으며, 유압 실린더가 병렬로 연결되어 있으므로 실린더가 상사점과 하사점의 중간 위치에서 작동할 때에는 안전성이 높다.

회로도에서 비상 정지 밸브 0.1이 작동하면 실린더가 어느 위치에 있을 때에나 초기 위치로 되돌아간다.

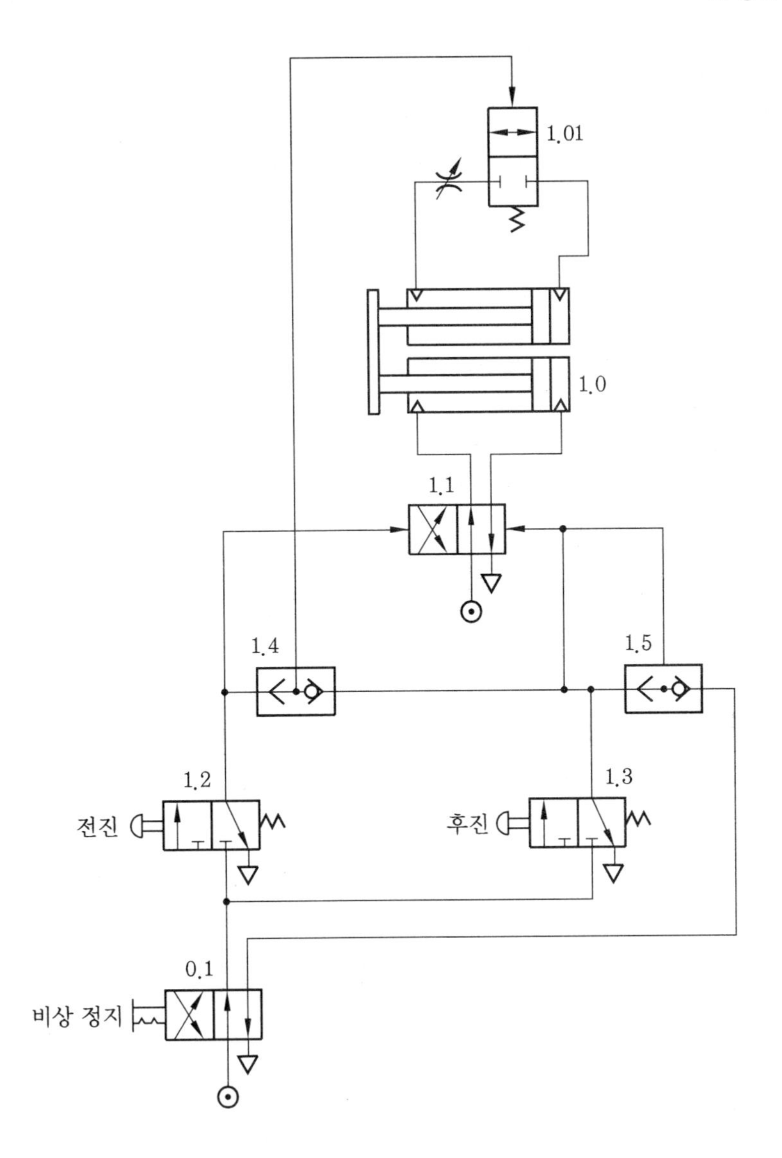

2-4 공압 제어 회로 설계

(1) 상자 운반

[동작 상태]

롤러 컨베이어에 의해 운반된 상자를 공압 실린더로 밀어 올린 다음 두 번째 실린더가 상자를 다른 롤러 컨베이어로 밀어낸다. 두 번째 실린더는 첫 번째 실린더가 귀환 행정을 하게 되며 작업 시작 신호는 수동 버튼으로 주어지게 된다.

한 신호에 한 사이클씩 작업을 수행한다.

다음 그림의 (a)는 상자 운반 계통의 실제 배치도를 나타낸 것이며, 여기에서 실린더 A가 첫 번째 실린더이고 실린더 B가 두 번째 실린더이다.

이 작업의 변위 단계 선도(displacement step diagram)를 그리면 다음 그림 (b)와 같다.

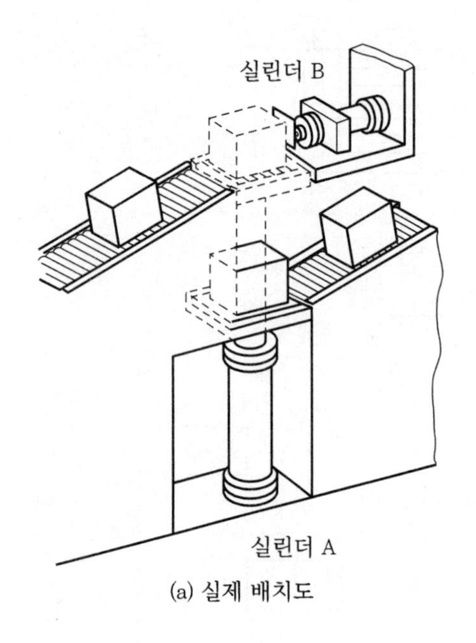

(a) 실제 배치도

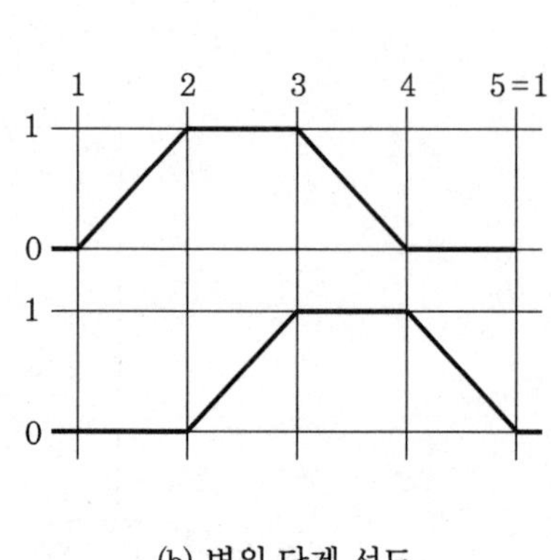

(b) 변위 단계 선도

이때에는 회로도의 설계 방법을 채택하고 공후진 롤러를 사용하면 신호 단락을 쉽게 할 수 있다.

과정에 따라 회로도를 설계하면 다음과 같다.

① 구동 요소를 먼저 그린다.

② 각 구동 요소에 필요한 제어 요소를 그린다.

③ 밸브 구동 기호를 사용하지 않고 신호 요소를 그린다(충격 밸브가 제어 요소로 사용되면 두 개의 신호 요소가 필요하므로 각 충격 밸브마다 두 개의 신호 요소가 필요하다).

④ 에너지 공급선을 그린다.

⑤ 제어선을 연결한다.

⑥ 각 요소에 번호를 붙인다.

⑦ 운동 선도를 회로도로 옮긴다(각각의 구동 요소에 리밋 스위치를 배열해서 회로도를 구성한다).

⑧ 신호 단락이 필요한 곳을 확인한다(이때에는 운동 선도와 제어 선도를 그려서 알 수 있다).

⑨ 작동 제어부를 그린다.

⑩ 필요한 곳에 보조 조건을 추가시킨다.

위의 ①~⑦의 순서에 따라서 회로도를 구성하면 다음과 같다.

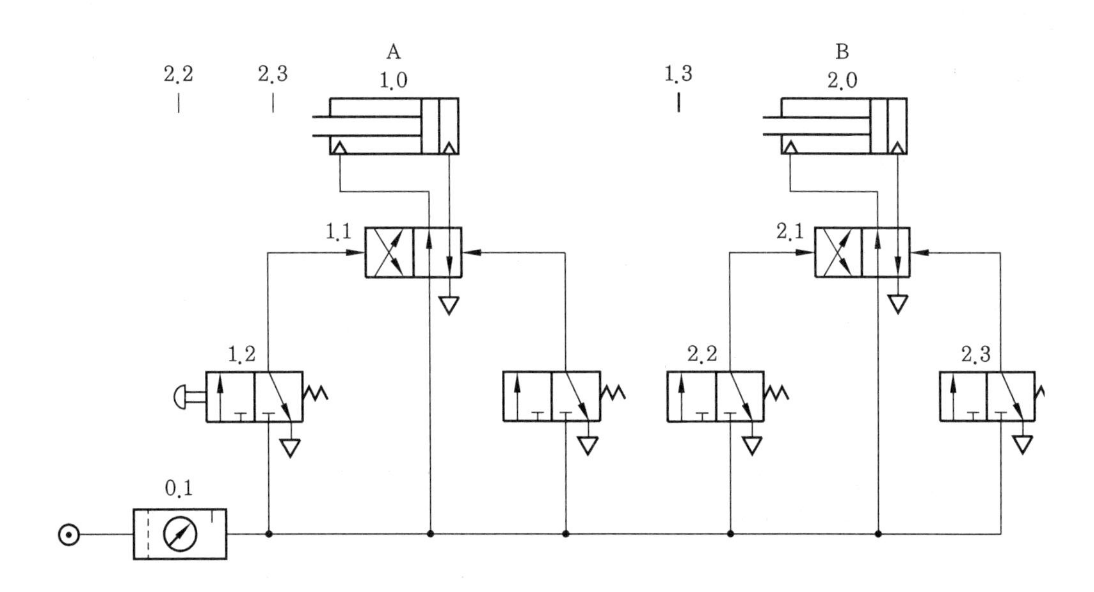

위의 회로도가 완성되면 그림과 같은 운동 제어 선도를 그리고 신호 단락의 필요 여부를 확인하도록 한다.

일반적으로 리밋 스위치는 롤러나 플런저 구동형으로 제어 선도에 표시하며, 같은 실린더에 영향을 주는 신호는 앞 신호의 바로 아래에 이어져야 한다.

그림의 제어 선도에서 신호 1.2가 3단계 전에서 더 이상 짧은 신호를 보내지만 않으면 신호 단락이 필요 없다는 것을 알 수 있다.

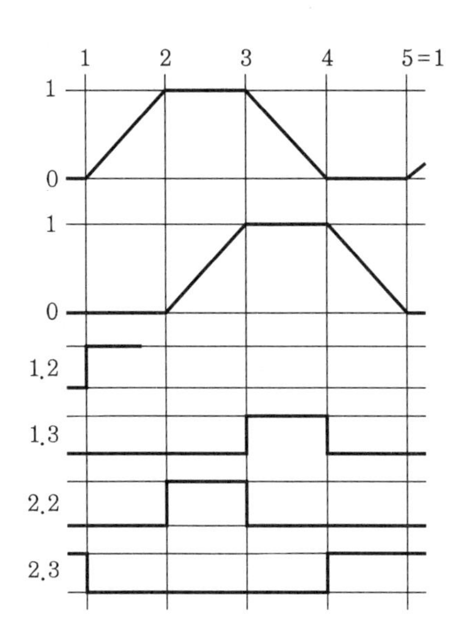

그러나 신호 요소가 수동이므로 앞의 조건을 확실하게 보장받을 수가 없다. 회로를 조사할 때에는 하나의 실린더에 여러 개의 신호가 동시에 들어가지 않도록 해야 하며, 여러 개의 신호가 동시에 들어가면 상태가 정확하게 되지 않고 또한 신호와 신호 사이에 방해가 생기게 된다.

상자 운반에서 이러한 상태가 신호 1.2와 신호 1.3에서 발생할 수 있으며, 신호가 필요한 시간과 2.3과 같이 시스템의 초기 위치에서 생기는 신호가 시스템의 제어에 영향이 없는지 확인해야 한다.

다음 그림의 밸브 2.3은 실린더 B에 후진 운동 신호를 보내는 것이므로 실린더 B는 초기 위치에 그대로 있고 밸브 2.3이 원위치로 돌아올 때까지 후진된 위치에 머물게 된다. 따라서 밸브 2.3은 간섭을 일으키지 않는다.

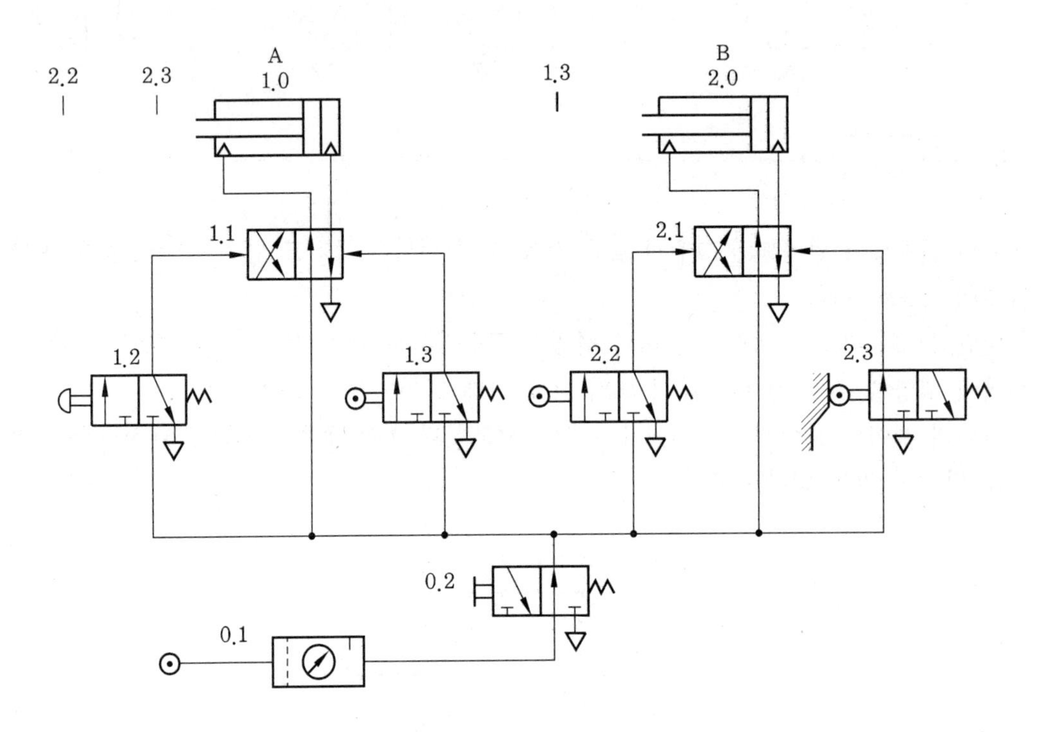

다음 그림은 작업의 시작 신호를 보내는 스위치 1.2의 연동 잠금 장치가 있으며, 실린더 B의 추진 위치에 있는 리밋 스위치 1.4에 의해 회로가 형성되고 있다.

다시 말하면 스위치 1.2가 작동하고 있을 때에는 모든 작업 사이클이 이루어져 작업이 가능한 상태가 된다.

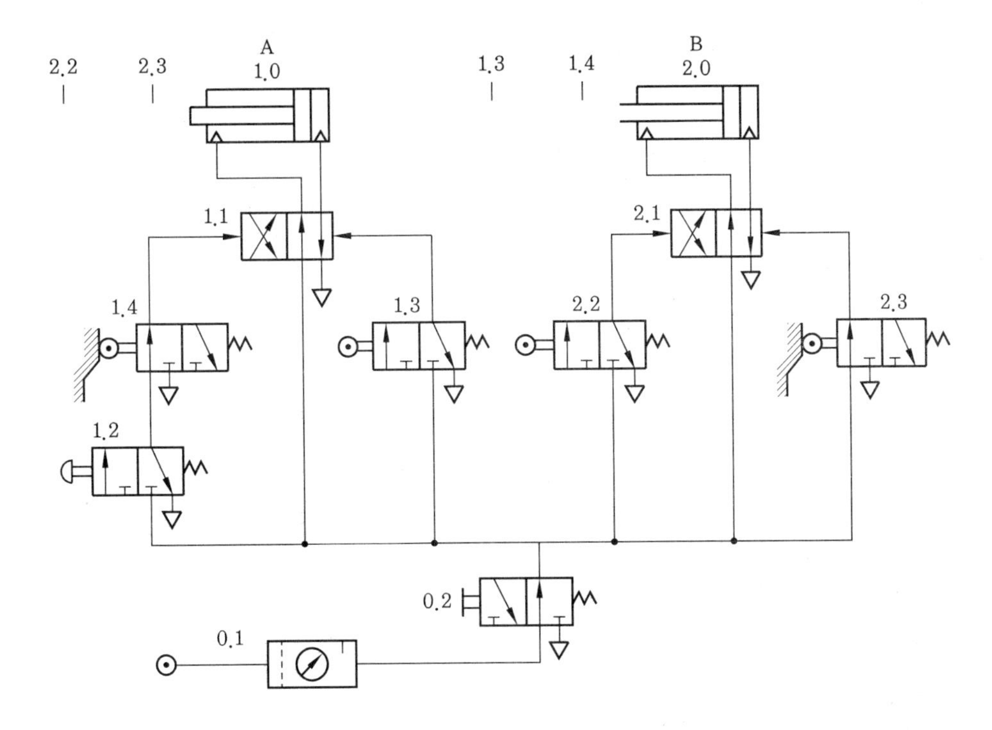

(2) 벤딩용 치공구

[동작 상태]

공압에 의해서 작동되는 기계로 금속판을 구부리려 한다. 판재가 단동 실린더 A에 의해 클램핑 된 후 복동 실린더 B로 첫 번째 벤딩 작업을 하며 복동 실린더 C에 의해서 마무리 작업을 하는 기계로 작업은 수동 버튼에 의해 이루어진다.

시작 신호가 주어지면 한 사이클의 작업만을 수행하도록 한다. 아래 그림은 판재를 벤딩하기 위한 실린더의 실제 배치도이다.

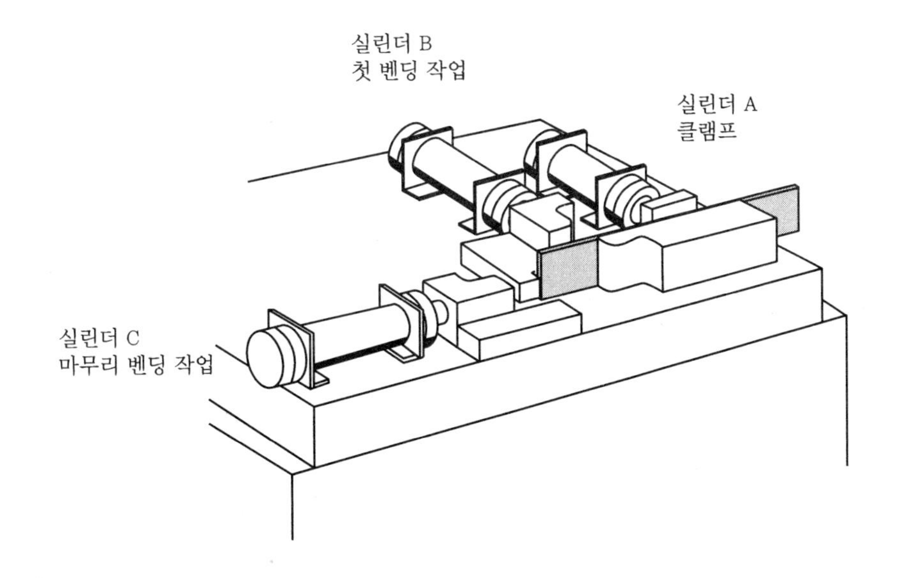

3개의 실린더 A, B, C에 대한 변위 단계 선도를 그리면 그림과 같다.

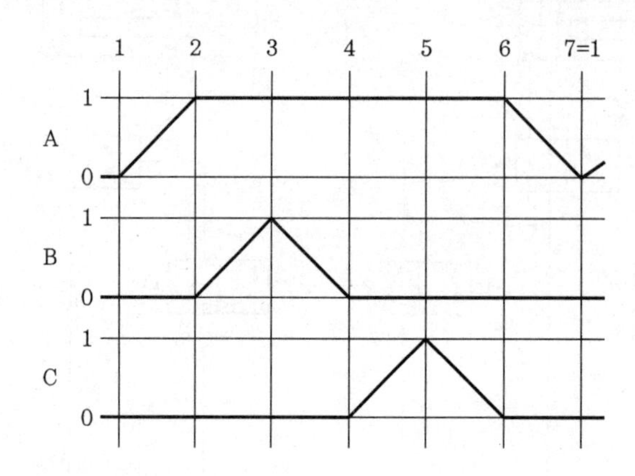

① 공후진 롤러를 사용한 회로

단락해야 할 신호를 알아보기 위하여 그림과 같이 변위 단계 선도와 제어 선도를 그린다. 이 선도에서 신호 1.3, 2.2 및 3.2는 단락해야 할 설비가 필요하다는 것을 알 수 있다.

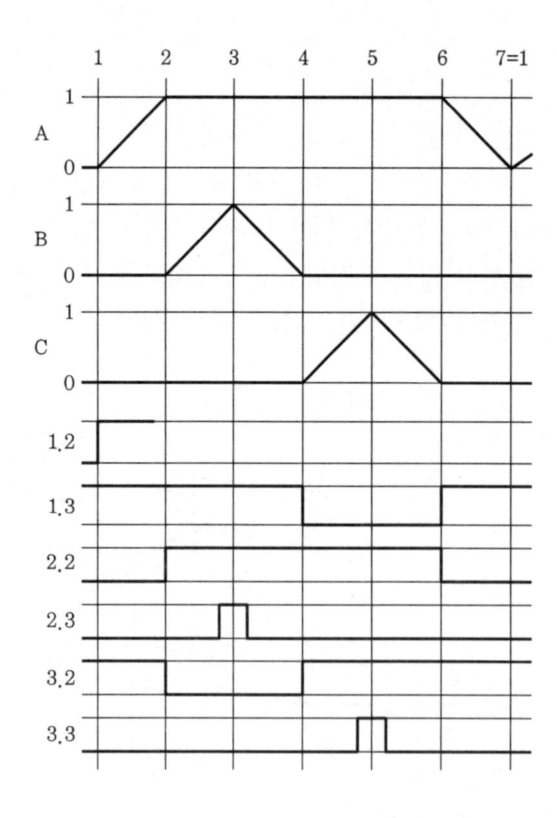

다음 그림은 시작 신호에 연동 잠금 장치를 첨가한 것이며, 이 작용은 실린더 1.0의 후진 위치에 있는 리밋 스위치 1.4에 의해 실시되고 있다.

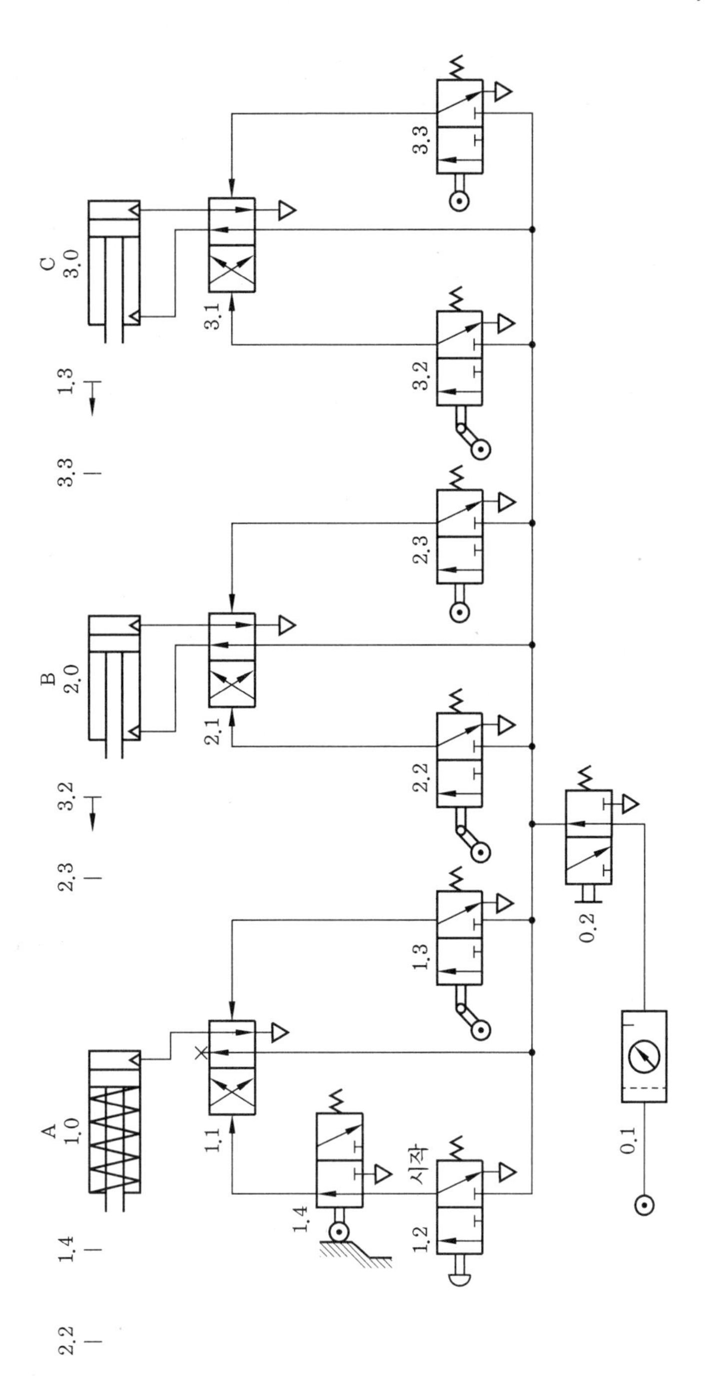

이러한 장치들이 실제적으로 연동 잠금 장치를 제대로 하는지 조사하여 보도록 하자.

다음 그림은 시작 신호의 연동 잠금 작용의 제어 선도이며, 여기에서 보면 1단계와 7단계에서만 신호 1.4가 필요하다. 즉, 작업 시작 신호가 필요할 때만 신호 1.4가 존재하므로 확실한 연동 잠금 작용을 한다는 것을 알 수 있다.

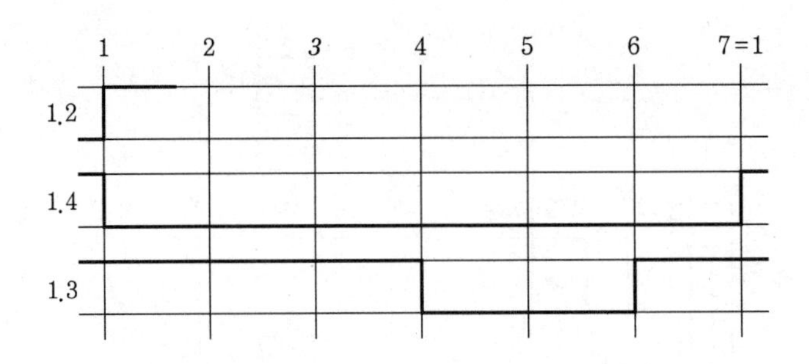

② 캐스케이드 방법에 의한 회로

벤딩 기계의 운동 순서를 약식 기호로 표시하고 그룹으로 나누면 다음과 같다.

A+, B+ / B−, C+ / C−, A−

I　　　II　　　III

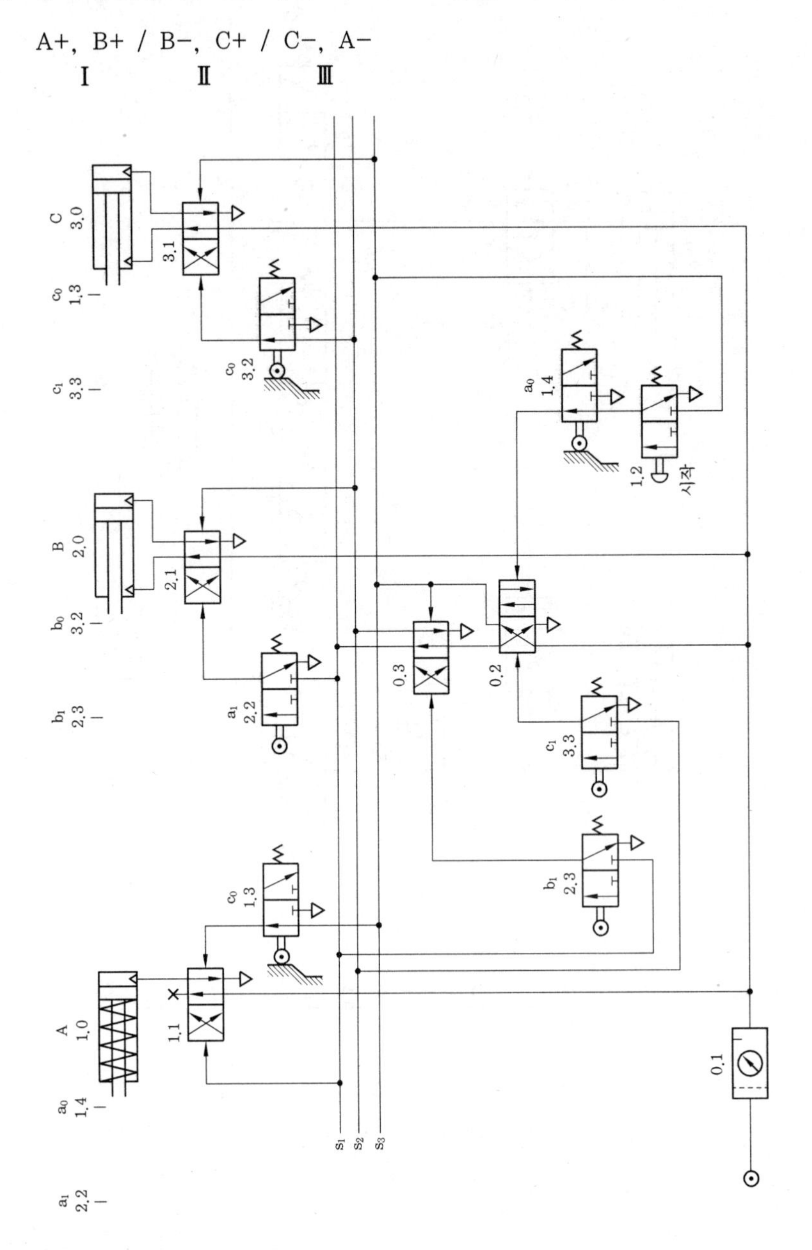

회로도의 설계는 리베팅에서 설명한 설계 순서에 따라서 설계를 해 나가도록 하며, 위 그림은 이 순서에 따라 그린 회로도이다.

여기서는 리밋 스위치 a_0와 제어 회로가 시작 신호의 연동 잠금 작용을 하며, 이 회로의 운동 순서에서 연동 잠금 작용은 리밋 스위치로 충분하므로 제어 회로에 의한 다른 설비 없이도 가능하고 작업 시작 버튼의 에너지도 회로에서 직접 공급받을 수 있다.

(3) 전단기

[동작 상태]

평철이나 환봉 등 긴 길이의 소재를 절단하려고 한다. 공압 실린더 B는 소재를 이동시키고 이때 공압 클램핑 실린더 A도 같이 이동시키며 소재가 정지되면 클램핑 실린더 C에 의해 소재가 고정된다. 이때 클램핑 실린더는 후진되고 이송 실린더 B와 함께 귀환한다.

실린더 D에 의해 소재가 절단되면 실린더 C가 귀환하고 새로운 작업이 시작된다.

보조 조건들은 다음과 같다.

① 단 사이클과 연속 사이클 회로를 만들어야 한다.

② 모든 실린더가 후진 위치에 있을 때만 새로운 동작을 시작할 수 있어야 한다.

다음 그림은 전단기 실린더의 실제 배치도를 나타낸 것이다.

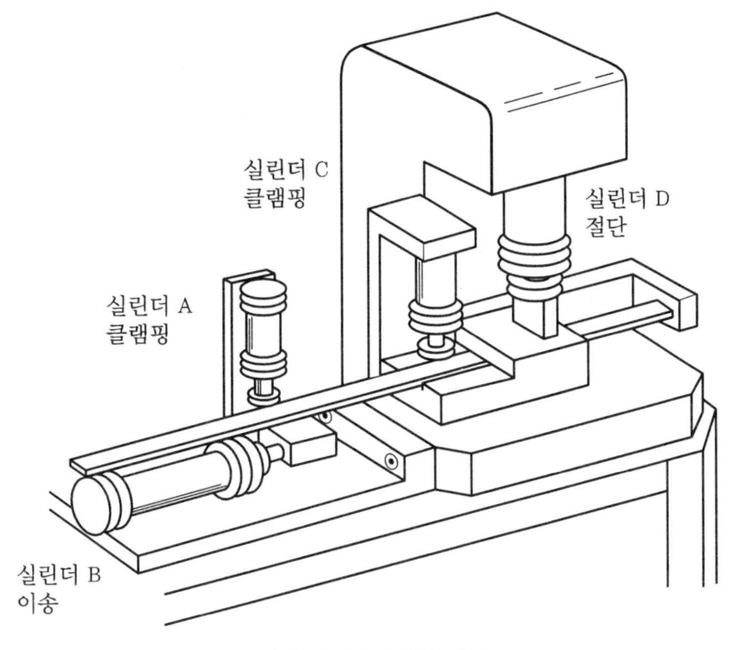

전단기 실린더의 실제 배치도

다음 그림은 각 실린더의 변위 단계 선도를 나타낸 것이다.

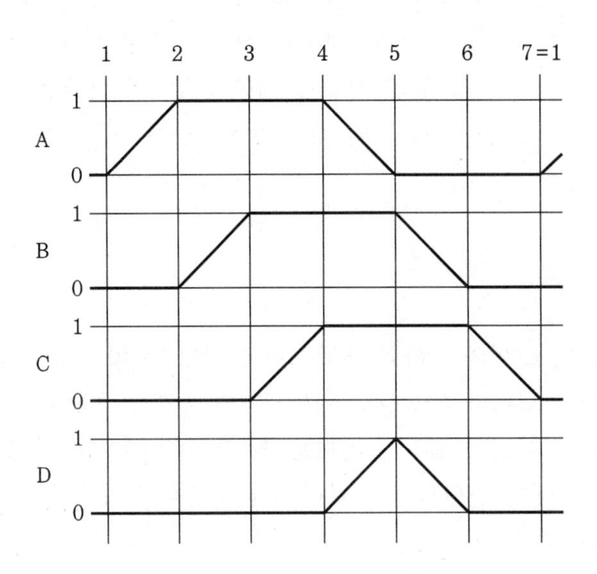

캐스케이드 방법을 사용하여 회로를 구성하기 귀하여 우선 운동 순서를 약식 기호로 표시하고 이를 그룹으로 나누면 다음과 같다.

A+, B+, C+ / A−, D+ / D−, C−, B−
I　　　　　Ⅱ　　　　Ⅲ

만일 클램핑 작업이 리밋 스위치에 의해 확인될 수 있으면 캐스케이드 방법이 가능하나 여기에서는 두 가지 동작이 동시에 일어나므로 이것을 생각하여 그룹을 나누었다.

두 가지 운동이 동시에 시작되기 때문에 이 동작은 분리되어야 하고 운동의 끝부분에서는 다시 합쳐져야 한다.

여기에서는 이 작업이 리밋 스위치 b_0와 C_0에 의해 수행된다.

다음 페이지의 그림은 이 회로도를 나타낸 것이다.

이러한 형태의 회로에서는 실린더의 전진과 후진 운동을 지시하는 밸브에 유일한 표시 기호를 부여하는 것이 무척 어려운 것이므로 여기에서는 일련 번호로써 각 요소를 표시하였다.

그러나 실린더와 리밋 스위치의 표시 방법은 변경되지 않았다.

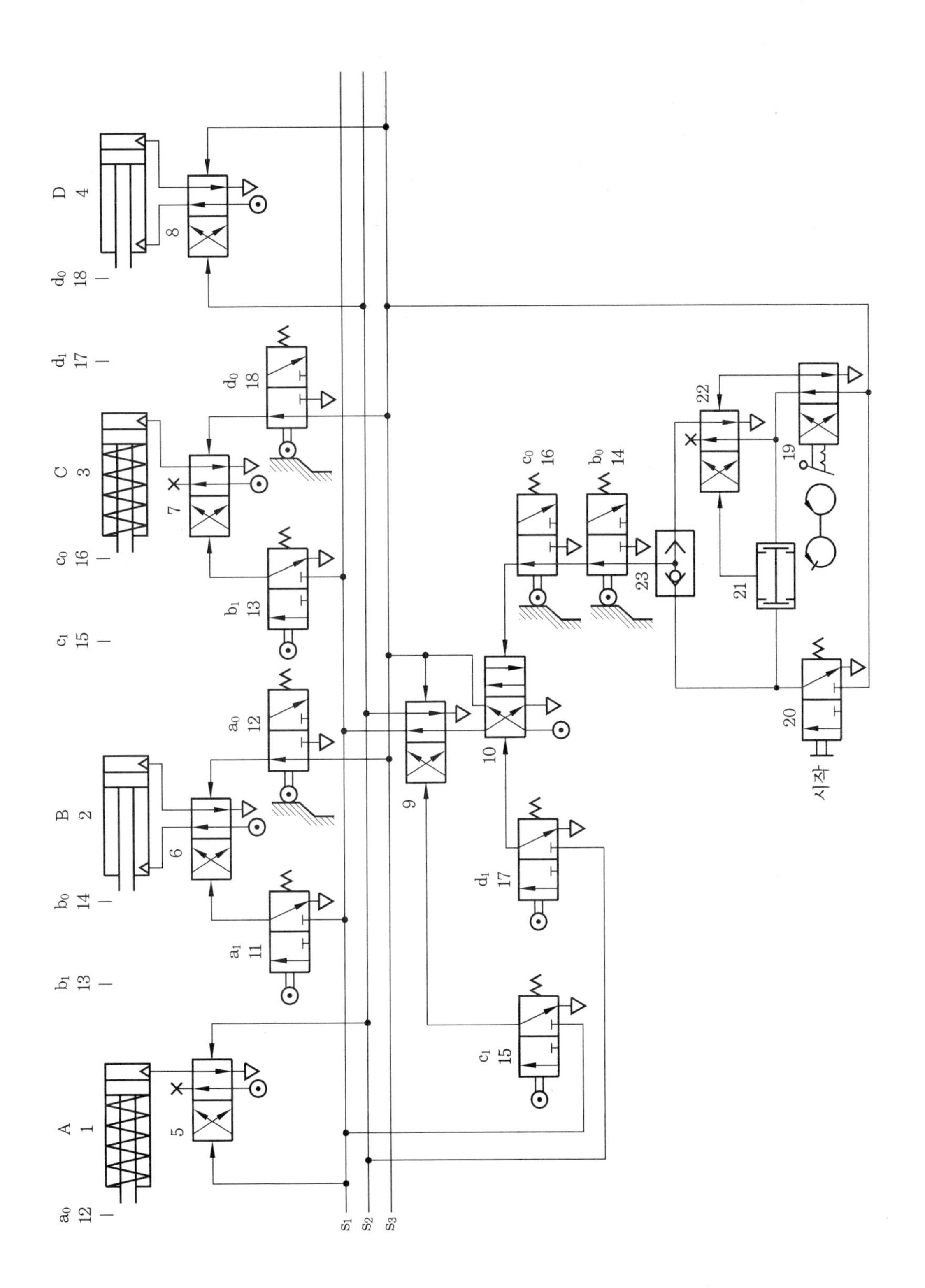
A 1
B 2
C 3
D 4
a_0 12
a_1 11
b_0 14
b_1 13
c_0 16
c_1 15
d_0 18
d_1 17
s_1
s_2
s_3
시작

(4) 압축용 치공구

[동작 상태]

소재를 조립 치공구에서 압축하고 고정핀을 장치하는 것으로 압축을 완전히 하기 위하여 A 실린더가 한 번은 짧게 충격을 주고 두 번째는 서서히 압축한다.

이때 실린더 B가 옆면에서 고정핀을 완전히 조립할 때까지 실린더 A가 누르고 있어야 한다.

이 작업을 위한 실린더의 실제 배치도는 다음 그림과 같다.

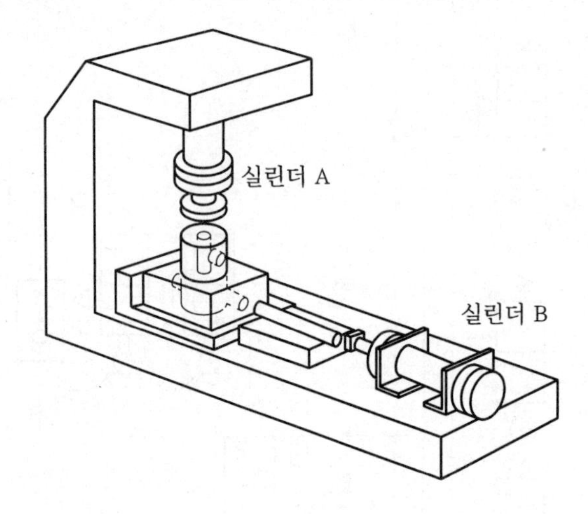

아래 왼쪽 그림은 실린더 A와 B의 변위 단계 선도이고 오른쪽 그림은 변위 시간 선도를 나타낸 것이다.

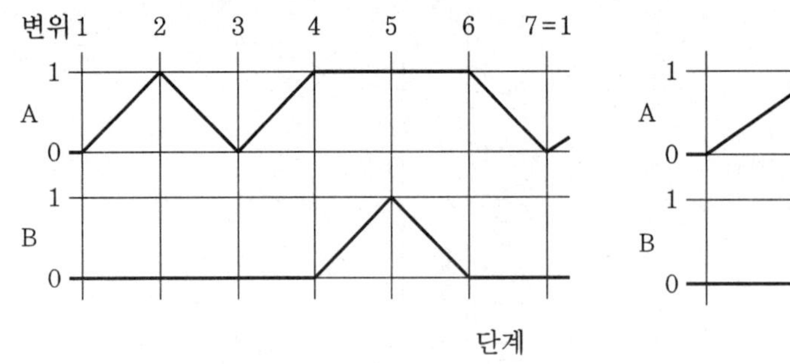

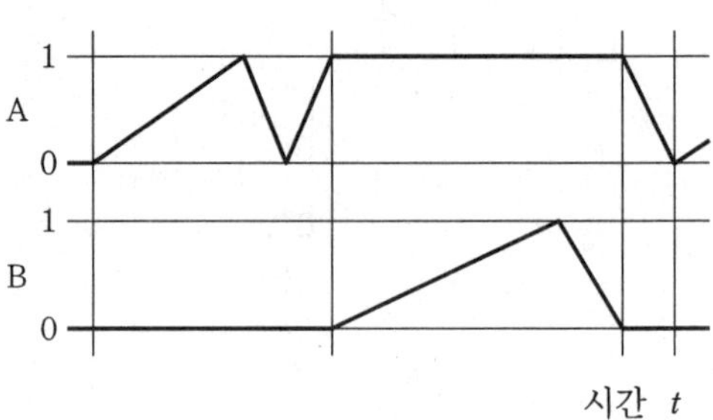

① 공후진 롤러를 사용한 회로

다음 그림은 공후진 롤러를 사용하여 신호 단락을 하는 회로이며, 여기에서 실린더 A의 피스톤이 두 번의 전진 운동을 한다. 이 실린더의 전진 위치에 있는 리밋 스위치 1.3은 실린더 A의 첫 운동 때에는 귀환 운동에 영향을 주지만 두 번째 운동 때에는 전진 운동에 영향을 주므로 신호 전환이 필요하며, 이 신호 전환은 밸브 1.9에 의해서 이루어진다.

또 두 번의 운동이 실린더 A에서 일어나기 위해서는 밸브 1.4가 두 번 작동을 하게 되나 두 번째 신호는 공급하지 않는다.

이것은 또 다른 신호 전환이 필요하다는 것을 나타내므로 밸브 1.8이 밸브 1.4로부터 공기를 배출시키며 밸브 1.8은 1.2와 1.5에 의해 제어되고 전환 밸브 1.9는 1.4와 1.5에 의해 제어된다.

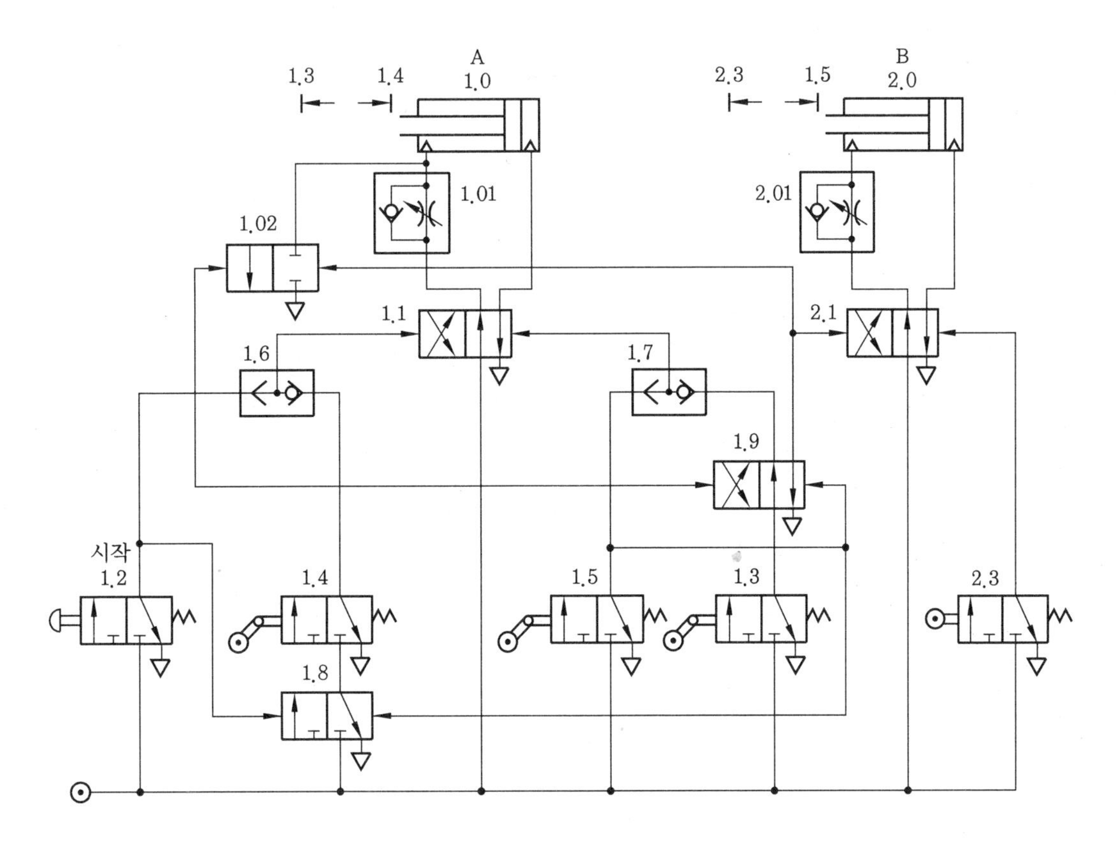

실린더 A의 전진 속도를 변화시키기 위해 밸브 1.02와 체크 밸브 1.01이 함께 사용된다.

실린더 A의 피스톤이 두 번째 전진할 때 1.02는 1.4에 의해 전환되고 배기 공기는 직접 빠져나가기 때문에 스로틀 밸브를 통과하지 않는다. 이러한 방법으로 빠른 운동 속도를 얻을 수 있으며, 1.02의 귀환 제어는 1.9로부터의 신호에 의해 이루어진다.

② 캐스케이드와 시프트 레지스터를 사용한 회로

이 회로도 마찬가지로 각 단계에서의 신호 단락이나 또는 사실상 단락되어야 할 신호를 제거시키는 것이 가능하다.

다음 그림은 완전한 단락 장치가 있는 회로를 나타낸 것이다.

이 회로에서 블록은 캐스케이드나 시프트 레지스터의 형태로 설계할 수 있다.

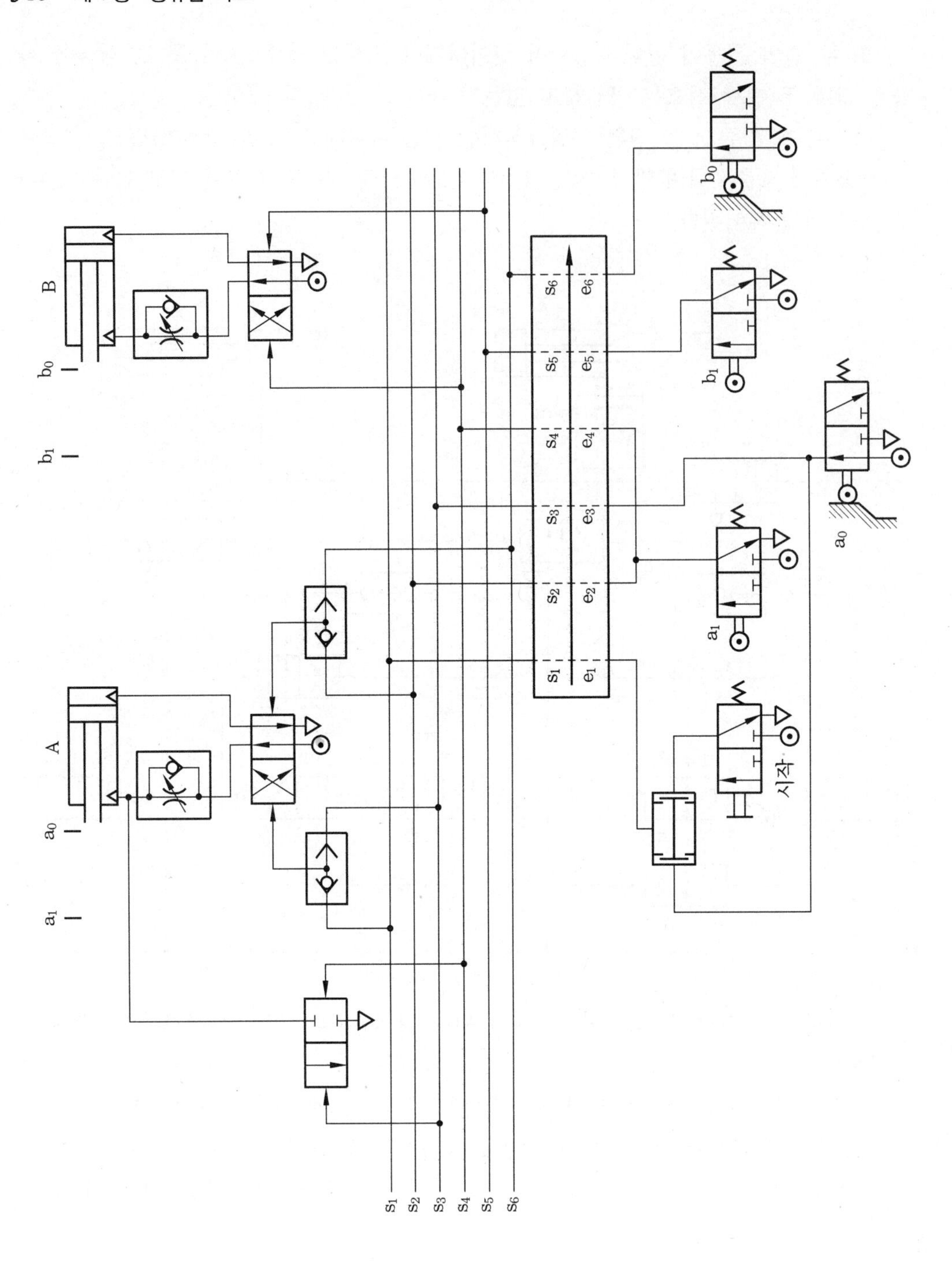

앞의 회로에서는 리밋 스위치가 회로에 직접 연결되어 있지 않기 때문에 잠금 장치를 위한 2압력 밸브가 필요하며, 다음 그림은 2압력 밸브를 사용한 회로도를 나타낸 것이다(이 회로도는 시프트 레지스터에 의해 구성).

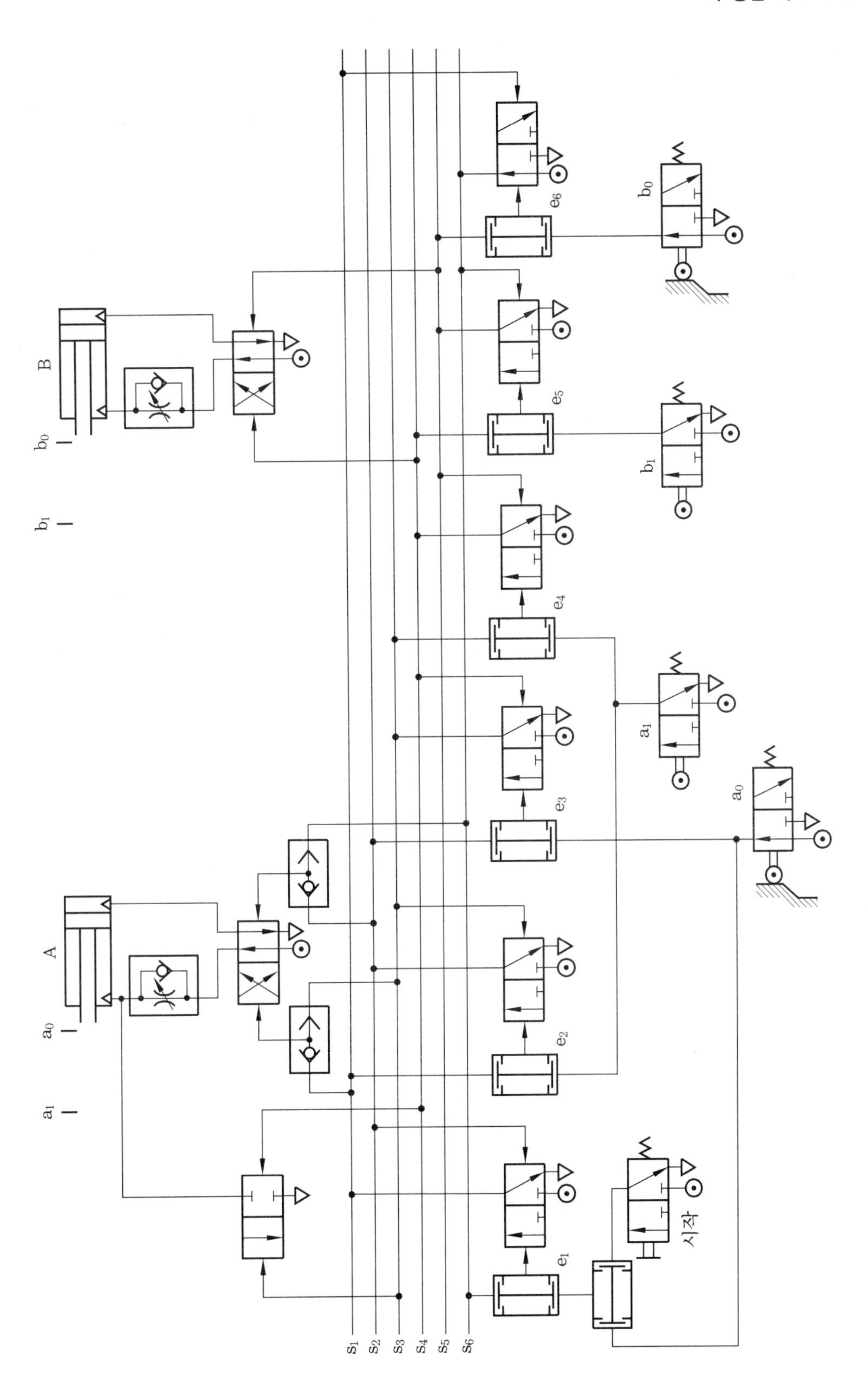

A
B
a_0
a_1
b_0
b_1
e_1
e_2
e_3
e_4
e_5
e_6
s_1
s_2
s_3
s_4
s_5
s_6
시작

부품 수를 가장 적게 하기 위하여 운동의 순서를 다음과 같은 그룹으로 나눌 필요가 있다.

A+ / A− / A+, B+ / B−, A−
Ⅰ Ⅱ Ⅲ Ⅳ

아래 그림은 4단계 신호 단락의 회로도를 나타낸 것이다.

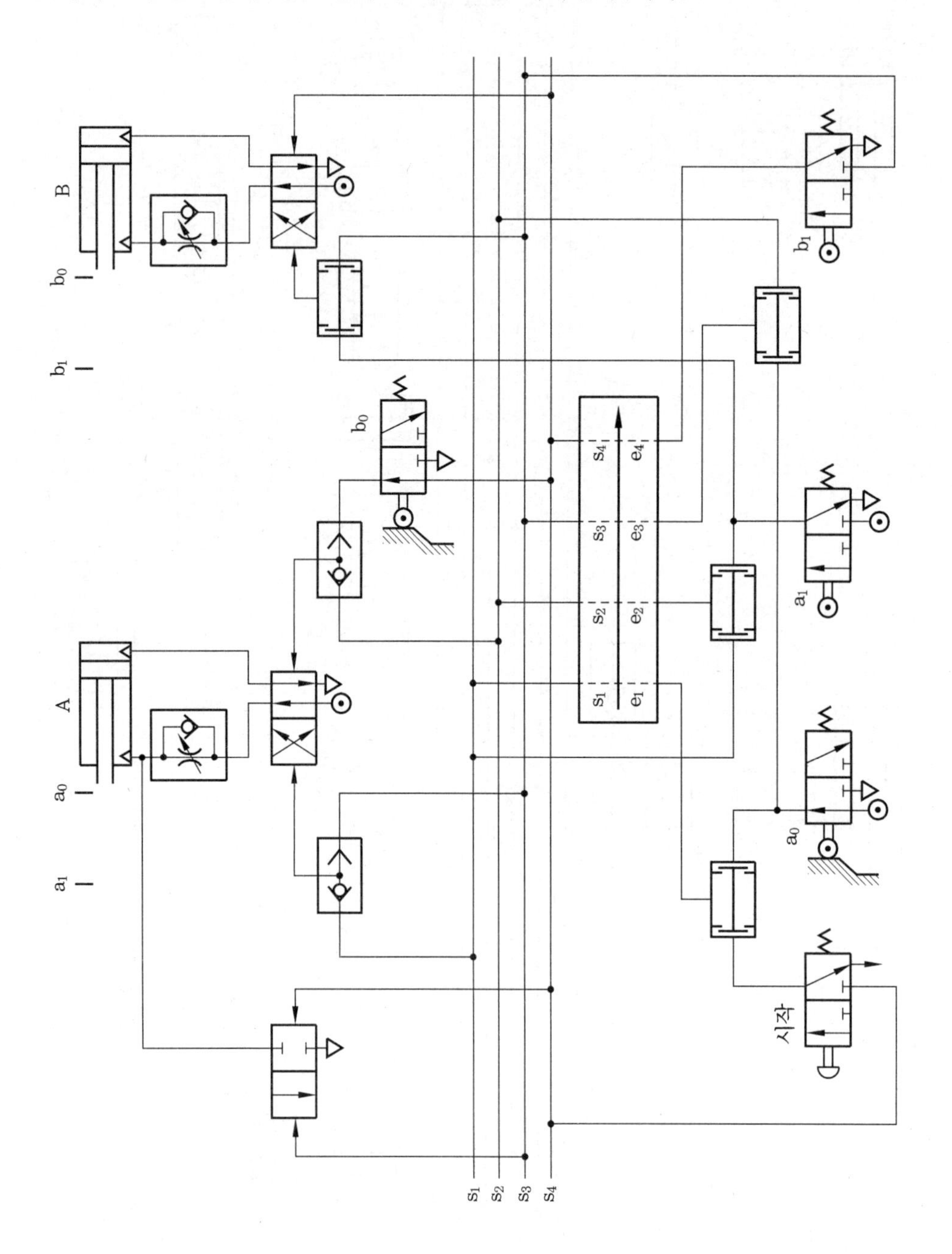

이 회로는 간단하다는 특성이 있으며 실린더가 연속 작업 과정에서 여러 번 작동해야 한다면 여러 번 작동하는 리밋 스위치에 연동 잠금 장치를 설치해야 한다(이 회로도에서는 a_0와 a_1).

연동 잠금 장치는 2압력 밸브에 의해서도 가능하다.

다음 그림은 캐스케이드 방식에 의한 회로도이다.

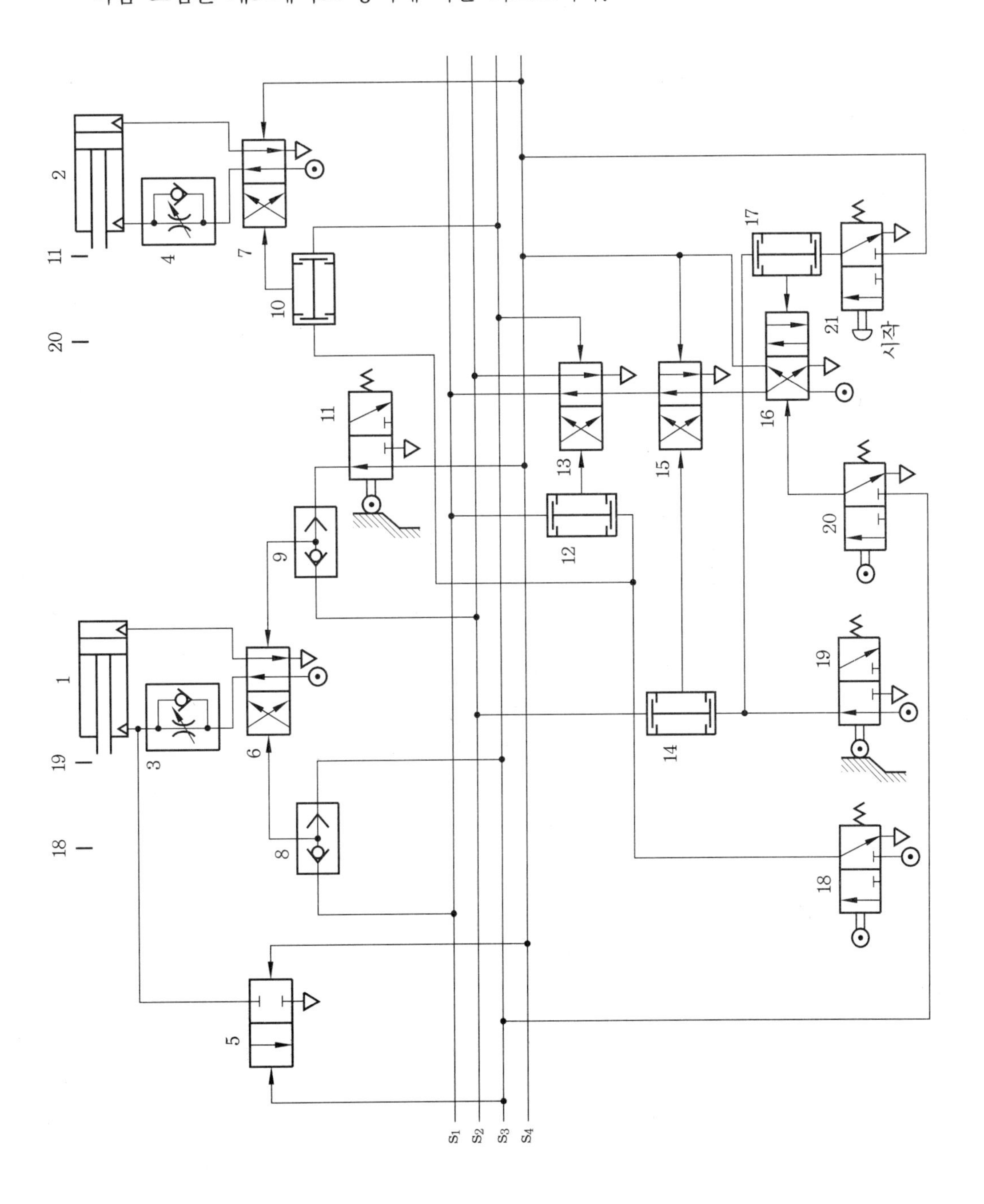

(5) 드릴링 작업

[동작 상태]

정육면체의 한쪽 면에 똑같은 크기로 두 개의 구멍을 뚫는 전용 기계를 만들려고 한다. 재료는 자중에 의해 재료 공급용 저장소에서 장입되어 복동 실린더로 치공구에 고정되며 재료 이송 실린더로 고정되어 드릴링 작업이 시작된다.

유·공압 실린더를 이용하여 드릴을 이송시킨다.

복동 실린더와 치공구에 의해 두 개의 작업 위치로 움직이는 이송 테이블은 두 번째 구멍 위치를 결정하는 데 사용되고, 가공이 끝난 재료는 이송 실린더의 귀환 운동 때 작동하는 축출 기구에 의해 빠져나오게 된다.

다음 그림은 실린더의 실제 배치도를 나타낸 것이다.

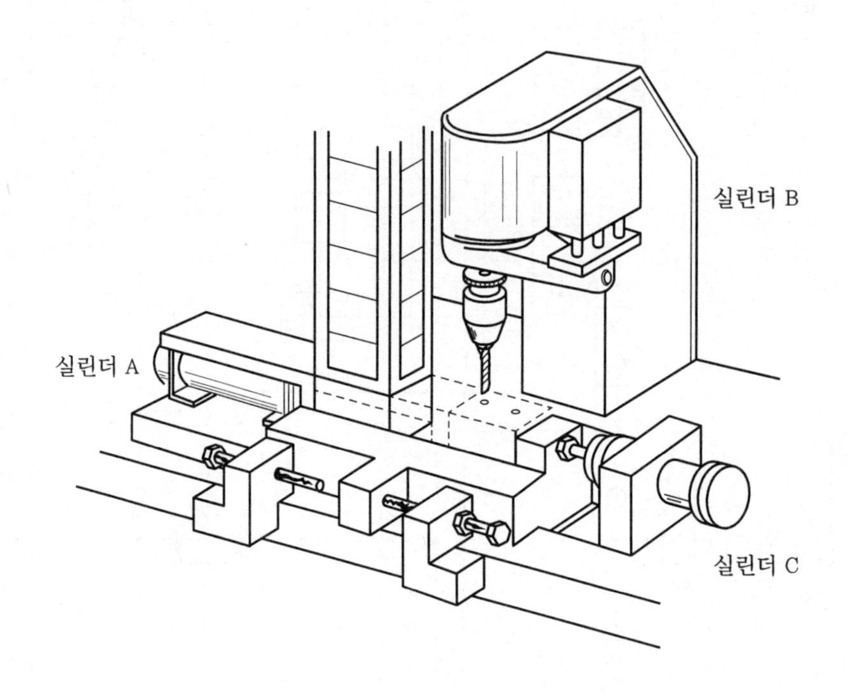

이 회로에 필요한 보조 조건을 살펴보면 다음과 같다.

① 선택 스위치를 단 사이클 위치에 놓고 작업 시작 스위치를 작동시키면 시스템은 한 사이클의 작업을 완료한 후에는 동작 전의 초기 위치에서 정지되어야 한다.

② 선택 스위치를 연속 사이클의 위치에 놓으면 작업 시작 신호를 받은 후 초기 위치에서 정리되어야 하는 단 사이클 신호나 재료 저장소에서 재고가 없다는 조건이 생길 때까지는 완전 자동 작업이 이루어져야 한다.

③ 재료 저장소의 재료 유무를 파악하여 재료 저장소가 비어 있으면 정지되고 연속 사이클의 작업을 시작할 수 없어야 한다.

④ 비상 정지 버튼을 누르면 모든 실린더는 초기 위치로 되돌아가서 정지해야 하며 실린더 A와 실린더 C는 실린더 D가 귀환 행정을 끝낸 후 초기 위치로 돌아와야 한다.

다음 그림은 각 실린더의 변위 단계 선도를 나타낸 것이다.

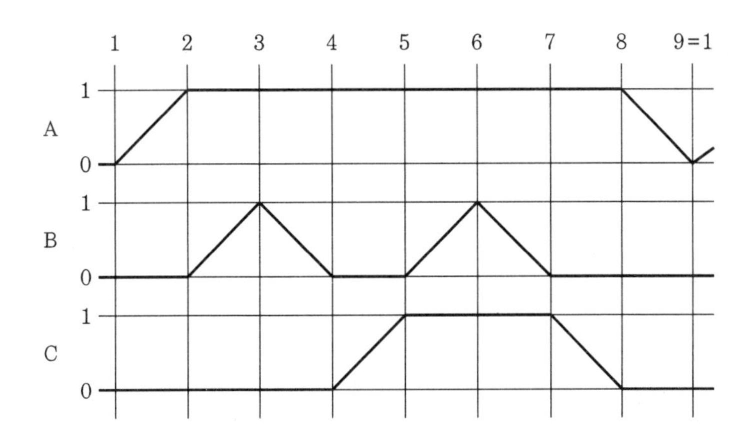

이 회로에서도 블록 시스템을 쓰는 것이 좋으며 공후진 롤러에 의한 신호 제거는 생각할 수 없는데, 이것은 전체 행정 거리가 길어서 간섭이 일어날 수도 있고 실린더 B의 후진 위치에서 어떠한 상황에서도 리밋 스위치로부터의 신호가 계속되어야 한다.

운동 순서를 약식 기호로 표시하고 그룹으로 나누면 다음과 같다.

A+, B+ / B−, C+ / B+ / B−, C−, A−
Ⅰ Ⅱ Ⅲ Ⅳ

4개 그룹으로 나누었으므로 캐스케이드 방식에서는 3개의 전환 밸브가 필요하게 된다.

다음 그림은 보조 회로를 넣지 않은 회로도이다.

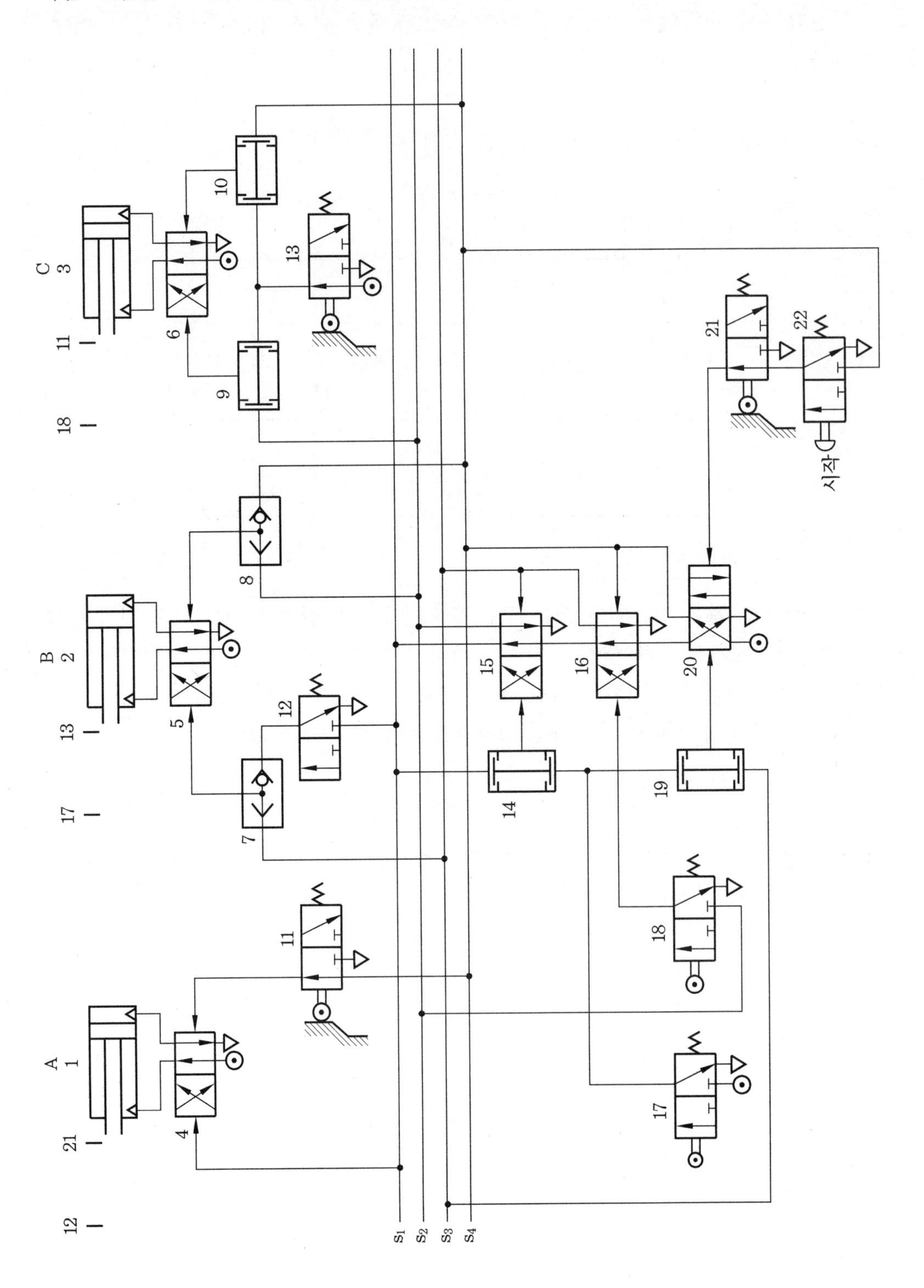

3. 전기 - 공압 회로

3-1 전기-공압 제어의 개요

우리는 산업 현장에서 부딪히는 갖가지 문제점을 원만하게 해결하기 위한 방법으로 생산 자동화를 생각할 수 있다.

인간의 힘만으로 주어진 문제를 해결하기란 지극히 어려운 일이며, 인간의 힘을 대신할 수 있는 에너지인 공압이 자동화 시스템에 널리 활용되고 있다. 그러나 최근의 산업 현장에서는 종래의 생산성 증가에 의한 양적 성장에서 질적인 성장을 추구하는 추세이며, 이러한 순수 공압 에너지만으로 현 산업 사회가 요구하는 공장 자동화를 이루는 데에 미흡한 것이 사실이다.

그러므로 이러한 공압 시스템에 전기 제어 기술을 접목시킨 전기-공압 제어 기술이 산업 현장의 성력화, 무인화를 위한 중요한 역할을 담당하고 있으며, 공압 관련 기술과 전기 기술의 통합은 산업 자동화의 영역에서 문제 해결에 커다란 기여를 해 온 것이 사실이다.

(1) 제어 (control)

새로운 제어 시스템을 만들고, 또 현재 있는 시스템을 개선, 확대하기 위하여, 제어의 정의와 이 제어에 사용되는 각종 부품의 기능에 대한 정확한 지식이 요구된다. KS 규격에 의한 제어 용어에 대한 일반적인 정의와 제어 종류 및 기본 원리에 대하여 생각해 보면 다음과 같다.

① 제어의 정의

㈎ 작은 에너지로 큰 에너지를 조절하기 위한 시스템을 말한다.

㈏ 일반적으로 기계나 설비의 동작을 자동으로 변환시키는 구성 성분 전체를 의미한다.

㈐ 어떤 동작을 지시하고 기억하거나 또는 다른 구성 요소를 동작시키기 위한 힘과 운동을 전달하는 요소와 설비를 말한다.

㈑ 기계의 재료나 에너지의 유동을 중계하는 것으로, 수동이 아닌 것이다.

㈒ 사람이 직접 개입하지 않고 어떤 작업을 수행시키는 것으로 규정하고 있다.

그러나 KS A 3008(자동 제어 용어 일반 1975. 12. 16 제정)에서는 “제어란, 어떤 목적에 적합하도록 되어 있는 대상에 필요한 조작을 가하는 것”이라고 정의내리고 있다.

② 제어 용어

(가) 제어계(control system) : 제어 대상, 제어 장치 등의 계통적인 조항을 말한다.

(나) 제어 대상(control system) : 제어의 대상이 되는 것으로, 기계, 공정, 시스템 등의 전체 또는 그 일부

(다) 작동부(actuator) : 제어하려는 질량 유동이나 에너지 유동에 어떤 작업을 행하며, 제어 대상의 입력 부분에 위치한 요소

(라) 조절부(controlling element) : 제어 장치에 속하며, 목표값에 의한 신호와 검출부로부터 신호에 의해 제어계가 소정의 동작을 시키는 데 필요한 신호를 만들어서 조작부에 보내주는 부분

(마) 제어 장치(control device or controller) : 제어 대상에 속하며 제어를 행하는 장치

(바) 조작부(final controlling element) : 제어 장치에 속하며, 조절부 등에서 나온 신호를 조작량으로 바꾸어 제어 대상을 작동시키는 부분. 서보 기구에서는 조작부를 명확히 할 수 없는 경우가 많다.

(사) 목표값(command value) : 제어계에 있어서 제어량이 그 값을 가지도록 목표로서 주어지는 값

(아) 제어량(controlled variable) : 제어 대상에 속하는 양 중에서 그것을 제어하는 일이 목적인 양

(자) 신호(signal) : 신호는 정보를 의미하며, 이 신호라는 표현은 물리량이나 물리량의 변화와 정보의 전달, 처리, 저장 등에 관계된 것이다. 그러나 간단히 표현하면 물리량에 대한 것은 생각하지 않고, 수학적인 양과 그의 변화에 관한 것만을 신호라고 할 수 있다.

(2) 제어의 종류

① 오픈 루프 제어와 클로즈드 루프 제어

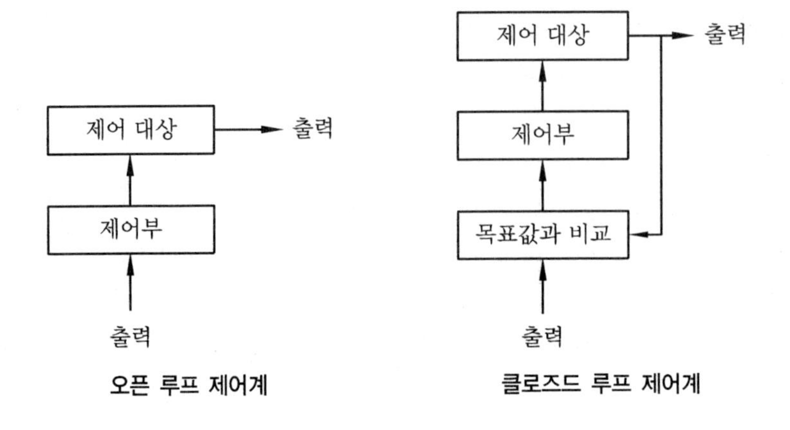

오픈 루프 제어계 **클로즈드 루프 제어계**

(가) 오픈 루프 제어 : 출력이 제어 자체에 아무런 영향이 미치지 않는 것을 말한다. 즉, 출력이 목표값과 비교되어서 제어 편차를 수정하는 과정이 없는 제어이다.

(나) 클로즈드 루프 제어 : 출력 신호를 감지하고 이것과 목표값을 비교하여 제어 편차가 제어 장치에 입력되어 이 편차를 줄이는 제어가 이루어지고, 결국 목표값과 일치되도록 하는 제어이다.

② 사용 제어 에너지에 따른 분류

- 기계적인 제어
- 전기적인 제어
- 전자적인 제어
- 순수(정상 압력) 공압 제어
- 유압 제어
- 저압력 공압 제어
- 전기 공압 제어
- 전자 공압 제어
- 전기 유압 제어
- 전자 유압 제어

③ 신호 처리 방식에 의한 분류

(가) 조합 제어(combined control) : 신호가 항상 특정한 출력 신호와 조합을 이루며, 시간 특성이 없다.

(나) 시퀀스 제어(sequence control) : 시간 특성이 있는 요소로만 이루어진 모든 제어가 여기에 속한다.

④ 작동 시퀀스의 형태에 따른 분류

(가) 파일럿 제어(pilot control) : 모방 선반, 모방 밀링 등과 같이 가공을 할 때, 트레이서 핀과 공구의 운동이 1 : 1 대응 관계를 갖는 것처럼 목표값과 출력값 사이에 유일한 관계가 있다.

(나) 기억 제어(memory control) : 공압 회로 중에 방향 제어 밸브를 사용할 때, 입력 신호에 의해 발생된 출력 신호가 입력 신호가 제거되어도 상대편의 입력 신호가 들어오기 전까지 그 출력 신호가 유지되는 제어이다.

(다) 프로그램 제어(program control)

㉮ 타임 스케줄 제어(time schedule control)

시간에 따라 작동되는 프로그램 전달기에 의해서 목표값이 주어진다. 이 제어의 특징은 프로그램 전달기와 시간에 따라서 작동하는 작업 순서가 있다는 것이다.

㉯ 좌표 운동 제어(coordinated motion control)

목표값이 프로그램 전달기에 의해 주어지고, 그에 상응하는 출력값은 움직일 수 있는 거리에 좌우된다.

㉰ 시퀀스 제어(sequence control)

어떤 작업을 위한 시퀀스 프로그램은 프로그램 전달기에 수록되어 있으며, 이 프로그램 전달기는 제어 대상에 의해 작업 과정 중의 어떤 한 순간에 도달했다는 조건에 의해 단계별로 프로그램을 수행한다. 이 프로그램은 특정한 공정에만 적용할 수 있는 전용 프로그램이며, 천공 카드, 천공 테이프, 자기 테이프 또는 다른 적당한 저장 매체에 의해 전용이나 범용으로 사용될 수 있다. 시퀀스 제어의 특징은 프로그램 전달기가 있다는 것과 현재 시스템 내의 상태를 감지할 수 있다는 것이다.

(3) 전기-공압 제어의 기초

① 접점의 기본 형태

전기 제어에 사용되는 기기의 접점 형태는 상시 열림형의 a 접점과 상시 닫힘형의 b 접점이 있다. a 접점은 평상시 열려 있는 상태로 외부에서 힘이 가해졌을 때 닫히는 접점이며, b 접점은 평상시 닫혀 있는 상태로 외부에서 힘이 가해질 경우 열리는 접점이다. 그리고 a 접점과 b 접점이 공유된 상태의 접점 형태를 c 접점이라고 한다.

여러 가지 접점 기호

번 호	명 칭		기 호	
			a 접점	b 접점
1	릴레이(자동 복귀 접점)			
2	리밋 스위치(기계적 접점)			
3	서멀 릴레이(수동 복귀 접점)			
4	플로트 스위치			
5	푸시 버튼 스위치(수동 조작 접점)			
6	선택 스위치			
7	타이머	ON delay		
		OFF delay		
		ON-OFF delay		

② 조작 스위치

㈎ 푸시 버튼 스위치(push button switch)

스위치의 조작부에 푸시 버튼을 설치한 형태의 스위치로서, 푸시 버튼을 누르면 접점이 작동하고, 버튼에 작용하는 작용력을 제거하면 내장된 스프링의 힘에 의해 접점이 원위치 된다. 주로 전자 개폐기나 보조 릴레이 등의 개폐 스위치로 사용되며, 기능에 따라 a 접점, b 접점 및 c 접점이 있다. 아래의 그림은 푸시 버튼 스위치의 동작 상태를 나타낸 것이다.

㉮ 접점의 작동 상태

• a 접점의 작동

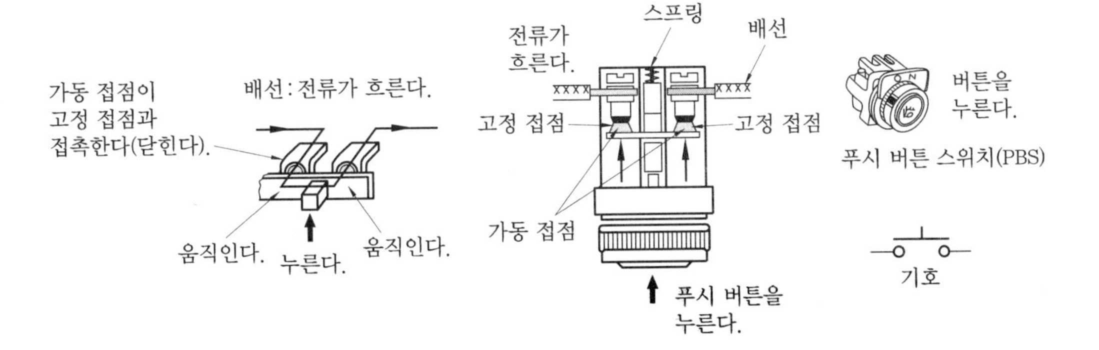

• b 접점의 작동

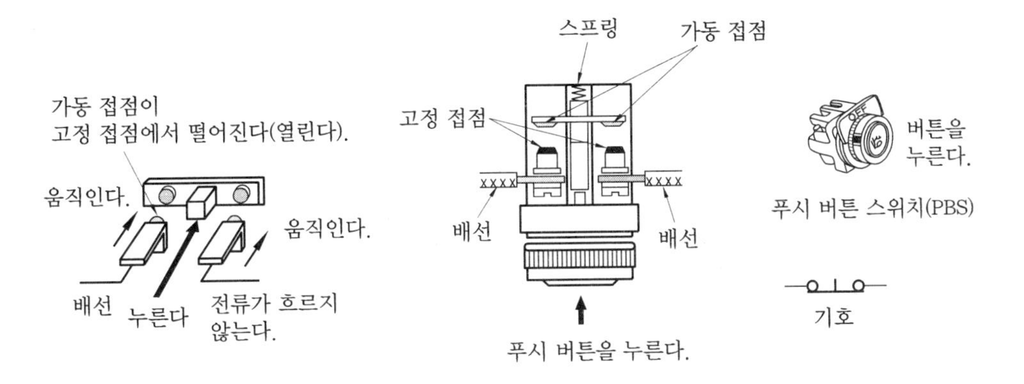

• c 접점의 작동

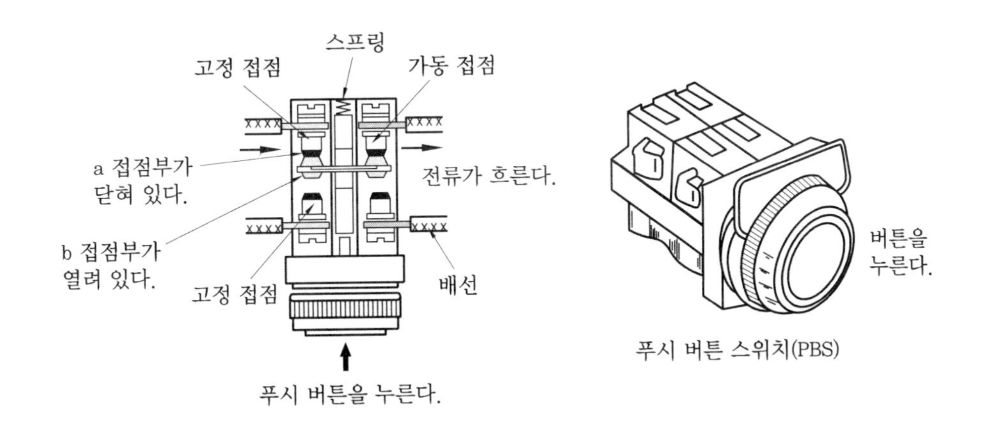

㈏ 푸시 버튼 스위치의 종류

번 호	종 류	기기의 설명
1	기본형 푸시 버튼 스위치	외부로부터 가해지는 힘에 의해 작동되는 스위치로서, 푸시 버튼을 누르는 조작에 의해 개폐되는 스위치 형태이며, 버튼을 놓으면 내부의 스프링에 의해 복귀한다.
2	조광형 푸시 버튼 스위치	스위치의 조작 상태를 램프의 점등 상태 및 색깔로써 나타내는 스위치로, 푸시 버튼과 램프의 표시 기능을 동시에 갖는다.
3	푸시 로크 스위치 (push lock switch)	조작 버튼을 누를 때마다 ON·OFF 기능을 반복하는 스위치이다.
4	ON·OFF 스위치	모터의 기동과 정지 조작을 하기 위하여, 2개의 푸시 버튼을 연동시켜 ON·OFF되도록 한 스위치이다.
5	비상용 푸시 버튼 스위치	비상 정지용으로 사용되는 스위치로, 보통 버튼을 누르면 스위치가 로크되고, 버튼을 회전시킴으로써 리셋(reset) 시킨다.

(나) 선택 스위치(selector switch)

스위치의 손잡이를 노브형 또는 레버형으로 하여 각 회전 위치에 따라 접점이 ON·OFF되도록 한 스위치이다.

[그림 기호]

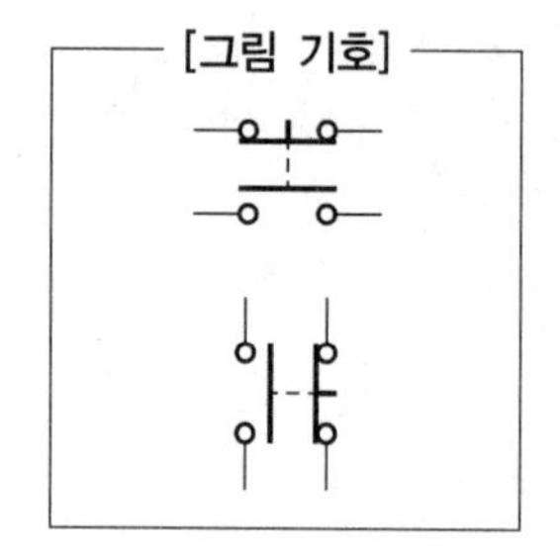

(다) 토글 스위치(toggle switch)

[그림 기호]

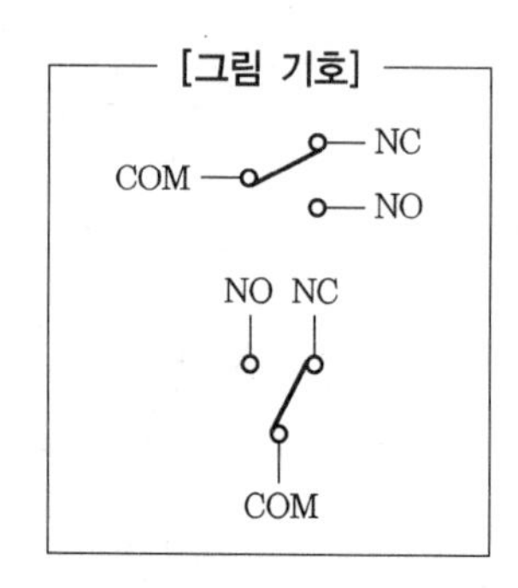

텀블러 스위치의 일종이며, 핸들 조작에 의해 회로를 개폐하는 스위치로서 전환 스위치 등으로 쓰인다. 비교적 소형으로 취급이 용이하나, 전류 차단 용량이 작으므로 개폐 빈도가 높은 회로는 사용에 신중을 기해야 한다.

(라) 로터리 스위치(rotary switch) : 회전 작동에 의해서 접점을 변환시키는 스위치로, 회전수, 이송 속도 설정 등에 많이 사용되는 스위치이다.

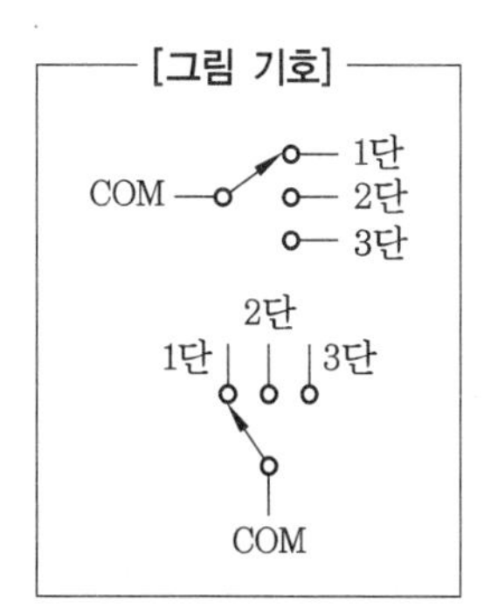

(마) 파형 스위치(roker switch) : 파형 손잡이를 누르면 스프링의 힘을 갖는 접점 기구에 의해 회로가 개폐되는 스위치이다.

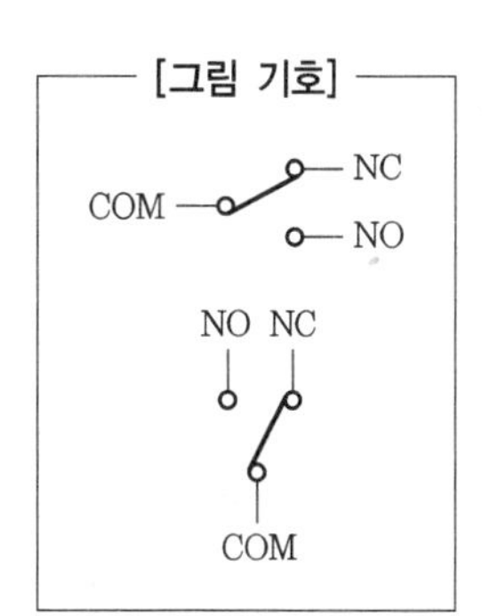

(바) 캠 스위치(cam switch) : 캠의 동작에 의해 접점이 개폐되고, 여러 개의 단자를 사용하여 회로를 연결할 수 있는 스위치이다. 주로 전동기 모터의 극수 변환에 주로 사용된다.

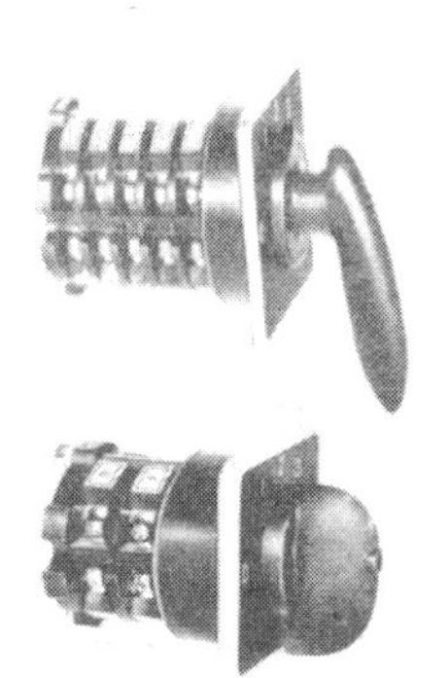

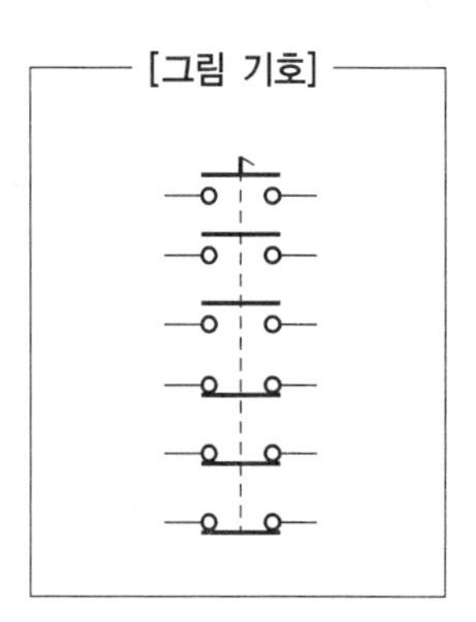

③ 리밋 스위치(mechanical limit switch)

수동으로 조작하는 푸시 버튼 스위치를 대신하여 기계적 조작에 의해 접점이 개폐되는 스위치이다. 이 리밋 스위치는 기계나 실린더 운동의 최종 위치를 감지하는 데 사용된다. 리밋 스위치의 표준 형태는 일반적으로 다음 그림과 같이 c 접점을 가지고 있다.

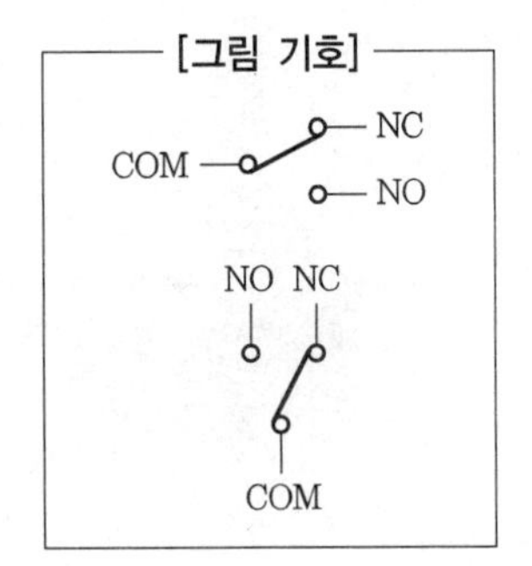

④ 릴레이(electromagnetic relay)

릴레이란 전자력을 이용하여 스위치의 개폐 제어를 하는 데 사용하는 부품을 말하며, 릴레이는 주회로 기기(배선용 차단기, 전자 접촉기 등)를 조작하는 보조적인 역할을 하는 계전기를 말한다. 내부는 고정 접점, 가동 접점 및 릴레이 코일 등으로 구성되어 있다. 릴레이 코일이 여자 소자되어 접점이 ON·OFF 된다. 이들 릴레이는 구조에 따라 힌지(hinge)형과 플런저(plunger)형으로 구분할 수 있다.

㈎ 힌지형(hinge type) 릴레이

가장 널리 사용되고 있는 형태의 릴레이로서, 고정 접점, 가동 접점, 가동 철심, 고정 철심, 복귀 스프링 및 릴레이 코일로 구성되어 있다. 내부에 설치된 전자 코일에 전류가 통전되면, 코일이 여자됨으로써 고정 철심이 자화되어 전자석이 된다. 따라서 가동 철심이 고정 철심에 흡인된다. 이 경우, 구조적으로 가동 철심이 흡인될 때 가동 접점이 고정 접점 쪽으로 이동하면서 접점이 연결되므로, 회로 구성을 할 수 있게 된다.

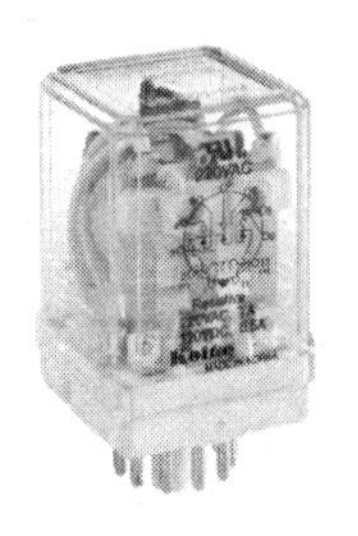

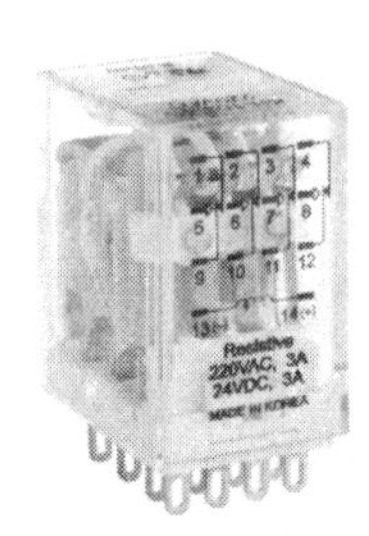

힌지형 릴레이의 외관

힌지형의 릴레이는 보통 접점 형태가 a 접점과 b 접점이 동시에 구성되어 있는 c 접점 형태로 되어 있어서, 코일이 소자된 상태에서는 가동 접점(com 접점)과 NO(normal open) 접점이 개로된다. 그리고 코일에 전기가 통전되어 코일이 여자되면 가동 접점(com 접점)과 NO(normal open) 접점이 폐로되며, NC 접점과는 개로된다. 즉, 릴레이 코일이 여자될 경우 b 접점 측에서 a 접점 측으로 절환한다.

힌지형은 소켓을 사용하여 설치하므로, 고장 수리 시 유리한 점이 있다.

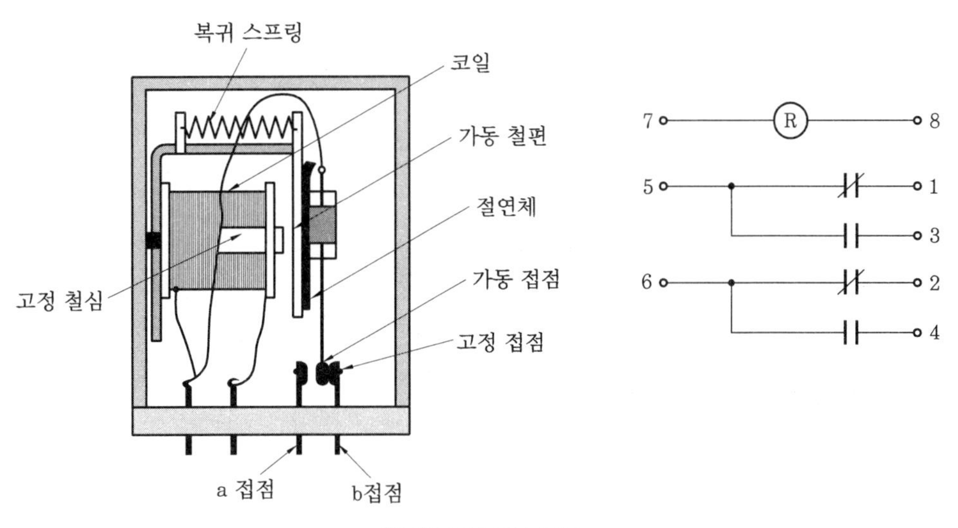

힌지형 릴레이의 구조

(나) 플런저형(plunger type) 릴레이

플런저형의 릴레이도 역시 내부가 고정 접점, 가동 접점, 가동 철심, 고정 철심, 복귀 스프링 및 릴레이 코일로 구성되어 있으며, 릴레이 코일이 여자되면 고정 철심이 자화되어 가동 철심을 흡인하여, 역시 가동 접점을 고정 접점에 연결시키는 역할을 한다. 즉, a 접점은 개로되고 b 접점은 폐로된다.

플런저형의 릴레이가 힌지형의 릴레이와 다른 점은 공통 접점(com 접점)이 없다는 것으로, 이 릴레이는 a 접점과 b 접점이 따로 구성되어 있다.

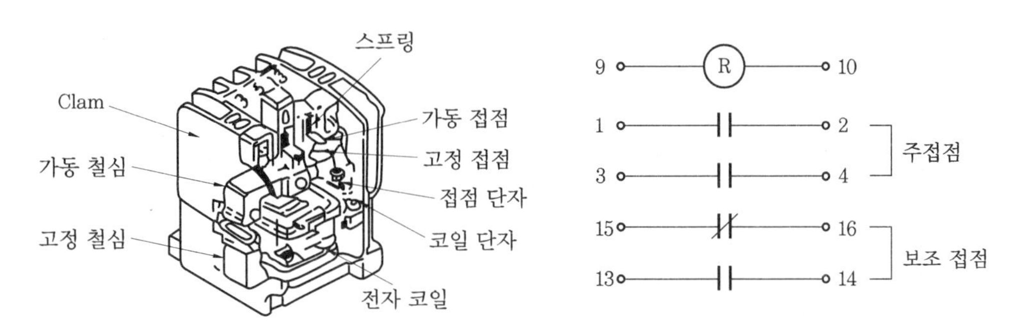

플런저형 릴레이의 구조

⑤ 배선용 차단기(CB : circuit breaker)

배선용 차단기는 회로에서 발생되는 이상 전류, 특히 단락 전류를 차단하기 위하여 설치한 부품으로, 부하측에 설치한 각종 전기 기기나 접속 전선 보호를 주목적으로 하는 부품이다. 전기 회로 내에서 차단 가능한 전류 용량, 정격 전류 및 사용전압을 고려하여 선정할 필요가 있다.

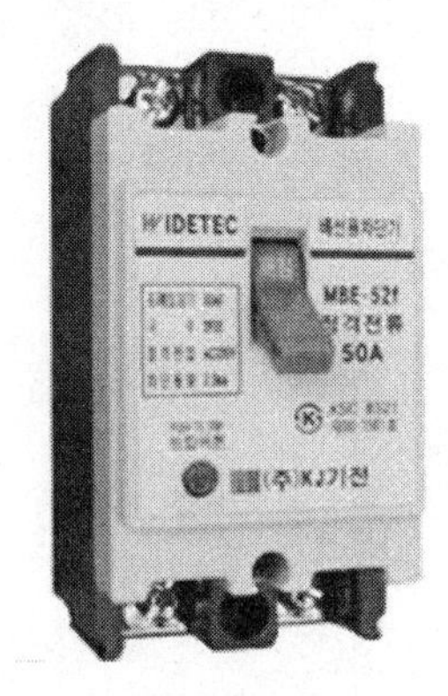

배선용 차단기

⑥ 전자 접촉기(MC : magnetic contactor)

전자 접촉기의 주접점 및 보조 접점 구성부 전체를 몰드 케이스(mold case)가 감싸고 있는 형태로, 플런저형 릴레이와 똑같은 구조를 가지고 있다. 전자 접촉기는 전동기 모터 등의 대전류의 개폐를 확실히 제어하기 위하여 사용된다.

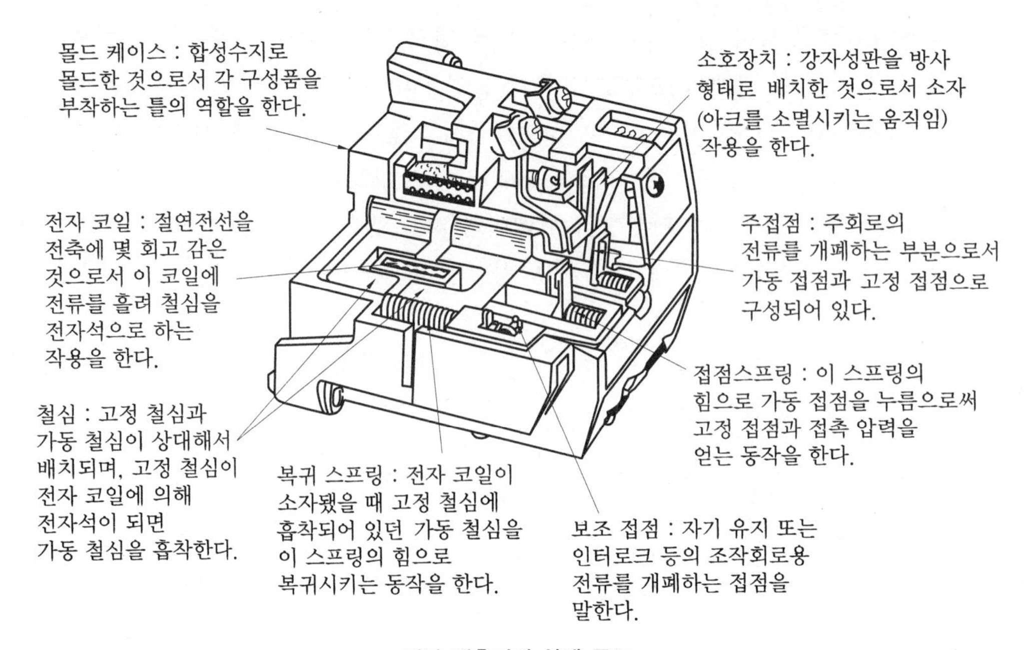

전자 접촉기의 상세 구조

전자 접촉기는 전동기 모터와 같은 부하 전류를 개폐하는 주접점과 제어 회로 등의 전류 용량을 개폐하는 보조 접점을 가지고 있다.

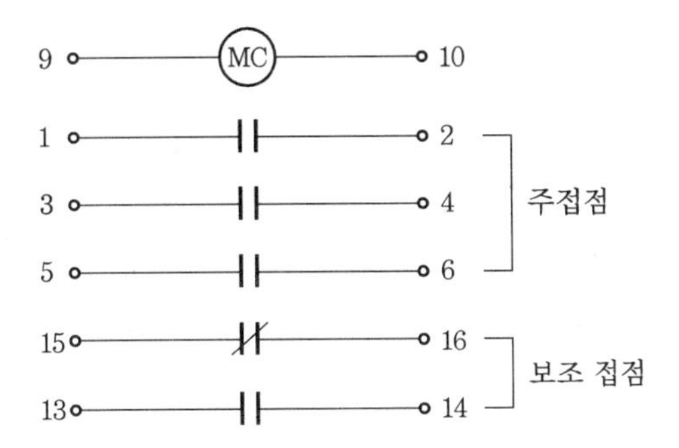

⑦ 전자 개폐기(MS : magnetic switch)

전자 개폐기는 전자석의 여자에 의해 개로하고 소자에 의해 폐로하는 개폐부(전자 접촉기 : magnetic contactor)와 전류가 설정값 이상의 부하 전류로 된 경우 폐로시키는 과전류 보호 장치가 있다. 즉, 전자 접촉기와 열동형 과부하 계전기(thermal-relay)를 조합시킨 개폐기를 말한다.

전자 개폐기의 접점에도 전동기 모터 등의 개폐에 사용되는 주접점과 회로 내에서 안전 회로 등에 사용되는 보조 접점이 있으며, 과전류 보호기의 접점이 있다.

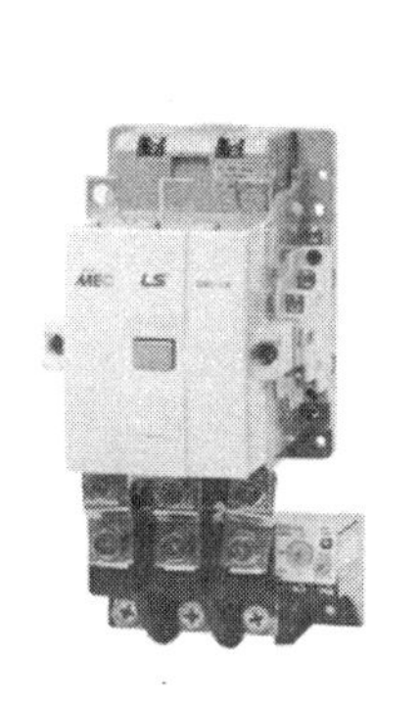

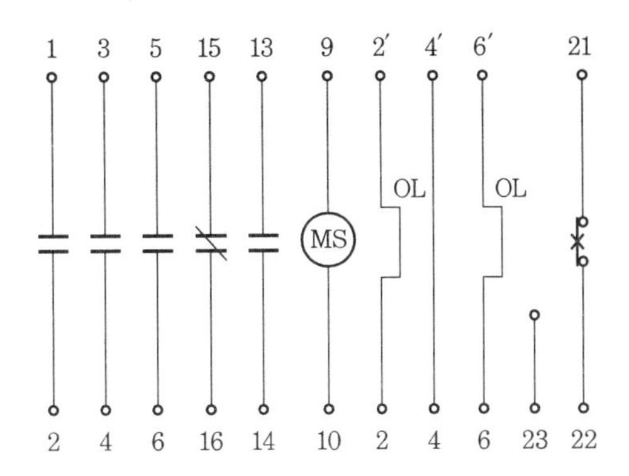

⑧ 타이머(timer)

회로 내에서 시간 지연이 필요한 경우에 사용되는 릴레이의 일종으로서, 기계식 타이머, 전기식 타이머, 전자식 타이머가 있다.

다음 그림은 전자식 타이머의 외형과 타이머의 내부 회로도이다.

[타이머의 작동 설명]

다음 그림의 타이머 내부 회로도에서 타이머는 통상적으로 220V 전원을 ②번과 ⑦번에 투입하여 동작시킬 수 있으며, 100V일 경우에는 ④번과 ⑦번을 사용하여 동작시킨다.

- ①번과 ③번 접점 : 순시 접점이라고 하며, 타이머 코일에 전원이 투입되면 곧바로 동작되는 접점이다.
- ⑤번과 ⑧번 접점 : 한시 b 접점으로서 타이머 코일에 전원이 투입된 후, 타이머의 설정 시간이 경과하면 접점이 열림 상태에서 닫힘 상태로 된다.
- ⑥번과 ⑧번 접점 : 한시 a 접점으로서 타이머 코일에 전원이 투입된 후, 타이머의 설정시간이 경과하면 접점이 개로되는 접점이다.

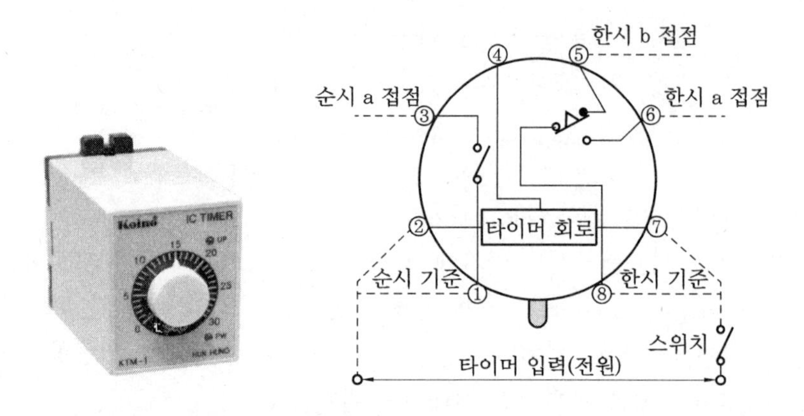

⑨ 전자 방향 제어 밸브(solenoid valve)

액추에이터(공압 실린더, 공압 모터 등)의 구동 방향을 제어하기 위하여 사용되는 방향 제어 밸브를 전자 솔레노이드를 이용하여 작동시키는 밸브를 말한다. 즉, 전자석과 방향 전환 밸브를 조합한 형태로, 솔레노이드 코일이 여자됨으로써 밸브 내의 스풀(spool)을 전자석의 힘으로 움직여, 기름의 방향을 바꾸어 주는 밸브를 솔레노이드 밸브라고 한다.

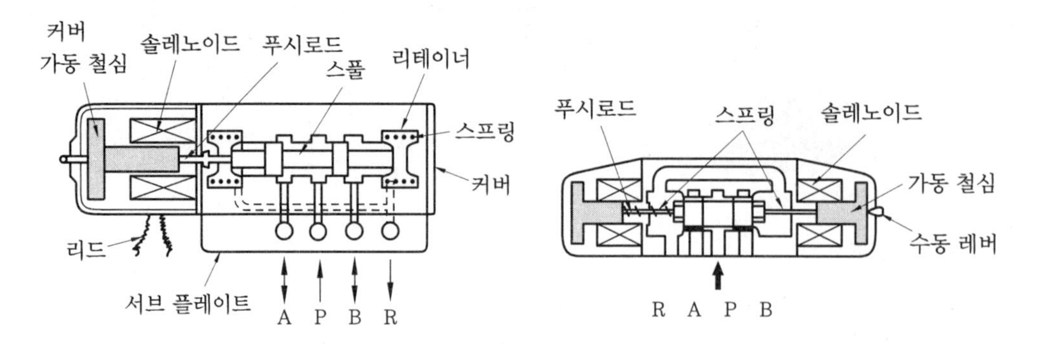

다음은 간접 작동형 4/2 way 양 솔레노이드 밸브의 그림이다. 이 밸브는 축 방향 평면 슬라이드 밸브로 되어 있으며, 밸브에는 스프링이 내장되어 있지 않기 때문에 2개의 솔레노이드에 의한 신호가 같이 들어오더라도 먼저 도달한 신호가 우선되고, 제어 신호가 제거되어도 밸브 위치가 반대편의 신호가 입력될 때까지 유지되므로 이를 메모리 밸브라고도 한다.

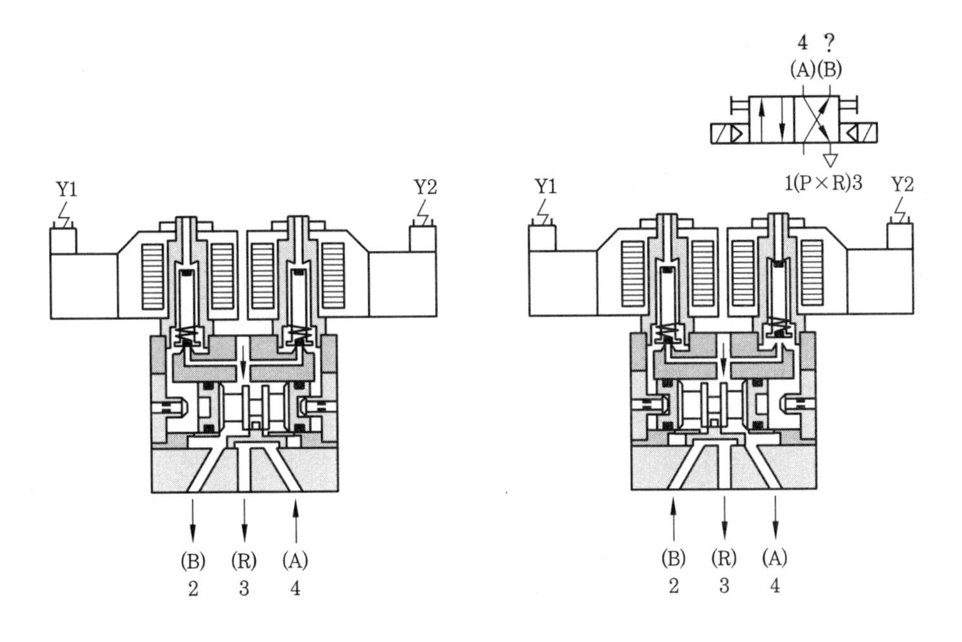

밸브 기능에 의한 전자 밸브의 종류

포 트	솔레노이드	위 치	귀환 스프링	밸브의 위치	기 호
2포트 밸브	싱글 솔레노이드	2위치	스프링 리턴	normal closed	
				normal open	
3포트 밸브	싱글 솔레노이드	2위치	스프링 리턴	normal closed	
				normal open	
	더블 솔레노이드	3위치	더블 스프링 리턴	closed center	
				open center	
4포트 밸브	싱글 솔레노이드	2위치	스프링 리턴		
	더블 솔레노이드	2위치	스프링 없음		
		3위치	더블 스프링 리턴	closed center	
				open center	

5포트 밸브 (더블 이그조스트형)	싱글 솔레노이드	2위치	스프링 리턴		
			스프링 없음		
	더블 솔레노이드	3위치	더블 스프링 리턴	closed center	
				open center	
5포트 밸브 (더블 인형)	싱글 솔레노이드	2위치	스프링 리턴		
			스프링 없음		
	더블 솔레노이드	3위치	더블 스프링 리턴	closed center	
				open center	

⑩ 센서(sensor)

센서란 자동 제어 기구에 있어서 감각 기관에 해당하는 소자로서, 기계 각부의 다양한 정보를 검출하여 제어 장치가 유효 적절한 운동을 할 수 있도록 전기적인 신호 또는 기타의 신호를 보내기 위한 일종의 변환기를 말한다.

센서는 검출 및 감지 대상에 따라 많은 종류가 있는데, 일반적으로 검출 방식에 의해 기계적 센서, 전기적 센서, 자기적 센서, 광학적 센서 및 유체적 센서로 분류할 수 있으며, 다음과 같다.

센서
- 기계적 센서 — 마이크로 스위치, 리밋 스위치, 바이메탈 스위치, 터치 스위치, 마이크로 인디케이터 등
- 전기적 센서 — 근접 스위치, 차동 트랜스, 퍼텐쇼미터, 로드셀 리졸버(resolver)
- 자기적 센서 — 리드 스위치, 자기 검출기
- 광학적 센서 — 광전 스위치, 이미지 센서, 적외선 센서, 초음파 센서, 인코더, 레이저 센서
- 유체적 센서 — 공기 마이크로미터, 공기압 검출기, 피크 테스터

검출 방식에 의한 센서의 분류

또한 센서를 검출 목적에 의해 구분할 때, 위치 센서, 압력 센서, 온도 센서, 토크 센서, 형상 센서 등으로 분류하게 되고, 일반적으로 시퀀스 제어에서 많이 사용되는 위치 센서는 다음과 같이 분류할 수 있다.

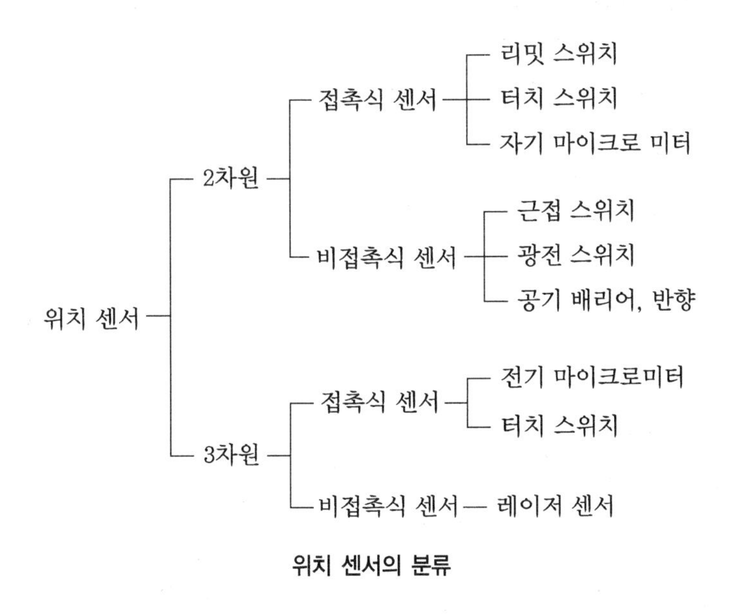

위치 센서의 분류

(가) 리밋 스위치(limit switch)

리밋 스위치는 기계 장치의 위치 검출을 위하여 사용되는 스위치로 기계적인 작동을 하여 전기적인 검출 신호로 발생시킨다. 이 신호를 이용하여 각종 릴레이나 솔레노이드 및 타이머 등을 작동시켜 액추에이터의 구동을 유효 적절하게 할 수 있도록 하는 역할을 한다. 리밋 스위치는 우선 가격이 저렴하고, 내환경성, 반복 정밀도 등이 우수하므로 현재 널리 사용되고 있다.

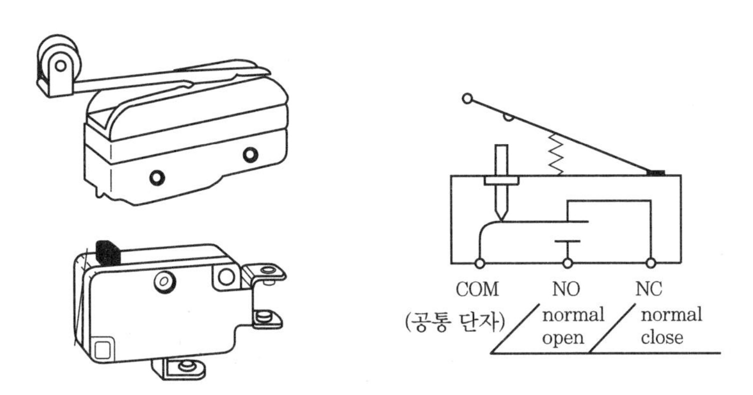

비봉입형 리밋 스위치

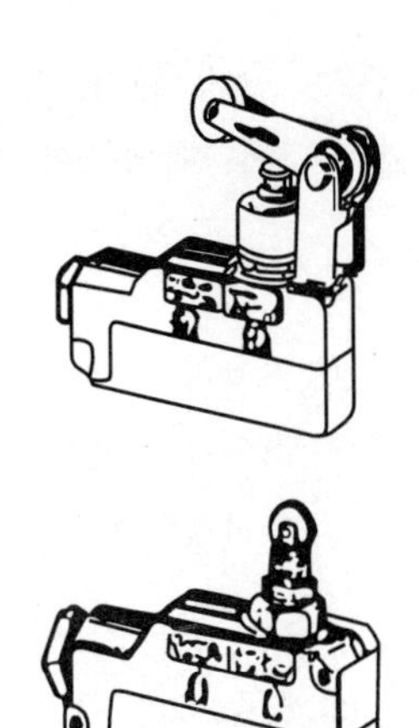

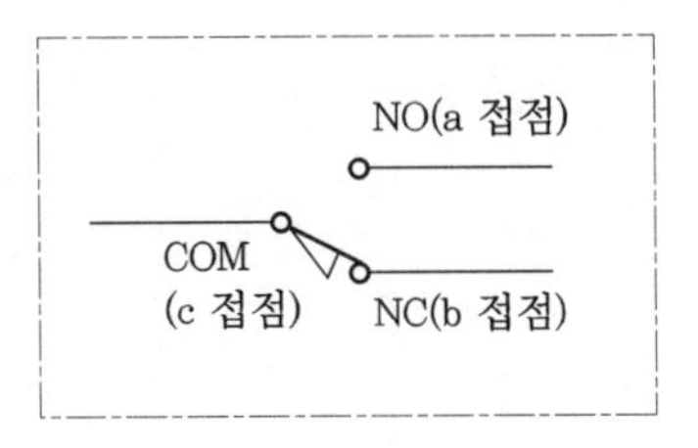

봉입형 리밋 스위치

(나) 근접 스위치(proximity switch)

센서를 작업물에 접촉하지 않고 접근하여, 전자계의 에너지를 이용해서 기계의 동작, 공작물 유무 등의 검출을 행하려 할 때 사용하는 검출 소자로서 다음과 같은 특징이 있다.

㉮ 작업물의 유무 검출을 비접촉으로 검출한다.
㉯ 전자 회로를 구성하기 때문에 마모가 없어 수명이 길다.
㉰ 진동, 충격에도 강한 특징이 있으며, 실(seal)성이 좋다.
㉱ 응답 속도가 빠르고, 빠른 속도로 움직이는 물체의 검출도 용이하다.

근접 스위치의 종류

구 분		구성도	동작 원리	특 징	검출 거리
자계	고주파 발진형	검출 코일, 검출 물체, 출력, (T_1 SCR), 고주파 발진	검출 물체의 접근에 따라, 고주파 발진회로의 발진 코일의 임피던스 변화로 검출하는 방식	응답 속도가 빠르다. 종류가 풍부하다.	0.2~50 mm
	차동 코일형	검출코일, 비교코일, 검출 물체, 검출, 출력, (T_1 SCR), 교류 신호원	검출 물체에 생기는 전류에 의한 자극을 검출 코일과 비교 코일의 차이로 검출하는 방식	검출 거리가 길다. 종류가 적다.	0~100 mm

자계	자기형	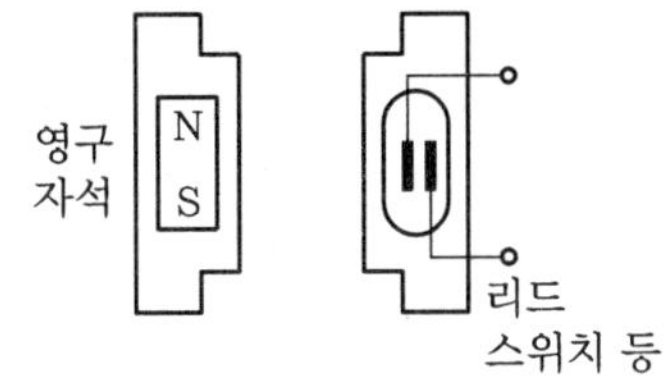 영구 자석 N S 리드 스위치 등	영구자석의 흡인력을 이용하는 방식	조작 전원이 필요 없다. 유접점 방식이다.	6~40 mm
전계	정전 용량형	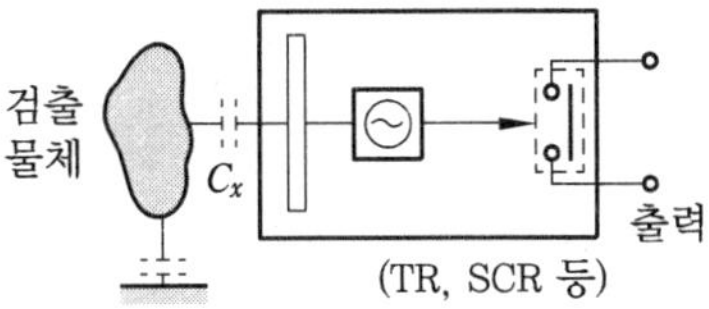 검출 물체 C_x 출력 (TR, SCR 등)	정전 용량의 변화에 따라 검출하는 방식	모든 물체의 검출이 가능하다. 가격이 고가이다.	3~25 mm
초음파	초음파형	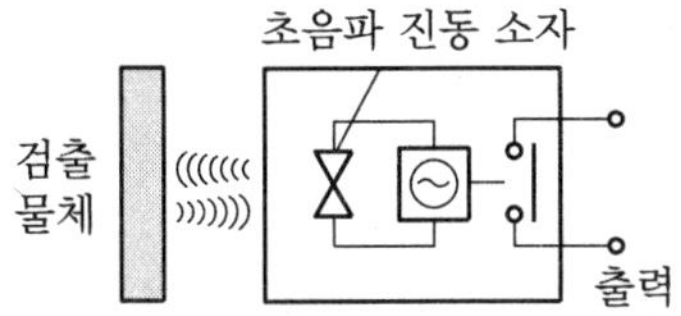 초음파 진동 소자 검출 물체 출력	초음파의 감쇠량 또는 반사파의 유무에 따라 검출하는 방식	모든 물체의 검출이 가능하다. 검출 거리가 길다.	50~1000 mm

㈐ 광전 스위치(photoelectric switch)

광에너지를 매개체로 하여 투광기와 수광기 사이에 물체를 삽입할 경우, 물체의 유무, 위치 등을 감지하는 센서를 말한다.

광전 스위치의 종류

항 목 \ 검출 방법	투과형	직접 반사형	반사형
동작 원리	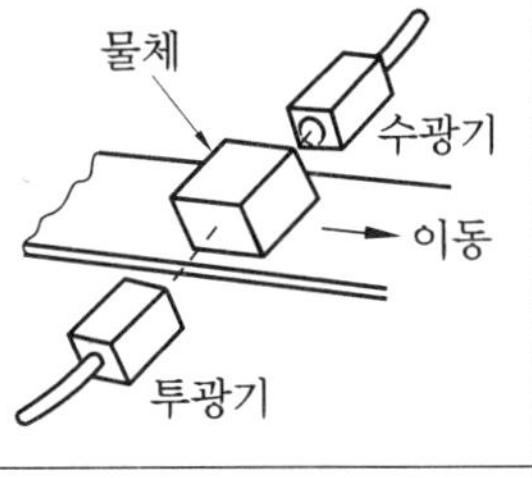 물체 수광기 이동 투광기	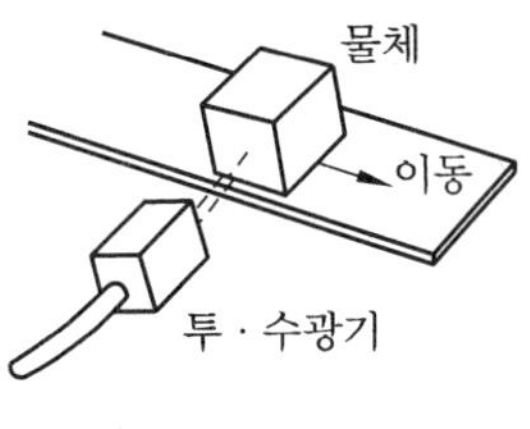 물체 이동 투·수광기	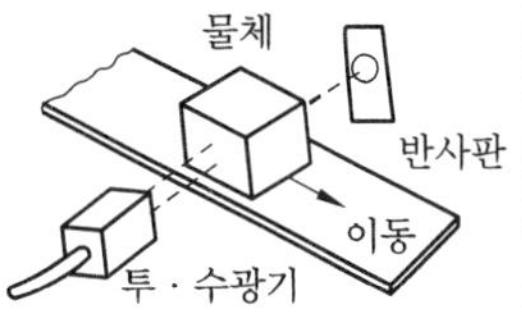 물체 반사판 이동 투·수광기
	투·수광 기간의 빛을 검출 물체로 차단하는 것에 의해 동작한다.	투광기로부터 투사된 빛을 검출 물체가 반사하여, 그 반사량을 검출하는 것으로 동작한다.	투과형과 동일 동작을 한다. 이 형은 투·수광기를 동일 케이스에 내장한다.
검출 물체	불투명체	투명·불투명체	불투명체
설정·검출 거리	0.1~200 m	1~9 m	0.05~1 m

특 징	• 장거리 검출이 가능하다. • 검출 정도가 높다. • 작은 물체가 가능하다. • 응용 범위가 넓다.	• 검출 물체의 핀홀로서 오동작하지 않는다. • zone 동작한다. • 투명체의 검출도 가능하다.	• 광축의 설정이 용이하다. • 배선 취부 공사가 용이(한 번으로 완료)하다. • 진동 · 충격에 강하다.
결 점	• 장거리만큼 광축맞춤이 곤란하다. • 배선 취부 공사가 복잡하다.	• 검출 물체의 표면 상태에 따라 동작 거리가 달라진다. • 검출체 이외의 반사량에 주의한다(벽면 등).	• 검출 물체의 반사율에 주의한다.

3-2 전기-공압 제어 회로

공기압 시스템에 많이 사용되고 있는 시퀀스 제어에서는 근래에 많이 채택되고 있는 ISO 방식을 주로 사용하고 있으며, 경우에 따라서 제어 전원 수직 방식인 ladder 방식을 활용할 수 있으므로, 여기에서는 두 방식을 병용하여 회로도를 작성하기로 한다.

제어 기기의 기호

제어 기기	ISO 방식		ladder 방식	
	A 접점	B 접점	A 접점	B 접점
푸시 버튼 스위치 (push button switch)	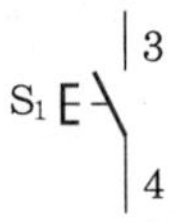 S_1 3 4	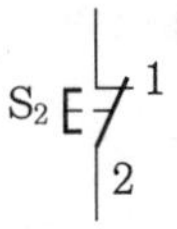 S_2 1 2	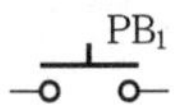 PB_1	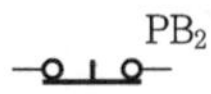 PB_2
리밋 스위치	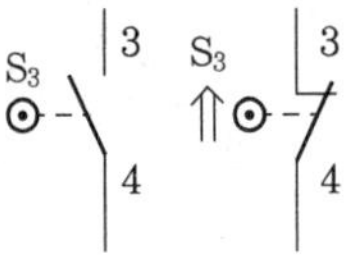 S_3 3 4 S_3 3 4	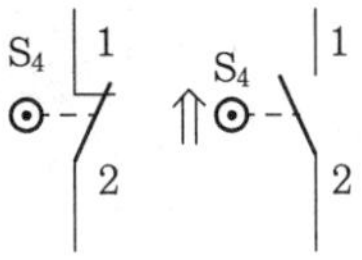 S_4 1 2 S_4 1 2	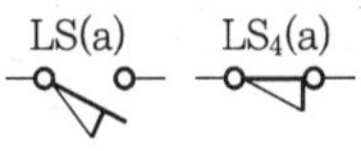 LS(a) LS_4(a)	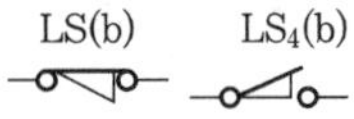 LS(b) LS_4(b)
릴레이	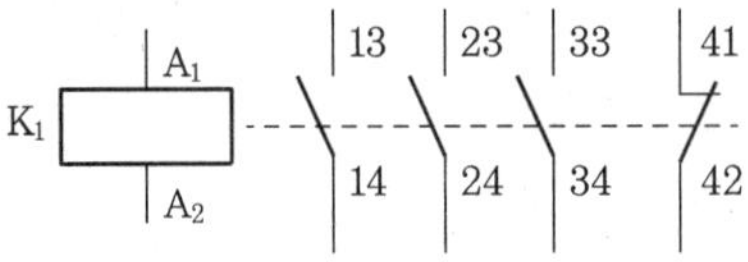 K_1 A_1 A_2 13 14 23 24 33 34 41 42 (3a-1b)		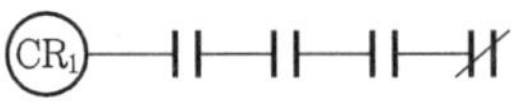 CR_1 (3a-1b)	
솔레노이드 (solenoid)	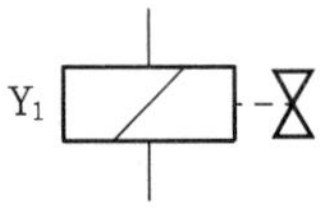 Y_1		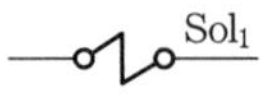 Sol_1	

(1) 전기 – 공압 기본 회로

① 논리 제어 회로

회로명	논리 기호	유체 소자 회로	전기 회로	논리식	설 명
AND	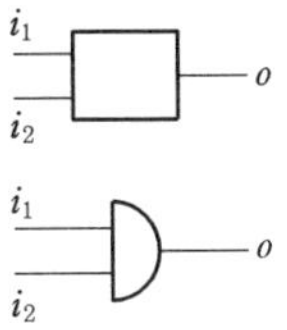	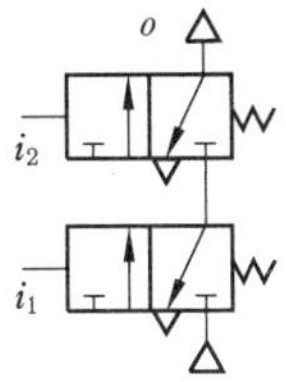	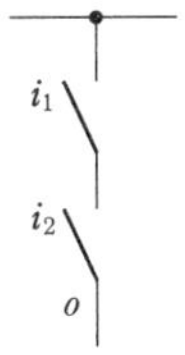	$i_1 \times i_2 = 0$ $i_1 \wedge i_2 = 0$	입력 i_1, i_2가 동시에 들어가면 출력 o가 나온다. i : 입력 신호 o : 출력 신호
OR	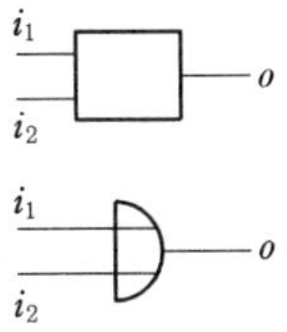	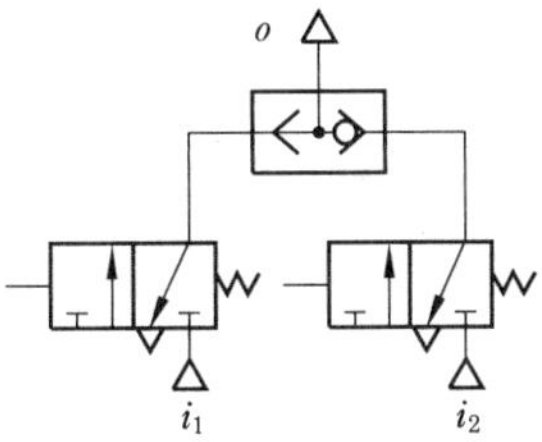	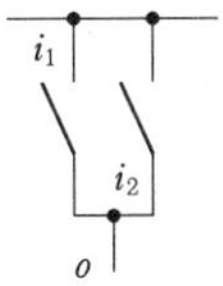	$i_1 + i_2 = 0$ $i_1 \vee i_2 = 0$	i_1과 i_2가 개별로 또는 동시에 들어가도 출력 o가 나온다.
NOT	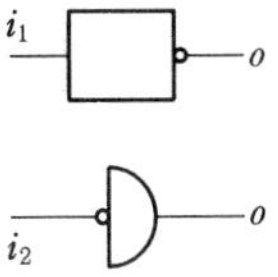	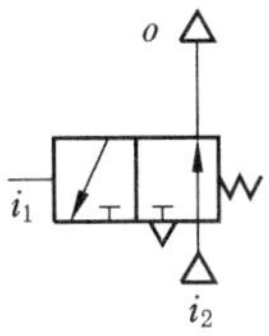		$\bar{i} = 0$	입력 i가 들어가면 출력 o가 없게 된다. 입력 i가 없으면 출력 o가 나온다.
NAND	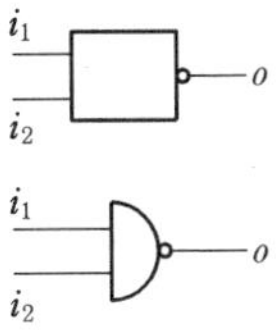	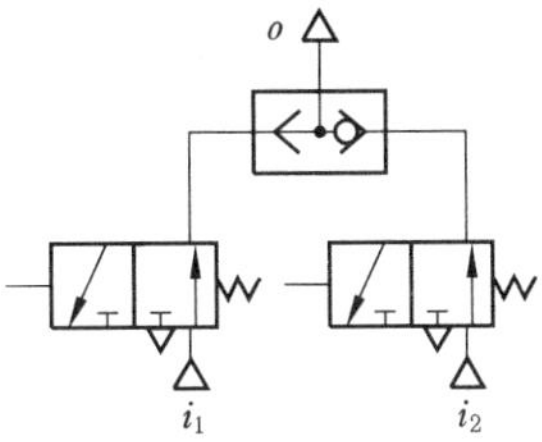	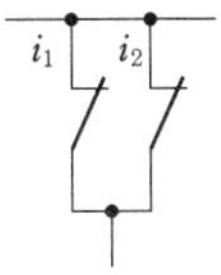	$\overline{i_1 \times i_2} = 0$ $\overline{i_1} + \overline{i_2} = 0$	입력 i_1, i_2가 동시에 들어가면 출력 o가 나온다.
NOR	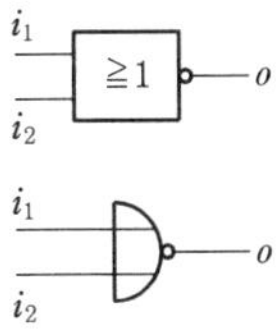	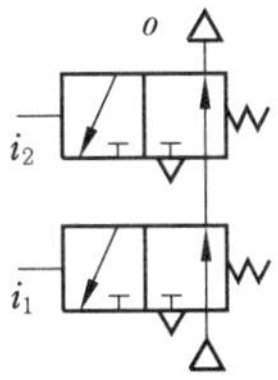	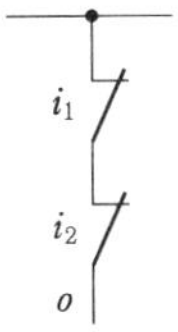	$\overline{i_1 + i_2} = 0$ $\overline{i_1} \times \overline{i_2} = 0$	입력 i_1, i_2가 동시에 없을 때만 출력 o가 나온다.

② 자기 유지 회로

기억 회로라고 하며, 외부의 입력에 의해 릴레이 작동 후 릴레이의 a 접점을 통하여 회로를 유지시켜, 외부 입력 신호를 제거해도 계속 작동되는 회로를 말한다. 자기 유지를 풀려면 코일로 들어가는 전원을 차단시켜야 한다.

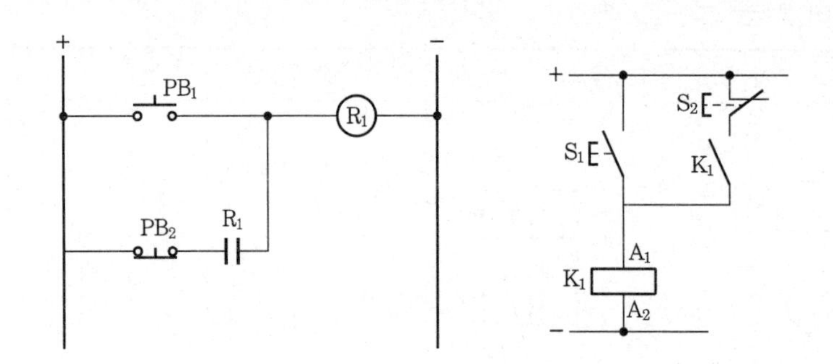

[작동 설명]

(가) 푸시 버튼 스위치 PB_1을 누르면 릴레이 코일에 전기가 인가되어 릴레이 a 접점이 연결된다. 릴레이 a 접점을 스위치와 병렬로 연결할 경우, 이미 a 접점은 연결되어 있는 상태이므로, PB_1을 놓더라도 전기 공급은 릴레이 a 접점을 통하여 지속될 수 있기 때문에 릴레이 동작은 계속된다.

(나) 릴레이 동작을 멈추려 할 경우에는 그림과 같이 PB_2를 눌러 줌으로써 릴레이 코일로 들어가는 전원을 차단시킨다. 그러면 릴레이 코일이 소자되어 릴레이 동작이 멈추게 되고 a 접점의 연결이 풀리므로 전원 공급이 차단된다.

③ 타이머 회로

한시 회로라고 하며, 지연 시간을 설정한 후 그 설정 시간이 되면 작동하는 회로로 ON delay, OFF delay 및 ON-OFF dalay 회로의 3가지 형태가 있다.

(가) 타이머 기본 회로

㉮ ON delay 회로

타이머 코일에 전기가 인가된 후, 일정 시간이 경과한 후에 한시 작동 a 접점이 닫히고 동시에 한시 작동 b 접점은 열리며, 코일에 전기 공급이 차단되면 한시 작동 a 접점과 b 접점 모두 즉시 작동되는 회로이다.

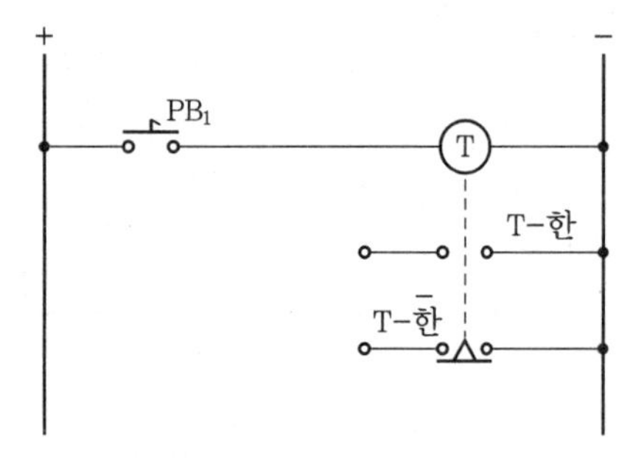

Ⓣ: 타이머 코일 T−한: 한시 작동 a 접점
T−한: 한시 작동 b 접점

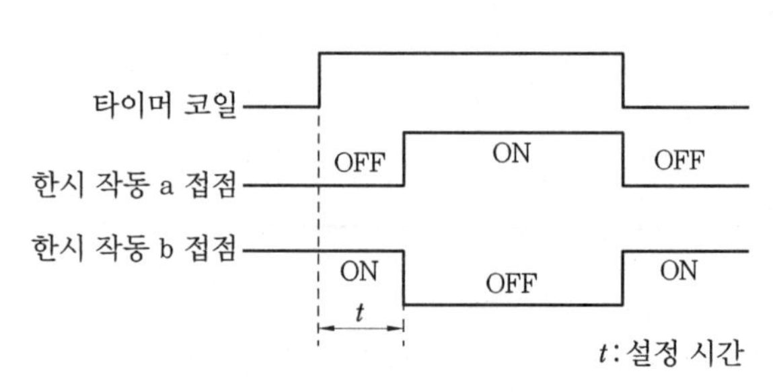

타임 차트

㉯ OFF delay 회로

타이머 코일에 전기가 인가되면 순시에 한시 복귀 a 접점이 닫히고 한시 복귀 b 접점은 열리며, 타이머 코일에 전기 공급이 차단되면 타이머의 설정 시간이 경과한 후에 한시 복귀 a 접점이 열리고, 한시 복귀 b 접점은 닫히게 되는 회로이다.

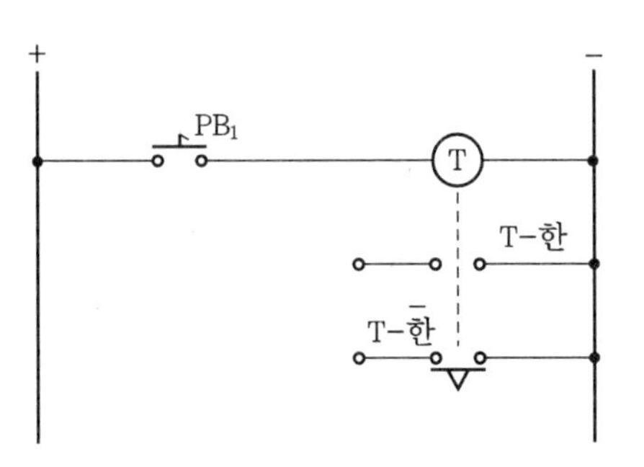

Ⓣ: 타이머 코일 T−한: 한시복귀 a접점
T−$\overline{\text{한}}$: 한시복귀 b접점

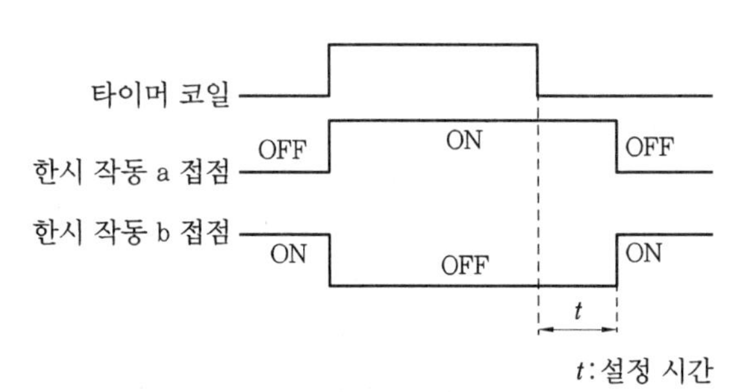

타임 차트

㉰ ON-OFF delay 회로

ON delay 회로와 OFF delay 회로를 합친 회로로서, 타이머 코일에 전기가 인가되면 일정 시간(타이머 설정 시간)이 경과한 후 한시 작동 복귀 a 접점과 b 접점이 작동되고, 코일에 전원 공급을 차단하면 일정 시간이 경과한 후 한시 작동 복귀 a, b 접점이 복귀되는 회로를 말한다.

(나) 타이머 응용 회로

㉮ 지연 작동 회로

가장 기본적인 타이머 작동 회로이며, 입력 신호가 주어진 후 설정 시간이 경과한 후에 출력이 나오는 회로이다.

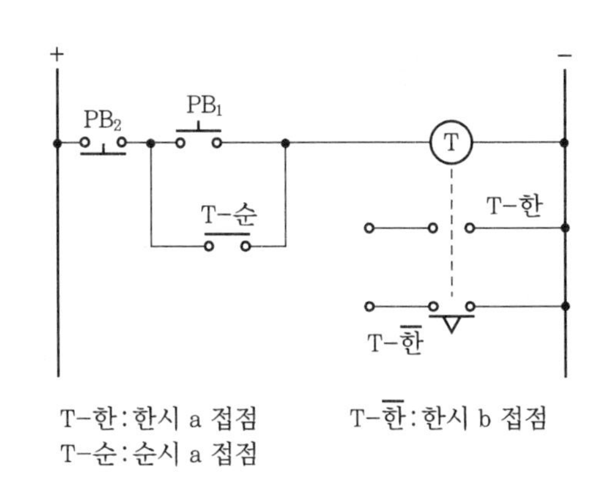

T−한: 한시 a 접점 T−$\overline{\text{한}}$: 한시 b 접점
T−순: 순시 a 접점

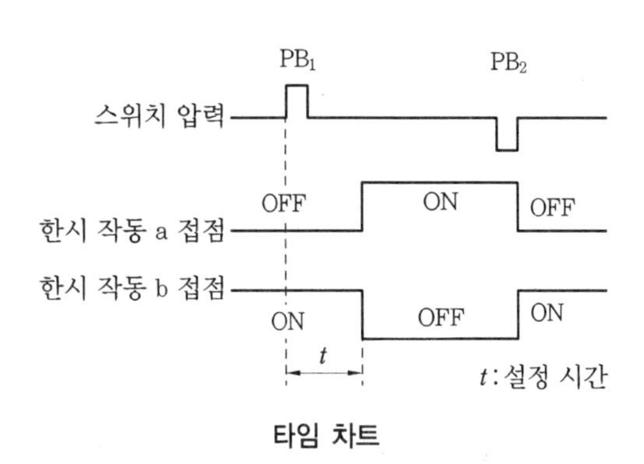

타임 차트

㉯ 한시 복귀 회로

입력이 주어지면 즉시 출력을 내며, 입력이 제거되어도 설정시간까지는 계속

출력을 내는 회로로서, 타이머 설정 시간이 경과한 후에 출력이 정지되는 작동 회로이다.

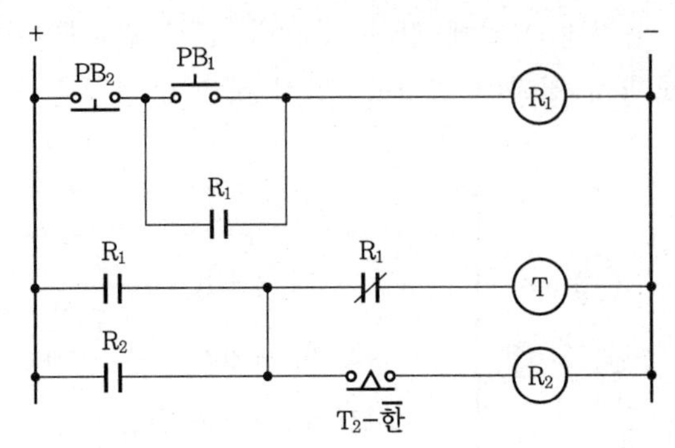

㉰ 지연 작동 한시 복귀 회로

입력 신호가 부여되고 타이머의 설정 시간이 경과된 후에 출력이 나오며, 입력 신호가 제거되더라도 계속 출력을 내다가 일정 시간이 경과된 후에 출력이 정지되는 회로이다.

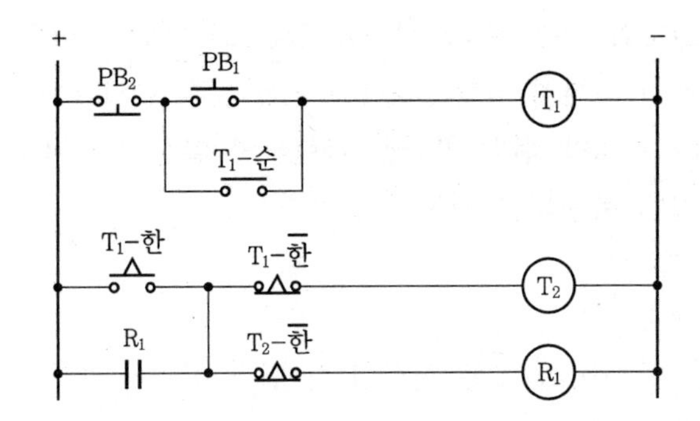

㉱ 간격 작동 회로

입력 신호에 의해 순시에 출력을 내고, 입력 신호와는 관계없이 설정 시간만큼 출력을 내는 회로를 말한다.

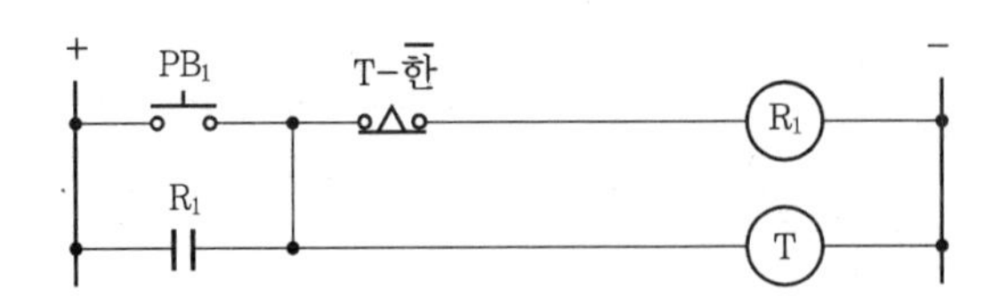

④ 인터로크 회로 (interlock circuit)

2개의 입력 중 먼저 작동시킨 쪽의 회로가 우선적으로 이루어져 작동하는 회로를 말한다. 이때 다른 쪽의 신호가 들어오더라도 작동되지 않는 회로를 인터로크 회로라고 한다.

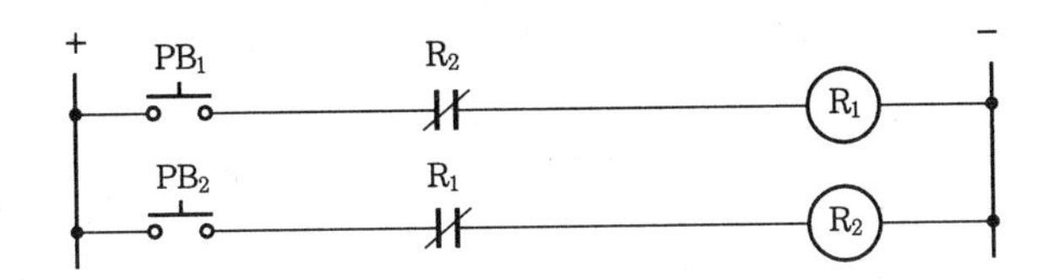

⑤ 전자 개폐기 제어 회로(전동기 제어 회로)

일반적으로 전자 개폐기는 시퀀스 제어에서 가장 많이 사용되고 있는 전기 부품으로, 주로 전동기의 제어 회로에 사용되고 있다.

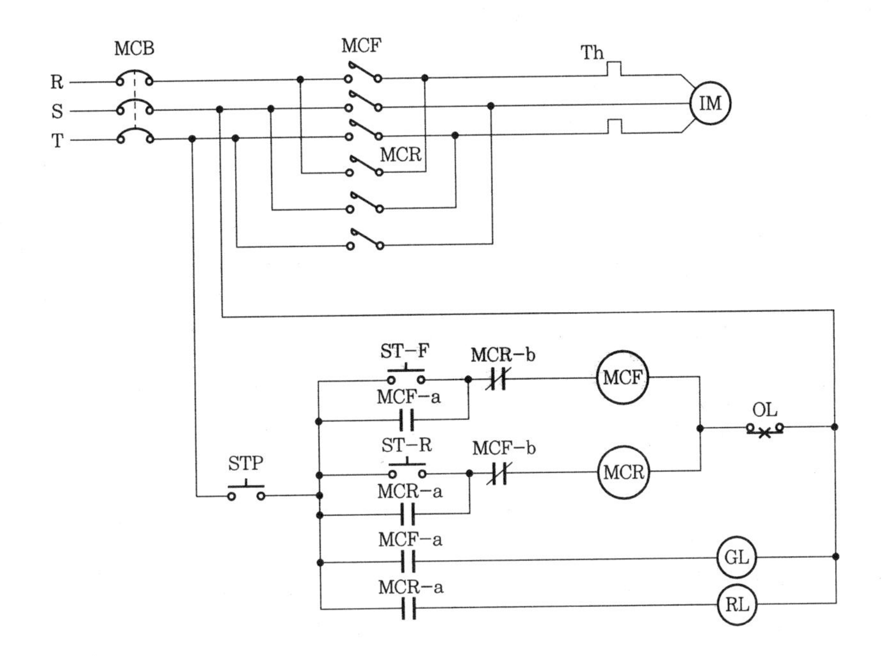

(2) 전기－공압 제어 회로

① 단동 실린더 제어 회로

푸시 버튼 스위치 PB_1을 누르면 단동 실린더의 피스톤이 전진하고, 푸시 버튼 스위치를 놓으면 단동 솔레노이드에 전기 신호가 차단되므로, 밸브에 내장되어 있는 스프링의 힘에 의해 밸브가 전환되어 단동 실린더는 후진하게 된다.

다음 그림 (a)는 푸시 버튼 S_1을 누르면 회로가 구성되어서 솔레노이드 코일 Y_1에 전기가 인가되어 여자될 경우, 밸브가 전환되어 실린더가 전진하게 된다. 푸시 버튼 스위치 S_1을 놓으면 회로가 폐로되어 솔레노이드 코일 Y_1에 전기 공급이 차단되므로, 밸브는 스프링 힘에 의해 원위치하여 실린더는 후진한다. 그림 (b)는 푸시 버튼 S_1을 누를 경우, 릴레이 코일 K_1에 전기가 인가되어 코일이 여자되면, 릴레이 K_1의 a 접점이 개로되어 솔레노이드 코일 Y_1이 여자된다.

이때 3/2 way 제어 밸브가 전환되어 실린더는 전진 운동을 하게 되며, 스위치를 놓으면 우선 릴레이 코일이 소자되고 그 후 솔레노이드 코일도 소자되어 제어 밸브가 원위치하므로, 실린더는 후진 운동을 하게 된다. 여기서 그림 (b)와 같은 방식은 신호 장치 S_1의 전환 용량이 코일 Y_1에 전기 공급을 충분히 하지 못할 경우와 회로 진행 과정에서 다른 저항이 요구될 경우에 적용된다. 아래의 전기 공압 회로도에서 (a)와 (b)는 ISO 방식에 의한 회로도이고, (c)는 ladder 방식에 의한 회로도이며 사용한 기기는 동일하다.

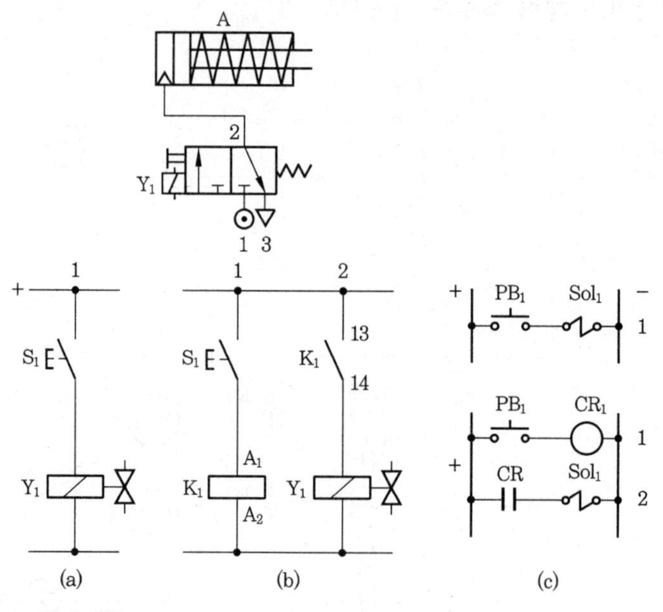

② 복동 실린더 제어 회로

이 회로에서도 마찬가지로 푸시 버튼 스위치를 누르면 복동 실린더가 전진 운동을 하며, 푸시 버튼을 놓으면 실린더는 후진한다.

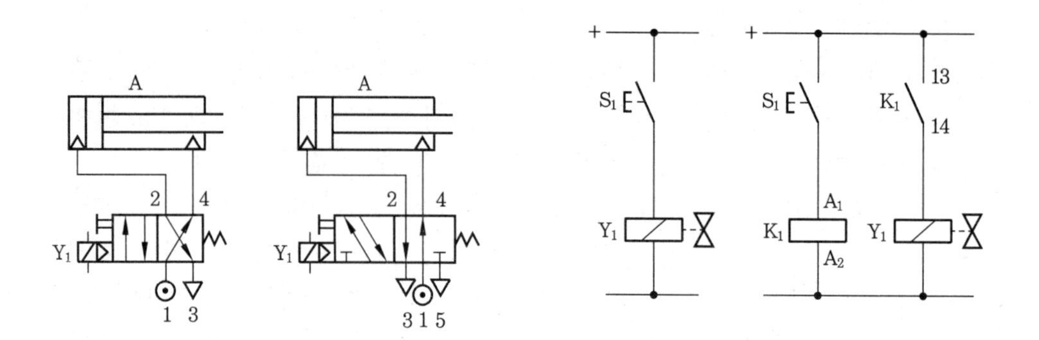

그림 (a)는 4/2 way 방향 제어 밸브에 의한 실린더의 제어를 보여준 그림으로서, 푸시 버튼 S_1을 누르면 솔레노이드 코일 Y_1에 전기가 인가되고, 코일이 여자되면 방향 제어 밸브는 전진 위치로 전환되어 실린더는 전진 운동을 한다. 스위치를 놓으면

Y_1에 전기 공급이 중단되기 때문에, 코일이 소자되어 밸브는 스프링의 힘에 의해서 원위치되므로 실린더는 후진하게 된다.

그림 (b)는 5/2 way 방향 제어 밸브를 이용하여 복동 실린더를 제어한 것으로, 동작은 앞의 4/2 way 밸브와 마찬가지로 푸시 버튼 스위치를 작동시켜 실린더를 움직이는 것이다. 다만 직접적으로 제어한 방식이 아니라, 릴레이를 거쳐 제어 밸브의 작동 신호를 내도록 한 회로도이다.

③ 병렬(OR) 제어 회로

복동 실린더는 기본 위치에서 후진되어 있으며, 스위치 S_1, S_2 2개 중 어느 한 개만이라도 작동하면 실린더는 전진 운동을 하고, 스위치를 놓으면 후진한다.

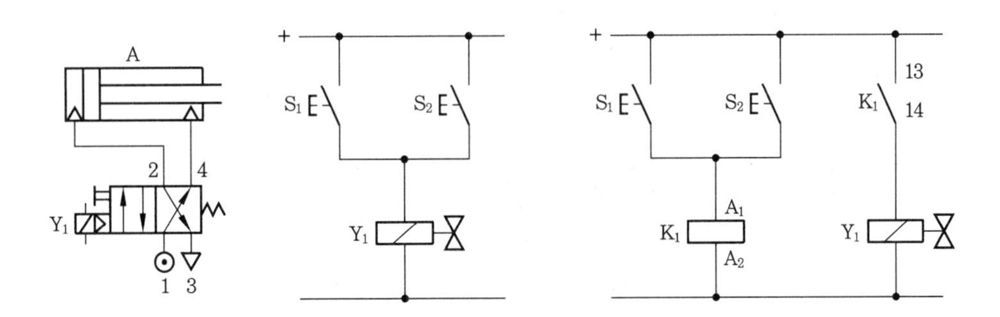

위의 그림에서 푸시 버튼 스위치 S_1이나 S_2를 누르면 솔레노이드 코일 Y_1에 전기가 인가되고, 방향 제어 밸브가 절환되어 실린더가 전진한다.

또 하나의 회로도에서는 푸시 버튼 스위치를 누르면 K_1이 여자되어 릴레이 a 접점이 개로되므로, 솔레노이드 코일에 전기가 공급되어 실린더는 전진하게 된다. 스위치를 놓으면 실린더는 후진한다.

④ 직렬 회로(AND 회로)

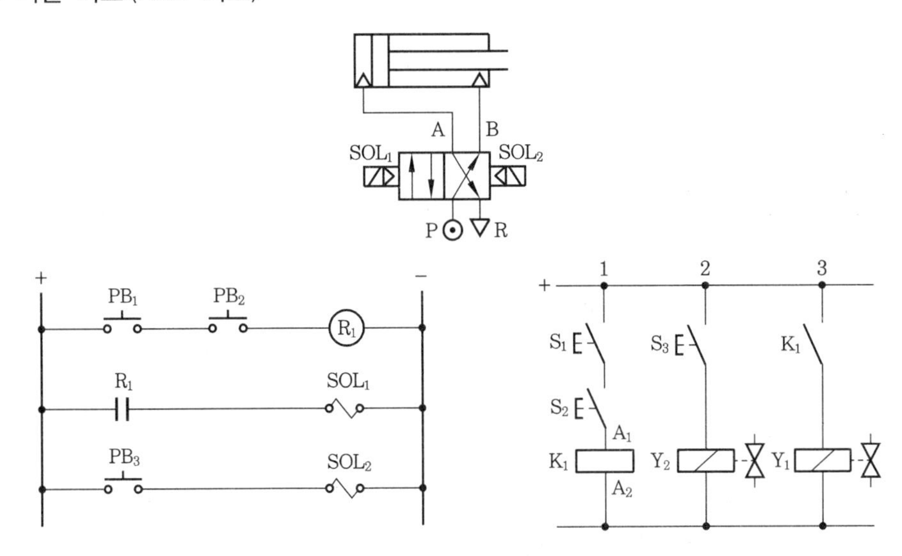

[동작 설명]

(가) PB_1, PB_2 스위치를 동시에 누를 경우에만 출력 신호가 나와 릴레이 코일 R_1을 여자시킨다.

(나) 릴레이가 여자되면 a 접점이 개로되어 솔레노이드 코일에 전기를 공급시키므로, 코일이 여자되면 방향 제어 밸브를 전진 위치로 전환시킨다.

(다) 밸브가 전환됨으로써 공기압이 실린더 피스톤에 작용되어 실린더는 전진한다.

(라) 푸시 버튼 스위치 PB_3를 누르면 솔레노이드 코일 Y_2에 전기가 공급되고, 밸브가 후진 운동 위치로 전환되어 실린더는 후진한다.

⑤ 실린더의 자동 복귀 회로

푸시 버튼 스위치를 누르면 실린더는 전진하여 최종 위치까지 도달된 후 자동적으로 후진 운동을 한다.

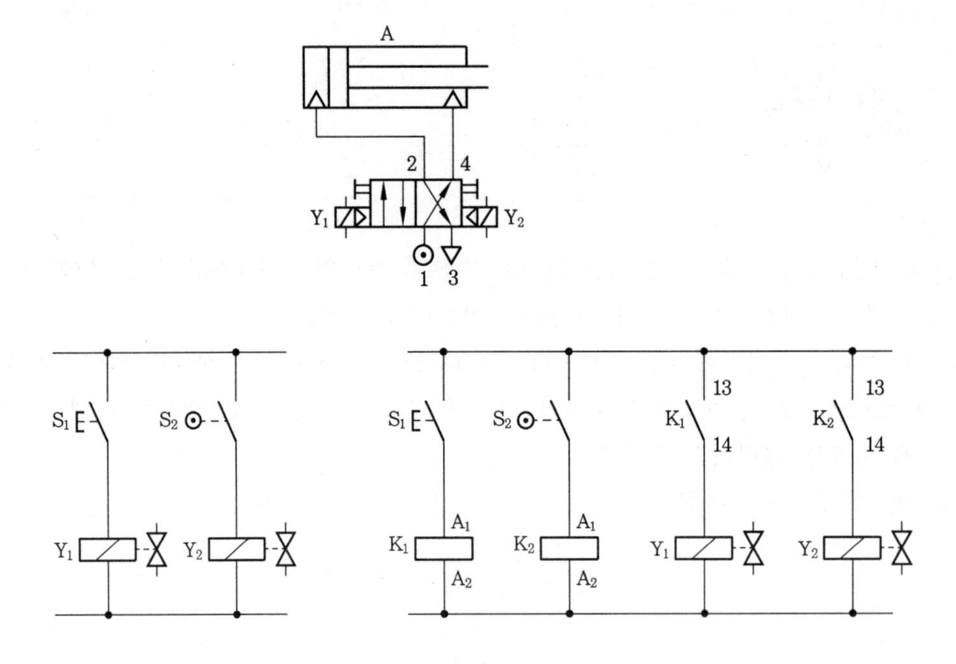

[동작 설명]

(가) 푸시 버튼 스위치 S_1을 누르면 솔레노이드 코일이 여자되어 방향 제어 밸브를 전진 위치로 전환시킨다.

(나) 밸브가 전진 위치로 전환되어 실린더는 전진 운동을 한다. 전진 완료 후 피스톤 로드 선단에 설치된 캠에 의해 리밋 스위치 S_2가 눌려져 솔레노이드 코일 Y_2에 전기가 공급되므로, 방향 제어 밸브는 후진 운동 위치로 전환되어 실린더는 자동적으로 후진한다.

(다) 위 그림의 회로도에서는 스위치 S_1을 누르면 릴레이 K_1이 여자되고, 3번지에서 릴레이 K_1의 a 접점이 개로되어 솔레노이드 코일 Y_1에 전기를 공급시키므로 여자된다.

(라) 솔레노이드 Y_1이 여자되면 밸브는 전진 위치로 전환되므로 실린더가 전진하게 되고, 전진 완료 후 리밋 스위치 S_2를 누르게 된다.

(마) 리밋 스위치 S_2가 눌려지면 솔레노이드 Y_2가 여자되므로, 밸브가 후진 운동 위치로 절환되어 실린더는 자동적으로 후진 운동을 하게 된다.

⑥ 실린더의 자동 왕복 회로

스위치를 작동시키면 실린더는 그 스위치를 리셋(reset)할 때까지 전후진 왕복 운동을 계속한다. 스위치를 리셋하면 실린더는 최종 후진 위치로 되돌아간다.

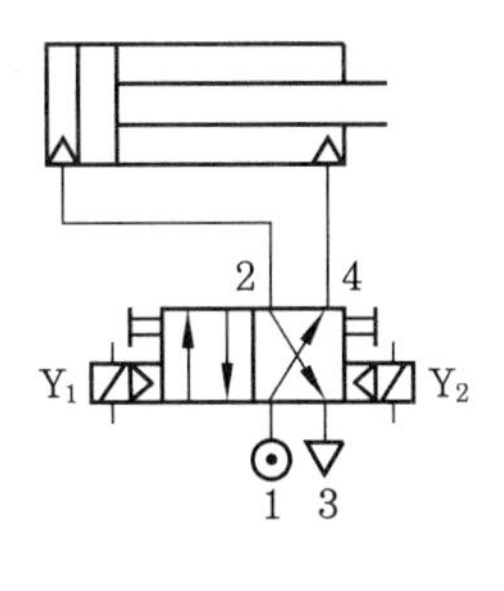

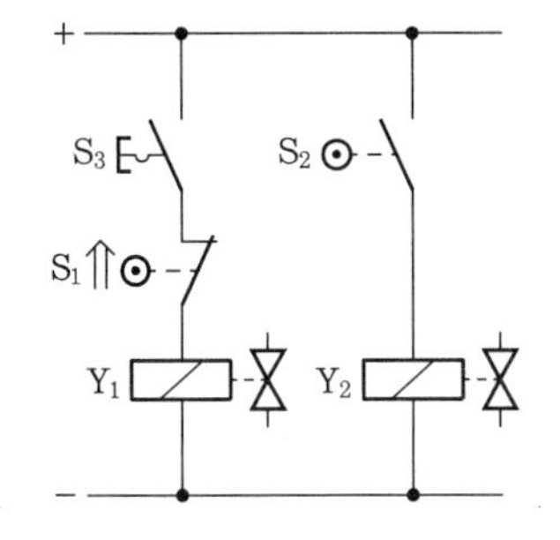

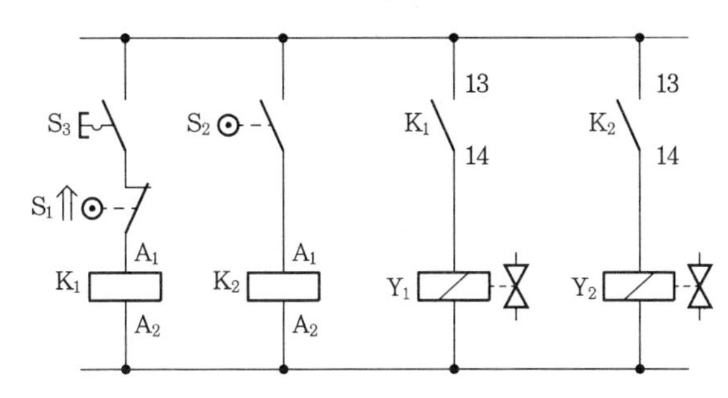

[동작 설명]

(가) 위 그림에서 리밋 스위치 S_1, S_2가 실린더의 전·후진 행정 말단에 설치되어 있다. 특히 S_1은 피스톤 로드의 선단에 설치된 캠에 의해서 눌려진 상태로 초기 상태를 유지하고 있다.

(나) 푸시 로크 스위치 S_3를 작동시키면, 초기 상태를 유지하고 있는 리밋 스위치 S_1을 통해서 솔레노이드 코일에 전기가 공급되어 여자된다.

(다) 솔레노이드 코일이 여자되면 방향 제어 밸브가 실린더의 전진 위치로 전환되므로, 실린더는 전진하게 된다. 실린더 전진 완료 후 리밋 스위치 S_2가 피스톤 로드 선단에 설치된 캠에 의해서 눌려진다.

(라) 리밋 스위치 S_2가 눌려지면 솔레노이드 코일 Y_2에 전기 공급이 이루어지며, 밸브가 후진 운동을 한다. 후진 운동 완료 후 리밋 스위치 S_1이 눌려짐으로써 실린더는 재차 전진 운동을 시작한다(S_3 푸시 로크 스위치가 리셋될 때까지 운동을 반복한다).

(마) 오른쪽 회로는 K_1, K_2의 릴레이를 이용한 회로로서 푸시 로크 스위치를 작동시키

면 릴레이가 여자되며, 릴레이 a접점을 이용하여 솔레노이드 코일을 여자시켜 밸브 전환을 하여 실린더는 전후진 자동 왕복한다.

⑦ 자기 유지에 의한 실린더 제어 회로

단동 솔레노이드 밸브를 이용하여 실린더의 전후진 운동을 제어할 경우, 초기 신호에 의해 실린더가 전진 운동을 한 후, 다음의 신호에 의해 후진 운동을 하기 전까지 실린더의 전진 운동 상태가 그대로 유지되는 회로이다.

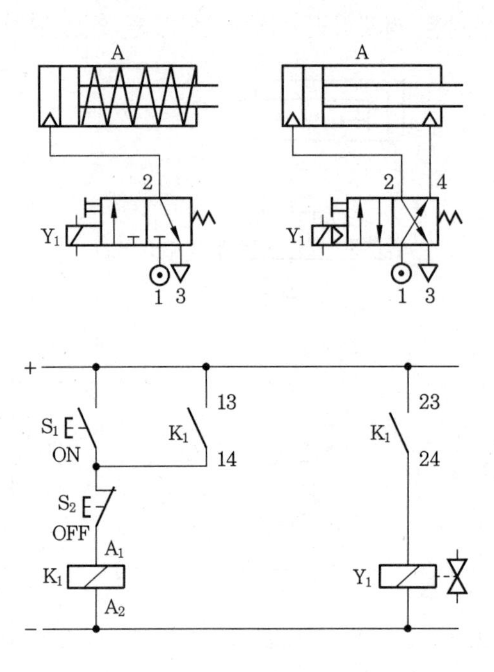

[동작 설명]

(가) 푸시 버튼 스위치 S_1을 누르면 릴레이 K_1이 여자되어 릴레이의 a 접점은 연결 상태가 된다. 2번지에서 릴레이 a 접점이 병렬로 연결되어 자기 유지를 시키고 있어, 실린더가 후진하기 전까지 릴레이 K_1에 지속적으로 전기 공급이 이루어져 실린더는 전진 운동을 계속한다.

(나) 실린더가 전진 운동 완료 후 리밋 스위치 S_2를 터치하면 1번지 회로에서 자기 유지가 풀어진다(이때 S_2는 b 접접 상태로 연결한다).

(다) 회로의 자기 유지가 풀어지면 릴레이 코일에 전기 공급이 차단되기 때문에 3번지에서 릴레이 a 접점이 폐로된다. 그러므로 솔레노이드 코일에 전기 공급이 차단되어 밸브는 내부에 내장되어 있는 스프링의 힘에 의해 원위치된다.

(라) 밸브가 원위치되면 실린더는 후진 운동을 하게 된다.

⑧ 복동 실린더의 시간 지연 제어 회로

복동 실린더의 후진 운동을 타이머를 이용하여 시간 지연 제어(지연 시간 10 s)한다.

[동작 설명]

(가) 푸시 버튼 스위치 S_1을 누르면 릴레이 코일 K_1에 전기가 공급된다. 전기가 공급되면 릴레이 a 접점이 열림 상태가 된다.

(나) 3번지에서 릴레이 a 접점이 연결되어 솔레노이드 코일에 전기 공급이 이루어진다. 솔레노이드가 여자되어 밸브가 전진 위치로 선택되어져 실린더는 전진 운동을 시작하며, 전진 완료 후 피스톤 로드 선단에 설치된 캠에 의해 리밋 스위치 S_2가 눌려진다.

(다) 2번지에서 캠에 의해 리밋 스위치가 눌려지면, 타이머 코일에 전기가 인가되므로 타이머가 동작을 시작하게 된다.

(라) 4번지에서 타이머의 설정 시간(세팅 시간 10 s)이 경과한 후, 타이머 한시 작동 a 접점이 개로되어 솔레노이드 코일 Y_2를 여자시킨다.

(마) Y_2가 여자되어 밸브가 후진 위치로 전환되어 실린더는 후진 운동을 한다.

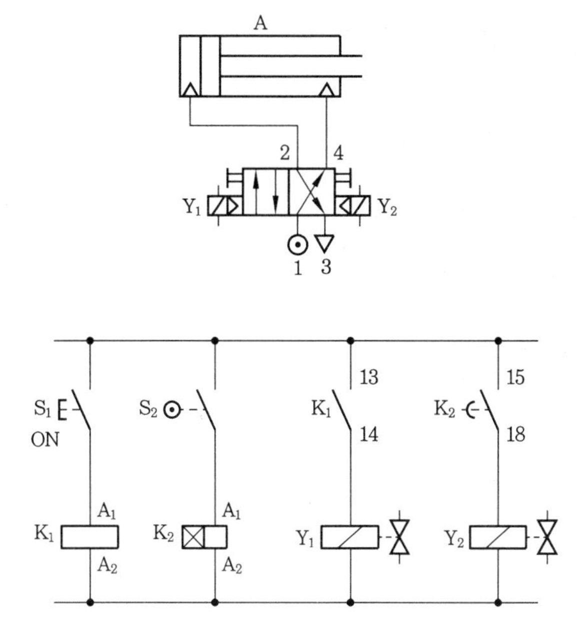

⑨ 전기-공압 시퀀스 제어 회로

공압 시퀀스 제어 회로에서 예를 든 상자 이송 장치에 대하여 전기적인 시퀀스 회로도를 구성해 보면 다음과 같다.

[제어 조건]

상자가 롤러 벨트를 통하여 도달되면 실린더 A가 상자를 들어 올리고, 실린더 B가 상자를 상단에 위치한 롤러 벨트에 밀어내게 한다. 실린더 B는 실린더 A가 돌아온 다음에 귀환하도록 한다.

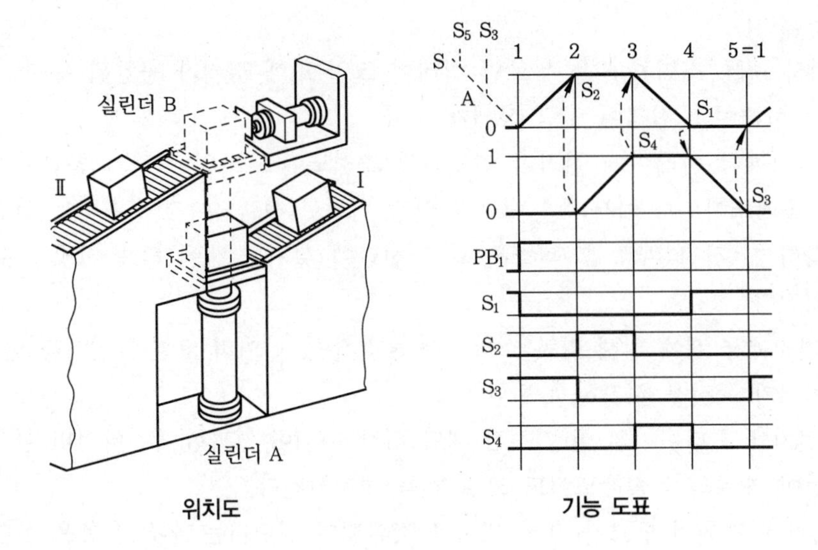

위치도 기능 도표

회로를 구성하는 방법에는 2가지 방법이 있다. 하나는 더블 솔레노이드 밸브를 이용한 공압 기억 방법이고 다른 하나는 싱글 솔레노이드 밸브를 이용한 전기적인 기억 방법이다.

(가) 더블 솔레노이드 밸브를 이용한 제어 회로

다음 그림과 같이 1단계는 실린더와 제어 밸브를 그린다. 이때 4/2 way 또는 5/2 way 밸브를 사용한다. 2단계는 제어 회로와 주회로를 그린다.

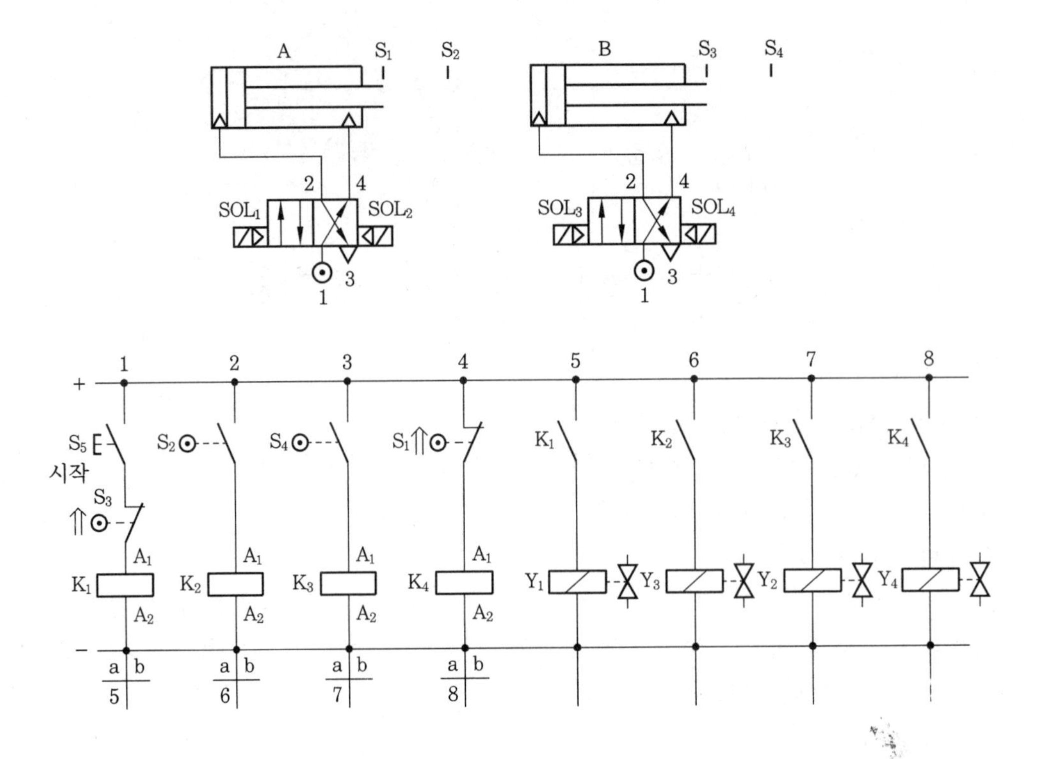

[동작 설명]

㉮ 스타트 스위치 S_5를 누르면 리밋 스위치 S_3를 통해서 릴레이 코일 K_1에 전기가 공급되어 릴레이 코일이 여자된다.

㉯ 5번지에서 K_1 a 접점이 연결되어 솔레노이드 Y_1이 여자되어 밸브를 전진 위치로 전환시켜 A 실린더를 전진시킨다.

㉰ A 실린더가 전진 완료 후, 피스톤 로드 선단에 설치된 캠에 의해 리밋 스위치 S_2가 눌려진다.

㉱ 리밋 스위치 S_2가 눌려지면 릴레이 K_2가 여자되고, 6번지에서 솔레노이드 Y_3에 전기가 공급되어 여자된다.

㉲ Y_3가 여자되어 밸브가 전진 위치로 전환되면, B 실린더가 전진하게 된다. B 실린더가 전진 완료 후 리밋 스위치 S_4를 누르게 된다.

㉳ 3번지에서 리밋 스위치 S_4가 연결되면 릴레이 K_3가 여자되어 7번지에서 K_3 a 접점이 연결되므로 A 실린더가 후진하게 된다. 후진 완료 후 리밋 스위치 S_1이 눌려진다. A 실린더 후진 완료 후 리밋 스위치 S_1은 초기 위치를 유지하게 된다.

㉴ 리밋 스위치 S_1이 눌려지면 4번지에서 릴레이 K_4가 여자되고, 8번지에서 회로가 연결되어 Y_4가 여자되므로, B 실린더가 후진하게 된다. B 실린더 후진 완료 후, 리밋 스위치 S_3는 초기 위치를 유지하게 된다.

㉵ 다시 새로운 상자가 도착하고 리밋 스위치 S_5가 작동되면 새로운 사이클을 시작하게 된다.

(나) 싱글 솔레노이드 밸브를 이용한 제어 회로

다음의 회로는 싱글 솔레노이드 밸브를 이용한 제어 회로로서 싱글 솔레노이드 밸브를 사용할 경우, 밸브에 가해진 초기 전진 신호는 반드시 유지되어야 하므로 전기적인 조치가 필요하게 되는데, 이 방법이 바로 자기 유지이다.

[동작 설명]

㉮ 스타트 스위치 S_5가 눌려지면 릴레이 K_1이 여자되고, 7번지에서 솔레노이드 Y_1이 동작하여 A 실린더를 전진시킨다(이때 S_5 스위치가 풀려 전기 공급이 차단되는 현상을 막기 위하여 반드시 K_1 릴레이 a 접점을 S_5 스위치와 병렬로 자기 유지를 해야 하며, 나중에 전기 공급을 중단할 목적으로 릴레이 K_3의 b 접점을 직렬로 연결해 줘야 한다).

㉯ A 실린더가 전진 완료 후 리밋 스위치 S_2가 눌려지면 릴레이 K_2가 여자되고, 8번지에서 솔레노이드 Y_2가 동작되어 B 실린더를 전진시킨다(이때도 반드시 자기 유지를 해야만 한다). B 실린더가 전진 완료 후 리밋 스위치 S_4가 눌려짐으로써 5번지의 릴레이 K_3가 순간적으로 여자되며, 1번지의 K_3 b 접점을 폐로시켜 자기 유지를 풀어버린다.

㉰ 자기 유지가 풀려 7번지에서 릴레이 K_1 a 접점이 폐로되어 솔레노이드 Y_1에 전기 공급이 차단되므로 밸브는 원위치된다.

㉱ 밸브가 원위치되면 A 실린더는 후진하며, 후진 완료 후, 리밋 스위치 S_1이 눌려져 초기 위치를 유지하면 릴레이 K_4가 여자되어 3번지에서 K_4 b 접점이 폐로되어 릴레이 K_2의 자기 유지가 풀려 전기 공급이 중단되므로 8번지에서 K_2 a 접점도 역시 폐로되어 솔레노이드 Y_2에도 전원 공급이 차단되어 밸브는 원위치하여 B 실린더는 후진한다. 후진 완료 후, 리밋 스위치 S_3가 눌려져 초기 상태를 유지한다.

㉲ 이 경우에도 다음 상자가 도착하여 스타트 스위치 S_5가 눌려지면 재차 사이클이 진행되어 실린더가 자동 왕복 운동을 하게 된다.

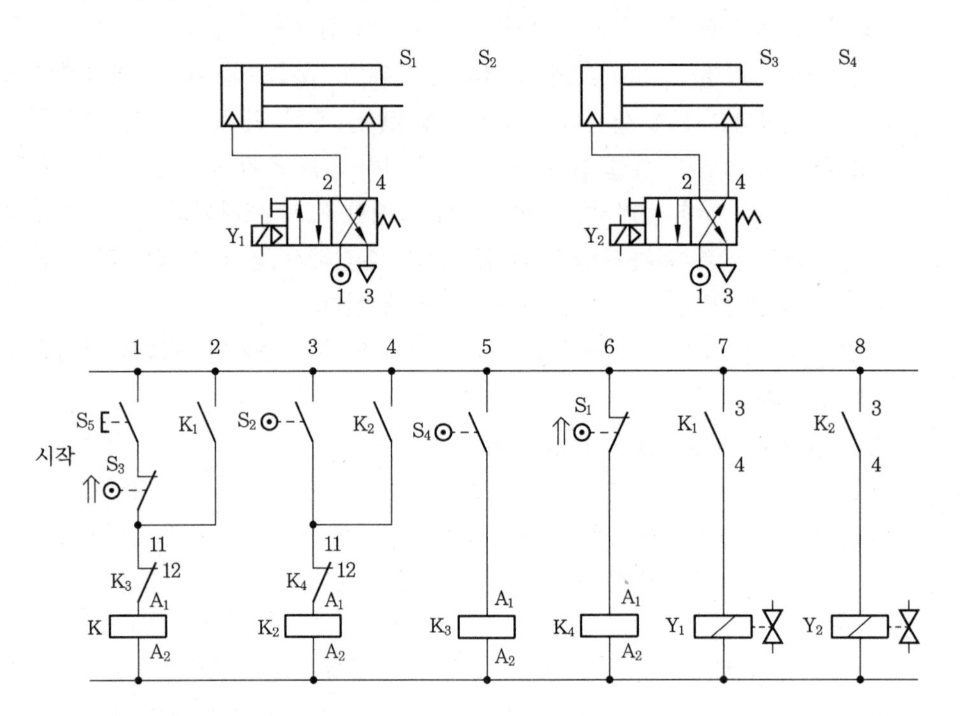

⑩ 전기-공압 캐스케이드 회로

상기 제어 회로의 경우에는 다행히 제어 신호가 중첩되지 않은 상태이므로 시퀀스 회로의 실행에 아무런 문제점이 없으나 다음 시퀀스 제어 회로의 경우에는 신호 중첩 현상이 발생하므로 일반적인 리밋 스위치를 사용해서는 시퀀스 동작을 실행시킬 수가 없다.

그러므로 이러한 문제점을 해결하기 위하여 공기압 시퀀스 회로와 마찬가지로 방향성 리밋 스위치를 사용하든가 아니면 타이머를 이용하여 출력 신호를 짧은 펄스 신호화함으로써 해결할 수 있으나, 이 두 가지 방법 역시 신호의 중첩 현상은 제거시킬 수 있으나 여러 가지 상황을 고려할 경우 많은 문제점이 상존하므로 제어 신호를 보다 조직적으로 설계한 방식으로 캐스케이드 회로를 생각할 수 있다.

신호의 중첩 현상은 동일한 액추에이터에 전진과 후진 신호가 동시에 작용될 경우 발생되므로 동일한 구동부에 주어지는 입력 신호가 겹치지 않도록 하기 위하여 시퀀스 동작을 몇 개의 군으로 나누어 각각의 군에 제어선을 준비하여 한 실린더에 전후진 신호가 동시에 겹치지 않도록 설계한 방식의 회로를 캐스케이드 제어 회로라고 한다.

(가) 엠보싱 장치의 캐스케이드 제어 회로

[제어 조건]

엠보싱 장치의 홀더 위에 플라스틱 부품을 올려놓고 스타트 스위치를 누르면 A 실린더가 이 부품을 엠보싱 위치로 이송시키게 된다. B 실린더의 하강으로 엠보싱 작업을 하며, 엠보싱이 끝나면 B 실린더가 후진한 다음 A 실린더가 돌아와야 한다.

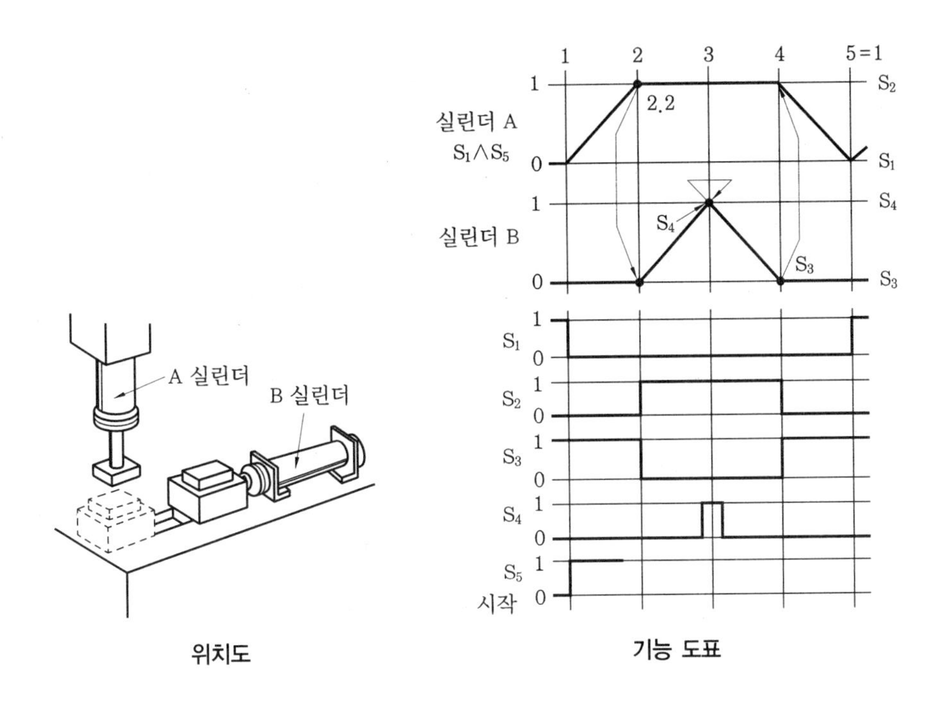

위치도　　기능 도표

위의 기능 도표에서 시퀀스 동작 A+와 A- 사이를 비교해 보면 단계 1에서 신호 중복 현상이 나타났음을 알 수 있다. 리밋 스위치 S_3에 신호가 보내지고 있으면 신호 S_1과 S_5는 동작될 수 없다. 그리고 동작 B+와 B- 사이를 비교해 보면 단계 3에서 중복을 보여준다.

리밋 스위치 S_4는 리밋 스위치 S_2로부터 신호가 존재하기 때문에 작동될 수 없다. 따라서 신호 차단은 리밋 스위치 S_2와 S_3 사이에 있어야 한다.

신호 중복을 찾는 또 다른 방법은 생략된 형태로 표시하는 것이다. 예를 들면 실린더가 전진 시 +, 후진 시 -로 표시하는데, 여기서는 A+, B+, B-, A-이다. 그리고 그룹을 분리하는 것이다.

A+, B+ / B−, A−

여기서 신호 차단은 동작 B+와 동작 A− 뒤에서 있어야 한다.

이와 같은 방법으로 회로를 구성한 것이 아래의 캐스케이드 회로도이며, ladder 방식과 ISO 방식의 회로도를 나타낸 것이다.

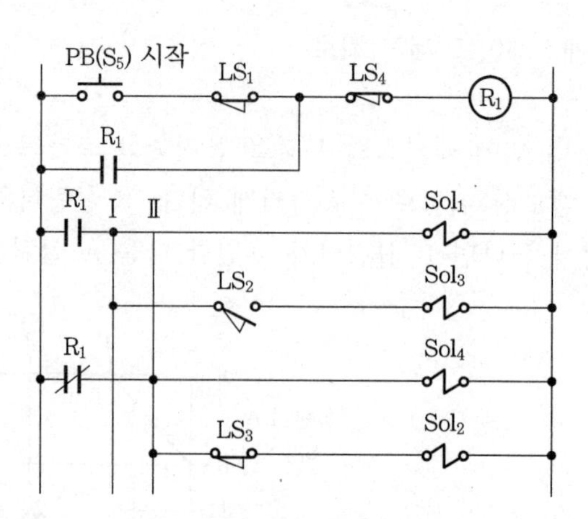

ladder 방식의 캐스케이드 회로

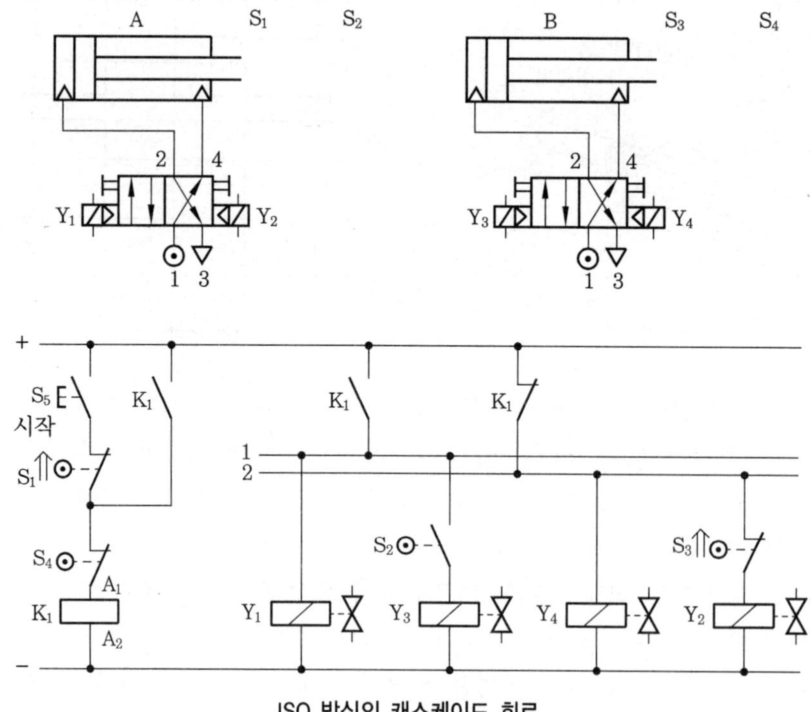

ISO 방식의 캐스케이드 회로

제5장 공유압 기호

1. 공압 기호

(1) 펌프 및 모터

기 호	설 명	기 호	설 명
	압축기 및 송풍기		진공 펌프
	공압 모터 (한쪽 방향 회전)		공압 모터 (양쪽 방향 회전)
	가변 용량형 공압 모터 (한쪽 방향 회전)		가변 용량형 공압 모터 (양쪽 방향 회전)
	요동형 공기압 작동기 또는 회전각이 제한된 공압 모터		

(2) 실린더

기 호	설 명	기 호	설 명
	단동 실린더 (스프링 없음)		단동 실린더 (스프링 있음)
	복동실린더 (한쪽 피스톤 로드)		복동실린더 (양쪽 피스톤 로드)

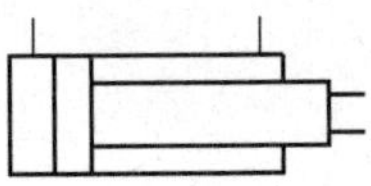	차동 실린더	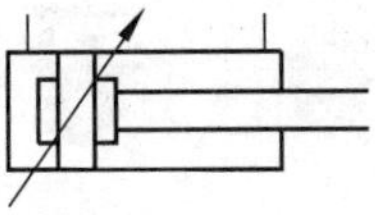	양쪽 쿠션 조절 실린더
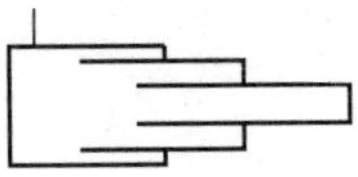	단동식 텔레스코핑 실린더	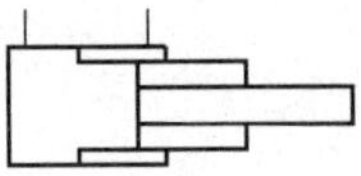	복동식 텔레스코핑 실린더
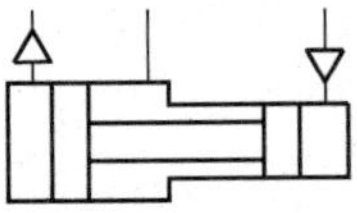	같은 유체 압력 변환기	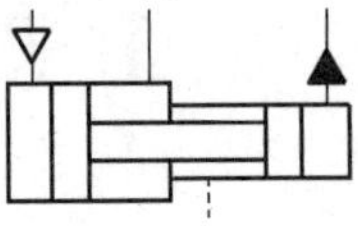	다른 유체 압력 변환기
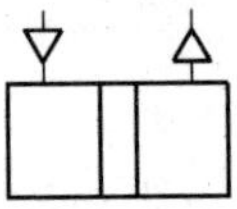	공유압 압력 전달기		

(3) 방향 제어 밸브

기 호	설 명	기 호	설 명
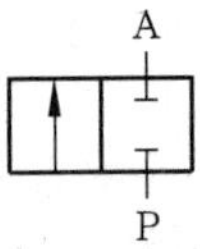 A P	2포트 2위치 전환 밸브 (상시 닫힘)	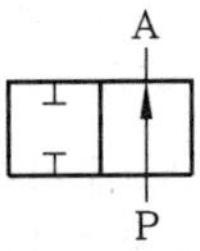 A P	2포트 2위치 전환 밸브 (상시 열림)
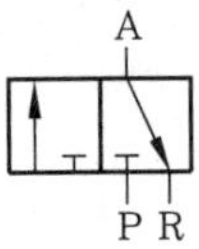 A P R	3포트 2위치 밸브 (상시 닫힘)	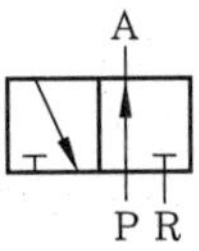 A P R	3포트 2위치 밸브 (상시 열림)
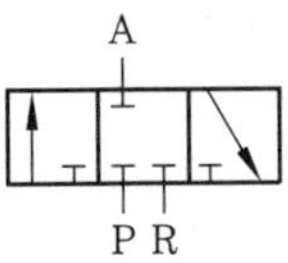 A P R	3포트 3위치 밸브 (올 포트 블록)	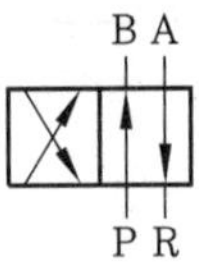 B A P R	4포트 2위치 밸브
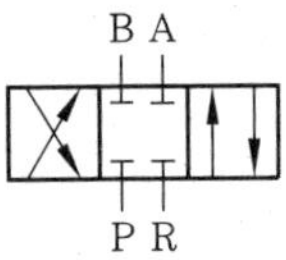 B A P R	4포트 3위치 밸브 (올 포트 블록)	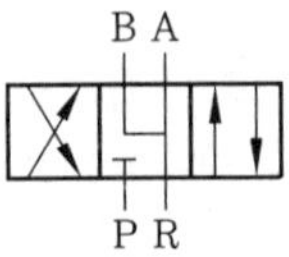 B A P R	4포트 3위치 밸브 (프레셔 포트 블록)

기 호	설 명	기 호	설 명
B A RPS	5포트 2위치 밸브	B A RPS	5포트 3위치 밸브 (올 포트 블록)
a b	중간 위치에 고정할 수 없고 2개의 제어 위치가 있는 밸브	B A P R	방향 제어 밸브 간이 표시 ㊐ 4포트형
	체크 밸브 – 스프링 없음		파일럿 체크 밸브 (신호에 의하여 열림)
	체크 밸브 – 스프링 있음		
	파일럿 체크 (신호에 의하여 닫힘)	A X Y	셔틀 밸브
A P	급속 배기 밸브	A X Y	2압 밸브

(4) 압력 제어 밸브

기 호	설 명	기 호	설 명
R P	조절 가능 릴리프 밸브(내부 파일럿 방식)	A P	조절 가능 시퀀스 밸브 (내부 파일럿 방식)
A X P	시퀀스 밸브 (릴리프 있음, 조절 가능)	A P	감압 밸브 (릴리프 없음, 조절 가능)
A R P	감압 밸브 (릴리프 있음, 조절 가능)		

(5) 유량 제어 밸브

기 호	설 명	기 호	설 명
	초크, 스로틀 밸브		오리피스
	스로틀 밸브 (조절 가능)		스톱 밸브, 콕
	가변 조절 밸브 (수동 조작, 조절 가능)		가변 조절 밸브 (기계 방식 스프링 리턴)
	체크 밸브 붙이 가변 유량 조절 밸브 (초크 사용)		체크 밸브 붙이 가변 유량 조절 밸브 (오리피스 사용)

(6) 에너지 전달

기 호	설 명	기 호	설 명	
	압력원		주관로	
	파일럿 라인(제어 라인)		드레인 라인(배기)	
	휨 관로 (유연성 있는 관)		전기 신호	
	관로의 접속		관로의 교차	
	통기 관로(배기)		배기공 (파이프 연결이 없음)	
	배기공 (파이프 연결이 있음)		취출구(닫힌 상태)	
	취출구(열린 상태)		급속 이음 설치 상태 (체크 밸브 없음)	
	급속 이음 설치 상태 (양쪽 체크 밸브)		급속 이음 미설치 상태	체크 밸브 없음
				체크 밸브 있음
	회전 이음(1관로)		회전 이음(3관로)	

(7) 보조 기기

기 호	설 명	기 호	설 명	기 호	설 명
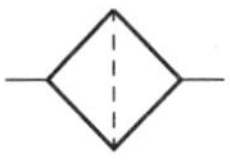	필터 (배수기 없음)	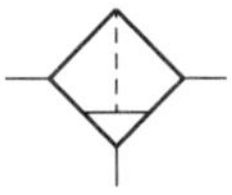	필터 (수동 작동 배수기 있음)	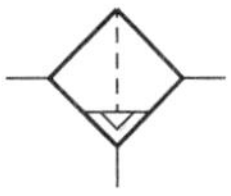	필터 (자동 작동 배수기 있음)
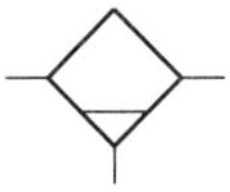	기름 분무 분리기 (수동 배출)	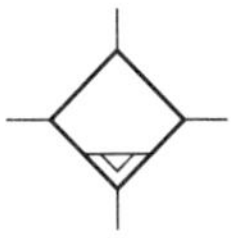	기름 분무 분리기 (자동 배출)	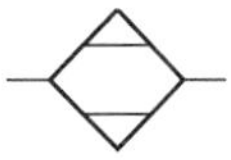	공기 건조기
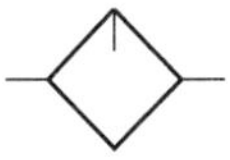	윤활기		에어 컨트롤 유닛	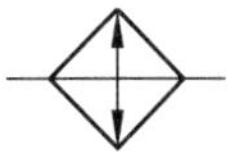	냉각기
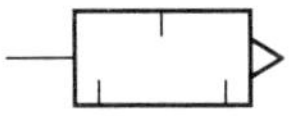	소음기		공기 탱크		공압용 경음기

(8) 기계식 연결

기 호	설 명	기 호	설 명
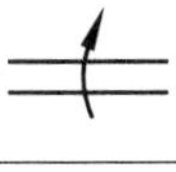	회전축(한방향 회전)	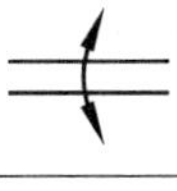	회전축(양방향 회전)
	위치 고정 방식	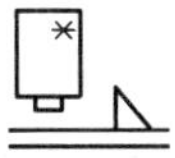	래치(latch)
	오버 센터 방식		레버 · 로드(힌지 연결)
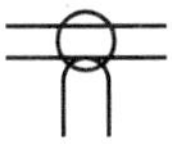	연결부(레버 있음)		고정점붙이 연결부

(9) 수동 제어 방식

기 호	설 명	기 호	설 명
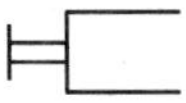	수동 방식(기본 기호)	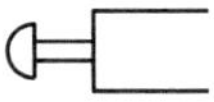	누름 버튼 방식
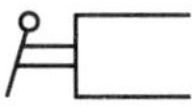	레버 방식	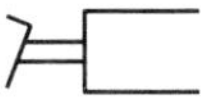	페달 방식

(10) 기계 제어 방식

기 호	설 명	기 호	설 명
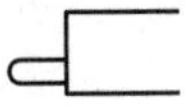	플런저 방식	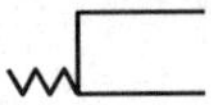	스프링 방식
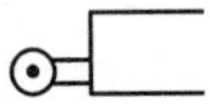	롤러 방식	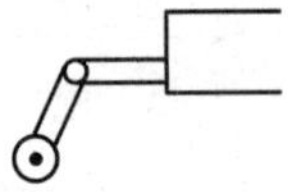	한쪽 작동 롤러 방식
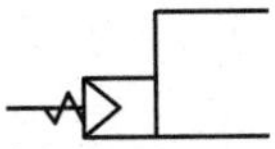	감지기 방식(표준으로 정해지지 않았음)		

(11) 전기 전자 제어 방식

기 호	설 명	기 호	설 명
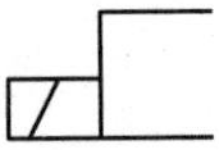	단일 코일형	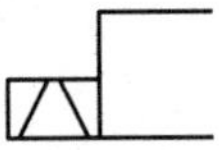	복수 코일형
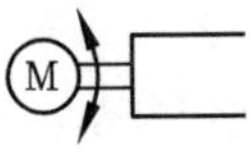 M	전동기 방식	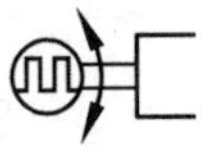	전기 스텝 모터 방식

(12) 압력 제어 방식

기 호	설 명	기 호	설 명
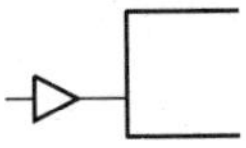	가압하여 직접 작동	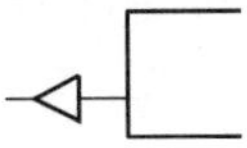	감압하여 직접 작동
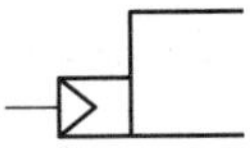	가압하여 간접 작동	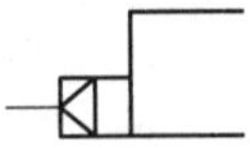	감압하여 간접 작동
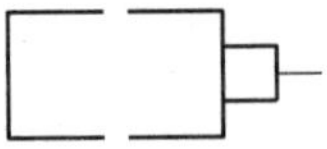	차등 압력 작동 방식	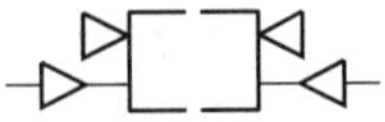	압력에 의하여 중립 위치 유지
	스프링에 의하여 중립 위치 유지	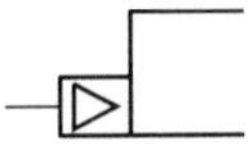	압력 증폭기에 의한 압력 작동 방식
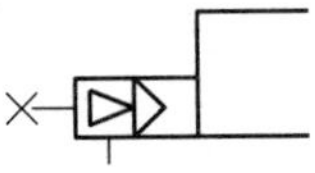	압력 증폭기에 의한 간접 작동 방식	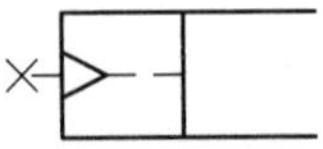	펄스 작동 방식

(13) 조합 제어 방식

기 호	설 명	기 호	설 명
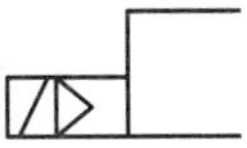	전자 공압 작동식	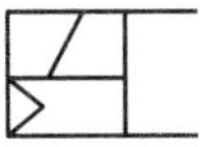	전자 또는 공압 방식
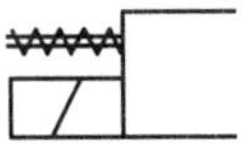	전자 또는 수동 방식	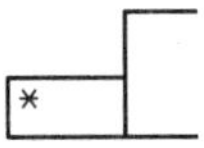	일반 제어 방식 (*는 제어 방식 설명)

(14) 기타 부품

기 호	설 명	기 호	설 명
	압력계	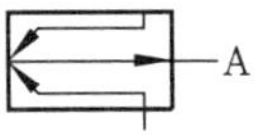	반향 감지기
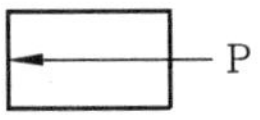	에어게이트용 분사 노즐	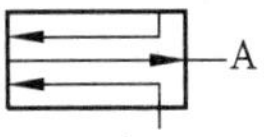	공기 공급원이 있는 수신 노즐 (에어게이트용)
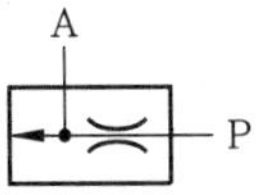	배압 노즐	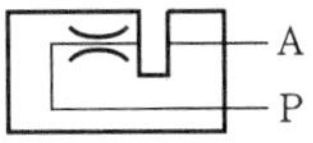	중간 차단 감지기
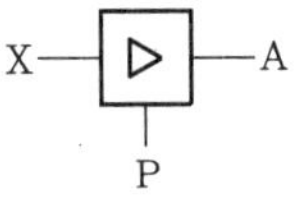	압력 증폭기 (0.05~1 kgf/cm^2)	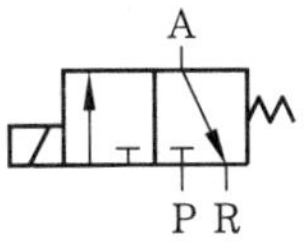	전기→공압 신호 변환기
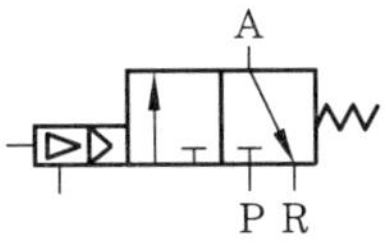	압력 증폭기부 3포트 2위치 밸브	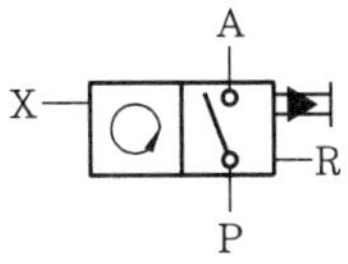	공제 계수기
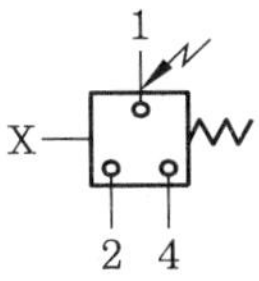	공압→전기 신호 변환기	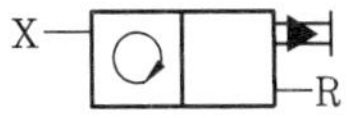	누계 계수기
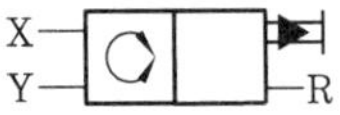	누계→공제 계수기		

※ 공압 기호는 KS B 0054 유압·공기압 도면 기호에 정해져 있다.

2. 유압 기호

(1) 기호 표시의 기본

기 호	설 명	기 호	설 명
	관로		밸브 (기본 기호)
	관로의 접속점		
	축, 레버, 로드		
	펌프 모터		회전 방향
	계기, 회전 이음		필터, 열교환기
	링크 연결부 롤러		조립 유닛
	유체 흐름의 방향 유체의 출입구		조정 가능한 경우
	유체 흐름의 방향		

(2) 관로 및 접속

기 호	설 명		기 호	설 명		
	주관로			연결부	열린 상태(접속)	
	파일럿 관로			고정 스로틀		
	드레인 관로			급속 이음	분리된 상태	체크 밸브 없음
	접속하는 관로					체크 밸브 붙이
	접속하지 않는 관로				부착된 상태	체크 밸브 없음
						한쪽 체크 밸브 붙이
	플렉시블 관로					양쪽 체크 밸브 붙이
	탱크 관로	유면보다 위		회전 이음	1관로의 경우	
		유면보다 아래			3관로의 경우	
	기름 흐름의 방향			기계식 연결	회전축, 축, 로드, 레버	
	밸브 안의 흐름 방향				연결부	
	통기 관로				고정점붙이 연결부	
	연결부	닫힌 상태			신호 전달로	

(3) 부속 기기

기 호	설 명		기 호	설 명	
	기름 탱크	개방 탱크		냉각기	
		예압 탱크		냉각제 배관붙이	
	스톱 밸브 또는 콕			열교환기 (온도 조절기)	
	압력 스위치			가열기	
	어큐뮬레이터			압력계	
M	전동기			온도계	
M	내연기관이나 그 밖의 열기관			유량계	순간 지시계
	스트레이너 (흡입용 필터)				적산 지시계

(4) 펌프 및 모터

기 호	설 명	기 호	설 명
	정토출형 펌프		조합 펌프
	가변 토출형 펌프		정용적형 모터 (2방향형)

(5) 실린더

기 호	설 명		기 호	설 명	
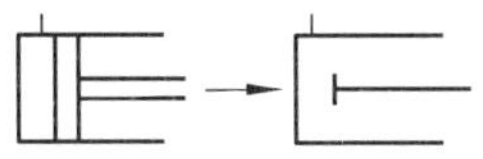	단동 실린더	피스톤식	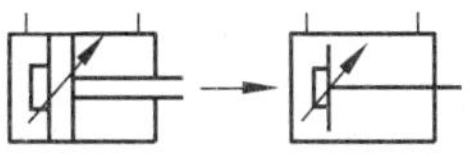	쿠션붙이 실린더	한쪽 쿠션형
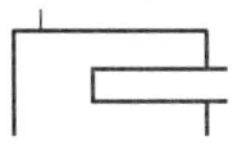		램식	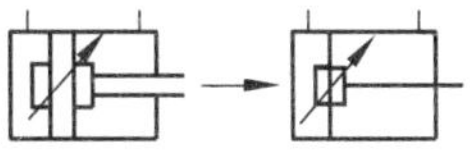		양쪽 쿠션형
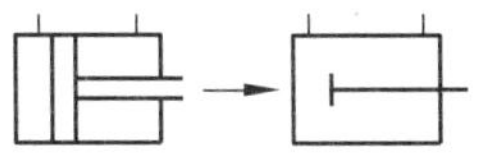	복동 실린더	한쪽 로드형	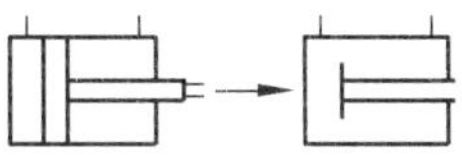	차동 실린더	
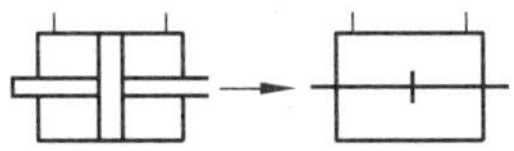		양쪽 로드형			

① 간략 기호를 사용함을 원칙으로 한다.
② 쿠션의 표시는 쿠션이 작동되는 쪽에 화살표를 기입할 것.

(6) 제어 밸브 일반

기 호	설 명		기 호	설 명	
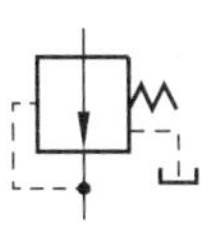	감압 밸브	체크 밸브 없음	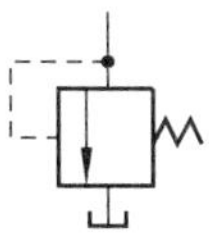	릴리프 밸브	
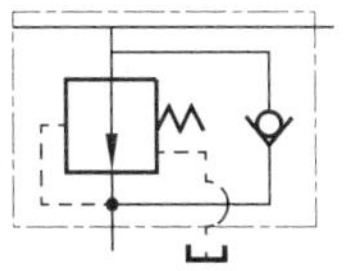		체크 밸브 붙이	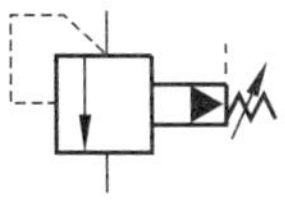	파일럿 작동형 릴리프 밸브	
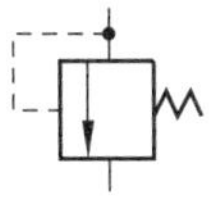	시퀀스 밸브	직동형(1형) 내부 드레인	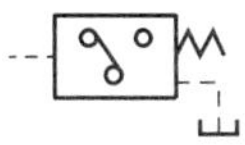	프레셔 스위치	
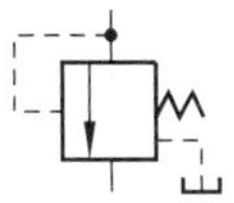		직동형(2형) 외부 드레인	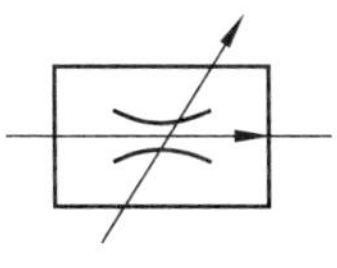	압력 보상붙이	체크 없는 플로우 컨트롤 밸브
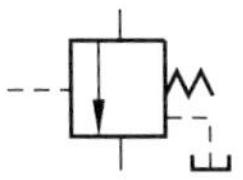		원방 제어(3형) 외부 드레인	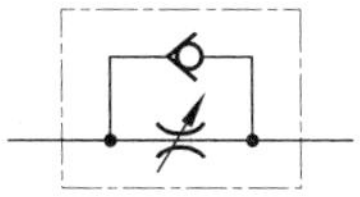		
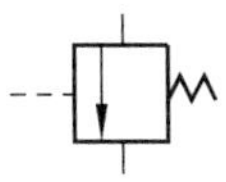		원방 제어(4형) 내부 드레인			체크붙이 플로우 컨트롤 밸브

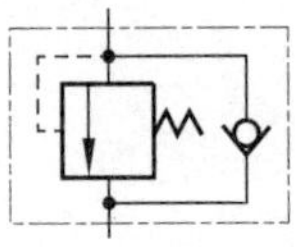	체크붙이 시퀀스 밸브	직동형(1형) 내부 드레인	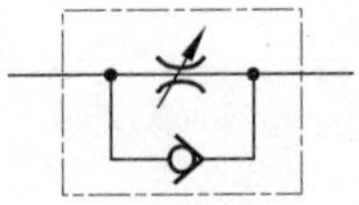	스로틀 체크 밸브	
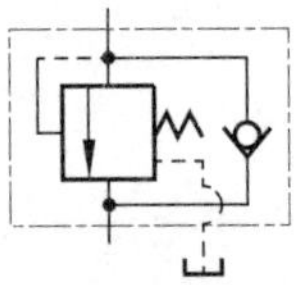		직동형(2형) 외부 드레인		스로틀 밸브	
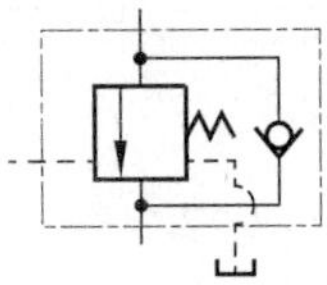		원방 제어(3형) 외부 드레인	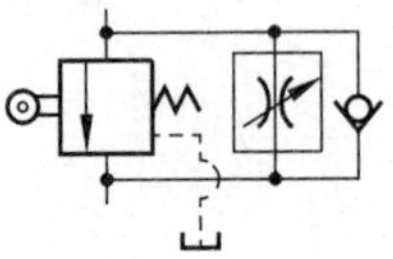	플로우 컨트롤 밸브	디셀러레이션붙이 노멀 오픈형
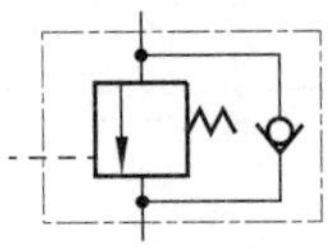		원방 제어(4형) 내부 드레인	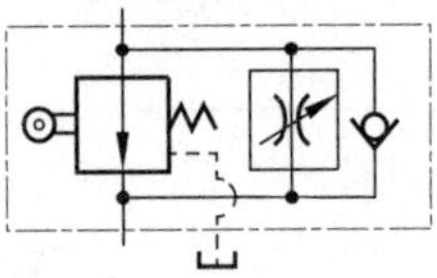		노멀 클로즈드형

(7) 전자 전환 밸브

기호	설명		기호	설명	
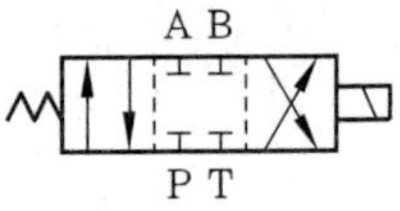 A B P T	스프링 오프셋형	올 포트 블록	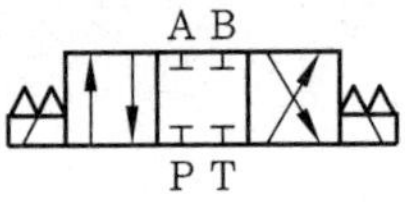 A B P T	스프링 센터형	올 포트 블록
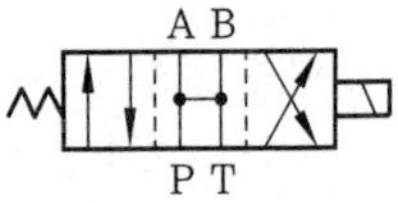 A B P T		올 포트 오픈	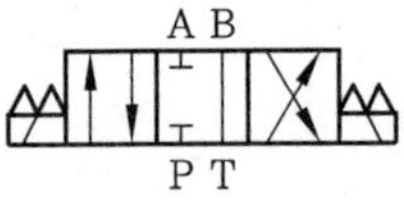 A B P T		사이드 포트 블록 (B, T 접속)
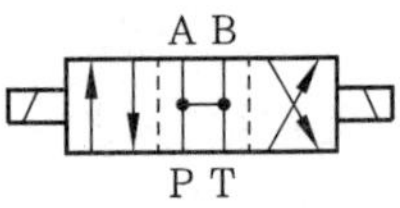 A B P T	노 스프링형	올 포트 오픈	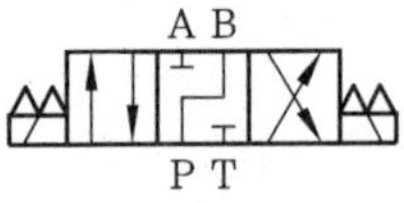 A B P T	스프링 센터형	사이드 포트 블록 (P, B 접속)
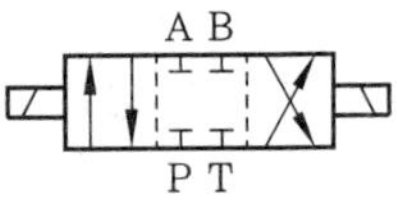 A B P T		올 포트 블록	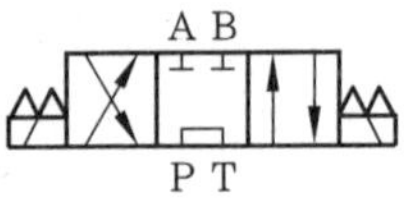 A B P T		센터 바이패스
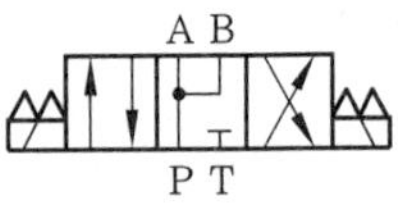 A B P T	스프링 센터형	탱크 포트 블록 (A, B, P 접속)	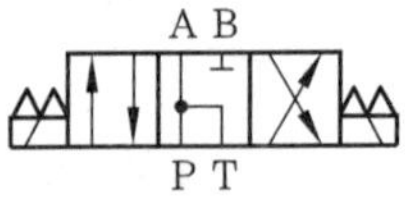 A B P T		실린더 포트 블록 (A, P, T 접속)

기호	설명		기호	설명
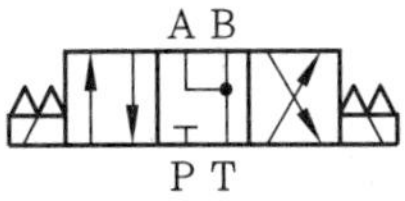 A B P T	스프링 센터형	프레셔 포트 블록 (A, B, T 접속)	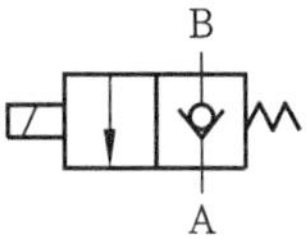 B A	콘시트형 전자 밸브
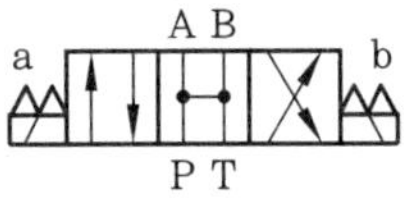 A B a b P T		올 포트 오픈		

(8) 전자 유압 전환 밸브

기 호	설 명		기 호	설 명	
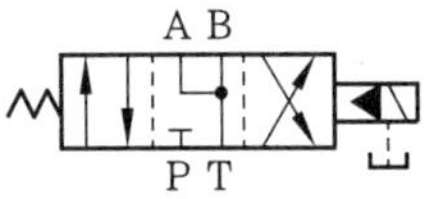 A B P T	스프링 오프셋형	프레셔 포트 블록	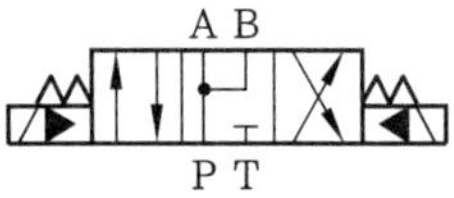 A B P T	스프링 센터형	탱크 포트 블록
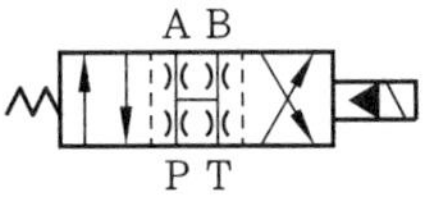 A B P T		올 포트 오픈 (세미 오픈)	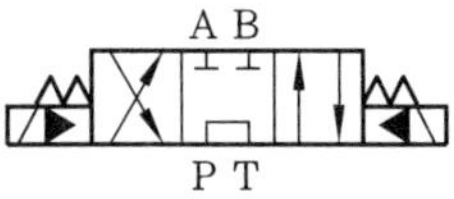 A B P T		센터 바이패스
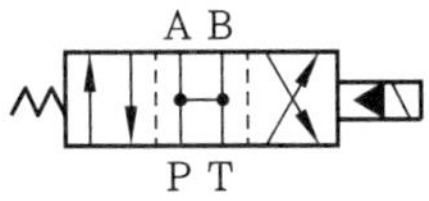 A B P T		올 포트 오픈	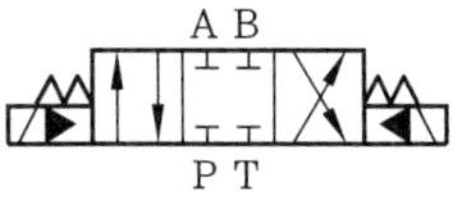 A B P T		올 포트 블록
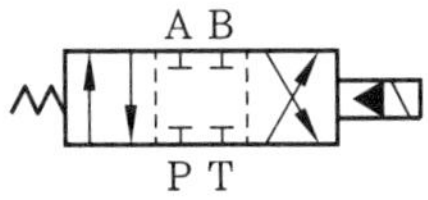 A B P T		올 포트 블록	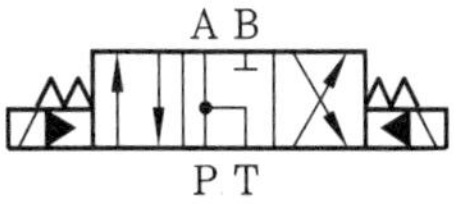 A B P T		실린더 포트 블록
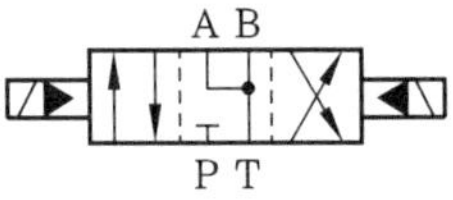 A B P T	노스프링형	프레셔 포트 블록 (A, B, T 접속)	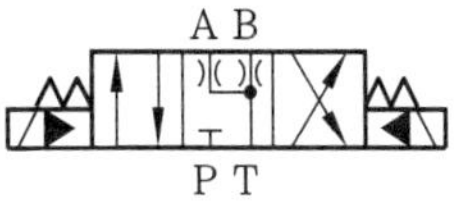 A B P T		프레셔 포트 블록 (세미 오픈) (A, B, T 접속)
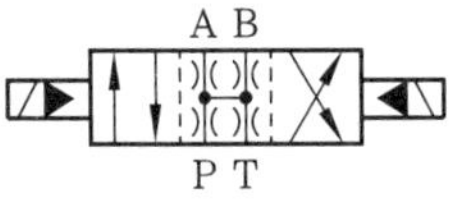 A B P T		올 포트 오픈 (세미 오픈)	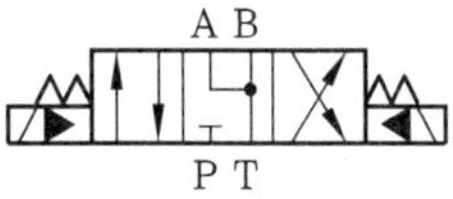 A B P T		프레셔 포트 블록 (A, B, T 접속)
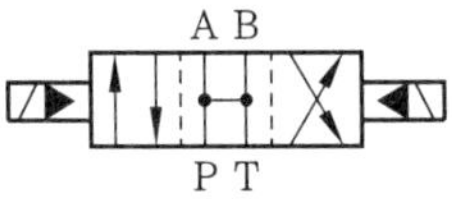 A B P T		올 포트 오픈	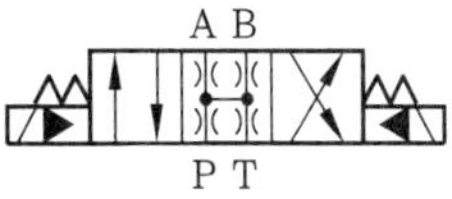 A B P T		올 포트 오픈 (세미 오픈)
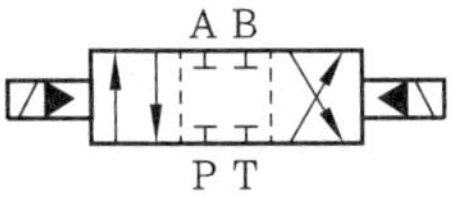 A B P T		올 포트 블록	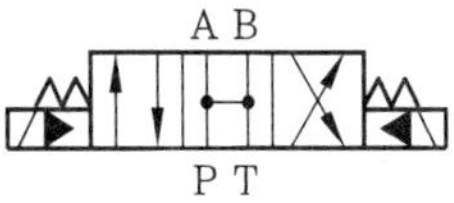 A B P T		올 포트 오픈

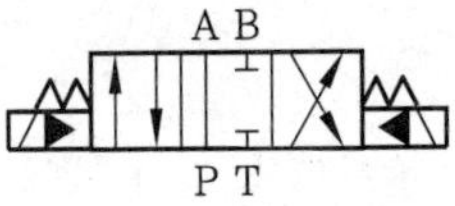 A B P T	스프링 센터형	사이드 포트 블록(1) (A, P 접속)			
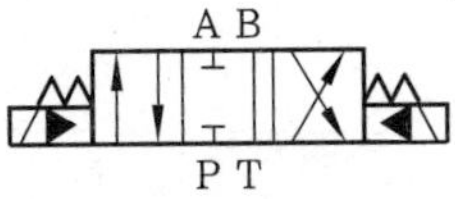 A B P T		사이드 포트 블록(2) (B, T 접속)			

(9) 수동 전환 밸브

기 호	설 명		기 호	설 명	
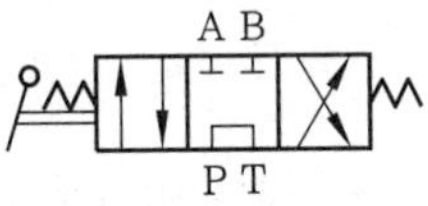 A B P T	스프링 센터형	센터 바이패스	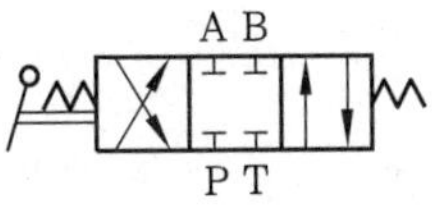 A B P T	스프링 센터형	올 포트 블록
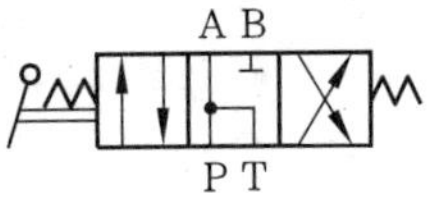 A B P T		실린더 포트 블록	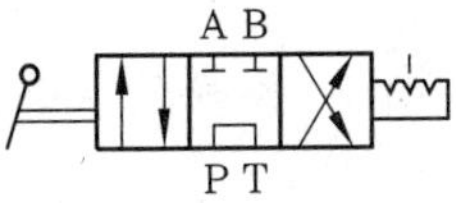 A B P T	노 스프링형	센터 바이패스
 A B P T		프레셔 포트 블록	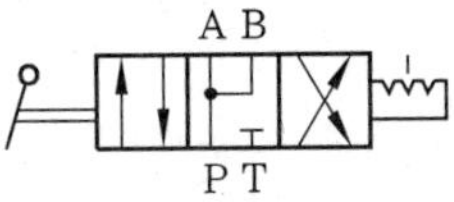 A B P T		실린더 포트 블록
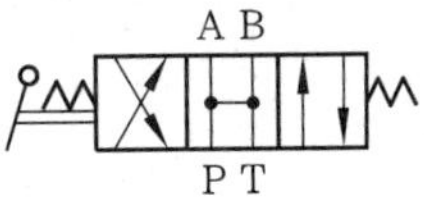 A B P T		올 포트 오픈	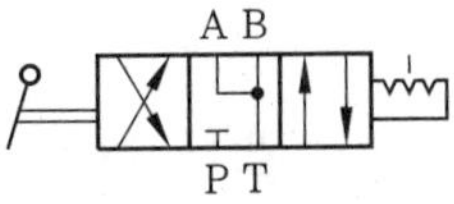 A B P T		프레셔 포트 블록

(10) 파일럿 작동 전환 밸브

기호	설명		기호	설명	
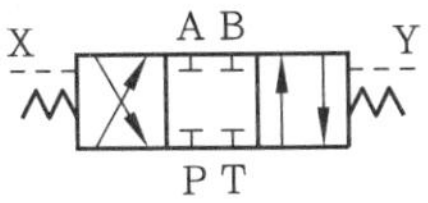	스프링 센터형	올 포트 블록	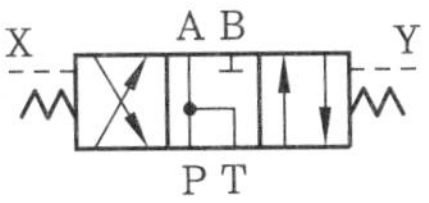	스프링 센터형	실린더 포트 블록 (A, P, T 접속)
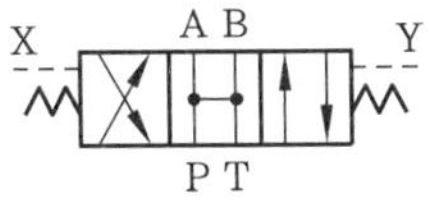		올 포트 오픈	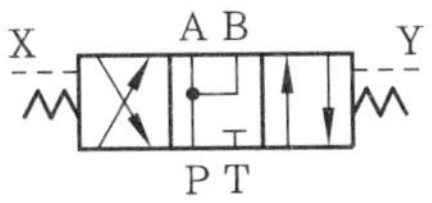		탱크 포트 블록
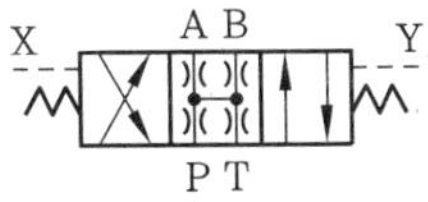		올 포트 오픈 (세미 오픈)	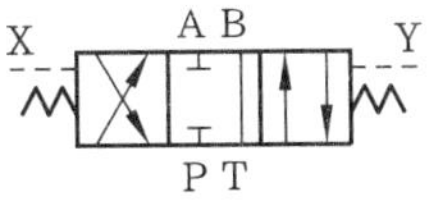		사이드 포트 블록(1)
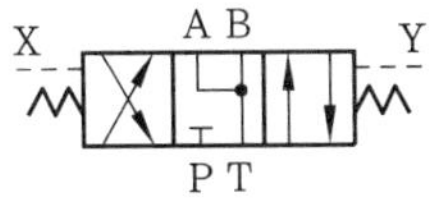		프레셔 포트 블록 (A, B, T 접속)	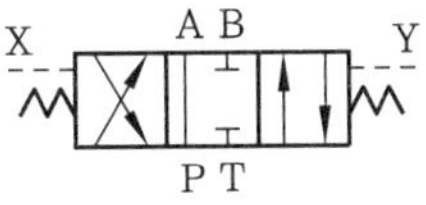	스프링 오프셋형	사이드 포트 블록(2) (A, P 접속)
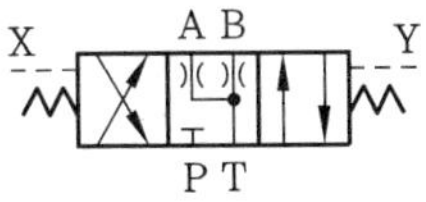		프레셔 포트 블록 (세미 오픈) (A, B, T 접속)			

(11) 기타 밸브

기호	설명		기호	설명
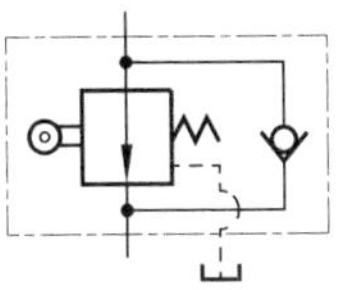	디셀러레이션 밸브	노멀 오픈형		인라인 체크 밸브 앵글 체크 밸브
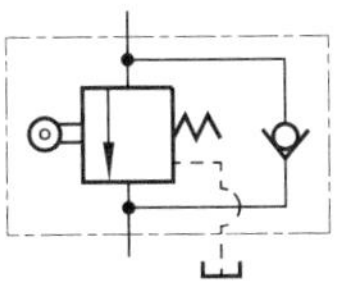		노멀 클로즈드형	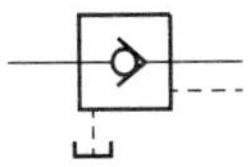	파일럿 체크 밸브

※ 유압 기호는 KS B 0054 유압·공기압 도면 기호에 정해져 있다.

부 록

1. 자동화를 위한 제어 방식의 기준
2. 유압 및 공기압 용어

1. 자동화를 위한 제어 방식의 기준

(1) 전기 제어 방식

① 검출 : 리밋 스위치(마이크로 스위치), 근접 스위치, 광전관 등을 사용하여 제어 신호를 전기적으로 보낸다.

② 조작 : 전동기, 전자석 등으로 조작한다.

(2) 전기 · 유압 제어 방식

① 검출 : (1)의 경우와 같다.

② 제어 : 전자 밸브 등으로 전기적인 제어 신호를 받아 유압 회로를 제어한다.

③ 조작 : 유압 모터, 유압 실린더 등으로 조작한다.

(3) 전기 · 공기압 제어 방식

① 검출 : (1)의 경우와 같다.

② 제어 : 전자 밸브 등으로 전기적인 제어 신호를 받아서 공기압 회로를 제어한다.

③ 조작 : 공기압 실린더, 공기압 모터 등으로 조작한다.

(4) 전기 · 유압 · 공기압 제어 방식

① 검출 : (1)의 경우와 같다.

② 제어 : (3)의 경우와 같다.

③ 조작 : 공기압 실린더로 조작한다. 다만, 속도 제어를 목적으로 하여 유압 실린더를 함께 사용하여 위치 결정, 속도 변환, 속도 제어 등을 한다.

(5) 유압 제어 방식

① 검출 : 소형의 유압 제어 밸브 등으로 검출하여 제어 신호를 유압으로 보낸다.

② 제어 : 유압의 제어 신호로 작동하는 유압 제어 밸브 등에 의하여 유압 회로의 제어를 한다.

③ 조작 : (2)의 경우와 같다.

(6) 공기압 제어 방식

① 검출 : 소형의 공기압 제어 밸브(파일럿 밸브, 리밋 밸브) 등을 사용하여 검출하며, 제어 신호를 공기압으로 보낸다.

② 제어 : 공기압의 제어 신호로 작동하는 공기압 제어 밸브(마스터 밸브) 등으로 공기압 회로의 제어를 한다.
③ 조작 : (3)의 경우와 같다.

(7) 공기압 · 유압 제어 방식

① 검출 : (6)의 경우와 같다.
② 제어 : 공기압의 제어 신호로 작동하는 유압 제어 밸브 등으로 유압 회로를 제어한다.
③ 조작 : (2)의 경우와 같다.

여러 가지 자동화 방식의 비교

항목 \ 형식		기계식	전기식	전자식	유압식	공기압식
조작력		과히 크지 않다	과히 크지 않다	작다	크다 (수십톤 이상)	약간 크다 (약 1톤까지)
조작 속도		느리다	빠르다	빠르다	약간 빠르다 (1 m/s 정도)	빠르다 (10 m/s까지)
부하에 대한 특성의 변화		거의 없다	거의 없다	거의 없다	약간 있다	특히 크다
동작성 (위치 결정)		좋다	좋다	좋다	좋은 편이다	나쁘다
구 조		보통	약간 복잡	복잡	약간 복잡	간단
배선 · 배관		없다	비교적 간단	복잡	복잡	약간 복잡
환 경	온 도	보통	주의한다	주의한다	70℃까지 보통	100℃까지 보통
	습 도	보통	주의한다	주의한다	보통	드레인에 주의
	부식성	보통	주의한다	주의한다	보통	산화에 주의
	진 동	보통	주의한다	특히 주의한다	괜찮다	괜찮다
보 수		간단	기술을 요함	특히 기술을 요함	간단	간단
위험성		특히 없다	누전에 주의	특히 없다	인화성에 주의	없는 편이다
신호 변화		곤란	용이	용이	곤란	비교적 곤란
원방 조작		곤란	특히 양호	특히 양호	양호	양호
동력원 고장 시		작동치 않음	작동치 않음	작동치 않음	어큐뮬레이터로 약간 작동	약간 작동

형 식 / 항 목	기계식	전기식	전자식	유압식	공기압식
설치 위치의 자유도	적다	있다	있다	있다	있다
무단 변속	약간 곤란	약간 곤란	양호	양호	약간 양호
속도 조정	약간 곤란	용이	용이	용이	약간 곤란
가 격	보통	약간 높다	높다	약간 높다	보통

제어 방식의 비교 (○ : 좋다 △ : 보통 × : 나쁘다)

구 분	방 식	(1)	(2)	(3)	(4)	(5)	(6)	(7)
기본 사항	1. 제어신호의 전달 매체							
	(1) 전기	○	○	○	○			
	(2) 유압					○		
	(3) 공기압						○	○
	2. 동력원							
	(1) 전기	○						
	(2) 유압		○			○		○
	(3) 공기압			○	○		○	
세부 사항	1. 동력원 확보의 난이							
	(1) 전원의 확보가 쉬운 경우	○	○	○	○			
	(2) 전원의 확보가 어려운 경우					○	○	○
	2. 동력원 고장 시							
	(1) 작동하지 않아도 좋은 경우	○	○	○	○			
	(2) 작동하지 않으면 안 되는 경우		△	△	△	○	○	○
	3. 조작력							
	(1) 한정된 공간에서 큰 조작력이 요구되는 경우		○			○		○
	(2) 요구하는 조작력이 과히 크지 않은 경우	○		○	○		○	
	(3) 직선 운동이 많아서 조작력보다 작동이 필요한 경우			○			○	
	4. 작동 속도							
	(1) 빠른 속도를 필요로 하는 경우	○		○			○	
	(2) 정밀한 속도 제어를 필요로 하는 경우	○	○			○		○
	(3) 속도 제어가 비교적 거칠어도 되는 경우			○			○	
	(4) 부하의 변동으로 속도가 변화하면 나쁜 경우		○	×		○	×	○

구 분	방 식	(1)	(2)	(3)	(4)	(5)	(6)	(7)
세부 사항	5. 구조							
	(1) 비교적 복잡	○	○					
	(2) 비교적 간단						○	
	6. 배선 · 배관							
	(1) 비교적 복잡		○		○	○		○
	(2) 비교적 간단	○		○			○	
	7. 보수							
	(1) 기술을 요함	○	○	○	○			
	(2) 비교적 간단					○	○	○
	8. 주위 여건							
	(1) 진동이 심한 곳에 사용되는 경우	×	×	×	×	○	○	○
	(2) 인화 폭발, 위험성이 있는 경우	×	×	×	×		○	
	(3) 미세한 먼지가 많은 곳인 경우	×	×	×	×	○	○	○
	(4) 기름에 의한 오염이 나쁜 경우	○	×	○			○	
	9. 신호 전달 속도							
	(1) 빠르다	○	○	○	○			
	(2) 비교적 빠르다.					○		
	(3) 느리다.						○	○
	10. 원방 제어							
	(1) 특히 용이하다.	○	○	○	○			
	(2) 비교적 용이하다.						○	○
	(3) 곤란하다.					○		
	11. 동력원 수량							
	(1) 한 개면 된다.	○				○	○	
	(2) 두 개가 필요하다.		○	○	○			○
	(3) 장치마다 동력원이 필요하다.		○			○		○

2. 유압 및 공기압 용어

◎ 용어, 읽는 법 및 정의

① 용어의 일부에 [ ]를 붙인 경우는 각 괄호 안의 글자를 포함한 용어와 각 괄호 안의 글자를 생략한 용어의 2가지를 나타낸다.

② 2개 이상의 용어를 병기하고 있는 경우는 상위 용어를 우선적으로 사용한다.

③ (유압) 또는 (공기압)으로 부기하고 있는 경우는 그 용어가 어느 분야에 한정되어 사용되는 것을 나타낸다. 다만, 용어의 사용 분야가 명확한 경우는 이 표시를 생략하고 있다.

(1) 기본 용어

① 일반

번 호	용 어	정 의	대응 영어(참고)
1101	유압[기술]	액체를 동력 전달 매체로서 사용하는 기술 방법	(oil) hydraulics
1102	공기압[기술]	압축 공기를 동력 전달 매체로서 사용하는 기술 방법	pneumatics
1103	유압 회로	유압 기기 등의 요소에 의하여 조립된 유압 장치 기능의 구성	(oil) hydraulic circuit
1104	공기압 회로	공기압 기기 등의 요소에 의하여 조립된 공기압 장치 기능의 구성	pneumatic circuit

② 작동 유체

번 호	용 어	정 의	대응 영어(참고)
1201	작동 유체	전동의 매체가 되는 유체	working fluid
1202	작동유	유압 기기 또는 유압 계통에 사용하는 액체	hydraulic fluid, working fluid
1203	난연성 작동유	화재의 위험을 최대한으로 예방할 수 있는 잘 타지 않는 작동유	fire resistant fluid
1204	표준 공기	온도 20℃, 절대압 101.3 kPa, 상대 습도 65 %인 습한 공기 ※ 표준 공기는 밀도 1.2 kg/m^3로 본다.	standard air (standard reference atmosphere)

번 호	용 어	정 의	대응 영어(참고)
1205	표준 대기	해면에서의 밀도를 Zkm로 할 때, 다음 식에서 표시되는 온도, 압력 및 밀도의 대기 $Z \leq 11$ km일 때 $t = t_0 - 6.5Z$ $\frac{P}{P_0} = (1 - 0.02257Z)^{5.256}$ $\frac{\rho}{\rho_0} = (1 - 0.02257Z)^{4.256}$ $Z > 11$ km일 때 $t = -56.5$ $\frac{P}{P_0} = 1.266e^{-0.5178Z}$ $\frac{\rho}{\rho_0} = 1.684e^{-0.5178Z}$ 여기에서, t : 온도(℃) P : 절대압(kPa) ρ : 밀도(kg/m^3) 첨자 0은 해면상에서의 값을 나타낸다. t_0 : 15℃ P_0 : 101.3 kPa ρ_0 : 1.225 kg/m^3	standard atmosphere
1206	완전 가스	$PV = RT$의 상태식을 만족하는 기체 여기에서, P : 압력(Pa) V : 비체적(m^3/kg) R : 가스 상수(J/(kg · K)] T : 온도(K)	perfect gas
1207	표준 상태	온도 20℃, 절대압 101.3 kPa, 상대 습도 65 %인 공기의 상태 ※ ISO 5598에서는 이것을 standard reference atmospheric condition이라 부르고, 약호 A.N.R.로 표시한다.	standard condition
1208	기준 상태	온도 0℃, 절대압 101.3 kPa에서의 건조 기체의 상태	normal condition
1209	비열비	$\kappa = \frac{C_p}{C_v}$ 여기에서, C_p : 정압 비열, C_v : 정적 비열 ※ 단열 변화에서는 PV^{κ} = 일정한 관계가 성립하고, 비열비 κ는 단열 지수라고도 한다.	ratio of specific heat

번 호	용 어	정 의	대응 영어(참고)
1210	단열 변화	비열비를 κ로 한 경우 PV^{κ}=일정하게 되는 상태 변화	adiabatic change
1211	폴리트로프 변화	PV^{κ}=일정하게 되는 상태 변화	politropic change
1212	폴리트로프 지수	폴리트로프 변화에서 지수 n	politropic index, politropic exponent
1213	등온 변화	온도가 일정하고 PV=일정하게 되는 상태 변화	adiabatic change
1214	이슬점	수증기를 포함한 기체를 압력이 일정한 채로 냉각하였을 때, 포함되어 있는 수증기가 포화하는 온도	dew point

③ 흐름, 유량

번 호	용 어	정 의	대응 영어(참고)
1301	[체적] 유량	단위시간에 이동하는 유체의 체적	volumetric flow(rate)
1302	질량 유량	단위시간에 이동하는 유체의 질량	mass flow(rate)
1303	정격 유량 (유압)	일정한 조건하에서 정해진 보증 유량	rated flow(rate)
1304	토출량 (유압)	일반적으로 펌프가 단위시간에 노출하는 액체의 체적	delivery, flow rate, discharge, discharge rate
1305	미는 용적(유압)	용적식 펌프 또는 모터가 1회전당 미는 기하학적 체적	displacement
1306	공기량	단위시간당에 흐르는 공기의 체적을 표준 상태로 환산한 것	air quantity, air capacity
1307	가압하 유량	어느 압력 상태에서 체적으로 환산하여 표시한 유량 ※ 특히 표준 상태에서 표시한 경우, 대기압하 유량이라고 한다.	pressurized flow(rate)
1308	공기 소비량	공기압 기기 또는 시스템이 어느 조건하에서 소비하는 공기량 ※ 단위시간당 공기 소비량을 표준 상태로 환산하여 표시한다.	air consumption

번 호	용 어	정 의	대응 영어(참고)
1309	레이놀즈수	$Re = \frac{uD}{\nu}$ 로 표시되는 무차원 특성수 여기에서, u : 유속(m/s) D : 물체의 크기를 표시하는 대표 길이(m) ν : 동점도(m^2/s)	Reynolds number
1310	음속	음이 매체 중에 전달하는 속도 ※ t[℃]의 건조 공기 중을 전달하는 음속은 다음 식으로 표시된다. $a = 331.68\left(\frac{273+t}{273}\right)^{\frac{1}{2}}$ 여기에서, a : 음속(m/s), t : 온도(℃)	acoustic velocity, sound velocity
1311	아음속 흐름	기체의 속도가 음속에 도달하지 않는 흐름	subsonic flow
1312	임계 압력비	노즐 등을 통하는 기체의 유속이 음속에 도달하였을 때의 상류와 하류 압력의 비 ※ 상류 쪽의 압력을 절대압으로 P_H[kPa], 하류 쪽의 압력을 같이 P_L[kPa]로 하면 임계 압력비 γ는 표준 공기에서 다음 식으로 표시된다. $\gamma = \frac{P_H}{P_L} = 1.893$	critical pressure ratio
1313	축류	유체가 오리피스 등을 통과하여 분류가 될 때, 오리피스 등의 개구부 면적보다 분류의 단면적이 좁게 되는 현상	contraction
1314	흐름의 형태	밸브의 임의의 위치에서 각 포트를 접속하는 유체 흐름 경로의 형태	flow pattern
1315	자유 흐름	제어되지 않는 흐름	free flow
1316	제어 흐름	제어된 흐름	controlled flow
1317	인터플로	밸브의 전환 도중에서 과도적으로 생긴 밸브 포트 간의 흐름	interflow
1318	누설	정상 상태에서는 흐름을 폐지해야 하는 장소 또는 좋지 않은 장소를 통과하는 비교적 소량의 흐름	leakage

번 호	용 어	정 의	대응 영어(참고)
1319	드레인(유압)	기기의 통로(또는 관로)에서 탱크(또는 매니폴드 등)에 돌아오는 액체 또는 액체가 돌아오는 현상	drain
1320	드레인(공기압)	공기압 기기 및 관로 내에서, 유동 또는 침전 상태에 있는 물 또는 기름과 물 혼합의 백탁액	drain
1321	컷오프	펌프 출구 쪽 압력이 설정 압력에 가까웠을 때, 가변 토출량 제어가 작용하고, 유량을 감소시킬 것	cut-off
1322	풀 컷오프	펌프의 컷오프 상태에서 유량이 0이 되는 것	full cut-off
1323	정격 회전 속도(유압)	정격 유압하에서 정해진 회전 속도	rated speed, rated rotational frequency
1324	정격 속도(유압)	정격 압력하에서 정해진 속도	rated speed

④ 압력

번 호	용 어	정 의	대응 영어(참고)
1401	전압	액체의 흐름을 등엔트로피적으로 정지한 때의 압력	total pressure
1402	정압	유선에 평행한 면에 미치는 유체의 압력	static pressure
1403	동압	(전압)−(정압)으로 표시되는 압력으로, 비압축성의 경우는 다음 식으로 표시된다. $\frac{\rho}{2}V^2$ 여기에서, ρ : 밀도(kg/m^3) V : 속도(m/s)	dynamic pressure
1404	절대 압력	완전 진공을 기준으로 표시한 압력의 크기	absolute pressure
1405	게이지 압력	대기압을 기준으로 표시한 압력의 크기	gauge pressure
1406	호칭 압력	호칭의 편의를 꾀하기 위하여 기기 또는 시스템에 대하여 이용하는 압력	nominal pressure
1407	사용 압력	기기 또는 시스템을 실제로 사용하는 경우의 압력	working pressure range

번 호	용 어	정 의	대응 영어(참고)
1408	최고 사용 압력	기기 또는 시스템의 사용 가능한 최고 압력	maximum working pressure
1409	최저 사용 압력	기기 또는 시스템의 사용 가능한 최저 압력	minimum working pressure
1410	보증 내압력	최고 사용 압력에 복귀했을 때, 성능의 저하를 가져오지 않고 견뎌야 하는 압력 ※ 이 압력은 규정 조건하의 값으로 한다.	proof pressure
1411	파괴 압력	기기의 외벽이 실제로 파괴하는 압력	burst pressure
1412	시동 압력	각각의 기기가 작동을 시작하는 최저 압력	breakaway pressure (breakout pressure)
1413	최저 작동 압력	기기의 작동을 보증하는 최저 압력	minimum operating pressure
1414	설정 압력	압력 제어 밸브 등에서 조절되는 압력	set pressure
1415	크래킹 압[력]	체크 밸브, 릴리프 밸브 등에서 압력이 상승하고 밸브가 열리기 시작하여 어느 일정한 흐름의 양이 인정되는 압력	cracking pressure
1416	리시트 압[력]	체크 밸브, 릴리프 밸브 등의 입구 쪽 압력이 강하하고, 밸브가 닫히기 시작하여 밸브의 누설량이 어느 규정의 양까지 감소했을 때의 압력	reseat pressure
1417	파일럿압	파일럿 관로에 작용시키는 압력	pilot pressure
1418	압력의 맥동	정상적인 작동 조건에서 발생하는 거의 주기적인 압력의 변동(과도적인 압력 변동은 제외한다.)	pressure pulsation
1419	압력 변동	기기나 시스템 내에서 압력이 변화하는 것	pressure fluctuation
1420	서지	계통 내 흐름의 과도적인 변동	surge
1421	서지 압력	서지의 결과가 발생하는 압력	surge pressure
1422	잔압	압력 공급을 중단한 후에 회로계 또는 기기 내에 남는 바람직하지 않은 압력	residual pressure
1423	배압	회로의 귀로 쪽 또는 배기 쪽 또는 압력 작동면의 배후에 작용하는 압력	back pressure
1424	압력 강하	흐름에 기초한 유체압의 감소	pressure drop

번 호	용 어	정 의	대응 영어(참고)
1425	컷인	언로드 밸브 등에서 압력원 쪽에 부하를 주는 것. 그 한계의 압력을 컷인 압력(cut-in pressure, unloading pressure)이라 한다.	cut-in, reloading
1426	컷아웃	언로드 밸브 등에서 압력원 쪽을 무부하로 하는 것. 그 한계의 압력을 컷아웃 압력(cut-out pressure, unloading pressure)이라 한다.	cut-out, unloading
1427	정격 압력(유압)	정해진 조건하에서 성능을 보증할 수 있고, 또 설계 및 사용상의 기준이 되는 압력	rated pressure
1428	흡입 압력(유압)	펌프 입구에서의 액체 압력	suction pressure
1429	차지 압력 (유압)	작동유를 보충할 때의 압력 ※ 통상, 폐회로 또는 2단 펌프에서 사용된다.	boost pressure, charge pressure
1430	봉입 압력 (유압)	액체 주입 전의 어큐뮬레이터의 기체압	pre-charge pressure
1431	오버라이드 압력 (유압)	압력 제어 밸브에서 어느 최소 유량에서 어느 최대 유량까지의 사이에 증대하는 압력	override pressure

⑤ 현상 · 특성

번 호	용 어	정 의	대응 영어(참고)
1501	혼입 공기	액체에 세밀한 기포의 상태에 혼합된 공기	entrained air
1502	공기 혼입	액체에 공기가 세밀한 기포의 상태로 혼합된 현상 또는 혼입된 상태	aeration
1503	캐비테이션	유동하고 있는 액체의 압력이 국부적으로 저하되어, 증기나 함유 기체를 포함하는 기포가 발생하는 현상	cavitation
1504	오일 미스트	작동 공기 중에 포함되는 세밀한 기름의 입자	oil mist
1505	오염	작동 유체 중에 포함되는 유해 물질에 관한 현상	contamination
1506	컨태미네이션 컨트롤, 오염 관리	작동 유체 중에 포함되는 유해 물질의 관리	contamination control
1507	여과	철망이나 거름종이 같은 가는 구멍을 가진 재료를 이용하여 유체 중의 입자를 제거하는 것	filtration

번 호	용 어	정 의	대응 영어(참고)
1508	여과도	작동 유체로 필터를 통과할 때에, 여과재에 의하여 제거되는 혼입 입자의 크기를 나타내는 호칭 단위는 $\mu m\left(\frac{1}{1000}mm\right)$로 표시한다.	nominal filtration rating
1509	채터링	감압 밸브, 체크 밸브, 릴리프 밸브 등에서 밸브 시트를 두드려 비교적 높은 음을 내는 일종의 자려 진동 현상	chattering, chatter, singing
1510	유체 고착 현상	스풀 밸브 등에서 내부 흐름의 부등성 등에 의하여 축에 대한 압력 분포의 평형을 결여하고, 이 때문에 스풀이 밸브 몸체(또는 슬리브)에 강하게 눌려 고착하고, 그 작동이 불가능하게 되는 현상	hydraulic lock
1511	떨림	스풀 밸브 등에서 마찰, 고착 현상 등의 영향을 감소시켜, 그 특성을 개선하기 위해서 주는 비교적 높은 주파수의 진동	dither
1512	압력 평형	유체의 압력에 의하여 힘의 균형을 취할 것	pressure balance
1513	디컴프레션	프레스 등으로 유압 실린더의 압력을 조용히 빼고, 기계 손상의 원인이 되는 회로의 충격을 적게 할 것	decompression
1514	배기음	솔레노이드 밸브 등의 배기구에서 공기가 배출될 때에 생기는 음	exhaust noise
1515	내용 수명	권장하는 조건에서 사용하고, 일정한 성능을 보유하고, 사용에 견디는 횟수, 시간 등	useful life
1516	응답 시간	밸브나 회로 등에 입력 신호가 더해졌을 때부터 출력이 있는 규정값에 도달할 때까지의 시간	response time
1517	랩	슬라이드 밸브 등의 랜드부와 포트부 사이의 중복 상태 또는 그 양	lap
1518	제로랩	슬라이드 밸브 등에서 밸브가 중립점에 있을 때 포트는 닫혀 있고, 밸브가 조금이라도 변위하는 포트가 열리고, 유체가 흐르도록 중복된 상태	zero lap
1519	오버랩	슬라이드 밸브 등에서 밸브가 중립점에서 조금 변위하여 처음 포트가 열리고, 유체가 흐르도록 중복된 상태	overlap

번 호	용 어	정 의	대응 영어(참고)
1520	언더랩	슬라이드 밸브 등에서 밸브가 중립점에 있을 때, 이미 포트가 열리고 유체가 흐르도록 중복된 상태	underlap

⑥ 관로

번 호	용 어	정 의	대응 영어(참고)
1601	관로	작동 유체를 이끄는 역할을 하는 관 또는 그 계통	line
1602	주관로	흡입 관로, 압력 관로 및 귀로 관로(또는 배기 관로)를 포함한 주된 관로	main line
1603	파일럿 관로	파일럿 방식으로 작동시키기 위한 작동 유체를 이끄는 관로	pilot line
1604	휨관로	고무 호스와 같이 유연성이 있는 관로	flexible line
1605	바이패스 [관로]	필요에 따라 작동 유체의 전량 또는 그 일부를 분기하는 통로 또는 관로	by-path, by-pass line
1606	드레인 관로	드레인을 귀로 관로 또는 탱크 등에 이끄는 관로	drain line
1607	벤트 관로	벤트구에 통하는 관로	vent line
1608	통로	구성 부품의 내부를 관통하든지, 또는 그 내부에 있는 기계 가공 또는 주조의 유체를 이끄는 연결로	passage
1609	포트	작동 유체 통로의 개구부	port
1610	벤트구	유체를 외부에 배출하기 위한 작은 구멍	vent-port
1611	통기구	대기에 개방하고 있는 입구	breather, bleeder
1612	공기빼	유압 회로 중에 닫혀 있던 공기를 제거하기 위한 침 밸브 또는 가는 관 등	air-bleeder

⑦ 요소

번 호	용 어	정 의	대응 영어(참고)
1701	패킹	KS B 0118의 번호 1105에 따른다. ※ 회전이나 왕복 운동 등과 같은 운동 부분의 밀봉에 사용되는 실의 총칭	packing
1702	개스킷	KS B 0118의 번호 1106에 따른다. ※ 예를 들면 배관용 플랜지 등과 같이 정지 부분의 밀봉에 사용되는 실의 총칭. 정지용 실이라고도 한다.	gasket

번 호	용 어	정 의	대응 영어(참고)
1703	죔구	흐름의 단면적을 감소하고, 관로 또는 유체 통로 내에 저항을 가져오는 기구 ※ 초크 죔구와 오리피스 죔구가 있다.	restriction, restrictor
1704	초크	길이가 단면 치수에 비해서 비교적 긴 죔구	choke
1705	오리피스	길이가 단면 치수에 비해서 비교적 짧은 죔구	orifice
1706	피스톤	실린더 안을 왕복 운동하면서 유체 압력과 힘의 수수를 하기 위한 지름에 비해 길이가 짧은 기계 부품 ※ 보통, 연접봉 또는 피스톤 로드와 함께 사용된다.	piston
1707	피스톤 로드	피스톤과 결합하여 그 운동을 실린더의 외부에 전달하는 봉 상태의 부품	piston rod
1708	플런저	실린더 안을 왕복 운동하면서 유체 압력과 힘의 주고받음을 하기 위한 지름에 비해 길이가 긴 기계 부품	plunger
1709	램	실린더, 어큐뮬레이터 등에 사용하는 플런저	ram
1710	슬리브	중간이 빈 원통형의 구성 부품으로 피스톤, 스풀 등을 안내하는 하우징의 내부 당김	sleeve
1711	스풀	원통형 미끄러짐면에 내접하고, 축방향으로 이동하여 유로의 개폐를 하는 꼬챙이형의 구성 부품	spool
1712	랜드부	스풀의 밸브 작용을 하는 미끄러짐면	land

⑧ 기타

번 호	용 어	정 의	대응 영어(참고)
1801	무급유[공기압] 기기	미리 그리스 등의 봉입에 의하여 장기간 윤활제를 보급하지 않아도 운전에 견디는 공기압 기기	oilless enclosed pneumatic device
1802	무윤활[공기압] 기기	특정 구조에 의하든가, 자기 윤활성이 있는 재료를 이용하여 특히 윤활제를 이용해도 운전에 견디는 공기압 기기	non-lubricant pneumatic device

(2) 에너지 변환에 관한 용어

① 펌프

번 호	용 어	정 의	대응 영어(참고)
2101	유압 펌프	유압 회로에 사용되는 펌프	(oil) hydraulic pump
2102	용적식 펌프	케이싱과 내접하는 가동 부재 등과의 사이에 생기는 밀폐 공간의 이동 또는 변화에 의하여 액체를 흡입하는 쪽에서 토출 쪽으로 밀어내는 형식의 펌프	positive displacement pump
2103	터보 펌프	덮개차를 케이싱 내에 회전시켜, 액체에 운동 에너지를 주고 액체를 토출하는 형식의 펌프	turbo-pump, rotodynamic pump
2104	정용량형 펌프	1회전당 이론 토출량이 변하지 않는 펌프	fixed displacement pump, fixed delivery pump
2105	가변 용량형 펌프	1회전당 이론 토출량이 변하는 펌프	variable displacement pump
2106	기어 펌프	케이싱 내에 물리는 2개 이상의 기어에 의해서, 액체를 흡입 쪽에서 토출 쪽으로 밀어내는 형식의 펌프	gear pump
2107	외접 기어 펌프	기어가 외접 맞물림을 하는 형식의 기어 펌프	external gear pump
2108	내접 기어 펌프	기어가 내접 맞물림을 하는 형식의 기어 펌프	internal gear pump
2109	베인 펌프	케이싱(캠 링)에 접하고 있는 베인을 로터 내에 가지고, 베인 안에 흡입된 액체를 흡입 쪽에서 토출 쪽으로 밀어내는 형식의 펌프	vane pump
2110	비평형형 베인 펌프	로터에 걸리는 반지름 방향의 압력이 균형이 맞지 않는 베인 펌프	unbalanced vane pump
2111	평형형 베인 펌프	로터에 걸리는 반지름 방향의 압력이 균형이 맞는 베인 펌프	balanced vane pump
2112	피스톤 펌프	피스톤을 경사판, 캠, 크랭크 등에 의해서 왕복 운동시켜, 액체를 흡입 쪽에서 토출 쪽으로 밀어내는 형식의 펌프	piston pump
2113	액시얼 피스톤 펌프	피스톤의 왕복 운동 방향이 실린더 블록 중심축과 거의 평행인 피스톤 펌프	axial piston pump
2114	사축식[액시얼] 피스톤 펌프	구동축과 실린더 블록 중심축이 어느 각도를 가진 형식의 액시얼 피스톤 펌프	angled piston pump, bent axis type axial piston pump

번 호	용 어	정 의	대응 영어(참고)
2115	사판식[액시얼] 피스톤 펌프	구동축과 실린더 블록 중심축이 동일 직선상에 있는 형식의 액시얼 피스톤 펌프	in-line piston pump, swash plate type piston pump
2116	레이디얼 피스톤 펌프	피스톤의 왕복 운동 방향이 구동축에 거의 직각인 피스톤 펌프	radial piston pump
2117	나사 펌프	케이싱 내에서 나사를 가진 로터를 회전시켜, 액체를 흡입 쪽에서 토출 쪽으로 밀어내는 형식의 펌프	screw pump
2118	복합 펌프	동일 축상에 2개 이상의 펌프 작용 요소를 가지고, 부하의 상태에 의하여 각 요소의 운전을 서로 관련시켜 제어하는 기능을 가지는 펌프	combination pump
2119	다련 펌프	동일 축상에 2개 이상의 펌프 작용 요소를 가지고, 각각 독립한 펌프 작용을 하는 형식의 펌프	multiple pump
2120	다단 펌프	2개 이상의 펌프 작용 요소가 직렬로 작동하는 펌프	staged pump
2121	오버 센터 펌프	구동축의 회전 방향을 바꾸지 않고 흐름의 방향을 반전시키는 펌프	over-center pump
2122	가역 회전형 펌프	구동축의 회전 방향을 바꾸지 않고 흐름의 방향을 반전시키는 펌프	reversible pump
2123	유압 펌프 모터	펌프로서도 모터로서도 기능시킬 수 있는 에너지 변환 기기	hydraulic pump-motor
2124	실린더 블록	몇 개의 피스톤이 들어 있는 일체 부품	cylinder block
2125	경사판	경사판식 피스톤 펌프 또는 모터에 사용하고, 피스톤의 왕복 운동을 규제하기 위한 판	swash plate, cam plate
2126	캠 링	베인, 레이디얼 피스톤 펌프 또는 모터에 사용하고, 베인, 피스톤의 왕복 운동을 규제하는 안내륜	cam ring, guide ring
2127	밸브판	베인, 피스톤 펌프 및 모터에 사용하고, 액체의 출입을 규제하는 포트를 가진 판	valve plate, ports plate

② 모터

번 호	용 어	정 의	대응 영어(참고)
2201	액추에이터	유체의 에너지를 이용하여 기계적인 일을 하는 기기	actuator
2202	유압 모터	주로 액체의 압력 에너지를 이용하여 연속 회전 운동이 가능한 액추에이터	(oil) hydraulic motor
2203	공기압 모터	공기압 에너지를 이용하여 연속 회전 운동이 가능한 액추에이터	(rotary) air motor, pneumatic motor
2204	용적식 모터	유체의 유입 쪽에서 유출 쪽으로의 유동에 의하여 케이싱과 그것에 내접하는 가동 부재의 사이에 생기는 밀폐 공간을 이동 또는 변화시켜 연속 회전 운동을 하는 액추에이터	positive displacement motor
2205	정용량형 모터	1회전당 이론적인 유입량이 변하지 않는 유압 모터 · 공기압 모터	fixed displacement motor
2206	가변 용량형 모터	1회전당 이론적인 유입량이 변하는 유압 모터 · 공기압 모터	variable displacement motor
2207	기어 모터	유입 유체에 의하여 케이싱 내에 맞물리는 2개 이상의 기어가 회전하는 형식의 유압 모터 · 공기압 모터	gear motor
2208	베인 모터	케이싱(캠 링)에 접하고 있는 베인을 로터 내에 가지고, 베인 사이에 유입한 유체에 의하여 로터가 회전하는 형식의 유압 모터 · 공기압 모터	vane motor
2209	피스톤 모터	유입 유체의 압력이 피스톤 끝면에 작용하고, 그 압력에 의하여 경사판 캠, 크랭크 등을 매개로 하여 모터축이 회전하는 형식의 유압 모터 · 공기압 모터	piston motor
2210	다공정 모터	출력축 1회전 중에 모터 작용 요소가 복수회 왕복하는 유압 모터	multi stroke motor
2211	요동형 액추에이터	출력축의 회전 운동의 각도가 제한되어 있는 형식의 액추에이터	(semi) rotary actuator, oscillating actuator
2212	유압 스테핑 모터	스텝 모양 입력 신호의 지령에 따르는 유압 모터	hydraulic stepping motor
2213	공기압 스테핑 모터	스텝 모양 입력 신호의 지령에 따르는 공기압 모터	pneumatic stepping motor
2214	오버 센터 모터	흐름의 방향을 바꾸지 않고 회전 방향을 역전할 수 있는 유압 모터	over-center motor

번 호	용 어	정 의	대응 영어(참고)
2215	유체 전동 장치	유체를 매체로 하여 동력을 전달하는 장치	hydraulic power transmission
2216	유압 전동 장치	액체의 압력 에너지를 이용하는 유체 전동 장치. 이것에는 용적식 유압 펌프 및 용적식 유압 모터를 이용한다.	hydrostatic power transmission
2217	일체형 유압 전동 장치	유압 펌프와 유압 모터를 조합시켜 출력축이 변속할 수 있는 유닛	hydraulic variable speed drive unit
2218	터보식 유체 전동 장치	주로 유체의 운동 에너지를 이용하는 유체 전동 장치. 이것에는 터보 펌프 및 터빈을 이용한다.	hydrodynamic power transmission

③ 펌프 및 모터의 특성

번 호	용 어	정 의	대응 영어(참고)
2301	유체 출력	기기의 출력 쪽에서 유체가 가진 동력	fluid output
2302	유체 입력	기기의 입구 쪽에서 유체가 가진 동력	fluid input
2303	펌프의 전 효율	유체 출력과 축 쪽 입력의 비	overall efficiency (pump)
2304	펌프의 용적 효율	실제 토출량과 이론 토출량의 비	volumetric efficiency (pump)
2305	펌프의 토크 효율	이론 토크와 실제 토크의 비	mechanical efficiency (pump)
2306	모터의 전 효율	축 출력과 유체 입력의 비	overall efficiency (motor)
2307	모터의 용적 효율	이론 유입량과 실제 유입량의 비	volumetric efficiency (motor)
2308	모터의 토크 효율	실토크와 이론 토크의 비	mechanical efficiency (motor)
2309	모터의 유지 특성	출구 쪽을 닫고 일정한 축 토크를 가하였을 때 생기는 회전 속도	–
2310	시동 토크	모니터를 특정 조건하에서 정지 상태에서 시동할 때, 모터에서 나오는 최저 토크	starting torque
2311	펌프 제어	노출량이나 흐름의 방향을 제어하기 위해서, 가변 용량형 펌프에 적용되는 방식	pump control

④ 실린더

번 호	용 어	정 의	대응 영어(참고)
2401	실린더	실린더 힘이 유효 단면적 및 차압에 비례하도록 직선 운동을 하는 액추에이터	cylinder
2402	진공 실린더	부압을 줌으로써 직선 운동을 하는 실린더	vacuum cylinder
2403	단동 실린더	유체압을 피스톤의 편측에만 공급할 수 있는 구조의 실린더	single acting cylinder
2404	복동 실린더	유체압을 피스톤의 양쪽에 공급할 수 있는 구조의 실린더	double acting cylinder
2405	편 로드 실린더	피스톤의 한쪽에만 로드가 있는 실린더	single rod cylinder
2406	양 로드 실린더	피스톤의 양쪽에 로드가 있는 실린더	double rod cylinder
2407	쿠션 부착 실린더	스트로크 종단의 충격을 완화하는 구조를 붙인 실린더	cushioned cylinder
2408	가변 스트로크 실린더	스트로크를 제어하는 가변 스토퍼를 가진 실린더	adjustable stroke cylinder
2409	듀얼 스트로크 실린더	2개의 작동 스트로크를 가진 실린더	dual stroke cylinder
2410	탠덤형 실린더	꼬챙이형에 연결된 복수의 피스톤을 가진 실린더	tandem cylinder
2411	텔레스코프형 실린더	긴 스트로크를 줄 수 있는 다단 튜브형의 로드를 가진 실린더	telescopic cylinder
2412	램형 실린더	램을 주요 부재로 하는 실린더	ram cylinder
2413	피스톤형 실린더	피스톤을 주요 부재로 하는 실린더	piston cylinder
2414	벨로스형 실린더	운동 부분의 실에 벨로스를 이용한 실린더	bellows cylinder
2415	다이어프램형 실린더	운동 부분의 실에 다이어프램을 이용한 실린더	diaphragm cylinder
2416	차동 실린더	실린더 면적과 실린더와 피스톤 로드 사이의 고리형 면적의 비가 회로 기능상 중요한 복동 실린더	differential cylinder
2417	다위치형 실린더	동축상에 2개 이상의 피스톤을 가지고, 각 피스톤은 각각 독립한 방에 분할된 실린더 내에서 움직이고, 몇 개의 위치를 선정하는 실린더	multi position cylinder
2418	하이드로 체커	공기압 실린더에 결합하고, 그 운동을 규제하는 액체를 봉입한 실린더. 폐회로를 구성하는 관로 및 스로틀 밸브 등을 포함한다.	hydro-check unit

번 호	용 어	정 의	대응 영어(참고)
2419	서보 액추에이터	제어 계통에 이용하는 서보 밸브와 액추에이터의 결합체	servo actuator
2420	서보 실린더	제어 위치가 제어 밸브로의 입력 신호의 함수를 이루도록 추종 기구를 일체로 하여 가지고 있는 실린더	servo cylinder
2421	포지셔너	액추에이터에 조합시켜 사용하고, 스트로크 또는 회전각의 임의의 입력 신호에 대하여 일정한 함수 관계가 되도록 위치를 결정하는 기기	positioner
2422	트러니언형 실린더	피스톤 로드의 중심선에 대해 바르게 향하고, 실린더의 양쪽으로 늘린, 한 쌍의 원통형 피스톤으로 지지하는 부착 형식의 실린더 ※ 실린더는 그 피스톤을 중심으로 요동할 수 있다.	trunnion mounting cylinder
2423	클레비스형 실린더	피스톤 로드의 중심선에 대해서 직각 방향의 핀 구멍이 있는 U형 지지부를 가진 지지 형식의 실린더 ※ 실린더는 핀을 중심으로 하여 요동할 수 있다.	clevis mounting cylinder
2424	아이형 실린더	피스톤 로드의 중심선에 대해서 직각 방향의 핀 구멍이 있는 아이형 지지부를 가진 지지 형식의 실린더 ※ 실린더는 핀을 중심으로 하여 요동할 수 있다.	eye mounting cylinder
2425	풋형 실린더	부착 다리를 가지고, 피스톤 로드의 중심선과 평행인 부착면이 있는 지지부를 가진 실린더	foot mounting cylinder
2426	플랜지형 실린더	부착 플랜지로 고정되는 지지 형식의 실린더 ※ 플랜지는 통상, 피스톤 로드의 중심선에 대해서 직각 방향으로 설정된다.	flange mounting cylinder
2427	회전 실린더	로터리 조인터를 갖추고, 접속 관로와 상대적으로 회전 운동이 가능한 실린더	rotating cylinder
2428	실린더 튜브	내부에 압력을 유지하고, 원통형의 내면을 형성하는 부분	cylinder tube
2429	피스톤 로드	피스톤이 기계적 힘과 운동을 전달하는 부품	piston rod
2430	실린더 쿠션	스트로크 종단 부근에서 유체의 유출을 자동적으로 죄는 것에 의하여 피스톤 로드의 운동을 감속시키는 운동	cylinder cushioning

번 호	용 어	정 의	대응 영어(참고)
2431	스트로크	피스톤이 이동하는 거리	stroke
2432	실린더 힘	피스톤 면에 작용하는 이론 유체력	(theoretical) cylinder force
2433	실린더 출력	피스톤 로드에 의하여 전달되는 기계적인 힘	cylinder output force
2434	평균 피스톤 속도	피스톤 시동에서 정지까지의 시간으로 스트로크의 길이를 나눈 값	mean piston velocity
2435	스틱 슬립	미끄러짐면의 운동이 간헐적으로 되는 현상	stick-slip
2436	실린더의 추력 효율	실린더 출력과 실린더 힘의 비	thrust efficiency (cylinder)
2437	실린더의 속도 효율	실제의 속도와 이론 속도의 비	speed efficiency (cylinder)
2438	헤드 쪽	피스톤 로드가 나오지 않는 쪽	head end
2439	로드 쪽	피스톤 로드가 나오는 쪽	rod(cap) end

(3) 에너지 제어에 관한 용어

① 제어 · 조작 방식 일반

번 호	용 어	정 의	대응 영어(참고)
3101	인력 조작	손가락, 손 또는 다리에 의한 조작 방식. 통상 누름 버튼, 레버 또는 페달 등을 매개로 하여 조작력이 주어진다.	manual control
3102	기계 조작	캠, 링 기구 등의 기계적 방법에 의한 조작 방식. 통상 롤러, 플런저 등의 기구를 매개로 하여 조작력이 주어진다.	mechanical control
3103	전기 조작	전기적 상태 변화에 의한 조작 방식	electrical control
3104	솔레노이드 조작	전자석에 의한 조작 방식	solenoid control
3105	전동기 조작	전동기에 의한 조작 방식	electric motor control
3106	실린더 조작	실린더에 의한 조작 방식	cylinder control
3107	파일럿 조작	파일럿압의 변화에 의한 조작 방식	pressure control
3108	직접 파일럿 조작	밸브 몸체의 위치가 제어 압력의 변화에 의하여 직접 조작되는 방식	direct pressure control
3109	간접 파일럿 조작	밸브 몸체의 위치가 파일럿 장치에 대한 제어 압력의 변화에 의하여 조작되는 방식	indirect pressure control
3110	복합 조작	인력, 기계, 파일럿, 전기 조작 등의 방식을 2개 이상 조합시킨 조작 방식	combined control

번 호	용 어	정 의	대응 영어(참고)
3111	트레이서 제어	모형 바퀴를 추종하는 시스템에 의하여 조작되는 제어 방식	tracer control
3112	서보 제어	출력 변위를 기준 입력 신호와 비교하여, 그 차를 없애도록 피드백을 걸어 조작되는 제어 방식	servo control
3113	피드백	닫힌 루프를 형성하고, 출력 쪽의 신호를 입력 쪽에 되돌리는 것	feedback
3114	보조 조작	대체 조작 수단을 준비하기 위해서 밸브를 갖춘다. 통상은 인력 방식의 조작 방법	auxiliary control
3115	오버라이드 조작	정규 조작 방법에 우선하여 조작할 수 있는 대체 조작 수단	override control
3116	비상 조작	정규 조작 수단이 고장인 경우의 대체 조작 방법으로서 밸브 또는 회로에 준비한다. 통상은 인력 방식의 조작 방법	emergency control
3117	인터로크	위험이나 이상 동작을 방지하기 위하여 어느 동작에 대해서 이상이 생긴 다른 동작이 일어나지 않도록 제어 회로상 방지하는 수단	interlock
3118	스프링 리턴	조작력을 제거하였을 때, 반동력에 의하여 밸브 몸체가 초기 위치로 복귀하는 방식	spring return, spring offset
3119	스프링 센터	중앙 위치가 초기 위치인 3위치 밸브에 대한 스프링 리턴의 별칭	spring center
3120	프레셔 리턴	조작력을 제거했을 때, 유체 압력으로 밸브 몸체가 초기 위치로 복귀하는 방식	fluid return, pressure offset
3121	프레셔 센터	중앙 위치가 초기 위치인 3위치 밸브에 대한 프레셔 리턴의 별칭	pressure center
3122	래치	특정 조건이 만족될 때까지 벗어나지 못하는 기구에 의하여 밸브 몸체를 정해진 위치로 유지하는 장치	latch
3123	디텐트	인위적으로 만들어진 저항에 의하여, 밸브 몸체를 정해진 위치에 유지하는 기구. 다른 위치로의 이동은 저항에 부딪치면서 힘을 가하게 된다.	detent
3124	오버 센터 기구	밸브 몸체가 중앙 사점(死點) 위치에서 정지하지 않도록 하는 기구	over-center device
3125	공기압-유압 제어	제어 회로에는 공기압을 사용하고, 작동부에는 유압을 사용하는 제어 방식	pneumatic-hydraulic control
3126	밸브 제어	주관로의 유량이나 압력을 밸브에 의하여 제어하는 제어 방식	valve control

② 제어 밸브

번 호	용 어	정 의	대응 영어(참고)
3201	밸브	유체 계통에서 흐름의 방향, 압력 또는 유량을 제어 또는 규제하는 기기의 총칭 ※ 기능, 구조, 용도, 종류, 형식 등을 표시하는 수식어가 붙는 것에는 "밸브"라는 말을 사용한다.	valve
3202	제어 밸브	흐름의 형태를 바꾸고, 압력 또는 유량을 제어하는 밸브	control valve
3203	밸브 몸체	밸브의 기능을 담당하는 부분에서 주로 이동하는 쪽	valving element
3204	밸브 시트	밸브 몸체에 상대하는 쪽	valve seat, seat
3205	포핏 밸브	밸브 몸체가 밸브 시트 시트면에서 직각 방향으로 이동하는 형식의 밸브	poppet valve
3206	슬라이드 밸브	밸브 몸체와 밸브 시트가 미끄러지고, 개폐 작용을 하는 형식의 밸브	slide valve
3207	스풀 밸브	스풀을 이용한 슬라이드 밸브	spool valve
3208	회전 밸브	회전 또는 요동하는 회전체의 미끄러짐면을 이용하여 개폐의 작동을 하는 슬라이드 밸브	rotary valve
3209	볼 밸브	밸브 몸체가 둥근형의 슬라이브 밸브	ball valve
3210	2위치 밸브	밸브 몸체의 위치가 2개 있는 변환 밸브	two position valve
3211	3위치 밸브	밸브 몸체의 위치가 3개 있는 변환 밸브	three position valve
3212	4위치 밸브	밸브 몸체의 위치가 4개 있는 변환 밸브	four position valve
3213	포트의 수	밸브와 주관로를 접속하는 포트의 수	number of connections, number of ports
3214	2포트 밸브	2개의 포트를 가진 밸브	two port connection valve
3215	3포트 밸브	3개의 포트를 가진 밸브	three port connection valve
3216	4포트 밸브	4개의 포트를 가진 밸브	four port connection valve
3217	5포트 밸브	5개의 포트를 가진 밸브	five port connection valve
3218	C_v값(공기압)	C_v는 밸브의 유량 특성을 나타내는 계수로, 지정 개도에서 6.9 kPa의 압력 강하하에서 밸브를 흐르는 15.5℃의 물의 유량을 G.P.M.(3.785 L/min≒G.P.M.)으로 계측한 숫자로 표시한다.	value of C_v

번 호	용 어	정 의	대응 영어(참고)
3219	K_v값(공기압)	K_v는 밸브의 유량 특성을 나타내는 계수로, 지정의 개도에서 98 kPa의 압력 강하하에서 밸브를 흐르는 5~30℃의 물의 유량을 m^3/h로 계측한 숫자로 표시한다.	value of K_v
3220	밸브 유효 단면적	밸브의 실유량에 기초하여 압력의 저항을 등가의 오리피스로 환산한 계산상의 단면적. 공기압 밸브 흐름 능력의 표시값으로서 사용한다. ※ 계산 방식은 KS B 6347, KS B 6355 및 KS B 6356에 따른다.	effective area of valve
3221	전자 [조작] 밸브	전자석에 의하여 조작되는 밸브	solenoid valve, solenoid controlled valve
3222	[작동형] 전자 [변환] 밸브	전자석에 의하여 직접, 주밸브를 작동시키는 형식의 변환 밸브	solenoid operated directional control valve
3223	솔레노이드 파일럿 변환 밸브	전자 조작되는 파일럿 밸브가 일체로 조립된 파일럿 변환 밸브	solenoid controlled pilot operated directional control valve
3224	기계 조작 밸브	캠, 링크 기구, 그 밖의 기계적 방법으로 조작되는 밸브	mechanically controlled valve
3225	캠 조작 밸브	캠에 의하여 조작되는 밸브	cam operated valve
3226	파일럿 밸브	다른 밸브 또는 기기를 압력에 의하여 조작하기 위해서 이용하는 제어 밸브	pilot valve
3227	파일럿 [조작] 변환 밸브	파일럿으로 작용시키는 유체 압력에 의하여 조작되는 변환 밸브	pilot controlled directional control valve
3228	원격 조작 밸브	떨어진 장소에서 조작되는 밸브	remote controlled valve
3229	실린더 [조작] 밸브	조작부에 실린더를 이용한 밸브	cylinder controlled valve
3230	서보 밸브	전기, 그 밖의 입력 신호의 함수로서, 유량 또는 압력을 제어하는 밸브	servo valve
3231	비례 제어 밸브	입력 신호에 비례한 출력(압력, 유량)의 제어가 가능한 밸브	proportional control valve

③ 밸브 몸체의 위치

번 호	용 어	정 의	대응 영어(참고)
3301	밸브 몸체의 위치	밸브의 기본 기능을 규제하는 밸브 기구부의 상대적 위치	valve element position
3302	노멀 위치	조작력이 작용하지 않는 때의 밸브 몸체의 위치 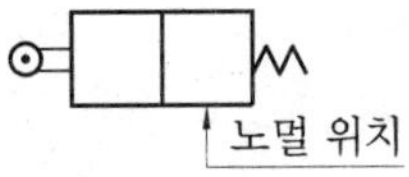 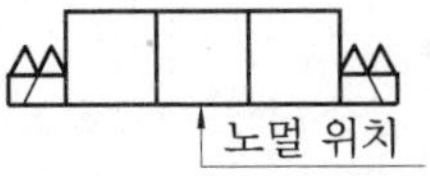 노멀 위치 노멀 위치	normal position
3303	초기 위치	주관로의 압력이 걸리고 나서, 조작력에 의하여 예정 운전 사이클이 시작되기 전의 밸브 몸체 위치	initial position
3304	중앙 위치	3위치 밸브 중앙 밸브 몸체의 위치 중앙 위치 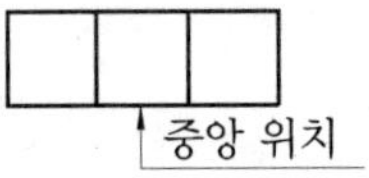	middle position
3305	중간 위치	초기 위치와 작동 위치 중간의 임의의 밸브 몸체의 위치	intermediate position
3306	작동 위치	조작력이 작용하고 있을 때의 밸브 몸체 최종 위치	actuated position
3307	과도 위치	초기 위치와 작동 위치 사이의 과도적인 밸브 몸체의 위치	transient position
3308	닫는 위치	입구가 출구로 통하지 않는 밸브 몸체의 위치 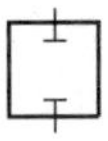	closed position
3309	열림 위치	입구가 출구로 통하고 있는 밸브 몸체의 위치 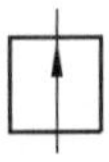	open position
3310	플로트 위치	입구는 닫혀 있고, 모든 출구가 귀로 입구 또는 배기구로 통하고 있는 밸브 몸체의 위치 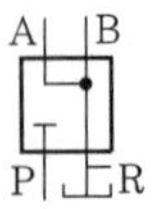 A B P R	float position

번 호	용 어	정 의	대응 영어(참고)
3311	항시 닫힘, 노멀 클로즈드	노멀 위치가 닫힘 위치의 상태	normally closed
3312	항시 열림, 노멀 오픈	노멀 위치가 열림 위치의 상태	normally open
3313	올 포트 블록	변환 밸브의 모든 포트가 닫혀 있는 흐름의 형태 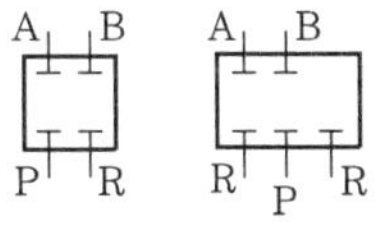 A B A B P R R P R	all ports blocked
3314	올 포트 오픈	변환 밸브의 모든 포트가 통하고 있는 흐름의 형태 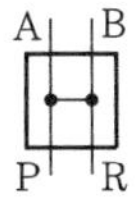 A B P R	all ports open
3315	PR 접속	변환 밸브에서 P포트는 R포트에 통하고, A포트와 B포트는 닫혀 있는 흐름의 형태 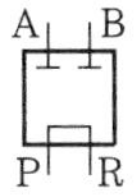 A B P R ※ 탠덤 접속이라고도 한다.	PR port connection, tandem connection
3316	ABR 접속	변환 밸브에서 A포트와 B포트는 R포트로 통하고, P포트는 닫혀 있는 흐름의 형태 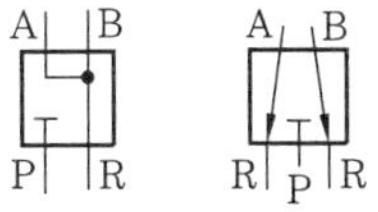 A B A B P R R P R ※ P포트 블록이라고도 한다.	ABR port connection, P port blocked
3317	PAB 접속	변환 밸브에서 P포트는 A포트와 B포트로 통하고, R포트는 닫혀 있는 흐름의 형태 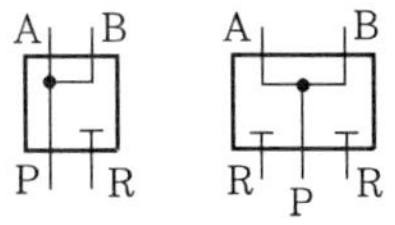 A B A B P R R P R ※ R포트 블록이라고도 한다.	PAB port connection, R port blocked

번 호	용 어	정 의	대응 영어(참고)
3318	BR 접속	변환 밸브에서 B포트는 R포트로 통하고, P 포트와 A포트는 닫혀 있는 흐름의 형태 A B P R	BR port connection

④ 압력 제어 밸브

번 호	용 어	정 의	대응 영어(참고)
3401	압력 제어 밸브	압력을 제어하는 밸브	pressure control valve
3402	릴리프 밸브	회로 내의 압력을 설정값으로 유지하기 위해서, 유체의 일부 또는 전부를 흐르게 하는 압력 제어 밸브	relief valve, pressure relief valve
3403	정비 릴리프 밸브	회로의 압력을 파일럿 압력에 대해서, 정해진 비율로 조정(파일럿 조작)하는 릴리프 밸브	proportional pressure relief valve
3404	양 방향 릴리프 밸브	2개의 포트를 가지고, 그들의 포트가 입구 또는 출구로서 서로 작동하는 릴리프 밸브	bi-directional relief valve
3405	안전 밸브	기기나 관 등 파괴를 방지하기 위해서 회로의 최고 압력을 한정하는 밸브	safety valve
3406	감압 밸브	입구 쪽의 압력에 관계없이 출구 쪽 압력을 입구 쪽 압력보다도 낮은 설정 압력으로 조정하는 압력 제어 밸브	pressure reducing valve
3407	릴리프 감압 밸브(유압)	한 방향 흐름에는 감압 밸브로서 작동하고, 역방향 흐름에는 그 유입 쪽의 압력을 감압 밸브로서의 설정 압력으로 유지하는 릴리프 밸브로서 작동하는 밸브	pressure reducing and relieving valve
3408	릴리프붙이 감압 밸브(공기압)	2차 쪽의 압력을 보다 낮은 설정값으로 변경하는 경우, 그 설정을 쉽게 하는 목적의 릴리프 기구를 가진 밸브	pressure reducing valve with relieving mechanism
3409	정비 감압 밸브	출구 압력을 입구 압력에 대해서 정해진 비율에 유지하는 밸브	proportioning pressure reducing valve
3410	언로드 밸브	외부 파일럿 압력이 정해진 압력에 도달하면, 입구 쪽에서 탱크 쪽으로의 자유 흐름을 허락하는 압력 제어 밸브	unloading valve

번 호	용 어	정 의	대응 영어(참고)
3411	언로드 릴리프 밸브(유압)	회로의 압력이 정해진 값에 도달하면, 언로드 밸브로서 작동하고, 압력이 정해진 값까지 저하되면 릴리프 밸브로서 작동하는 밸브	unloading relief valve
3412	시퀀스 밸브	입구 압력 또는 외부 파일럿 압력이 정해진 값에 도달하면 입구 쪽에서 출구 쪽으로의 흐름을 허락하는 압력 제어 밸브	sequence valve
3413	카운터 밸런스 밸브	부하의 낙하를 방지하기 위해서, 배압을 유지하는 압력 제어 밸브	counterbalance valve
3414	서지 감쇠 밸브	유체 흐름의 가감 속도를 제어함으로써 충격을 완화하는 밸브	surge damping valve
3415	볼륨 부스터 (공기압)	파일럿 제어 방식의 밸브이고, 출구 쪽 압력이 파일럿 압력과 정해진 관계로 유지되는 비교적 대용량의 밸브	volume booster

⑤ 유량 제어 밸브

번 호	용 어	정 의	대응 영어(참고)
3501	유량 제어 밸브	유량을 제어하는 밸브	flow control valve
3502	스로틀 밸브	죔 작용에 의하여 유량을 규제하는 압력 보상 기능이 없는 유량 제어 밸브	restrictor, metering valve
3503	유량 조정 밸브 (유압)	압력 보상 기능에 의하여 입구 압력 또는 배압의 변화에 관련이 없고, 유량을 정해진 값으로 유지하는 유량 제어 밸브	pressure compensated flow control valve
3504	시리즈형 유량 조정 밸브(유압)	밸브에 들어가는 압력 보상 밸브의 유로가 가변 죔과 직렬로 접속되어 있는 형식의 2포트 유량 조정 밸브	series flow control valve
3505	바이패스형 유량 조정 밸브(유압)	밸브에 들어가는 압력 보상 밸브의 유로가 가변 죔 바로 앞의 분기로가 되어, 잉여 유체를 기름 탱크 또는 2차 공급 회로로 바이패스시키는 형식의 3포트 유량 조정 밸브	by-pass flow control valve
3506	온도 보상붙이 유량 조정 밸브 (유압)	유체의 온도 변화에 관계없이 유량을 정해진 값으로 유지하는 유량 조정 밸브	pressure-temperature compensated flow control valve
3507	디셀러레이션 밸브(유압)	액추에이터를 감속시키기 위해서 캠 조작 등에 의하여 유량을 서서히 감소시키는 밸브	deceleration valve

번 호	용 어	정 의	대응 영어(참고)
3508	프리필 밸브(유압)	대형 프레스 등의 급속 전진 행정에서의 탱크에서 액추에이터로의 흐름을 허락하고, 가압화 공정에서는 액추에이터에서 탱크로의 역류를 방지하고, 되돌림 공정에서는 자유 흐름을 허락하는 밸브	prefill valve
3509	분류 밸브(유압)	압력 유체원에서 2개 이상의 관로에 분류시킬때, 각각의 관로 압력에 관계없이 일정 비율로 유량을 분할하여 흐르게 하는 밸브	flow dividing valve
3510	집류 밸브(유압)	2개의 유입 관로의 압력에 관계없이 정해진 출구 유량이 유지되도록 합류하는 밸브	flow combining valve
3511	한 방향 스로틀 밸브	한 방향에는 자유 흐름을 허락하고, 다른 방향에는 흐름을 규제하는 스로틀 밸브	one way restrictor
3512	속도 제어 밸브 (공기압)	가변 스로틀 밸브와 체크 밸브를 일체로 구성하고, 회로 중의 실린더 등의 유량을 제어하는 밸브	speed control valve

⑥ 방향 제어 밸브

번 호	용 어	정 의	대응 영어(참고)
3601	방향 제어 밸브	흐름의 방향을 제어하는 밸브의 총칭	directional control valve
3602	변환 밸브	2개 이상의 흐름 형태를 가지고, 2개 이상의 포트를 가지는 방향 제어 밸브	directional control valve, selector
3603	스로틀 변환 밸브	밸브의 조작 위치에 따라 유량을 연속적으로 변화시키는 변환 밸브	–
3604	체크 밸브	한 방향만으로 유체의 흐름을 허락하고, 반대 방향으로는 흐름을 저지하는 밸브	check valve, non–return valve
3605	파일럿 조작 체크 밸브	파일럿압에 의해 밸브의 개폐가 조작되는 체크 밸브	pilot controlled check valve
3606	셔틀 밸브	2개의 입구와 1개의 공통 출구를 가지고, 출구는 입구 압력의 작용에 의하여 한쪽 방향에 자동적으로 접속되는 밸브 ※ 고압 쪽 입구가 출구에 접속되는 것과 저압 쪽 입구가 출구에 접속되는 것의 2종류가 있다.	shuttle valve

번 호	용 어	정 의	대응 영어(참고)
3607	급속 배기 밸브	변환 밸브와 액추에이터 사이에 설치하고, 변환 밸브의 배기 작용에 의하여 밸브를 작동하고, 그 배기구를 열어 액추에이터에서 배기를 급속히 하기 위한 밸브	quick exhaust valve, rapid exhaust valve
3608	리밋 밸브 (공기압)	이동하는 물체의 위치 확인에 사용하는 기계 조작 변환 밸브	mechanical limit valve
3609	마스터 밸브	공기압으로 조작되는 공기압용 방향 제어 밸브	master valve

⑦ 부착 방식

번 호	용 어	정 의	대응 영어(참고)
3701	서브 플레이트 붙이형 밸브 (유압)	주요한 외부 포트를 부착면에 설치하고, 서브 플레이트 또는 매니폴드 블록 등으로의 부착에 의하여 외부 유로와의 접속이 가능한 형식의 밸브	sub-plate valve
3702	모노 블록형 밸브(유압)	몇 개 동종의 밸브를 공통 몸체에 넣어 하나로 한 형식의 밸브 유닛	mono-block valve
3703	적층 밸브	뱅크형 밸브, 모듈러 스택형 밸브의 총칭	ganged valve, sandwich valve
3704	뱅크형 밸브	적층이 가능한 몇 개의 동종 밸브를 타이볼트 등으로 하나로 조립한 밸브 유닛	banked valve
3705	모듈러 스택형 밸브	기능이 다른 각종 밸브를 크기별로 일정한 붙이 치수로 준비하고, 그 조합을 바꿈으로써 다른 회로 구성이 가능하도록 한 적층 밸브의 구성 요소	moduler stack valve
3506	카트리지형 밸브	하우징에 끼워 넣어 이용하는 밸브로, 하우징의 유로와 대응하는 포트를 가진, 몸체가 원통형인 밸브	cartridge valve

(4) 제어용 소자 및 회로에 관한 용어

번 호	용 어	정 의	대응 영어(참고)
4001	유체 소자	순유체 소자, 가동형 소자를 포함한 소자의 총칭	–
4002	순유체 소자	기계적으로 움직이는 부분을 이용하지 않고, 유체의 흐름에서 유체의 거동을 제어하는 소자	fluidic device

번 호	용 어	정 의	대응 영어(참고)
4003	가동형 소자	기계적으로 움직이는 부분을 이용하여 유체의 흐름에서 유체의 거동을 제어하는 비교적 소형 소자	moving part device
4004	논리 소자	논리 기능을 가진 유체 소자	logic device
4005	논리 회로	앤드, 오어, 노트 등의 논리 기능을 가진 회로	logic circuit
4006	앤드 회로	2개 이상의 입력 포트와 1개의 출력 포트를 가지고, 모든 입력 포트에 입력이 더해진 경우에만 출력 포트에 출력이 나타나는 회로 ※ A 및 B에 압력 신호가 작용한 경우에만 Z에 출력이 나타난다. 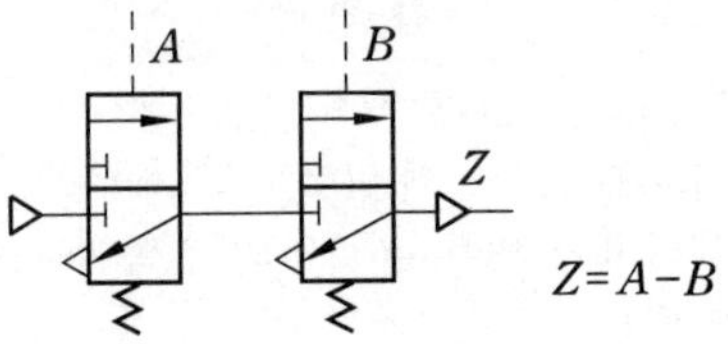 $Z=A \cdot B$	AND circuit
4007	오어 회로	2개 이상의 입력 포트와 1개의 출력 포트를 가지고, 어떤 입력 포트에 입력이 가해져도 출력 포트에 출력이 나타나는 회로 ※ A 또는 B에 압력 신호가 작용하면 Z에 출력이 나타난다. A에서도 B에서도 압력 신호가 작용하지 않는 경우에는 Z에 출력이 나타나지 않는다. 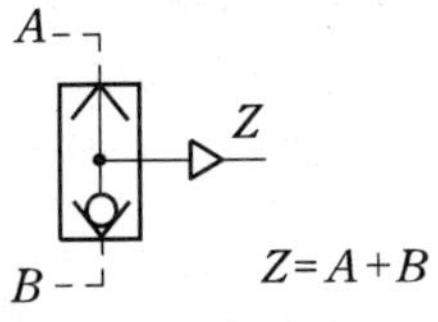 $Z=A+B$	OR circuit
4008	노트 회로	1개의 입력 포트와 1개의 출력 포트를 가지고, 입력 포트에 입력이 되지 않은 경우에만 출력 포트에 출력이 나타나는 회로 ※ A에 압력 신호가 작용하지 않은 경우 Z에 출력이 나타나고, A에 압력 신호가 작용하면 Z에 출력이 나타나지 않는다. 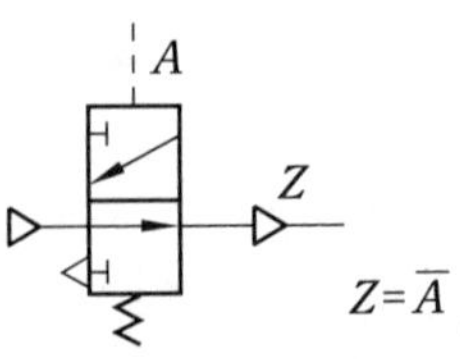 $Z=\overline{A}$	NOT circuit

번 호	용 어	정 의	대응 영어(참고)
4009	노어 회로	2개 이상의 입력 포트와 1개의 출력 포트를 가지고, 입력 포트 모두에 입력이 없는 경우에만 출력 포트에 출력이 나타나는 회로 ※ A 및 B에 압력 신호가 작용하고 있지 않은 경우에만 출력이 나타난다. 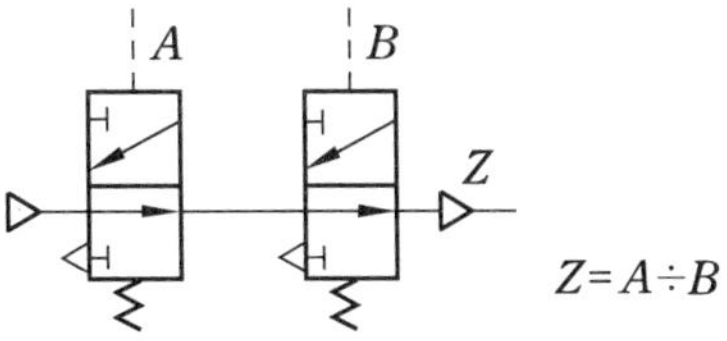 	NOR circuit
4010	부스터 회로	저입력을 어떤 정해진 높은 출력으로 증폭하는 회로 ※ A에 입력이 가해지면 압력원보다 높은 출력이 B에 나타난다. 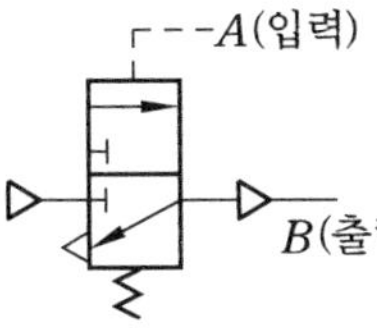 	booster circuit
4011	플립플롭 회로	2개의 안정된 출력 상태를 가지고, 입력 유무에 관계없이 직전에 가해진 입력의 상태를 출력 상태로서 유지하는 회로 ※ 신호(셋) 입력이 가해지면 출력이 나타나고, 그 입력이 없어져도 그 출력 상태가 유지된다. 복귀 입력(리셋)이 가해지면 출력은 0이 된다. 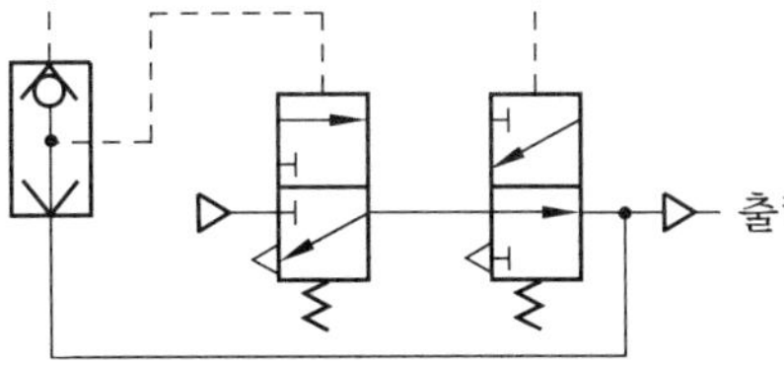 	flip-flop circuit
4012	카운터 회로	입력으로서 가해진 펄스 신호의 수를 계수하여 기억하는 회로	counter circuit

번 호	용 어	정 의	대응 영어(참고)
4013	레지스터 회로	2진수로서의 정보를 일단 내부에 기억하고, 적당한 때에 그 내용을 이용할 수 있도록 구성한 회로	register circuit
4014	순서 회로, 시퀀스 회로	미리 정해진 순서에 따라 제어 작동의 각 단계를 수차 진행해 가는 제어 회로(KS A 3008 참조)	sequence circuit
4015	온 오프 제어 회로	제어 동작이 밸브의 개폐와 같은 2개의 정해진 상태만을 취하는 제어 회로	ON-OFF control circuit
4016	방향 제어 회로	회로 내의 흐름의 방향을 바꾸는 제어 회로	directional control circuit
4017	압력 제어 회로	회로 내의 압력을 제어하는 것을 목적으로 한 회로	pressure control circuit
4018	속도 제어 회로	회로 내의 흐름 제어에 의하여 액추에이터의 작동 속도를 제어하는 것을 목적으로 한 회로	speed control circuit
4019	미터 인 회로	액추에이터의 공급 쪽 관로 내의 흐름을 제어함으로써 속도를 제어하는 회로 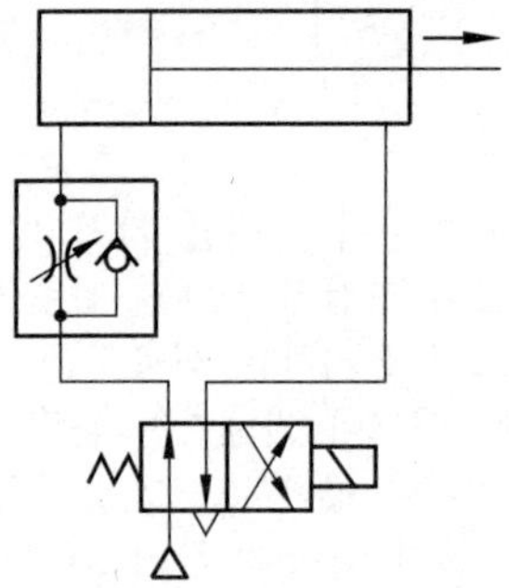	meter-in circuit
4020	미터 아웃 회로	액추에이터의 배출 쪽 관로 내의 흐름을 제어함으로써 속도를 제어하는 회로 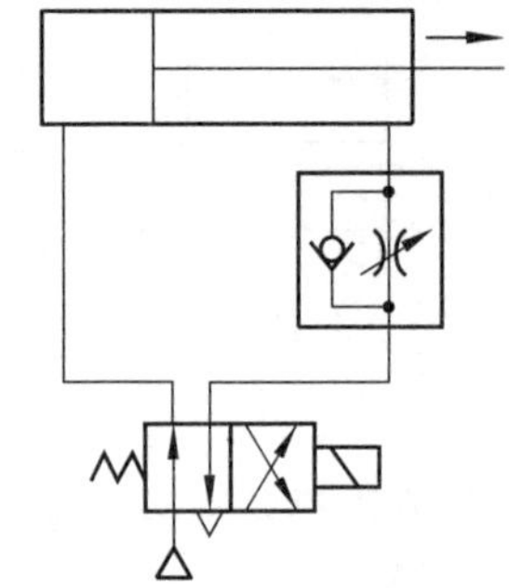	meter-out circuit

번 호	용 어	정 의	대응 영어(참고)
4021	블리드 오프 회로	액추에이터의 공급 쪽 관로에 설정된 바이패스 관로의 흐름을 제어함으로써 속도를 제어하는 회로 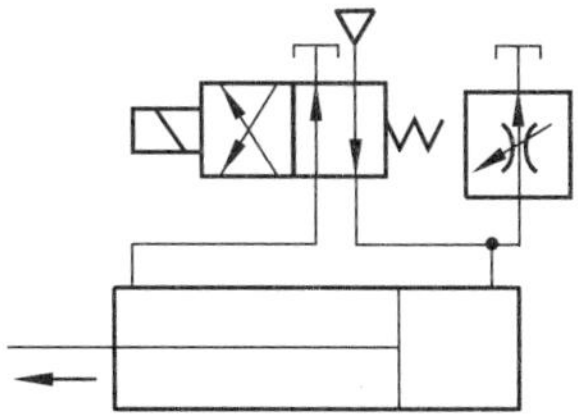	bleed-off circuit
4022	안전 회로	우발적인 이상 운전, 과부하 운전 등일 때 사고를 방지하여 정상적 운전을 확보하는 회로	safety circuit
4023	인터로크 회로	인터로크를 목적으로 한 회로	interlock circuit
4024	비상 정지 회로	장치가 위험 상태가 되면 자동적 또는 인위적으로 장치를 정지시키는 회로	emergency stop circuit

(5) 그 밖의 기기에 관한 용어

① 이음쇠 및 부착 요소

번 호	용 어	정 의	대응 영어(참고)
5101	관 이음쇠	관로의 접속 또는 기구로의 부착을 위해서 유체 회로가 있는 탈착이 가능한 접속 쇠붙이의 총칭	connector, fitting, joint
5102	플랜지 관 이음쇠	플랜지를 사용한 관 이음쇠	flange fitting
5103	플레어드 관 이음쇠	관(튜브)의 끝을 원뿔형으로 넓힌 구조를 가진 관 이음쇠	flared fitting
5104	플레어리스 관 이음쇠	관(튜브)의 끝을 넓히지 않고, 관과 슬리브의 먹힘 또는 마찰에 의하여 관을 유지하는 관 이음쇠	flarless fitting
5105	스위블 이음쇠	방향 조절이 가능한 엘보의 고정 이음쇠	swivel fitting
5106	스위블 조인트	요동 가능한 관 이음쇠	swivel joint
5107	로터리 조인트	상대적으로 연속 회전하는 관 이음쇠	rotary joint
5108	급속 이음쇠	호스 및 배관의 접속용 이음쇠로, 급속히 탈착이 가능한 것	quick disconnect release coupling

번 호	용 어	정 의	대응 영어(참고)
5109	셀프 실 이음쇠	양 접속 쇠붙이가 연결될 때 자동적으로 열리고, 분리될 때 자동적으로 닫히도록 체크 밸브를 끝부분에 내장시키는 급속 이음쇠	self-sealing coupling
5110	호스 어셈블리	내압성이 있는 호스의 양 끝에 관 이음쇠의 접속 쇠붙이를 장착한 것	hose-assembly
5111	매니폴드	내부에 배관의 역할을 하는 통로를 형성하고, 외부에 2개 이상의 기기를 부착하기 위한 블록	manifold
5112	서브 플레이트	개스킷을 이용하여 제어 밸브 등을 부착하고, 관로와 접속하기 위한 첨부 판	sub-plate

② 에너지 조정 · 저장 기기

번 호	용 어	정 의	대응 영어(참고)
5201	기름 탱크	유압 회로의 작동유를 저장하는 용기	reservoir
5202	공기 탱크	공기압 동력원으로서 압축 공기를 저장하는 용기	air receiver
5203	어큐뮬레이터, 축압기	유체를 에너지원 등으로 사용하기 위하여 가압 상태로 저장하는 용기	accumulator
5204	기체식 어큐뮬레이터	액체가 기체압으로 가압되는 어큐뮬레이터	gas loaded accumulator
5205	스프링식 어큐뮬레이터	액체가 스프링 힘으로 가압되는 어큐뮬레이터	spring loaded accumulator
5206	추식 어큐뮬레이터	액체가 추 등의 중량물에 의한 동력으로 가압되는 어큐뮬레이터	weight loaded accumulator
5207	블래더형 어큐뮬레이터	가요성의 주머니로 기체와 액체가 격리되는 어큐뮬레이터	bladder type hydropneumatic accumulator
5208	다이어프램형 어큐뮬레이터	가요성의 다이어프램으로 기체와 액체가 격리되는 어큐뮬레이터	diaphragm type hydropneumatic accumulator
5209	피스톤형 어큐뮬레이터	실린더 내의 피스톤에 의하여 기체와 액체가 격리되어 있는 어큐뮬레이터	piston type hydropneumatic accumulator
5210	증압기	입구 쪽 압력을 거기에 거의 비례하는 높은 출구 쪽 압력으로 변환하는 기기	intensifier, booster

번 호	용 어	정 의	대응 영어(참고)
5211	공유 변환기	공기압을 유압으로 변환하는 기기	pneumatic-hydraulic convertor(actuator)
5212	열 교환기	작동 유체의 온도를 가열 및 냉각하고, 정해진 범위로 유지하기 위한 기기	heat exchanger
5213	냉각기	작동 유체를 냉각하는 열 교환기	cooler
5214	후부 냉각기, 애프터 쿨러	압축기가 토출한 기체를 냉각하는 열 교환기	after-cooler
5215	에어 드라이어	공기 중에 포함된 수분을 제거하여 건조한 공기를 얻는 기기	air dryer
5216	유압 필터	액체에서 고형물을 여과 작용 등에 의하여 제거하는 기기	hydraulic filter
5217	공기압 필터	공기압 회로의 중간에 부착하여 드레인 및 미세한 고형물을 원심력이나 여과 작용 등으로 분리 제거하는 기기	pneumatic filter
5218	필터 엘리먼트	필터 내에 부착하여 미세한 고형물을 제거할 목적으로 사용하는 여과재	filter element
5219	오일 미스트 세퍼레이터	공기 중 기름 안개의 입자를 응축, 그 밖의 방법으로 제거하는 기기	oil mist separator
5220	배기용 오일 미스트 세퍼레이터	배기 시 공기 중에 포함된 기름 안개 및 드레인을 제거하여 배기음을 감소시키는 기기	exhaust purifier, exhaust filter
5221	드레인 분리기	공기 중에 포함된 드레인을 분리하는 기기	drain separator
5222	자동 배수 밸브	드레인을 자동적으로 배수하는 밸브	automatic drain valve
5223	루브리케이터, 오일러	기름을 안개 형태로 해서 공기 흐름에 자동적으로 보내는 공기압 기기로의 자동 급유 기기	lubricator, oiler
5224	전량식 루브리케이터	안개 형태로 한 기름을 모두 공기의 흐름으로 보내는 루브리케이터	direct type lubricator
5225	선택식 루브리케이터	안개 형태로 한 기름을 선택하고, 입자가 세밀한 기름 안개만을 공기의 흐름으로 보내는 루브리케이터	indirect type lubricator
5226	최소 적하 유량	루브리케이터로 지정된 조건에서 기름이 적하되는 데 필요한 최소의 공기 유량	minimum flow rate for charging
5227	사출 급유기	액추에이터의 동작에 따라 규정의 유량을 직접 액추에이터로 보내는 기기	injection type lubricator

번 호	용 어	정 의	대응 영어(참고)
5228	공기압 조정 유닛	필터, 게이지붙이 감압 밸브, 루브리케이터로 구성되고, 일정한 조건의 공기를 2차 쪽으로 공급하는 기기	air conditioning unit
5229	소음기	배기음을 감소시키는 기기	muffler, silencer
5230	케이스 가드	필터, 루브리케이터의 합성 수지 케이스의 외측에 장착하고, 케이스가 파손되어도 인체에 위해를 주는 파편의 흩어짐을 막기 위한 보호 커버	bowl guard

③ 기타

번 호	용 어	정 의	대응 영어(참고)
5301	유압 유닛	펌프, 구동용 전동기, 탱크 및 릴리프 밸브 등으로 구성된 유압원 장치 또는 이 유압원 장치에 제어 밸브도 포함하여 하나로 구성된 유압 장치	hydraulic power unit, (hydraulic) powerpack
5302	밸브 스탠드	압력원과는 별도로 밸브, 계기, 그 밖의 부속품을 장착하고, 하나로 구성된 제어용 스탠드	valve stand
5303	압력 스위치	유체 압력이 정해진 값에 도달했을 때, 전기 접점을 개폐하는 기기	pressure switch
5304	공기압 센서	공기압을 사용하여 물체의 유무, 위치, 상태 등을 검출하고, 신호를 보내는 기기의 총칭	pneumatic sensor
5305	분류 차단 센서	분류를 차단함으로써 물체의 존재를 검출하는 센서	interruptible jet sensor
5306	배압형 센서	센서의 출구 저항의 변화에 의하여 생기는 압력 변화를 이용한 근접 센서	back pressure sensor
5307	인터페이스 기기	다른 매체 간 또는 다른 수준 간의 에너지 변환을 하는 기기류	interface device
5308	부스터 밸브	저입력의 공기 신호를 높은 출력으로 증폭하는 밸브	booster valve
5309	릴레이 밸브	입력 신호가 가해지면 출력 상태로 변환하는 밸브	relay valve
5310	지연 밸브	입력 신호가 가해지면 설정한 일정 시간이 지난 후 작동하는 릴레이 밸브	delay valve

번 호	용 어	정 의	대응 영어(참고)
5311	공기압 표시기	공기압 회로 내의 상태를 공기압을 이용하여 표시하는 기기	pneumatic indicator
5312	공기압 카운터	공기압 신호가 가해진 횟수를 계수하여 표시하는 기기	pneumatic counter
5313	공기압 경음기	공기압에 의하여 음을 발생하는 기기	pneumatic alarm
5314	공기압 시퀀스 프로그래머	반복 동작하는 프로그램 장치에 의하여 입력, 출력 또는 기계의 양 방향을 제어하는 다수의 공기압 기기로 구성되는 장치	cyclic pneumatic programmer

공유압 일반

1994년 3월 30일 1판 1쇄
2023년 1월 10일 1판 2쇄

저　자 : 성기돈
펴낸이 : 이정일

펴낸곳 : 도서출판 **일진사**
www.iljinsa.com
(우) 04317 서울시 용산구 효창원로 64길 6
전화 : 704-1616/팩스 : 715-3536
등록 : 제1979-000009호 (1979.4.2)

값 20,000 원

ISBN : 978-89-429-1480-7